Kulturlandschaftspflege – Beiträge der Geographie zur räumlichen Planung

Kulturlandschaftspflege

Beiträge der Geographie
zur räumlichen Planung

herausgegeben von

Winfried Schenk, Klaus Fehn
und Dietrich Denecke

mit 58 Abbildungen, 7 Tabellen
und 3 Kartenbeilagen

Gebrüder Borntraeger Berlin · Stuttgart 1997

Umschlagphoto: Luftbildaufnahme der Stadt **Ochsenfurt am Main**
Bildvorlage: WFL-GmbH, D-97228 Rottendorf

Die Deutsche Bibliothek – CIP-Einheitsaufnahme

Kulturlandschaftspflege: Beiträge der Geographie zur räumlichen Planung / hrsg. von Winfried Schenk, Klaus Fehn und Dietrich Denecke. – Stuttgart; Berlin: Borntraeger, 1997
ISBN 4-443-01037-7

ISBN 3-443-01037-7

© 1997 by Gebrüder Borntraeger Verlagsbuchhandlung, Berlin Stuttgart

Alle Rechte, auch die der Übersetzung, des auszugsweisen Nachdrucks, der Herstellung von Mikrofilmen und der photomechanischen Wiedergabe, vorbehalten.

Verlag: Gebrüder Borntraeger Verlagsbuchhandlung, Johannesstr. 3 A, D-70176 Stuttgart
Satz: DTP + Text Eva Burri, Stuttgart
Druck: Tutte Druckerei GmbH, Salzweg bei Passau

Printed in Germany

Geleitwort

Die landeskundlich orientierte Geographie hat eine lange Tradition in der Erforschung von Kulturlandschaften. Ging es dabei jahrzehntelang um Grundlagenforschung, so entwickelte sich in den letzten Jahren im Zuge der allgemeinen Umstrukturierung der Geographie hin zu einer anwendungsorientierten Disziplin ein Arbeitsfeld, das die klassischen Fragestellungen und Methoden der geographischen Kulturlandschaftsforschung mit den in der Öffentlichkeit und der Planung intensiv geführten Diskussionen um die Erhaltung und Entwicklung von Kulturlandschaften verbindet. Wir sprechen seit einigen Jahren dabei von „Kulturlandschaftspflege". Die Innovationszentren für diese Arbeitsrichtung lagen zum Beginn der 1980er Jahre vor allem in den Niederlanden und der Schweiz. Seit etwa zehn Jahren stellt aber das Seminar für Historische Geographie in Bonn den Kristallisationskern der Aktivitäten. Dozenten mit ähnlichen Anliegen an verschiedenen geographischen Instituten, namentlich in Göttingen, Würzburg, Bamberg und Mainz, kooperierten mehr und mehr mit dem Bonner Institut. Mitglieder der Deutschen Akademie für Landeskunde (früher: Zentralausschuß für deutsche Landeskunde) hatten entscheidenden Anteil an der Verbreitung dieser Fragestellungen. Auf ihre Initiative hin wurde daher am 6. Oktober 1994 auf deren Mitglieder- und Jahresversammlung in Otzenhausen/Saarland der Arbeitskreis „Kulturlandschaftspflege" gegründet. Er hat sich zweierlei zum Ziel gesetzt. Zum ersten will er einen praxisorientierten, gesetzlich geforderten und auf unmittelbare Anwendung ausgerichteten Beitrag in einem Bereich leisten, der derzeit in der allgemeinen Diskussion steht und dem Fach Geographie originär und auch im Verständnis der Nachbardisziplinen und der Öffentlichkeit zuzuordnen ist. Zum zweiten hat er das Anliegen, grundlegende Diskussionen um Methoden-, Werte- und Maßstabsfragen beim Umgang mit Kulturlandschaften auf der Basis des reichlich vorhandenen Wissens innerhalb und außerhalb der Geographie zu befördern. Damit erfüllt der Arbeitskreis Kulturlandschaftspflege in idealer Weise die Anforderungen einer modernen geographischen Landeskunde, denn er verknüpft Grundlagenforschung und Anwendungsorientierung. Das vorliegende Buch spiegelt diesen zweifachen Charakter. Ich wünsche ihm daher gute Aufnahme sowohl bei den Praktikern in Planung und Verwaltung als auch in all den Wissenschaften, die sich mit Kulturlandschaften beschäftigen.

Prof. Dr. Klaus Wolf, 1. Vorsitzender der Deutschen Akademie für Landeskunde

Vorwort

Der Sammelband „Kulturlandschaftspflege" soll raumbezogen arbeitenden Praktikern aus Planung und Wissenschaft den spezifischen Ansatz der Geographie zum Umgang mit historisch gewachsenen Kulturlandschaften sichtbar machen. Dazu faßt er das in der Geographie Mitteleuropas in großer Breite und Dichte vorhandene einschlägige Wissen in mehr als 45 Einzelbeiträgen zusammen. Experten aus Universitäten, Forschungseinrichtungen, Planungsbüros und Behörden beschreiben darin Projekte und Verfahrensweisen geographischer Kulturlandschaftspflege, die in der Praxis erprobt sind. Dabei wird deutlich, daß Kulturlandschaftspflege zwar gelegentlich auch die museale Konservierung von historischen Kulturlandschaftsstrukturen und -elementen zum Ziel hat, im Normalfall aber deren Nutzung ausdrücklich akzeptiert, sofern dabei nicht Potentiale für zukünftige nachhaltige Entwicklungen irreversibel zerstört werden. Das setzt eine permanente Diskussion darüber voraus, was in unseren ländlichen und städtischen Kulturlandschaften als pflegenswert erscheint. Auch dazu leistet das Buch einen Beitrag.

Entsprechend dem offenen und diskursiven Verständnis von geographischer Kulturlandschaftspflege werden keine Rezepte in Form standardisierter Erhebungs- und Bewertungsbogen über alle Planungsbereiche hinweg im Handbuch präsentiert, sondern fallbezogene und beispielhafte Lösungsvorschläge in Abhängigkeit vom jeweiligen planerisch-rechtlichen Hintergrund. Die vorgestellten Projekte werden dabei den Ebenen der räumlichen Planung zugeordnet, von der Gemeinde über die Region bis hin zu den staatlichen, überstaatlichen und fachübergreifenden Ansätzen geographischer Kulturlandschaftspflege. Eingangs werden zudem methodisch-theoretische, nomenklatorische und juristische Aspekte diskutiert.

Sammelbände sind Gemeinschaftswerke, und deshalb habe ich als federführender Herausgeber einer großen Zahl von Personen zu danken, die an der Erstellung des Buches mitgewirkt haben. Allen voran sei den Autoren des Bandes für ihre Mitarbeit und überwiegend pünktliche Manuskriptabgabe Dank geschuldet, denn ich bin mir bewußt, was es für alle Beteiligten heißt, neben den Belastungen des Alltags bei z.T. recht kurzer Zeitvorgabe einen Artikel zu verfassen.

Die Idee zur Herausgabe des Buchs sowie das zugrundeliegende Konzept erwuchsen aus ausführlichen Diskussionen unter den Mitgliedern des Arbeitskreises „Kulturlandschaftspflege" in der Deutschen Akademie für Landeskunde, Trier/Leipzig. Ihnen ist in der Gesamtheit für allzeit engagierte Zuarbeit zu danken. Herauszuheben aus dieser Gruppe von Wissenschaftlern sind meine beiden Mitherausgeber, Klaus Fehn, Bonn, und Dietrich Denecke, Göttingen. Sie ließen mich nicht nur an ihren Erfahrungen bei der Herausgabe eines Buches teilhaben, sie stärkten mir auch mit ihrer Autorität den Rücken bei gelegentlichen Diskursen um Form und Inhalt von Beiträgen. Auf ihre Initiative geht auch die Gründung des genannten Arbeitskreises im Jahre 1994 zurück. Dem Vorstand der Deutschen Akademie für Landeskunde sei dafür gedankt, daß er diese Idee aufnahm, die Einrichtung des Arbeitskreises satzungsrechtlich absicherte und die Arbeiten des Arbeitskreises seitdem beständig fördert.

Der Deutschen Gesellschaft für Geographie bin ich für die Gewährung eines namhaften Zuschusses für redaktionelle Arbeiten zu Dank verpflichtet. Einen Teil dieser Arbeiten besorgten während meiner Zeit in Würzburg mit großer Sorgfalt Herr Studienreferendar Matthias Wagner und Frau Barbara Foster vom dortigen Geographischen Institut. Nach meinem Wechsel nach Tübingen zeigte Frau Ursula Böhm große Geduld und Umsicht bei der Bewältigung des umfangreichen Schriftverkehrs, und Herrn Diplomgeograph Dirk Eisenreich gelang es trefflich, aus meinen Angaben das Sach- und Ortsregister zu erstellen.

Herrn Dr. E. Nägele sei für die Aufnahme des Buches in das Programm des Borntraeger-Verlags gedankt, und schließlich geht ein herzliches Dankeschön an seine Mitarbeiterin Frau R. Hägele, die die Arbeit der Druckeinrichtung auch bei zusätzlichen Wünschen der Autoren und Herausgeber mit steter Freundlichkeit besorgte.

Möge der Sammelband dazu beitragen, Kulturlandschaftspflege als Aufgabenbereich einer ganzheitlichen Umweltsicherung noch besser verstehen zu lernen.

Für die Herausgeber

Winfried Schenk, Tübingen/Würzburg im August 1997

Inhaltsverzeichnis

1 Was ist Kulturlandschaftspflege?

Schenk, W.: Gedankliche Grundlegung und Konzeption des Sammelbandes „Kulturlandschaftspflege" 3– 9

Quasten, H.: Zur konzeptionellen Entwicklung der Kulturlandschaftspflege 9–12

Fehn, K.: Zur Entwicklung des Forschungsfeldes „Kulturlandschaftspflege aus geographischer Sicht" mit besonderer Berücksichtigung der Angewandten Historischen Geographie 13–16

2 Methodik und rechtlicher Rahmen der Kulturlandschaftspflege

Quasten, H.: Grundsätze und Methoden der Erfassung und Bewertung kulturhistorischer Phänomene der Kulturlandschaft 19–34

Denecke, D.: Quellen, Methoden, Fragestellungen und Betrachtungsansätze der anwendungsorientierten geographischen Kulturlandschaftsforschung 35–49

Wagner, J. M.: Zur Entwicklung und Anwendung von Bewertungsverfahren im Rahmen der Kulturlandschaftspflege 49–59

Wagner, J. M.: Zur emotionalen Wirksamkeit der Kulturlandschaft 59–66

Graafen, R.: Das rechtliche Instrumentarium der Landschafts- und Kulturlandschaftspflege 67–73

Müller, B.: Raumordnung und Kulturlandschaftspflege in den ostdeutschen Bundesländern 73–79

Quasten, H. & Wagner, J. M.: Vorschläge zur Terminologie der Kulturlandschaftspflege ... 80–84

3 Kulturlandschaftspflege auf der Ebene von Gemeinde und Gemarkung

Behm, H.: Kulturlandschaftspflegerische Aspekte einer Flächennutzungsplanung in ländlichen Räumen auf kommunaler Ebene 87–91

Egli, H.-R.: Flächennutzungsplanung: Ortsbildpflege in der Schweiz 91–95

Gunzelmann, T.: Der denkmalpflegerische Erhebungsbogen zur Dorferneuerung – historisch-geographische Ortsanalyse in der Denkmalpflege 96–102

Hildebrandt, H. & Heuser-Hildebrandt, B.: Historisch-geographische Fachplanung im ländlichen Raum: Fallbeispiel zu einer dörflichen Gemeinde – Welschneudorf im Unterwesterwald 103–111

Gunzelmann, T.: Die Kulturlandschaftsinventarisation in der Feldflurbereinigung 112–117

Stanjek, U.: Kulturlandschaftspflege im Rahmen der Rebflurbereinigung in Rheinland-Pfalz 117–124

Hildebrandt, H. & Heuser-Hildebrandt, B.: Historisch-geographische Fachplanung zur Forsteinrichtung auf Abteilungsebene. [Reviere Winkelhof, Staatliches Forstamt Ebrach und Großbirkach-Obersteinach, Großprivatwald v. Crailsheim im westlichen Steigerwald] 124–128

Schürmann, H.: Fremdenverkehr und Ortsbildentwicklung 129–137

Meynen, H.: Inventare der Baudenkmalpflege am Beispiel Kölner Arbeiten 137–140

Dix, A.: Historisch-Geographische Forschungen im Rahmen des Denkmalpflegeplans 141–145

4 Kulturlandschaftspflege im regionalen Bezug

Henkel, G.: Beschreibungen von Kulturlandschaften als Orientierungsrahmen der Regional- und Kommunalplanung 149–155

Grabski-Kieron, U.: Ziele für eine umsetzungsorientierte Landschaftsplanung in der Agrarlandschaft 155–165

Kleefeld, K.-D.: Schutz von Kulturgütern in der Umweltverträglichkeitsprüfung (UVP) – das Beispiel Oeding (Nordrhein-Westfalen) 165–175

Burggraaff, P.: Verankerte Kulturlandschaftspflege im Naturschutzgebiet „Bockerter Heide" 175–183

Eidloth, V.: Kulturlandschaftspflege im Rahmen von Regionalplanung: Der Regionalplan der Region Stuttgart 183–188

Renes, J.: Landschaftsstrukturplanung: „Neue Natur" in den Niederlanden 189–194

Erdmann, K.-H.: Biosphärenreservate und Kulturlandschaftspflege 194–201

Fegert, F.: Nationalparkplanung und Kulturlandschaftspflege im und am Nationalpark Bayerischer Wald 202–207

5 Kulturlandschaftspflege auf der Ebene der Bundesländer und Staaten

Schenker, J.: Das schweizerische Bundesinventar der Landschaften und Naturdenkmäler von nationaler Bedeutung (BLN) 211–215

Čede, P.: Kulturlandschaftskartierung in Österreich 215–219

Burggraaff, P.: Kulturlandschaftspflege in Nordrhein-Westfalen – Ein Forschungsauftrag des Ministeriums für Umwelt, Raumordnung und Landwirtschaft von Nordrhein-Westfalen an das Seminar für Historische Geographie der Universität Bonn 220–231

Hildebrandt, H., Schürmann, H. & Heuser-Hildebrandt, B.: Historisch-geographisch bedeutsame Kulturlandschaftselemente in Rheinland-Pfalz – Regionaltypische Objekte und Ensembles – Orientierungsrahmen für raumbezogene Planung (Erläuterungen zur beiliegenden Karte im Maßstab 1:500.000) 231–233

Vervloet, J. A. J.: Ansätze einer europaweiten Kulturlandschaftspflege – ein Überblick über wichtige Institutionen 233–240

6 Fachübergreifende Beiträge zur Kulturlandschaftspflege auf der Basis kulturgeographischer Grundlagenforschung

Denzer, V. & Kleinhans, M.: Erhaltende Kulturlandschaftspflege – ein Beitrag zur integrativen Umweltbildung 243–248

Ongyerth, G.: „Landschaftsmuseen" als museumsdidaktische Wege zur Kulturlandschaft . 249–253

Frei, H.: Kulturlandschaftserhaltung und Heimatpflege am Beispiel des Schwäbischen Volkskundemuseums Oberschönenfeld 254–259

Remmel, F.: Kulturlandschaftsgeschichtliche Wanderführer und Lehrpfade 259–265

Born, K. M.: Historische Vereine und ihre Möglichkeiten zur Erhaltung der Historischen Kulturlandschaft 266–270

Benthien, B.: Tourismus und Kulturlandschaftspflege 271–275

Nagel, F. N. & Goldammer, G.: Wasserwege als Gegenstand der Kulturlandschaftspflege 275–285

Römhild, G.: Die Technischen Denkmale und Industriedenkmäler, namentlich des Bergbaus 285–295

Wehling, H.-W.: Industrielandschaften: Werks- und Genossenschaftssiedlungen im
   Ruhrgebiet, 1844–1939 295–299
Fehn, K.: Konversion militärischer Liegenschaften als Aufgabenfeld der
   Kulturlandschaftspflege 299–301

Dix, A.: Auswahlbibliographie „Kulturlandschaftspflege" 303–307

Sach- und Ortsregister 309–313

Die Autoren dieses Bandes 315–316

1

Was ist Kulturlandschaftspflege?

Gedankliche Grundlegung und Konzeption des Sammelbandes
„Kulturlandschaftspflege" (Winfried Schenk) 3

Zur konzeptionellen Entwicklung der Kulturlandschaftspflege
(Heinz Quasten) 9

Zur Entwicklung des Forschungsfeldes „Kulturlandschaftspflege aus geographischer Sicht" mit besonderer Berücksichtigung der Angewandten Historischen Geographie
(Klaus Fehn) 13

Gedankliche Grundlegung und Konzeption des Sammelbandes „Kulturlandschaftspflege"

Winfried Schenk

Die Kulturlandschaften Mitteleuropas verändern gegenwärtig in ungeahnter Dynamik ihr Aussehen und ihre ökologische Struktur grundlegend und vielfach irreversibel. Dabei wird kulturgeschichtliche Substanz, zu fassen in einer Vielzahl von punkt-, linien- und flächenhaften landschaftlichen Einzelelementen und -strukturen, in großem Umfang mit weitreichenden Folgen überformt oder gar zerstört. So verliert eine große Zahl an Tieren und Pflanzen, die sich auf die spezifischen Bedingungen sukzessive gewachsener Kulturlandschaften eingestellt hat, ihren Lebensraum (Plachter 1991). Auch treten Verluste hinsichtlich des Quellenwertes und der edukativen Implikate historischer Landschaften oder einzelner Landschaftselemente für die Umweltforschung und Umwelterziehung (Mücke 1988) in dem Sinne ein, daß damit Dokumente menschlichen Denkens und Handelns zerstört werden, denn Kulturlandschaften stellen als Zeugnisse der Alltagswelt ähnlich hohe Kulturleistungen gleich berühmten Bauwerken, Gemälden oder Romanen dar. Unsere Landschaften nivellieren sich auch in ästhetischer und erlebnisorientierter Sicht. Moderne „Standardlandschaften" bieten geringe Erlebnisgehalte, womit sich ihr Wert als Potentiale für endogene Entwicklungen mindert (Schenk 1997a). Schließlich gehen kulturlandschaftliche Strukturen und Elemente als Ankerpunkte regionaler Identität und historischen Bewußtseins verloren, was nicht nur für ländliche Räume, sondern selbstverständlich auch für städtische Räume gilt (Gebhardt & Schweizer 1995), denn unter Kulturlandschaften im geographischen Sinne sind nicht nur die „schönen" und „ländlichen" Landschaften zu verstehen, sondern die ganze durch menschliche Eingriffe umgestaltete Naturlandschaft, was somit auch alt- und jungindustrialisierte Räume oder agrarische Hochleistungsregionen einschließt (Burggraaff 1996).

Gesetzlicher Auftrag zur Kulturlandschaftspflege

Vor dem skizzierten Problemdruck besteht die unbedingte Notwendigkeit zu einem bewußten und planerischen Umgang mit gewachsenen (historischen) Kulturlandschaften. Der Bund und die Länder haben das durch eine Vielzahl von Gesetzen, Verordnungen und Richtlinien deutlich gemacht (Gassner 1995). So verlangt etwa das UVP-Gesetz des Bundes in der Fassung von 1990 die Ermittlung, Beschreibung und Bewertung der Auswirkungen eines Vorhabens u.a. auf „Kultur- und sonstige Sachgüter" (Kulturgüterschutz 1994). In der Forderung „Historische Kulturlandschaften und -landschaftsteile von besonders charakteristischer Eigenart sind zu erhalten" im Bundesnaturschutzgesetz § 2 Abs. 1 Nr. 13 wird der planerische Auftrag zur Beschäftigung mit Kulturlandschaften am deutlichsten formuliert. Mußte noch 1989 ein vom Bundesminister für Umwelt, Naturschutz und Reaktorsicherheit in Auftrag gegebenes Gutachten (Brink & Wöbse 1989) erhebliche Defizite hinsichtlich der Kenntnis dieses Paragraphen registrieren, so hat sich an dieser Situation mittlerweile dank einer Vielzahl von Initiativen im politischen Raum bis hinauf auf die europäische Ebene manches geändert. So verfaßte der Europarat 1995 eine Deklaration zum Schutz der Kulturlandschaften, in der er für eine interdisziplinäre Betrachtungsweise und Erhaltungsbemühungen von geschichtlich gewachsenen Kulturlandschaften und für die Berücksichtigung ihrer spezifischen Belange insbesondere auch im Rahmen großräumiger Planungen wirbt (Council of Europe 1993ff.), und innerhalb der europäischen Regionalplanung ist der Wert von gewachsenen Kulturlandschaften als endogene Potentiale auch auf

Ministerebene erkannt worden, denn in den „Grundlagen einer Europäischen Raumentwicklungspolitik" von 1995 (BM Bau 1995) wird die Erhaltung des historischen Erbes als ein wesentlicher Aktionsbereich für die Strategie nachhaltiger Entwicklung angesehen. Das Erbe und Vermächtnis der vergangenen Generationen stelle danach eine beträchtliche Anhäufung von Ressourcen dar. Dazu gehörten auch Landschaften. Um die räumliche Qualität und Verschiedenartigkeit der europäischen Landschaften wirklich als Potential nutzen zu können, sei deren kartographische Aufnahme notwendig. Agrarische Produktionsmethoden sollten der Landschaftserhaltung Rechnung tragen. Mag man auch manche Definition von Kulturlandschaft, wie etwa in Stanners & Bourdeau (1996), als unzureichend und manche Aussage zu deren Wert als romantisierende Hypostasierung kritisieren (Schenk 1997b), so ist doch unstrittig, daß mit dem kulturhistorischen Erbe in unseren Kulturlandschaften im Sinne der Erhaltung von Ressourcen sorgsam umgegangen werden muß. Inzwischen bemüht sich sogar die „World Heritage List Commission" der UNESCO entsprechend der Deklaration von Santa Fe aus dem Jahre 1992 um die Bestimmung und Unterschutzstellung herausragender Kulturlandschaften in Europa (v. Droste u.a. 1995), und in den Biosphärenreservaten der UNESCO werden Maßnahmen zur Weiterentwicklung vom Menschen geschaffener Landschaften schon längere Zeit erprobt (Erdmann 1995).

Aktivitäten zur Kulturlandschaftspflege innerhalb und außerhalb der Geographie

Vor diesem Hintergrund ist es nicht verwunderlich, daß sich zwischenzeitlich viele Disziplinen dem „Denken in Landschaften" angenähert haben. So sind Bemühungen der Geologie um einen „Geotopschutz" weit fortgeschritten (Grube & Wiedenbein 1992), und heute wird selbst in Naturparken, die aus dem Naturschutzgedanken erwachsen sind, nach vorbildlichen Schutz- und Pflegemaßnahmen zur Erhaltung historischer Kulturlandschaften gesucht (BM Umwelt 1994). Auch die Denkmalpflege sieht heute Aufgaben in der Erhaltung von Kulturlandschaften (Schönfeld & Schäfer 1991).

Ohne den nichtgeographischen Fächern von vornherein Kompetenz in Sachen Kulturlandschaft absprechen zu wollen (anregend Konold 1996), besteht aus der Sicht der Geographie die weitgehende Gefahr der Entstehung weiterer „Geographien ohne Geographen". Es zeichnet sich ab, daß in Deutschland die Ausarbeitung übergreifender Planungskonzepte zur Aus- und Bewertung von Kulturlandschaften zunehmend von anderen Fächern als der Geographie übernommen werden wird (Schenk 1994). Dabei ist selbstkritisch nicht zu übersehen, daß die zu beklagende geringe Rezeption geographischer Forschungen zur Kulturlandschaft auch im Zustand des Faches Geographie begründet liegt. Das Verständnis von dem, was „Geographie" denn sei, ist innerhalb des Faches umstritten. Vor allem der Landschaftsbegriff geriet Mitte der 1960er Jahre in die Diskussion und wurde schließlich als Leitbegriff des Faches von Geographen selbst abgelehnt. In der Folge wurde die traditionelle Kulturlandschaftsforschung an den Rand des Faches geschoben. Wer sich dennoch mit „Landschaften" beschäftigte, hatte sich innerhalb des Faches immer des offenen oder latenten Vorwurfs zu erwehren, man arbeite vorwissenschaftlich, methodologisch unsauber, nur morphologisch und nicht prozeß- und anwendungsorientiert. Mag diese Kritik für manche Forschungen zugetroffen haben – und tatsächlich kann der Landschaftsbegriff nicht als das die Geographie konstituierende Objekt taugen (Trepl 1996) –, so charakterisiert sich heute die Geographie durch eine gewisse thematische Unschärfe und erhebliche sektorale Spezialisierung, nicht selten auch eine gewisse Beliebigkeit der Themenwahl. Das behindert allgemein die Außenwahrnehmung von dem, was Geographen denn tun und können und beeinflußt damit auch die Rezeption der Arbeitsrichtung „Kulturlandschaftspflege" als einen anwendungsorientierten Ansatz innerhalb der Geographie.

Überschaut man nun die Produktion der geographischen Kulturlandschaftspflege, ergibt sich der Eindruck eines sehr stark auf Einzelprojekte ausgerichteten Engagements (vgl. Zeitschrift „Kulturlandschaft" 1991ff.; Bender 1994). Trotz einiger programmatischer Ansätze und bundesweit angelegter Projektvorschläge etwa zu einem Kulturlandschaftskataster (Fehn & Schenk 1993) sind bisher kaum konkrete Versuche unternommen worden, methodisch grundlegende Aspekte der planerischen Aus- und Bewertung von Kulturlandschaften zusammenzufassen, um auf diesem Wege das spezifisch geographische Verständnis von „Kulturlandschaftspflege" präziser zu formulieren und es damit nach außen hin in der Konkurrenz der Disziplinen in der Zuspitzung auf Grundpositionen unterscheidbar und wahrnehmbar zu machen, ohne dabei Fronten gegenüber benachbarten und in vielem ähnlich denkenden Disziplinen aufbauen zu wollen (siehe etwa DVL 1993).

In den Niederlanden ergibt sich im Vergleich zu Deutschland ein ganz anderes Bild. Dort wird eine den ganzen Staat erfassende anwendungsbezogene Kulturlandschaftsforschung schon seit Jahrzehnten praktiziert (Vervloet 1994). In Deutschland wurde auch noch nicht das Thema „Kulturlandschaftsforschung", wie 1995 in Österreich geschehen, zu einem Forschungsschwerpunkt, finanziert von den Bundesministerien für Wissenschaft, Forschung und Kunst, für Land- und Forstwirtschaft, für Umwelt und dem Bundeskanzleramt, erhoben (Schmoliner 1995).

Der organisatorische und konzeptionelle Hintergrund des Handbuchs

Vor dem skizzierten Hintergrund reichen Interesses und Engagements zum Thema „Kulturlandschaft" innerhalb der mitteleuropäischen Geographie einerseits, der Unübersichtlichkeit und bisweilen schlechten Zugänglichkeit einschlägiger geographischer Forschungen und anwendungsbezogener Arbeiten andererseits, ist die Gründung des Arbeitskreises „Kulturlandschaftspflege" in der Deutschen Akademie für Landeskunde e.V. (DAL) zu sehen. Dessen Arbeit zielt darauf ab, einen praxisorientierten, gesetzlich geforderten, auf unmittelbare Anwendung ausgerichteten und dennoch wissenschaftlich fundierten Beitrag in einem Bereich zu leisten, der derzeit in der allgemeinen und auch internationalen Diskussion steht und welcher dem Fach Geographie originär und auch im Verständnis der Nachbardisziplinen und der Öffentlichkeit zuzuordnen ist.

Aus der skizzierten Situation heraus ist der vorliegende Sammelband erwachsen. Er soll – durchaus im Kontrast und als Ergänzung zu Leitfäden und Handbüchern anderer Disziplinen (Wöbse 1994; Bund deutscher Landschaftsarchitekten 1994) – das in der Geographie in großer Dichte vorhandene Wissen zum planerischen Umgang mit Kulturlandschaften präsentieren: Daran soll das geographische Verständnis von Kulturlandschaftspflege sichtbar werden. Das geschieht in der Hoffnung, daß vor allem Planer in Behörden, einschlägigen Institutionen und Büros, die sich mit Kulturlandschaften auseinandersetzen, diesen Ansatz als bedeutsam erkennen und in der Planungspraxis berücksichtigen.

Wie ist das geographische Verständnis von Kulturlandschaftspflege nun zu definieren?

Nachhaltigkeit als planerisches Leitbild von „Kulturlandschaftspflege"

Im Verständnis der Herausgeber zielt Kulturlandschaftspflege keineswegs auf die bloße Konservierung von auf uns überkommenen Landschaften oder Einzelelementen ab, sondern akzeptiert deren Weiterentwicklung ausdrücklich, sofern dabei nicht Werte im Sinne eines Potentials für eine zukünftige Entwicklung zerstört, somit Optionen für die Ausgestaltung eines menschenwürdigen Lebens uns nachfolgender Generationen unverhältnismäßig eingeengt werden, wohlwissend, daß jede Nutzung mit Verbrauch und Belastung von Ressourcen verbunden ist. Dieses Verständnis folgt damit der kurzen, aber subtilen Definition von Nachhaltigkeit der Brundtland-Kommission von 1987: Nachhaltig ist Entwicklung dann, wenn sie zukünftigen Generationen die Handlungsfähigkeit nicht versagt, ihre eigenen Bedürfnisse zu erfüllen (Schmithüsen & Ewald 1994). Der dem Terminus „Kulturlandschaft" beigestellte Begriff der Pflege schließt damit das bestimmende planerische Leitbild der Gegenwart und der Projektion für eine lebenswerte Zukunft, das der Nachhaltigkeit, ein.

Die Verwendung des Begriffes „Pflege" deutet darauf hin, daß die kulturhistorischen Ressourcen ein Reservoir sind, dem Produktionsmittel und Konsumgüter nicht beliebig und ohne Anstrengung entnommen werden können. Oder in einer ökonomischen Formulierung: Jede Nutzung verlangt in irgendeiner Form Investitionen und zugleich das Respektieren bestimmter Rahmenbedingungen zur Erhaltung der Ressourcen, da sonst lediglich exploitiert und nicht gewirtschaftet würde. Aber: Kulturlandschaft ist kein Gut, das sich über Angebot und Nachfrage in der Menge regelt und zur optimalen Allokation der Ressource „Kulturlandschaft" führt, denn der Wert einer „Kulturlandschaft" definiert sich in der gesellschaftlichen Diskussion.

Kulturlandschaftspflege als Prozeß und Querschnittsaufgabe

Kulturlandschaftspflege bedeutet damit also nicht allein die Suche nach Methoden der Erhaltung oder auch bewußten Veränderung einer Landschaft, sondern hauptsächlich den Rekurs auf das, was den Beteiligten pflegenswert erscheint. Das setzt die Erfassung vorhandener historisch gewachsener kulturlandschaftlicher Strukturen voraus (Abb. 1), um mit diesem Wissen Kulturlandschaften pfleglich zu behandeln, das heißt, mit ihnen verantwortlich, aufmerksam und bewußt und fürsorglich umzugehen. Kulturlandschaftspflege ist damit als ein offener und dynamischer Ansatz zum bewußten Umgang mit natürlichen und menschengemachten landschaftlichen Potentialen zu verstehen. Das erfordert ein Denken in Entwicklungsprozessen, dem die Einsicht zugrundeliegt, daß die Wertmaßstäbe dessen, was pfleglich ist, ständig neu definiert werden müssen. Maßnahmen der Kulturlandschaftspflege können damit immer nur in einem relativierenden Kontext beurteilt werden. Bezogen auf die Entwicklungsdynamik sind aber Nutzungen, die sich in der Landschaft als reversibel erweisen, nachhaltiger als solche, die zumindest in historischen Dimensionen zu weitreichenden Festlegungen führen. Nutzungen, die die natürlichen und historischen Potentiale eines Raumes erhalten, zeugen somit von einem pfleglicheren Umgang als solche, die markante und großflächige Veränderungen bedingen. Kulturlandschaftspflege ist somit eine planerische Querschnittsaufgabe.

Wie und mit welcher Intensität der Mensch im Raum handelt und ihn damit umgestaltet, wird maßgeblich durch kulturspezifische Werte bestimmt. Diese verändern sich in Abhängigkeit von der Erfahrung und dem zeitbedingten Selbstverständnis, der sozialen und politischen Organisation des Zusammenlebens, des

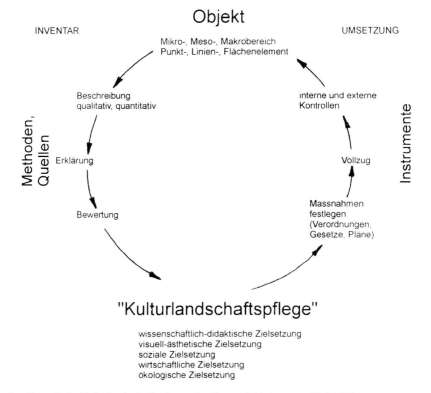

Abb. 1.: Der Prozeß der Kulturlandschaftspflege. Quelle: nach Vorlage von Egli 1996.

Wissens und dem daraus folgenden technologischen Potential sowie der wirtschaftlichen Möglichkeiten. Landschaften sind also Widerspiegelungen raumzeitlich differenzierter Nutzungsformen von räumlichen Potentialen, womit der Wert von landschaftlichen Strukturen an ihrer Bedeutung für die Charakterisierung eines Raumausschnittes (Landschaft) gemessen werden kann.

Zentrale Maßstäbe der Kulturlandschaftspflege: regionale Spezifik und historische Originalität

Verstehen wir Landschaft als ein räumliches Wirkungsgefüge von Prozessen, so ist der Mensch einer ihrer bestimmenden Faktoren. Seine Vorstellungen von sich selbst und dem, was ihn umgibt, verändern die Landschaft, und diese Veränderungen beeinflussen wiederum sein Selbstverständnis und seine Lebensbedingungen. Die heutigen Landschaftsbilder sind folglich Ergebnis wirtschaftlicher und technologischer, also sozialer Prozesse in Vergangenheit und Gegenwart. Sie sind damit ein Archiv unserer Geschichte. Das Alter und die regionale Spezifik landschaftlicher Strukturen und Einzelelemente sind daher wichtige Maßstäbe für den pfleglichen Umgang damit – gleich dem höheren Wert einer hochmittelalterlichen Kaiserurkunde gegenüber einem Computerausdruck des Statistischen Bundesamtes.

Der im Terminus „Kulturlandschaftspflege" gefaßte spezifische Ansatz der Geographie des planungsbezogenen Umgangs mit Kulturlandschaften kann zusammenfassend als eine analytische Querschnittsaufgabe definiert werden, der die aus der raumprägenden Tätigkeit des Menschen auf uns überkommenen landschaftlichen Strukturen und Einzelelemente in ihrer raumzeitlichen Differenziertheit zu erfassen versucht und bei Fragen des Erhalts, der Umgestaltung und Weiterentwicklung landschaftlicher Elemente und Strukturen als Maßstäbe neben ökologischen, landschaftsästhetischen und ökonomischen Aspekten deren historische Originalität (Alter und Dokumentcharakter) sowie deren regionale Spezifik (Seltenheitswert, Eigenart und regionaler Bezug) als zentrale Maßstäbe für einen pfleglichen Umgang im Sinne der Erhaltung von Entwicklungspotentialen heranzieht. Aus der Betonung kulturhistorischer Maßstäbe erklärt sich, daß Projekte von historisch arbeitenden Geographen im Handbuch überwiegen, denn die Historische Geographie verbindet in ihrer Betrachtungsweise die zeitliche mit der räumlichen Dimension. Kulturlandschaftspflege ist zudem ein kommunikativ-diskursiver Ansatz, der das Gespräch mit den beteiligten Behörden und Institutionen sucht, und sich gegen die bisweilen ingenieurwissenschaftliche Denkweise der Landespfleger und Landschaftsarchitekten mit ihren nicht immer an regionalen Maßstäben entwickelten Standardisierungen abzusetzen versucht, und auch über das häufig noch vom Biotop- und Artenschutz geprägte Landschaftsverständnis des Naturschutzes hinausgehen will. Dabei ist man sich in der Geographie bewußt, daß die Ziele ähnlich sind, somit nur eine Bündelung der Kräfte zu einer ganzheitlichen Konzeption der Umweltsicherung (Plachter 1995) führen wird.

Gliederung und Handhabung des Sammelbandes

All die bisher dargestellten methodisch-theoretischen, disziplinbezogenen und adressatenorientierten Aspekte bestimmen die Gliederung des Bandes. Es nimmt vor allem solche Projekte und Verfahrensweisen geographischer Kulturlandschaftspflege auf, die in der Praxis erprobt sind und damit den Ansatz „Kulturlandschaftspflege" für den Praktiker transparent machen. Dabei wird deutlich, daß entsprechend dem diskursiven Ansatz von Kulturlandschaftspflege keine Rezepte etwa in Form standardisierter Erhebungs- und Bewertungsbogen für alle Bereiche präsentiert werden, sondern fallbezogene Lösungsvorschläge in Abhängigkeit vom jeweiligen konkreten planerisch-rechtlichen Hintergrund und den damit verbundenen Zielsetzungen. Es ist daher konsequent, die Projekte den Ebenen der Planung zuzuordnen, von der Gemeinde über die Region bis hin zu den staatlichen und überstaatlichen Ansätzen. Ein jeder Planer mag in den Schlüsselwörtern der Kapitelüberschriften sowie mit Hilfe des Registers schnell „sein" Arbeitsfeld finden. Darüber hinaus werden Bereiche vorgestellt, die zwar nicht explizit einer planerischen Ebene zuzuordnen sind, aber dennoch anwendungsbezogene Aspekte der Kulturlandschaftspflege verdeutlichen. Es war das Ziel der Herausgeber, die Bearbeiter darauf zu verpflichten, daß jeder Abschnitt unter Beachtung der Einführungskapitel für sich selbst verständlich ist und, sofern konkrete Projekte vorgestellt werden, im Idealfall über folgendes Auskunft gibt:

- Stellung und Bedeutung des dargestellten Projektes/Verfahrens im Rahmen der Kulturlandschaftspflege
- Rechtliche Grundlage/Hintergrund des Auftrages
- Methode der Auswertung, Bewertungsmaßstäbe und -methoden
- Vorstellung des Projektes/Verfahrens im Ablauf
- Kritische Bewertung des Projektes/Verfahrensablaufes/der Ergebnisse/der Umsetzung

Am Ende eines jeden Kapitels finden sich spezifische Literaturhinweise sowie – falls sinnvoll – die wichtigsten gesetzlichen Grundlagen aufgelistet. Literatur zu allgemeinen Fragen findet man in der Sammelbibliographie verzeichnet (Vgl. S. 303–307).

Literatur

Bender, O. (1994): Angewandte Historische Geographie und Landschaftsplanung. – Standort 18 (2): 3–12.
BM Bau (Hrsg.; 1995): Grundlagen einer Europäischen Raumentwicklungspolitik. – Bonn.
BM Umwelt (1994): Bundeswettbewerb Deutscher Naturparke. Vorbildliche Schutz- und Pflegemaßnahmen zur Erhaltung historischer Kulturlandschaften in Naturparken. – Bonn.
Brink, A. & H. H. Wöbse (1989): Die Erhaltung historischer Kulturlandschaften in der Bundesrepublik Deutschland. Untersuchung zur Bedeutung und Handhabung von Paragraph 2 Grundsatz 13 des Bundesnaturschutzgesetzes. – Bonn.
Bund deutscher Landschaftsarchitekten (Hrsg.; 1994): Planen für Mensch und Umwelt. Handbuch der Landschaftsarchitektur. – Bonn.
Burggraaff, P. (1996): Der Begriff „Kulturlandschaft" und die Aufgaben der „Kulturlandschaftspflege" aus der Sicht der Historischen Geographie. – Natur- und Landschaftskunde 32: 10–12.
Council of Europe (1993ff.): Cultural Heritage Committee. Preliminary draft recommendation on the conservation and management of heritage sites as part of landscape policies. – Strasbourg.
Droste v., B, H. Plachter & M. Rössler (Hrsg.; 1995): Cultural Landscapes of Universal Values. – Jena u.a.
DVL (1993): Landschaftspflege im Dienst einer nachhaltigen Regionalentwicklung – Positionen des Deutschen Verbandes für Landschaftspflege, Gießen 3. Sept. 1994. – Manuskript Ansbach.
Erdmann, K.-H. u.a. (Hrsg.; 1995): Biosphärenreservate in Deutschland. Leitlinien für Schutz, Pflege und Entwicklung. – Bonn.
Fehn, K. & W. Schenk (1993): Das historisch-geographische Kulturlandschaftskataster – eine Aufgabe der geographischen Landeskunde. Ein Vorschlag insbesondere aus der Sicht der Historischen Geographie in Nordrhein-Westfalen. – Ber. z. dt. Landeskunde 67 (2): 479–488.
Gassner, E. (1995): Das Recht der Landschaft. Gesamtdarstellung für Bund und Länder. – Radebeul.
Gebhardt, H. & G. Schweizer (Hrsg.; 1995): Zuhause in der Großstadt. Ortsbindung und räumliche Identifikation im Verdichtungsraum. (Kölner Geogr. Arb. 61). – Köln.
Grube, A. & F. W. Wiedenbein (1992): Geotopschutz. Eine wichtige Aufgabe der Geowissenschaften. – Die Geowissenschaften 10 (8): 215–219.
Konold, W. (Hrsg.; 1996): Naturlandschaft – Kulturlandschaft. Die Veränderung der Landschaften nach der Nutzbarmachung durch den Menschen. – Landsberg.
Kulturgüterschutz in der Umweltverträglichkeitsprüfung (UVP) (1994). Bericht des Arbeitskreises „Kulturelles Erbe in der UVP". Hrsg. v. Rheinischen Verein für Denkmalpflege und Landschaftsschutz, Landschaftsverband Rheinland Umweltamt, Seminar für Historische Geographie der Universität Bonn. (= Themenheft der „Kulturlandschaft". 4, 2). – Köln.
Kulturlandschaft. Zeitschrift für Angewandte Historische Geographie (1991ff.), hrsg. vom Historischen Seminar der Universität Bonn.
Mücke, H. (1988): Historische Geographie als lebensweltliche Umweltanalyse (Europäische Hochschulschriften Reihe 3, 369). – Frankfurt/Main.
Plachter, H. (1991): Naturschutz. – Stuttgart.
Plachter, H. (1995): Naturschutz in Kulturlandschaften: Wege zu einem ganzheitlichen Konzept der Umweltsicherung. – J. Gepp (Hrsg.): Naturschutz außerhalb von Schutzgebieten. Graz: 47–95.
Schenk, W. (1994): Planerische Auswertung und Bewertung von Kulturlandschaften im südlichen Deutschland durch Historische Geographen im Rahmen der Denkmalpflege. – Ber. z. dt. Landeskunde 68 (2): 463–475.
Schenk, W. (1997a): Kulturlandschaftliche Vielfalt als Entwicklungsfaktor im Europa der Regionen. – Ehlers, E. (Hrsg.): Deutschland und Europa. Festschrift zum 51. Deutschen Geographentag Bonn 1997. (Colloquium Geographicum 24). Bonn: 209–229.

Schenk, W. (1997b): Wie man „wertvolle Landschaften" macht – Geographische Kritik an einer Karte der „30 Landschaften Europas" und am zugehörigen Kapitel in „Europe's Environment – The Dobrís Assessment". – Kulturlandschaft 7 (im Druck).
Schmithüsen, F. & K. C. Ewald (1994): Landschaft als Spiegel nachhaltiger Nutzung und Pflege. – Die Zukunft beginnt im Kopf – Wissenschaft und Technik für die Gesellschaft von morgen. Zürich: 238–244.
Schönfeld, G. & D. Schäfer (1991): Erhaltung von Kulturlandschaften als Aufgabe des Denkmalschutzes und der Denkmalpflege. – R. Grätz (Hrsg): Denkmalschutz und Denkmalpflege. 10 Jahre Denkmalschutzgesetz Nordrhein-Westfalen. Köln: 235–245.
Smoliner, Ch. (1995, Red.): Forschungsschwerpunkt Kulturlandschaft. Forschungsschwerpunkt 1995. – Wien.
Stanners, D. & Ph. Bourdeau (Hrsg.; 1996): Europe's Environment. – Kopenhagen.
Trepl, L. (1996): Die Landschaft und die Wissenschaft. – Konold, W. (Hrsg.; 1996): Naturlandschaft – Kulturlandschaft. Die Veränderung der Landschaften nach der Nutzbarmachung durch den Menschen. – Landsberg: 13–26.
Vervloet, J. A. J. (1994): Zum Stand der Angewandten Historischen Geographie in den Niederlanden. – Ber. z. dt. Landeskunde 68 (2): 445–458.
Wöbse, H.-H. (1994): Schutz historischer Kulturlandschaften. (Beiträge zur räumlichen Planung 37). – Hannover.

Zur konzeptionellen Entwicklung der Kulturlandschaftspflege

Heinz Quasten

Kulturlandschaftspflegerische Maßnahmen werden wahrscheinlich schon so lange betrieben, wie es Kulturlandschaften gibt. Die Sippen, Stämme und Völker der Vor- und Frühgeschichte werden – vor allem wohl aus religiösen und kultischen Gründen – natürliche und anthropogene Objekte in ihrem Lebensraum respektiert und daher vor Zerstörung bewahrt haben. Insofern ist Kulturlandschaftspflege, und zwar als vorsätzliche Handlung, so alt wie die Menschheitsgeschichte andauert und als eine der frühesten kulturellen Betätigungen der Menschen anzusehen.

Kulturlandschaftspflege im Sinne des Schutzes und der beabsichtigten Bewahrung von Einzelobjekten in Kulturlandschaften findet eine Parallele im Naturschutz, der bis in das 19. Jahrhundert hinein ausschließlich als Schutz von Einzelobjekten verstanden wurde. Das Verbot des Nachtigallenfanges in Nürnberg 1450 oder der Schutz einer Tropfsteinhöhle, die „als sonderbares Wunderwerk der Natur nicht verdorben" werden dürfe, durch Herzog Rudolf August zu Braunschweig und Lüneburg 1668 sind bekannte Beispiele für solche Einzelmaßnahmen. Die Vulkankuppe des Drachenfelses im Siebengebirge bei Bonn mit ihrer Burgruine auf der Spitze, die 1836 vor der Zerstörung durch einen Steinbruchbetrieb bewahrt wurde, ist gleichermaßen ein Zeugnis naturschützerischer und kulturlandschaftspflegerischer Einzelobjektmaßnahmen. Die frühe Phase des Einzelobjektschutzes wird in der Geschichte des Naturschutzes abwertend als „Kuriositätenschutz" bezeichnet.

Kulturlandschaftspflege – über den Einzelobjektschutz hinausgehend – als Flächenkonzept hat ihren Ursprung in der „natural garden"-Bewegung Englands im 18. Jahrhundert. Ihr Beginn in Deutschland wird um das Jahr 1770 angesetzt, als der Herzog von Anhalt-Dessau, von einer inspirierenden Englandreise zurückgekehrt, damit begann, den berühmten Wörlitzer Park bei Dessau anzulegen und sein Territorium planmäßig landschaftsgestalterisch umzuformen. Allerdings standen diese Maßnahmen ganz im Zeichen einer künstlerisch-ästhetischen Landschaftsgestaltung. Die Bewegung der „Landesverschönerer" verband in den ersten Jahrzehnten des 19. Jahrhunderts das künstlerisch-ästhetische Konzept mit der sozialpolitischen Zielsetzung, einer breiten Bevölkerung einen schönen und wohnlichen Lebensraum zu schaffen.

Eine deutlich erweiterte Zielsetzung bezüglich der Kulturlandschaftspflege formulierte der auf Initiative von Ernst Rudorff 1904 gegründete „Bund Deutscher Heimatschutz" in seiner Satzung 1914, wo es heißt: „Der Bund bezweckt, die deutsche Heimat in ihrer natürlichen und geschichtlich gewordenen Eigenart zu schützen. Er erstrebt insbesondere den Schutz der Natur ... sowie der Eigenart des Landschaftsbildes; ferner den Schutz und die Pflege der Bauten; ... die Pflege und Fortbildung der überlieferten ländlichen und bürgerlichen Bauweisen..." (Schoenichen 1954: 156). Die Idee der Heimatschutzbewegung, die gesamte Kulturlandschaft „in ihrer natürlichen und geschichtlich gewordenen Eigenart zu schützen", wurde wenig wirksam, obwohl es sogar gelang, dem Landschaftsschutz Verfassungsrang einzuräumen. Artikel 150 der Reichsverfassung der Weimarer Republik lautete: „Die Denkmäler der Kunst, der Geschichte und der Natur sowie der Landschaft genießen den Schutz und die Pflege des Staates".

Im Bereich der Landschaftspflege entwickelten sich keine starken privaten Organisationen, wie sie der Naturschutz zustandebrachte. Vermutlich ist es darauf zurückzuführen, daß in den 1930er Jahren die Landschaftspflege in ihrer Zielsetzung eine erhebliche Einengung gegenüber den umfassenden Konzepten der Heimatschutzbewegung erfahren hatte. Sie beschränkte sich nun weitgehend darauf, Großbauprojekte in der Landschaft zu begleiten. Beim Bau von Schienenwegen, Talsperren und später der Reichsautobahnen wurde auf eine schonende Einfügung der Bauwerke in die Landschaft, auf die Verwendung regionaler Baumaterialien und auf eine landschaftsgerechte Bepflanzung geachtet. Der Schutz der Landschaft im Sinne der Erhaltung gewachsener Strukturen, z.B. des kulturhistorischen Gehaltes der ländlichen Kulturlandschaft mit Dorf und Feldflur, wurde nur noch randlich mit eingeschlossen. Entsprechend fiel auch die erste Reichsgesetzgebung auf dem Gebiet von Natur und Landschaft aus. Das „Reichsnaturschutzgesetz" von 1935 war zwar keineswegs auf den Schutz der Natur allein beschränkt und schloß auch die Landschaft in seine Bestimmungen mit ein, letzteres jedoch ebenso wenig pointiert, wie es die vorausgehende Praxis getan hatte.

Zur Zeit des Nationalsozialismus kam es in Deutschland noch einmal zu einer Renaissance des Gedankengutes der Heimatschutzbewegung. Sie wurde allerdings pervertiert, indem sie stark in die nationalsozialistische Ideologie eingebunden wurde. Vorstellungen von der „Überlegenheit der deutschen Kultur", die es in die im Krieg eroberten Gebiete des Ostens zu bringen gelte, und die Ideologie von „Blut und Boden" vermischten sich mit den ganz und gar unnazistischen Zielsetzungen des Heimatschutzes.

Diese nazistische Ideologisierung des Begriffes „Pflege deutscher Kulturlandschaft" hat bis in die jüngste Vergangenheit deutliche Spuren hinterlassen. Die Vertreter des Kulturlandschaftsschutzes in der Tradition der Heimatschutzbewegung, die sich in der Nachkriegszeit nicht dem Verdacht aussetzen wollten, nazistisches Gedankengut zu vertreten, übten Zurückhaltung. Das weitergeltende Reichsnaturschutzgesetz wurde nun sehr einseitig als Gesetz zum Schutz der Natur gehandhabt. Diese Tatsache war um so schwerwiegender, als sich im Zuge des Wiederaufbaus und des anschließenden „Wohlstandsausbaus" eine Umgestaltung der Kulturlandschaften in Deutschland vollzog, wie es sie in diesem Maße in einem so kurzen Zeitraum niemals in der Geschichte unseres Landes gegeben hat. Diese Landschaftsumgestaltung geschah zum großen Teil ohne Berücksichtigung der gewachsenen Strukturen der Landschaft. Wirtschaftliche, verkehrliche und sonstige infrastrukturelle „Notwendigkeiten" wurden zum ausschlaggebenden Maßstab.

Dem Bund steht nach Artikel 75 des Grundgesetzes eine gesetzliche Rahmenkompetenz für den Naturschutz und die Landschaftspflege zu. Von diesem Recht machte er aber bemerkenswerterweise mehr als ein viertel Jahrhundert lang keinen Gebrauch. Auch die Länder blieben gesetzgeberisch inaktiv und begnügten sich mit dem als Landesrecht weitergeltenden Reichsnaturschutzgesetz. Erst als in den späten 1960er Jahren ziemlich plötzlich von großen Teilen der Bevölkerung der Gedanke des Umweltschutzes aufgenommen wurde, begannen Bund und Länder in schneller Folge neue Gesetze zum Schutz des Lebensraumes zu verabschieden. Die meisten Länder beschlossen bis Mitte der 1970er Jahre eigene Gesetze zum Schutz der Natur und zur Pflege der Landschaft, ohne das Rahmengesetz des Bundes abzuwarten, das erst 1976 folgte.

Das Bundesnaturschutzgesetz (BNatSchG) ist zwar nicht „so einseitig ökologisch" ausgefallen, wie es von manchen Gruppen vorgesehen war. Der Kulturlandschaftsschutz läßt sich allerdings nur mit einiger Mühe herausinterpretieren. Es ist charakteristisch, daß die Bestimmung zum Schutz historischer Kulturlandschaften und -landschaftsteile in § 2 Abs. 1 Nr. 13 BNatSchG im Jahre 1980 gesetzgeberisch „nachgeschoben" wurde, nachdem die zweijährige Frist der Anpassung der Landesgesetze an das Rahmengesetz des Bundes gem. § 4 Satz 2 BNatSchG bereits verstrichen war. Dies hatte zur Folge, daß diese Bestimmung von den zuständigen Landesbehörden zunächst kaum wahrgenommen wurde, obwohl sie nach § 4 Satz 3 BNatSchG unmittelbar geltendes Recht auch für die Länder geworden war.

Inzwischen hat sich das Blatt gewendet. Ende der 1960er Jahre war es das plötzlich aufbrechende Umweltbewußtsein in der Bevölkerung, das die politischen Entscheidungsträger veranlaßte, nicht nur gesetzgeberisch in dieser Richtung aktiv zu werden. Seit den 1980er Jahren gibt es eine nicht zu übersehende Bewegung in der Bevölkerung, sich verstärkt mit ihrem historischen Erbe auseinanderzusetzen, was sich in einer Vielzahl von Indizien äußert, z.B. in dem explosionsartigen Anwachsen der Zahl der Heimatmuseen. Der Bundesgesetzgeber hat darauf mit einer grundlegenden Novellierung des Bundesnaturschutzgesetzes im Sinne einer stärkeren Betonung der Kulturlandschaftspflege bisher nicht reagiert.

Die Landespolitik und die Landesgesetzgeber haben z.T. auch bzgl. der Kulturlandschaftspflege wieder dem Bund vorgegriffen. Im Jahre 1989 hat die Regierung des Saarlandes z.B. ein Landschaftsprogramm verabschiedet, in dem der Kulturlandschaftspflege eine vergleichsweise außerordentlich wichtige Position eingeräumt wird. Der saarländische Landtag ist sogar so weit gegangen, 1992 im Zuge einer grundlegenden Novellierung des Saarländischen Naturschutzgesetzes (SNG) den bis dahin wörtlich mit dem BNatSchG übereinstimmenden § 1 neu zu formulieren. In Abs. 1 Nr. 4 ist die bisherige Formulierung „die Vielfalt, Eigenart und Schönheit von Natur und Landschaft ... nachhaltig gesichert wird" durch eine neue ersetzt worden, die lautet: „die Vielfalt, Eigenart und Schönheit der Kulturlandschaft nachhaltig und dauerhaft gesichert wird". Die Formulierung des § 1 Abs. 3 SNG lautet nun: „Der im Sinne dieses Gesetzes ordnungsgemäßen Land- und Forstwirtschaft kommt für die Erhaltung und Entwicklung der Kulturlandschaft eine zentrale Bedeutung zu".

Im September 1994 wurde in Leipzig bei einem Treffen des informellen Rates der für Raumordnung und Regionalpolitik zuständigen Ministerinnen und Minister in der Europäischen Union das Dokument „Grundlagen einer Europäischen Raumentwicklungspolitik" einvernehmlich beraten (BMBau 1995 a: 2). Dieses „stellt die politische Basis für die weitere Zusammenarbeit auf dem Gebiet der Raumordnungspolitik in der Europäischen Union dar" (BMBau 1995b: 1). Die hinsichtlich der Kulturlandschaftspflege darin aufgestellten Zielsetzungen lassen kaum Wünsche offen, wenn sie auch naturgemäß nicht ins Einzelne gehen. Als operationelles Erhaltungsziel der Raumentwicklung wird formuliert: „die Bewahrung der kulturellen Identität, des Erbes der Städte und ländlichen Siedlungen Europas und der Verschiedenartigkeit der Landschaften" (ebd.: 6, Abs. 17).

Bisher völlig neu in einem politischen Papier hoher Bedeutung ist die gleichrangige Behandlung des „Naturerbes" und des „Kulturerbes" in der Landschaft. Hinsichtlich beider Materien wird programmatisch festgestellt: „Das Erbe und Vermächtnis der vergangenen Generationen stellt eine beträchtliche Anhäufung von Ressourcen dar. Die künftigen Generationen haben ebenso wie wir ein Anrecht auf dieses Erbe. Folglich haben wir die Pflicht, dieses Erbe weiterzugeben und sogar zu vermehren" (ebd: 20, Abs. 67). „Die Erhaltung des Erbes kann als ein wesentlicher Aktionsbereich für die Strategie der nachhaltigen Entwicklung angesehen werden. Wenn eine umweltbewußte Wirtschaftsrechnung ... gefördert werden soll, erscheint es ratsam, das natürliche und kulturelle Erbe (d.h. die materiellen und immateriellen Güter, die zu unserem Wohlbefinden beitragen) behutsam zu bewirtschaften und zu vermehren, statt das ... Produktionsniveau bedenkenlos zu erhöhen" (ebd.: 20, Abs. 66).

Konkretisierend heißt es: „Dieses europäische Erbe muß – vor allem in den wichtigen Bereichen Architektur und Archäologie – erst noch identifiziert werden. Unter Berücksichtigung des unterschiedlichen nationalen und regionalen Kontextes muß das europäische Erbe anhand kohärenter Kriterien inventarisiert werden. Seiner Erhaltung muß ganz besondere Sorgfalt gelten. Gleichzeitig sind auch die ‚Kulturlandschaften' zu erhalten, die zu einem großen Teil die kulturelle Identität Europas ausmachen" (ebd.: 22, Abs. 77). – „Ganz generell muß die Raumordnungspolitik den kulturellen Aspekten vollauf Rechnung tragen ... Für Europa stellen die Vielfalt und der Reichtum seiner Kulturen einen bedeutenden Vorteil dar, der insbesondere in der traditionell bebauten Umwelt zum Ausdruck kommt" (ebd.: 22, Abs. 79). – „Die heutigen und künftigen Generationen sind aufgerufen, zur Gestaltung des ländlichen Raums und der Stadtlandschaften Europas beizutragen und auf diese Weise für die Erhaltung oder Entwicklung hoher Qualitätsstandards zu sorgen. Unsere Lebensweise sollte mehr auf die Kultur und somit die Kreativität im weitesten Sinne des Wortes als allein auf die wirtschaftliche Effizienz ausgerichtet sein. Die Entwicklung des kulturellen und natürlichen Erbes ist das Schlüsselwort dieses zukunftsorientierten Ansatzes, der voll und ganz in die Strategien einer nachhaltigen Raumentwicklung integriert werden sollte" (ebd.: 22, Abs. 80).

Wenn die kulturlandschaftpflegerische Programmatik des europäischen Raumordnungsministerrates hier ausführlich dargestellt wird, geschieht dies, um zu dokumentieren, daß mit ihr nunmehr ein bemerkenswerter Stand in der Entwicklung kulturlandschaftspolitischer Zielsetzungen erreicht ist. Dies ist ein Stand, wie er – jedenfalls in Deutschland – bis vor kurzem noch unerreichbar erschien. Insofern scheint die Kulturlandschaftspflege in eine neue, entscheidende Phase eingetreten zu sein.

Man hat annehmen dürfen, daß die bevorstehende Novellierung des Bundesnaturschutzgesetzes dieser Entwicklung dadurch Rechnung trägt, daß der Kulturlandschaftspflege nun auch gesetzlich eine wesentlich höhere Bedeutung zugemessen wird, als dies im geltenden BNatSchG der Fall ist. Der kürzlich (Stand: September 1996) von der Bundesregierung vorgelegte Gesetzentwurf (BMUmwelt 1996) gibt allerdings keinen Anlaß, diesbezüglich große Hoffnungen zu hegen.

Literatur

Barthelmeß, A. (1988): Landschaft – Lebensraum des Menschen. Probleme von Landschaftsschutz und Landschaftspflege – geschichtlich dargestellt und dokumentiert (Orbis academicus, Sonderband 2/5). – Freiburg, München.

Buchwald, K. (1968): Geschichtliche Entwicklung von Landschaftspflege und Naturschutz in Deutschland während des Industriezeitalters. – Buchwald, K. & W. Engelhardt (Hrsg.): Handbuch für Landschaftspflege und Naturschutz, Bd. 1 Grundlagen. München u.a: 97–114.

BMBau (Hrsg.; 1995a): Trendszenarien der Raumentwicklung in Deutschland und Europa. – Bonn.

BMBau (Hrsg.; 1995b): Grundlagen einer Europäischen Raumordnungspolitik. – Bonn.

BMUmwelt (1996): Entwurf eines Gesetzes zur Neuregelung des Rechts des Naturschutzes und der Landschaftspflege, zur Umsetzung gemeinschaftsrechtlicher Vorschriften und zur Anpassung anderer Rechtsvorschriften. – Bonn (Fassung vom 27. August 1996, unveröffentlicht).

Gesetz über den Schutz der Natur und die Pflege der Landschaft (Saarländisches Naturschutzgesetz) in der Fassung der Bekanntmachung vom 19. März 1993 (Amtsblatt des Saarlandes: 346–359).

Schoenichen, W. (1954): Naturschutz, Heimatschutz – Ihre Begründung durch Ernst Rudorff, Hugo Conwentz und ihre Vorläufer. – Stuttgart.

Zur Entwicklung des Forschungsfeldes „Kulturlandschaftspflege aus geographischer Sicht" mit besonderer Berücksichtigung der Angewandten Historischen Geographie

Klaus Fehn

Forschungen zur Entwicklung der Kulturlandschaften haben innerhalb der Geographie eine alte Tradition; sie waren aber lange Zeit ähnlich wie auch die meisten geographischen Forschungen zu anderen Themenfeldern nicht oder nur wenig anwendungsorientiert (Jäger 1987). Deshalb überrascht es nicht, daß bei der Bestimmung einer neuen wissenschaftstheoretischen Position auf dem Kieler Geographentag 1969 gerade die historische Kulturlandschaftsforschung besonders angegriffen wurde und ihr die Existenzberechtigung innerhalb des Faches wegen ihres historischen, regionalen, beschreibenden, theorielosen und praxisfernen Charakters abgesprochen wurde (Fehn 1982). Bedauerlicherweise klinkte sich dadurch die Geographie ohne äußeren Zwang selbst aus einem wichtigen Aufgabenfeld aus, das sich in den 70er Jahren allmählich entwickelte, der Kulturlandschaftspflege. Nun besetzten mehr und mehr andere Wissenschaften ein Feld, das lange Zeit weitgehend unangefochten von der Geographie betreut wurde. Im Mittelpunkt der Bestrebungen des Denkmalschutzes stand damals noch eindeutig das künstlerisch wertvolle Einzeldenkmal; die Aktivitäten des Naturschutzes richteten sich auf die Naturlandschaft bzw. die naturnahe Kulturlandschaft.

Das Europäische Denkmaljahr 1975 veranlaßte einige historisch und landeskundlich interessierte Geographen, sich Gedanken zu machen, wie das wichtige Thema „Kulturlandschaftspflege" wieder in die Geographie zurückgeholt werden könnte. Inzwischen war zwar der Anwendungsbezug des Faches erheblich gestärkt worden, die Beschäftigung mit der historischen Komponente und die Berücksichtigung der gewachsenen konkreten Umwelt standen aber noch aus. Mit dem 1974 gegründeten interdisziplinären „Arbeitskreis für genetische Siedlungsforschung in Mitteleuropa", dessen Hauptziel an sich die Koordination der Grundlagenforschungen von Geographen, Historikern, Archäologen und anderen historisch arbeitenden Siedlungsforschern war (Nitz 1975), bot sich eine Plattform an, um die Möglichkeiten einschlägiger Aktivitäten systematisch abzuklären (Fehn 1975, Fliedner 1976). Besonders wichtig für die weitere Entwicklung wurden die einschlägigen Publikationen von Gerhard Henkel und Dietrich Denecke. Während Henkel in seinem Aufsatz „Anwendungsorientierte Geographie und Landschaftsplanung, Gedanken zu einer neuen Aufgabe" (Henkel 1977) die Historische Geographie aufforderte, eine Angewandte Historische Geographie zu entwickeln, und selbst eine Arbeitsgruppe „Dorfentwicklung" im „Arbeitskreis für genetische Siedlungsforschung in Mitteleuropa" ins Leben rief (Henkel u. Hauptmeyer 1983), zeigte Dietrich Denecke anläßlich des Göttinger Geographentags von 1979 die Möglichkeiten einer Angewandten Historischen Stadtgeographie auf (Denecke 1979).

Das Jahr 1981 brachte zwei wichtige Tagungen für die sich langsam entwickelnde Angewandte Historische Geographie. Der „Arbeitskreis für genetische Siedlungsforschung in Mitteleuropa" rückte bei seiner Tagung in Basel erstmals ein anwendungsorientiertes Thema, und zwar die erhaltende Dorferneuerung in den Mittelpunkt (Denecke 1983). Schließlich enthielt die zwei Sitzungen umspannende Bestandsaufnahme der Historischen Geographie auch einen Beitrag zum Thema „Historische Geographie und räumliche Planung" (Fehn u. Jäger, Hrsg. 1982). Dieser Beitrag erschien 1982 innerhalb des Tagungsblocks und 1985 in einer wesentlich erweiterten Fassung (Denecke 1985), die erhebliche Beachtung fand. Klaus Fehn nahm das Erscheinen dieses Aufsatzes zum Anlaß, um in der seit 1983 erscheinenden Zeitschrift des Arbeitskreises „Siedlungsforschung. Archäologie – Geschichte – Geographie" einige Überlegungen zum Standort der Angewandten Historischen Geographie in der Bundesrepublik Deutschland zu veröffentlichen und gleichzeitig die wichtigsten Titel zu diesem neuen Forschungsfeld zusammenzustellen (Fehn 1986). Hier sind vor allem die

Namen Wilfried Krings (1981), Georg Römhild (1981), Hans-Jürgen Nitz (1982) und Hans Frei (1983) zu nennen. Die genannten Autoren sowie die schon weiter oben erwähnten Vorreiter der Angewandten Historischen Geographie, Gerhard Henkel und Dietrich Denecke, sprachen mit ihren Beiträgen ein weites Feld an, das von den Dörfern und Städten über die Agrarlandschaft bis zur Bergbau- und Industrielandschaft reichte.

Wesentliche Anregungen erhielt die Angewandte Historische Geographie bei ihren Bemühungen um die Ausbildung einer historisch-geographischen Kulturlandschaftspflege von ausländischen Fachvertretern. Besonders zu nennen sind hier die Niederlande und die Schweiz. In den Bänden der „Siedlungsforschung" wurde hierzu regelmäßig berichtet; als besondere Vorbilder wurden das Schweizer „Inventar der Historischen Verkehrswege" (Aerni 1986) und die niederländische „Historisch-landschaftskundliche Kartierung" (Burggraaff & Egli 1984) angesehen. Nachdem schon Ende der 70er Jahre erste Examensarbeiten aus dem Bereich der Angewandten Historischen Geographie z.B. am Seminar für Historische Geographie der Universitat Bonn vergeben, jedoch nicht gedruckt wurden, kamen Mitte der 80er Jahre die ersten einschlägigen Dissertationen zum Abschluß. Zu nennen sind hier besonders die Arbeiten von Thomas Gunzelmann, Bamberg (1987), und Ursula von den Driesch, Bonn (1988). Von grundlegender Bedeutung ist auch die Untersuchung von Martin Pries, Hamburg (1989).

Auf den Deutschen Geographentagen 1987 in München und 1989 in Saarbrücken standen jeweils einschlägige Sitzungen auf dem Programm. Während in München ganz allgemein die Grundlagenforschungen der Angewandten Historischen Geographie thematisiert waren (Denecke u. Frei, Hrsg. 1988), konzentrierten sich die Überlegungen auf dem Saarbrücker Geographentag auf die Alt-Industrielandschaften (Quasten u. Soyez, Hrsg. 1990). Bei diesen Sitzungen wurde deutlich, daß inzwischen an einer größeren Zahl von geographischen Universitätsinstituten Forschungen zur Kulturlandschaftspflege im Gange waren.

Im „Arbeitskreis für genetische Siedlungsforschung in Mitteleuropa" wurde nach intensiven Diskussionen und stark angeregt durch die auf Tagungen in der Schweiz und in den Niederlanden gemachten Erfahrungen im Jahre 1991 eine eigene „Arbeitsgruppe Angewandte Historische Geographie" gegründet, die seither regelmäßig Tagungen durchführt und die Zeitschrift „Kulturlandschaft. Zeitschrift für Angewandte Historische Geographie" herausgibt. Der Erste Sprecher ist derzeit Klaus-Dieter Kleefeld, Bonn, der Zweite Sprecher Johannes Renes, Wageningen.

Kennzeichnend für die neueste Entwicklung sind die zunehmende Vergabe von Gutachten an Vertreter der Angewandten Historischen Geographie. Die Auftraggeber sind entweder Fachämter, wie z.B. die Boden- oder Baudenkmalpflege, und der Naturschutz, Ministerien, wie z.B. die Fachministerien für Umwelt oder für Stadtentwicklung, oder Bürgerinitiativen und private Vereinigungen. Besonders zu nennen sind das „Fachgutachten zur Kulturlandschaftspflege in Nordrhein-Westfalen" (Umwelt-Ministerium von NRW an das Seminar für Historische Geographie der Universität Bonn) oder das Gutachten zu den Aufgaben der Kulturlandschaftsinventarisation im Saarland (Bundesumweltministerium an das Geographische Institut der Universität des Saarlandes). Zahlreiche gemeinsame Tagungen mit benachbarten Institutionen haben stattgefunden, was zum Abbau von Verständnisschwierigkeiten und zum Aufbau von gemeinsamen Forschungsstrategien beigetragen hat (Fehn 1994).

Um die „Kulturlandschaftspflege" noch besser in der Gesamtgeographie zu verankern und sie von der gesamten Fachkompetenz der Geographie von der Geoökologie bis zur geographisch orientierten Raumplanung profitieren zu lassen, gründete 1994 auf Vorschlag von Klaus Fehn der „Zentralausschuß für deutsche Landeskunde" einen eigenen Arbeitskreis „Kulturlandschaftspflege" (Sprecher: Klaus Fehn, Dietrich Denecke; Geschäftsführer: Winfried Schenk). Über die Aktivitäten dieser Gruppe, der ein Dutzend Wissenschaftler aus den verschiedenen Regionen Mitteleuropas angehören, informieren regelmäßig die „Berichte zur deutschen Landeskunde". Hier werden auch geplante Großprojekte, wie z.B. ein Kulturlandschaftskataster für die Bundesrepublik Deutschland, vorgestellt (Fehn & Schenk 1993).

Der „Arbeitskreis Kulturlandschaftspflege" veranstaltete auf dem Deutschen Geographentag in Potsdam 1995 eine eigene Sitzung zum Thema „Kulturlandschaftspflege" mit sechs Fachvorträgen, die von Hans Heinrich Blotevogel und Dietrich Denecke moderiert wurde. Einige Beiträge dieser Sitzung wurden in den „Berichten zur deutschen Landeskunde" publiziert (Fehn 1996; Quasten & Wagner 1996).

Ganz allgemein ist die heutige Situation dadurch gekennzeichnet, daß es der Angewandten Historischen Geographie im Bereich der Kulturlandschaftspflege mehr und mehr gelingt, ihre spezifisch übergreifende und integrierende Arbeitsweise und ihre besonderen Fragestellungen den Fachleuten und der weiteren Öffentlichkeit bekanntzumachen. Ein Beweis dafür sind zahlreiche Publikationen in den Zeitschriften der anwendungsorientierten Nachbarfächer, wo ausführlich auf die Bedeutung der historisch-geographischen Kulturlandschaftspflege hingewiesen wird. Ein erheblicher Teil dieser Publikationen ist aus Vorträgen auf Spezialtagungen und Symposien hervorgegangen. Diese Veranstaltungen müssen bei der Beurteilung der heutigen Lage mitberücksichtigt werden, da ein nicht unerheblicher Teil von ihnen keine Veröffentlichungen nach sich zieht.

Als besonders wirksam erweisen sich Aufsatzfolgen in Fachzeitschriften, wie z.B. die von Klaus Fehn betreute sechsteilige Folge zur Angewandten Historischen Geographie in den Rheinlanden 1993 bis 1995 (Fehn 1993; Dix, Hrsg. 1997) und Sammelbände mit den Vorträgen von Tagungen, die einen Schwerpunkt auf der historisch-geographischen Kulturlandschaftspflege haben (Hildebrandt, Hrsg. 1994). Schließlich wird die Zahl der Pilotstudien zu wichtigen Teilbereichen ebenfalls laufend größer; als Beispiele seien hier die Dissertationen von Gerhard Ongyerth, München (1994), Klaus-Dieter Kleefeld, Bonn (1994) und Vera Denzer, Mainz (1996), genannt.

Der „Arbeitskreis Kulturlandschaftspflege" im „Zentralausschuß für deutsche Landeskunde" (neuer Name ab Herbst 1995: „Deutsche Akademie für Landeskunde") sieht ein wesentliches Ziel darin, wie schon erwähnt, möglichst viel von dem großen Potential der Gesamtgeographie für das aktuelle Forschungsfeld nutzbar zu machen. Ebenso wichtig erscheint die Einbindung des Sachverstands der benachbarten Länder. Diese Intentionen spiegeln sich in der Zusammensetzung des Arbeitskreises: Erster Sprecher: Prof. Dr. Klaus Fehn (Seminar für Historische Geographie der Universität Bonn), Zweiter Sprecher: Prof. Dr. Dietrich Denecke (Geographisches Institut der Universität Göttingen). Geschäftsführer: Prof. Dr. Winfried Schenk (Geographisches Institut der Universität Tübingen). Weitere Mitglieder aus dem Ausland: Prof. Drs. J.A.J. Vervloet (Historisch-geographisches Institut der Universität Wageningen, Niederlande), Dozent Dr. Hans-Rudolf Egli (Geographisches Institut der Universität Bern, Schweiz), Universitätsdozent Dr. Peter Čede (Institut für Geographie der Universität Graz, Österreich), Mitglieder für die Übergangsbereiche zur Gesamtgeographie: Prof. Dr. Hans-Jürgen Klink (Geographisches Institut der Universität Bochum: Geoökologe), Prof. Dr. Hans Heinrich Blotevogel (Geographisches Institut der Universität Duisburg: Geographische Raumplanung); Prof. Dr. Alois Mayr (Geographisches Institut der Universität Leipzig, Direktor des Instituts für Länderkunde). Weitere Mitglieder aus verschiedenen deutschen Regionen: Prof. Dr. Ulrike Grabski-Kieron (Institut für Geographie der Universität Münster), Prof. Dr. Gerhard Henkel (Geographisches Institut der Universität Essen), Prof. Dr. Helmut Hildebrandt (Geographisches Institut der Universität Mainz), Prof. Dr. Heinz Quasten (Geographisches Institut der Universität des Saarlandes, Saarbrücken).

Abschließend sei noch besonders auf den soeben erschienenen Sammelband mit Aufsätzen zur Angewandten Historischen Geographie im Rheinland aus den Jahren 1993 bis 1995 (vgl. Fehn 1993) hingewiesen, wofür der Herausgeber Andreas Dix eigens eine umfangreiche überregionale Spezialbibliographie zur fächerübergreifenden Kulturlandschaftspflege erarbeitet hat (Dix, Hrsg. 1997).

Literatur

Aerni, K. (1986): Das „Inventar historischer Verkehrswege der Schweiz (IVS)". Ein Kurzbericht. – Siedlungsforschung 4: 267–279.

Burggraaff, P. & H.-R. Egli (1984): Eine neue historisch-geographische Landesaufnahme der Niederlande. – Siedlungsforschung 2: 283–293.

Denecke, D. (1979): Göttingen. Materialien zur historischen Stadtgeographie und zur Stadtplanung. Erläuterungen zu Karten und Plänen und Diagrammen mit einer Bibliographie. – Göttingen.

Denecke, D. (1983): Erhaltung und Rekonstruktion historischer Substanz in ländlichen Siedlungen. – Siedlungsforschung 1: 225–231.

Denecke, D. (1985): Historische Geographie und räumliche Planung. – Kolb, A. & Oberbeck, G. (Hrsg.): Beiträge zur Kulturlandschaftsforschung und Regionalplanung (Mitteilungen der Geographischen Gesellschaft Hamburg 75). – Hamburg: 3–35.

Denecke, D. & H. Frei (Hrsg.; 1988): Grundlagenforschung der historischen Geographie für die Erhaltung unserer Kulturlandschaft. – 46. Deutscher Geographentag München 1987. Tagungsbericht und wissenschaftliche Abhandlungen. – Stuttgart: 153–193.

Denzer, V. (1996): Historische Relikte und persistente Elemente einer ländlich geprägten Kulturlandschaft (Mainzer Geogr. Studien 43). – Mainz.

Dix, A. (Hrsg., 1997): Angewandte Historische Geographie im Rheinland. Aufsätze und Spezialbibliographie. – Köln.
Driesch, U.v.d. (1988): Historisch-geographische Inventarisierung von persistenten Kulturlandschaftselementen des ländlichen Raumes als Beitrag zur erhaltenden Planung. – Diss. Phil. Fak. Bonn.
Fehn, K. (1975): Aufgaben der genetischen Siedlungsforschung in Mitteleuropa. – Zeitschrift für Archäologie des Mittelalters 3: 69–94.
Fehn, K. (1982): Zukunftsperspektiven einer „historisch-geographischen" Länderkunde. Mit einem wissenschaftsgeschichtlichen Rückblick 1882–1981. – Ber. z. dt. Landeskunde 56: 113–131.
Fehn, K. (1986): Überlegungen zur Standortbestimmung der Angewandten Historischen Geographie in der Bundesrepublik Deutschland. – Siedlungsforschung 4: 215–224.
Fehn, K. (1993): Kulturlandschaftspflege im Rheinland. Eine Aufgabe der Angewandten Historischen Geographie. – Rheinische Heimatpflege 30: 276–286.
Fehn, K. (1994): Kulturlandschaftspflege und Geographische Landeskunde. Symposium 26./27. November 1993 in Bonn. – Ber. z. dt. Landeskunde 68: 423–430.
Fehn, K. (1996): Grundlagenforschungen der Angewandten Historischen Geographie zum Kulturlandschaftspflegeprogramm von Nordrhein-Westfalen. – Ber. z. dt. Landeskunde 70: 293–300.
Fehn, K. & H. Jäger (Hrsg.; 1982): Die Historische Dimension in der Geographie. In: Erdkunde 36 (2): 65–123.
Fehn, K. & W. Schenk (1993): Das historisch-geographische Kulturlandschaftskataster – eine Aufgabe der Geographischen Landeskunde. Ein Vorschlag insbesondere aus der Sicht der Historischen Geographie in Nordrhein-Westfalen. – Ber. z. dt. Landeskunde 67: 479–488.
Fliedner, D (1976): Aufgaben der genetischen Siedlungsforschung in Mitteleuropa aus der Sicht der Siedlungsgeographie. – Ber z. dt. Landeskunde 50: 55–83.
Frei, H. (1983): Wandel und Erhaltung der Kulturlandschaft. Der Beitrag der Geographie zum kulturellen Umweltschutz. – Ber. z. dt. Landeskunde 57: 277–291.
Gunzelmann, Th. (1987): Die Erhaltung der historischen Kulturlandschaft. Angewandte Historische Geographie des ländlichen Raumes mit Beispielen aus Franken (Bamberger Wirtschaftsgeographische Arbeiten 4). – Bamberg.
Henkel, G. (1977): Anwendungsorientierte Geographie und Landschaftsplanung. – Gedanken zu einer neuen Aufgabe. – Geographie und Umwelt. Festschrift für Peter Schneider: Kronberg/Ts.: 36–59.
Henkel, G. und C.-H. Hauptmeyer (1983): Dorfentwicklung. Bericht der Arbeitsgruppe Dorfentwicklung im Arbeitskreis für genetische Siedlungsforschung in Mitteleuropa. – Siedlungsforschung 1: 243–244.
Hildebrandt, H. (Hrsg.; 1994): Hachenburger Beiträge zur Angewandten Historischen Geographie (Mainzer Geographische Studien 39). – Mainz.
Jäger, H. (1987): Entwicklungsprobleme europäischer Kulturlandschaften (Die Geographie. Einführungen). – Darmstadt.
Kleefeld, K.-D. (1994): Historisch-geographische Landesaufnahme und Darstellung der Kulturlandschaftsgenese des zukünftigen Braunkohlenabbaugebietes Garzweiler II. – Diss. Univ. Bonn.
Krings, W. (1981): Industriearchäologie und Wirtschaftsgeographie. Zur Erforschung der Industrielandschaft. – Erdkunde 35: 167–174.
Nitz, H.-J. (1975): Die Gründung eines Arbeitskreises für genetische Siedlungsforschung in Mitteleuropa. Ein Bericht über die Situation der deutschen Siedlungsgeographie. – GZ 63: 298–302.
Nitz, H.-J. (1982): Historische Strukturen im Industrie-Zeitalter. Beobachtungen, Fragen und Überlegungen zu einem aktuellen Thema. – Ber. z. dt. Landeskunde 56: 193–217.
Ongyerth, G. (1994): Landschaftsmuseum Oberes Würmtal. Erfassung, Vernetzung und Visualisierung historischer Kulturlandschaftselemente als Aufgabe der Angewandten Historischen Geographie (Diss. Univ. München). – München.
Pries, M. (1989): Die Entwicklung der Ziegeleien in Schleswig-Holstein. Ein Beitrag zur Industriearchäologie unter geographischen Aspekten (Hamburger Geographische Studien 43). – Hamburg.
Quasten, H. & D. Soyez (Hrsg.; 1990): Die Inwertsetzung von Zeugnissen der Industriekultur als angewandte Landeskunde (1990). – 47. Deutscher Geographentag Saarbrücken 1990. Tagungsbericht und wissenschaftliche Abhandlungen. Stuttgart: 345–360.
Quasten, H. & J. M. Wagner (1996): Inventarisierung und Bewertung schutzwürdiger Elemente der Kulturlandschaft – eine Modellstudie unter Anwendung eines GIS. – Ber. z. dt. Landeskunde 70: 301–326
Römhild, G. (1981): Industriedenkmäler des Bergbaus. Industriearchäologie und kulturgeographische Bezüge des Denkmalschutzes unter besonderer Berücksichtigung ehemaliger Steinkohlenreviere im nördlichen Westfalen und in Niedersachsen. – Ber. z. dt. Landeskunde 55: 1–53.

2

Methodik und rechtlicher Rahmen der Kulturlandschaftspflege

Grundsätze und Methoden der Erfassung und Bewertung kulturhistorischer Phänomene der Kulturlandschaft (Heinz Quasten)	19
Quellen, Methoden, Fragestellungen und Betrachtungsansätze der anwendungsorientierten geographischen Kulturlandschaftsforschung (Dietrich Denecke)	35
Zur Entwicklung und Anwendung von Bewertungsverfahren im Rahmen der Kulturlandschaftspflege (Juan Manuel Wagner)	49
Zur emotionalen Wirksamkeit der Kulturlandschaft (Juan Manuel Wagner)	59
Das rechtliche Instrumentarium der Landschafts- und Kulturlandschaftspflege (Rainer Graafen)	67
Raumordnung und Kulturlandschaftspflege in den ostdeutschen Bundesländern (Bernhard Müller)	73
Vorschläge zur Terminologie der Kulturlandschaftspflege (Heinz Quasten und Juan Manuel Wagner)	80

Grundsätze und Methoden der Erfassung und Bewertung kulturhistorischer Phänomene der Kulturlandschaft

Heinz Quasten

Die zentrale Zielsetzung der Kulturlandschaftspflege besteht darin, die regionale Differenzierung unterschiedlicher Kulturlandschaften zu erhalten oder, gleichbedeutend, dem Prozeß der regionalen Nivellierung der Kulturlandschaften entgegenzuwirken. Dies ist aus anthropozentrischer Sicht unter vier Gesichtspunkten notwendig:
– Dem Menschen als *physischem* Wesen entspricht das Bedürfnis nach einer für ihn gesunden Umwelt, die sich im wesentlichen in einem intakten System der regional differenzierten Natur in den Kulturlandschaften manifestiert.
– Dem Menschen als *intellektuellem* Wesen entspricht u.a. das Bedürfnis nach Ablesbarkeit und geistigem Verständnis der Natur- und Kulturgeschichte der Landschaft, wozu entscheidend die regionale Differenziertheit der Erde in Landschaften jeweils eigener Identität gehört.
– Dem Menschen als *emotionalem* Wesen entspricht u.a. das Bedürfnis nach Schönheit von Natur und Landschaft und nach der Individualität seines engeren Lebensraumes, mit dem er sich identifizieren kann, was gleichbedeutend ist mit der Unterscheidbarkeit seiner Heimat von anderen Räumen.
– Dem Menschen als *ethisch handelndem* Wesen entspricht das Bedürfnis, die regional differenzierte Natur als Teil der Schöpfung in ihrem Eigenwert und das regional differenzierte kulturelle Erbe als Vermächtnis seiner Vorfahren zu respektieren und an nachfolgende Generationen weiterzugeben.

Der vorliegende Beitrag betrifft das kulturelle Erbe in der Landschaft als Gegenstand der intellektuellen Auseinandersetzung des Menschen mit ihm. Das kulturelle Erbe manifestiert sich in den Landschaften in kulturhistorischen Objekten, in der kulturhistorischen Ausstattung von Gebieten und in der kulturhistorischen Differenziertheit der Landschaften.

Kulturhistorische Objekte

Das anthropogene Inventar eines Landschaftsraumes umfaßt *Objekte* (Landschaftselemente und Landschaftsbestandteile), samt deren *räumlichen* und *formalen Merkmalen* und deren *Beziehungsgefügen* untereinander.

Objekte in der Landschaft sind Gegenstände unterschiedlicher Komplexität, z.B.
– Baum, Streuobstbestand, Feldgehölz, Forst,
– Acker, Gewann, Bewässerungsgraben, Feldkapelle, Feldflur,
– Gebäude, Einödhof, Weiler, Friedhof, ländliche Siedlung, Dorf,
– Fördergerüst, Abraumhalde, Bergwerk, Fabrikhalle, Fabrik, Werkssiedlung, Stadt,
– Pfad, Weg, Straße, Autobahn, Eisenbahnanlage.

Räumliche Merkmale von Objekten sind deren topographische Lage und deren räumliche Verbreitung und Verteilung.
Formale Merkmale von Objekten sind besondere, die Form betreffende Eigenschaften von Objekten, wie Grundriß, Aufriß, formale Ausbildung spezieller Merkmale usw.
Beziehungsgefüge zwischen Objekten sind vormalige oder rezente anthropogen-funktionale oder genetisch-kausale Abhängigkeiten. Durch sie werden Objekte unterschiedlichen Typs zu Ensembles zusammengebunden.

Nach Wagner (1996: 109) lassen sich „potentiell schutzwürdige anthropogene Objekte" wie folgt klassifizieren:
- Zeugnisse traditioneller bzw. ehemaliger Wirtschaftstätigkeit (Zeugnisse der Landwirtschaft, der Wald- und Forstwirtschaft, der Fischereiwirtschaft, der Rohstoffgewinnung, des sekundären Wirtschaftssektors),
- Zeugnisse rezenter Wirtschaftstätigkeit,
- Zeugnisse der territorialen und politischen Geschichte,
- Siedlungen (Zeugnisse ehemaliger Siedlungen, Merkmale bestehender Siedlungen),
- Infrastruktureinrichtungen (Einrichtungen der Verkehrsinfrastruktur, der Versorgungsinfrastruktur, der Erholungsinfrastruktur und des Hochwasserschutzes),
- Kult- und Begräbnisstätten,
- Sonstige schutzwürdige Landschaftselemente und -bestandteile.

Unter diesen Objekten werden solche als kulturhistorisch bezeichnet, deren Entstehung und/oder Gestaltung auf frühere, heute nicht mehr existente gesellschaftliche Strukturen zurückgehen.

Die Erfassung von kulturhistorischen Objekten

Es wird immer noch häufig die Meinung vertreten, den Bestand an kulturhistorisch bedeutsamen Objekten in der Landschaft könne man inventarisieren, indem man ein Gelände begeht und die ins Auge fallenden Gegenstände kartographisch, deskriptiv verbal und ggf. fotografisch erfaßt. Und dies, so die verbreitete Meinung weiter, sei im wesentlichen auch von fachwissenschaftlich wenig ausgebildeten Personen zu leisten, wenn diese ihre Arbeit nur mit ausreichender Sorgfalt verrichten. Die Naivität dieser Meinung muß um so mehr verwundern, als niemand auf die Idee kommen würde, die Inventarisierung etwa von Pflanzenbeständen oder von Oberflächenformen im Rahmen von Bestandsaufnahmen für den Naturschutz könne man Nicht-Botanikern bzw. Nicht-Geomorphologen überlassen. Die folgenden Ausführungen werden verdeutlichen, daß bereits für die Inventarisierung von kulturhistorischen Objekten ein gehöriges Maß an Fachwissen unabdingbar ist.

Die Identifizierung von Objekten im Gelände

Unter der Identifizierung eines Objektes im Gelände wird lediglich die richtige Einordnung eines Objektes unter einen Begriff sowie dessen sprachliche Benennung verstanden. Eine solche Identifizierung liegt bereits vor, wenn ein Gegenstand z.B. richtig als „Ackerterrasse" bezeichnet wird. Mit der begrifflichen Einordnung und Benennung sind zugleich implizit formale, funktionale und/oder genetische Merkmale des Objektes mit erfaßt. Identifizierung schließt jedoch nicht die Erkenntnis der individuellen Eigenschaft des betreffenden Objektes ein. Daher ist mit der Identifizierung auch noch keine Aussage über den Grad der kulturhistorischen Bedeutung oder gar die Bewertung unter dem Aspekt der Schutzwürdigkeit gemacht.

Der einfachste Fall der Identifizierung eines Objektes liegt dann vor, wenn ein solches im Gelände deutlich sichtbar angetroffen wird und seine wesentliche rezente oder vormalige Funktion bzw. seine Genese von der Erscheinung her leicht zu erkennen ist. Das ist z.B. bei einer Burgruine, einer Mühle, einer Brücke oder einer Weinbergsterrassenmauer der Fall.

Ein schwierigerer Fall ist gegeben, wenn ein Objekt zwar deutlich sichtbar angetroffen werden kann, die vormalige Funktion oder Entstehung aber vom Beobachter nicht ohne weiteres festzustellen ist, wenn er nicht über entsprechende Fachkenntnisse verfügt. Das gilt z.B. für zahlreiche Formen des Kleinreliefs. Eine kleine, geschlossene Hohlform im Relief kann entweder natürlicher Entstehung sein (z.B. ein Erdfall infolge Auslaugung von Gips im Untergrund) oder anthropogen (z.B. eine Pinge eines oberflächennahen Abbaus von Erz oder Kohle oder ein Granattrichter aus der Zeit des Zweiten Weltkrieges). In solchen Fällen ist häufig die Identifizierung aus der optisch wahrnehmbaren Erscheinung des Objektes gar nicht zu treffen, sondern nur dadurch möglich, daß eine Einordnung des Objektes in eine Gruppe weiterer Objekte ähnlicher

Beschaffenheit im selben Raum erfolgt und/oder eine nähere Untersuchung am Objekt (z.B. eine Grabung) vorgenommen wird und/oder sonstige Informationsquellen (z.B. Literatur) ausgewertet werden.

Eine dritte Schwierigkeitsstufe der Identifizierung von kulturhistorischen Objekten ist erreicht, wenn die optisch wahrnehmbare Erscheinung eines Objektes gar nicht auf die vormalige Funktion oder Entstehung hindeutet und sich damit die kulturhistorische Bedeutung des Objektes nicht aus der Erscheinung erschließen läßt. So ist z.B. aus dem Verlauf und der Beschaffenheit eines Feldwirtschaftsweges in der Regel nicht erkennbar, ob er auf der Trasse einer römerzeitlichen Straße verläuft.

Die gezielte Suche nach Objekten im Gelände

Für einen Laien ist es manchmal erstaunlich, daß Botaniker das Vorkommen einer Pflanzenart entdecken, die nur in ganz wenigen Exemplaren völlig unauffällig auf einer sehr kleinen Fläche vorkommt. Manchmal sind solche Entdeckungen zufällig. Aber häufig sind sie das Ergebnis einer Suche nach genau dieser Pflanzenart. Eine solche Suche muß gezielt vorgenommen werden, d.h. die Fachleute müssen wissen, an welchen Standorten sie zu suchen haben.

Der Schlüssel liegt in der Pflanzensoziologie und deren Erkenntnis, daß unter bestimmten Standortbedingungen bestimmte Vergesellschaftungen von Pflanzen anzutreffen sind, die eine bestimmte Zusammensetzung aus „Kennarten" aufweisen. Sind Standortbedingungen bekannt, dann kann man unter diesen eine bestimmte, sich natürlich einstellende Pflanzengesellschaft erwarten, auch wenn aktuell infolge von Nutzung eine ganz andere Vegetation, z.B. eine Ackerfrucht, anzutreffen ist. Umgekehrt kann aus dem Vorhandensein einer natürlichen oder naturnahen Pflanzengesellschaft auf die Standortbedingungen des betreffenden Geländes geschlossen werden. Wenn man an einem Standort eine Reihe von für eine Gesellschaft typischen Arten antrifft, ist die Wahrscheinlichkeit nicht gering, dort auch die gesuchte seltene Kennart aufzufinden.

Dieses soziologische Prinzip wird auch in anderen Wissenschaften weit verbreitet methodisch genutzt. Die Geomorphologie etwa kennt einen Formenkanon, der regelmäßig vergesellschaftet anzutreffen ist, z.B. die sog. glaziale Serie. Auch beispielsweise in den Wirtschafts- und Sozialwissenschaften ist dies nichts Neues. Es sei etwa auf die charakteristische Vergesellschaftung ganz bestimmter Industriebranchen hingewiesen.

Die Vergesellschaftung von Objekten

Kulturhistorische Objekte in der Kulturlandschaft sind häufig ebenfalls in Vergesellschaftungen eingebunden. Sie werden als „Ensembles" kulturhistorischer Objekte bezeichnet.

Eine solche Vergesellschaftung liegt erstens dann vor, wenn unterschiedliche Objekte vormals zusammen ein Funktionssystem gebildet haben oder auch noch rezent ein solches bilden. Ein sehr einfaches „funktionales Ensemble" ist z.B. die Vergesellschaftung von Objekten, die zu dem Funktionssystem einer Wassermühle gehören. Aus dem Vorhandensein der Relikte einer Mühle kann man schließen, daß es im Umfeld wasserbauliche Einrichtungen gegeben haben muß, die notwendig waren, um das Mühlrad anzutreiben. Selbst wenn man zunächst im Gelände keine Relikte solcher Einrichtungen entdeckt, wird eine gezielte Suche im Tal oberhalb der Mühle mit einiger Wahrscheinlichkeit Hinweise auf den Verlauf eines Mühlengrabens, auf ein Wehr, einen Stauteich o.a. ergeben. Komplizierter sind z.B. Vergesellschaftungen von Objekten, die im Zusammenhang mit der historischen Bewirtschaftungsweise der Zelgenbrachwirtschaft stehen. Aus bestimmten Elementen der Flurform lassen sich das vormalige Vorhandensein einer Allmende oder historische, u.U. auch noch rezente Rechte der Dorfbewohner bzgl. der Waldnutzung mit entsprechenden Hinweisen im Waldbild erschließen.

Zweitens sind kulturhistorische Objekte häufig mit Objekten anderen Typs vergesellschaftet, die nicht planmäßig für die Funktionsfähigkeit eines Systems geschaffen wurden, sondern die aus dem Funktionieren eines Systems unbeabsichtigt entstanden sind. Hierbei handelt es sich um „genetisch-kausale Ensembles". Das Material, das aus einem Hohlweg in hügeligem Gelände erodiert wurde, wird sich z.B. häufig in Form eines Schwemmfächers in der benachbarten Aue eines Baches wiederfinden lassen. Aus Erosionsrinnen unter Wald kann man – bei dem Vorhandensein weiterer Indizien – auf eine vormalige Ackernutzung der betreffenden Fläche schließen.

Die Kenntnis über charakteristische Ensembles kulturhistorischer Objekte trägt in hohem Maße dazu bei, überhaupt Gegenstände der Landschaft als kulturhistorische Objekte ansprechen zu können. Zahlreiche solcher Gegenstände würden einfach übersehen oder blieben unbeachtet oder würden als aus der Landesnatur herrührend interpretiert, wenn ihr Indikationswert für das Vorhandensein eines Vergesellschaftungssystems nicht erkannt würde.

Die Standortfaktoren von Objekten

Es liegt auf der Hand, daß sich die gezielte Suche nach kulturhistorischen Objekten auch an deren spezifischen Standortfaktoren, insbesondere an der natürlichen Standortbeschaffenheit, orientieren kann. Es bedarf keiner Fachkenntnis, wenn man bestimmte Mühlenrelikte an Bachläufen und historische Einrichtungen für die Schiffahrt an größeren Fließgewässern sucht.

Nicht ohne Fachkenntnisse ist dagegen auszukommen, wenn man aus der Geländebeschaffenheit, z.B. der Reliefgestalt oder der Bodenart, auf ganz bestimmte historische Wirtschaftsweisen schließt und deren Relikten nachspürt. Beispiele für solche standortgebundenen kulturhistorischen Relikte sind etwa
– Ackerterrassen – auch unter Wald – in hängigem Gelände,
– Wölbäcker – heute in der Regel unter Dauergrünland – in flachem Gelände mit fetten Böden,
– Be- und Entwässerungsgräben sowie dazugehörende Einrichtungen in grünlandgenutzten unteren Hangpartien von Tälern,
– Lesesteinriedel oder -mauern im Bereich steinreicher Böden, vor allem im Verbreitungsgebiet gebankt anstehender Sedimente,
– Köhlerplätze und Schleifwege zum Transport von Bauholz auf landwirtschaftlich kaum nutzbaren Böden, auf denen seit jeher Wald stocken dürfte, oder
– Relikte historischer Gewinnungsstätten im Verbreitungsgebiet bestimmter Natursteinmaterialien, die in zurückliegenden Zeiten für spezielle Nutzungen, z.B. für die Herstellung von Mühlsteinen, verwendet wurden.

Manche dieser Objekte blieben sicherlich unentdeckt oder würden fehlinterpretiert, wenn man die Beziehung zwischen der natürlichen Standortbeschaffenheit und der Ausbildung historischer Wirtschaftsweisen nicht kennen würde. Dies gilt besonders für solche Gegenstände, die im Gelände kaum auffallen, etwa ein von Gebüsch überwachsener Lesesteinriedel, oder die zu Verwechslungen Anlaß geben könnten, z.B. eine Ackerterrasse, die sich auch als natürliche Reliefstufe mißdeuten ließe.

Als Standortfaktoren bestimmter Objekte können auch beispielsweise verkehrsinfrastrukturelle Einrichtungen, etwa Straßen, gewertet werden. Ein Beispiel: Die wenigen bekannten Relikte der sog. „Napoleonsbänke" – steinerne Bänke mit einem hochliegenden Balken, der „Brücke", zum Abstellen von Kopflasten – befinden sich im Elsaß, in Lothringen und im Saarland sämtlich an Wegen zwischen Dörfern und den von dort beschickten Marktorten.

Die räumliche Verbreitung und Verteilung von Objekten im Gelände

Im Rahmen einer Inventarisierung geht mit dem Aufspüren und der Identifizierung von kulturhistorischen Objekten der Kulturlandschaft die kartographische Verortung einher. Sie wird zweckmäßigerweise auf Karten relativ großer Maßstäbe – 1 : 25.000 bis 1 : 5.000, in Ortslage u.U. 1 : 1.000 – vorgenommen. Die kartographische Verortung dient zunächst der Wiederauffindbarkeit der Objekte. Unter diesem Aspekt stellt sie ein Kataster dar. Darüber hinaus ist sie aber auch von erheblichem Erkenntniswert, wie im folgenden ausgeführt wird.

Die „räumliche Verbreitung" von Objekten wird durch die kartographische Markierung eines oder mehrere Areale beschrieben, in denen Objekte dieses Typs vorkommen, und die von anderen Arealen umgeben sind, in denen Objekte dieses Typs nicht vorkommen.

Die „räumliche Verteilung" von Objekten wird durch die kartographische Markierung der topographischen Lage von Objekten im Gelände beschrieben. Synonym zu „räumliche Verteilung" ist auch der Terminus „räumliche Anordnung" üblich.

Je nach Objektkategorie lassen sich verschiedene Arten der räumlichen Verteilung unterscheiden. Sie werden insgesamt als „räumliche Verteilungsmuster" oder, aus der angelsächsischen Literatur übernommen, als „Pattern" bezeichnet.

Wenig Fläche einnehmende Einzelobjekte – z.B. Pingen, Grenzsteine, Wegekreuze, Gebäude – lassen sich in Karten geeigneten Maßstabes als Punkte darstellen. Die Gesamtheit der Objekte einer bestimmten Kategorie präsentieren sich in der Karte als „Einzelpunkte" oder als „Punktemuster".

Linear ausgebildete Objekte – z.B. Gewässer, Gräben, Wege, Terrassenkanten, Lesesteinriedel – werden kartographisch als Linien dargestellt. Die Gesamtheit der Objekte einer bestimmten Kategorie präsentieren sich in der Karte als „Einzellinie" oder als „Linienmuster", z.B. als „Liniennetze".

Flächenhafte Objekte – z.B. Wälder, Fluren einer bestimmten Form, Wölbäcker, Bruchfelder eines untertägigen Bergbaus – werden kartographisch als Flächen dargestellt. Die Gesamtheit der Objekte einer bestimmten Kategorie präsentieren sich in der Karte als „Einzelfläche" oder als „Flächenmuster".

Der Erkenntniswert der kartographischen Verortung resultiert vor allem aus der Möglichkeit der Übereinanderprojektion verschiedener Muster, die auch als „Verschneidung" bezeichnet wird. Eine solche kann *ensemble-orientiert, standort-orientiert, historisch-orientiert* oder *experimentell* erfolgen. In allen Fällen ist es zweckmäßig, der Übereinanderprojektion arbeitshypothetisch eine Beziehung zwischen den zu verschneidenden Sachverhalten zugrunde zu legen.

Eine *ensemble-orientierte Verschneidung* liegt dann vor, wenn zwei oder mehr Muster solcher Objekte übereinanderprojiziert werden, deren anthropogen-funktionale oder genetisch-kausale Beziehungen zueinander bekannt sind. Als einfaches Beispiel sei die Verschneidung folgender Muster genannt:
– das Linienmuster von Fließgewässern, ggf. mit Angabe jahreszeitlich wechselnder Wasserführung,
– das Linienmuster von wahrscheinlich ehemals wasserführenden Gräben,
– das Flächenmuster von stehenden Gewässern, die historisch unterschiedliche Nutzungen erfahren haben können,
– das Punktemuster von Wehren und anderen wasserbautechnischen Anlagen,
– das Punktemuster von Mühlenstandorten.

Die Verschneidung dieser Muster wirft u.a. folgende Fragen auf:
– In welchen räumlichen Bereichen ist das erwartete Ensemble des Wassermühlensystems komplett?
– In welchen räumlichen Bereichen gibt es einzelne „Leerstellen"? Wo fehlen also einzelne Objekte, die eigentlich aus der Erkenntnis über funktionale Zusammenhänge heraus vorhanden (gewesen) sein müßten? Dies kann und sollte Anregung für die erneute Nachforschung nach derartigen Objekten sein.
– In welchen räumlichen Bereichen sind überhaupt keine Objekte des Funktionalsystems aufgefunden worden, obwohl es Indizien dafür gibt, daß sie eigentlich vorhanden (gewesen) sein müßten (z.B. ein größeres Dorf an einem nicht zu kleinen Bach ohne Mühle)? Auch dies kann und sollte Anregung für die erneute Nachforschung nach derartigen Objekten sein.
– Läßt sich die zunächst, z.B. bei der Geländeaufnahme, angenommene funktionale Zuordnung von Objekten zu einem Wassermühlensystem noch als solche aufrechterhalten? Dies wäre z.B. bei einem vermuteten Mühlenteich fraglich, wenn die Wasserführung des benachbarten Baches ganzjährig zum Betrieb einer Mühle ausreichend ist und die übrigen an diesem Bach liegenden Mühlen keine Teiche aufweisen. In diesem Falle müßte eine andere historische Nutzung des aufgefundenen Teiches, z.B. für die Fischzucht, wahrscheinlich gemacht werden.

Vergleichbare Fragestellungen ergeben sich auch aus den im folgenden genannten Verschneidungen.

Eine *standort-orientierte Verschneidung* liegt dann vor, wenn die Verteilungsmuster eines oder mehrerer Standortfaktoren mit einem oder mehreren Verteilungsmustern kulturhistorischer Objekte übereinanderprojiziert werden. Drei Verschneidungsbeispiele seien genannt:

- die Flächenmuster von Gesteinsvorkommen oder geologischen Formationen auf der einen Seite und das Punktemuster von Pingen und Abraumhalden oder das Linienmuster von Lesesteinriedeln auf der anderen Seite,
- die Flächenmuster der Bereiche unterschiedlicher Hangneigung auf der einen Seite und die Linienmuster von Ackerterrassen oder Bewässerungskanälen bzw. die Flächenmuster von Wölbäckern auf der anderen Seite,
- die Flächenmuster der Bereiche unterschiedlicher Bodengüte und die Punktemuster des Vorkommens vor- und frühgeschichtlicher Funde.

Unter einer *historisch-orientierten Verschneidung* wird die Übereinanderprojektion von Verteilungsmustern historischer Sachverhalte und den Verteilungsmustern rezent anzutreffender kulturhistorischer oder sonstiger Objekte verstanden. Dazu zählen z.B.
- die Verschneidung des Linienmusters historischer Territorialgrenzen mit dem Punktemuster von Grenzsteinen zur gezielten Suche nach bisher unbekannten, möglicherweise noch vorhandenen Grenzsteinen und sonstigen historischen, grenzmarkierenden Objekten,
- die Verschneidung der Linienmuster historischer Straßen und Wege (von der Römerstraße bis zum Bergmannspfad) mit dem Linienmuster bestehender Straßen und Wege, um ggf. die rezente Nutzung alter Trassen aufzudecken,
- die Verschneidung der in historischen Karten ausgewiesenen Flächenmuster der Waldbedeckung mit dem Flächenmuster der rezenten Waldbedeckung, um die genetische Entwicklung bzw. die Persistenz von Waldgrenzen zu erkennen.

Als eine *experimentelle Verschneidung* wird eine Übereinanderprojektion bezeichnet, durch welche mögliche Beziehungen zwischen dem Vorkommen bestimmter Kategorien kulturhistorischer Objekte untereinander oder zu anderen Phänomenen festgestellt werden sollen. Ein Beispiel ist die Verschneidung des Linienmusters von Gemarkungsgrenzen und dazu äquidistanten Parallelen gegen das Gemarkungsinnere mit dem Flächenmuster der Waldbedeckung. Arbeitshypothetisch liegt dem Experiment die Annahme zu Grunde, die Waldverteilung eines Gebietes könnte z.T. als Relikt der äußeren Begrenzung von Rodungsinseln um die ländlichen Siedlungen verstanden werden.

Als hervorragendes Instrument der technischen Realisierbarkeit von „Verschneidungen" haben sich in jüngerer Zeit die Geographischen Informationssysteme (GIS) erwiesen. Sie ermöglichen die Digitalisierung der kartographischen Verortung von Objekten getrennt nach jeder beliebigen Objektkategorie und die anschließende Übereinanderprojektion jedes beliebigen Musters am Bildschirm sowie deren Ausgabe auf einem Drucker oder Plotter. Darüber hinaus lassen sich durch ein GIS bestimmte statistische Auswertungen von Verteilungsmustern anstellen, für die bisher keine ökonomisch vertretbaren Techniken zur Verfügung standen.

Die Bewertung von kulturhistorischen Objekten

Kulturlandschaftspflege kann nicht nach Art eines Archivs betrieben werden. Archive werden unterhalten, um historisches Dokumentationsmaterial für die Forschung zu sichern. Eine Archivierung ist nur bezüglich kleiner, mobiler Gegenstände möglich, die man zu diesem Zweck an einem speziellen Ort, im Archiv, aufbewahrt. Sie kann grundsätzlich erfolgen, ohne daß der historische Wert der einzelnen zu archivierenden Gegenstände vorab beurteilt werden muß.

Natürliche und anthropogene Objekte in den Kulturlandschaften sind grundsätzlich anders geartet. Sie sind bis auf wenige Ausnahmen immobil, vielfach von großer Dimension und häufig nur an ihrem speziellen Standort überlebensfähig bzw. nur im Zusammenhang mit ihrem Standort von historischer Aussagekraft. Sie lassen sich daher – bis auf wenige Ausnahmen – nicht archivieren. Sie können nur in situ erhalten werden. Geschieht dies nicht, gehen sie – mit Ausnahme mancher reversibler Lebenssysteme – endgültig verloren.

Kulturhistorische Bedeutung und Selektion

Der Schutz und die Pflege von kulturhistorischen Objekten in Kulturlandschaften können sich nicht unterschiedslos auf alle Objekte beziehen, nur weil sie ein hohes Alter aufzuweisen haben. Dies wäre nicht nur finanziell nicht leistbar, sondern würde auch zu einer ungewollten, sehr weitgehenden Konservierung von Landschaften führen und deren weitere Entwicklung in unerträglicher Weise behindern. Die Erhaltung von kulturhistorischen Objekten in Kulturlandschaften ist daher nur selektiv möglich.

Daher ist es unumgänglich, Selektionskriterien zur Hand zu haben, nach denen zu entscheiden ist, welche kulturhistorischen Objekte in Kulturlandschaften zu erhalten sind bzw. auf welche verzichtet werden kann. Der wichtigste – wenn auch nicht der einzige – Faktor für die Entwicklung von Kriterien für die notwendige Selektion ist die „kulturhistorische Bedeutung" von Objekten.

Die Feststellung der kulturhistorischen Bedeutung von Objekten ist aber keineswegs gleichbedeutend mit der Festlegung eines Selektionskriteriums. Es handelt sich dabei vielmehr um zwei grundsätzlich unterschiedliche Vorgänge:
- Die „Feststellung" der kulturhistorischen Bedeutung von Objekten ist ein möglichst objektiver, mindestens aber ein intersubjektiv nachvollziehbarer, wissenschaftlicher Vorgang.
- Die „Festlegung" eines Selektionskriteriums ist dagegen ein politischer Vorgang, durch den bestimmt wird, ob Objekte einer bestimmten kulturhistorischen Bedeutung erhaltenswert oder verzichtbar sind.

Beim ersten Vorgang werden die kulturhistorischen Objekte in eine Rangskala eingeordnet. Beim zweiten Vorgang wird innerhalb dieser Rangskala ein Schwellenwert festgelegt, sozusagen ein Strich gezogen, oberhalb dessen sich die erhaltenswerten und unterhalb dessen sich die verzichtbaren kulturhistorischen Objekte befinden.

Die beiden Vorgänge unterscheiden sich noch in einer zweiten Hinsicht prinzipiell voneinander:
- Unter der Voraussetzung, daß sich der Bestand an kulturhistorischen Phänomenen eines Raumes weder quantitativ noch qualitativ verändert, ist die Feststellung der kulturhistorischen Bedeutung von Objekten grundsätzlich unabhängig vom Zeitpunkt der Feststellung. Das Ergebnis – sofern es fundiert zustandegekommen ist – bleibt gültig, es sei denn, neuere wissenschaftliche Erkenntnisse lassen eine andere Bewertung der Bedeutung erforderlich erscheinen.
- Die Festlegung von Selektionskriterien ist dagegen in starkem Maße zeitabhängig. Erfahrungsgemäß ändert sich nämlich im Laufe der Zeit die Wertschätzung der Gesellschaft und damit der politischen Entscheidungsträger hinsichtlich der Erhaltungswürdigkeit bzw. Verzichtbarkeit von Objekten. Wie anders wäre es zu verstehen, daß in den vergangenen Jahrzehnten die Anzahl der unter Schutz gestellten natürlichen Bestände und Kulturdenkmäler um ein Vielfaches erhöht worden ist.

Der Schwellenwert hinsichtlich der Erhaltung von Biozönosen liegt aus heutiger Sicht bereits hoch. Das seit Ende der 1960er Jahre in der Gesellschaft unseres Landes gewaltig gewachsene Bewußtsein um die Bedeutung einer intakten Umwelt hat dem Naturschutz sehr starke Impulse gegeben. Die inzwischen weitgehend flächendeckend erfolgte Biotopkartierung, d.h. die Inventarisierung des Bestandes an naturnahen Biozönosen, hat es erlaubt, dem stetig angehobenen Schwellenwert als Selektionskriterium entsprechende Maßnahmen des Schutzes und der Pflege sachgerecht und zügig folgen zu lassen.

Der Schwellenwert hinsichtlich der Erhaltung von kulturhistorischen Objekten in der Kulturlandschaft liegt dagegen vergleichsweise noch insgesamt niedrig. Es ist allerdings nicht zu übersehen, daß mit einer um zwei Jahrzehnte dauernden Verzögerung gegenüber dem Naturschutz nun auch der Kulturlandschaftspflege eine wachsende Bedeutung zugemessen wird. Will man zum Naturschutz parallele Entwicklungen annehmen, dann müßte aus dieser Tatsache geschlossen werden, daß in Kürze mit einer flächendeckenden Inventarisierung des kulturhistorischen Bestandes der Kulturlandschaften begonnen wird.

Bewertungskriterien für kulturhistorische Objekte

Wagner (1996: 167) hat unter Abwägung bisher publizierter Verfahren für die Bewertung schutzwürdiger Objekte in der Kulturlandschaft überzeugend zehn Kriterien aufgeführt. Unter diesen sind solche, die sich auf die emotionale Wirksamkeit beziehen und die daher hier nicht zur Debatte stehen. Für die Feststellung der kulturhistorischen Bedeutung von Objekten in der Landschaft sind unter den bei Wagner aufgeführten folgende Kriterien von Belang: die *Eigenwertkriterien* Eigenartbedeutung, Repräsentativität, Erhaltungszustand und Ensemblebedeutung, das *Schutzwürdigkeitskriterium* Seltenheit sowie das *Schutzdringlichkeitskriterium* Gefährdungsgrad.

Wagner argumentiert – wie es aus dem Titel seiner Untersuchung deutlich zum Ausdruck kommt – ausschließlich aus der Sicht einer Kulturlandschaftspflege, deren gesetzliche Basis das geltende Naturschutzrecht ist. Dieses anerkennt den Wert kulturhistorischer Objekte im Prinzip nur in ihrer Bedeutung für die „Vielfalt, Eigenart und Schönheit der Landschaft". Über diese Bedeutung hinaus kann auch der individuelle kulturhistorische Dokumentationswert von Objekten betrachtet werden. Während dieser nach dem Naturschutzrecht allerdings weniger relevant ist, hebt das Denkmalschutzrecht ausdrücklich auf den individuellen kulturhistorischen Dokumentationswert als Bewertungskriterium von Objekten ab. Unter der Zielsetzung einer umfassenden Kulturlandschaftspflege ist es daher notwendig und zweckmäßig, den von Wagner vorgeschlagenen Kriterien das Eigenwertkriterium „Dokumentationswert" hinzuzufügen und ebenso wie das Kriterium Eigenartbedeutung bei der Bewertung besonders zu gewichten.

Insgesamt umfaßt der Kriterienkanon somit
die Eigenwertkriterien
- *Dokumentationswert,*
- *Eigenartbedeutung,*
- *Erhaltungszustand,*
- *Repräsentativität* und
- *Ensemblebedeutung,*

das Schutzwürdigkeitskriterium
- *Seltenheit* sowie

das Schutzdringlichkeitskriterium
- *Gefährdungsgrad.*

Die Eigenwertkriterien

Das Bewertungskriterium *Dokumentationswert* beschreibt die kulturhistorische Aussagekraft eines einzelnen Objektes oder einer Gruppe von Objekten. Dabei bleibt der Aspekt unbeachtet, ob es sich bei diesen Objekten um landschaftstypische handelt oder nicht. Bei der Bewertung des Dokumentationswertes von Einzelobjekten bzw. Objektgruppen sind sowohl deren materielle Erscheinung als auch deren räumliche Verteilung und Verbreitung in die Betrachtung einzubeziehen. Sie sind dahingehend zu untersuchen, welche historische Aussagekraft ihnen zukommt, z.B. hinsichtlich
- der vormaligen Funktion der Objekte,
- der verwendeten Stilelemente und der eingesetzten Techniken zum Zeitpunkt ihrer Entstehung,
- ihrer Genese,
- der historischen gesellschaftlichen – politischen, sozialen und ökonomischen – Rahmenbedingungen und der individuellen Ursachen ihrer Entstehung, Gestaltung, Veränderung und Auflassung,
- ihrer sozialen und ökonomischen Bedeutung für ehemalige Bevölkerungen und
- der Ursachen der Standortwahl und der räumlichen Verteilung und/oder Verbreitung der betreffenden Objekte.

Der zuletzt genannte Aspekt soll an zwei Beispielen verdeutlicht werden.
- Erstes Beispiel: Im Bereich der deutsch-französischen Staatsgrenze, dort wo sie südöstlich von Saarbrücken durch das Flüßchen Blies gebildet wird, befinden sich auf dem deutschen Flußufer Grenzsteine, die die Staatsgrenze markieren, was zunächst unerklärlich ist. Erst die Kenntnis der Tatsache, daß bei Grenzkorrekturen im 18. Jahrhundert die Territorialgrenze zwischen der Von-der-Leyen-Herrschaft und dem französischen Königreich entgegen internationaler Gepflogenheiten nicht in der Flußmitte sondern auf dem deutschen Ufer festgelegt wurde, weil Frankreich die gesamte Nutzung des Flusses für seine Mühlen beanspruchte, erklärt das Vorhandensein der Grenzsteine auf der deutschen Flußseite.

— Zweites Beispiel: Im Bliesgau im südöstlichen Saarland sind Wegekreuze in der Feldflur häufig vorkommende kulturhistorische Objekte. Bemerkenswert ist es, daß sie eine sehr ungleichförmige räumliche Verteilung aufweisen. In manchen Gemarkungen sind sie zahlreich, in anderen fehlen sie völlig. Aus dem Vorhandensein bzw. Nichtvorhandensein von Wegekreuzen läßt sich die heute noch dominante, früher jedoch nahezu einheitliche Konfession der zugehörigen Dorfbevölkerungen ablesen. Diese ist wiederum Spiegelbild der Territorialgeschichte, denn die heute überwiegend evangelischen Dörfer gehörten bis zum Ende des 18. Jahrhunderts zum Herzogtum Pfalz-Zweibrücken, die überwiegend katholischen zur schon erwähnten Von-der-Leyen-Herrschaft mit Sitz in Blieskastel oder zum Herzogtum Lothringen.

Die topographische Anordnung der Grenzsteine und die räumliche Verbreitung der Wegekreuze stellen materielle Zeugnisse der Territorialgeschichte dar und sind deshalb von besonderer historischer Aussagekraft. Während die Grenzsteine unter dem Aspekt der Eigenart der Landschaft von eher untergeordneter Bedeutung sind, stellen die Wegekreuze wichtige landschaftscharakteristische Merkmale dar, so daß sie auch unter dem Kriterium Eigenartbedeutung hoch bewertet werden müssen.

Aus der politischen Geschichte, der Wirtschaftsgeschichte und anderen historischen Ereignissen läßt sich das Vorhandensein und der Standort zahlreicher Objekte in der Landschaft erklären, wie umgekehrt das Vorhandensein und der Standort solcher Objekte verbliebene Zeugen dieser Geschichte und damit von besonderer Aussagekraft sind, d.h. einen hohen Dokumentationswert besitzen. Dies gilt nicht nur für Objekte aus weit zurückliegenden Epochen. Aus der jüngeren Geschichte rühren z.B. viele, z.T. landschaftsprägende Elemente her, wie Bunker, Panzergräben und Höckerlinie des Westwalls und der Maginot-Linie im deutsch-französischen Grenzraum. Die Standorte derartiger Objekte sind von bestimmten militärtechnischen und -strategischen Konzepten her erklärbar.

Grundsätzlich läßt sich der Dokumentationswert nur durch ein entsprechendes Quellenstudium aufdecken. Dieses kann bei solchen Objekten, die häufig vorkommen, mit relativ geringem Aufwand verbunden sein; besonders bei singulär vorkommenden Objekten ist dagegen nicht selten eine besonders aufwendige Quellenrecherche notwendig.

Das Bewertungskriterium *Eigenartbedeutung* beschreibt den Grad, mit dem ein Objekt oder eine Objektgruppe zur Eigenart oder Individualität einer Landschaft beiträgt. Objekte mit hoher Eigenartbedeutung sind stets landschaftscharakteristisch.

Eine hohe Eigenartbedeutung kommt Gesamtheiten solcher Objekte zu, die entscheidende Phasen oder Abschnitte der Landschaftsgenese eines Raumes repräsentieren und diesen noch heute in seinen Grundstrukturen prägen. Dazu gehören z.B. die Flurformen. Eine Waldhufenflur oder deren Relikte sind beispielsweise ein wichtiges Denkmal der Siedlungsgeschichte eines Raumes. Sie legen Zeugnis ab von einer planmäßigen Erschließung der Mittelgebirge und stehen mit einer Reihe weiterer landschaftsprägender Faktoren in kausalem Zusammenhang, etwa der Wald-Offenland-Verteilung und den Grundrißstrukturen der ländlichen Siedlungen. Andere derartige Gesamtheiten von Objekten können z.B. Bergbaurelikte und fossile Relikte eines vormaligen Weinbaus sein. Zugleich sind solche landschaftsgenetisch bedeutsame Phänomene auch von großer kulturhistorischer Aussagekraft und weisen damit einen hohen Dokumentationswert auf.

Ein weiterer wichtiger Aspekt des Bewertungskriteriums Eigenartbedeutung sind „identitätsstiftende Merkmale" von Objekten in einem Landschaftsraum. Diese sind nicht nur zur Beurteilung der Schutzwürdigkeit von Objekten unerläßlich, sondern sie spielen darüber hinaus eine entscheidende Rolle für die Strategie künftiger Entwicklungen von Kulturlandschaften.

Die *Identität einer Landschaft*, die man auch als ihre *individuelle Unverwechselbarkeit* bezeichnen kann, manifestiert sich neben der charakteristischen Ausprägung der Landesnatur vor allem in landschaftscharakteristischen kulturhistorischen Merkmalen von Objekten. Solche betreffen Materialien aller Art (vom Baumaterial von Häusern bis zu den Baumarten in den Forsten), Formen aller Art (von der formalen Gestaltung der Flur über die der Architektur bis zu der einer Allee) und die räumliche Verteilung der Flächennutzung (von der charakteristischen Lage der Siedlungen im Gelände bis zu der Wald-Offenland-Verteilung oder der Verteilung von Ödländereien im Bezug zum Relief). Relevante tradierte Merkmale sind z.B. in einer ländlich geprägten Kulturlandschaft die Grundrißgestaltung der Siedlungen, die Hausformen in vielen Details oder die charakteristischen Haus- und Straßenbäume. In einer industriell geprägten Kulturlandschaft können es z.B. die typischen Merkmale der Schrebergärten, die „Dachlandschaften" von Werkssiedlungen oder die Baumaterialien von Fabrikgebäuden sein.

Zur Beurteilung der Eigenschaft „identitätsstiftendes Merkmal" ist es zwingend erforderlich, die charakteristischen Merkmale des betreffenden Landschaftsraumes zu kennen. Diese sind ihrerseits nur zu erfassen, indem zahlreiche Objekte auf Merkmale untersucht werden, die sich als für den betreffenden Landschaftsraum charakteristisch herausstellen. Die Bewertung von Objekten und die Feststellung der charakteristischen Eigenart der Landschaft kann daher nur in einer Art „Gegenstromverfahren" erfolgen.

Die künftige Entwicklung von Kulturlandschaften soll unter der zentralen Zielsetzung der Kulturlandschaftspflege so erfolgen, daß die Identität der Landschaften nicht zerstört wird. Beiträge zur Identitätserhaltung von Landschaften können geleistet werden, indem man neue Entwicklungen so steuert, daß sie – im Rahmen des Möglichen und Sinnvollen – den Kanon der überlieferten Stoffe, Formen und Nutzflächenverteilungen aufnehmen und sich in ihm vollziehen. Denn es ist ja in der Vergangenheit gerade die Beliebigkeit des Umgangs mit Stoffen, Formen und Nutzflächenverteilungen gewesen, die zur Beeinträchtigung oder gar zur Zerstörung der Identität der Kulturlandschaften in entscheidender Weise beigetragen hat.

Aus den Beispielen dürfte deutlich geworden sein, daß die Feststellung der Eigenartbedeutung kulturhistorischer Objekte und Objektgruppen in einem Landschaftsraum eine nicht ganz einfache Aufgabe ist. Insbesondere sei betont, daß es nicht lediglich auf die Identifizierung der Objekte ankommt, sondern daß deren Eigenartbedeutung nur dann beurteilt werden kann, wenn sie bezüglich der genannten Eigenschaften erkannt worden sind. Dies setzt regelmäßig sehr gute landesgeschichtliche und historisch-geographische Kenntnisse über den jeweiligen Landschaftsraum voraus.

Das Bewertungskriterium *Erhaltungszustand* bezieht sich auf den Grad der Erhaltung der formalen Gestalt und des Fortbestehens oder ggf. der Ablesbarkeit der authentischen Funktion (in den seltenen Fällen funktionsloser Entstehung auch der Genese). Diese Merkmale können auch als „Deutlichkeit der Erscheinungsweise" bzw. „Deutlichkeit der Funktionsweise" bezeichnet werden. Die Beurteilung des Erhaltungszustandes orientiert sich an der ursprünglichen Ausbildung aller Objektmerkmale des individuellen Objektes.

Das Bewertungskriterium *Repräsentativität* orientiert sich dagegen an der idealtypischen Ausbildung der für einen bestimmten Objekttyp spezifischen Merkmale, am sog. „Bilderbuchbeispiel".

Eine Problematik besteht darin, daß sich für zahlreiche kulturhistorische Objekttypen keine generelle idealtypische Ausprägung feststellen läßt, wie dies bei natürlichen Objekten – z.B. einer Trockenrasengesellschaft oder einer Schichtstufe – in der Regel der Fall ist. In vielen Fällen läßt sich allerdings aus dem realen Bestand an kulturhistorischen Objekten eines Landschaftsraumes ein „landschaftscharakteristischer Idealtyp" konstruieren, indem die grundlegenden Merkmale aller Objekte eines bestimmten Typs in einem Landschaftsraum in einem idealtypischen Konstrukt zusammengefaßt werden. Ein Beispiel ist die Feststellung der grundlegenden Merkmale eines nur kleinräumig verbreiteten Sondertyps eines Bauernhauses, z.B. des „Schopfhauses" im Krummen Elsaß. In den Fällen, in denen z.B. aufgrund einer zu geringen Anzahl von Objekten eines Typs, die Konstruktion eines Idealtyps nicht möglich ist, muß die Bewertung der Repräsentativität entfallen.

Das Bewertungskriterium *Ensemblebedeutung* soll dem Sachverhalt Rechnung tragen, daß eine räumliche Vergesellschaftung von Objekten unterschiedlicher Typen eine höhere kulturhistorische Aussagekraft haben kann als die Einzelobjekte je für sich.

Es mag in der Auflistung der Eigenwertkriterien das Kriterium *Alter* vermißt werden, von dem man zunächst annehmen muß, es spiele für die kulturhistorische Bedeutung von Objekten eine herausragende Rolle.

Es liegt auf der Hand, daß die Verwendung von objekttypübergreifenden Altersklassen nicht sinnvoll ist. Ein frühgeschichtlicher Grabhügel ist nicht deswegen kulturhistorisch wertvoller als ein Eisenbahnviadukt, weil er älter ist. Aber auch hinsichtlich bestimmter Objekttypen, z.B. Kirchen, ist in der Regel die Entstehungszeit unter dem Aspekt der kulturhistorischen Bedeutung nachrangig. Romanische Kirchen sind nicht grundsätzlich wegen ihres höheren Alters kulturhistorisch bedeutsamer als Barockkirchen.

Angemessener als die Bewertung des Alters eines Objektes ist seine typologisch differenzierte Zuordnung, die zugleich in der Regel einen wenigstens ungefähren Entstehungszeitraum umfaßt, wie es aus den genannten Beispielen Grabhügel, Eisenbahnviadukt, romanische Kirche und Barockkirche hervorgeht. Auf diese Weise wird das Alter von Objekten implizit bei der Beurteilung des Dokumentationswertes und/oder der Eigenartbedeutung und ggf. auch bei der Beurteilung der Repräsentativität mit bewertet. Einzelobjekte, die bezogen auf ihren Typ ein besonders hohes Alter aufweisen, wie z.B. „das älteste profane gotische Gebäude der Vorderpfalz", sind durch einen hohen Dokumentationswert angemessener zu beurteilen als durch die Einordnung in eine Altersklasse.

Das Schutzwürdigkeitskriterium „Seltenheit"

Die genannten Eigenwertkriterien beziehen sich entweder lediglich auf individuelle Objekte oder Objektgruppen (Erhaltungszustand, Repräsentativität, Ensemblebedeutung, z.T. auch Dokumentationswert) oder beziehen den landschaftlichen Kontext ein (z.T.: Dokumentationswert, stets: Eigenartbedeutung). Das Schutzwürdigkeitskriterium *Seltenheit* unterscheidet sich von den Eigenwertkriterien grundsätzlich dadurch, daß es nicht ohne Bezug zu einem Raum angewendet werden kann. Die Aussage, ein Objekt sei selten, ohne Nennung eines Raumes, auf den bezogen es selten sei, ist eine sinnlose Aussage. Sinn kommt dem Kriterium Seltenheit nur in bezug auf einen sog. *Referenzraum* zu.

Referenzräume können im Prinzip beliebig abgrenzbar sein. Unter dem Aspekt der Handhabung von rechtlichen Schutzinstrumenten und dafür geschaffener administrativer Zuständigkeiten bietet es sich an, administrative Gebietseinheiten als Referenzräume vorzusehen. Dies entspricht auch der bisherigen Praxis der Ausweisung von Schutzkategorien nach §§ 13 bis 18 BNatSchG, der für die Landschaftsplanung nach §§ 5 bis 7 BNatSchG vorgesehenen Gebietseinheiten, der räumlichen Bezugseinheiten für „Rote Listen" u.a. Zudem weisen administrative Gebietseinheiten eine hierarchische Gliederung auf, wie sie auch für Referenzräume zweckmäßig ist. Als unterste Stufe der hierarchischen Gliederung der Referenzräume wäre daher das Gebiet einer Kommune auszuwählen. Falls sich dieses als zu groß erweist – in Bundesländern mit einer Gliederung in Großgemeinden oder im Bereich von Großstädten – müssen kleinere Gebietseinheiten, z.B. Gemarkungen, als Referenzräume unterster Stufe vorgesehen werden.

Zur Beurteilung der Seltenheit von Objekten ist zunächst die Anzahl der jeweils typgleichen Objekte in einem angenommenen Referenzraum festzustellen. Für die praktische Bewertung ist es zweckmäßig, die ausgezählten Mengen typgleicher Objekte in eine Reihe von numerischen Klassen umzusetzen, die aus Gründen der Vergleichbarkeit auf eine Flächeneinheit bezogen sein müssen (Bezugsflächeneinheit – BFE). Eine solche Reihe besteht aus Klassen des Typs [> 0 bis ≤ x_1 Objekte/BFE], [> x_1 bis ≤ x_2 Objekte/BFE], [> x_2 bis ≤ x_3 Objekte/BFE] usw. (z.B.: [> 0 bis ≤ 1/y km^2], [> 1 bis ≤ 3/y km^2], [> 3 bis ≤ 9/y km^2]). Der Quotient Objekte/Flächeneinheit beschreibt die Klassen als Dichteklassen.

Selbstverständlich ist ein Objekt nach dem Kriterium Seltenheit wegen des zwingenden Raumbezuges erst bewertbar, wenn alle Objekte desselben Typs im fraglichen Referenzraum erfaßt sind. Dies ist eine notwendige, jedoch noch keine hinreichende Voraussetzung für die Beurteilung der Seltenheit, wie sich einleuchtend an einem Beispiel demonstrieren läßt:

Man stelle sich eine Gemarkung A in der Größe von 5 km^2 vor, in der die Objekttypen „Burgruine" und „Grenzstein" mit je zwei Objekten vorkommen. Intuitiv wird man urteilen, daß das Vorkommen von zwei Burgruinen auf einer solch kleinen Fläche als „eher häufig", das von zwei Grenzsteinen als „eher selten" zu bewerten sei. Das intuitive Urteil kommt in diesem Falle aus der Kenntnis des Bewerters zustande, daß Grenzsteine „im allgemeinen" sehr viel häufiger anzutreffen sind als Burgruinen. Dieses bedeutet aber, daß die identische Dichte (zwei Objekte pro 5 km^2) nicht aus dem Bezug zum gegebenen Referenzraum (Gemarkung A) in die unterschiedlichen Bewertungsurteile „eher häufig" und „eher selten" umgesetzt wurden, sondern aus dem Bezug zu einem sehr viel größeren Referenzraum („im allgemeinen").

Tatsächlich ist das Bewertungskriterium Seltenheit unter Berücksichtigung nur einer einzigen Referenzraumebene gar nicht sinnvoll anwendbar. Die Gleichsetzung einer Dichteklasse (z.B. [> 0 bis ≤ 1/y km^2]) mit einem Seltenheitsgrad (z.B. „sehr selten") ist daher unter dem Aspekt der Schutzwürdigkeit unzulässig.

Beurteilbar wird die Seltenheit erst unter Einbeziehung von weiteren Referenzraumebenen höherer hierarchischer Stufen. Es sollten möglichst zwei weitere Ebenen in die Betrachtung einbezogen werden.

Auf diesen drei Bezugsraumebenen lassen sich erst einmal Dichtevergleiche anstellen. Wenn sich die festgestellte Objektdichte der Gemarkung A (2 Objekte/5 km^2) auch auf der übergeordneten Referenzraumebene der Gemeinde B (z.B. in der Größe von 50 km^2 in Form von 20 typgleichen Objekten) und der Referenzraumebene des Landkreises C (z.B. in der Größe von 500 km^2 in Form von 200 typgleichen Objekten) wiederfinden läßt, kann die Dichte dieser Objekte auf der Ebene der Gemarkung A als „durchschnittlich" beurteilt werden.

Drei für die Feststellung der Seltenheit von Objekten in die Betrachtung einbezogene, aufeinander folgende Referenzraumeinheiten können als Referenzraumgruppe bezeichnet werden. Bei der Wahl administrativer Einheiten als Referenzräume ist die oben angesprochene Gruppe „Gemarkung – Gemeinde – Kreis" die unterste. Die nächstfolgenden sind die Gruppen „Gemeinde – Kreis – Regierungsbezirk" und „Kreis – Regierungsbezirk – Bundesland". Es hat sich bewährt, als Bezugsflächeneinheit (BFE) für die unterste Referenzraumgruppe die Größe 50 km^2 zu wählen, die der Größe der mittleren Referenzraumeinheit der Referenzraumgruppe nahekommt. Es erweist sich als zweckmäßig, mit zunehmender Flächengröße der Referenzräume die Bezugsflächeneinheiten (BFE), die für die Definition der Dichteklassen verwendet werden, ebenfalls sukzessive zu vergrößern.

Wenn man zur Beurteilung des Kriteriums Seltenheit hierarchisch angeordnete Referenzräume zueinander in Beziehung setzt, ist es aus methodischen Gründen notwendig, aus dem Referenzraum der jeweils höheren Ebene den in Frage stehenden Referenzraum niedrigerer Ebene auszusparen, um dessen Bestand an typgleichen Objekten in Relation zu dem „übrigen" Teilraum des Referenzraumes höherer Ebene betrachten zu können. Um im Beispiel zu bleiben: Gemarkung A (2 Objekte/5 km^2 = 20/50 km^2) in Relation zu ‚Gemeinde B minus Gemarkung A' (18 Objekte/45 km^2 = 20/50 km^2) zu ‚Landkreis C minus Gemeinde B' (180 Objekte/450 km^2 = 20/50 km^2). Ein Referenzraum, der um die in Frage stehende Gebietseinheit auf der nächstunteren Referenzraumebene reduziert ist, wird als „reduzierter Referenzraum" bezeichnet.

Die Einführung der „reduzierten Referenzräume" ist unumgänglich, um zu vermeiden, daß die im Referenzraum unterster Ebene vorhandenen Objekte in den Referenzräumen höherer Ordnung jeweils wieder mitgezählt werden. Dies würde nämlich regelmäßig zu dem Ergebnis führen, daß sich auch dann für alle drei Ebenen einer Referenzraumgruppe eine Dichteklasse [> 0 Objekte/BFE] errechnen würde, wenn der fragliche Objekttyp lediglich in einer einzigen Einheit der untersten Referenzraumebene (z.B. in einer einzigen Gemarkung) anzutreffen ist, im gesamten übrigen Raum aber nicht vorkommt. Um den Fall des Fehlens von Objekten eines Typs in einem reduzierten Referenzraum berücksichtigen zu können, ist stets der Wert [0 Objekte/BFE] als niedrigste Klasse einer Reihe von Dichteklassen zu wählen.

Die Schutzwürdigkeit von Objekten unter dem Kriterium Seltenheit ist aus zwei Blickrichtungen zu sehen. Aus der Blickrichtung sozusagen „von oben" muß ein Objekttyp dann als selten und damit schutzwürdig gelten, wenn er im reduzierten Referenzraum oberer und mittlerer Ebene in sehr geringer Zahl oder gar nicht vorkommt, selbst wenn er im Referenzraum unterer Ebene gehäuft anzutreffen ist. Aus der Blickrichtung „von unten" kann ein Objekttyp für einen Referenzraum auf unterer Ebene als selten und damit schutzwürdig angesehen werden, wenn er dort nur in einem oder sehr wenigen Exemplaren vorkommt, selbst wenn er im mittleren und/oder oberen Referenzraum in größerer Häufigkeit auftritt. In beiden Fällen bezieht sich die Schutzwürdigkeit auf ein oder mehrere typgleiche Objekte im unteren Referenzraum.

Zur Beurteilung der Schutzwürdigkeit von Objekten unter dem Kriterium der Seltenheit ist daher eine Relation zwischen der Häufigkeit der Objekte – ausgedrückt durch ihre Dichte – auf allen drei Bezugsraumebenen herzustellen.

In der Praxis wird die Bewertung der Seltenheit von Objekten in einem Referenzraum am leichtesten durch eine dreidimensionale Kreuztabelle bewerkstelligt, in der die Bezugsachsen dem eigentlichen Referenzraum und den beiden übergeordneten reduzierten Referenzräumen zugeordnet sind.

Aus einer solchen Kreuztabelle lassen sich z.B. folgende Seltenheitsgrade ablesen:

„sehr selten" beim gänzlichen Fehlen des Objekttyps in den beiden übergeordneten (reduzierten) Referenzräumen unabhängig von der Anzahl der fraglichen Objekte im unteren Referenzraum,

„sehr selten" auch bei sehr geringem Vorkommen sowohl im unteren als auch in den beiden übrigen (reduzierten) Referenzräumen,

„selten"	z.B. bei geringem Vorkommen im unteren und (reduzierten) mittleren und gänzlichem Fehlen im oberen (reduzierten) Referenzraum,
„häufig"	z.B. bei sehr geringem Vorkommen im unteren, jedoch reichlichem Vorkommen im mittleren und oberen (reduzierten) Referenzraum oder bei reichlichem Vorkommen im unteren und einem der beiden übrigen (reduzierten) Referenzräumen, jedoch sehr geringem Vorkommen im dritten (reduzierten) Referenzraum.

Das Schutzdringlichkeitskriterium „Gefährdungsgrad"

Das Schutzdringlichkeitskriterium *Gefährdungsgrad* markiert ggf. aktuellen Handlungsbedarf, um einer Beeinträchtigung oder gar einem unwiederbringlichen Verlust eines kulturhistorischen Objektes zu begegnen. Der Gefährdungsgrad ist kein eigentliches „Bewertungs"kriterium, weil es keinen Wert mißt. Er wird daher auch lediglich dazu verwendet, um innerhalb von Rangreihen von Objekten und Objektgruppen Prioritäten für Sicherungsmaßnahmen zu setzen.

Kulturhistorische Gebiete

Einen scharf zu definierenden Gegensatz zwischen kulturhistorischen Objekten und kulturhistorischen Gebieten gibt es nicht. Ein Grenzfall liegt nämlich bei flächenhaften Objekten vor, die einen relativ großflächigen, sinnlich wahrnehmbaren Baustein eines Landschaftsraumes darstellen. Sie können sowohl als Landschaftselement – und damit als Objekt – als auch als kleinste landschaftsräumliche Einheit – und damit als Gebiet – aufgefaßt werden.

Die Angabe einer flächenbezogenen Größenordnung zur Unterscheidung von Objekten und Gebieten würde keinen Sinn ergeben, da offensichtlich manche in sich relativ homogen gestaltete räumliche Bereiche – wie z.B. ein Weinberg oder eine Heide – eine deutlich größere flächenhafte Ausdehnung aufweisen können als in sich sehr differenziert ausgestattete räumliche Bereiche – wie z.B. das Gelände eines Eisenhammers aus dem 18. Jahrhundert mit zahlreichen unterschiedlichen Betriebseinrichtungen, Lagerplätzen, Stauweihern und einer kleinen Wohnsiedlung für den Unternehmer und die Arbeitskräfte –, die man zweifelsfrei als Gebiete bezeichnen würde.

Ebenso wenig gibt es im übrigen eine deutlich abgrenzbare Differenzierung zwischen Objektschutz- und Gebietsschutzkategorien nach dem BNatSchG. Der Übergang zwischen „Naturdenkmal" und „Naturschutzgebiet" ist fließend. Manchmal wird informell der Begriff des „flächenhaften Naturdenkmals" verwendet, etwa bei Feuchtbiotopen in der Landschaft, die hinsichtlich ihrer Flächengröße einen Grenzfall zwischen Naturdenkmal und Naturschutzgebiet darstellen.

Solche Gebiete werden als kulturhistorisch bezeichnet, deren Ausstattung in wesentlichen Merkmalen auf heute nicht mehr existente gesellschaftliche Strukturen zurückgeht. Deren kulturhistorische Bedeutung kann unterschiedlich hoch sein. Daher lassen sich kulturhistorische Gebiete nach ihrem kulturhistorischen Bedeutungsgrad differenzieren. Als kulturhistorische Gebiete hoher Bedeutung im Sinne „historischer Kulturlandschaften" gem. § 2 Abs. 1 Nr.13 BNatSchG sind Gebiete zu verstehen, die in quantitativer und qualitativer Hinsicht ein hohes Ausstattungsniveau an kulturhistorischen Merkmalen besitzen (Wagner 1996: 91).

Von der sachlichen Ausstattung her lassen sich folgende kulturhistorische Gebiete unterscheiden:
1. In sich weitgehend homogen ausgestattete Gebiete mit einem Inventar von relativ wenigen Objekttypen, die sich gegen einen umgebenden Raum, der diese Objekttypen nicht oder nur vereinzelt enthält, abgrenzt. Beispiele sind traditionelle Agrarlandschaften mit einer noch intakten Gewannflur oder Gebirgstäler, deren Hänge überwiegend als Grünland genutzt werden und vereinzelt Äcker im Nutzungssystem der Feld-Gras-Wirtschaft aufweisen, wie es solche noch in den Vogesen gibt.
2. Größere Verbreitungsgebiete von Objektensembles, bei denen die Ensemblebestandteile die wesentlichen Merkmale des betreffenden Gebietes ausmachen und daher sonstige Objekte hinsichtlich ihrer Bedeutung in den Hintergrund treten.

Beispiele sind aufgelassene Bergbaubetriebsflächen mit (auch umgenutzten) Relikten baulicher Betriebseinrichtungen, Halden, Absinkweiher u.a. oder Strecken von aus der wirtschaftlichen Nutzung genommenen Schiffahrtskanälen mit Relikten von Hafenanlagen, Kleinwerften u.a., die heute u.U. teilweise touristisch genutzt werden.

3. Gebiete, die eine ungewöhnliche Fülle von unterschiedlichen kulturhistorischen Objekten aufweisen, auch wenn diese nicht insgesamt einem Ensemble von kulturhistorischen Objekten zuzuordnen sind und u.U. aus verschiedenen Epochen stammen.
Ein Beispiel ist das historische Schlachtfeld der Spicherer Höhen bei Saarbrücken, das eine Vielzahl von Soldatengräbern und Denkmälern aus dem deutsch-französischen Krieg 1870/71 aufweist, daneben aber auch zahlreiche Relikte von Verteidigungsanlagen u.ä. aus dem Zweiten Weltkrieg.

4. Gebiete, die zwar nur wenige kulturhistorische Objekte aufweisen, welche aber von so überragender Bedeutung sind (vorwiegend auf Grund ihres Dokumentationswertes), daß sonstige Objekte des fraglichen Gebietes in den Hintergrund treten und unter dem Aspekt des Umgebungsschutzes der erstgenannten entsprechend gestaltet, ferngehalten oder gar entfernt werden müssen, wenn anderenfalls die wertvollen kulturhistorischen Objekte beeinträchtigt würden.
Beispiele sind Abschnitte des Limes mit Ausgrabungsstätten römischer Truppenlager u.a., deren Umgebung im Sinne des § 2 Abs. 1 Nr. 13 Satz 2 BNatSchG („die Umgebung geschützter oder schützenswerter Kultur-, Bau- und Bodendenkmäler") einer Gestaltung und Nutzung unterliegen, die für die Kulturdenkmäler nicht abträglich sind.

5. Gebiete, die überhaupt keine sinnlich wahrnehmbaren kulturhistorischen Objekte aufweisen, in denen vielmehr lediglich z.B. das Relief, die räumliche Verbreitung von Offenland und Wald oder die räumliche Lage der Gebiete mit wichtigen kulturhistorischen Zusammenhängen oder Ereignissen in Verbindung zu bringen sind.
Ein derartiges Gebiet kann z.B. ein Gelände sein, in dem sich eine sehr bedeutsame Schlacht abgespielt hat (in den USA gibt es solch „leere" Gelände, die in Erinnerung an den Bürgerkrieg als „national monuments" ausgewiesen sind). Auch manche Grabungsschutzgebiete im Sinne des Denkmalrechtes können zu diesem Gebietstyp gehören, wenn lediglich nicht mehr in situ vorhandene Fundstücke das Vorhandensein möglicher bedeutender, jedoch noch nicht ergrabener historischer Relikte wahrscheinlich machen. Derartige kulturhistorische Gebiete sind vor einer beeinträchtigenden Nutzung, z.B. in Form einer Überbauung, zu schützen.

Im Gegensatz zu kulturhistorischen Objekten, die entweder völlig individuell erfaßbar sind oder nur unter wenigen Gesichtspunkten des Kontextes der Landschaft oder eines Referenzraumes bedürfen, lassen sich kulturhistorische Gebiete in der Regel erst aus dem Gesamtbestand an enthaltenen kulturhistorischen Objekten konstruieren. Methodisch geht daher der Identifizierung und Abgrenzung kulturhistorischer Gebiete stets die Erfassung und Bewertung der enthaltenen kulturhistorischen Objekte voraus.

Die Bewertung von kulturhistorischen Gebieten kann analog der Bewertung von kulturhistorischen Objekten nach bestimmten Bewertungskriterien erfolgen. Zwei gebietsspezifische Bewertungskriterien sind die Kriterien *Eigenarterhalt* und *kulturhistorischer Gehalt*.

Die Eigenart einer Landschaft, ihr individueller Charakter, ist zwar beschreibbar – d.h. es läßt sich bestimmen, worauf sie beruht –, sie ist aber kaum direkt bewertbar. Daher ist der Faktor Eigenart für eine vergleichbare Bewertung von Gebieten nicht geeignet.

Interessanter – insbesondere unter kulturhistorischen Gesichtspunkten – ist dagegen die Frage nach der „Bewahrung der Eigenart einer Landschaft" über einen längeren Zeitraum hinweg bis in die Gegenwart. Der Grad des *Eigenarterhaltes* ist quantifizierbar und daher als Bewertungskriterium für kulturhistorische Gebiete geeignet.

Ein Bezugszeitpunkt, auf den sich der Grad des Eigenarterhaltes bzw. der Eigenartveränderung bezieht, ist für jedes Gebiet individuell zu bestimmen. Die Zeitphase, in der durch einen gesellschaftlichen Strukturwandel die kulturhistorischen Bestandteile eines Gebietes funktionslos wurden oder einen entscheidenden Funktionswandel erfahren haben, dürfte in vielen Fällen ein geeigneter Bezugszeitpunkt für die Beurteilung des Erhaltes bzw. der Veränderung der Eigenart sein.

Eigenartveränderungen von Gebieten äußern sich darin, daß eigenarttypische Elemente erheblich verändert oder eliminiert und/oder eigenartfremde Elemente in erheblichem Umfang eingebracht werden. Dies bedeutet aber zugleich, daß die Eigenart eines Gebietes auch dann weitgehend erhalten bleibt, wenn zwar neue Elemente hinzugefügt werden, aber diese in den vorhandenen Bestand angemessen eingepaßt werden, sie also im wesentlichen eigenarttypisch sind. Dieser Aspekt wurde bereits bei der Behandlung des Bewertungskriteriums „Eigenartbedeutung" für kulturhistorische Objekte angesprochen.

Das Bewertungskriterium *kulturhistorischer Gehalt* bezieht sich auf den Gesamtbestand an kulturhistorischen Merkmalen und Objekten eines Gebietes, der sich quantitativ in deren Dichte und qualitativ in deren kulturhistorischen Bedeutung ausdrückt. Der kulturhistorische Gehalt eines Gebiets beschreibt – vereinfacht gesagt – die Summe der kulturhistorischen Bedeutungen der in ihm enthaltenen kulturhistorischen Merkmale und Objekte. Wagner (1996: 195) hat ein Quantifizierungsverfahren vorgeschlagen, in das die kollektive Dichte aller erhobenen kulturhistorischen Merkmale und Zusammenhänge sowie der Median aus allen Punktwerten ihres Erhaltungszustandes eingeht. Es liegt bisher allerdings noch keine ausreichend große Zahl empirischer Untersuchungen vor, aus denen eine sachgerechte Klassifizierung von Dichte- und Medianwerten begründbar wäre. Eine Quantifizierung des kulturhistorischen Gehaltes von Gebieten ist daher noch nicht in befriedigender Weise möglich. Lediglich eine vergleichbare Bewertung des kulturhistorischen Gehaltes von typgleichen Gebieten läßt sich überzeugend durchführen.

Neben den beiden gebietsspezifischen Bewertungskriterien Eigenarterhalt und kulturhistorischer Gehalt lassen sich prinzipiell auch die schon auf Objekte bezogenen Kriterien Repräsentativität und Seltenheit auf kulturhistorische Gebiete beziehen.

Nach Adam u.a. (1989: 140) kann unter der *Repräsentativität* eines kulturhistorischen Gebietes seine Eignung, die Eigenart des größeren, zugehörigen Landschaftsraumes „in typischer Weise" widerzuspiegeln, verstanden werden. Eine Operationalisierung dieses Ansatzes würde prinzipiell einer Typologie der Kulturlandschaften des größeren Raumes bedürfen. Eine solche liegt aber in ausreichender Detaillierung für Mitteleuropa oder dessen größere Teilräume nicht vor. Insofern ist die Repräsentativität von kulturhistorischen Gebieten bisher lediglich hinsichtlich einiger weniger Grundmerkmale von Kulturlandschaften einerseits und auf der Basis des Wissens von „Landeskennern" andererseits beurteilbar.

Das Kriterium *Seltenheit* hinsichtlich kulturhistorischer Gebiete ist analog der Seltenheit von Objekten nicht operationalisierbar. Dieses ergibt sich schon aus der in der Regel geringen Anzahl von in Frage stehenden typgleichen Gebieten auch in größeren Räumen. Unter dem Aspekt der Schutzwürdigkeit kann die Seltenheit von kulturhistorischen Gebieten daher in absehbarer Zukunft wohl ausschließlich nach Expertenurteil abgeschätzt werden. Über Methoden der vergleichenden Bewertung von kulturhistorischen Gebieten, zu denen wieder Rangsummenverfahren gehören, berichtet Wagner (1996).

Quellen zur Erfassung und Bewertung kulturhistorischer Objekte und Gebiete

Abschließend seien noch kurz die wichtigsten Quellen aufgelistet, die zur Erfassung und Bewertung von kulturhistorischen Objekten und Gebieten der Kulturlandschaft nutzbringend ausgewertet werden können.

Neben den schon erwähnten topographischen Karten zur Verortung von Objekten im Gelände kommen folgende Arbeitsmaterialien und Quellen in Betracht:

- *Thematische Karten*. Insbesondere sind solche von Belang, die Aussagen über die natürlichen Standortbedingungen erlauben, z.B. geologische Karten, geomorphologische Karten, Hangneigungskarten, verschiedene Arten von Bodenkarten, Gewässerkarten, großmaßstäbliche Vegetationskartierungen, großmaßstäbliche Flächennutzungskartierungen.
- *Historische Karten*. Besonders wichtig sind Karten, die territoriale und andere Grenzen aus verschiedenen Epochen zeigen, sowie topographische Karten aus verschiedenen Epochen, die insbesondere Informationen über Einzelobjekte und Flächennutzungen beinhalten.
- *Luftbilder*. Sie sind für Übersichten von Räumen gut zu verwenden und können zur Ergänzung von Geländebegehungen herangezogen werden. Einen besonderen Wert erhalten sie, wenn keine großmaß-

stäblichen Flächennutzungskartierungen oder keine aktuellen topographischen Karten zur Verfügung stehen. Historische Luftaufnahmen, die seit den 1930er Jahren verfügbar sind, können nutzbringend herangezogen werden. Insgesamt wird allerdings die Verwertbarkeit von Luftbildern – erst recht anderer kleinmaßstäblicherer Fernerkundungsmedien – häufig überschätzt.
- *Terrestrische Fotografien* und gelegentlich auch andere bildliche Darstellungen vor allem historischer Art (lithographische Ansichten u.ä.). Sie spielen vor allem für die Identifizierung, die Beurteilung des Erhaltungszustandes und ggf. die Restaurierung von Einzelobjekten eine Rolle.
- *Schriftliche Quellen*. Neben der einschlägigen Literatur – insbesondere rezenten Forschungsergebnissen, Heimat- und Ortsbüchern, älteren Topographien und Landesbeschreibungen u.a. – sind dies Archivalien – insbesondere Urkunden, Dokumente, Akten, Amts- und Geschäftsbücher, Chroniken, Itinerare u.a. – sowie Statistiken – insbesondere auch solche älteren Entstehungsdatums –.
- *Mündliche Mitteilungen*. Diese Quelle wird allgemein in ihrer Verwertbarkeit unterschätzt. Die Lokalkenntnis vor allem mancher älterer Personen über ihren Wohnort und dessen engeres Umfeld ist häufig überraschend gut und sollte so weit wie möglich genutzt werden. Die so zu erlangenden Informationen beziehen sich insbesondere auf das Auffinden und Identifizieren von Objekten und auf das Verschwundensein von Objekten in jüngerer Zeit.
- Daß die sorgfältige und phantasievolle *Beobachtung im Gelände* durch den landeskundlich und historisch versierten Experten die wichtigste Quelle der Erkenntnis darstellt, muß nicht besonders betont werden.

Die Erfassung und Bewertung kulturhistorischer Objekte und Gebiete stellt nicht nur die wichtigste, sondern sogar die einzig geeignete Basis für eine große Bereiche umfassende Kulturlandschaftspflege dar. Sie ist daher mit hoher Priorität zu betreiben. Eine systematische umweltpolitische Konsequenz aus der historischen Entwicklung des Naturschutzes und der Landschaftspflege in den jüngst vergangenen Jahrzehnten sollte darin bestehen, der inzwischen nahezu flächendeckend in der Bundesrepublik erfolgten Biotop-Kartierung eine analoge „Historiotop-Kartierung" o.ä. folgen zu lassen.

Literatur

Adam K., Nohl, W. & Valentin W. (1989): Bewertungsgrundlagen für Kompensationsmaßnahmen bei Eingriffen in die Landschaft. – Düsseldorf (Forschungsauftrag des Ministeriums für Umwelt, Raumordnung und Landwirtschaft des Landes Nordrhein-Westfalen).

Gunzelmann, T. (1987): Die Erhaltung der historischen Kulturlandschaft. Angewandte historische Geographie des ländlichen Raumes mit Beispielen aus Franken (Bamberger Wirtschaftsgeographische Arbeiten, H. 4). – Bamberg.

Quasten, H. (1985): Kulturlandschaftliche Aufgaben und Probleme der Landschaftsplanung. In: Deutscher Verband für Angewandte Geographie (Hrsg.): Aufgaben und Probleme der Landschaftsplanung (= Material zur Angewandten Geographie, Bd. 11). – Bochum: 35–45.

Wagner, J.M. (1996): Schutz der Kulturlandschaft – Erfassung, Bewertung und Sicherung schutzwürdiger Gebiete und Objekte im Aufgabenbereich von Naturschutz und Landschaftspflege, eine Methodenstudie zur emotionalen Wirksamkeit und kulturhistorischen Bedeutung der Kulturlandschaft unter Verwendung des Geographischen Informationssystems PC ARC/INFO. (Dissertation, Philosophische Fakultät der Universität des Saarlandes). – Saarbrücken.

Quellen, Methoden, Fragestellungen und Betrachtungsansätze der anwendungsorientierten geographischen Kulturlandschaftsforschung

Dietrich Denecke

Geographische Kulturlandschaftsbetrachtung und -forschung im Rahmen landschaftspflegerischer Aufgaben und Maßnahmen

Was ist eine Kulturlandschaft? – Grundkategorien einer anwendungsbezogenen kulturgeographischen Landschaftsbetrachtung und Landschaftsanalyse

Die Landschaft mit ihren beiden wesentlichen Teilbereichen und Perspektiven einer Betrachtung, der Naturlandschaft und der Kulturlandschaft, ist ein traditioneller und zentraler Forschungsbereich der geographischen Wissenschaft. Beschreibung, Analyse, Erklärung und Entwicklung sind dabei grundlegende Zielsetzungen. Wenn auch im Rahmen einer erhaltenden Landschaftspflege beide, die naturlandschaftlichen und ökologischen Verhältnisse wie auch die Elemente und Prozesse der kulturlandschaftlichen Entwicklung Beachtung finden müssen, so kommt doch dem kulturlandschaftlich gestaltenden und nutzenden Aspekt in diesem Zusammenhang die entscheidende Bedeutung zu, da die Eingriffe des Menschen in die Landschaftsentwicklung überall wirksam sind und da es bei einer Landschaftsplanung und -pflege im Rahmen einer Nutzung zentral um die durch die menschliche Tätigkeit eingebrachten Elemente und Prozesse in der Landschaft geht.

Archäologie und Denkmalpflege auf der einen Seite (Breuer 1979; Schönfeld & Schäfer 1991), Naturschutz und Landschaftspflege auf der anderen Seite (Barthelmeß 1988; Ewald 1989; Haber 1991; Wöbse 1994; Plachter 1995) bemühen sich gegenwärtig um eine Erweiterung ihres Arbeitsfeldes in landschaftsräumliche Zusammenhänge hinein bzw. um die Integration der Kulturlandschaft und ihrer Elemente in den Aufgabenbereich von Schutz und Pflege (vgl. Zwanzig 1985; Schenk 1994). Die geographische Kulturlandschaftsforschung wird dabei für diesen Zweck herangezogen und zweckdienlich ausgewertet, sie läßt sich jedoch in ihren Grundansätzen kaum angemessen integrieren. Der geographische Ansatz der Kulturlandschaftsbetrachtung und -forschung bleibt grundlegend eigenständig und ist vor allem im Rahmen einer Grundlagenforschung in der Praxis der Landschaftsplanung und -pflege heranzuziehen.

Die geographische Betrachtung der Kulturlandschaft hat im Laufe ihrer wissenschaftlichen Entwicklung verschiedene Stadien und Schwerpunkte ihrer Perspektiven durchlaufen, die einerseits einander abgelöst haben, andererseits aber auch zu einem Nebeneinander und damit zu einem heute recht differenzierten Spektrum von Betrachtungsansätzen geführt haben (vgl. hierzu u.a. Gunzelmann 1987, S. 30–49; Duncan 1995). In jüngster Zeit werden Begriff und Aufgabe einer Kulturlandschaft in der öffentlichen Diskussion mit einer breiten Vielfalt von Inhalten thematisiert und diskutiert, die nur zu einem geringen Teil von den Betrachtungsansätzen oder auch den Zielsetzungen der geographischen Wissenschaft ausgehen. Es ist dringlich geboten, die heute vielseitige und oft unklar angewendete Bedeutung des Begriffes „Kulturlandschaft" zu verifizieren und dabei zugleich das Objekt wie den Betrachtungsansatz auf die jeweilige Fragestellung bezogen zu definieren. Allein schon in der geographischen Wissenschaft klaffen die Betrachtungsansätze der Kulturlandschaft weit auseinander. Sie liegen zwischen kulturphilosophischen und psychologischen Reflexionen einerseits und pragmatisch beschreibenden Charakterisierungen andererseits.

Zu den Grundkategorien einer anwendungsbezogenen geographischen Kulturlandschaftsbetrachtung gehören:

1. Der von naturräumlichen Gegebenheiten in seiner Lebens- und Wirtschaftsweise weitgehend abhängige Mensch, der sich im Rahmen beschränkter Möglichkeiten so gut es geht anzupassen sucht und damit nur geringfügig in den Naturhaushalt eingreift. Dieser Geodeterminismus hat sich heute weitestgehend überlebt.
2. Kulturlandschaft als der vom Menschen aus der Naturlandschaft geschaffene Lebens- und Wirtschaftsraum, die Landschaft als Siedlungs- und Nutzlandschaft, als ökonomisch in Wert zu setzende Ressource eines „homo oeconomicus", getragen von Arbeitsleistung, Kapitaleinsatz, Nutzen und Gewinn.
3. Kulturlandschaft als die vom Menschen rational, funktional und technisch geprägte, geordnete und zweckdienlich zugerichtete Landschaft, gesteuert von raumordnerischen und landesplanerischen Vorgaben und Maßnahmen.
4. Landschaft als künstlerisch entworfener, gestalteter und gebauter Lebensraum, als „objektivierter Geist": Kunstlandschaft, Stadtlandschaft, ästhetische Landschaft.
5. Landschaft als räumliches Kulturerbe, als landschaftsgebundenes Dokument und verortetes Kulturangebot mit landschaftsgeschichtlichen Werten und Bindungen (regionale landschaftsräumliche Eigenheit, Heimat, räumliche Identität, Denkmallandschaft, historische Kulturlandschaft, Traditionslandschaft).
6. Kulturlandschaft als eine durch gezielte Maßnahmen zu erhaltende und zu pflegende Umwelt bei einer nachhaltigen, erhaltenden Entwicklung, Landschaft als zu schützendes natürliches und kulturelles Potential.
7. Landschaft als Aktionsfeld und räumliches Ergebnis wirtschafts- und regionalplanerischer Ziele und Maßnahmen sowie sozioökonomischer Entwicklungen. Entwicklung und Gegenüberstellung konträrer Raumstrukturen (Disparitäten) mit der allgemeinen Bemühung um einen Ausgleich: Aktiv-/Passivräume, Ballungsraum/Peripherer Raum, Investitionsraum/Regressionsraum, Fördergebiete.
8. Landschaft als Region eigenständiger kulturräumlicher Prägung und Tradition: Kulturraum, Raum einer regionalen Bindung, einer regionalen oder nationalen Identität. Eine kulturelle Prägung und Bindung wirkt wiederum in einer Identifikation und in einem regionalspezifischen Landschaftserlebnis zurück auf den Menschen in der Region.

Die geographische Landschaftsanalyse geht nicht von unbegrenzten Landschaftsräumen aus, vielmehr ist die Landschaftsgliederung, die Bestimmung spezifisch ausgestatteter Landschaftsteile, ihre Charakterisierung und Abgrenzung ein besonderes und traditionelles Aufgabenfeld. Diese Ausweisung von Landschaftsteilen bezieht sich auf die naturräumlichen Gegebenheiten (naturräumliche Gliederung, Ökotope, Biotope), aber auch auf siedlungs- und kulturräumliche Einheiten (vgl. als Beispiele Huttenlocher 1947; Gerstenhauer 1954; Otremba 1957). Mit der Hinwendung zu sozioökonomisch bestimmten räumlich-funktionalen Beziehungssystemen und integrativen Regionalisierungen hat die Geographie in jüngerer Zeit die Ansätze einer konkreten landschaftsräumlichen Gliederung und die auf dominante Landschaftselemente bezogene Abgrenzung allerdings weitgehend verlassen.

Nicht unwesentlich für eine Landschaftsbetrachtung im Rahmen einer Landschaftsplanung und Landschaftspflege ist auch der in der geographischen Wissenschaft vielseitig diskutierte Aspekt der Ganzheit oder des ganzheitlichen Wirkungsgefüges der Landschaft einerseits und ihrer Fragmentierung in Einzelelemente oder eine Summe verorteter Objekte. Tendieren Erfassung und Schutz der praktischen Landschaftspflege ganz generell zum einzelnen Element und damit zum Nebeneinander von Individuen, Gruppen und Typen von Landschaftsobjekten, so haben Betrachtung, Wirkung und Bewertung der Landschaft eher vom Gefüge, von der Ganzheit auszugehen. Hierin liegt auch ganz wesentlich der landschaftsbezogene geographische Ansatz begründet, bei dem einzelne Landschaftselemente stets in einen räumlich-funktionalen und allgemein auch in einen genetischen Zusammenhang zu stellen sind. Landschaften und Landschaftsteile sind das Betrachtungsobjekt, Elemente sind in eine Ganzheit einzuordnen.

Die anwendungsorientierte kulturgeographische Landschaftsanalyse hat sich im Zuge der bisher im Vordergrund stehenden Landschaftsaufnahme und Inventarisation und der daraus entwickelten Kulturlandschaftskartierung (Kulturlandschaftskataster) sehr wesentlich auf Landschaftsbestandteile, auf Kulturlandschaftselemente und -relikte auf „kulturbestimmte Ausstattungselemente einer Landschaft" und damit auf Einzelobjekte gerichtet, in ihrer punkthaften, linearen oder flächenhaften formalen Ausprägung (Grabski 1985; Burggraaff & Egli 1984; Gunzelmann 1987).

Die Verbreitung historisch bedeutsamer Einzelobjekte oder ihre Vergesellschaftung als „Ensemble" führt im Grundansatz zu einer Ergänzung der Denkmallandschaft der Denkmalpflege, an der diese Inventarisationen im Ansatz wie auch in ihrer Terminologie ausgerichtet sind (Römhild 1981; von den Driesch 1988, bes. S. 138–146; Schönfeld & Schäfer 1991; Schenk 1994). In diesem Zusammenhang wird auch ein ‚historisch-geographisches Denkmal' als vierte Kategorie kultureller Denkmalarten neben das Baudenkmal, das Bodendenkmal und das industriearchäologische Denkmal gestellt (von den Driesch 1988: 138), und Breuer (1979) bezieht eine Vielzahl baulicher Kulturlandschaftselemente als ‚Landdenkmale' in die Baudenkmalpflege mit ein.

Lage, Topographie, morphologische Erscheinung, Erhaltungszustand, Objektbewertung, Häufigkeit und Möglichkeiten einer pfleglichen Nutzung sind wesentliche Kriterien dieses Beitrages einer Erfassung zu den Aufgaben einer Landschaftspflege. Die Landschaftspflege jedoch, weitgehend von den Zielsetzungen eines Naturschutzes herkommend, ist ganz wesentlich auf eine Erfassung und Einschätzung der Formen und Ausmaße menschlicher Bewirtschaftung und Nutzungsweise von Teilflächen gerichtet und dabei vor allem auf Reste und Relikte älterer Wirtschaftsformen im Areal, in der Parzelle. Dabei stehen an erster Stelle die biotischen Gegebenheiten, die sich in spezifischer Weise durch die oft langzeitig wirksamen Bewirtschaftungsformen einstellen. So hat, von der Landschaftspflege des Naturschutzes aus, Wöbse (1994, bes. S. 15) ‚historische Kulturlandschaftselemente' zusammengestellt, die mit einer Landnutzung in Zusammenhang stehen bzw. Relikte und Indizien ehemaliger Nutzungen und Wirtschaftsweisen sind. Auch hier wird allerdings, mit der Zielsetzung eines Schutzes historischer Kulturlandschaften, von der Erfassung von Einzelelementen ausgegangen.

Es zeigt sich ganz allgemein, daß eine zu schützende und zu pflegende Artenvielfalt ganz besonders in Bereichen kleinstrukturierter traditioneller Bewirtschaftungsformen auftritt. Hier werden Beziehungsgefüge deutlich, die in der landschaftspflegerischen Praxis eine ganzheitliche Landschaftsanalyse fordern, welche aus der geographischen Landschaftserfassung heraus zu entwickeln ist, unter besonderer Einbeziehung der zu schützenden und zu pflegenden biotischen Landschaftserscheinungen unter dem Einfluß einer Bodennutzung.

Die Kulturlandschaft im Beziehungsgefüge zwischen Mensch, Natur und Kultur

Natur wie auch Kultur, natürliche wie auch kulturbestimmte Prozesse sind in der Landschaft manifest. Darüber hinaus ist der Eingriff des Menschen als Gestalter und Akteur ein entscheidender dynamischer Faktor im Gestaltungs- und Wandlungsprozeß (Abb. 1). Bei der Analyse der Entwicklung und dem „Management" der Kulturlandschaft steht der handelnde Mensch als Steuerungsfaktor im Mittelpunkt. Das Naturangebot und die Naturbedingungen werden als Naturpotential angesehen, als nutzbare Ressourcen. Der Mensch greift ein, drängt zurück, nutzt und beutet aus, aber er vermag auch bis zu einem gewissen Grad zu schützen und zu pflegen oder Gleichgewichte im Naturhaushalt herzustellen. Dieses Wirkungsgefüge steht hinter allen Prozessen und Maßnahmen, die in der Kulturlandschaft ablaufen.

Eine Landschaftsanalyse im Rahmen der praktischen Landschaftspflege kommt ohne das Fundament der Betrachtung des Beziehungsgefüges zwischen Mensch, Natur und Kultur nicht aus. Eine enge Verknüpfung von natur- und kulturgeographischer Landschaftsforschung trägt wesentlich hierzu bei, vor allem dann, wenn sie vom entwicklungsgeschichtlich beschreibenden und genetisch erklärenden Ansatz übergeht zum Paradigma der Persistenz, der Dauerhaftigkeit, der langzeitigen Wirksamkeit und der gegenwärtigen wie auch zukunftsträchtigen Präsenz landschaftsgebundener Kultur im Landschaftspotential und in der Umwelt des Menschen.

Die Eigenart und Bedeutung des geographischen Betrachtungs- und Arbeitsansatzes einer Kulturlandschaftsanalyse für Landschaftspflege und Landschaftsentwicklung

Der geographische Ansatz einer Kulturlandschaftspflege und Kulturlandschaftsentwicklung hat eigenständige Perspektiven und Arbeitsweisen, die in der Geographie als raum- und landschaftsbezogene Wissenschaft begründet sind. Die Elemente der Kulturlandschaft werden von ihren räumlich-geographischen La-

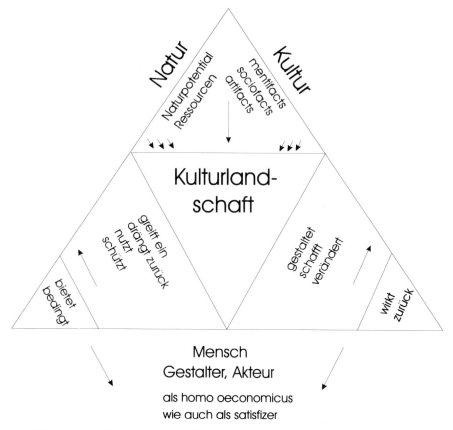

Abb. 1: Die Kulturlandschaft im Beziehungsgefüge zwischen Mensch – Natur – Kultur

geverhältnissen her gesehen, sie werden in ein räumlich-funktionales Beziehungsgefüge hineingestellt und nicht isoliert als Einzelteile gesehen. Hinzu tritt die genetische Perspektive (retrospektiv), wobei Entstehung, Entwicklung und Wandel in einem räumlich-funktionalen Zusammenhang entwicklungsgeschichtlich erklärend aufgearbeitet werden. Dabei bleiben die Analyse und Erklärung nicht statisch, sondern die Prozesse vom Werden und Wandel werden zu rekonstruieren und zu beleuchten versucht (Denecke 1993).

Lösungen und Maßnahmen einer Erhaltung und Pflege werden im Rahmen einer anwendungsorientierten historisch-geographischen Forschung auf der Grundlage entwicklungsgeschichtlicher Kenntnisse und Bewertungen eingebracht. Die geographische Zielsetzung der Kulturlandschaftspflege ist dabei keineswegs auf Erhaltung im Status Quo oder auf Schutzkategorien ausgerichtet, sondern auf eine integrierende und pflegliche Weiterentwicklung. Die Ausrichtung auf eine erhaltende Kulturlandschaftsentwicklung überwindet die Einseitigkeit und naturbezogene Enge des Naturschutzes wie auch die Objektbezogenheit des Denkmalschutzes und führt zu einer integrativen erhaltenden und pflegenden Weiterentwicklung der Landschaft. Hierzu lassen sich aus einer historisch-kulturgeographischen Forschung heraus Rekonstruktionen, Wiederherstellungs-, Bewirtschaftungs- und Pflegepläne erarbeiten, die in traditionsgebundene und nachhaltige Bewirtschaftungsmaßnahmen eingehen können. Die Kulturlandschaft ist zu bewahren, aber auch zu nutzen.

Die räumliche Perspektive einer kulturlandschaftlichen Landschaftspflege und ihre Maßstabsebenen

Die Maßstäbe der räumlichen Betrachtung und der angestrebten Instrumente (Kartierungen, Inventare) wie auch der Arbeitsmethoden und der Arbeitsintensität gehen weit auseinander. Die jeweils geforderte Maßstabsebene ist stets klar ins Auge zu fassen, denn jede Ebene verlangt ihre eigenen, spezifischen Kriterien, um zu sachgerechten Aussagen zu kommen. Bei kleiner werdenden Maßstäben geht es nicht um Varianten einer mehr oder weniger starken Generalisierung von Detailerfassungen, sondern um stets eigene Arbeitsansätze, bei denen zum größeren Überblick hin zunehmend eine allgemeinere kulturräumliche Dominanz und Charakteristiken ihrer großräumigen Abgrenzung herauszuarbeiten sind. Hierbei geht es dann vornehmlich um die jeweiligen Kernräume und weniger um die allgemein problematisch und unscharf bleibenden Grenzsäume oder Grenzgürtel.

Erfassungen in großen Maßstäben bis 1:200.000, auf Karten- und Luftbildanalysen wie auf Geländeaufnahmen beruhend, sind auf Objekte und kleine Verbreitungsareale gerichtet, auf Einzelelemente der Landschaft mit zahlreichen beschreibenden und bewertenden Details. Bei einer generalisierenden Flächenangabe ist für die Praxis von Planung und Schutz mehr als bisher in der Geographie ein Bezug zur Parzelle und zu Nutzflächen herzustellen oder auch zu vorgegebenen amtlichen Grenzen. Lassen sich vor allem bei einer Geländeaufnahme für die Beschreibung und Bewertung der zu erfassenden Landschaftselemente auch individuelle Eigenheiten und Details erheben, so ist doch auf dieser größten Maßstabsebene bereits von einer typisierenden Gruppierung auszugehen, die vor eine besondere fachliche Aufgabe stellt.

Problematisch sind die mittleren Maßstäbe (1:25.000 bis zu 1:200.000), die gerade in der Praxis besonders gefragt sind (Landschaftsrahmenplan u.a.). Hier muß weitgehend eine objektbezogene und topographisch genaue Erfassung zugrundeliegen (großer Erfassungsmaßstab), der dann für den Darstellungsmaßstab beziehungsweise das Instrument in Karte und Inventar so zu generalisieren ist, daß ein großer Teil der möglichen Aufgaben verlorengeht. Ein mittlerer Maßstab als direkter Erfassungsmaßstab ist schwerlich zufriedenstellend anzusteuern. Es bleibt meist bei Karten oder Literaturauswertungen mit all ihren bedingten Lückenhaftigkeiten.

Die Perspektive und Struktur der zeitlich-historischen Tiefe im Zuge einer nachhaltigen Landschaftspflege

Aufgabenbereich und Planungsobjekt ist die gegenwärtige Landschaft in ihrem aktuellen Zustand. Eine historische Dimension ist ihr dadurch gegeben, daß diese Landschaft im Laufe einer langen Entwicklungsgeschichte geworden und gestaltet ist, die Vergangenheit ist in der Landschaft stets gegenwärtig. Dies gilt für die im Zuge natürlicher oder auch anthropogen beeinflußter Prozesse gewordene „Naturlandschaft", ganz besonders aber für die vom Menschen in einem weit zurückreichenden historischen Ablauf gestaltete Kulturlandschaft. Dort, wo diese Geschichte durch eine gute Erhaltung älterer Kulturlandschaftselemente noch besonders sichtbar und prägnant ist, wird allgemein von „historischer Kulturlandschaft" gesprochen, obgleich jede Kulturlandschaft und jeder Teil einer Kulturlandschaft eine mehr oder weniger weit in die Geschichte zurückreichende zeitliche Tiefe aufweist.

Die historisch-geographische Kulturlandschaftsforschung ist in ihrer klassischen Arbeitsweise und Fragestellung retrogressiv, rückschreibend wie auch von unmittelbaren Zeitzeugen und Belegen ausgehend auf eine Erschließung älterer Landschaftszustände (Altlandschaften) gerichtet. Ein weiterer Betrachtungsansatz liegt in der historischen Verfolgung und Rekonstruktion von Entwicklungs- und Veränderungsprozessen im Laufe der Landschaftsgeschichte (prozessualer, entwicklungsgeschichtlicher Ansatz). Bei diesen beiden klassischen Fragestellungen der historisch-geographischen Kulturlandschaftsforschung stehen Landschaftszustände der Vergangenheit im Mittelpunkt, von deren Elementen nur ein Teil original, überformt oder nur als funktionslos gewordenes oder verfallenes Relikt in der gegenwärtigen Kulturlandschaft überkommen ist.

Diese überkommenen Landschaftselemente, Objekte und Relikte dienen als faßbare Dokumente und Zeitzeugen der Rekonstruktion älterer Kulturlandschaftszustände, sie dienen aber auch, auf die gegenwärtige Kulturlandschaft bezogen, zu deren genetischer (entwicklungsgeschichtlicher), retrospektiver Erklärung.

Mit diesem ebenfalls klassischen Ansatz geographischer Kulturlandschaftsforschung wird ein Blick auf die gegenwärtige Landschaft gerichtet, allerdings auch hier noch mit einer eindeutig historisch zurückblickenden Perspektive. Aufgabe und Anspruch einer Dokumentation und Erhaltung der Kulturlandschaft sind besonders – allerdings keineswegs allein – in einem kulturellen Wert begründet: ‚Die Landschaften sind, neben den Bibliotheken, die wichtigsten Speicher geistiger Errungenschaften der Menschheit. Das Leben der Gesellschaften zehrt aus ihnen mehr, als uns zuweilen bewußt ist' (J. Schmithüsen). In dieser Weise ist auch im geographischen Sinne der englisch-amerikanische bzw. internationale Ansatz eines landschaftsbezogenen Kulturerbes zu verstehen.

Für eine nachhaltige, erhaltende landschaftspflegerische Planung können diese historischen Betrachtungsansätze nur ein erklärender Hintergrund sein. In diesem Zusammenhang ist auch das einzelne historische Objekt, das historische Kulturlandschaftselement wie auch das zu schützende Denkmal nur ein Indikator, eine Sendeantenne, die punkthaft in verschiedene Tiefen der in der Landschaft verorteten Kulturlandschaftsgeschichte führt. Die Verbreitung und Summe von Kulturdenkmalen und historischen Landschaftsteilen in ihrer historischen und dokumentarischen Bedeutung wie auch ihrem Wert als Kulturerbe reichen in der Argumentation und für das Leitbild einer nachhaltigen, erhaltenden Landschaftspflege nicht aus. Es geht vielmehr um eine landschaftsräumliche strukturelle Betrachtung, Analyse und Entwicklung der geschlossenen Landschaft, wobei persistente Strukturen und Landschaftsteile eine besondere Beachtung finden.

Wandel (Dynamik) und Konstanz (Persistenz), Neuerung und Erhaltung in der Kulturlandschaft

Die Kulturlandschaft ist einem stetigen Wandel wie auch einer gezielten Veränderung unterworfen. Die Prozesse dieser Dynamik laufen immer rascher und kurzfristiger ab, die Eingriffe in die Landschaft wie auch in die naturräumlichen Verhältnisse werden zunehmend großräumiger und gravierender. Im Zuge des Wandels, weit mehr aber der planmäßigen Veränderungen und Umgestaltungen werden die vorherigen Nutzungen und Wirtschaftsformen abgelöst, die entstandenen älteren Landschaftselemente werden aufgegeben, umgenutzt oder ganz zerstört.

Die Ursachen und Wirkungen dieser Landschaftsdynamik vor allem der jüngeren Zeit sind – gerade auch im Zusammenhang mit einer erhaltenden Planung und Landschaftspflege – darzustellen und zu untersuchen, um die Prozesse und Prozeßregler dieser Dynamik zu erkennen und einschätzen zu können und den Druck auf die immer weniger werdenden, bisher noch über lange Zeit erhaltenen Kulturlandschaftsstrukturen und Kulturlandschaftsbereiche zu lokalisieren. Obgleich diese Thematik in einigen Regionalstudien aufgegriffen und in einem größer angelegten Forschungsansatz der siebziger und achtziger Jahre auch gezielt konzipiert wurde (Wöhlke 1969; Gallusser 1970; Gallusser & Buchmann 1974; Ewald 1978; Schweiz. Naturforsch. Gesell. 1983), ist die Dokumentation und Analyse aktueller Kulturlandschaftsdynamik in der Kulturgeographie kaum weiter vorangetrieben worden, weder in Fallstudien noch in einer großräumigeren praktischen Umsetzung. In ganz entscheidendem Maße hat sich diese Aufgabe im östlichen Deutschland gestellt, wo der Wettlauf einer Dokumentation des Landschaftswandels mit dem Tempo der in manchen Gebieten herrschenden Dynamik allerdings nahezu hoffnungslos ist.

Mit den verändernden Eingriffen und dem Wandel der Kulturlandschaft ist allgemein auch eine Zerstörung und Beseitigung der älteren Strukturen verbunden. Die allgemeinen Vorgänge und Faktoren der Landschaftszerstörung wie auch Erscheinungen von Landschaftsschäden werden auch als solche thematisiert und in der öffentlichen Diskussion vor Augen gestellt (Mayer-Tasch 1976; Wittig 1979; Weiss 1981; Brandon & Millman 1982; Vision Landschaft 1995). Bevorstehende flächenhafte Zerstörungen erfordern, wie auch in der Archäologie, eine vorherige Dokumentation und Untersuchung (vgl. als Beispiel: Kleefeld 1994), und Landschaftsschäden sollten im Zuge der allgemeinen landschaftspflegerischen Aufgaben laufend erfaßt werden, um gezielt beseitigt werden zu können (vgl. als Muster: Siegert 1971). Bei großflächigen Eingriffen und Zerstörungen (Braunkohlegruben und Kiesabbau u.a.) kommt es, wie bei Neulandgewinnung, zu völligen Neugestaltungen der Landschaft – hier im Zuge von Rekultivierungen – (u.a. Olschowy 1993), an denen die Geographie allerdings kaum beteiligt ist.

Von größerer Bedeutung bei der geographischen Betrachtung der aktuellen Kulturlandschaft ist der Aspekt der Konstanz und Persistenz. Sind die erhaltenen älteren Elemente in der heutigen Kulturlandschaft zunächst ein wesentliches Element der erklärenden Funktion im Rahmen der kulturlandschaftsgenetischen Analyse und Fragestellungen wie auch ein sichtbares Dokument älterer Landschaftszustände, so bekommen die überdauerten Reste und Landschaftsstrukturen im Zuge der Landschaftspflege und erhaltenden Weiterentwicklung den Charakter eines zu schützenden und weiterhin zu tradierenden kulturlandschaftsgeschichtlichen Erbes bzw. die Bedeutung besonderer historisch bedingter Eigenart, die zur Vielfalt der Landschaft und Umwelt wesentlich beizutragen vermag. Je weiter ein ungestörtes Überdauern zurückreicht, desto höher mag ein Erhaltungswert eingeschätzt werden. Grundsätzlich jedoch geht es weniger allein um die Altersstellung als um ein breites Spektrum bewertender Kriterien für einen Schutz bzw. eine erhaltende Integration.

Als vom Menschen in der Vergangenheit gestaltetes Landschaftselement ist dessen Beseitigung immer wieder unwiederbringlich, sie bedeutet den Verlust eines landschaftlichen Kulturdokuments, das in dieser Weise nur künstlich wieder erstellt werden könnte. Persistente Landschaftsteile und -strukturen haben sich zum Teil über sehr lange Zeit als bis jetzt stabile Landschaftselemente bewiesen, sie sind ein Potential, das als solches auch als kultureller Wert einzuschätzen ist. Ältere Landschaftsteile sind ein Beitrag zur Vielfalt der Kulturlandschaft, sie vermitteln eine historische Tiefe des Erlebnisumfeldes und eine Individualität, die Identität und Regionalbewußtsein stärkt. Als Elemente einer differenzierten Kleinstruktur können sie auch Ästhetik und Schönheit einer Landschaft hervorbringen, besonders dann, wenn sie nicht allein funktional, zweckdienlich und nutzbringend in die Landschaft hineingebracht worden sind. Diese Werte fordern auch ihren Einsatz und Aufwand (Hampicke 1996).

Gerade erst in einer genetisch differenzierten, d.h. sehr unterschiedlich tiefen historisch gewachsenen und durch vielfältige Wirtschaftsformen geschaffenen gegenwärtigen Landschaft stellt sich auch eine Artenvielfalt der Flora und Fauna ein, auf die besonders die Landschaftspflege des Naturschutzes gerichtet ist. Dieser deutlich nachweisbare Zusammenhang zwischen Kulturlandschaftsbereichen traditioneller Wirtschaftsweisen und Artenreichtum ist klarer zu belegen und zu begründen, um gerade auch auf dieser Ebene zu einem integrierten Natur- und Kulturlandschaftsschutz zu kommen (Mühlenberg & Slowig 1996).

Ein auf eine erhaltende Landschaftsplanung gerichtetes Instrument von sicher zunehmender Bedeutung für die Praxis ist die von der angewandten historischen Geographie erarbeitete flächenhafte Kartierung des Nutzungs- und Gestaltwandels der Landschaft während der letzten rund 200 Jahre („Kulturlandschaftswandelkarte'). Die Kartendarstellung, die systematisch standardisiert und auch großräumig angelegt werden kann und die sich auch digitalisiert durchführen läßt, basiert auf einer Zusammenschau von zwei oder drei Zeitschnitten älterer Kartenwerke, woraus sich flächenhaft für die punkt-, linien- und flächenhaften Elemente der Landschaft ein allgemeines Bild der historischen Tiefe ergibt (Reddersen 1934; Weisel 1970; Burggraaff & Egli 1984; Kaiser 1994). Für den deutschen Raum sind es vornehmlich die Zeitschnitte der Verkopplung, der Flurbereinigung wie auch der Kollektivierung, in denen ältere Landschaftsstrukturen beseitigt und neue eingebracht worden sind. Die Darstellung der Neuerungen auf dem gewählten ältesten Landschaftszustand läßt letztlich diejenigen Strukturen und Nutzungen erkennen, die zumindest die letzten 200 Jahre überdauert haben. Damit werden großflächige Anhaltspunkte einer differenzierten historischen Tiefe in einer Landschaft deutlich, auf denen eine flächenhafte Kulturlandschaftspflege aufbauen kann. Gerade aus dieser Erfassung heraus lassen sich auch erhaltene Nutzflächen alter Wirtschaftsweisen (Traditionslandschaften) erkennen in ihrer recht genauen flächenhaften Abgrenzung.

Landschaftsanalytische Arbeitsmethoden einer geographischen Kulturlandschaftsforschung für die Landschaftspflege und Landschaftsplanung

Die landschaftsbezogenen Arbeitsmethoden der anwendungsorientierten Kulturgeographie sind beschreibend und analytisch auf eine landschaftliche Bestandserfassung, auf eine Typisierung von Landschaftselementen und Landschaftseinheiten, auf eine landschaftsräumliche Gliederung, auf eine genetische Zuordnung wie auch eine kulturlandschaftliche Bewertung gerichtet. Im räumlichen Bezug wie auch im Arbeitsansatz ist dabei jeweils von spezifischen Maßstabsebenen auszugehen, die von der Aufgabenstellung vorgegeben werden und die sich auch im Endergebnis sehr deutlich unterscheiden. Entwickelt wurden die landschaftsanalytischen Arbeitsmethoden der Kulturgeographie in einer langen Forschungstradition, vornehmlich im Rahmen einer kulturlandschaftsgeschichtlichen und kulturlandschaftsgenetischen Forschung, die auf alte Landschaftszustände wie auch auf historische Entwicklungsstadien und -prozesse gerichtet ist. Den ehemaligen Landschaftszustand und den Werdegang suchend und rekonstruierend ist das Dokument, das Relikt, der historisch zurückweisende Indikator, das mit verschiedenen Arbeitsmethoden zu erschließende Objekt.

Geländeaufnahme, Kartenauswertung, Luftbildanalyse und Auswertung schriftlicher Quellen sind die grundlegenden Arbeitsmethoden, die auch bei dieser Landschaftsanalyse für die Landschaftspflege anzuwenden sind. Anzustreben ist stets eine Quellen- bzw. Methodenkombination, um möglichst viele und sich gegenseitig stützende Belege zusammenführen zu können. Bei notwendigen Beschränkungen des Arbeitseinsatzes sollten diese im Ergebnis deutlich gemacht werden, bei der Zielsetzung, ausgewählte Arbeitsmethoden wenigstens in sich möglichst erschöpfend anzuwenden.

Die Bestandserfassung (Inventarisation) und Dokumentation historischer Kulturlandschaftselemente, Flächennutzungen und Kulturlandschaftsrelikte

Die siedlungs- und landschaftsgeschichtliche Forschung (Archäologie, Historische Geographie) hat im Zuge der Landschaftsarchäologie (archäologische Landesaufnahme) bzw. der historisch-geographischen Kulturlandschaftsforschung (historisch-geographische Landesaufnahme) Erfassungen, Dokumentationen und Kartierungen von Kulturlandschaftsrelikten und Kulturlandschaftselementen entwickelt, die zunächst allein der entwicklungsgeschichtlichen Kulturlandschaftsforschung als Grundlagen- und Quellenmaterial dienen sollten. Naturschutz, Landschaftspflege und Denkmalpflege fordern unter ihren Gesichtspunkten Erhebungen, Kartierungen und Listen von Objekten, Denkmalen und Kulturflächen als Grundlage für Schutz und Pflegemaßnahmen. Um Denkmalschutz und Landschaftsplanung, d.h. einer erhaltenden Entwicklung der Landschaft, dienen zu können, hat die neuerliche Richtung der anwendungsorientierten historischen Geographie verschiedene historisch bezogene Erhebungen der Kulturlandschaft erarbeitet, die zwischen der landschaftsgeschichtlichen Quellendokumentation und der Erfassung von Kulturlandschaftselementen im Rahmen der Planung stehen. Einige Konzepte stehen der praxisbezogenen Grundlagenforschung näher (z.B. Kleefeld 1994), andere zielen auf eine landschaftsgeschichtliche Erläuterung und Erschließung (Ongyerth 1994; Denzer 1996), manche sind auf Denkmale der Kulturlandschaft gerichtet. Die Forderungen gehen immer mehr dahin, direkt von den Instrumenten von Planung und Schutz auszugehen (Burggraaff & Egli 1984; von den Driesch 1988; Fehn & Schenk 1993), d.h. die Erhebungen auf die Erfordernisse von Flurbereinigung (Gunzelmann 1987), Dorferneuerung (Gunzelmann 1991), Nationalparks (BM Umwelt 1994) oder Landschaftsschutzgebiete auszurichten. Dies erscheint sinnvoll, hat aber zur Folge, daß die Erfassungen nur sehr selektiv sind, daß unscheinbare Relikte oder gar untertägige Befunde weitgehend entfallen und die originale Gelände- und Quellenarbeit nur in geringem Umfang möglich ist, vor allem auch mit kleiner werdendem Maßstab. Diese Erhebungen und Übersichten für den unmittelbaren Einsatz im Planungsprozeß bei Schutz- und Pflegemaßnahmen sind weitgehend abhängig von dokumentarischen Vorarbeiten oder Kartenwerken, wie vor allem Altkarten, historisch-geographischen Regionalstudien (regionalen Kulturlandschaftsentwicklungen) oder dokumentarisch ausgerichteten, flächendeckend angelegten Werken wie den Amtsbeschreibungen und den ehemaligen Kreisbeschreibungen, den „Werten der deutschen Heimat", der „Historischlandeskundlichen Exkursionskarte Niedersachsen" oder auch manchen Kartenblättern aus Regionalatlanten.

Die Arbeitsmethoden, die nutzbaren bisherigen Vorarbeiten wie auch weiterführende praxisbezogene Kulturlandschaftskartierungen, Kulturlandschaftskataster oder Kulturlandschaftswandelkarten sind weitgehend von der Geographie beigetragen worden, und auf diesen Fundus ist auch bei den erweiterten Forderungen der Denkmalpflege und des Naturschutzes auf die Kulturlandschaft hin zurückzugreifen. Die Erfassung und Bewertung der Kulturlandschaft und ihrer Elemente ist weder mit dem Betrachtungsansatz der Denkmalpflege noch dem des Naturschutzes zu leisten. Mit der Einbringung der Kulturlandschaft in die Schutzgesetze stellt sich den Behörden nicht nur eine weiterführende Aufgabe, sondern auch die Forderung eines integrativen, landschaftsräumlichen und entwicklungsgeschichtlichen Betrachtungsansatzes eines komplexen Beziehungsgefüges zwischen Mensch und Natur, der wissenschaftlich von der Kulturgeographie vertreten wird.

Die bisher vorliegenden konzeptionell durchdachten und teilweise auch exemplarisch ausgeführten, oben genannten anwendungsorientierten Inventarisationsansätze sind von wissenschaftlicher Seite fortzusetzen und im Rahmen der landschaftspflegerischen Praxis systematisch durchzuführen. Die zuständigen Behörden sind dabei auf geographische Fachkompetenz angewiesen. Dabei ist allerdings auch darauf hinzuweisen, daß die Geographie von ihrer ökologischen und physischen Richtung ökologisch gewichtete Beiträge zur Landespflege leistet (vergleiche als Beispiel Grabski-Kieron 1995), bei denen die kulturlandschaftliche Komponente meist nur im Sinne einer Landnutzung und Bodenkultur vertreten ist.

Die Bedeutung der Rekonstruktion älterer Landschaftszustände im Zuge anwendungsorientierter Inventarisation und Bewertung historischer Landschaftselemente

Durch die großflächig voranschreitende Zerstörung älterer Landschaftsstrukturen sind langzeitig gewachsene und kleinstrukturierte Landschaften nur noch in wenigen Resten erhalten oder aber verändert und überformt. Einzelne Strukturen und Elemente älterer Kulturlandschaften haben als Relikte überlebt, um deren Erhaltung und Schutz sich die Denkmal- wie auch die Landschaftspflege bemühen. Die historische Geographie verfolgt als eine ihrer wesentlichen Aufgaben die Zielsetzung, ältere Landschaftszustände zu rekonstruieren, wozu auch ein fundiertes methodisches Rüstzeug erarbeitet worden ist. Die Fragestellung ist dabei auf die Altlandschaftszustände selbst gerichtet, ein älterer zeitlicher Querschnitt soll auf der Grundlage erhaltener Relikte, überlieferter Dokumente und zusätzlicher, auf vielfältigen Belegen beruhenden Rekonstruktionen erstellt werden.

Werden die in der heutigen Landschaft noch vorhandenen Kulturlandschaftskomponenten in die erhaltende Landschaftsplanung eingebracht, so sind auch hier Aufgaben einer Rekonstruktion gestellt, allerdings in einem anderen Sinne. Es geht für diese Aufgabenstellung um die notwendigen erklärenden räumlichen Zusammenhänge, um das Hineinstellen kleinräumiger Reste in das einst zugehörige Umfeld, um ein vollständigeres Bild der ehemaligen Verbreitung eines Strukturelements. So besagt etwa ein einzelner kleiner Hohlwegrest für sich kaum etwas: er wäre in ein historisches Wegenetz einzufügen, womit erst seine einstige Bedeutung kenntlich wird als Grundlage für eine Erklärung und Bewertung. In diesem Zusammenhang stellt die historisch-geographische Arbeit eine Grundlagenforschung dar, die übernommen werden kann oder aber zu leisten wäre, was allgemein im Zuge landschaftspflegerischer Aufgaben kaum unternommen werden kann.

Die Typisierung von Kulturlandschaftselementen und ihre Terminologie

Die im einzelnen individuelle Ausprägung von Kulturlandschaftselementen, ihre große Vielfalt und ihre regionale Gebundenheit und Differenzierung in ihrer Erscheinung wie auch ihrer Bezeichnung macht es für vergleichbare Inventare notwendig, zu einer Typologie zu kommen (allgemein: Wollkopf 1995) und zu einem an dieser orientierten terminologischen Rahmen (als Beispiel: Denecke 1979). Auf die Erscheinung oder Ausprägung ausgerichtet verfolgt die Geographie in ihrer Landschaftsanalyse vor allem einen morphogenetischen Ansatz. Danach werden die Objekte und Erscheinungen in der Landschaft nicht nur in ihrem Zustand morphographisch, d.h. formal beschreibend angesprochen, sondern nach dem Entwicklungsprozeß ihrer formalen Ausprägung. Der Betrachtungsansatz und die typologische Zuordnung sind entwicklungsgeschichtlich ausgerichtet und damit dynamisch. Stehen für eine historisch-geographische Betrachtung die Primärform, die Abfolge historischer Sekundärformen wie auch der formale Entwicklungsprozeß der Vergangenheit im Vordergrund des Interesses (vgl. Abb. 2), so ist im Zuge einer Typologie für eine Landschaftsentwicklung das Augenmerk auf die Ausprägung im gegenwärtigen Entwicklungsstadium und Zustand zu richten, auf die Möglichkeit der Weiterentwicklung, eine drohende Beseitigung oder einen Verfall. In gleicher Weise sind Funktion und Funktionswandel weniger historisch-genetisch zu erfassen, sondern eher von der heutigen und möglichen zukünftigen Nutzung her.

Verlauf der Entwicklung eines Raines oder Breitraines
Schematisierte Darstellung einer maximalen Anzahl möglicher Entwicklungsstadien

formal-genetischer Typus	Entwicklungsprozeß	formal-genetisches Entwicklungsstadium
fossiler Rain; gekappter Hochrain (sichtbar im Luftbild oder Bodenprofil)	Einebnung der ehemaligen Raine durch Neuparzellierung und Überackerung	Reliktformen, fossile Formen
Altrain, ungestört als agrare Kleinform erhalten	keine oder nur geringfügige Veränderung der Bodenoberfläche seit der Aufgabe der Beackerung	Altformen (heute noch erhaltene Endformen)
Kleinblock-/Kurzstreifenparzelle mit Teil einer ehem. Ackerfläche als Grenzrain	Aufplaggung, Düngung und Verbreiterung der Ackerfläche des umgenutzten Hochrains	Neuform
umgenutzter Hochrain	Neurodung; Beackerung der ehemaligen Raine; totale Überformung	
Flurwüstung; Ruheformen; passive morphologische Weiterentwicklung	allgemeine Bestockung der Flur / Aufgabe der Beackerung	Endform
Neuanlage (Neuraine) bei gleichzeitiger Aufgabe älterer Raine	Umlegung der Parzellierung; Überformung	
sukzessive Neuanlage von Rainen (Sekundärraine)	Umformung, Teilung, Verdichtung oder Erweiterung der Flur	
zunehmend sich verbreiternder Hochrain	Ausbreitung des Rainbewuchses, vor allem während der Brachzeit und Weidenutzung	Sekundärform
Hoch- bzw. Wölbrain (Akkumulationsrain, Lesesteinrain)	Akkumulation von Flugsand, Humus und vereinzelten Lesesteinen	
Busch- oder natürl. Baumrain	Bestockung des Rains mit Busch (vornehmlich weideresistente Arten: Weißdorn u. a.)	
Grasrain	Bewuchs mit Gras und Feldunkräutern	
Rodungsrain	linearer Abraum im Bereich eines Raines im Zuge der Rodung	Primärform
Rain (Flachrain) oder Breitrain	Auslegung, Absteckung, Markierung, Begrenzung durch begleitende Gräben	

Verlauf des Entwicklungsprozesses

Abb. 2: Prozesse und Stadien der Morphogenese von Parzellenbegrenzungen

Der historisch-genetisch erklärende Betrachtungsansatz der historisch-geographischen Kulturlandschaftsforschung und die hierfür entwickelte Typologie kann für den Zweck einer Kulturlandschaftspflege nicht direkt übernommen werden, sondern die Landschaftselemente oder Landschaftsteile sind von dem Ansatz einer steuernden Erhaltung und Weiterentwicklung her zu systematisieren und zu typisieren.

Ausweisung, Charakterisierung und Typisierung historisch geprägter Restlandschaften in ihrer Eigenart unter Gesichtspunkten einer Kulturlandschaftspflege

Verkopplung und Flurbereinigung, Kollektivierung und Modernisierung der Landwirtschaft haben die individuelle Entwicklung und Prägung der Kulturlandschaft großflächig vereinheitlicht, so daß heute nur noch wenige Reste, meist in peripheren Gebieten und Landschaftsteilen, von diesen Entwicklungsmaßnahmen unberührt geblieben sind. Die Landschaftsstrukturen der traditionellen Wirtschaftsweisen sind zu großen Teilen irreversibel beseitigt, die traditionelle Bewirtschaftung ist nur noch sporadisch zu finden. Für einen Schutz und für eine landschaftspflegerische Integration historisch geprägter Restlandschaften und ihrer einst landschaftsprägenden Kulturelemente sind nun im Rahmen und mit den Methoden einer historisch-geographischen Kulturlandschaftsforschung die Reste traditioneller und oft auch regionaltypischer Wirtschaftslandschaften nicht nur als solche zu erkennen und zu erfassen, sondern auch durch die Rekonstruktion des ehemaligen Gesamtbildes in den Zusammenhang des einstigen Landschaftsbildes wie auch der zeitgenössischen Wirtschaftsweisen zu stellen.

Gerichtet ist der Blick hier auf spezifische Landschaftsteile, die nicht allgemein, sondern nur mit ihrer jeweiligen besonderen Bewirtschaftung, Prägung und Genese zu erfassen und durch besondere Bewirtschaftungspläne zu erhalten sind. Hierzu gehören z.B. Haldenlandschaften des Bergbaus (Wagenbreth 1973), Weinberge (Schmidt 1985), Streuobstwiesen (Bünger 1996) oder Talauen mit Wiesenbewässerungsanlagen (Binggeli 1986; Leibundgut 1993). Gerade die genannten Landschaftstypen sind im Rahmen der Erhaltung und Pflege bereits in vielen Einzelbeispielen mit entsprechenden Rekultivierungs- und Pflegeplänen bearbeitet worden. Als besonders wertvolle und oft charakteristische Kultur- und Traditionslandschaften sind Landschaftsteile dieser Art in ihrer Struktur und Genese geographisch-landschaftskundlich individuell zu bearbeiten, für die Landschaftspflege, aber auch mit dem Ziel einer Landschaftsdokumentation und einer landschaftsgeschichtlichen Vermittlung. Auch in anderen europäischen Ländern werden Zielsetzungen dieser Art verfolgt (Haartsen & Renes 1982; Schwarze 1985; Verdifulle kulturlandskap 1994; Aalen 1996).

Methodisch kann die Siedlungs- und Kulturgeographie mit dieser anwendungsbezogenen Aufgabe zurückgreifen auf die Arbeitsweisen der Analyse alter Pläne und Karten, die Rückschreibung wie auch die Geländeaufnahme überkommener Kulturlandschaftselemente. Die geforderte Perspektive allerdings ist neu und anders als in der traditionellen siedlungsgeographischen und kulturlandschaftlichen Forschung, die auf die Rekonstruktion der Primärform, auf die Siedlungsanalyse zur Zeit der Landnahme und ersten Auslegung gerichtet ist und auf den langzeitigen Prozeß der Kulturlandschaftsentwicklung seit dem Mittelalter bis in die Gegenwart hinein. Der Landschaftszustand des 19. und frühen 20. Jahrhunderts, der für die Charakterisierung der historischen Restlandschaften im Zuge einer erhaltenden Landschaftspflege im Mittelpunkt steht, ist in der Geographie bisher nicht von besonderem Interesse gewesen.

Die landschaftsräumliche Gliederung, Differenzierung und Abgrenzung

Die geographische Landschaftsforschung und Länderkunde hat sich besonders seit den zwanziger Jahren mit Methoden und Problemen der landschaftlichen Raumgliederung befaßt, mit der Abgrenzung unterschiedlicher Landschaftsräume und Landschaftsteile sowie mit dem Charakter der Grenzen und Grenzsäume. Die Zielsetzung ist dabei die Ausgliederung geschlossener landschaftsräumlicher Einheiten, die sich in ihrer naturräumlichen oder auch kulturlandschaftlichen Ausstattung unterscheiden. Zur Herausarbeitung und Charakterisierung von Landschaftsteilen sind jeweils dominante landschaftsbestimmende Merkmale ausgewiesen worden. Ein in der Landschaftskunde aber auch in der Landschaftspflege und Landschaftsplanung tragfähiges Instrument geographischer Landschaftsgliederung ist die naturräumliche Gliederung Deutschlands, die naturräumliche Einheiten abgrenzt und charakterisiert. Relief, Geologie, Boden, Gewässer und Vegetation sind wesentlich berücksichtigte Elemente. Die Kriterien der Grenzziehung wechseln in ihrer Dominanz, Eingriffe und Veränderungen durch den Menschen finden nur geringe Berücksichtigung.

Eine für die Landschaftspflege lange bedeutsame Gliederung ist die Differenzierung nach den Hauptnutzungsarten Waldland, Ödland, Grünland und Ackerland und dies nicht nur für den gegenwärtigen Zustand, sondern auch für den zurückliegenden Wandel. Hier kann mit der Heranziehung des historischen Kartenvergleichs allgemein für die Zeit seit dem 18. Jahrhundert in einem Maßstab von 1: 25000 der Wandel in Zeitschnitten mit konkreten Grenzziehungen recht exakt nachvollzogen werden. Zu einer großräumigen systematischen Erarbeitung von Übersichtskarten des Landnutzungswandels der vier wesentlichen Grundkategorien ist es bisher noch nicht gekommen.

Die Einbringung der Betrachtungsansätze, Arbeitsmethoden und Arbeitsergebnisse der geographischen Kulturlandschaftsforschung in Landschaftsplanung und Landschaftspflege

Die Einbringung und Anwendung der Betrachtungsansätze, der Arbeitsmethoden und wissenschaftlichen Erkenntnisse der geographischen Kulturlandschaftsforschung in die Landschaftsplanung und Landschaftspflege ist auf verschiedenen Wegen möglich. Die umfangreiche Literatur der historisch-geographischen Kulturlandschaftsforschung, besonders die regionalen Fallstudien, dienen als Material- und Erkenntnisgrundlage. Die anwendungsorientierten kulturgeographischen Fallstudien sind Modelle oder Vorgaben für die Aufgaben und Arbeiten in der Praxis, und letztlich ist bei der Erarbeitung der Planungsinstrumente direkt wie auch durch spezifische Gutachten das kulturlandschaftliche Potential einzubringen. Daß im wissenschaftlichen Arbeitsansatz auch von vornherein eine Anwendungsorientierung gegeben ist, ist in der Kulturlandschaftsforschung und besonders der historischen Geographie erst in jüngerer Zeit der Fall, weshalb sich eine angewandte Forschung zunächst auch zum Teil bewußt als eine anwendungsorientierte Grundlagenforschung verstanden hat. Ein Beitrag in diesem Sinne wird für die praktische erhaltende Landschaftsplanung auch stets ihre Bedeutung behalten, wenn die Geographie mit den ihr eigenen wissenschaftlichen Ansätzen weiterführende Erkenntnisse zu liefern vermag. Grundlage hierfür sind der landeskundliche und der regionalgeographische Ansatz, der kulturgeographisch-analytische Ansatz, der historisch-entwicklungsgeschichtlich und genetisch erklärende Ansatz, der prozessuale Ansatz wie auch der neuere Ansatz einer Umweltgeographie. Auf diese Ansätze ist die kulturgeographische Systematik und Fachterminologie bezogen, hierfür sind die Arbeitsmethoden entwickelt, die in der historischen Geographie in Deutschland sehr eng verbunden sind mit der Siedlungsarchäologie und der Siedlungsgeschichte.

Für die zunehmend erkannte und geforderte praktische Aufgabe eines Kulturlandschaftsschutzes und einer Kulturlandschaftspflege sind bisher einige grundlegende Arbeiten erschienen, die allgemein und exemplarisch historisch-geographisch ausgerichtete landschaftspflegende Problemstellungen und Arbeitsansätze sowie Aufgabenstellungen umreißen. Dabei werden vor allem auch die bisherigen Defizite des Landschaftsschutzes und der Landschaftspflege in Bezug auf einen Kulturlandschaftsschutz herausgearbeitet, verbunden mit Forderungen einer verstärkten Beachtung, auf der Basis der nunmehr vorhandenen Gesetzesvorgaben sowie staatlicher und internationaler Bemühungen unter dem Schlagwort „Kulturlandschaft". Von wissenschaftlicher Seite werden die Initiativen dahin gehen müssen, nun auch vermehrt Fallstudien folgen zu lassen, die auch als nachvollziehbare Muster dienen können. Eine kritische Analyse von Flurbereinigungsplänen, Dorferneuerungsplänen sowie Landschafts- und Landschaftsrahmenplänen zeigt, daß siedlungshistorisch-kulturlandschaftliche Belange und Objekte bisher nur in sehr wenigen dieser Planungsinstrumente Beachtung finden, oft nur in Andeutung, von außen angehängt oder gar nicht. Unter den bisher für Niedersachsen vorliegenden Landschaftsrahmenplänen finden sich z.B. nur zwei (Landkreis Wesermarsch und Landkreis Peine), in denen die Kulturlandschaft in geographischem Sinne wirklich thematisiert und dokumentiert wird. Auch öffentliche Institutionen der Landschaftsplanung, historische Vereine wie auch Landschaftsarchitekten haben die Kulturlandschaft als kulturelles Erbe und als entwicklungsgeschichtliches Element der Landschaft noch viel zu wenig in ihren Arbeitsansatz einbezogen (vgl. hierzu die international vergleichende Untersuchung von Born 1996).

Literatur

Aalen, F.H.A. (1996): Landscape study and management. – Dublin.
Barthelmeß, A. (1988): Landschaft und Lebensraum des Menschen. Probleme von Landschaftsschutz und Landschaftspflege dargestellt und dokumentiert. – Orbis Academicus 2/5. Freiburg.
Bender, O. (1994): Angewandte Historische Geographie und Landschaftsplanung. – Standort 18 (2): 3–12.
Bender, O. (1994): Die Kulturlandschaft am Brotjacklriegel (Vorderer Bayer. Wald). Eine angewandt hist.-geogr. Landschaftsanalyse als vorbereitende Untersuchung für die Landschaftsplanung und -pflege (Deggendorfer Geschichtsblätter 15). – Deggendorf.
Binggeli, V. (1986): Kulturlandschaftswandel am Beispiel der Oberaargauer Wässermatten. – Jahrbuch der Geographischen Gesellschaft Bern 55: 123–149.
Born, K.-M. (1996): Raumwirksames Handeln von Verwaltungen, Vereinen und Landschaftsarchitekten zur Erhaltung der Historischen Kulturlandschaft und ihrer Einzelelemente. Eine vergleichende Untersuchung in den nordöstlichen USA und der Bundesrepublik Deutschland. – Phil. Diss. Göttingen.
Brandon, P.F. & R.N. Millman (Hrsg.; 1982): The threat to historic rural landscape. – Polytechnic of North London, Dpt. of Geography. London.
Breuer, T. (1979): Land – Denkmale. – Deutsche Kunst und Denkmalpflege 37: 11–24.
BM Umwelt (1994): Bundeswettbewerb Deutscher Naturparke. Vorbildliche Schutz- und Pflegemaßnahmen zur Erhaltung historischer Kulturlandschaften in Naturparken. – Bonn
Bünger, L. (1996): Erhaltung und Wiederbegrünung von Streuobstbeständen in Nordrhein-Westfalen (Landesanstalt für Ökologie, Bodenordnung u. Forsten. – Nordrhein-Westfälische Schriftenreihe 9). – Recklinghausen.
Burggraaff, P. & H.-R. Egli (1984): Eine neue historisch-geographische Landesaufnahme der Niederlande. – Siedlungsforschung 2: 283–293.
Denecke, D. (1979): Zur Terminologie ur- und frühgeschichtlicher Flurparzellierungen und Flurbegrenzungen sowie im Gelände ausgeprägter Flurrelikte: Grundzüge eines terminologischen Schemas. – Abhandlungen der Akademie der Wissenschaften in Göttingen, phil.-hist. Kl., Folge 3, Nr. 115, Teil I: 410–440.
Denecke, D. (1985): Historische Geographie und räumliche Planung. – Mitt. der Geogr. Ges. in Hamburg 75: 3–55.
Denecke, D. (1993): Entwicklungen in der deutschen Landeskunde: Helmut Jäger und die genetische Kulturlandschaftsforschung. – Berichte zur deutschen Landeskunde 67: 7–34.
Denecke, D. (1994): Historische Geographie – Kulturlandschaftsgenetische, anwendungs-orientierte und angewandte Forschung: Gedanken zur Entwicklung und zum Stand der Diskussion. – Berichte zur deutschen Landeskunde 68: 431–444.
Denzer, V. (1996): Historische Relikte und persistente Elemente in ausgewählten Waldhufensiedlungen im Buntsandstein-Spessart (Mainzer Geogr. Studien 43). – Mainz.
von den Driesch, U.v.d. (1988): Historisch-geographische Inventarisierung von persistenten Kulturlandschaftselementen des ländlichen Raumes als Beitrag zur erhaltenden Planung. – Phil. Diss. Bonn.
Ewald, K. C. (1978): Der Landschaftswandel. – Zur Veränderung der schweizerischen Kulturlandschaft im 20. Jahrhundert. – Liestal.
Ewald, K. C. (1989): Landschaftspflege. Wandel und Aktualität eines Begriffes. – Regio Basiliensis 30: 39–47.
Fehn, K. & W. Schenk (1993): Das historisch-geographische Kulturlandschaftskataster – eine Aufgabe der geographischen Landeskunde. – Berichte zur deutschen Landeskunde 67: 474–488.
Frei, H. (1983): Wandel und Erhaltung der Kulturlandschaft – der Beitrag der Geographie zum kulturellen Umweltschutz. – Berichte zur deutschen Landeskunde 57: 277–281.
Gallusser, W.A. (1970): Struktur und Entwicklung ländlicher Räume der Nordostschweiz. Aktualgeographische Analyse der Kulturlandschaft im Zeitraum 1955–1968 (Basler Beiträge zur Geographie 11). – Basel.
Gallusser, W.A. & W. Buchmann (1974): Der Kulturlandschaftswandel in der Schweiz als geographisches Forschungsprogramm. – Geographica Helvetica 29: 49–70.
Gerstenhauer, A. (1954): Der nördliche Spessart. Ein Beitrag zur Frage der kulturlandschaftlichen Gliederung (Rhein-Mainische Forschungen 42). – Frankfurt.
Grabski, U. (1985): Landschaft und Flurbereinigung. Kriterien für die Neuordnung des ländlichen Raumes aus der Sicht der Landespflege (Flurbereinigung. Schriftenreihe des BMELF 76). – Bonn.
Grabski-Kieron, U. (1995): Leitziele der Landschaftspflege für die Agrarlandschaft Brandenburgs. Beiträge zur ländlichen Entwicklung im Raum Königs Wusterhausen (Bochumer Geographische Arbeiten 60). – Bochum.
Gunzelmann, Th. (1987): Die Erhaltung der historischen Kulturlandschaft. Angewandte Historische Geographie des ländlichen Raumes mit Beispielen aus Franken (Bamberger Wirtschaftsgeographische Arbeiten 4). – Bamberg.
Gunzelmann, Th. (1991): Das Zeilendorf Reicholdsgrün im Fichtelgebirge. Historisch-geographische Ortsanalyse als Grundlage für Denkmalpflege und Dorferneuerung (Bamberger Wirtschaftsgeographische Arbeiten 7). – Bamberg: 161–196.
Haartsen, A.J. & J. Renes (1982): Naar een historisch-geografische typologie van het Nederlandse landschap. Historische geografie, ruimtelijke ordening en hun relatie met het werk van de Werkgroep Landschapstypologie. – Geografisch Tijdschrift 16: 456–475.
Haber, W. (1991): Kulturlandschaft versus Naturlandschaft. – Raumforschung und Raumordnung 49: 106–112.

Hampicke, U. (1996): Der Preis einer vielfältigen Kulturlandschaft. – W. Konold (Hrsg.) Naturlandschaft – Kulturlandschaft. Landsberg: 45–76.
Historisch-landeskundliche Exkursionskarte von Niedersachsen, M. 1:50.000, mit Erläuterungsheften (Veröffentlichungen d. Instituts f. Historische Landesforschung der Universität Göttingen 2). – Hildesheim 1964ff.
Huttenlocher, F. (1947): Versuche kulturlandschaftlicher Gliederung am Beispiel von Württemberg (Forschungen zur deutschen Landeskunde 47). – Stuttgart.
Kaiser, T. (1994): Der Landschaftswandel im Landkreis Celle: Zur Bedeutung der historischen Landschaftsanalyse für Landschaftsplanung und Naturschutz (Beiträge zur räumlichen Planung 38). – Hannover.
Kleefeld, K.-D. (1994): Historisch-geographische Landesaufnahme und Darstellung der Kulturlandschaftsgenese des künftigen Braunkohlegebietes Garzweiler II. – Phil. Diss. Bonn.
Konold, W. (1996) (Hrsg.): Naturlandschaft – Kulturlandschaft. Die Veränderung der Landschaften nach der Nutzbarmachung durch den Menschen. – Landsberg.
Küster, H. (1995): Geschichte der Landschaft in Mitteleuropa. Von der Eiszeit bis zur Gegenwart. – München.
Leibundgut, C. (1993): Wiesenbewässerungssysteme im Langetental. 6 Kartenblätter mit Erläuterungen (Geographica Bernensia 41). – Bern.
Mayer-Tasch, P.C. (1976) (Hrsg.): Kulturlandschaft in Gefahr. – München.
Mühlenberg, M. & J. Slowig (1996): Kulturlandschaft als Lebensraum. – Wiesbaden
Olschowy, G. (1993): Bergbau und Landschaft: Rekultivierung durch Landschaftspflege und Landschaftsplanung. – Hamburg.
Ongyerth, G. (1994): Landschaftsmuseum oberes Würmtal. Erfassung, Vernetzung und Visualisierung historischer Kulturlandschaftselemente als Aufgabe der Angewandten Geographie. – München.
Otremba, E. (1957): Die wirtschaftsräumliche Gliederung Deutschlands: Grundsätze und Richtlinien. – Berichte zur deutschen Landeskunde 18: 111–118.
Plachter, H. (1995): Naturschutz in Kulturlandschaften. Wege zu einem ganzheitlichen Konzept der Umweltsicherung. – J. Gepp (Hrsg.): Naturschutz außerhalb von Schutzgebieten. Graz: 47–95.
Reddersen, E. (1934): Die Veränderungen des Landschaftbildes im hannoverschen Solling und seinem Vorlande seit dem frühen 18. Jahrhundert (Schriftenreihe d. Nieders. Ausschusses f. Heimatschutz 5). – Oldenburg.
Römhild, G. (1981): Industriedenkmäler des Bergbaus. Industriearchäologie und kulturgeographische Bezüge des Denkmalschutzes unter bes. Berücksichtigung ehemaliger Steinkohlenreviere im nördlichen Westfalen und in Niedersachsen. – Berichte zur deutschen Landeskunde 55: 1–53.
Schenk, W. (1994): Planerische Auswertung und Bewertung von Kulturlandschaften im südlichen Deutschland durch Historische Geographen im Rahmen der Denkmalpflege. – Berichte zur deutschen Landeskunde 68 (2): 463–475.
Schiller, J. & M. Könze (Bearb.) (1995): Verzeichnis der Landschaftspläne und Landschaftsrahmenpläne in der BRD. Landschaftsverzeichnis 11 (Angewandte Landschaftsökologie 5). – Bonn.
Schmidt, H. (1985): Die erhaltenswerten Landschaftsbestandteile in den Weinbergen Frankens. – Die Weinberge Frankens. Ein Beitrag zur Ökologie, zum Naturschutz und zur Landespflege (Schriftenreihe d. Bayer. Landesamtes f. Umweltschutz 62). – München: 51–82.
Schmoliner, Ch. (1995): Forschungsschwerpunkt Kulturlandschaft. – Wien.
Schneeberger, J. (1986): Erhaltung der Kulturlandschaft. – Bayer. Staatsministerium f. Ernährung, Landwirtschaft u. Forsten (Hrsg.). 100 Jahre Flurbereinigung in Bayern 1886–1986. München: 213–222.
Schönfeld, G. & D. Schäfer (1991): Erhaltung von Kulturlandschaften als Aufgabe des Denkmalschutzes und der Denkmalpflege. – R. Grätz (Hrsg.): Denkmalschutz und Denkmalpflege. 10 Jahre Denkmalschutzgesetz Nordrhein-Westfalen. Köln: 235–245.
Schwarze, M. (1985): Die Erhaltung traditioneller Kulturlandschaften, dokumentiert an Beispielen der Schweiz (Schweizerische Stiftung für Landschaftsschutz und Landschaftspflege 3). – Bern.
Schweizerische Naturforschende Gesellschaft u. Schweizerische Geographische Kommission (1983): Der Kulturlandschaftswandel in der Schweiz. Die KLW-Testgemeinden in den 70er Jahren. – Basel.
Siegert, J. (1971): Methoden zur Erfassung und Kartierung von Landschaftsschäden am Beispiel der Kreise Göttingen und Rotenburg (Wümme) (Schriften d. Wirtschaftswissenschaftlichen Gesellschaft zum Studium Niedersachsens e.V. Reihe A, 98). – Göttingen.
Tishler, W.H. (1982): Historical Landscapes: An international preservation perspective. – Landscape Planning: 91–103.
Verdifulle kulturlandskap i Norge (1994) Part 4: Final report of the central comittee, National Inventory of Valued Cultural Landscape in Norway. – Dpt. of Environment. – Trondheim.
Vervloet, J.A.J., C.H.M. de Bont, J. Renes & T. Spek (1994): Wageningen Studies in Historical Geography 2 [Sammelband zu allgemeinen Ansätzen der angewandten historischen Geographie in den Niederlanden]. – Wageningen.
Vision Landschaft 2020. Von der historischen Kulturlandschaft zur Landschaft von Morgen (1995) (Laufener Seminarbeiträge 4/95). – Laufen.
Wagenbreth, O. (1973): Zur landeskulturellen Erhaltung von Bergbauhalden. – Geographische Berichte 68: 196–205.
Weisel, H. (1970): Die Bewaldung der nördlichen Frankenalb. Ihre Veränderung seit der Mitte des 19. Jahrhunderts. – Mitteilungen d. Fränkischen Geographischen Gesellschaft 17: 1–68.
Weiss, H. (1981): Die friedliche Zerstörung der Landschaft. – Zürich.
Wittig, R. (1979): Die Vernichtung der nordwestdeutschen Wallheckenlandschaft, dargestellt an Beispielen aus der westfälischen Bucht. Flurbereinigung und Kulturlandschaftsentwicklung. – Siedlung und Landschaft in Westfalen 12: 57–61.

Wöbse, H.H. (1994): Schutz historischer Kulturlandschaften. – Beiträge zur räumlichen Planung (Schriftenreihe des Fachbereichs Landschaftsarchitektur und Umweltentwicklung der Universität Hannover 37). – Hannover.
Wöhlke, W. (1969): Die Kulturlandschaft als Funktion von Veränderlichen: Überlegungen zur dynamischen Betrachtung in der Kulturgeographie. – Geographische Rundschau 21: 298–308.
Wollkopf, H.-F. (1995): Der Typbegriff in der Geographie. Eine disziplinargeschichtliche Studie (Europäische Hochschulschriften 3, 659). – Frankfurt.
Zwanzig, G.W. (1985): Der Schutz der Kulturlandschaft als Anliegen von Naturschutz und Denkmalpflege. Rechtliche Möglichkeiten und Grenzen. – Rundschreiben an die bayerischen Heimatpfleger 30: 1–29.

Zur Entwicklung und Anwendung von Bewertungsverfahren im Rahmen der Kulturlandschaftspflege

Juan Manuel Wagner

Sollen im Bereich der Kulturlandschaftspflege sachgerechte Entscheidungen z.B. hinsichtlich der Festsetzung raumbezogener Schutzkategorien getroffen werden, bedarf es zielorientierter Bewertungen von Landschaftsräumen, -elementen und/oder -bestandteilen, z.B. zur Ermittlung von Schutzwürdigkeits- oder Schutzdringlichkeitsgraden. Im Vordergrund entsprechender Bewertungen stehen im Regelfall die beiden Aspekte der emotionalen Wirksamkeit und der kulturhistorischen Bedeutung der Kulturlandschaft.

Jede Bewertung stellt in Form einer Wertzuordnung eine Beziehung zwischen einem wertenden Subjekt und einem sogenannten Wertträger, d.h. einem zu bewertenden Objekt, her. Genauer gesagt: einem Wertträger wird durch ein wertendes Subjekt ein Wert zugeordnet. In Anlehnung an Bechmann (1981: 104f.) lassen sich zwei Gruppen von Wertzuordnungen unterscheiden: individualistische Wertzuordnungen und Werturteile. Während erstere als Wertzuordnungen verstanden werden können, die ein Individuum zu einem bestimmten Zeitpunkt vornimmt, ohne eine intersubjektive Gültigkeit zu beanspruchen, ist es genau dieser Anspruch, der an Werturteile gestellt wird. In diesem Sinne können Wertzuordnungen, die mit Hilfe von Bewertungsverfahren getroffen werden, generell als Werturteile betrachtet werden, da solche Verfahren im allgemeinen darauf abzielen, intersubjektiv gültige Werte zu ermitteln.

Bewertungsverfahren, d.h. „Verfahren, die Bewertungsvorgänge sowohl formal als auch inhaltlich strukturieren und reglementieren", dienen dazu, „Wertträger zu klassifizieren, zu ordnen oder hinsichtlich ihres Wertes zu quantifizieren" (Bechmann 1981: 106). Sie kommen insbesondere bei vergleichenden Bewertungen von mehreren in einem thematischen Zusammenhang stehenden Wertträgern zum Einsatz.

Im Rahmen der Kulturlandschaftspflege sind ausschließlich sinnlich wahrnehmbare Phänomene der Landschaft Gegenstand von Bewertungen. Diese können entweder auf ganze Landschaftsräume oder auf einzelne Landschaftselemente bzw. -bestandteile ausgerichtet sein. Im ersten Falle stellen diesbezügliche Bewertungsverfahren Landschaftsbewertungsverfahren dar, die als raumorientiert zu bezeichnen sind. Verfahren zur Bewertung von Landschaftselementen bzw. -bestandteilen gehören dagegen zu den Objektbewertungsverfahren. Sofern diese jedoch auch übergeordnete Beziehungen der Objekte zu den betreffenden

Landschaftsräumen berücksichtigen, können sie gemeinsam mit den erstgenannten Verfahren zu der Gruppe der raum- und objektorientierten Landschaftsbewertungsverfahren zusammengefaßt werden. Außerhalb der Kulturlandschaftspflege schließt der Bedeutungsumfang von „Landschaftsbewertungsverfahren" vielfach auch solche Verfahren ein, die sich auf nicht sinnlich wahrnehmbare Eigenschaften, z.B. auf die ökologische Beschaffenheit, von Landschaftsräumen beziehen.

Wie generell bei allen empirischen Methoden, ist auch bei der Entwicklung und Anwendung von raum- und objektorientierten Landschaftsbewertungsverfahren innerhalb der Kulturlandschaftspflege den Erfordernissen einer fundierten wissenschaftlichen Grundlage und einer weitreichenden Erfüllung üblicher Gütekriterien Rechnung zu tragen. Die Notwendigkeit einer untermauerten wissenschaftlichen Grundlage gilt gleichermaßen sowohl in thematischer als auch in methodologischer Hinsicht. Erläuterungen zum themenbezogenen Fundament finden sich in anderen theoretischen Beiträgen in diesem Handbuch. Bezüglich der Methodologie werden weiter unten entsprechende Hinweise gegeben.

Zur Überprüfung der Qualität empirischer Methoden werden gemeinhin bestimmte Gütekriterien verwendet. Clauß & Ebner (1977: 34–38) sprechen diesbezüglich die drei Kriterien *Validität, Reliabilität* und *Objektivität* an. Daniel & Vining (1983) beurteilen Landschaftsbewertungsverfahren – neben der Validität und Reliabilität – zusätzlich nach den Gütekriterien *Sensitivität* („sensitivity") und *Verwendbarkeit* („utility"). Zu den fünf genannten Gütekriterien seien folgende Erläuterungen gegeben:

- Die *Validität* oder Gültigkeit gibt an, in welchem Maße ein Verfahren „das mißt, was es messen soll" (Clauß & Ebner 1977: 37). Im Falle von Landschaftsbewertungsverfahren gestaltet sich eine exakte Überprüfung der Validität problematisch (Hoisl u.a. 1992: 109).
- Die *Reliabilität* ist Ausdruck für die Zuverlässigkeit der Ergebnisse. Diese richtet sich danach, inwieweit bei wiederholter Anwendung eines Verfahrens in geringem zeitlichem Abstand identische Resultate erzielt werden.
- Als *objektiv* bezeichnen Clauß & Ebner (1977: 34) „ein Verfahren, mit dem das zu ermittelnde Merkmal eindeutig festgestellt wird". Nach Mogel (1984: 170) ist Objektivität „das Ausmaß der intersubjektiven Übereinstimmung gegenüber einem Sachverhalt".
- Unter der *Sensitivität* ist die Fähigkeit eines Verfahrens zu verstehen, vorhandene relevante Unterschiede zu „messen" (Daniel & Vining 1983: 40).
- Die *Verwendbarkeit* wird von Daniel & Vining aufgespalten in die beiden Aspekte der Effizienz („efficiency") einerseits und der Allgemeingültigkeit („generality") andererseits. „Efficient methods provide precise, reliable measures with relatively low costs in time, materials and equipment, and personnel. Generality refers to the extent to which a method can be applied successfully, with minor modifications, to a wide range of landscape-quality assessment problems" (Daniel & Vining 1983: 40).

Abgesehen von dem angesprochenen Gesichtspunkt des wissenschaftlichen Fundamentes und solchen Gütekriterien, deren Überprüfung nicht praktikabel erscheint oder prinzipiell erst nach Abschluß der Bewertungen realisierbar ist, lassen sich sechs Hauptforderungen an Bewertungsverfahren im Rahmen der Kulturlandschaftspflege formulieren:

- Die Verfahren müssen *operationabel* und in der Durchführung *effizient* sein.
- Die Bewertungen sollen weitestgehend *intersubjektiv nachprüfbar* sein.
- Die Verfahren haben sich an den gegebenen Möglichkeiten zur *Umsetzung* der Untersuchungsergebnisse *in der politischen und behördlichen Praxis* zu orientieren.
- Die Bewertungskriterien sind *sachgerecht auszuwählen*.
- Die für die verschiedenen Wertträger jeweils zu ermittelnden kriterienbezogenen Einzelwerte sind *sachgerecht* zu einem Gesamtwert pro Wertträger zu *verknüpfen*.
- Alle Datenverknüpfungen und Datenauswertungen müssen *skalenniveaugerecht* erfolgen.

Je nach Fragestellung ist außerdem noch ein besonderes Augenmerk darauf zu legen, daß die gewählte Bewertungsmethodik eine weitgehend komplikationslose Fortschreibung der erzielten Bewertungsergebnisse erlaubt (Wagner 1996: 164f.).

Operationalität und Effizienz

Im Mittelpunkt der Forderung nach operationablen und effizienten Bewertungsverfahren steht die Notwendigkeit zur Entwicklung und Anwendung standardisierter Verfahren, die – hauptsächlich im Hinblick auf den Zeitaufwand sowie den Personal- und Materialeinsatz – eine ökonomisch vertretbare Durchführung ermöglichen. Eine herausragende Stellung im Gesamtkomplex der Operationalität und Effizienz von Bewertungsverfahren nimmt über die erforderliche Standardisierung hinaus die Festlegung ein, ob *nutzerabhängige* oder *nutzerunabhängige* Verfahren Verwendung finden sollen.

Als *nutzerunabhängige* Bewertungsverfahren sind solche Verfahren anzusehen, bei denen die Werturteile durch einzelne Experten oder durch Expertenteams nach deren Werthaltungen getroffen werden. Bei *nutzerabhängigen* Verfahren ist das Bewertungsergebnis von individualistischen Wertzuordnungen tatsächlicher oder potentieller Nutzer des betreffenden Landschaftsraumes abhängig, wobei als Probanden primär die jeweiligen Ortsansässigen sowie auswärtige Erholungsuchende von Interesse sind. Die Werturteile entstehen durch Aggregation von Einzelbewertungen der zur jeweiligen Stichprobe gehörenden Individuen (Asseburg 1985: 235f.; Gunzelmann 1987: 122; Riccabona 1991: 45).

Darüber hinaus existieren noch weitere Klassifikationen von Landschaftsbewertungsverfahren. So lassen sich z.B. die vor allem im englischsprachigen Raum entwickelten Verfahren zwei verschiedenen Untersuchungstypen zuordnen: den *Landscape Evaluation Studies* und den *Landscape Preference Studies*. Die erstgenannten erfolgen auf der Grundlage nutzerunabhängiger Verfahren, wobei zur Bewertung zuvor exakt definierte Kriterien verwendet werden. Im Vordergrund der Landscape Preference Studies steht zumeist, die visuelle Erlebnisqualität eines Landschaftsraumes insgesamt mit Hilfe geeigneter empirischer, zumeist sozialwissenschaftlicher oder psychologischer Methoden zu erfassen und zu bewerten. Dieser Untersuchungstyp beruht somit auf nutzerabhängigen Verfahren (Schöppner 1985: 17f.).

Daniel & Vining (1983) differenzieren in bezug auf die ästhetische Qualität von Landschaften fünf Gruppen von Bewertungsverfahren. Diese tragen folgende Bezeichnungen: Ecological Model, Formal Aesthetic Model, Psychophysical Model, Psychological Model und Phenomenological Model. Eine ähnliche Klassifikation nehmen auch Taylor u.a. (1987) vor. Beide Abhandlungen enthalten zahlreiche Literaturhinweise, Kurzbeschreibungen und Kommentierungen zu entsprechenden Verfahren aus dem englischsprachigen Raum.

Eine konsistente Bewertung der emotionalen Wirksamkeit von Kulturlandschaften gestaltet sich im Rahmen nutzerabhängiger Verfahren grundsätzlich um so schwieriger, je größer der betreffende Untersuchungsraum und je höher die Anzahl der zu bewertenden Gebiete und Objekte ist. Insbesondere bei objektorientierten Landschaftsbewertungen dürften nutzerabhängige Verfahren für einen größeren Untersuchungsraum organisatorisch sogar nahezu undurchführbar sein. Dieser Umstand ergibt sich schon aus der zu erwartenden Objektfülle und gilt somit nicht nur für generell auszuschließende Vollerhebungen, die von der betreffenden Grundgesamtheit an Nutzern ausgehen, sondern gleichermaßen auch für Teilerhebungen auf der Basis repräsentativer Nutzerstichproben. Doch sogar bei einer befriedigenden Lösung der auftretenden organisatorischen Probleme wären nutzerabhängige Bewertungsverfahren im Grunde genommen nicht praktikabel. Denn sie wären mit sehr großer Wahrscheinlichkeit derart zeitintensiv, daß sie wegen des langen Erhebungszeitraumes keine vergleichbaren Ergebnisse liefern könnten und von daher jede räumliche Datenaggregation weitgehend ausschließen würden.

Hinsichtlich des zweiten essentiellen Aspektes der Kulturlandschaftspflege, der kulturhistorischen Bedeutung, ist festzustellen, daß nutzerabhängige Bewertungsverfahren zur Wertermittlung prinzipiell ungeeignet sein dürften, da den Nutzern zumeist die Fähigkeit fehlt, kulturhistorische Phänomene der Landschaft sachgerecht zu erfassen und zu beurteilen (Gunzelmann 1987: 122).

Zusammengefaßt läßt sich somit festhalten, daß es zweckmäßig, wenn nicht gar in vielen Fällen einzig möglich erscheint, im Rahmen der Kulturlandschaftspflege auf nutzerunabhängige Bewertungsansätze zurückzugreifen.

Des weiteren bietet es sich aus theoretischen Erwägungen an, die Bewertungen anhand geeigneter *Kriterien* vorzunehmen. Üblicherweise werden Kriterien nicht nur dahingehend überprüft, ob sie erfüllt sind oder nicht, sondern es erfolgt darüber hinaus auch eine Stufung nach ihrem jeweiligen Erfüllungsgrad. Hierzu werden zumeist Quantifizierungsverfahren verwendet. Nach Adam u.a. (1989: 174–177) lassen sich diesbezüglich zwei Verfahrensgruppen unterscheiden: *Schätzverfahren* einerseits sowie *Zähl- und Meßverfahren* andererseits.

Bei *Schätzverfahren* wird der Erfüllungsgrad eines Kriteriums durch Experten bzw. Expertenteams anhand einer vorgegebenen Skala eingeschätzt. Um eine schnelle und vor allem konsistente Zuordnung zu den einzelnen Wertstufen der Skala zu ermöglichen, sind die verschiedenen Skalenwerte zuvor möglichst exakt zu definieren.

Die *Zähl- und Meßverfahren* erfordern für jedes Kriterium eine Zerlegung der Gebiete bzw. Objekte in jeweils relevante abzählbare bzw. abmeßbare Merkmale. „So wird man im Falle der Vielfaltsermittlung die Landschaft in differenzierbare Elemente (z.B. Flächen und Gegenstände) ‚aufbrechen' und anschließend deren Gesamtzahl bzw. Gesamtmaß ermitteln" (Adam u.a. 1989: 175). Wird der Erfüllungsgrad eines bestimmten Kriteriums für verschiedene räumliche Untersuchungseinheiten unterschiedlicher Größe quantifiziert, ist es zu Vergleichszwecken prinzipiell erforderlich, die ermittelten Zahlenwerte – auf die jeweiligen Grundflächen bezogen – zu relativieren. Zähl- und Meßverfahren sind gegenüber Schätzverfahren grundsätzlich aufwendiger und damit auch zeit- und kostenintensiver.

Die Entscheidung, ob zur Quantifizierung kriterienbezogener Werturteile Schätzverfahren oder Zählbzw. Meßverfahren eingesetzt werden, ist jeweils kriterienspezifisch zu treffen. Überdies ist darauf zu achten, daß die Verwendung von Quantifizierungsverfahren nicht zu unerwünschten Effekten führt, die der zentralen Zielsetzung der Kulturlandschaftspflege zuwiderlaufen, die räumliche Differenzierung unterschiedlicher Kulturlandschaften zu erhalten bzw. der zunehmenden regionalen Nivellierung der Kulturlandschaften entgegenzuwirken. So besteht insbesondere bei Zähl- und Meßverfahren die Gefahr, daß ungewollt bestimmte Typen von Landschaftsräumen bzw. Landschaftselementen oder -bestandteilen – zumindest tendenziell – bevorzugt werden. Die bei Schätzverfahren vorhandenen größeren Spielräume des wertenden Subjekts können in diesem Zusammenhang Vorteile gegenüber den Zähl- und Meßverfahren bedingen, lassen sich doch auftretende Individualitäten leichter angemessen berücksichtigen.

Intersubjektive Nachprüfbarkeit

Im Rahmen nutzerunabhängiger Landschaftsbewertungsverfahren kann Objektivität grundsätzlich nicht gewährleistet werden. Daher ist dieses Gütekriterium notwendigerweise dahingehend abzuschwächen, daß die betreffenden Verfahren ebenso wie die mit ihrer Hilfe erzielten Bewertungsergebnisse weitestgehend intersubjektiv nachprüfbar oder wenigstens nachvollziehbar sein sollen.

Für Denecke (1985: 18) „kann es bei Bewertungen landschaftlicher Objekte, die immer einen Grad von Subjektivität besitzen müssen, nicht um die Suche nach objektiven Methoden gehen, sondern nur um eine Systematisierung von Bewertungskategorien, Wertmaßstäben, Betrachtern oder Ermittlungsmethoden, die einen Nachvollzug, einen Vergleich und eine richtige Einschätzung der Ergebnisse möglich macht (Transparenz der angewandten Erhebungsmethoden)."

Die zitierten Ausführungen von Denecke weisen darauf hin, daß dem jedem Bewertungsvorgang immanenten Problem der Subjektivität und Relativität durch ein Bündel verschiedener Maßnahmen in einem nicht unerheblichem Umfang wirksam begegnet werden kann. Zu diesen Maßnahmen gehören bei nutzerunabhängigen Bewertungsverfahren, die sich mehrerer Bewertungskriterien bedienen und somit Werturteile in eine Vielzahl von Teilwerturteilen aufspalten, in erster Linie folgende:

– Die einzelnen Bewertungskriterien sind eindeutig zu definieren und detailliert offenzulegen.
– Für alle zu bewertenden Objekte sind einheitliche Bewertungskriterien zu verwenden.
– Zur Vermeidung spürbarer Verluste an Anschaulichkeit und Nachvollziehbarkeit darf die Anzahl der Bewertungskriterien nicht zu groß gewählt werden.
– Bei Anwendung von Zähl- oder Meßverfahren sind die ermittelten kriterienbezogenen – absoluten oder relativen – Zahlenwerte plausiblen und zweckmäßigen Wertklassen zuzuordnen. Im Einzelfall lassen sich bei solchen Klassifizierungen entweder konstante oder variierende Klassenbreiten festlegen (Wagner 1996: 176–180). So könnten z.B. – bei Einsatz variierender Klassenbreiten – die für einen Referenzraum ermittelten absoluten Häufigkeiten von schutzwürdigen Objekten eines bestimmten Typs im Zu-

sammenhang mit einer Bewertung des Kriteriums Seltenheit wie folgt in Klassen eingeteilt werden: 1–2 Objekte = höchster Punktwert, 3–5 Objekte = zweithöchster Punktwert, 6–9 Objekte = dritthöchster Punktwert usw.
- Im Falle von Schätzverfahren ist der Ermessensspielraum, der mit den generell eher gefühlsgeprägten kriterienbezogenen Werturteilen verbunden ist, durch normativ vorzugebende kategoriale Wertabstufungen in möglichst engen Grenzen zu halten (Bugmann 1981: 134). Als Beispiel sei hier das zur Bewertung schutzwürdiger Objekte oftmals herangezogene Kriterium Erhaltungszustand genannt, bei dem verschiedene Kategorien – wie etwa „sehr gut erhalten" = höchster Punktwert, „gut erhalten" = zweithöchster Punktwert, „noch einigermaßen gut erhalten" = dritthöchster Punktwert, ... – so exakt definiert werden sollten, daß sie für jedes zu bewertende Objekt eine weitgehend zweifelsfreie Zuordnung zu einer der unterschiedlichen Kategorien erlauben.
- Die jeweiligen Klassifizierungen bzw. Kategorisierungen sind transparent und nachvollziehbar zu machen (Bugmann 1981: 135). Darüber hinaus sollten – vor allem bei der Anwendung von Schätzverfahren – konkrete Wertzuweisungen durch erläuternde Bemerkungen oder kurze Begleittexte verdeutlicht werden, soweit dies zur intersubjektiven Nachprüfbarkeit oder Nachvollziehbarkeit erforderlich erscheint.
- Werden bei der Verknüpfung der kriterienbezogenen Teilwerturteile zu einem Gesamtwerturteil pro zu bewertendem Objekt Gewichtungsfaktoren eingesetzt, so sind diese offenzulegen und zu begründen.

Über diesen Maßnahmenkatalog hinaus legt Bugmann (1981: 135) nahe, durch Mehrfachbewertungen in Expertengruppen zum „Abbau von Willkür und Subjektivität" beizutragen. Zumeist lassen allerdings fehlende personelle und finanzielle Ressourcen eine Realisierung dieses Vorschlages nicht zu.

Praktische Umsetzbarkeit

Die zu verwendenden Bewertungsverfahren sollten nicht nur darauf abzielen, intersubjektiv nachprüfbare bzw. nachvollziehbare und zugleich sachgerechte Bewertungsergebnisse zu liefern. Überdies sollten sie aus Gründen der praktischen Umsetzbarkeit auch aussagekräftige Resultate für die Arbeit politischer und behördlicher Entscheidungsträger zur Verfügung stellen.

Seitens der Entscheidungsträger besteht im allgemeinen ein besonderes Interesse daran, daß die Bewertungsergebnisse die Formulierung komparativer Aussagen gestatten, um auf dieser Grundlage Prioritäten zu setzen oder Handlungsalternativen zu entwickeln. Nicht zuletzt vor diesem Hintergrund steht bei Bewertungsverfahren, die mehrere Bewertungskriterien heranziehen, die Notwendigkeit der Verknüpfung von Einzelkriterienbewertungen zu einem leicht zu handhabenden Gesamtwerturteil für jedes zu bewertende Objekt.

Eine Vielzahl von Aufgabenstellungen – z.B. die Ermittlung von Schutzwürdigkeitsgraden – erfordert einen Bezug zu einem sogenannten *Referenzraum*. Dies hat zur Folge, daß Bewertungsergebnisse, die für einen konkreten Referenzraum Gültigkeit haben, nicht ohne weiteres auf einen anderen – räumlich über- oder untergeordneten – Referenzraum übertragen werden können. Dies trifft u.a. auf alle Bewertungsverfahren zu, die das stets nur in Verbindung mit einem Referenzraum bewertbare Kriterium Seltenheit berücksichtigen.

Unter dem Gesichtspunkt der Umsetzung erzielter Untersuchungsergebnisse bietet es sich grundsätzlich an, als Referenzräume räumliche Verwaltungseinheiten wie Bundesländer, Regierungsbezirke, Landkreise oder Gemeinden zu verwenden. Es handelt sich hierbei also um räumliche Ebenen, auf denen jeweils spezifische Entscheidungen, z.B. bezüglich der Sicherung schutzwürdiger Gebiete und Objekte, getroffen werden können.

Im Zuge der Entwicklung entsprechender Bewertungsverfahren wird es häufig angebracht sein, die Bewertungsmethodik daran auszurichten, daß sie auf verschiedenen potentiell relevanten Referenzraumebenen anwendbar ist. Dies impliziert, daß auf jeder der betreffenden Ebenen sachgerechte Werturteile über die in einem konkreten Referenzraum betrachteten Wertträger möglich sein müssen.

Ausgehend von einer bestimmten Referenzraumebene und den zunächst an dieser zu orientierenden Bewertungen wird jeder nachfolgende Wechsel auf eine über- oder untergeordnete Ebene innerhalb des hierarchischen Systems räumlicher Verwaltungseinheiten entweder an eine räumliche Datenaggregation oder an eine räumliche Aufspaltung und anschließende Neurelationierung des Datenbestandes geknüpft sein. Die sich hieraus ergebenden Anforderungen an die Komplexität und zugleich auch an die Flexibilität solcher Bewertungsverfahren bedingen fast schon zwangsläufig eine zweckmäßige Datenverwaltung in einem elektronischen Datenbanksystem sowie den Einsatz spezieller EDV-Programme zur automatisierten referenzraumabhängigen Datenauswertung (Wagner 1996).

Sachgerechte Kriterienauswahl

Die Forderung nach einer sachgerechten Auswahl aussagekräftiger Bewertungskriterien ist im Grunde genommen nur erfüllbar, wenn die Kriterienselektion auf einer ausreichend untermauerten wissenschaftlichen Grundlage beruht. Im einzelnen ist auch hier zwischen einem thematischen Fundament auf der einen und einem methodologischen Fundament auf der anderen Seite zu unterscheiden.

Unter methodologischen Gesichtspunkten ist im vorliegenden Zusammenhang die Aufmerksamkeit vorrangig darauf hinzulenken, Bewertungskriterien auszuwählen, die keinen sich überschneidenden Bedeutungsinhalt besitzen und möglichst auch keine anderen Abhängigkeitsbeziehungen zueinander aufweisen. Dieser allgemeinen Unabhängigkeitsforderung kann in vielen speziellen Fällen – so auch bei der Mehrzahl von Landschaftsbewertungsverfahren – nicht in der eigentlich gebotenen Striktheit Genüge geleistet werden. Diese Tatsache liegt vornehmlich in der Komplexität der zu bewertenden Sachverhalte begründet. Je höher die Komplexität, desto problematischer ist es, Dependenzen bzw. Interdependenzen vollkommen auszuschließen. Dies entbindet allerdings nicht von einer gewissen Verpflichtung, über die Wirkungsrichtungen und Wirkungsintensitäten der Abhängigkeitsbeziehungen zu reflektieren, sich möglicher Konsequenzen bewußt zu werden und darauf zu achten, daß die betreffenden Effekte die Zielsetzung der jeweiligen Untersuchung nicht konterkarieren.

Werden z.B. in objektorientierten Landschaftsbewertungsverfahren die beiden Kriterien Naturnähe und Erhaltungszustand benutzt, kann die zwischen diesen bestehende Abhängigkeitsbeziehung zwei verschiedene Wirkungsrichtungen besitzen. Der Erhaltungszustand eines Landschaftselementes bzw. -bestandteiles ist einerseits abhängig vom Grad anthropogener Einwirkungen auf die ursprüngliche Gestaltqualität infolge von z.B. aktiven Beschädigungen oder durchgeführten Umgestaltungen. Andererseits können jedoch auch natürliche Prozesse – zu nennen sind vor allem Verwitterung, Erosion und natürliche Sukzession – einen erheblichen Einfluß auf den Erhaltungszustand haben. Handelt es sich bei einem zu bewertenden Objekt um ein anthropogenes Phänomen der Landschaft, wirken sich entsprechende Prozesse fast ausnahmslos negativ auf den Erhaltungszustand aus. Eine solche gegenläufige Abhängigkeitsbeziehung zwischen den Kriterien Naturnähe und Erhaltungszustand ergibt sich z.B. durch eine zunehmende Verwitterung von aus Sandstein gefertigten Feldkreuzen.

Bei natürlichen Objekten dagegen kann es je nach Objekttyp und Prozeß sowohl negative als auch positive Korrelationen zwischen der Naturnähe und dem Erhaltungszustand geben. Negative Wirkungsbeziehungen treten z.B. in natürlichen Waldbeständen auf, die aufgrund von Sturmschäden einen verhältnismäßig schlechten Erhaltungszustand aufweisen. Eine starke positive Korrelation zeigen z.B. naturnahe frei mäandrierende Fließgewässer. Hier taucht nämlich das spezielle Problem auf, daß der Erhaltungszustand unmittelbar aus der Naturnähe resultiert. Dies bedeutet somit, daß der Faktor Naturnähe im Grunde genommen zweifach in die Bewertung eingeht. Bei Landschaftsbewertungen im Rahmen der Kulturlandschaftspflege besteht in derartigen Fällen die nicht zu unterschätzende Gefahr einer nicht intendierten Überbewertung natürlicher Phänomene gegenüber anthropogenen Phänomenen der Landschaft.

Bezüglich des thematischen Fundamentes für eine sachgerechte Kriterienauswahl sei erneut auf andere Beiträge in diesem Handbuch verwiesen. Darüber hinaus sei an dieser Stelle aber noch auf das prinzipielle Erfordernis aufmerksam gemacht, ausgehend von einer gegebenen Fragestellung und der zugehörigen themenbezogenen wissenschaftlichen Grundlage solche Bewertungskriterien zu selektieren, die in ihrer Gesamtheit die Wertträger bezüglich der interessierenden Eigenschaften möglichst umfassend charakterisieren (Bugmann u.a. 1986: 13; Bürgin u.a. 1985: 22).

Sachgerechte Datenverknüpfung

Im Anschluß an die zunächst durchzuführenden kriterienbezogenen Einzelbewertungen sind diese für jedes zu bewertende Objekt sachgerecht zu einem Gesamtwert zu verknüpfen. Oftmals erfolgen entsprechende Datenverknüpfungen unter Einsatz von Gewichtungsfaktoren. Grundsätzlich sollte jedoch hinsichtlich des Gebrauchs von Gewichtungsfaktoren Zurückhaltung geübt werden. Adam u.a. (1989: 193) weisen darauf hin, „daß eine ... Gewichtung i.a. nur vorgenommen werden sollte, wenn es gute Gründe dafür gibt. Im allgemeinen folgt man zunächst dem philosophischen Grundsatz ‚natura est simplex' und versucht erst einmal die einfache Lösung. Wenn dann ein solches Vorgehen nicht zu plausiblen Ergebnissen führt, sollte man mit Gewichtungsfaktoren arbeiten."

Die Verwendung von Gewichtungsfaktoren sollte in jedem Einzelfall detailliert begründet werden. Des weiteren ist stets genau zu ventilieren, welche Gewichtungsfaktoren für welche Wertkriterien festzulegen sind. Dabei ist es als zwingend zu erachten, daß entsprechende Festlegungen zum einen nur in voller Übereinstimmung mit der thematischen wissenschaftlichen Grundlage der betreffenden Untersuchung getroffen werden und zum anderen stringent an der genannten Zielsetzung der Kulturlandschaftspflege ausgerichtet sind.

Werden Gewichtungsfaktoren benutzt, erscheint es aus Gründen der Flexibilität ratsam, zur Datenverknüpfung auf EDV-Programme zurückzugreifen, die eine nachträgliche Änderung einzelner Gewichtungsfaktoren oder sogar einen späteren gänzlichen Verzicht auf eine Gewichtung ohne großen Aufwand gestatten.

Skalenniveaugerechte Datenverknüpfung

Skalenniveau und zulässige Datenoperationen

Die den jeweiligen Wertträgern mittels Werturteilen zugeordneten Werte werden zumeist durch Prädikate zum Ausdruck gebracht. Hierbei wird entweder auf Elemente der natürlichen Sprache – wie z.B. die Ausdrücke „schlecht", „gut", „hervorragend", „wenig geeignet", „sehr geeignet" – oder auf Zahlen zurückgegriffen. Auch letztere stellen folglich nur Prädikatsbezeichnungen dar.

Bewertungsverfahren zielen zumeist darauf ab, die zu bewertenden Objekte hinsichtlich ihres Wertes zu *quantifizieren*. Unter einer Quantifizierung läßt sich allgemein „die an eine Regel oder Operation gebundene Zuordnung von Zahlen" (Bechmann 1981: 107) zu Objekten verstehen. Es stellt sich nun aber die Frage, welche Aussagen die mit Hilfe von Bewertungsverfahren ermittelten Zahlenwerte prinzipiell erlauben. Damit ist das statistisch-methodologische Problem der sogenannten *Skalenniveaus* bzw. Skalentypen von Daten angesprochen. In der Regel werden – hierarchisch geordnet – folgende vier Skalenniveaus unterschieden: Nominalskala, Ordinalskala, Intervallskala und Verhältnisskala. Jeder Skalentyp zeichnet sich durch bestimmte spezifische Relationen aus, die ausschlaggebend für die jeweils zulässigen Datenoperationen sind.

Bei den Ergebnissen von Landschaftsbewertungen handelt es sich nahezu immer um Daten auf dem Niveau einer *Ordinalskala*. Ein wesentliches Kennzeichen derartiger Daten ist, daß sie über die Relation Gleichheit/Ungleichheit hinaus lediglich Ordnungsrelationen abbilden. Für jeweils zwei Wertträger kann somit entschieden werden, ob sie hinsichtlich des bewerteten Merkmals entweder gleichwertig sind oder ob eines der beiden einen höheren Wert aufweist als das andere. Sinnvolle Aussagen über Wertdifferenzen oder gar Wertverhältnisse können dagegen grundsätzlich nicht gemacht werden. Dies hat zur Konsequenz, daß auf ordinalskalierte Daten – im Gegensatz zu intervall- oder verhältnisskalierten – keine der vier Grundrechenarten angewendet werden dürfen.

Auf einer Skala können durch Skalenwerte lediglich solche Relationen repräsentiert werden, die für das betreffende Merkmal der empirischen Merkmalsträger definiert sind. Der Skalentyp richtet sich also stets nach den entsprechenden Relationen des im konkreten Falle interessierenden Merkmals und nicht nach der Art der „Messung". Diese Tatsache verdient besondere Beachtung, wenn ein Merkmal nicht unmittelbar, sondern mittelbar unter Zuhilfenahme von Indikatoren „gemessen" wird (Tränkle 1985: 13).

Die in nutzerunabhängigen Landschaftsbewertungsverfahren zu verwendenden Bewertungskriterien sind methodologisch als Indikatoren anzusehen. Auch wenn manche Kriterien – z.B. Seltenheit und Vielfalt –

verhältnisskaliert sein können, gilt hier als Skalentyp im Regelfall die Ordinalskala. Das Skalenniveau der Kriterien ist solange nicht ausschlaggebend, wie diese nicht selbst primärer Untersuchungsgegenstand sind. Soll jedoch mit Hilfe von Kriterien ein anderes Merkmal, wie etwa der ästhetische Eigenwert einer Landschaft, quantifiziert werden, so resultiert der Skalentyp einzig und allein aus diesem Merkmal und nicht aus den benutzten Kriterien. Tränkle (1985: 13) erläutert dies am Beispiel des ordinalskalierten Merkmals „Rechtschreibleistung", das mit Hilfe des – für sich alleine betrachtet – verhältnisskalierten Indikators „Fehlerzahl im Diktat" bewertet wird.

Im Bereich der Kulturlandschaftspflege sind für die zu bewertenden Merkmale – z.B. die emotionale Wirksamkeit, die kulturhistorische Bedeutung oder die von diesen abhängige Schutzwürdigkeit von Gebieten und Objekten – eindeutig weder Abstands- noch Verhältnisrelationen definiert. Daraus folgt konsequenterweise, daß alle auf den betreffenden Daten beruhenden Verknüpfungsoperationen auf dem Niveau der Ordinalskala zulässig sein müssen. Dies gilt sowohl für die Datenverknüpfungen von kriterienbezogenen Teilwerturteilen zu einem Gesamtwerturteil als auch für referenzraumbezogene Datenauswertungen.

Weitergehende Informationen zu den verschiedenen Skalentypen finden sich in zahlreichen diesbezüglichen Abhandlungen in der Grundlagenliteratur der statistischen Methodenlehre, so z.B. in Bortz (1985: 26–34), Clauß & Ebner (1977: 22–29), Kriz (1980: 30–35) und Tränkle (1985: 6–17).

Verknüpfung von Einzelkriterienbewertungen zu Gesamtwerturteilen

Zur skalenniveaugerechten Datenverknüpfung kriterienbezogener Teilwerturteile bieten sich vor allem *Rangsummenverfahren* an. Grundlage solcher Verfahren ist die Vergabe von *Rangplätzen*. Dies bedeutet im vorliegenden Falle, daß die kriterienbezogenen Punktwerte, ausgehend von der jeweils betrachteten Gesamtmenge an Wertträgern, in Rangplätze transformiert werden.

Die Umwandlung von Punktwerten in Rangplätze macht aus methodologischen Gründen eine übereinstimmende Anzahl der bei den einzelnen Bewertungskriterien jeweils zu differenzierenden Merkmalsausprägungen notwendig. Dies bedeutet, daß stets alle zu verküpfenden Kriterien anhand von Punktwertskalen bewertet werden müssen, die einheitlich gleich viele Skalenwerte umfassen. Wird im Zuge von Landschaftsbewertungen auf Schätzverfahren zurückgegriffen, hat sich unter dem Gesichtspunkt der praktischen Handhabung, vor allem bei Bewertungen im Gelände, eine fünfstufige Skala (z.B. „sehr gut", „gut", „mittel", „schlecht", „sehr schlecht") mit der Möglichkeit der Vergabe von Zwischenwerten – faktisch demnach eine neunstufige Skala – besonders bewährt (Wagner 1996: 170). Die betreffenden Skalenwerte sind kriterienspezifisch zu definieren und basieren entweder auf der Bildung von Wertklassen oder auf der Kategorisierung von Wertabstufungen. Die einzusetzenden Punktwertskalen können einfache geordnete Zahlenreihen oder auch komplexere Bewertungsraster – z.B. auf der Basis von Kreuztabellen – darstellen.

Um eventuell auftretenden Mißverständnissen vorzubeugen, sei darauf hingewiesen, daß es bei einer Ordinalskala vollkommen irrelevant ist, welche aufeinanderfolgenden Zahlenwerte den geordneten Merkmalsausprägungen zugewiesen werden. Entscheidend ist lediglich, daß die Zahlenwerte die zugrunde liegende Sortierung der Merkmalsausprägungen zweifelsfrei abbilden.

Rangplatzvergaben können entweder in aufsteigender oder in absteigender Reihenfolge geschehen: Bei aufsteigender Reihenfolge der Rangplätze erhält der Wertträger mit dem höchsten Punktwert – ähnlich der Vergabe von Rangplätzen in vielen sportlichen Wettbewerben – den niedrigsten Rangplatz, d.h. also den „1. Platz". Umgekehrt wird bei absteigender Reihenfolge der Rangplätze dem Objekt mit der höchsten Punktbewertung der höchste Rangplatz zugewiesen. Weisen mehrere Wertträger einen identischen Punktwert auf, so wird diesen der gleiche, arithmetisch gemittelte Rangplatz zugeordnet. Wurde z.B. den vier am besten beurteilten Wertträgern derselbe Punktwert zugeordnet, erhalten sie, bei aufsteigender Reihenfolge der Rangplatzvergabe, alle den gemittelten Rangplatz 2,5 [(1 + 2 + 3 + 4) : 4 = 2,5]. Wurden außerdem z.B. drei weitere Wertträger übereinstimmend mit der zweithöchsten Punktzahl bewertet, so teilen sich diese dann den gemeinsamen Rangplatz 6 [(5 + 6 + 7) : 3 = 6].

Das Prinzip von Rangplatzvergaben und die Beziehungen zwischen den beiden möglichen Reihenfolgen werden in Tab. 1 an einem fiktiven Beispiel demonstriert: Ausgangspunkt sei eine vom höchsten zum niedrigsten Punktwert geordnete Primärliste von 10 bewerteten Objekten (N = 10). Für die Bewertung eines beliebigen Kriteriums sei eine neunstufige Skala (9 = höchster Punktwert, ... , 1 = niedrigster Punktwert) verwendet worden. Die in aufsteigender Reihenfolge vergebenen zugehörigen Rangplätze finden sich in der Spalte „R+", die sich bei absteigender Reihenfolge ergebenden Rangplätze in der Spalte „R–".

Letzten Endes ist die Reihenfolge der Rangplatzvergabe unerheblich, da sie für das Endergebnis der Datenverknüpfung keine Bedeutung besitzt und des weiteren Umrechnungen zwischen R+ und R– aufgrund folgender Gleichungen jederzeit problemlos möglich sind: R+ = (N + 1) – R– bzw. R– = (N + 1) – R+. Trotz der grundsätzlichen Äquivalenz von R+ und R– ist generell eine Rangplatzvergabe in absteigender Reihenfolge (R–) zu bevorzugen. Dies liegt darin begründet, daß die verschiedenen kriterienbezogenen Rangplätze zur Bestimmung eines Gesamtwertes eines bewerteten Objektes zu einer Rangsumme addiert werden. Durch eine Benutzung von R– gilt nämlich für die betreffenden Gesamtwerte der einzelnen Wertträger die gängige Beziehung: je größer die Rangsumme, um so höher der Gesamtwert.

Tab. 1: Prinzip der Rangplatzvergabe

Objekt	Punktwert	R+	R–
A	9	1	10
B	8	2,5	8,5
C	8	2,5	8,5
D	6	4	7
E	5	6	5
F	5	6	5
G	5	6	5
H	3	8	3
I	2	9	2
J	1	10	1
$\Sigma = 1/2 \times N \times (N + 1)$		55	55

Sollen die Punktwerte aller Bewertungskriterien ungewichtet miteinander verknüpft werden, resultiert die Rangsumme eines Wertträgers aus der einfachen Addition der kriterienbezogenen Rangplätze. Werden die Bewertungskriterien dagegen unterschiedlich gewichtet, so lassen sich die Gewichtungsfaktoren bei der Bildung von Rangsummen dadurch berücksichtigen, daß die einzelnen Rangplätze entsprechend ihrer Gewichtung mehrfach addiert werden.

Die erläuterte Verknüpfungsmethodik ist zweifelsohne mit einem deutlich höheren Aufwand verbunden als die in zahlreichen bestehenden Landschaftsbewertungsverfahren zwar praktizierte, statistisch-methodologisch jedoch unzulässige Berechnung von Punktwertsummen bzw. von arithmetischen oder gewichteten Mittelwerten. Zu einer wirksamen Reduzierung des zu betreibenden Aufwandes bietet sich die Entwicklung bzw. Anwendung geeigneter EDV-Programme an.

Abschließend sei noch auf folgenden Effekt der beschriebenen Methodik zur Bestimmung von Gesamtwerturteilen hingewiesen: Die Transformierung von kriterienbezogenen Punktwerten in Rangplätze ermöglicht stets nur komparative Wertaussagen, da die zu vergebenden Rangplätze zum einen von der jeweils betrachteten Gesamtmenge an bewerteten Objekten und zum anderen – für jedes Kriterium – von der empirischen Häufigkeitsverteilung auf die verschiedenen Skalenwerte abhängig sind. Dies hat zur Folge, daß die durch Rangsummenverfahren ermittelten Gesamtwerte nicht als absolute Größen interpretierbar sind. Sie stehen immer in Beziehung zu der jeweiligen Gesamtmenge an Wertträgern sowie zu der Gesamtheit ihrer zugehörigen Einzelkriterienbewertungen und stellen daher stets relative Werte dar. Mit jeder Änderung der Gesamtmenge, z.B. infolge eines Wechsels auf eine andere Referenzraumebene, wie auch mit jeder nachträglichen Modifizierung der Bewertung eines einzigen Wertträgers sind zwingend neue Rangplatzvergaben und Rangsummenbildungen erforderlich.

Die Abhängigkeit von den kriterienbezogenen Häufigkeitsverteilungen bewirkt, daß eine Punktwertdifferenz von 1 bei einem bestimmten Kriterium mit einer beträchtlichen Rangplatzdifferenz einhergehen kann, während dagegen die gleiche Punktwertdifferenz bei einem anderen Kriterium nur zu einer geringen Rangplatzdifferenz führt. Genau dies ist allerdings auch nicht anders zu erwarten, da es ein grundlegendes Merkmal ordinalskalierter Daten ist, daß diese aufgrund nicht definierter Abstandsrelationen keine sinnvollen Aussagen über Wertdifferenzen erlauben.

Erstellung von Rangreihen

Wie vorstehend dargestellt wurde, gestatten die zu berechnenden Rangsummen ausschließlich komparative Wertaussagen. Gerade solche bilden aber zumeist das Ziel der Differenzierungen von Gebieten und Objekten nach den jeweils zu bewertenden Merkmalen. Sollen z.B. im Zusammenhang mit der Ergreifung bestimmter Maßnahmen Prioritäten gesetzt werden, sind vergleichende Datenauswertungen unverzichtbar. Derartige Auswertungen beruhen für gewöhnlich auf der Erstellung von Rangreihen. Eine Rangreihe ist eine einfache Anordnung von bewerteten Objekten nach der Höhe ihrer Rangsummen.

Eine notwendige Voraussetzung für die Bildung von Rangreihen ist häufig ein Bezug zu einem Referenzraum. Je nach konkreter Anforderung können referenzraumbezogene Rangreihen entweder daran ausgerichtet sein, gebiets- bzw. objekttypübergreifende Vergleichsaussagen zu formulieren, oder darauf abzielen, entsprechend typabhängige Unterscheidungen zu treffen (Wagner 1996: 221f.).

Allen Rangreihen ist üblicherweise gemeinsam, daß sie von zuvor pro Wertträger ermittelten Gesamtwerten ausgehen. Gemäß der skizzierten Vorgehensweise ergeben sich die Gesamtwerte aus den berechneten Rangsummen, die ihrerseits auf Rangplatzvergaben basieren. Letztere sind, wie schon ausgeführt, von der im Einzelfall in die Betrachtung einzubeziehenden Gesamtmenge an Gebieten oder Objekten abhängig. Gilt es z.B. für jede Gemeinde eines Untersuchungsraumes eine separate Prioritätenliste der jeweils bewerteten Objekte zu erstellen, müssen – für jede Gemeinde getrennt – zunächst kriterienbezogene Rangplätze vergeben werden. Anschließend sind diese Rangplätze zu objektbezogenen Rangsummen zu verknüpfen, und erst dann können die einzelnen Rangsummen ihrer Höhe nach geordnet und somit zu Rangreihen zusammengestellt werden.

Ist beabsichtigt, in einer Prioritätenliste die aus einem Rangsummenverfahren resultierenden Gesamtwerte der einzelnen Gebiete oder Objekte mit anzugeben, sollte dies – zur Vermeidung von Fehlinterpretationen – nur unter dem ausdrücklichen Hinweis darauf geschehen, daß diese Werte keine Abstands- oder gar Verhältnisrelationen abbilden. Falls es als zweckmäßig erachtet wird, lassen sich die betreffenden Gesamtwerte – unabhängig von ihrer empirischen Häufigkeitsverteilung – unter Verwendung konstanter oder regelmäßig variierender Klassenbreiten klassifizieren, um dadurch verschiedene Wertstufen zu unterscheiden (Wagner 1996: 369–371).

Literatur

Adam, K., W. Nohl & W. Valentin (1989): Bewertungsgrundlagen für Kompensationsmaßnahmen bei Eingriffen in die Landschaft (Forschungsauftrag des Ministers für Umwelt, Raumordnung und Landwirtschaft des Landes Nordrhein-Westfalen). 2. Aufl. – Düsseldorf.

Asseburg, M. (1985): Landschaftliche Erlebniswirkungsanalyse und Flurbereinigungsmaßnahmen. – Natur und Landschaft 60 (6): 235–239.

Bechmann, A. (1981): Grundlagen der Planungstheorie und Planungsmethodik (Uni-Taschenbücher, Nr. 1088). – Bern, Stuttgart.

Bortz, J. (1985): Lehrbuch der Statistik. Für Sozialwissenschaftler. 2. Aufl. – Berlin u.a.

Bugmann, E. (1981): Landschaftswert und Landschaftsbewertung (Publikationen der Forschungsstelle für Wirtschaftsgeographie und Raumplanung an der Hochschule St. Gallen 5). – St. Gallen (zugleich in: Geographica Helvetica 36 (3), 1981: 133–141).

Bugmann, E., S. Reist, P. Bachmann, T. Gremminger & F. Widmer (1986): Die Bestimmung des bio-dynamischen Potentials der Landschaft (Publikationen der Forschungsstelle für Wirtschaftsgeographie und Raumplanung an der Hochschule St. Gallen 10). – St. Gallen.

Bürgin, M., E. Bugmann & F. Widmer (1985): Untersuchungen zur Verbesserung von Landschaftsbewertungs-Methoden (Publikationen der Forschungsstelle für Wirtschaftsgeographie und Raumplanung an der Hochschule St. Gallen 9). – St. Gallen.

Clauß, G. & H. Ebner (1977): Grundlagen der Statistik für Psychologen, Pädagogen und Soziologen. – Thun, Frankfurt/Main.

Daniel, T. C. & J. Vining (1983): Methodological Issues in the Assessment of Landscape Quality. – Altmann, I. & J.F. Wohlwill (Hrsg.): Behaviour and the Natural Environment (Human Behaviour and Environment. Advances in Theory and Research 6). – New York, London: 39–84.

Denecke, D. (1985): Historische Geographie und räumliche Planung. – Kolb, A. & G. Overbeck (Hrsg.): Beiträge zur Kulturlandschaftsforschung und zur Regionalplanung (Mitteilungen der Geographischen Gesellschaft in Hamburg 75). – Wiesbaden: 3–55.

Gunzelmann, T. (1987): Die Erhaltung der historischen Kulturlandschaft. Angewandte Historische Geographie des ländlichen Raumes mit Beispielen aus Franken (Bamberger Wirtschaftsgeographische Arbeiten 4). – Bamberg.
Hoisl, R., W. Nohl & S. Zekorn-Löffler (1992): Flurbereinigung und Landschaftsbild – Entwicklung eines landschaftsästhetischen Bilanzierungsverfahrens. – Natur und Landschaft 67 (3): 105–110.
Kriz, J. (1980): Statistik in den Sozialwissenschaften. Einführung und kritische Diskussion. 4. Aufl. – Opladen.
Mogel, H. (1984): Ökopsychologie. Eine Einführung (Urban-Taschenbücher 362). – Stuttgart u.a.
Riccabona, S. (1991): Die Praxis der Landschaftsbildbewertung bei komplexen, flächenhaften Eingriffen im Bergland – aus der Sicht des Sachverständigen. – Bundesforschungsanstalt für Naturschutz und Landschaftsökologie (Hrsg.): Landschaftsbild – Eingriff – Ausgleich. Handhabung der naturschutzrechtlichen Eingriffsregelung für den Bereich Landschaftsbild. Dokumentation einer Arbeitstagung vom 12. bis zum 14. September 1990 in Bonn. – Bonn-Bad Godesberg: 37–57.
Schöppner, A. (1985): Methoden zur Bewertung der Landschaft für Freizeit und Erholung – Überblick und kritische Beurteilung. – Natur und Landschaft 60 (1): 16–19.
Taylor, J. G., E. H. Zube & J. L. Sell (1987): Landscape Assessment and Perception Research Methods. – Bechtel, R. B., R. W. Marans & W. Michelson (Hrsg.): Methods in Environmental and Behavioral Research. – New York: 361–393.
Tränkle, U. (1985): Statistische Methoden in der Psychologie. Eine Einführung. – Darmstadt.
Wagner, J. M. (1996): Schutz der Kulturlandschaft – Erfassung, Bewertung und Sicherung schutzwürdiger Gebiete und Objekte im Rahmen des Aufgabenbereiches von Naturschutz und Landschaftspflege. Eine Methodenstudie zur emotionalen Wirksamkeit und kulturhistorischen Bedeutung der Kulturlandschaft unter Verwendung des Geographischen Informationssystems PC ARC/INFO. – Diss. Saarbrücken.

Zur emotionalen Wirksamkeit der Kulturlandschaft

Juan Manuel Wagner

Der allgemeine Betrachtungsgegenstand der Kulturlandschaftspflege sind Landschaftsräume, die mehr oder weniger stark durch das Wirken des Menschen geprägt sind, hinsichtlich ihrer sinnlich wahrnehmbaren Ausstattung und deren Beschaffenheit. Im Mittelpunkt der Betrachtung stehen zwei Aspekte: die kulturhistorische Bedeutung der Kulturlandschaft einerseits und die emotionale Wirksamkeit der Kulturlandschaft andererseits.

Beide Aspekte sind eng mit der zentralen Zielsetzung der Kulturlandschaftspflege verknüpft, die unterschiedlichen Kulturlandschaften in ihrer räumlichen Differenzierung zu erhalten. Diese Zielsetzung ist ausdrücklich nicht als anachronistischer Konservatismus zu verstehen. Sie beinhaltet vielmehr, zukünftige Entwicklungen unter Berücksichtigung raumbezogener emotionaler Bedürfnisse des Menschen „an dem historisch vorgegebenen Raumpotential auszurichten und dabei die Individualität der gewachsenen Landschaft weitgehend zu erhalten" (Döppert 1987: 184). Hieraus leitet sich das Erfordernis ab, beiden genannten Aspekten bei der Weiterentwicklung der Kulturlandschaften möglichst weitreichend Rechnung zu tragen.

Der im folgenden zu konkretisierende Aspekt der emotionalen Wirksamkeit findet seinen rechtlichen Niederschlag insbesondere in den in § 1 Abs. 1 Nr. 4 Bundesnaturschutzgesetz genannten Merkmalen der Vielfalt, Eigenart und Schönheit von Natur und Landschaft.

Emotion und Raumerleben

Der Terminus „Emotion" wird hier – in Anlehnung an Russell & Snodgrass (1987) – in einem sehr weiten Bedeutungsumfang verstanden. Er schließt alle Formen von Gemütsbewegung, Erregung und Gefühlszustand ein und reicht von kurzfristigen gefühlsbezogenen Einschätzungen und Stimmungen bis zu langfristigen Gefühlszuständen (z.B. bei der Identifikation im Sinne eines positiven Heimatgefühls).

Jedes emotionale Raumerleben ist an eine sinnliche Raumwahrnehmung geknüpft, wobei nach der Literatur insbesondere drei Sinnebenen von Bedeutung sind: eine *perzeptive*, eine *symptomatische* und eine *symbolische* Sinnebene (Adam u.a. 1989: 131; Eck 1986: 23–28; Hoisl u.a. 1987: 27f.; Ittelson u.a. 1974; Nohl 1983: 20). Darüber hinaus kann auch noch eine *wissensbasierte* Sinnebene eine nicht unwesentliche Rolle spielen.

- Auf der *perzeptiven* Sinnebene werden emotional wirksame Erkenntnisse unmittelbar aus der sinnlich wahrgenommenen Beschaffenheit eines Landschaftsraumes gewonnen.
- Auf der *symptomatischen* Sinnebene erfolgt dagegen ein Erkenntnisgewinn über bestimmte Merkmale eines Landschaftsraumes, die selbst nicht sinnlich wahrgenommen werden. Dies geschieht durch Entschlüsselung von Symptomen, die auf entsprechende Tatbestände verweisen. Als Beispiel hierfür nennen Hoisl u.a. (1987: 27) eine Erlenreihe, die den Verlauf eines verdeckten Baches kennzeichnet.
- Auf der *symbolischen* Sinnebene schließlich gehen emotionale Wirkungen mit Symbolisierungsprozessen einher. „Das Symbol ist dabei nicht einfach das auf das Wesentliche zusammengefaßte Wahrnehmungsresultat. Vielmehr werden die wahrgenommenen Details ... mit Eigenschaften und Bewertungen, die projektiv auf sie übertragen werden, ergänzt. Das Symbol ... kann also auch Eigenschaften enthalten, die keine unmittelbare Entsprechung in der ‚realen Umwelt' zu haben brauchen" (Eck 1986: 27). „So ist eine kleinteilige Kulturlandschaft für viele Menschen ein Symbol des Friedens oder eine naturnahe Landschaft ein Symbol der Freiheit und der Ungebundenheit" (Adam u.a. 1989: 131).
- Auf der *wissensbasierten* Sinnebene werden emotionale Wirkungen eines sinnlich wahrnehmbaren Merkmals eines Landschaftsraumes dadurch ausgelöst, daß die wahrnehmende Person um einen bestimmten Sachverhalt weiß. Dieses Wissen kann sich auf rezente oder frühere Eigenschaften des wahrgenommenen Merkmals selbst beziehen oder lediglich an dessen Standort emotional wirksame gedankliche Verknüpfungen hervorrufen, z.B. zu einem an dieser Stelle stattgefundenen historischen Ereignis oder zu einem nicht mehr existierenden Phänomen der Landschaft.

Die emotionalen Wirkungen der Kulturlandschaft weisen grundsätzlich zwei einander entgegengesetzte Wirkungsrichtungen auf: eine positive und eine negative. Im Hinblick auf die einleitend angesprochene Zielsetzung der Kulturlandschaftspflege gilt das besondere Augenmerk zum einen der zukünftigen Vermeidung weiterer negativer emotionaler Wirkungen und zum anderen der Aufrechterhaltung bzw. Förderung positiver Wirkungen.

Für die weiteren Ausführungen ist folgende Beziehung von grundlegender Bedeutung: Sind solche sinnlich wahrnehmbaren Merkmale eines Landschaftsraumes bekannt, die eine positive Wirkungsrichtung aufweisen, dann können durch Umkehrschluß leicht entsprechende Merkmale mit negativer emotionaler Wirkung ausgemacht werden. Das Umgekehrte gilt entsprechend. Die Erläuterungen in den nachfolgenden Kapiteln beziehen sich in erster Linie auf die Darstellung der positiven Wirksamkeit.

Die für das emotionale Raumerleben maßgeblichen Einflußgrößen lassen sich im Rahmen von Bewertungsverfahren zur emotionalen Wirksamkeit der Kulturlandschaft als Bewertungskriterien heranziehen. Detaillierte Hinweise zu den Möglichkeiten ihrer sachgerechten Operationalisierung finden sich in bezug auf die Bewertung der Schutzwürdigkeit von Gebieten und Objekten in Wagner (1996: 169–212).

Raumbezogene emotionale Bedürfnisse

Ein positives emotionales Erleben von Landschaftsräumen ist an die Befriedigung bestimmter raumbezogener emotionaler Bedürfnisse gebunden. Als besonders relevant sind hierbei folgende vier Bedürfnisse anzusehen:

- das Bedürfnis nach *Orientierung,*
- das Bedürfnis nach *Stimulierung* bzw. nach Information,
- das Bedürfnis nach *Identifikation* bzw. nach Heimat und
- das Bedürfnis nach *Schönheit.*

Die Bedürfnisse nach Orientierung sowie nach Stimulierung bzw. Information stehen beide primär in Beziehung zur perzeptiven und zur symptomatischen Sinnebene. Für das Bedürfnis nach Identifikation bzw. Heimat sind dagegen die symbolische und die wissensbasierte Sinnebene entscheidend. Das zuletzt genannte Bedürfnis nach Schönheit ist an alle vier Sinnebenen gebunden. Dies ergibt sich schon daraus, daß die Befriedigung des Bedürfnisses nach Schönheit grundsätzlich auch von der Befriedigung der drei erstgenannten Bedürfnisse abhängig ist.

Das Bedürfnis nach Orientierung

Die menschliche Orientierung im Raum ist abhängig von einem differenzierten, erinnerbaren Bezugssystem. Die emotionale Wirksamkeit der Kulturlandschaft ist hinsichtlich des Bedürfnisses nach Orientierung danach zu beurteilen, mit welcher Leichtigkeit sinnlich wahrnehmbare Ordnungselemente eines Kulturlandschaftsraumes erkennbar und mit welcher Deutlichkeit diese Ordnungselemente markiert sind. Die Orientierung im Raum erfordert somit einen bestimmten Ordnungsgrad (Adam u.a. 1989: 134, Ermer u.a.1980: 50; Hoisl u.a. 1987: 28; Lynch 1965: 60–63; Nohl 1982: 52).

Fehlende oder schlechte Orientierung führt häufig zu Unbehagen, während ein einprägsames, gut strukturiertes Landschaftsbild dagegen das emotionale Erleben eines Landschaftsraumes positiv beeinflußt (Ermer u.a. 1980: 51). „Man fühlt sich wohl, wenn man sich im Raum zurechtfindet, deshalb sucht man nach Ordnung, Klarheit, Übersicht und Einheitlichkeit, wobei man den Raum als ganzen erlebnis- und gefühlsmäßig ‚beherrschen' kann" (Nohl 1980: 214).

Im Vordergrund des Bedürfnisses nach Orientierung stehen visuell wahrnehmbare Ordnungselemente. Die Bedeutung optisch hervortretender Elemente für die Orientierung ist nicht allein von ihrem äußeren Erscheinungsbild abhängig, sondern häufig auch von einer inneren Beziehung. So können bestimmte Ordnungselemente – z.B. maßstabssprengende Bauten, Hochspannungsmasten – „trotz hervortretender Gestalt" (Ermer u.a. 1980: 51) eine nur relativ geringe Bedeutung für die Orientierung besitzen, wenn ihnen Symbolfunktionen fehlen, „die mit innigen emotionalen Beziehungen seitens der Bewohner befrachtet sind" (ebd.: 52). Für das Bedürfnis nach Orientierung kann demnach – neben der perzeptiven und der symptomatischen Sinnebene – auch die symbolische Sinnebene von Bedeutung sein.

Das Bedürfnis nach Stimulierung

Eine weitere wichtige Einflußgröße auf die emotionale Wirksamkeit der Kulturlandschaft ist der Grad der Befriedigung des Bedürfnisses nach Stimulierung. Es ist daher wünschenswert, daß der Lebensraum des Menschen einen gewissen Aufforderungscharakter aufweist. „Aufforderungscharakter besitzt aber nur eine Umwelt, die komplexe, nicht sofort überschaubare ... Eindrücke vermittelt, und daher ein Erkundungsverhalten anspricht" (Ermer u.a. 1980: 53). Hieraus leitet sich ab, daß die Befriedigung des Bedürfnisses nach Stimulierung nicht nur auf der perzeptiven, sondern auch auf der symptomatischen Sinnebene erfolgt, denn der Erkundungsdrang ist grundsätzlich auch darauf ausgerichtet, durch Entschlüsselung von Symptomen Erkenntnisse über nicht sinnlich wahrnehmbare Tatbestände – z.B. funktionale, ökologische, historische und soziale Beziehungen (Hoisl u.a. 1987: 28) – zu gewinnen.

Unter dem Gesichtspunkt des Bedürfnisses nach Stimulierung kann davon ausgegangen werden, daß das emotionale Erleben eines Landschaftsraumes um so positiver ist, je mehr Informationen aus dem Raum entnommen werden können (Nohl 1977: 10). Das „Bedürfnis nach Stimulierung" wird daher in manchen Fällen auch als ein „Bedürfnis nach Information" bzw. als ein „Bedürfnis nach Information und Anregung" betrachtet (Adam u.a. 1989: 132; Hoisl u.a. 1987: 81; Nohl 1980: 214).

Hoisl u.a. (1987: 28) gehen davon aus, daß „die Erfüllung des Bedürfnisses nach Stimulierung am umfassendsten durch die Vielfalt im Raum gewährleistet wird" (dazu auch Adam u.a. 1989: 134). Unter der Vielfalt läßt sich hierbei der Diversifikationsgrad der Ausstattung eines Landschaftsraumes mit Landschaftselementen und Landschaftsbestandteilen verstehen. Für Nohl (1982: 52) ist eine „landschaftliche Szene ... wahrnehmungsmäßig dann stimulierend, wenn sie genügend multiplex ist, d.h. wenn sie durch Faktoren wie Vielfalt, Abwechslung und Überraschung gekennzeichnet ist".

Bezüglich des oben angesprochenen Aufforderungscharakters wird als „Optimum ... ein hohes Maß an Reizveränderungen und Reizkomplexität angesehen, wobei von einem oberen Schwellwert an Vielfalt ausgegangen wird, bei dessen Überschreitung (Überangebot) Verwirrung und Ablehnung erfolgt" (Ermer u.a. 1980: 53). Ein Überangebot an Reizen steht somit der Befriedigung des Bedürfnisses nach Stimulierung entgegen. Darüber hinaus erscheint es plausibel, daß ein solches Überangebot auch von negativem Einfluß auf die Befriedigung des Bedürfnisses nach Orientierung sein kann.

Das Bedürfnis nach Stimulierung steht des weiteren auch in einer Wirkungsbeziehung zum Bedürfnis nach Schönheit. Hierauf weist z.B. die Untersuchung von Bertram hin: „... Landschaften mit herabgesetztem Aufforderungscharakter werden häufig als unschön, häßlich, abstoßend etc. bezeichnet" (1982: 96).

Das Bedürfnis nach Identifikation

Die Relevanz des Bedürfnisses nach Identifikation basiert auf der Tatsache, daß das emotionale Raumerleben eines Menschen um so positiver ist, je stärker er sich in dem betreffenden Landschaftsraum zu Hause fühlt (Nohl 1977: 10). Die Identifikation „mit der räumlichen Umwelt beinhaltet ein emotionales Zugehörigkeitsgefühl" (Miller 1986: 199) zu einem bestimmten Ort oder Raum, ein Gefühl „der Geborgenheit, der Sicherheit, des Bei-sich-zu-Hause-seins, des Heimatlichen ..." (Hoisl u.a. 1987: 28). Das Bedürfnis nach Identifikation läßt sich somit auch als Bedürfnis nach Heimat verstehen (Neumeyer 1992: 120).

Die Identifikation des Menschen mit einem Landschaftsraum als Lebensraum beruht wesentlich auf der Unterscheidbarkeit der sinnlich wahrnehmbaren Beschaffenheit des eigenen Lebensraumes von der Beschaffenheit anderer Landschaftsräume (Ermer u.a. 1980: 51; Feller 1979: 244; Quasten 1982: 144). Die Unterscheidbarkeit ihrerseits ist an die jeweilige Eigenart von Landschaften, speziell von Kulturlandschaften, geknüpft (Adam u.a.1989: 134f.; Hoisl u.a. 1987: 28 und 81).

Der Identifikation mit Orten bzw. Räumen liegen Symbolisierungsprozesse zugrunde. Wie aus den Erkenntnissen zur Symbolbildung abgeleitet werden kann (Eck 1986: 26f.; Miller 1986: 199f.), setzt die Identifikation auch voraus, daß die Eigenart einer Landschaft – abgesehen von gewissen Detailveränderungen – über einen bestimmten Zeitraum weitgehend konstant ist (Brink & Wöbse 1989: 4). „Eine allzurasche Veränderung der räumlichen Umgebung erzeugt Unbehagen und Depressionen, während das Wiedererkennen von Bekanntem die emotionale Beziehung ... und das Zugehörigkeitsgefühl verstärkt" (Ermer u.a. 1980: 51). Landschaftselemente und Landschaftsbestandteile, die zeitliche Konstanz repräsentieren – z.B. alte Bäume, tradierte Nutzungsmuster, Baudenkmale – „erhalten danach eine hohe Wertigkeit" (ebd.).

Hinsichtlich einer Bewertung der Eigenart sind zwei grundlegende Sachverhalte zu beachten: Zum einen ist zu bedenken, daß die Eigenart ein hochkomplexer Faktor ist, der aufgrund starker Abhängigkeitsbeziehungen weitgehend aus anderen Faktoren resultiert. Zum anderen ist festzustellen, daß sich die Eigenart einer Landschaft im Grunde genommen nicht quantifizieren läßt. „Im Gegensatz zu ... anderen Variablen ist Eigenart nicht steigerungsfähig ..." (Hoisl u.a.1987: 83). Es läßt sich also lediglich bestimmen, worauf die Eigenart beruht.

Zur Operationalisierung der Eigenart im Rahmen der Bewertung von Landschaftsräumen kann jedoch davon ausgegangen werden, daß eine Kulturlandschaft um so positiver emotional wirksam ist, je stärker sie ihre Eigenart bewahrt hat. Es kommt also „darauf an, den jeweiligen Verlust an Eigenart zu erfassen" (Hoisl u.a.1987: 82). Hierzu sind Vergleiche mit früheren Ausprägungen derjenigen Merkmale durchzuführen, die für die Eigenart des jeweiligen Landschaftsraumes konstitutiv sind. Anstelle der Eigenart von Landschaftsräumen selbst läßt sich somit bei der Bewertung von Landschaftsräumen der Grad des Eigenarterhaltes quantifizieren. Im Zusammenhang mit der Bewertung von Objekten kann die Eigenartbedeutung als Kriterium Verwendung finden, um die Relevanz von Landschaftselementen und -bestandteilen für die Eigenart des umgebenden Landschaftsraumes zu beurteilen.

Die durch die Eigenart und deren zeitliche Konstanz bedingte Identifikation erklärt, „daß auch wenig vielfältige Landschaften von manchen Menschen als besonders schön empfunden werden" (Hoisl u.a.1987: 28). Die Bedeutung der zeitlichen Konstanz für die Befriedigung des Bedürfnisses nach Schönheit wird auch von Grebe & Tomasek (1980: 22) betont: „Schönheit in der Landschaft ist nur möglich, wenn sie ein

Mindestmaß an Gleichgewicht besitzt. Wenn dauernd umgebaut wird, dann ist es in einem Haus nie wohnlich. Ähnlich ist es in der Landschaft ...".

Fragen zur orts- und raumbezogenen Identifikation werden in den letzten Jahren zunehmend thematisiert. Im Mittelpunkt des Interesses stehen dabei die verschiedenen Ausprägungsformen sowie die Auswirkungen einer regionalen Identifikation (z.B. Briesen 1993; Flender 1993; Gans 1993; Neumeyer 1992: 63–127; Pankoke 1993; Ruppert 1993; Weichhart 1990). Besonders erwähnenswert erscheint ein von Pankoke (1993: 763) in die Diskussion eingebrachter Aspekt. Es ist dies der Zusammenhang zwischen Identifikation und persönlichem Engagement. Pankoke führt hierzu u.a. aus: „Wer sich mit einem Raum positiv identifiziert, wird eher interessiert sein, sich hier produktiv einzubringen. ... Er wird sich vielleicht auch engagieren: nicht nur im wirtschaftlichen, sondern auch im kulturellen und öffentlichen Leben. Wir können die damit unterstellte Relation auch dahin wenden: Wer sich in seiner Identität kulturell angesprochen sieht, könnte eher bereit sein, auch in anderen Bereichen, etwa wirtschaftlich, aktiv zu werden."

Das Bedürfnis nach Schönheit

Die Befriedigung des Bedürfnisses nach Schönheit steht in einer Abhängigkeitsbeziehung zu der Befriedigung der Bedürfnisse nach Orientierung, Stimulierung und Identifikation. Dies hat zur Folge, daß die Faktoren, die von Bedeutung für die Befriedigung dieser drei Bedürfnisse sind, auch eine Relevanz hinsichtlich der Befriedigung des Bedürfnisses nach Schönheit aufweisen. Insbesondere sind hierbei die vier zuvor bereits erläuterten Faktoren Ordnung und Vielfalt sowie die Eigenart und deren zeitliche Konstanz zu erwähnen. Zu diesen treten noch die beiden Faktoren Naturnähe (bzw. Natürlichkeit) und Harmonie hinzu (Tab. 1).

Tab. 1: Wichtige raumbezogene emotionale Bedürfnisse und Faktoren zu deren Befriedigung

Bedürfnis nach	entscheidende Faktoren zur Bedürfnisbefriedigung
Orientierung	– Vorhandensein von Ordnungselementen
Stimulierung	– Vielfalt
Identifikation	– Eigenart und deren – zeitliche Konstanz
Schönheit	– Ordnung – Vielfalt – Eigenart – zeitliche Konstanz – Naturnähe – Harmonie

Hoisl u.a. (1987: 28f.) sehen den ästhetischen Gefallenswert eines Landschaftsraumes als eine Funktion von Struktur, Vielfalt, Eigenart und Naturnähe, wobei die „Struktur" von den Autoren mit „Ordnung oder Einheit" (ebd: 28) gleichgesetzt wird. „Wenn auch die meisten bisherigen Untersuchungen auf diesem Gebiet oft mehr Variablen bzw. Kriterien erheben, so haben empirische Untersuchungen gezeigt ..., daß den individuellen landschaftsästhetischen Erlebnissen insbesondere die oben herausgearbeiteten Faktoren zugrunde liegen. Diese erweisen sich für die meisten gesellschaftlichen Gruppen als relativ verbindlich" (ebd.: 28f.). Nach Nohl (1991: 64) „schälen sich Vielfalt, Naturnähe und Eigenart als wesentliche Kriterien landschaftlichen Erlebens heraus. Sie zusammen bestimmen weitgehend über den ästhetischen Eigenwert einer Landschaft". Adam u.a. (1989: 134f.) nennen als landschaftsästhetisch wirksame Kriterien die Vielfalt, Struktur, Natürlichkeit und Eigenart. Nach Auffassung von Feller (1979: 241) basiert die ästhetische Qualität einer Landschaft auf der Natürlichkeit, der Vielfältigkeit, der Eigenart und der Harmonie.

Die Naturnähe weist in ihrer Relevanz für die Befriedigung des Bedürfnisses nach Schönheit – neben der perzeptiven Sinnebene – einen starken Bezug zur symbolischen Sinnebene auf (Adam u.a. 1989: 131–134; Hoisl u.a. 1987: 28; Sepänmaa 1986: 124f.; Zimmermann 1982: 140f.). Ökologische Gesichtspunkte spielen demgegenüber nur eine untergeordnete Rolle.

Die Bedeutung der Naturnähe einer Kulturlandschaft für das ästhetische Empfinden hat nach Nohl (1981: 886) ihren Ursprung in der „mit fortschreitender kultureller Entwicklung" verbundenen zunehmenden Entfernung der Menschen „von ihrer ursprünglichen Basis der Natur. In dem Maße, wie sich dieser Zusammenhang mit der Natur auflöst, Natur den Menschen als entäußertes Objekt entgegentritt, entwickeln sie eine emotionale Beziehung zu ihr".

In der Gegenwart ist das emotionale Erleben von Naturnähe primär abhängig vom Vorhandensein derartiger Raum- oder Objektstrukturen, die solche Assoziationen wecken können, welche eng mit positiv bewerteten Symbolfunktionen der Natur – z.B. Frieden, Freiheit und Ungebundenheit – verbunden sind. Zu diesen Strukturen sind etwa frei mäandrierende Fließgewässer, ungefaßte Quellen und Vegetationsbestände mit erkennbarer Eigendynamik zu zählen. Wegen des in Landschaftsräumen Mitteleuropas zumeist eher geringen Ausstattungsniveaus an entsprechenden Merkmalen, wird sekundär auch das Fehlen besonders naturferner Merkmale – großindustrielle Anlagen, mehrgeschossige Mietskasernen, Autobahnen, rechtwinklige Netze asphaltierter Feldwege, Fichtenmonokulturen, Stromfreileitungen u.a. – emotional positiv erlebt (Adam u.a. 1989: 178–180). Die Bedeutung des Fehlens naturferner Merkmale bezieht sich nicht nur auf die visuelle Wahrnehmbarkeit. Auch das weitgehende Ungestörtsein von Geruchs- und insbesondere Lärmbelästigungen gehört zweifelsohne in diesen Themenkomplex.

Der letzte Faktor, dessen Relevanz für das ästhetische Empfinden angesprochen wurde, ist die Harmonie der Landschaft. Feller (1979: 244) bezeichnet eine Landschaft als harmonisch, „wenn alle menschlichen Werke aufeinander abgestimmt sind" und diese in Einklang stehen „mit den natürlichen Gegebenheiten ...". Nach diesem Verständnis bezieht sich „Harmonie" ausschließlich auf Kulturlandschaften. Die sinnlich wahrnehmbare Beschaffenheit eines Kulturlandschaftsraumes ist im Hinblick auf ihre Harmonie danach zu beurteilen, in welchem Grade anthropogene Landschaftselemente und -bestandteile sowohl untereinander als auch mit Elementen der Landesnatur assoziiert sind. Feller (1979: 244) spricht in diesem Zusammenhang u.a. von der „Einbindung in die Landschaft".

Die ästhetische Relevanz der beiden Einflußgrößen Naturnähe und Harmonie steht im Kontext mit dem derzeit vorherrschenden romantischen Schönheitsideal, das in hohem Maße dafür verantwortlich ist, daß die Kulturlandschaftspflege innerhalb des Aufgabenbereiches von Naturschutz und Landschaftspflege bisher vorwiegend nostalgisch-ästhetisch motiviert betrieben wird. Die Anerkennung der Notwendigkeit zur Entwicklung weitergehender und zugleich rational leichter nachzuvollziehender Konzepte (Wagner 1996: 21–23) darf jedoch nicht dazu führen, beide Faktoren gänzlich außer acht zu lassen. Eine derartige Konsequenz hieße, die Augen vor der derzeitigen Realität zu verschließen.

Solange noch keine durchgreifende Änderung raumästhetischer Ideale festzustellen ist, muß sich jeder konzeptionelle Ansatz innerhalb der Kulturlandschaftspflege u.a. auch daran orientieren, daß vergleichsweise naturnahe Kulturlandschaften – wie die bäuerlich strukturierten Kulturlandschaften des vorindustriellen Typs – hinsichtlich ihrer ästhetischen Qualität von der überwiegenden Mehrheit der Bevölkerung deutlich positiver beurteilt werden als naturfernere Kulturlandschaften, wie z.B. traditionelle Montanindustrielandschaften.

In der Frage, welcher Stellenwert der tendenziellen Präferierung naturnäherer Kulturlandschaften beizumessen ist, besteht allerdings ein Ermessensspielraum: Ausgehend von der erwähnten zentralen Zielsetzung der Kulturlandschaftspflege ist das Gewicht des Faktors Naturnähe eher niedrig als hoch anzusetzen. Soll z.B. durch die Ermittlung der Schutzwürdigkeit von Gebieten und Objekten ein Beitrag dazu geleistet werden, die verschiedensten Kulturlandschaften in ihrer räumlichen Differenzierung zu erhalten, dürfen die der Wertermittlung zugrunde liegenden Bewertungsverfahren nicht systematisch bestimmte Kulturlandschaftstypen so stark bevorzugen, daß anderen Typen stets nur geringe Schutzwürdigkeitsgrade zugeordnet werden können. Genau dieses wäre aber bei einer hohen Gewichtung der Naturnähe zu befürchten.

Ipsen (1988: 13) sieht deutliche Anzeichen dafür, „daß sich die Kriterien der Raumästhetik gerade umordnen, weil sich die gesellschaftliche Formation verändert". Die gegenwärtig erst ansatzweise erkennbare Veränderung erfolgt danach (ebd.: 27) in Richtung einer „flexiblen Regulation". Derzeit läßt sich lediglich „über die Raumstruktur einer möglichen zukünftigen Formation flexibler Regulation ... spekulieren. Doch zeichnen sich im Moment, möglicherweise als Ergebnis einer Übergangsperiode, einige Veränderungen der Raumorganisation ab, die im Zusammenhang mit der Raumästhetik stehen ... Es kommt zu einer stärkeren Entfaltung der Konkurrenz von Räumen und damit entsteht das Bedürfnis, den ‚eigenen' Raum von anderen abzusetzen" (ebd.: 30).

Für Spitzer (1988: 11) gibt es bezüglich der Frage, welche Landschaftsschönheit anzustreben ist, „sicherlich keine Rezepte. Es gilt allerdings im besonderen Maße die Regel, daß regionaldifferenziert vorzugehen ist. Die Landschaftsschönheit ist per se eine regionsspezifische Angelegenheit. Man wird deswegen im Rahmen der ohnehin in Zukunft stärker regional unterschiedlich zu betreibenden Entwicklung landschaftsästhetische Leitbilder für die einzelne Region aufstellen und im Laufe der Zeit verwirklichen müssen."

Bezüglich der verschiedenen Faktoren, die als relevant für die Befriedigung des Bedürfnisses nach Schönheit betrachtet wurden, ist aus den dargestellten Erläuterungen bzw. Forderungen von Ipsen und Spitzer eine besondere zukünftige Bedeutung des Faktors Eigenart und deren zeitlicher Konstanz abzuleiten. Dies impliziert zugleich auch ein geringeres Gewicht der mit dem romantischen Schönheitsideal so eng verbundenen Faktoren Natürlichkeit und Harmonie.

Konsequenzen für die künftige Entwicklung der Kulturlandschaftspflege

Oben wurde darauf hingewiesen, daß die Kulturlandschaftspflege innerhalb des Aufgabenbereiches von Naturschutz und Landschaftspflege bis in die Gegenwart hinein von nostalgisch-ästhetischen Konzepten dominiert wird. In den letzten Jahren ist zu beobachten, daß die Kulturlandschaftspflege zunehmend auch eine historische Begründung erfährt. Allerdings ist festzustellen, daß sich die stärkere Hinwendung zur historischen Kulturlandschaft zumeist wiederum auf solche Landschaftsräume konzentriert, die eine tradierte bäuerliche Prägung aufweisen und somit weitgehend in Übereinstimmung mit dem romantischen Schönheitsideal stehen. Nur vergleichsweise zögerlich wird dagegen das „neue" Interesse an der Kulturlandschaft auch auf kulturhistorische Merkmale von Industrielandschaften gerichtet.

Eine konsequente thematische Ausdehnung der Kulturlandschaftspflege auf das weite Feld der emotionalen Wirksamkeit von Phänomenen der Kulturlandschaft ist bisher bedauerlicherweise nur in relativ bescheidenen Ansätzen erkennbar. Insbesondere im Zusammenhang mit der Tatsache, daß dem Aspekt der kulturhistorischen Bedeutung der Kulturlandschaft derzeit ein wachsender Stellenwert zuteil wird, ist es verwunderlich, daß häufig noch nicht einmal die Relevanz kulturhistorischer Merkmale für die Befriedigung der verschiedenen raumbezogenen emotionalen Bedürfnisse adäquat thematisiert wird. So spielen doch kulturhistorische Merkmale in ihrer Eigenschaft als Informationsträger grundsätzlich eine erhebliche Rolle für die Befriedigung des Bedürfnisses nach Stimulierung (Denecke 1985: 16). Des weiteren ist die aktuelle Eigenart einer Kulturlandschaft zumeist in hohem Maße durch kulturhistorische Phänomene bedingt (Ermer u.a. 1980: 54). Und nicht zuletzt ist zu bedenken, daß die zeitliche Konstanz der Kulturlandschaft, die zusammen mit dem Faktor Eigenart von entscheidender Bedeutung für die Befriedigung des Bedürfnisses nach Identifikation ist, vorwiegend durch kulturhistorische Merkmale repräsentiert wird.

Soll die Kulturlandschaftspflege wirksam aus ihrem aktuellen Schattendasein herausgeführt werden, erscheint es dringend geboten, zukünftig beide zentrale Aspekte – die kulturhistorische Bedeutung und die emotionale Wirksamkeit der Kulturlandschaft – sowohl jeweils möglichst umfassend als auch gleichrangig nebeneinander in eine effiziente Gesamtkonzeption einzubinden (Wagner 1996) und diese in der Praxis sachgerecht umzusetzen.

Literatur

Adam, K., W. Nohl & W. Valentin (1989): Bewertungsgrundlagen für Kompensationsmaßnahmen bei Eingriffen in die Landschaft (Forschungsauftrag des Ministers für Umwelt, Raumordnung und Landwirtschaft des Landes Nordrhein-Westfalen). 2. Aufl. – Düsseldorf.

Bertram, W.J. (1982): Dimensionen des Landschaftserlebens: Psychologische Untersuchungen zur individuellen Wahrnehmung natürlicher Umfelder. – Diss. Bonn.

Briesen, D. (1993): „Triviales" Geschichtsbewußtsein oder historische Elemente regionaler Identität? Über den notwendigen Dialog zwischen Geschichts- und Sozialwissenschaften zur Erforschung von Regionalbewußtsein. – Informationen zur Raumentwicklung 11/1993: 769–779.

Brink, A. & H.H. Wöbse (1989): Die Erhaltung historischer Kulturlandschaften in der Bundesrepublik Deutschland. Untersuchung zur Bedeutung und Handhabung von Paragraph 2 Grundsatz 13 des Bundesnaturschutzgesetzes (Untersuchung im Auftrag des Bundesministers für Umwelt, Naturschutz und Reaktorsicherheit). – Bonn.

Denecke, D. (1985): Historische Geographie und räumliche Planung. – Kolb, A. & G. Overbeck (Hrsg.): Beiträge zur Kulturlandschaftsforschung und zur Regionalplanung (Mitteilungen der Geographischen Gesellschaft in Hamburg 75). – Wiesbaden: 3–55.

Döppert, M. (1987): Die Entwicklung der ländlichen Kulturlandschaft in der ehemaligen Grafschaft Schlitz unter besonderer Berücksichtigung der Landnutzungsformen – von der Frühneuzeit bis zur Gegenwart (Mainzer Geographische Studien 29). – Mainz.

Eck, H. (1986): Image und Bewertung des Schwarzwaldes als Erholungsraum – nach dem Vorstellungsbild der Sommergäste. – Diss. Tübingen.

Ermer, K., B. Kellermann & C. Schneider (1980): Materialien zur Umweltsituation in Berlin (Landschaftsentwicklung und Umweltforschung. Schriftenreihe des Fachbereichs Landschaftsentwicklung der TU Berlin 5). – Berlin.

Feller, N. (1979): Beurteilung des Landschaftsbildes. – Natur und Landschaft 54 (7/8): 240–245.

Flender, A. (1993): „Region – Geschichte und Identität". Eine kommentierte Auswahlbibliographie. – Informationen zur Raumentwicklung 11/1993: 793–800.

Gans, R. (1993): Regionalbewußtsein und regionale Identität. Ein Konzept der Moderne als Forschungsfeld der Geschichtswissenschaft. – Informationen zur Raumentwicklung 11/1993: 781–792.

Grebe, R. & W. Tomasek (1980): Gemeinde und Landschaft. Landschaftsplanung, Freiraumplanung und Naturschutz in der Gemeinde (Schriftenreihe Fortschrittliche Kommunalverwaltung 9). 2. Aufl. – Köln u.a.

Hoisl, R., W. Nohl, S. Zekorn & G. Zöllner (1987): Landschaftsästhetik in der Flurbereinigung. Empirische Grundlagen zum Erlebnis der Agrarlandschaft (Materialien zur Flurbereinigung 11). – München.

Ipsen, D. (1988): Vom allgemeinen zum besonderen Ort. Zur Soziologie räumlicher Ästhetik. – Forschungsgesellschaft für Agrarpolitik und Agrarsoziologie e.V. (Hrsg.): Raumästhetik, eine regionale Lebensbedingung – Verhandlungen der Arbeitsgruppe „Regionale Lebensbedingungen" am 8.12.1987 in Bonn-Röttgen (Schriftenreihe der Forschungsgesellschaft für Agrarpolitik und Agrarsoziologie e.V. 281). – Bonn: 13–33.

Ittelson, W.H., H.M. Proshansky, L.G. Rivlin & G.H. Winkel (1974): An Introduction to Environmental Psychology. – New York u.a.

Lynch, K. (1965): Das Bild der Stadt. – Berlin u.a.

Miller, R. (1986): Einführung in die Ökologische Psychologie. – Opladen.

Neumeyer, M. (1992): Heimat. Zu Geschichte und Begriff eines Phänomens (Kieler Geographische Schriften 84). – Kiel.

Nohl, W. (1977): Messung und Bewertung der Erlebniswirksamkeit von Landschaften (hrsg. vom Kuratorium für Technik und Bauwesen in der Landwirtschaft e.V., KTBL-Schrift 218). – Münster-Hiltrup.

Nohl, W. (1980): Ermittlung der Gestalt- und Erlebnisqualität. – Buchwald, K. & W. Engelhardt (Hrsg.): Handbuch für Planung, Gestaltung und Schutz der Umwelt 3: Die Bewertung und Planung der Umwelt. München u.a.: 212–230.

Nohl, W. (1981): Das Naturschöne im Konzept der städtischen Freiraumplanung – Plädoyer für eine Naturästhetik. – Garten+Landschaft 91 (11): 885–891.

Nohl, W. (1982): Über den praktischen Sinn ästhetischer Theorie in der Landschaftsgestaltung – dargestellt am Beispiel der Einbindung baulicher Strukturen in die Landschaft. – Landschaft+Stadt 14 (2): 49–55.

Nohl, W. (1983): 30 Thesen zu einer „anderen" Ästhetik – vertieft am Beispiel städtischer Freiräume. – Natur und Landschaft 58 (1): 18–22.

Nohl, W. (1991): Konzeptionelle und methodische Hinweise auf landschaftsästhetische Bewertungskriterien für die Eingriffsbestimmung und die Festlegung des Ausgleichs. – Bundesforschungsanstalt für Naturschutz und Landschaftsökologie (Hrsg.): Landschaftsbild – Eingriff – Ausgleich. Handhabung der naturschutzrechtlichen Eingriffsregelung für den Bereich Landschaftsbild. Dokumentation einer Arbeitstagung vom 12. bis zum 14. September 1990 in Bonn. – Bonn-Bad Godesberg: 59–73.

Pankoke, E. (1993): Regionalkultur? Muster und Werte regionaler Identität im Ruhrgebiet. – Informationen zur Raumentwicklung 11/1993: 759–768.

Quasten, H. (1982): Naturschutz und Landschaftspflege mit neuen Konzeptionen. – Minister für Umwelt, Raumordnung und Bauwesen (Hrsg.): Bericht 1981 zum Umweltprogramm Saarland – 3. Umweltbericht der Regierung des Saarlandes. – Saarbrücken: 135–147.

Ruppert, H. (1993): Regionale Identität. – Geographie heute 14 (116): 4–9.

Russel, J.A. & J. Snodgrass (1987): Emotion and the Environment. – Stokols, D. & I. Altman (Hrsg.): Handbook of the Environmental Psychology 1. – New York u.a.: 245–280.

Sepänmaa, Y. (1986): The Beauty of Environment. A general model for environmental aesthetics (Suomalaisen Tiedeakatemian Toimituksia – Annales Academiæ Scientiarum Fennicæ. Sarja B 234). – Helsinki.

Spitzer, H. (1988): Einführung in das Thema: Landschaftsästhetik als regionale Lebensbedingung?. – wie Ipsen, siehe dort: 1–12.

Wagner, J.M. (1996): Schutz der Kulturlandschaft – Erfassung, Bewertung und Sicherung schutzwürdiger Gebiete und Objekte im Rahmen des Aufgabenbereiches von Naturschutz und Landschaftspflege. Eine Methodenstudie zur emotionalen Wirksamkeit und kulturhistorischen Bedeutung der Kulturlandschaft unter Verwendung des Geographischen Informationssystems PC ARC/INFO. – Diss. Saarbrücken.

Weichhart, P. (1990): Raumbezogene Identität. Bausteine zu einer Theorie räumlich-sozialer Kognition und Identifikation (Erdkundliches Wissen 102). – Stuttgart.

Zimmermann, J. (1982): Zur Geschichte des ästhetischen Naturbegriffs. – Zimmermann, J. (Hrsg.): Das Naturbild des Menschen. – München: 118–154.

Das rechtliche Instrumentarium der Landschafts- und Kulturlandschaftspflege

Rainer Graafen

Rechtsvorschriften zur Landschaftspflege

Eine effektive Landschaftspflege ist nur dann möglich, wenn hierfür ein hinreichendes rechtliches Instrumentarium vorhanden ist. Nur mittels Rechtsvorschriften können Beeinträchtigungen oder Zerstörungen von Landschaften gegebenenfalls auch zwangsweise verhindert werden (zfsd. Gassner 1995).

Rechtsvorschriften des Bundes

Das für die Landschaftspflege wichtigste Gesetz auf Bundesebene ist das „Gesetz über Naturschutz und Landschaftspflege" (Bundesnaturschutzgesetz – BNatSchG. Vom 20.12.1976, BGBl. I S. 3573. Zuletzt geändert durch Gesetz vom 6.8.1993, BGBl. I S. 1458). An dieser Stelle sei angemerkt, daß in diesem Beitrag die Bezeichnungen der Gesetze und die Angaben der Fundstellen der Gesetze in der amtlichen juristischen Schreibweise wiedergegeben sind (vgl. zum Verfahren des Auffindens von Gesetzen auch Graafen 1991: 41f.). Beim Bundesnaturschutzgesetz handelt es sich um ein sog. Rahmengesetz nach Art. 75 Nr. 3 GG. Dies bedeutet, daß der Bund das dort genannte Sachgebiet „Naturschutz und Landschaftspflege" nicht abschließend und vollständig regeln, sondern nur einen Rahmen stecken darf. Den Landesgesetzgebern muß noch genügend Raum für Willensentscheidungen in der weiteren Ausgestaltung des Naturschutz- und Landschaftspflegerechts übrig bleiben. Sowohl das Bundesgesetz als auch das jeweilige Landesgesetz enthalten eine Teilregelung, die erst in ihrer Gesamtheit die bezweckte rechtliche Ordnung schafft.

Eines der wichtigsten Mittel, um eine effektive Landschaftspflege zu erreichen, ist die Landschaftsplanung. Das Bundesnaturschutzgesetz nennt folgende Pläne, die jeweils unterschiedlichen Verwaltungsebenen zugeordnet sind:

– das Landschaftsprogramm (§ 5 BNatSchG),
– den Landschaftsrahmenplan (ebenfalls § 5 BNatSchG),
– den Landschaftsplan (§ 6 BNatSchG) und
– den landschaftspflegerischen Begleitplan (§ 8 Abs. 4 BNatSchG).

Das Landschaftsprogramm stellt die Zielvorstellungen des Naturschutzes und der Landschaftspflege für den Bereich eines ganzen Bundeslandes dar und beruht auf großräumigen Analysen und Diagnosen. Für Teilbereiche eines Landes (Regionen) beinhaltet der Landschaftsrahmenplan die notwendigen Maßnahmen des Naturschutzes und der Landschaftspflege. Im Landschaftsplan sind die örtlichen Erfordernisse zur Verwirklichung des Naturschutzes und der Landschaftspflege enthalten.

Nach den meisten Ländergesetzen haben die soeben genannten Pläne auf allen Ebenen (Ausnahme: der landschaftspflegerische Begleitplan) keine eigene Rechtswirksamkeit. Die in ihnen enthaltenen Darstellungen und Maßnahmen bekommen erst dadurch Verbindlichkeit, daß sie in die Pläne der „allgemeinen" Landesplanung aufgenommen werden. Dementsprechend sind die Planungsstufen und Planungsräume der Landschafts- und die der Landesplanung auch identisch, so daß sich folgende Übersicht entwerfen läßt:

Ebene	Allgemeine Planung	Landschaftsplanung
Land	Landesentwicklungsprogramm	Landschaftsprogramm
Region	Regionalplan	Landschaftsrahmenplan
Gemeinde (Kreis)	Flächennutzungsplan	Landschaftsplan
Teil der Gemeinde	Bebauungsplan	Grünordnungsplan
Fachverwaltung	Fachplan	Landschaftspflegerischer Begleitplan

Von großer Bedeutung sind die Landschaftspläne, welche die örtlichen Erfordernisse und Maßnahmen des Naturschutzes und der Landschaftspflege mit Text, Karte und zusätzlicher Begründung näher darstellen. Sie sind dann aufzustellen, sobald und soweit dies aus Gründen des Naturschutzes und der Landschaftspflege erforderlich ist (§ 6 Abs. 1 BNatSchG). Die Regelung des Verfahrens für die rechtliche Verbindlichkeit ist gemäß § 6 Abs. 4 BNatSchG den Ländern überlassen. Sie können eine eigene Verbindlichkeit der Pläne oder eine Verbindlichkeit über die Bauleitplanung anordnen. Von der ersten Möglichkeit hat z.b. Nordrhein-Westfalen Gebrauch gemacht, und nach dortigem Recht werden die Landschaftspläne in der Rechtsform der Satzung erlassen (§ 16 Abs. 2 des nordrhein-westfälischen Landschaftsgesetzes). Der Landesgesetzgeber hat den räumlichen Umfang der Pläne jedoch auf die von den Bebauungsplänen freien Flächen im Außenbereich beschränkt (§ 16 Abs. 1), da seiner Auffassung nach in ein Gebiet, das durch das Bundesbaugesetz schon verbindlich geregelt ist, durch ein anderes Gesetz nicht mehr verbindlich eingegriffen werden kann. Die meisten übrigen Bundesländer haben den zweiten Weg gewählt.

Der landschaftspflegerische Begleitplan stellt bei Eingriffen in die Landschaft aufgrund eines Fachplanes die zum Ausgleich erforderlichen Maßnahmen dar. Zu den Fachplänen aus dem Bereich der Bundesgesetzgebung zählen z.B. der Flurbereinigungsplan (§§ 41, 58 Flurbereinigungsgesetz) oder der Plan nach § 17 Bundesfernstraßengesetz.

Höchst bedeutend für den Naturschutz und die Landschaftspflege sind auch die §§ 12ff. BNatSchG, worin geregelt ist, daß bestimmte Teile von Natur und Landschaft zu Naturschutzgebieten, Landschaftsschutzgebieten, Nationalparken, Naturparken, Naturdenkmalen oder geschützten Landschaftsbestandteilen erklärt werden können. Für die Zugehörigkeit zu einer bestimmten Kategorie ist die Intensität der Schutz- oder Pflegemaßnahmen ausschlaggebend, die angestrebt wird. In Naturschutzgebieten (§ 13 BNatSchG) wird der Schutz von Natur und Landschaft sehr umfassend erreicht. Alle Handlungen, die zu einer Zerstörung, Beschädigung oder Veränderung des unter Schutz gestellten Gebietes führen können, sind verboten. Die Schutzkategorie der Nationalparke (§ 14 BNatSchG) ist relativ neu und wurde auf Empfehlung der Internationalen Union für die Erhaltung der Natur und der natürlichen Hilfsquellen (I.U.C.N.) in das Gesetz aufgenommen. Sie werden als rechtsverbindlich festgesetzte, einheitlich zu schützende Gebiete definiert, die großräumig und von besonderer Eigenart sein sollen. Sie müssen im überwiegenden Teil ihres Gebietes die Voraussetzungen eines Naturschutzgebietes erfüllen und sich in einem vom Menschen nicht oder nur wenig beeinflußten Zustand befinden (Beispiele: die Nationalparke „Bayerischer Wald" und „Berchtesgadener Land"). Naturparke (§ 16 BNatSchG) sind großräumige Gebiete, die primär der Erholung der Menschen in Natur und Landschaft dienen sollen. Mit Naturparken hat die moderne Idee, Naturschutz und Erholung zu kombinieren, ihre populärste Anwendungsform gefunden. Landschaftsschutzgebiete (§ 15 BNatSchG) dienen zum einen der Erhaltung oder Wiederherstellung der Leistungsfähigkeit des Naturhaushalts. Darüber hinaus sind aber auch Aspekte wie z.B. die Vielfalt, Eigenart und Schönheit des Landschaftsbildes sowie die Sicherung der Erholung für die Bevölkerung von Bedeutung.

Naturdenkmale (§ 17 BNatSchG) sind Einzelschöpfungen der Natur, deren Schutz aus wissenschaftlichen oder landeskundlichen Gründen oder wegen ihrer Seltenheit, Eigenart oder Schönheit erforderlich ist. Geschützte Landschaftsbestandteile (§ 18 BNatSchG) unterscheiden sich von den Naturdenkmalen insofern, als hier nicht der Denkmalcharakter, wie es im Begriff „Einzelschöpfung" zum Ausdruck kommt, im Vordergrund steht. Dementsprechend kommen als Schutzobjekte Uferzonen von Flüssen und größeren Seen, Teiche oder Auewiesen in Betracht (Messerschmidt 1995: Rdnr. 6 zu § 18).

Außer dem Bundesnaturschutzgesetz gibt es auf Bundesebene noch folgende Gesetze, die für den Landschaftsschutz von großer Bedeutung sind:

- Raumordnungsgesetz (ROG). Vom 8.4.1965 (BGBl. I S. 306). In der Fassung der Bekanntmachung vom 28.4.1993 (BGBl. I S. 630).
- Flurbereinigungsgesetz (FlurbG). Vom 14.7.1953 (BGBl. I S. 591). Zuletzt geändert durch Gesetz vom 12.2.1991 (BGBl. I S. 405).
- Gesetz zur Erhaltung des Waldes und zur Förderung der Forstwirtschaft (Bundeswaldgesetz). Vom 2.5.1975 (BGBl. I S. 1037). Zuletzt geändert durch Gesetz vom 27.7.1984 (BGBl. I S. 1034).

Rechtsvorschriften der Länder

Ergänzt wird das Bundesnaturschutzgesetz, wie bereits erwähnt, durch die Naturschutz- und Landschaftspflegegesetze der Länder. In allen Landesgesetzen finden sich auch die im Bundesnaturschutzgesetz vorgesehenen Schutzkategorien (Regelungen bzgl. Nationalparke gibt es jedoch nur in einigen Gesetzen). Daneben kennen die Landespflegegesetze von Rheinland-Pfalz und Schleswig-Holstein als weitere Schutzkategorie noch „Landespflegebereiche". Das Verfahren der Landschaftsplanung ist von Bundesland zu Bundesland unterschiedlich geregelt. Außerdem gibt es in manchen Bundesländern neben den oben genannten Plänen noch den sog. Grünordnungsplan (vgl. Graafen 1984: 145). Die Bezeichnungen der Landesgesetze sind, wie auch aus der nachfolgenden Zusammenstellung hervorgeht, nicht einheitlich. Bestimmte Begriffe in den amtlichen Bezeichnungen können ein Hinweis dafür sein, daß ein bestimmtes Gesetz zusammen mit dem Naturschutz und der Landschaftspflege auch noch andere Ziele verfolgt (z.B. Schaffung von Erholungsgebieten, Sicherung des Naturhaushaltes).

- Baden-Württemberg: Gesetz zum Schutz der Natur, zur Pflege der Landschaft und über die Erholungsvorsorge in der freien Landschaft (Naturschutzgesetz – NatSchG). Vom 21.10.1975 (GBl. S. 645). Zuletzt geändert durch Verordnung vom 7.2.1994 (GBl. S. 73).
- Bayern: Gesetz über den Schutz der Natur, die Pflege der Landschaft und die Erholung in der freien Natur (Bayerisches Naturschutzgesetz – BayNatSchG). Vom 27.7.1973 (GVBl. S. 437). Zuletzt geändert durch Gesetz vom 9.11.1993 (GVBl. S. 833).
- Berlin: Gesetz über Naturschutz und Landschaftspflege von Berlin (Berliner Naturschutzgesetz – NatSchGBln). Vom 30.1.1979 (GVBl. S. 183). Zuletzt geändert durch Gesetz vom 17.2.1995 (GVBl. S. 56).
- Brandenburg: Brandenburgisches Gesetz über Naturschutz und Landschaftspflege (Brandenburgisches Naturschutzgesetz – BgNatSchG). Vom 25.6.1992 (GVBl. S. 208).
- Bremen: Gesetz über Naturschutz und Landschaftspflege (Bremisches Naturschutzgesetz – BremNatSchG). Vom 17.9.1979 (GBl. S. 345).
- Hamburg: Hamburgisches Gesetz über Naturschutz und Landschaftspflege (Hamburgisches Naturschutzgesetz – HmbNatSchG). Vom 2.7.1981 (GVBl. S. 167). Zuletzt geändert durch Gesetz vom 15.11.1994 (GVBl. S. 288).
- Hessen: Hessisches Gesetz über Naturschutz und Landschaftspflege (Hessisches Naturschutzgesetz HeNatG). Vom 19.9.1980 (GVBl. S. 309). Zuletzt geändert durch Gesetz vom 19.12.1994 (GVBl. S. 775).
- Mecklenburg-Vorpommern: Erstes Gesetz zum Naturschutz im Land Mecklenburg-Vorpommern. Vom 10.1.1992 (GVBl. S. 3).
- Niedersachsen: Niedersächsisches Naturschutzgesetz. Vom 20.3.1981 (GVBl. S. 31). Zuletzt geändert durch Gesetz vom 17.6.1994 (GVBl. S. 267).
- Nordrhein-Westfalen: Gesetz zur Sicherung des Naturhaushalts und zur Entwicklung der Landschaft (Landschaftsgesetz – LG). Vom 8.2.1975 (GVBl. S. 190). Zuletzt geändert durch Gesetz vom 19.6.1994 (GVBl. S. 418).
- Rheinland-Pfalz: Landespflegegesetz (LPflG). Vom 14.6.1973 (GVBl. S. 147). Zuletzt geändert durch Gesetz vom 14.6.1994 (GVBl. S. 280).
- Saarland: Gesetz über den Schutz der Natur und die Pflege der Landschaft (Saarländisches Naturschutzgesetz – SNG). Vom 19.3.1993 (ABl. S. 346).

- Sachsen: Sächsisches Gesetz über Naturschutz und Landschaftspflege (Sächsisches Naturschutzgesetz – SächsNatSchG). Vom 16.12.1992 (GVBl. S. 571). Zuletzt geändert durch Gesetz vom 11.10.1994 (GVBl. S. 1601).
- Sachsen-Anhalt: Naturschutzgesetz des Landes Sachsen-Anhalt (NatSchGLSA). Vom 11.2.1992 (GVBl. S. 108). Zuletzt geändert durch Gesetz vom 24.5.1994 (GVBl. S. 608).
- Schleswig-Holstein: Gesetz für Naturschutz und Landschaftspflege (Landschaftspflegegesetz – LPfleG). Vom 16.6.1993 (GVBl. S. 215).
- Thüringen: Vorläufiges Thüringer Gesetz über Naturschutz und Landschaftspflege. Vom 28.1.1993 (GVBl. S. 57). Zuletzt geändert durch Gesetz vom 10.6.1994 (GVBl. S. 630).

Außer den in diesem Kapitel genannten Bundes- und Landesgesetzen gibt es noch viele andere Rechtsvorschriften, die zumindest indirekt der Landschaftspflege dienen, aber aus Platzgründen hier nicht mehr gesondert aufgeführt werden können. Eine Zusammenstellung dieser Rechtsvorschriften findet sich unter anderem bei Burhenne (1995).

Rechtsvorschriften zur Kulturlandschaftspflege, namentlich die Bestimmung nach § 2 Abs. 1 Nr. 13 BNatSchG

Obschon in den letzten Jahren immer mehr Wissenschaftler sowie Natur- und Denkmalpfleger die Notwendigkeit des Schutzes und der Pflege historischer Kulturlandschaften betont haben (Hönes 1991: 87ff.), gibt es kein spezielles Gesetz, das von seiner Hauptzielrichtung her gesehen diesen Zweck verfolgt. Wenn ein Spezialgesetz zum Schutz historischer Kulturlandschaften zwar auch nicht existiert, so findet sich im Bundesnaturschutzgesetz doch wenigstens eine einzelne Vorschrift, die sich primär diesem Anliegen widmet. Es handelt sich hierbei um Nr. 13 der in § 2 Abs. 1 BNatSchG aufgezählten sog. „Grundsätze des Naturschutzes und der Landschaftspflege". Der Grundsatz lautet: „Historische Kulturlandschaften und -landschaftsteile von besonders charakteristischer Eigenart sind zu erhalten. Dies gilt auch für die Umgebung geschützter oder schützenswerter Kultur-, Bau- und Bodendenkmäler, sofern dies für die Erhaltung der Eigenart oder Schönheit des Denkmals erforderlich ist."

Dieser Grundsatz war nicht von Anfang an im Bundesnaturschutzgesetz enthalten, also seit seinem Erlaß im Jahre 1976, sondern er wurde hierhinein nachträglich durch Gesetz vom 1.6.1980 (BGBl. I S. 649) aufgenommen. Auf die Fragen, warum der Gesetzgeber diese Vorschrift neu geschaffen hat und welche Ziele sie im einzelnen verfolgt, geben die Drucksachen des Deutschen Bundestages Nrn. 8/3105 und 8/3716 weitgehend Antwort. Danach haben Abgeordnete aller drei Fraktionen einen Gesetzentwurf eingebracht, der folgenden Inhalt hatte: Es sollten im Interesse des Denkmalschutzes in mehrere Bundesgesetze (u.a. auch ins Bundesnaturschutzgesetz) Bestimmungen aufgenommen werden, die ausdrücklich betonen, daß bei der Durchführung dieser Bundesgesetze den Belangen des Denkmalschutzes Rechnung zu tragen ist. In der Drucksache 8/3716, S. 7, heißt es: „Die Forderungen des Bundesnaturschutzgesetzes in § 1 Abs. 1, die Vielfalt, Eigenart und Schönheit von Natur und Landschaft zu schützen, zu pflegen und zu entwickeln, schließt auch die vom Menschen geschaffene Kulturlandschaft mit ein. Historische Landschaftselemente sind darin besonders erhaltungswürdig, aus der Sicht von Naturschutz und Landschaftspflege neben Bau- und Siedlungsformen insbesondere auch Flurformen sowie überkommene Elemente der natürlichen Vegetation in der Feldflur und in den Ortschaften (z.B. Hecken, markante Einzelbäume und Baumgruppen). Die Erhaltung ist vor allem notwendig aus kulturgeschichtlichen Gründen, aus ökologischen Gründen (z.B. Schutz von Biotopen bedrohter Pflanzen- und Tierarten) sowie zur Erhaltung der Eigenart und Erlebniswirksamkeit der Landschaft sowie der Heimatverbundenheit der ansässigen Bevölkerung."

Kolodziejcok, Recken u.a. (1993: Rdnr. 68f. zu § 2) setzen sich in Ihrem Kommentar zum Bundesnaturschutzgesetz noch näher mit dem im Grundsatz Nr. 13 auch erwähnten Begriff „Kulturlandschaftsteil" auseinander. Danach sind hierunter nicht geschlossene Gebiete innerhalb einer Gesamtlandschaft zu verstehen, sondern die eine bestimmte Kulturlandschaft prägenden, vom Menschen geschaffenen Bestandteile. Dabei komme es nicht darauf an, ob es sich um lebende oder unbelebte Landschaftsteile handele, wie z.B. einerseits Alleen und Hecken, andererseits Kanäle und Mauern.

Einige Länder (z.B. Niedersachsen, Rheinland-Pfalz und Schleswig-Holstein) haben den Grundsatz Nr. 13 von § 2 Abs. 1 BNatSchG zwischenzeitlich ausdrücklich in ihre Naturschutzgesetze aufgenommen; die Fundstellen dieser Gesetze befinden sich am Ende von Kap. 1.2. Aber auch in den übrigen Ländern, die hiervon bislang abgesehen haben, hat der Grundsatz Nr. 13 direkte Verbindlichkeit. In § 4 S. 3 BNatSchG ist nämlich bestimmt, daß er in allen Ländern unmittelbar gilt.

Damit Maßnahmen zur Kulturlandschaftspflege in der Praxis auch rechtlich durchgesetzt werden können, sollten sie in die Pläne zur Landschaftsplanung aufgenommen werden. Wie diese dann in die „allgemeine" Landesplanung eingebunden werden, ergibt sich ebenfalls ausführlich aus Kap. 1. 1. Wenn auch die Studie von Brink & Wöbse (1989) gezeigt hat, daß bisher viele staatliche Verwaltungen von dem nachträglich ins Bundesnaturschutzgesetz aufgenommenen Grundsatz Nr. 13 von § 2 Abs. 1 BNatSchG erst kaum Kenntnis genommen haben, so ändert dies nichts an der Tatsache, daß mit dieser Gesetzesbestimmung ein wichtiges Instrument zur Kulturlandschaftspflege vorliegt. Zwar könnte ein noch intensiverer Schutz historischer Kulturlandschaften erreicht werden, wenn es hierfür im Bundesnaturschutzgesetz neben den „Naturschutzgebieten", „Naturparken" usw. eine eigene Schutzkategorie gäbe, z.B. „Kulturlandschaftsschutzgebiete" (Graafen 1994: 461).

Der Gesetzgeber hat sich für die Einfügung einer solchen Schutzkategorie in das Bundesnaturschutzgesetz bisher aber noch nicht entschlossen. Zu beachten ist aber, daß für die Begründung, warum ein Gebiet als Naturschutzgebiet, Nationalpark o. ä. ausgewiesen werden soll, neben den in den §§ 12ff. BNatSchG genannten Hauptgründen auch der Geschichtswert einer Landschaft herangezogen werden kann. Wenn die Hauptzielrichtung der §§ 12ff. BNatSchG zwar auch eine andere ist, so können hierdurch historische Kulturlandschaften oder Wirtschaftsformen wenigstens doch indirekt mitgeschützt werden.

Das Bundesnaturschutzgesetz enthält keine Vorschrift darüber, welche Behörden zum Vollzug von § 2 Abs. 1 Nr. 13 zuständig sind. Weil es sich um eine im Naturschutzrecht verankerte Bestimmung handelt, ist es zunächst naheliegend, an die Naturschutzbehörden zu denken. Andererseits ist der Grundsatz Nr. 13, wie bereits dargelegt wurde, erlassen worden, um den Belangen des Denkmalschutzes Rechnung zu tragen, und daher kommt ebensogut eine Zuständigkeit der Denkmalschutzbehörden in Betracht. Hönes unterbreitet zu diesem Problem einen durchaus zufriedenstellenden Lösungsvorschlag: Es haben alle Behörden den Grundsatz Nr. 13 zu beachten (Hönes 1982: 208). Natur- und Denkmalschutz sind beim Vollzug des Grundsatzes Partner (so auch Lorz 1985: Anm. 3 zu § 2 BNatSchG).

Gesetze zum Denkmalschutz und zur Denkmalpflege

Während für die „allgemeine" Landschaftspflege primär die Naturschutz- und Landschaftspflegegesetze einschlägig sind, haben für die Kulturlandschaftspflege außer den Naturschutz- und Landschaftspflegegesetzen auch die Denkmalschutzgesetze eine große Bedeutung. Dies hängt damit zusammen, daß eine Kulturlandschaft häufig durch zahlreiche Bau- und/oder Bodendenkmäler geprägt wird. Zur Regelung des Denkmalschutzes und der Denkmalpflege sind gem. Art. 30, 70 GG ausschließlich die Bundesländer zuständig (Stich & Burhenne 1994: Einführung, S. 18); in den einzelnen Bundesländern haben folgende Gesetze Gültigkeit:

- Baden-Württemberg: Gesetz zum Schutz der Kulturdenkmalpflege. Vom 25.5.1971 (GBl. S. 209). Zuletzt geändert durch Gesetz vom 27.7.1987 (GBl. S. 230).
- Bayern: Gesetz zum Schutz und zur Pflege der Denkmäler. Vom 25.6.1973 (GVBl. S. 328). Zuletzt geändert durch Gesetz vom 7.9.1982 (GVBl. S. 722).
- Berlin: Gesetz zum Schutz von Denkmalen in Berlin. Vom 22.12.1977 (GVBl. S. 2541). Zuletzt geändert durch Gesetz vom 30.11.1981 (GVBl. S. 1470).
- Brandenburg: Gesetz über den Schutz und die Pflege der Denkmale und Bodendenkmale im Land Brandenburg. Vom 22.7.1991 (GVB. S. 311).
- Bremen: Gesetz zur Pflege und zum Schutz der Kulturdenkmäler. Vom 27.5.1975 (GBl. S. 265). Zuletzt geändert durch Gesetz vom 13.6.1989 (GBl. S. 230).
- Hamburg: Denkmalschutzgesetz. Vom 3.12.1973 (GVBl. S. 466).

- Hessen: Gesetz zum Schutze der Kulturdenkmäler. Vom 23.9.1974 (GVBl. S. 451). Zuletzt geändert durch Gesetz vom 5.9.1986 (GVBl. S. 269).
- Mecklenburg-Vorpommern: Gesetz zum Schutz und zur Pflege der Denkmale im Lande Mecklenburg-Vorpommern. Vom 30.11.1993 (GVBl. S.975).
- Niedersachsen: Niedersächsisches Denkmalschutzgesetz. Vom 30.5.1978 (GVBl. S. 517). Zuletzt geändert durch Gesetz vom 22.3.1990 (GVBl. S. 101).
- Nordrhein-Westfalen: Gesetz zum Schutz und zur Pflege der Denkmäler im Lande Nordrhein-Westfalen. Vom 11.3.1980 (GVBl. S. 226). Zuletzt geändert durch Gesetz vom 20.6.1989 (GVBl. S. 366).
- Rheinland-Pfalz: Landesgesetz zum Schutz und zur Pflege der Kulturdenkmäler. Vom 23.3.1978 (GVBl. S. 159). Zuletzt geändert durch Gesetz vom 5.10.1990 (GVBl. S. 277).
- Sachsen: Gesetz zum Schutz und zur Pflege der Kulturdenkmale im Freistaat Sachsen. Vom 3.3.1993 (GVBl. S. 222).
- Sachsen-Anhalt: Denkmalschutzgesetz des Landes Sachsen-Anhalt. Vom 21.10.1991 (GVBl. Nr.33). Zuletzt geändert durch Gesetz vom 18.8.1993 (GVBl. S. 412).
- Saarland: Gesetz Nr. 1067 zum Schutz und zur Pflege der Kulturdenkmäler im Saarland. Vom 12.10.1977 (ABl. S. 993).
- Thüringen: Gesetz zur Pflege und zum Schutz der Kulturdenkmale im Land Thüringen. Vom 7.1.1992 (GVBl. S. 17).

Betrachtet man die Möglichkeiten von flächenhaften Unterschutzstellungen in den Denkmalschutzgesetzen, so läßt sich folgendes festhalten: Alle Denkmalschutzgesetze gehen über den Schutz von Einzelobjekten hinaus und enthalten zumindest einen Schutz von Ensembles; viele gewähren darüber hinaus ausdrücklich auch den Schutz von noch größeren Bereichen, wie z.B. von Stadtgrundrissen, Ortsteilen oder Gehöftgruppen.

Von den neuen Bundesländern – alle mußten nach der Wiedervereinigung neue Denkmalschutzgesetze erlassen (vgl. S. 73ff.) – hat insbesondere Brandenburg die neuesten Tendenzen im Denkmalschutz in sein Landesgesetz einbezogen, und dieses erfaßt somit auch größere Flächen (Graafen 1993: 45). Gemäß § 2 Abs. 3 des brandenburgischen Gesetzes können Denkmalbereiche sein:

- Stadt- und Ortsteile,
- Siedlungen,
- Gehöftgruppen,
- Straßenzüge,
- Wehrbauten und Verkehrsanlagen,
- handwerkliche und industrielle Produktionsstätten,
- bauliche und gärtnerische Gesamtanlagen,
- Landschaftsteile,
- (für diese zuvor genannten Objekte gilt der Zusatz: „einschließlich deren Umgebung").

Weiterhin kommen als Denkmalbereiche in Betracht:

- Stadt- und Ortsgrundrisse,
- Stadt- und Ortsbilder,
- Silhouetten,
- Stadträume mit ihren wesentlichen Charakteristika.

Der Schutz und die Pflege historischer Kulturlandschaften ist daher nicht nur nach § 2 Abs. 1 Nr. 13 BNatSchG und den Landesnaturschutzgesetzen möglich, sondern auch mittels der Denkmalschutzgesetze.

Literatur

Brink, A. & H. Wöbse (1989): Die Erhaltung historischer Kulturlandschaften in der Bundesrepublik Deutschland. Untersuchung im Auftrag des Bundesministers für Umwelt, Naturschutz und Reaktorsicherheit, ausgeführt vom Institut für Landschaftspflege und Naturschutz der Universität Hannover. – Hannover.

Burhenne, W. (1995): Umweltrecht – Raum und Natur. Systematische Sammlung der Rechtsvorschriften des Bundes und der Länder (Loseblattausgabe), Bände I-VII. – Berlin.
Gassner, E. (1995): Das Recht der Landschaft. Gesamtdarstellung für Bund und Länder. – Radebeul.
Graafen, R. (1984): Die rechtlichen Grundlagen der Ressourcenpolitik in der Bundesrepublik Deutschland. Ein Beitrag zur Rechtsgeographie (Bonner Geogr. Abh. 69). – Bonn.
Graafen, R. (1991): Rechtsvorschriften zum Kulturlandschaftsschutz. – Kulturlandschaft 1: 41–47.
Graafen, R. (1993): Die neuen Denkmalschutzgesetze von Brandenburg und Thüringen und die Möglichkeiten von flächenhaften Unterschutzstellungen. – Kulturlandschaft 3: 44–46.
Graafen, R. (1994): Staatliche Einwirkungsmöglichkeiten zum Kulturlandschaftsschutz. – Ber. z. dt. Landeskunde 68: 459–462.
Hönes, E.-R. (1982): Der neue Grundsatz des § 2 Abs. 1 Nr. 13 Bundesnaturschutzgesetz. – Natur und Landschaft 57: 207–211.
Hönes, E.-R. (1991): Zur Schutzkategorie „historische Kulturlandschaft". – Natur und Landschaft 66: 87–90.
Kolodziejcok, K.-G., J. Recken, u.a. (1993): Naturschutz, Landschaftspflege und einschlägige Regelungen des Jagd- und Forstrechts (Loseblattausgabe). – Berlin.
Lorz, A. (1985): Naturschutzrecht. – Berlin.
Messerschmidt, K. (1995): Bundesnaturschutzrecht. Kommentar zum Gesetz über Naturschutz und Landschaftspflege (Loseblattausgabe). – Wiesbaden.
Stich, R. & W. Burhenne (1994): Denkmalrecht der Länder und des Bundes (Loseblattausgabe). – Berlin.

Raumordnung und Kulturlandschaftspflege in den ostdeutschen Bundesländern

Bernhard Müller

Rahmenbedingungen für die Kulturlandschaftsentwicklung

Die Kulturlandschaftsentwicklung in Ostdeutschland ist in den letzten Jahrzehnten mehrfach von tiefgreifenden strukturellen Umbrüchen gekennzeichnet gewesen. Unter den ökonomischen und gesellschaftlichen Rahmenbedingungen der DDR wurden vielerorts historisch gewachsene Städte und Dörfer durch jahrzehntelange Vernachlässigung ernsthaft in ihrer Substanz gefährdet oder durch gravierende städtebauliche Eingriffe und störende Bebauung erheblich in ihrem Erscheinungsbild beeinträchtigt. Traditionell gewachsene landschaftliche Strukturen in ländlichen Räumen wurden insbesondere durch großflächige Nutzungsvorränge und Landnutzungsformen ihrer Vielfalt und identitätsbildenden Kraft beraubt.

Gleichwohl waren in der DDR – u.a. bedingt durch die vergleichsweise langsame Entwicklung des Landes – Ende der achtziger Jahre traditionelle Siedlungsstrukturen oft noch wenig überprägt, ländliche Siedlungsformen und alte Wegeverbindungen waren in ihren ursprünglichen Formen vielerorts gut zu erkennen. Kulturhistorisch wertvolle Gebäude mit alter Bausubstanz, kaum beanspruchte Naturräume und aus spezifischen, regionalen Landnutzungsformen und -traditionen entstandene kulturhistorische Landschaftselemente wie Alleen, Pflasterstraßen oder Streuobstwiesen waren weit verbreitet und in großer Zahl zu finden.

Seit der politischen Wende in der DDR und der deutschen Vereinigung gibt es zwar weiterhin einen Dualismus von Determinanten der kulturlandschaftlichen Entwicklung in Ostdeutschland, allerdings haben sich die Determinanten selbst und die Rahmenbedingungen für die Kulturlandschaftsentwicklung grundsätzlich verändert.

Einerseits zwingen der ökonomische und soziale Problemdruck, der teilweise desolate Zustand von baulichen Anlagen sowie die Erwartungen der Bevölkerung auf eine bessere Zukunft zu schneller Umgestaltung. Dies hat in den vergangenen Jahren eine erhebliche Entwicklungsdynamik ausgelöst, nicht selten aber auch zu Aktionismus kommunaler, staatlicher und privater Akteure geführt. Im Ergebnis sind heute vielerorts – zum Beispiel durch Einkaufszentren auf der „grünen Wiese", siedlungsstrukturell nicht integrierte Gewerbegebiete oder überdimensionierte, unangepaßte Wohnbaulandentwicklungen – massive Überprägungen gewachsener Strukturen festzustellen, die unter Gesichtspunkten der Kulturlandschaftspflege negativ zu beurteilen sind. Sie ziehen erhebliche Integrationsprobleme in städtebaulicher, verkehrlicher und sozialer Hinsicht nach sich.

Andererseits gibt es eine Vielzahl staatlicher, kommunaler und privater Initiativen, kulturgeschichtlich wertvolle und unverwechselbare Zeugnisse des Städtebaus und der dörflichen Baukultur sowie die noch vorhandenen oder zumindest in ihren Grundstrukturen noch erkennbaren anderen Elemente der Kulturlandschaft mit erheblichem Aufwand und unter Einsatz beachtlicher finanzieller Mittel zu erhalten, wiederherzustellen oder weiterzuentwickeln und dabei so zu gestalten, daß sie mit modernen Nutzungsansprüchen kompatibel werden. Die einstweilige Sicherung von Schutzgebieten und von landschaftlich bedeutsamen Bereichen durch die letzte DDR-Regierung, Maßnahmen der Städtebauförderung, Stadtsanierung und Denkmalpflege, Maßnahmen der Dorfentwicklung und -erneuerung sowie Wirtschaftsfördermaßnahmen im Rahmen des Aufbaus Ost boten und bieten erhebliche Chancen, die Kulturlandschaft zu erhalten, kulturelle Identitäten aufzuwerten oder zurückzugewinnen und damit auch die Heimatverbundenheit der Bewohner betroffener Regionen zu fördern.

Aussagen der Raumordnung zur Kulturlandschaftspflege

Raumordnung und Landesplanung haben als übergeordnete, überörtliche und zusammenfassende Planung für die räumliche Ordnung und Entwicklung der Länder und ihrer Teilräume mit ihrer Koordinierungsfunktion die Aufgabe, dazu beitragen, daß die geschichtlichen und kulturellen Zusammenhänge sowie die regionale Zusammengehörigkeit gewahrt und die gewachsenen Kulturlandschaften in ihren prägenden Merkmalen sowie mit ihren Kultur- und Naturdenkmälern erhalten werden. Sie sollen gewährleisten, daß die naturräumlichen und die historisch-kulturell entwickelten Strukturen der Landschaft und des besiedelten Raumes dort gebührend berücksichtigt werden, wo sie durch konkurrierende Ansprüche gefährdet sind, und dort wieder hergestellt oder sachgerecht weiterentwickelt werden können, wo gesellschaftliche Interessen dies erfordern.

Im novellierten Raumordnungsgesetz des Bundes (ROG) wird die Verbindung zwischen Raumordnung und Kulturlandschaftsentwicklung im Sinne der Entwicklung von Gebieten, in die der Mensch durch Nutzung gestaltend eingreift und in denen ein weitgehend gelungener Konsens zwischen Nutzung und Erhaltung der Lebensgrundlagen gefunden wird (vgl. Gemeinsames Landesentwicklungsprogramm Berlin/Brandenburg, Entwurf April 1995), durch die Formulierung der raumordnerischen Leitvorstellung einer „nachhaltigen Raumentwicklung" unterstrichen. Nachhaltige Raumentwicklung ist dadurch gekennzeichnet, daß sie die sozialen und wirtschaftlichen Ansprüche an den Raum mit seinen ökologischen Funktionen in Einklang bringt und zu einer dauerhaften, großräumig ausgewogenen Ordnung führt. Dabei soll die prägende Vielfalt der Teilräume der Bundesrepublik gestärkt werden.

Die Raumordnungspläne der ostdeutschen Bundesländer auf Landes- und Regionsebene enthalten – wie in neueren Plänen inzwischen bundesweit üblich – weitgehende textliche Aussagen zur Kulturlandschaftspflege. Zeichnerische Darstellungen erfolgen bisher lediglich in Form einer Integration kulturlandschaftlicher Zielaussagen in fachlich anderweitig definierte Vorrang- oder Vorbehalts-/Vorsorgegebiete bzw. -räume. Planzeichen, die sich unmittelbar bzw. ausschließlich auf Aspekte der Kulturlandschaftspflege beziehen, gibt es nicht.

In Thüringen ist die Kulturlandschaftspflege Bestandteil des Leitbildes der räumlichen Entwicklung: Es ist ein Grundanliegen der Raumordnung, die Identität Thüringer Landschaften, ihrer Städte und Dörfer, das historische und kulturelle Erbe sowie die Vielfalt der Naturausstattung zu bewahren, wo notwendig, wiederzuerlangen und aufzuwerten. Zielaussagen legen u.a. fest, daß die Landschaften Thüringens in ihrer Leistungsfähigkeit sowie in ihren historisch gewachsenen charakteristischen Erscheinungsbildern funktionsfähig und unverwechselbar zu erhalten bzw. bei Verlust ihrer Eigenarten und Schönheit wieder neu zu entwickeln sind.

Ausgeräumte, durch intensive agrarische Nutzung belastete Landschaften sollen entsprechend dem Naturraumpotential als erlebnisreiche Kulturlandschaften wiedergestaltet sowie als funktionsfähiges Biotpverbundsystem entwickelt werden. Städte und Dörfer sollen als Bestandteil der Kulturlandschaft und als Lebens- und Arbeitsumfeld des Menschen entsprechend ihrer Funktion, gewachsenen Struktur und Gestalt saniert, erhalten, erneuert und weiterentwickelt werden. Ihre baulichen Formen sollen als bedeutende Teile des kulturellen Erbes und als bauliche Räume für die Herausbildung von geistigen Mittelpunkten der Gesellschaft erhalten und weiterentwickelt werden.

Im Landesraumordnungsprogramm Mecklenburg-Vorpommern ist als Zielvorstellung formuliert, daß die über einen langen Zeitraum von den Naturkräften geformten und in geschichtlicher Zeit vom Menschen gestaltete Natur und Landschaft in besiedelten und unbesiedelten Räumen in ihrer besonderen Vielfalt, Schönheit und Eigenart geschützt, gepflegt und entwickelt werden soll. Landschaftstypische Ortsbilder und historische Stadtviertel mit ortsbildprägenden Gebäuden, Ensembles und Quartieren sollen gesichert, erhalten, gepflegt und unter Beachtung der Belange von Denkmalschutz und -pflege möglichst wiederhergestellt werden. Kulturdenkmale sollen geschützt, erhalten und gepflegt werden. Die Umgebung schützenswerter Objekte ist in Schutzmaßnahmen mit einzubeziehen. Die Landwirtschaft ist als Faktor zur Pflege der Kulturlandschaft zu erhalten. Zum Erhalt der Kulturlandschaft sollen auch auf Grenzertragsböden traditionelle Sonderkulturen – zum Beispiel Spargel, Tabak und Lupinien in Sandergebieten oder Weidenbäume auf Niedermoorböden – möglichst weiter angebaut werden.

Nach dem Gemeinsamen Landesentwicklungsprogramm Berlin/Brandenburg (LEPro) sind Kulturlandschaften mit ihren Siedlungen und landschaftsprägenden Seen, Flüssen, Fluren und Wäldern zur Erhaltung der Verbundenheit der Menschen mit Heimat und Umwelt in ihrem Charakter zu bewahren und unter Bewahrung des Landschaftsbildes, der historisch gewachsenen Ortsbilder, der schützenswerten Bausubstanz sowie des kulturellen Erbes und Brauchtums behutsam zu entwickeln. Im Gemeinsame Landesentwicklungsplan für den engeren Verflechtungsraum Brandenburg/Berlin (LEP eV) ist vorgesehen, die Landschaft im Umland von Berlin durch eine Kette von Regionalparks zu entwickeln, die sowohl ökologische Ausgleichsräume sichert als auch den Erholungsansprüchen der Bevölkerung gerecht wird. Ausgehend von vorhandenen Flächenpotentialen sollen die Regionalparks die stadtnahe Kulturlandschaft in der Charakteristik der einzelnen Teilräume bewahren, weiterentwickeln und durch unterschiedliche Ausstattung, Gestaltung und Namensgebung in ihrer Identität stärken. In dem dadurch entstehenden Grüngürtel um Berlin sind konkurrierende Raumansprüche so abzuwägen, daß die Ziele für die Entwicklung der Regionalparks möglichst nicht beeinträchtigt werden.

Die Zielaussagen auf Landesebene werden in der Regel in Regionalplänen weiter konkretisiert und entsprechend der regionalen Gegebenheiten inhaltlich ausgeformt. Während zum Beispiel in den Regionalplänen von Sachsen-Anhalt und Thüringen eher stereotype Formulierungen hierfür verwendet werden, nimmt die Kulturlandschaftspflege in den sächsischen Regionalplänen breiten Raum ein, wobei die Akzentuierung zwischen einzelnen Plänen durchaus variiert. So werden zum Beispiel in Sachsen kulturlandschaftsrelevante Fragen im Regionalplan Chemnitz-Erzgebirge eher aus der Perspektive der Siedlungsentwicklung und des Denkmalschutzes behandelt, während in den Regionalplänen Oberes Elbtal/Osterzgebirge und Westsachsen ein Zugang über den Natur- und Landschaftsschutz sowie über Erholung und Tourismus gesucht wird.

So soll im ersten Fall darauf hingewirkt werden, daß die kulturlandschaftstypische Eigenart und Vielfalt der Region Chemnitz/Oberes Erzgebirge und ihrer Siedlungen bewahrt und aufbauend auf vorhandenen Traditionen weiterentwickelt wird. Stadtkerne, Altstadtbereiche und Dorfkerne sollen gepflegt und erhalten werden. Noch nicht verstädterte Waldhufendörfer sollen in ihrem Siedlungscharakter erhalten werden. Dabei wird darauf hingewiesen, daß die für Dorfgebiete zulässigen – und aufgrund hoher Grundstückspreise und Erschließungsaufwendungen zumeist angestrebten – Bebauungsdichten für Waldhufendörfer kulturlandschaftsfremd sind und daher die Identität der Dörfer gefährden, daß die Abgrenzung des Innenbereichs von Waldhufendörfern in den Klarstellungs- und Abrundungssatzungen der Gemeinden oft nicht siedlungsgerecht erfolgt und daß die Anlage neuer Randsiedlungen auf erhaltenswerte Ortsränder zu wenig Rücksicht nimmt. Im Rahmen der kommunalen Bauleitplanung soll diesen Problemen Rechnung getragen und darauf hingewirkt werden, daß Siedlungserweiterungen in landschaftsgebundener Bauweise erfolgen und die Neubautätigkeit auf der „grünen Wiese" möglichst auf wenige Ortsteile und Einzelstandorte beschränkt bleibt. Regionale Initiativen für den Erhalt funktionslos gewordener Bauernhöfe sollen im Rahmen der kommunalen und behördlichen Möglichkeiten unterstützt werden.

Im Regionalplan Oberes Elbtal/Osterzgebirge werden im Kapitel Grundsätze und Ziele zur Erhaltung und Entwicklung der regionalen Freiraumstruktur und des Naturhaushaltes – Unterkapitel Landschaftspflege und -entwicklung – zur historischen Kulturlandschaft zwei Ziele formuliert: Erstens ist die historisch gewachsene Kulturlandschaft mit ihren für die Region typischen Elementen zu pflegen und weitestgehend zu erhalten. Und zweitens soll die landschaftliche Erlebniswirksamkeit siedlungsnaher Freiräume durch die extensive und nachhaltige Pflege ortsnaher Streuobstwiesen, durch den Neuaufbau naturraum- und siedlungstypischer Ortsrandstrukturen sowie durch den Erhalt und die Pflege ortstypischer Bausubstanz, wie Vierseithöfe und Fachwerkbauten, erhöht werden.

Im Regionalplan Westsachsen werden Räume hoher und sehr hoher landschaftlicher Erlebniswirksamkeit als Bestandteile Regionaler Grünzüge ausgewiesen. Sie sind so zu schützen und zu entwickeln, daß ihre Erlebniswirksamkeit dauerhaft erhalten wird. Die kulturlandschaftlich wertvollen Landschaftselemente sind für eine umweltgerechte Nutzung zu sichern. Regional bedeutsame Erholungsgebiete sollen unter Wahrung ihrer natur- und kulturräumlichen Eigenarten sowie unter Berücksichtigung der begrenzten Belastbarkeit des Naturhaushaltes langfristig für eine landschaftsbezogene Erholung gesichert werden. Markante kulturhistorische Sehenswürdigkeiten sollen als touristische Anziehungspunkte und als prägende Elemente der Kulturlandschaft erhalten werden. In Bergbaufolgelandschaften sollen touristische Anziehungspunkte geschaffen werden, die die jahrzehntelange Bergbaugeschichte nachvollziehbar vermitteln.

Umsetzung raumordnerischer Grundsätze und Ziele

Durch die Aufnahme in Raumordnungspläne werden Belange der Kulturlandschaftspflege allgemein (behörden-) verbindlich gesichert, was einen wesentlichen Vorteil gegenüber der Aufnahme kulturlandschaftspflegerischer Belange in fachliche Planungen mit lediglich gutachtlichem Charakter bietet. Gleichwohl sind diese als Instrumente der konkreten Ausgestaltung und Umsetzung der raumordnerischen Festlegungen von Bedeutung. Ein besonderes Gewicht kommt dabei der Landschaftsrahmenplanung zu.

Die raumordnerischen Aussagen zur Kulturlandschaftspflege haben entweder den Status von Grundsätzen oder von Zielen der Raumordnung. Grundsätze der Raumordnung sind allgemeine Festlegungen zur Entwicklung, Ordnung und Sicherung des Raumes als Vorgaben für nachfolgende Abwägungs- oder Ermessensentscheidungen. Ziele der Raumordnung sind hingegen verbindliche Vorgaben in Form von räumlich und sachlich bestimmten oder bestimmbaren, vom Träger der Landes- und Regionalplanung abschließend abgewogenen Festlegungen.

Der wesentliche Unterschied zwischen Grundsätzen und Zielen im Hinblick auf die faktische Umsetzung besteht darin, daß Ziele der Raumordnung von öffentlichen Stellen bei ihren raumbedeutsamen Planungen und Maßnahmen beachtet werden müssen und für Gemeinden eine Anpassungspflicht ihrer Planungen begründen, während die Grundsätze der Raumordnung von öffentlichen Stellen bei raumbedeutsamen Planungen und Maßnahmen in der Abwägung im Rahmen ihres Ermessens (lediglich) zu berücksichtigen sind.

Die Bindungswirkungen von Grundsätzen und Zielen der Raumordnung bestehen auch gegenüber Privaten in Wahrnehmung öffentlicher Aufgaben, wenn öffentliche Stellen daran mehrheitlich beteiligt sind oder die Planungen und Maßnahmen überwiegend mit öffentlichen Mitteln finanziert werden. Weitere Stellen – insbesondere Privatpersonen – werden durch Grundsätze und Ziele der Raumordnung nicht direkt, sondern erst über die fachgesetzlichen Regelungen und Genehmigungen oder die Bestimmungen des Baugesetzbuches gebunden.

Die Raumordnung ist bei der Umsetzung ihrer Grundsätze und Ziele zur Kulturlandschaftspflege auf eine Vielzahl von Adressaten angewiesen. Dies gilt insbesondere im Hinblick auf Gemeinden und Fachstellen für Naturschutz und Landschaftspflege, Landwirtschaft und Denkmalpflege sowie auf Privatpersonen. Diese Akteure können einerseits über Beratung, zum Beispiel im Rahmen von Stellungnahmen der Landes- und Regionalplanung zu kommunalen oder fachlichen Planungen, bei der konkreten Umsetzung von Zielen der Raumordnung zur Kulturlandschaftspflege unterstützt werden, andererseits gibt es eine Vielzahl von Initiativen dieser Akteure selbst, die zur Umsetzung der raumordnerischen Ziele beitragen können.

So werden zum Beispiel die Planungen von Naturschutz und Landschaftspflege vom Grundsatz geleitet, historische Kulturlandschaften und -landschaftsteile von besonders charakteristischer Eigenart zu erhalten. Im Rahmen der Agrarstrukturellen Vorplanung, der Ländlichen Neuordnung und der Dorfentwicklung werden vielerorts dörfliche Strukturen wiederbelebt oder aufgewertet, Landschaften in ihrer Differenziertheit und Vielgestaltigkeit geschützt oder entwickelt, kulturhistorische Landschaftselemente bewahrt und alte Wegeverbindungen neu geschaffen. Denkmalschutz, Dorferneuerung und Städtebauförderung tragen durch ihre Programme zur Sanierung historischer Stadt- und Dorfensembles oder von Einzelbauwerken bei. Zeugen der Kulturlandschaft, zum Beispiel im Tal der Burgen, entlang der Alleenstraße, der Silberstraße, der Bergbaustraße oder der Klassikerstraße, wie auch regionales Brauchtum bilden wesentliche Elemente der Fremdenverkehrsförderung.

Die Umsetzung raumordnerischer Ziele der Kulturlandschaftspflege wird darüber hinaus in Ostdeutschland von spezifischen Landesinitiativen unterstützt. In Brandenburg dient das Konzept der Integrierten Ländlichen Entwicklung der Erhaltung und Förderung der wirtschaftlichen, sozialen und naturräumlichen Funktionsfähigkeit des ländlichen Raumes auf der Grundlage einer flächendeckend betriebenen Land- und Forstwirtschaft. Im Mittelpunkt steht die Bewahrung des ländlichen Charakters weiter Teile des Landes. Das Kulturlandschaftsprogramm des Sächsischen Staatsministeriums für Landwirtschaft, Ernährung und Forsten bietet Landwirten Fördermöglichkeiten für flächenbezogene Extensivierungs- und Pflegemaßnahmen, die Sicherung einer tiergebundenen Grünlandnutzung und für investive Maßnahmen zur Erhaltung und Gestaltung der Kulturlandschaft. In Thüringen können finanzielle Beihilfen im Rahmen des Programms zur Förderung umweltgerechter Landwirtschaft, Erhaltung der Kulturlandschaft, Naturschutz und Landschaftspflege in Thüringen (KULAP) beantragt werden.

Für den Schutz und die Entwicklung großräumig bedeutsamer Kulturlandschaften wurde in den Naturschutzgesetzen der ostdeutschen Länder – als Novum in der Bundesrepublik – das Instrument des Biosphärenreservats geschaffen. Nach dem Sächsischen Gesetz über Naturschutz und Landschaftspflege können als Biosphärenreservate durch Rechtsverordnung großräumige Gebiete festgesetzt werden, die nach den Kriterien des Programms „Mensch und Biosphäre" der UNESCO charakteristische Ökosysteme der Erde repräsentieren, als Kulturlandschaft mit reicher Naturausstattung zum überwiegenden Teil als Natur- und Landschaftsschutzgebiete ausgewiesen sind oder ausgewiesen werden können, wertvolle historische Zeugnisse einer ökologischen und landschaftstypischen Landnutzungs- und Siedlungsform aufweisen und für Modellvorhaben solcher Nutzungsformen zur Verfügung stehen, der langfristigen Umweltüberwachung, der ökologischen Forschung und der Umwelterziehung zu dienen geeignet sind.

Die sächsische Regelung zielt dabei auf einen eigenständigen Schutzbegriff, der die Pflege und Erhaltung wertvoller Kulturlandschaften gewährleistet und unabhängig von Festsetzungen der UNESCO Anwendung finden kann. Dieses Instrument hebt sich somit von den übrigen in den Naturschutzgesetzen des Bundes und der Länder definierten Schutzkategorien ab, die in erster Linie auf den Schutz von Natur und Landschaft in ihrer vom Menschen weitgehend unberührten Form abzielen oder Zwecken der Erholung dienen. Als erstes Schutzgebiet dieser Art in Sachsen wurde im Jahr 1994 das Biosphärenreservat „Oberlausitzer Heide- und Teichlandschaft" ausgewiesen. Es handelt sich dabei um ein über 26.000 ha großes Heide- und Teichgebiet mit einem raschen Wechsel unterschiedlicher Biotope und spezifischer kultureller Prägung. Das Gebiet wird von einem ausgeklügelten Netzwerk von Teichen, Gräben und Stauwerken durchzogen, die vom Menschen angelegt wurden und bis in die Gegenwart der Karpfenzucht dienen.

In den letzten Jahren hat sich auch die Umsetzungs- und Handlungsorientierung der Landes- und Regionalplanung selbst in den ostdeutschen Ländern wesentlich erhöht. Im Landesentwicklungsprogramm Thüringen wird zum Beispiel die Bedeutung von regionalisierten Handlungsprogrammen besonders herausgestellt. Inzwischen ist hier eine Vielzahl von Regionalen Entwicklungskonzepten zu bestimmten regionalen

Problemstrukturen erarbeitet worden. In Sachsen gab es zeitweise eine Initiative zur Durchführung von Landesentwicklungsprojekten, in deren Rahmen die Raumordnung die Möglichkeit hatte, in ausgewählten Städten in peripheren und besonders strukturschwachen Räumen konkrete Maßnahmen finanziell zu unterstützten.

Andere Initiativen der Raumordnung zielen auf eine Koordination der Förderpolitik in den Ländern ab. In Sachsen wurde im Jahr 1994 zum Beispiel ein interministerieller Ausschuß gebildet, der unter Federführung des für die Raumordnung zuständigen Staatsministeriums für Umwelt und Landesentwicklung einen Überblick über den Fördermitteleinsatz und seine Effizienz erarbeitete und Empfehlungen zur besseren Ausrichtung staatlicher Fördermittel an den Zielen des Landesentwicklungsplans ausarbeitete. Regionale Entwicklungskonzepte sollen zum Beispiel in Sachsen-Anhalt und Thüringen – teilweise auch in Sachsen – dazu beitragen, den Fördermitteleinsatz auf regionaler Ebene zu koordinieren und auf der Basis eines Abgleichs lokaler Entwicklungsvorstellungen sachadäquat, zielgruppenorientiert und regional angepaßt zu bündeln.

Diskutiert werden zudem Weiterentwicklungen der Landes- und Regionalplanung, die abzielen auf eine höhere Präzisierung raumordnerischer Ziele, die intensivere Nutzung von Handlungsprogrammen, regionalen Entwicklungskonzepten und Teilraumgutachten und die Einführung von Öffnungsklauseln für die Regionalplanung, die es den Trägern der Regionalplanung erlauben würden, über die Planung hinaus weitere Trägerschaftsfunktionenen wahrzunehmen. Denkbar ist außerdem die Schaffung von spezifischen Planzeichen für die zeichnerische Darstellung von (Vorrang- oder Vorbehalts-) Gebieten, die für die Umsetzung von Zielen der Kulturlandschaftspflege von besonderer Bedeutung sind. Dabei wäre eine Ausdifferenzierung dieser Instrumente nach der spezifischen Zweckbestimmung sinnvoll.

Weiterhin sind mögliche prozessuale Veränderungen diskussionsbedürftig. So könnte die Raumordnung die relevanten Fachstellen offensiver auffordern, zu Fragen der Kulturlandschaftspflege möglichst konkrete Aussagen in die Planung einzubringen, und die Anregungen bei der Formulierung raumordnerischer Ziele umfassend verarbeiten. Die Öffentlichkeit sollte an Planungen auf Landes- und Regionsebene so intensiv wie möglich beteiligt werden. Und schließlich könnte auch der Abschluß vertraglicher Vereinbarungen zwischen Raumordnung und ihren Adressaten zur Verbesserung einer verläßlichen Umsetzung raumordnerischer Ziele beitragen.

Diese Ansätze bieten vielfältige Chancen, der Umsetzung von Zielen der Raumordnung zur Kulturlandschaftspflege Nachdruck zu verleihen. Die Nutzung dieser Chancen ist jedoch von den jeweiligen Entscheidungsträgern auf der Landes- und Regionsebene sowie von ihrer Problemsicht und ihren inhaltlichen Prioritäten abhängig. Eine umfassende, handlungsorientierte Initiative der Landes- und Regionalplanung zur Umsetzung von Zielen der Kulturlandschaftspflege, die vor allem auch die integrativen Elemente dieser Aufgabe hervorheben würde, steht daher – trotz erster wissenschaftlicher Untersuchungen zur Kulturlandschaft (z.B. zur Elbe) im Auftrag von Ministerien in Ostdeutschland, die für Raumordnungsfragen zuständig sind – nicht nur in den westdeutschen, sondern auch in den ostdeutschen Bundesländern noch aus.

Rechtliche Grundlagen

Der Wirtschaftsminister des Landes Mecklenburg-Vorpommern (1993): Erstes Landesraumordnungsprogramm Mecklenburg-Vorpommern. – Schwerin.
Freistaat Sachsen (1994): Landesentwicklungsbericht 1994. – Dresden.
Freistaat Sachsen (1994): Landesentwicklungsplan Sachsen. – Dresden.
Freistaat Thüringen (1994): 1. Raumordnungsbericht. – Erfurt.
Gesetz über die Raumordnung und Landesplanung des Landes Mecklenburg-Vorpommern – Landesplanungsgesetz (LPlG) vom 31.3.1992.
Gesetz zur Raumordnung und Landesplanung des Freistaates Sachsen (Landesplanungsgesetz – SächsLPlG) vom 24. Juni 1992.
Land Brandenburg, Ministerium für Umwelt, Naturschutz und Raumordnung (1994): Landesentwicklungsplan Brandenburg – LEP I – Zentralörtliche Gliederung (Entwurf). – Potsdam.
Landesregierung Sachsen-Anhalt (1993): Landesentwicklungsbericht 1993. – Magdeburg.

Landesumweltamt Brandenburg (1993): Brandenburg regional '93. – Potsdam.
Ministerium für Bau, Landesentwicklung und Umwelt Mecklenburg-Vorpommern (1995): Raumordnungsbericht Mecklenburg-Vorpommern 1995. – Schwerin.
Ministerium für Umwelt, Naturschutz und Raumordnung des Landes Brandenburg, Senatsverwaltung für Stadtentwicklung und Umweltschutz des Landes Berlin (1995): Gemeinsames Landesentwicklungsprogramm Berlin/Brandenburg (LEPro) (Entwurf). – Potsdam, Berlin.
Ministerium für Umwelt, Naturschutz und Raumordnung des Landes Brandenburg, Senatsverwaltung für Stadtentwicklung und Umweltschutz des Landes Berlin (1995): Gemeinsamer Landesentwicklungsplan für den engeren Verflechtungsraum Brandenburg/Berlin (LEP eV) (Entwurf). – Potsdam, Berlin.
Regionalpläne bzw. Teilregionalpläne für diverse Planungsregionen (teilweise im Entwurf und unveröffentlicht).
Thüringer Landesplanungsgesetz (ThLPlG) vom 17.Juli 1991.
Thüringer Ministerium für Umwelt und Landesplanung (1993). Landesentwicklungsprogramm Thüringen. – Erfurt.
Vorschaltgesetz zum Landesplanungsgesetz und Landesentwicklungsprogramm für das Land Brandenburg 6.12.1991.
Vorschaltgesetz zur Raumordnung und Landesentwicklung des Landes Sachsen-Anhalt vom 2.Juni 1992 geändert durch Gesetz vom 30. Juni 1992.

Literatur

ARL (Akademie für Raumforschung und Landesplanung; 1994): Regionalplanertagung Sachsen (Arbeitsmaterial). – Hannover.
ARL (1995): Handwörterbuch der Raumordnung. – Hannover.
ARL (1995): Zukunftsaufgabe Regionalplanung; Anforderungen – Analysen – Empfehlungen. – Hannover.
ARL (1996): Zukunftsaufgabe Regionalplanung. Wissenschaftliche Plenarsitzung 1995 in Chemnitz (Arbeitsmaterial). – Hannover.
Fischer, F. (1995): Waldhufendörfer im erzgebirgischen Raum – Gedanken zur Regionalplanung. – Landesverein Sächsischer Heimatschutz. Mitteilungen 3/1995.
Fürst, D.& E.H. Ritter (1993): Landesentwicklungsplanung und Regionalplanung. – Düsseldorf.
Heyne, P. (1995): Das erste sächsische Biosphärenreservat in der Oberlausitzer Heide- und Teichlandschaft. – Sächsische Heimatblätter 1/1995.
Müller, B. (1994): Von räumlicher Koordination zu regionaler Kooperation. Perspektiven der Regionalplanung in der Bundesrepublik Deutschland (ARL). – Hannover.
Müller, B. (1995): Strategien räumlicher Ordnung in den ostdeutschen Ländern: Hindernis oder Unterstützung für die kommunale Entwicklung? – Keim, K.-D. (Hrsg; 1995): Aufbruch der Städte: Räumliche Ordnung und kommunale Entwicklung in den ostdeutschen Bundesländern. Berlin.
Müller, B. (1996): Impulse aus dem Osten? – Erfahrungen und Perspektiven der Regionalplanung in den ostdeutschen Ländern (ARL). – Hannover.

Vorschläge zur Terminologie der Kulturlandschaftspflege

Heinz Quasten und Juan Manuel Wagner

Es ist nicht verwunderlich, daß es hinsichtlich der Kulturlandschaftspflege keine übereinstimmend vereinbarte Terminologie gibt. Dies ist darauf zurückzuführen, daß im Laufe der historischen Entwicklung der Kulturlandschaftspflege

- zahlreiche unterschiedliche Wissenschaftsbereiche ihre fachspezifische, zudem nicht immer widerspruchsfreie Terminologie beigetragen haben,
- sprachliche Bezeichnungen aus der natürlichen (Umgangs-)Sprache eingeflossen sind und
- der Stellenwert rechtlicher Termini eine zunehmende Bedeutung erfahren hat.

Soweit die Möglichkeit einer Übereinkunft besteht, sollte allerdings eine wenigstens mißverständnisfreie Sprache gesprochen und geschrieben werden. Es werden daher im folgenden für einige häufig verwendete Termini Definitionen vorgeschlagen.

Es kann an dieser Stelle keine abwägende Diskussion über Termini und deren sprachliche Bezeichnungen erfolgen (Wagner 1996: 381–403). Die im folgenden aufgelisteten Definitionen von Termini sind zunächst unter dem Aspekt ihrer Angemessenheit oder Zweckmäßigkeit erfolgt. Darüber hinaus ist berücksichtigt worden, in welcher Weise die Termini bereits eine möglichst übereinstimmende Verwendung finden. Besondere Beachtung ist der Verwendung von Termini in Gesetzestexten beigemessen worden, da es besonders mißverständlich wäre, eine von diesen abweichende Terminologie zu verwenden.

Im einzelnen werden folgende Definitionen vorgeschlagen und erläutert:

Ein *Landschaftsraum* ist ein zweckmäßig und je nach Aufgabenstellung zielgerecht abgegrenzter Ausschnitt aus der Geosphäre von geographisch relevanter Größenordnung.

> Im Rahmen der Kulturlandschaftspflege leiten sich relevante Aufgabenstellungen insbesondere aus dem Aufgabenbereich von Naturschutz und Landschaftspflege im Sinne des BNatSchG ab.

Eine *Landschaft* ist die sinnlich wahrnehmbare Ausstattung eines Landschaftsraumes und deren Beschaffenheit.
Ein *Landschaftselement* ist ein großflächiger sinnlich wahrnehmbarer Baustein eines Landschaftsraumes.
Ein *Landschaftsbestandteil* ist ein kleinflächiger sinnlich wahrnehmbarer Baustein eines Landschaftsraumes.

> Eine allgemeingültige quantitative Abgrenzung zwischen Landschaftselement und -bestandteil ist nicht möglich. Eine Möglichkeit der Konkretisierung besteht in exemplarischen Erläuterungen. Als *Landschaftsbestandteile* können z.B. bezeichnet werden: Dolinen, Einzelbäume in der Flur, Feldgehölzinseln, Hecken, Lesesteinriedel, Pingen, Quellen, Tümpel. Der Terminus „geschützter Landschaftsbestandteil" in § 18 BNatSchG entspricht in seiner Bedeutung der hier verwendeten. Als *Landschaftselemente* können z.B. bezeichnet werden: Berge, Fluren, Flußterrassen, Forste, Hochflächen, Seen, Siedlungen.
> Landschaftselemente und Landschaftsbestandteile können natürlicher Entstehung oder anthropogen sein.

Ein *Objekt* ist ein sinnlich wahrnehmbarer Baustein eines Landschaftsraumes.

Landschaftselemente und Landschaftsbestandteile werden zusammengefaßt als Objekte bezeichnet. In § 20 Abs. 1 Satz 1 SNG (Saarländisches Naturschutzgesetz) wird zwecks Betonung des Charakters eines Gegenstandes als ein einzelner der Terminus „Einzelobjekt" verwendet.

Ein *Ensemble* von Objekten ist eine räumliche Vergesellschaftung von Objekten unterschiedlichen Typs, die gemeinsam ein vormaliges oder rezentes anthropogen-funktionales oder genetisch-kausales Beziehungsgefüge darstellen.

Ein anthropogen-funktionales Ensemble stellt z.B. die Gesamtheit von räumlich zusammenhängenden Bergbauanlagen mit Stollenmundlöchern, Schachtbauten, Absinkweihern und Halden dar. Ein genetisch-kausales Ensemble im anthropogenen Bereich resultiert z.B. aus dem Beziehungsgefüge zwischen Hohlwegen und den aus dem erodierten Material akkumulierten Schwemmfächern auf einem nahegelegenen Talboden. Ein genetisch-kausales Ensemble im natürlichen Bereich ist z.B. eine Schichtstufe mit der morphologischen Abfolge von Landterrasse, Trauf, Steilstufe und Hangschleppe sowie der entsprechend unterschiedlichen Abfolge von Vegetationseinheiten.

Ein *Landschaftsteil* ist eine zweckmäßig und je nach Aufgabenstellung zielgerecht abgegrenzte Teilfläche eines Landschaftsraumes.

Der Terminus „Kulturlandschaftsteil" in § 2 Abs. 1 Nr.13 Satz 1 BNatSchG entspricht in seiner Bedeutung der hier verwendeten bezogen auf den Landschaftsraum einer Kulturlandschaft. Der Terminus „Teile von Natur und Landschaft" in der Bezeichnung des Vierten Abschnittes sowie in § 12 Abs. 1 Satz 1 BNatSchG kann sich sowohl auf räumliche Bereiche (§§ 13 bis 16) als auch auf Objekte (§§ 17 und 18) beziehen.

Ein *Gebiet* ist ein nach einem oder mehreren Kriterien abgegrenzter Ausschnitt aus der Geosphäre.

Im Gegensatz zu einem „Landschaftsraum" muß ein „Gebiet" nicht zweckorientiert abgegrenzt sein. Z.B. ist das Gebiet der Verbreitung bestimmter Phänomene (Verbreitungsgebiet) nicht unter dem Aspekt eines bestimmten Zweckes abgegrenzt, sondern auf Grund eines empirisch festgestellten Sachverhaltes. Die Abgrenzung eines „Gebietes" im Sinne der §§ 13 bis 16 BNatSchG kann im Einzelfall nach sachfremden Kriterien – z.B. administrativen Grenzen, Verfügbarkeit über Grundstücke o.a. – erfolgen.
Eine bestimmte Größenordnung für „Gebiete" gibt es nicht. Insbesondere kann ein „Gebiet" über mehrere Landschaftsräume hinweggreifen, z.B. im Falle des § 14 BNatSchG (Nationalparke) und des § 16 BNatSchG (Naturparke), oder eine Teilfläche eines Landschaftsraumes umfassen.

Die *Landesnatur* ist der Teil der Ausstattung und Beschaffenheit eines Landschaftsraumes, der natürlicher Enstehung und nicht durch das Wirken des Menschen geprägt ist. Die *Landeskultur* ist der Teil der Ausstattung und Beschaffenheit eines Landschaftsraumes, der durch das Wirken des Menschen entstanden oder geprägt ist.

Der Terminus „Landesnatur" ist seit langem eingeführt und wird unstrittig benutzt, z.B. im Zusammenhang mit der „naturräumlichen Gliederung". Auf einen entsprechenden Terminus für den anthropogenen Teil der Ausstattung und Beschaffenheit einer Kulturlandschaft hat man sich bisher nicht einigen können. Der Prädikator (das Wort) „Landeskultur" ist bisher nicht für einen anderen Begriff reserviert, obwohl man darunter auch z.B. die Gesamtkultur eines Bundeslandes o.ä. verstehen könnte. Im übrigen ist die homophone Verwendung von Prädikatoren (die Verwendung gleichlautender Prädikatoren für verschiedene Bedeutungen) unvermeidlich, wenn solche der natürlichen Sprache entnommen sind.

Die *Naturlandschaft* ist die sinnlich wahrnehmbare Ausstattung eines nicht durch das Wirken des Menschen geprägten Landschaftsraumes und deren Beschaffenheit. Die *Kulturlandschaft* ist die sinnlich wahrnehmbare Ausstattung eines mehr oder weniger stark durch das Wirken des Menschen geprägten Landschaftsraumes und deren Beschaffenheit.

Die beiden Termini sind in den Geowissenschaften seit langem weitgehend in den genannten Bedeutungen üblich, wenn man davon absieht, daß – wie beim Terminus „Landschaft" – unterschiedliche Auffassungen darüber vertreten werden, ob es sich dabei um räumliche oder qualitative Begriffe handeln soll. In jüngerer Zeit haben sich diese Bedeutungen auch allgemein in der umweltwissenschaftlichen Terminologie durchgesetzt, insbesondere in der Einsicht, daß es „Naturlandschaften" in Mitteleuropa praktisch nicht mehr gibt.

Schutz (im weiten Sinne) ist die Gesamtheit aller passiven und aktiven Maßnahmen, die der Erhaltung eines positiv bewerteten bestehenden Zustandes von Phänomenen der Landschaft bzw. deren gewünschter Weiterentwicklung oder der Rückgängigmachung bzw. der Kompensierung eines eingetretenen negativen Zustandes dienen [synonym: *Pflege (im weiten Sinne)*].

„Schutz (im weiten Sinne)" deckt das weite Spektrum abwehrender [synonym: konservierender], restaurierender und kompensierender Maßnahmen innerhalb der Aufgabenbereiche von Naturschutz und Landschaftspflege sowie der Denkmalpflege ab. Die Verwendung von „Naturschutz" synonym zu „Naturschutz und Landschaftspflege" (wie z.B. in „Bundesnaturschutzgesetz") ist irreführend und daher unzweckmäßig. Siehe auch „Pflege (im weiten Sinne)" weiter unten.

Schutz (im engen Sinne) ist die Gesamtheit aller passiven und aktiven Maßnahmen, die auf die Unterlassung, die Verhinderung oder die nachhaltige Verringerung beeinträchtigender menschlicher Einwirkungen abzielen und somit der Erhaltung eines positiv bewerteten bestehenden Zustandes von Phänomenen der Landschaft bzw. der unbeeinflußten Weiterentwicklung natürlicher Phänomene dienen.

Gegenüber „Schutz (im weiten Sinne)" umfaßt „Schutz (im engen Sinne)" lediglich abwehrende [synonym: konservierende] Maßnahmen. In diesem engen Sinne wird der Terminus „schützen" neben „pflegen" und „entwickeln" in § 1 Abs. 1 BNatSchG verwendet.

Pflege (im weiten Sinne) ist die Gesamtheit aller passiven und aktiven Maßnahmen, die der Erhaltung eines positiv bewerteten bestehenden Zustandes von Phänomenen der Landschaft bzw. deren gewünschter Weiterentwicklung oder der Rückgängigmachung bzw. der Kompensierung eines eingetretenen negativen Zustandes dienen [synonym: *Schutz (im weiten Sinne)*].

„Pflege (im weiten Sinne)" deckt – wie „Schutz (im weiten Sinne)" – das weite Spektrum abwehrender [synonym: konservierender], restaurierender und kompensierender Maßnahmen innerhalb der Aufgabenbereiche von Naturschutz und Landschaftspflege sowie der Denkmalpflege ab. Die synonyme Verwendung von „Schutz" und „Pflege" im Paar der Termini „Naturschutz und Landschaftspflege" in Gesetzestexten geht aus § 1 Abs. 1 BNatSchG hervor, wo als Ziele sowohl des „Naturschutzes" als auch der „Landschaftspflege" genannt werden, Natur und Landschaft seien gleichermaßen „zu schützen, zu pflegen und zu entwickeln". Die Verwendung des Terminus „Schutz" im Zusammenhang mit „Natur" und „Pflege" im Zusammenhang mit „Landschaft" ist eine historische Reminiszenz, die keinen begrifflich unterschiedlichen Hintergrund hat. Sie wird im übrigen auch in Gesetzestexten nicht konsequent durchgehalten, denn die Schutzkategorie gem. § 15 BNatSchG heißt nicht „Landschaftspflegegebiet" sondern „Landschaftsschutzgebiet". Auch im Bereich der Bau- und Bodendenkmäler werden die Termini „Denkmalschutz" und „Denkmalpflege" synonym verwendet.

Pflege (im engen Sinne) ist die Gesamtheit aller aktiven Maßnahmen der Instandhaltung oder Regulierung, die der Erhaltung eines positiv bewerteten bestehenden Zustandes von Phänomenen der Landschaft bzw. der gewünschten Weiterentwicklung natürlicher Phänomene oder der Rückgängigmachung eines eingetretenen negativen Zustandes dienen.

Gegenüber „Pflege (im weiten Sinne)" umfaßt „Pflege (im engen Sinne)"
- lediglich aktive, nicht jedoch passive Maßnahmen,
- keine kompensierende Maßnahmen und
- keine Maßnahmen des Schutzes (im engen Sinne).

In diesem engen Sinne wird der Terminus „pflegen" neben „schützen" und „entwickeln" in § 1 Abs. 1 BNatSchG verwendet.

Eine eher umgangssprachliche Bedeutung hat der Terminus „pflegen" in § 11 Abs. 1 BNatSchG (Pflegepflicht im Siedlungsbereich), wo er ausdrücklich als „ordnungsgemäß instandhalten" umschrieben wird.

Entwicklung ist die Gesamtheit aller aktiven Maßnahmen der Einflußnahme auf landschaftsverändernde Prozesse, der Wiederherstellung oder der Um- oder Neugestaltung, die der gewünschten Weiterentwicklung von Phänomenen der Landschaft, der Rückgängigmachung eines eingetretenen negativen Zustandes oder der Reduzierung von Beeinträchtigungen bei Eingriffen in Natur und Landschaft (gem. § 8 BNatSchG) dienen.

In diesem Sinne wird der Terminus „entwickeln" neben „schützen" und „pflegen" in § 1 Abs. 1 BNatSchG verwendet. Der Terminus „Entwicklung" wird im Sinne der Naturschutzgesetze nicht auf die natürliche Weiterentwicklung natürlicher Phänomene der Landschaft, z.B. Biozönosen, bezogen. Daher wird er im Fünften Abschnitt BNatSchG bezogen auf „wildlebende Tier- und Pflanzenarten" neben „Schutz" und „Pflege" nicht genannt.

„Entwicklung" im Bereich des Naturschutzes umfaßt
- begleitende Maßnahmen mit dem Ziel, landschaftsverändernde Prozesse so zu beeinflussen, daß Beeinträchtigungen vorhandener Lebensräume möglichst ausgeglichen werden, z.B. die Anlage eines Krötentunnels unter einer neuen Straßentrasse,
- Maßnahmen der Wiederherstellung zerstörter Lebensräume, z.B. die Entfernung von Drainageeinrichtungen in ehemaligen Feuchtgebieten,
- Maßnahmen, die einen überwiegend um- oder neugestaltenden Charakter aufweisen, z.B. die Neuanlage von Lebensräumen für bedrohte Pflanzen- und Tierarten als Ersatz für an anderer Stelle verlorengegangene Lebensräume.

„Entwicklung" im Bereich der Kulturlandschaftspflege umfaßt
- begleitende Maßnahmen mit dem Ziel, landschaftsverändernde Prozesse so zu beeinflussen, daß sie dem jeweiligen historisch gewachsenen Charakter der Kulturlandschaft keinen oder einen möglichst geringen Abbruch tun,
- Maßnahmen der Wiederherstellung zerstörter kulturhistorischer Objekte, z.B. die Rekonstruktion eines verschütteten Mühlgrabens, oder die Wiederherstellung ehemals landschaftscharakteristischer Flächennutzungen, z.B. die Wiedernutzung verbrachter Wiesentäler,
- Maßnahmen, die einen überwiegend um- oder neugestaltenden Charakter aufweisen, z.B. die Einbringung von wegebegleitenden Baumreihen anstelle verlorengegangener Streuobstbestände in der Feldflur.

Das bekannteste Instrumentarium hinsichtlich der „Entwicklung" sind die auf § 8 BNatSchG beruhenden Länderregelungen zu „Eingriffen in Natur und Landschaft".

Naturschutz ist die Gesamtheit aller passiven und aktiven Maßnahmen, die der Erhaltung eines positiv bewerteten bestehenden Zustandes natürlicher Phänomene der Landschaft bzw. deren gewünschter Weiterentwicklung oder der Rückgängigmachung bzw. der Kompensierung eines eingetretenen negativen Zustandes dienen.

„Naturschutz" ist demnach „Schutz (im weiten Sinne)" von natürlichen Phänomenen der Landschaft. Traditionell bezieht sich der Naturschutz auch auf solche „quasinatürlichen" Phänomene, die in ihrer Existenz auf menschliches Wirken zurückgehen, daher im strengen Sinne anthropogene Phänomene sind (z.B. Biozönosen auf anthropogen überformten Standorten, etwa Ackerwildkrautgesellschaften, Orchideenbestände auf extensiv genutzten Grünlandstandorten, spontan angesiedelte Biozönosen im Rekultivierungsbereich des Bergbaus).

Landschaftspflege [synonym: *Kulturlandschaftspflege*] ist die Gesamtheit aller passiven und aktiven Maßnahmen, die der Erhaltung eines positiv bewerteten bestehenden Zustandes kulturhistorischer und/oder emotional wirksamer Phänomene der Landschaft bzw. deren gewünschter Weiterentwicklung oder der Rückgängigmachung bzw. der Kompensierung eines eingetretenen negativen Zustandes dienen.

„Landschaftspflege" ist demnach „Pflege (im weiten Sinne)" von kulturhistorischen und emotional wirksamen Phänomenen der Landschaft. Da es in Mitteleuropa praktisch keine Naturlandschaften mehr gibt, ist der Terminus „Kulturlandschaftspflege" im Grunde genommen entbehrlich. Der Wortgebrauch „Kulturlandschaftspflege" unterstreicht jedoch die Tatsache, daß man es in Mitteleuropa mit „Kulturlandschaften" zu tun hat.
Überschneidungsbereiche zwischen „Naturschutz" und „Landschaftspflege" bestehen zum einen bei Biozönosen, die in ihrer Existenz auf menschliches Wirken zurückgehen und daher im strengen Sinne anthropogene Phänomene sind (siehe unter „Naturschutz"), zum anderen im Bereich emotional wirksamer natürlicher Phänomene der Landschaft.

Der Terminus „Landespflege" als Synonym zu „Naturschutz und Landschaftspflege" ist heute weitgehend außer Gebrauch geraten. Ausnahmen finden sich z.B. in der Bezeichnung „Deutscher Rat für Landespflege" und in der Bezeichnung „Landespflegegesetz" im Lande Rheinland-Pfalz.

Kulturhistorisch sind solche Phänomene der Landschaft, deren Entstehung und/oder Gestaltung auf frühere, heute nicht mehr existente gesellschaftliche Strukturen zurückgehen.

Kulturhistorische Phänomene können sowohl räumliche Merkmale der Landschaft, z.B. räumliche Verteilungsmuster, als auch Objekte und Objektmerkmale sein.
Unter „gesellschaftlichen Strukturen" werden in einem umfassenden Sinne insbesondere die sozialen, politischen, ökonomischen und räumlichen Strukturen des menschlichen Zusammenlebens und Zusammenwirkens verstanden, einschließlich der mit diesen Strukturen verbundenen verinnerlichten Ideale. Eine Wertung beinhaltet der Terminus „kulturhistorisch" nicht. Kulturhistorische Phänomene weisen daher nicht zwangsläufig auch eine hohe kulturhistorische Bedeutung auf. Letztere kann in Abhängigkeit von verwendeten Bewertungskriterien auch eher gering sein.
Kulturhistorische Objekte oder Merkmale werden auch als „kulturhistorische Relikte" bezeichnet. Diese lassen sich in „fossile Relikte" und „tradierte Relikte" klassifizieren. Letztere sind solche, die trotz geänderter gesellschaftlicher Strukturen auch in der Gegenwart noch lebendig sind (z.B. noch in Nutzung befindliche Niederwälder).

Die *emotionale Wirksamkeit* von Phänomenen der Landschaft umfaßt die Gesamtheit aller Formen von Gemütsbewegungen, Erregungen und Gefühlszuständen, die durch das Erleben dieser Phänomene beim Menschen ausgelöst werden.

Mit dem Terminus „emotionale Wirksamkeit" wird der historisch alte und auch aus den jüngsten Äußerungen zu Naturschutz und Landschaftspflege nicht wegzudenkende Terminus „Schönheit" näher präzisiert. Dies ist notwendig, weil die affektive Beziehung vom Menschen zur Landschaft einerseits als wichtiges Ziel unstrittig ist, andererseits der undifferenziert verwendete Terminus „Schönheit" nicht operationalisierbar ist.

Literatur

Wagner, J. M. (1996): Schutz der Kulturlandschaft – Erfassung, Bewertung und Sicherung schutzwürdiger Gebiete und Objekte im Rahmen des Aufgabenbereiches von Naturschutz und Landschaftspflege. Eine Methodenstudie zur emotionalen Wirksamkeit und kulturhistorischen Bedeutung der Kulturlandschaft unter Verwendung des Geographischen Informationssystems PC ARC/INFO. – Diss. Saarbrücken.

3

Kulturlandschaftspflege auf der Ebene von Gemeinde und Gemarkung

Kulturlandschaftspflegerische Aspekte einer Flächennutzungsplanung in ländlichen Räumen auf kommunaler Ebene (Holger Behm)	87
Flächennutzungsplanung: Ortsbildpflege in der Schweiz (Hans-Rudolf Egli)	91
Der denkmalpflegerische Erhebungsbogen zur Dorferneuerung – historisch-geographische Ortsanalyse in der Denkmalpflege (Thomas Gunzelmann)	96
Historisch-geographische Fachplanung im ländlichen Raum: Fallbeispiel zu einer dörflichen Gemeinde – Welschneudorf im Unterwesterwald (Helmut Hildebrandt und Birgit Heuser-Hildebrandt)	103
Die Kulturlandschaftsinventarisation in der Feldflurbereinigung (Thomas Gunzelmann)	112
Kulturlandschaftspflege im Rahmen der Rebflurbereinigung in Rheinland-Pfalz (Ulrich Stanjek)	117
Historisch-geographische Fachplanung zur Forsteinrichtung auf Abteilungsebene (Helmut Hildebrandt und Birgit Heuser-Hildebrandt)	124
Fremdenverkehr und Ortsbildentwicklung (Heinz Schürmann)	129
Inventare der Baudenkmalpflege am Beispiel Kölner Arbeiten (Henriette Meynen)	137
Historisch-Geographische Forschungen im Rahmen des Denkmalpflegeplans (Andreas Dix)	141

Kulturlandschaftspflegerische Aspekte einer Flächennutzungsplanung in ländlichen Räumen auf kommunaler Ebene

Holger Behm

Aus einer historisch-landschaftsbezogenen Sichtweise ergibt sich die Möglichkeit und Notwendigkeit des Erkennens, der Bewertung, der Pflege und der zukunftsorientierten Entwicklung des originären historischen Schutzgutes auch in ländlichen Räumen. Das Verschwinden von Tier- und Pflanzenarten (und damit der Verlust an ökologischer Vielfalt) führte zum, wenigstens proklamatorisch akzeptierten, Umdenken bei Politikern und darüber hinaus zum Engagement breiter Bevölkerungskreise im Natur- und Umweltschutz. Es ist dringend notwendig, solche veränderte Sichtweise hinsichtlich der historisch geprägten Qualitäten von Landschaften und speziell des ländlichen Raumes besonders mit Blick auf die kommunale Flächennutzungsplanung einzufordern; denn das ist die Planungsebene, in der sehr direkt und wirkungsvoll über Vorarbeiten für Flächennutzungs- und Bauleitpläne und schließlich deren Festschreibung Kulturlandschaftspflege betrieben werden kann. Der Flächennutzungsplan als Pendant zum Landschaftsplan umfaßt den Planungsraum Gemeinde (Gemarkung) und ist Bestandteil der Bauleitplanung. Die im folgenden ausgewählten Aspekte sollten als Denkansätze verstanden werden, die den regionalspezifischen und planungsrechtlichen Anforderungen jeweils angepaßt werden müssen.

Ansätze für eine kommunale Kulturlandschaftspflege

Die Gemarkung einer Gemeinde umfaßt besiedelte und unbesiedelte Bereiche. Diese sind untrennbar miteinander verbunden. Kulturlandschaftspflege muß daher das Dorf, die Gemeinde, die Ansiedlung ebenso einbeziehen, wie die freie Feldmark mit ihren Äckern, Wiesen, Wäldern, Wegesystemen und vielen anderen Landschaftselementen. Die vorhandenen Strukturen haben häufig eine historische Prägung, die beim Fehlen einer denkmalrechtlichen Unterschutzstellung nicht unmittelbar zu erschließen ist. Die Flächennutzungsplanung in ländlichen Räumen ist prädestiniert und verpflichtet, diese historische Originalität in der Kulturlandschaft zu analysieren, zu bewerten und zu schützen. Für den besiedelten Bereich ist dabei die ursprüngliche Dorfform von besonderem Interesse. Handelt es sich um ein Anger- oder ein Straßendorf, einen Rundling, ein Zeilen- oder Sackgassendorf? Ist die geplante Nutzung mit dieser Grundstruktur in Einklang zu bringen? Werden spezifische Sichtachsen beeinflußt? Im unbesiedelten Bereich gibt es aus der Sicht der Kulturlandschaftspflege eine Vielzahl schützenswerter Landschaftselemente. Dazu gehören Relikte historischer Landnutzungen wie Flachsrottekuhlen, Feldraine, wüste Dorfstellen, historisch geprägte Wegesysteme und Heckensysteme, die ehemalige Allmendegrenzen oder Bewirtschaftungssysteme nachzeichnen. Diese Landschaftselemente sind oftmals unterhalb des Status „Denkmal" eingestuft, prägen aber in ihrer Summe und Komposition die jeweilige Gemarkung in einzigartiger Weise. Gerade dies deutlich zu machen, kann eine Flächennutzungsanalyse leisten, die Landschaften in ihrem Wandel untersucht und in zukunftsorientierte Landnutzungsstrukturen einbindet.

Erfassung und Ausweisung des Flächennutzungswandels

Die Ausweisung der Dynamik der Flächennutzung zu unterschiedlichen historischen Zeitpunkten mittels Kartenvergleich ist eine in der Planungspraxis weit verbreitete Methode. Entsprechend der Quellenlage werden die zur Verfügung stehenden topographischen oder thematischen Karten hinsichtlich ihres Informationsgehaltes zu spezifischen Landnutzungen ausgewertet. Durch Planimetrie oder computergestützte Systeme werden den einzelnen dokumentierten Nutzungen (z.B. Ackerland, Grünland, Waldflächen) jeweils Flächengrößen zugeordnet. Durch den Vergleich der Flächenanteile in der zeitlichen Abfolge („Chronologen") und durch den Vergleich der Lage der jeweiligen Flächen sind Veränderungen und persistente Strukturen in der Flächennutzung auszuweisen. Die zur Verfügung stehenden Karten aus Vermessungsämtern, Archiven und anderen Quellen werden auf einen dem Planungsraum angepaßten Maßstab gebracht und sind so wichtige, visuell faßliche Dokumentationen. Die Ausweisung des Verschwindens einzelner Nutzungen (z.B. Wiesen) kann ein wichtiger planerisch zu berücksichtigender Fakt sein, da damit auch ökologische, ästhetische u.a. Fragestellungen eng verknüpft sind. Gleichzeitig sind vergleichende historische Kartenmaterialien für die Einwohner bei anstehenden Entscheidungen über landschaftsbezogene Aktivitäten in ihrem Dorf, in der Gemarkung oder Region wichtige Informationsquellen. Das Bewußtmachen von Landschaftsveränderungen mittels des Kartenvergleichs ist häufig Ausgangspunkt einer weiterführenden Reflektion auf Erhaltenswertes im Umfeld (Packschies & Riedel 1987).

Der zur Verfügung stehende Bestand an historischen Karten ist regional sehr unterschiedlich und umfaßt meist den Zeitraum von 200 bis 300 Jahren. Sehr häufig sind Steuerbewertungen oder Bonitierungen Ausgangspunkt der frühesten nutzbaren Kartenwerke, die dann beispielsweise mit den verschiedenen Ausgaben der Meßtischblätter verglichen werden. Darüber hinaus sind aber letztlich alle Informationsquellen zu ehemaligen Landnutzungen von Interesse. Es ergibt sich z.B. über die Auswertung von Bonitierungs- oder auch Kirchenvisitationsprotokollen, die Analyse von landschaftsbezogenen Örtlichkeitsnamen oder die einfache (aber oft nicht genutzte) Befragung älterer Einwohner die Möglichkeit, weit mehr Quellen zu erschließen.

Problematisch können die unterschiedlichen Maßstäbe und Kartierungsgrundlagen in einer vergleichenden Betrachtung historischer Karten sein. Die Genauigkeit des Abbildungsmaßstabes bzw. Generalisierungsnotwendigkeiten und unterschiedliche inhaltlich zielorientierte Ansätze der kartographischen Aufnahme der einzelnen Kartenelemente müssen unbedingt in einem Vergleich berücksichtigt werden. Historische Karten bilden Landschaftszustände zu einem bestimmten Zeitpunkt ab. Die zwischen den Aufnahmezeitpunkten der Karten vielleicht vorhandenen Landschaftsveränderungen werden allerdings nicht berücksichtigt. Die in einer historischen Karte abgebildete Landschaft kann nur in Ausnahmefällen (etwa Park- und Museumslandschaften) als umfassendes Leitbild einer zukünftigen Entwicklung für eine ganze Gemeinde angesehen werden. Untersuchungen zum Flächennutzungswandel sind vielmehr allgemein zum Aufzeigen einer Entwicklungsdynamik von Landschaften von großem Interesse und sollten deshalb Eingang in landschaftsbezogene Planungen finden.

Erfassung von Bodendenkmalen

Wenn auch der Begriff des Bodendenkmals in der Bundesrepublik Deutschland länderspezifisch definiert ist (vgl. S. 67ff.), so ist doch für den ländlichen Raum festzustellen, daß Flächennutzungen einen ganz wesentlichen Einfluß auf den Zustand, die Erscheinung und die Zukunft dieses kulturellen Erbes haben. Bezogen auf die Flächennutzungsplanung in ländlichen Räumen ergibt sich die Notwendigkeit, das Wissen über das Vorhandensein von Bodendenkmalen in der Landschaft zu vervollkommnen. Es ist ein Trugschluß anzunehmen, Bodendenkmale wären fast immer wenigstens bei den Archäologen und den zuständigen Landesämtern bekannt. Systematische (baubegleitende) archäologische Untersuchungen von Aufschlüssen für Autobahnen, Gasleitungsbau u.a. „linearen Objekten" führten in vorher gut untersuchten Gebieten zur Vervielfachung der Anzahl von Fundstellen. Durch den Einsatz von neuen Prospektionsmethoden in der archäologischen Forschung werden zudem jährlich eine Vielzahl bis dahin unbekannter Fundpunkte ermittelt. Besonders spektakuläre, aber bislang so gut wie nicht in ihrer Bedeutung für Landnutzung und Entwicklung des ländlichen Raumes erkannte Ergebnisse sind die durch die Luftbildarchäologie entdeckten, oft viele ha großen historischen Strukturen unter agrarisch bewirtschafteten Flächen. Treffend für die Dimension und die Charakteristik derartiger Strukturen ist im englischsprachigen Raum der Terminus „hidden landscapes" eingeführt. Der Schutz dieser Strukturen, vom neolithischen Kreisgraben bis zu mittelalterlichen Hoch – und Wölbäckern (die sich oft im Unterboden von Ackerflächen zeigen) ist eine der neuen Herausforderungen aus historischer Sicht an Landnutzungsentwicklungen bis hin zu Extensivierung und Einflußnahme auf agrarische Produktionsmethoden. Bodendenkmale wie beispielsweise Grabhügel oder vormalige Siedlungs- und Befestigungsanlagen sind Landschaftselemente. Durch zu dichte landwirtschaftliche Bearbeitung angrenzender Flächen (u.a. Pflügen) kommt es häufig zu direkten Schädigungen. Hier sind periphere Schutzzonen, ähnlich den aus ökologischer Zielstellung bekannten Gewässer- und Ackerrandstreifen einzurichten.

Zunehmend wird auch die ökologische Wertigkeit von vielen Bodendenkmalen erkannt. Großflächige Bodendenkmale sind nicht selten auch wertvolle Biotope. Schutzzonen um Bodendenkmale müssen neben dem archäologischen Schutzgut auch ökologische Kriterien berücksichtigen (Behm 1994). Die Erosion von archäologischen Erdbauwerken ist ein weiteres wichtiges Problem, daß häufig nur über technische Stabilisierungen und Besucherlenkung durch Tourismusplanung (und damit auch Flächennutzungsplanung) entscheidend zu beeinflussen ist. Bodendenkmale sind ein Teil der historischen Originalität ländlicher Räume. Ihre Vernichtung durch unangepaßte Flächennutzung ist gerade in den östlichen Bundesländern bei der Erschließung von neuen Gewerbegebieten an vielen Beispielen zu belegen. Durch diese unangepaßte Nutzung (die für andere Flächen häufig problemlos möglich gewesen wäre) wird unwiederbringlich ein wichtiger Teil der Landschaftsausstattung zerstört. Es ist an der Zeit, dies klar zu benennen und Schutz- und Pflegenotwendigkeiten von Bodendenkmalen wesentlich stärker in Flächennutzungsplanungen für ländliche Räume einzubringen.

Aufnahme von Baudenkmalen

Baudenkmale und historisch wertvolle Bauwerke sind prägende Elemente der Kulturlandschaft. Die im unterschiedlichsten Zustand erhaltenen Bauten sind neben ihrer historischen Wertigkeit häufig auch als Biotop von außerordentlicher Bedeutung. Das Vorkommen von Fledermauspopulationen, Greifvögeln oder auch Amphibienarten ist an den Zustand dieser Bauwerke gebunden. Rekonstruktionen unter rein baukonstruktiv-denkmalpflegerischer Zielstellung ohne Beachtung ökologischer Wertigkeiten haben regional zu nachweislich erheblichen Verlusten (z.B. durch Veränderung des Raumklimas in Festungskasematten an Ringelnatter- und Fledermauspopulationen) geführt (Arbeitsgemeinschaft Milan u.a. 1994). Es ist meist möglich, durch baukonstruktive Maßnahmen und bauprozeßorientierte Regelungen das Überleben der als schützenswert erkannten Population zu sichern, ohne den denkmalschutzrechtlichen Status der Bauwerke in Frage zu stellen. Notwendig dazu erscheint allerdings die Beachtung ökologischer Kriterien durch Baufachleute und die ebenso einzufordernde Akzeptanz baustatischer und bauphysikalischer Notwendigkeiten durch Vertreter des Naturschutzes.

Viele Schäden an Bauwerken im ländlichen Bereich sind durch Grundwasserabsenkungen im jeweiligen Umland entstanden. Speziell durch die Auswirkungen auf Bauwerksgründungen entstanden an vielen Baudenkmalen erhebliche Standsicherheitsprobleme. Die Absenkung des Grundwasserspiegels, bedingt durch veränderte Flächennutzung, kann fallweise zur Zersetzung organischen Gründungsmaterials (meist Holzkonstruktionen) führen. Durch die Austrocknung ehemals wasserführender Bodenschichten können weiterhin auch in mineralischen Bodenbereichen Veränderungen auftreten, die Setzungserscheinungen an Bauwerken zur Folge haben. Bereits die Vertiefung von Entwässerungsanlagen für die landwirtschaftliche Nutzung von agrartechnologisch zu nassen Flächen kann zu Problemen in der Standsicherheit benachbarter Bauwerke und Baudenkmale führen. Auch Emissionen von Industrie und Gewerbe können zur direkten Schädigung von Baustoffen und damit auch Baudenkmalen beitragen. Dies ist in der Flächennutzungsplanung zu berücksichtigen. Es ist notwendig, Baudenkmale und Bodendenkmale als Landschaftselemente mit sehr vielfältigen Schutz- und Entwicklungsansprüchen zu betrachten und von einer sektoralen zu einer interdisziplinären Sichtweise auch und gerade in der kommunalen Flächennutzungsplanung zu kommen.

Standorte von Kulturreliktpflanzen als Indikatoren historischer Strukturen

Ein bislang vom Naturschutz und von der Denkmalpflege nicht genügend erkanntes Problemfeld stellen die sogenannten Kulturreliktpflanzen dar. Es handelt sich dabei um Pflanzengesellschaften, die untrennbar mit historischen Ereignissen, Bauwerken oder Siedlungen in Verbindung stehen. Diese Pflanzenarten wurden von den ehemaligen Bewohnern angebaut oder eingeführt und sind u.a. in der Umgebung alter Burganlagen, als Reste ehemaliger Gärten oder auch im Umfeld von Wüstungen aufzufinden. Sie bilden Bestände, die meist sehr isoliert auftreten und nur durch die Verbindung zu ehemaligen Ansiedlungen oder Ereignissen in der Historie erklärbar sind. Bekannt sind z.b. in Mecklenburg-Vorpommern Kulturreliktpflanzen (Lauch- und Malvenarten, u.a.) an slawischen Burgwällen, die nur mit der Nutzung dieser Pflanzen zur Slawenzeit (bis etwa 13. Jh.) zu erklären sind und heute isolierte Vorkommen in der Landschaft darstellen. Auch international (z.b. in Schottland; Macinnes & Ader 1995) sind derartige Pflanzen in der jüngsten Zeit Gegenstand vielfältiger Untersuchungen geworden. Diese Pflanzenvorkommen sind auch aus historischer Sicht von großem Interesse und müssen bei der planungsbezogenen Landschaftsanalyse einbezogen werden, um weiterführend bei allen planungsrelevanten Aktivitäten Berücksichtigung finden zu können. Bislang sind solche Pflanzenvorkommen, die sowohl aus dem Blickwinkel des Naturschutzes als auch der historischen Bedeutsamkeit wertvoll sind, nicht Gegenstand koordinierter Schutzbestrebungen. Das Schutzgut „Kulturreliktpflanze" sollte in seiner Wertigkeit erkannt werden und nicht nur Aufnahme in staatliche Schutzprogramme und ehrenamtliche Schutzbestrebungen, sondern auch in kommunale landschaftsbezogene Planungen finden.

Vom Wert der historischen Örtlichkeitsnamen

Flurnamen, Gewässernamen, Dorfnamen und letztlich alle historischen Benennungen von Landschaftselementen sollten aus historischer Sicht (und damit als Teil des Heimatschutzes) in planungsrelevante Landschaftsuntersuchungen auf kommunaler Ebene einbezogen werden (Behm u.a. 1995). In ihnen spiegelt sich häufig sehr direkt die frühere Sichtweise auf Landschaftszustände, und sie sind so als wertvolle Informationsträger über den Vergleich mit dem heutigen Zustand des jeweiligen Landschaftselementes von Bedeutung. Durch sie können Rückschlüsse auf ehemalige naturräumliche und ökologische Qualitäten, bis hin zum ehemaligen Vorkommen von Tier- und Pflanzenarten gezogen werden. Über den Vergleich mit den betreffenden gegenwärtigen Qualitäten ist die Herausarbeitung einer Dynamik der Landschaftsentwicklung als Teil einer Leitbildfindung möglich.

Daneben ist der Erhalt von Flurnamen, Dorfnamen u.ä. per se ein wichtiger Aspekt bei der Wahrung der historisch geprägten Originalität des ländlichen Raumes und damit auch des Heimatgefühls der Einwohner. Bei der Benennung neuer Straßen oder neu erschlossener Wohn- und Gewerbegebiete sollte dies verstärkt Berücksichtigung finden. Auf die Problematik der Verballhornung von Örtlichkeitsnamen bereits in historischer Zeit sei hier nur hingewiesen; grundsätzlich sollte daher die frühestnachweisliche Benennung in die Untersuchungen einbezogen werden.

Als Resümee verdient die historische Originalität ländlicher Räume, faßbar auch in Flurnamen, regionaltypischen Landnutzungsstrukturen, Bau- und Bodendenkmalen sowie Kulturreliktpflanzen unterschiedlichster Epochen und Widmungen, in der kommunalen Flächennutzungsplanung weit mehr Beachtung als bisher.

Literatur

Arbeitsgemeinschaft MILAN – GmbH/Zentralstelle für Landeskunde Schleswig-Holstein (1994): Projektstudie „Kulturregion Peenetal". – Ungedruckte Projektstudie im Auftrag des Landkreises Ostvorpommern, gefördert durch die Deutsche Bundesstiftung Umwelt.

Behm, H. (1993a): Die historische Komponente der standortkundlich-landeskulturellen Gebietsuntersuchung – dargestellt am Raum Kavelstorf (Warnowgebiet). – Diss. Agrarwiss. Fak. Rostock.

Behm, H. (1993b): Zur historischen Originalität des ländlichen Raumes – Methodik und Spezifika. – Rostocker Agrar- und Umweltwissenschaftliche Beiträge 1: 259–263.
Behm, H. (1994): Ökologische Aspekte der Bodendenkmalpflege. – Archäologische Berichte aus Mecklenburg-Vorpommern 1: 20–24.
Behm, H. (1996): Historische Kulturlandschaft, Hidden Landscapes und die Leitbildfindung zur Entwicklung ländlicher Räume. – Rostocker Agrar- und Umweltwissenschaftliche Beiträge 5: 35–45.
Behm, H., I. Pohl & J. Pohl (1995): Bedeutung und Bedeutsamkeit von Örtlichkeitsnamen in der planungsbezogenen Landschaftsanalyse. – Sprache – System und Tätigkeit 14: 87–104.
Henkel, G. (1993): Der ländliche Raum. – Stuttgart.
Macinnes, L. &. K. Ader (1995): Integrated Management Plans. Historic Scotland Experience. – Berry, A.Q. & I.W. Brown (Hrsg.): Managing Ancient Monuments: An Integrated Approach. Clwyd County Council: Mold: 29–36.
Packschies, M. &. W. Riedel (1987): Die Gemeindeumwelterhebung. – W. Riedel & U. Heintze (Hrsg.): Umweltarbeit in Schleswig-Holstein. Neumünster: 29–49.

Flächennutzungsplanung: Ortsbildpflege in der Schweiz

Hans-Rudolf Egli

Dieser Beitrag zeigt exemplarisch auf, wie die Ortsbildpflege in der ehemals bäuerlichen Gemeinde Meikirch im Umland der Stadt Bern im Rahmen der Ortsplanung realisiert wird. Dabei werden die engen Beziehungen zwischen (a) den Gebäuden und Gebäudegruppen (Ensembles) als Objekte, (b) den verfügbaren raumplanerischen Instrumenten und (c) den Maßnahmen zur Anwendung dieser Instrumente (Durchsetzung) dargestellt, wobei es sich um einen mehrdimensionalen Planungsprozeß mit zahlreichen Rückkoppelungen handelt. Deshalb wird speziell der große zeitliche Aufwand und die besondere Bedeutung der Öffentlichkeitsarbeit dargestellt.

Ortsbildpflege wird im folgenden umfassend verstanden als „Erfassung und Bewertung des Ortsbildes, seiner Teile, Strukturen und der einzelnen Elemente; Schutz und Pflege insbesondere der wertvollen Objekte, Erhaltung der Qualität und der prägenden Merkmale; der Erneuerung und Gestaltung der Bauten, Außenräume sowie des Ortsbildes als Ganzes unter Berücksichtigung der gesellschaftlichen, wirtschaftlichen und rechtlichen Bedingungen" (Lohner 1991: 5). Auf die in dieser Ortsplanungsrevision gleichwertig realisierten Maßnahmen zum Naturschutz, zur Landschaftspflege, zum Schutz der archäologischen Zonen und der historischen Verkehrswege wird im Rahmen dieses Beitrages nicht eingegangen, da dazu spezielle Inventare und entsprechende Instrumente erarbeitet wurden.

Die Gemeinde Meikirch liegt rund zehn Kilometer nordwestlich der Stadt Bern auf 580 bis 800 Meter ü.M. Die 10,3 km² große Gemeinde besteht aus einem Kirchdorf, zwei weiteren Dörfern, drei Weilern und 18 Einzelhöfen. Von 1850 bis 1950 schwankte die Bevölkerungszahl zwischen 800 und 1000 Einwohnern, seither stieg sie kontinuierlich auf rund 2300 an. Heute ist sie eine typische periurbane Gemeinde, physiognomisch geprägt durch die landwirtschaftlichen Bauten und die jüngeren Einfamilienhäuser, sozio-kulturell durch die alteingesessene bäuerliche Bevölkerung und durch eine urbane Zuwandererschicht mit hohem Pendleranteil in die Stadt Bern.

Gebäude- und Siedlungsinventar

Bereits 1975 waren im Flächennutzungsplan und im Baureglement der Gemeinde ein Ortsbildschutzperimeter ausgeschieden und allgemeine Bestimmungen zur Ortsbildpflege aufgenommen worden, zudem wurde ein kommunales Verzeichnis der schutzwürdigen Gebäude verlangt. Dieses Verzeichnis wurde jedoch erst 1986 auf Antrag des Verfassers als Mitglied der kommunalen Planungskommission als „Gebäude- und Siedlungsinventar" beim Geographischen Institut der Universität Bern in Auftrag gegeben. Ziel dieses Inventars war es, eine Grundlage zur Beurteilung von Um- und Neubauten aus ortsbildpflegerischer Sicht zu erarbeiten, um die noch weitgehend intakten Ortsbilder zu erhalten bzw. im Sinne der erhaltenden Dorferneuerung angemessen weiterzuentwickeln. Dazu mußten die über 200 Haupt- und Nebengebäude, die vor 1950 erbaut und heute noch erhalten sind, nach bau- und architekturgeschichtlichen Kriterien und nach ihrer Bedeutung im Orts- und Landschaftsbild (Ensemble- oder Situationswert) als schützenswert oder erhaltenswert beurteilt werden. Die historische Bewertung der Gebäude als Zeugen oder Relikte der Siedlungsentwicklung oder der Ortsgeschichte war ursprünglich ebenfalls geplant, konnte aber nur für einzelne Gebäude realisiert werden, weil für die Mehrzahl der Gebäude die notwendigen Kenntnisse fehlen. Als Grundlage und als Ergänzung für die Beschreibung der Gebäude vor Ort (Felderhebung) dienten Karten des 18. bis 20. Jahrhunderts (Zehnt- und Herrschaftspläne, Katasterpläne, topographische Karten u.a.), Dokumente (z.B. Kaufverträge) und ältere Fotos. In erster Linie wurden der Gebäudetyp sowie Wand- und Dachelemente beschrieben und Hinweise auf Konstruktion und Alter aufgenommen. Im weiteren wurden besondere Einzelelemente am Gebäude (Türen, Fenster, Kamine usw.) und in der unmittelbaren Umgebung (Vorplätze, Gärten, Brunnen usw.) inventarisiert. Die Beschreibung ist ergänzt durch einen Kartenausschnitt zur genauen Lokalisierung und eine bis zwei Fotos. Aus der Beschreibung muß die Gesamtbewertung des Gebäudes als schützenswert oder erhaltenswert abgeleitet werden können, die auch für Laien, insbesondere für die Eigentümer verständlich und nachvollziehbar sein muß. Dies war unbedingt notwendig, weil

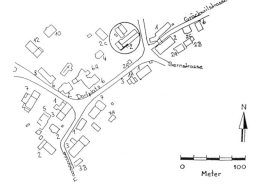

GEBÄUDE- UND SIEDLUNGSINVENTAR DER GEMEINDE
MEIKIRCH

Siedlung	*Meikirch*
Adresse	*Dorfplatz 2*
Parzellen-Nr	*705*
Brandversicherungs-Nr.:	*110*
Eigentümer	*Etter Erben*
Baujahr	*1871 (1757)*
	Renovation der Wohnteilfassade 1987
Gebäudenutzung	*Wohnen, Landwirtschaftsbetrieb*

Beschreibung

Erscheinung als Einzelobjekt:
Grosses Bauernhaus mit Quergiebel. Wohnteil nördlich und südlich mit Ründe, einfaches wohlproportioniertes Fachwerk, grau, Gefache weiss verputzt, Horizontalgliederung durch Gurtgesims. Südseite 5 Fensterachsen, Nordseite 4 Fensterachsen. Westl. Laube auf 4 Säulen, mit gelbem Eternit verkleidet. Ökonomieteil: Zementstein, Pfettendach mit liegendem Dachstuhl, Falzziegel und Eternit. Sehr schöne Eingangstür.

Erscheinung im Ortsbild:
Ortsbildprägender Bau im östlichen Dorfplatzbereich.

Aussenraum:
Pflästerung vor dem Ökonomieteil, Kies- und Grasvorplatz. Garten: teilweise Rasen. Zweiteiliger Tränkebrunnen. Speicher als wichtiger Bestandteil dieses Hofes (Dorfplatz 2 A).

Bewertung

Baugeschichtlicher Wert:	2
Lagewert:	2
Gesamtbewertung:	2
Bearbeiter: *H.-R. Egli*	Aufnahmedatum: *August 87*

Gesamtbewertung:	1 und 2	schützenswert
	3	erhaltenswert

Abb. 1: Beispiel aus dem Gebäude- und Siedlungsinventar der Gemeinde Meikirch
Quelle: Egli & Wisler 1990: 26

das Inventar als Grundlage für das Baureglement und den Schutzplan eigentümerverbindlich ist und damit in Rechtsverfahren beschwerdefähig sein muß. Bereits die Gestaltung des Inventarblattes (Abb. 1) und der Kriterienkatalog wurden in Zusammenarbeit mit der kantonalen Denkmalpflegebehörde erarbeitet, die am Schluß der Inventarisierung auch wieder zur Überprüfung der Objektbewertung beigezogen wurde. Insgesamt wurden pro Gebäude für die Erhebung, Beschreibung, Bewertung und Reinschrift des Inventarblattes durchschnittlich zwei Stunden aufgewendet, also insgesamt etwa 400 Arbeitsstunden für das gesamte Siedlungs- und Gebäudeinventar, das auch eine Kurzbeschreibung der Gemeinde und der Ortsteile enthält.

Öffentlichkeitsarbeit und Umsetzung

Der Öffentlichkeitsarbeit wurde von Anfang an große Bedeutung beigemessen, einerseits weil die Hauseigentümer durch die Inventaraufnahme direkt betroffen waren, anderseits weil eigentümerverbindliche Schutzmaßnahmen zwingend von der Gemeindeversammlung, dem obersten Organ auf kommunaler Ebene, genehmigt werden müssen. Bereits vor der Felderhebung wurde die Bevölkerung über die Inventarisierungsarbeiten mit einem Artikel im Mitteilungsblatt der Gemeinde informiert. Anläßlich der Feldaufnahmen 1987 und 1988 konnte die Arbeit in zahlreichen Gesprächen erläutert werden, gleichzeitig vernahmen wir viele Einzelheiten zur Geschichte der Häuser und Siedlungen. Zu Beginn der eigentlichen Ortsplanungsrevision 1989 wurde eine Umfrage unter der gesamten Gemeindebevölkerung durchgeführt, bei der speziell nach der Bedeutung des Orts- und Landschaftsbildes gefragt wurde. Beide wurden von einer Mehrheit der Umfrageteilnehmer als weitgehend intakt beurteilt, und es wurde gewünscht, daß sie besser geschützt und gepflegt werden sollen. Nachdem im Sommer 1993 Baureglement, Zonenplan (Flächennutzungsplan) und Schutzplan als Entwürfe vorlagen – in der Zwischenzeit war im Mitteilungsblatt mehrmals über den Fortgang der Arbeit orientiert worden –, wurden alle Eigentümer der 151 als schützens- oder erhaltenswert provisorisch bezeichneten Gebäude persönlich zu Orientierungsversammlungen in den drei Gemeindeteilen eingeladen. Im Rückblick zeigt sich, daß diese Versammlungen der wichtigste Teil der Öffentlichkeitsarbeit waren, weil die direkt Betroffenen als erste über die geplanten Maßnahmen orientiert wurden, zahlreiche Fragen diskutiert und Bedenken ausgeräumt werden konnten. Und dies in einem Zeitpunkt, als die neuen Planungsinstrumente noch angepaßt werden konnten. An der gesetzlich vorgeschriebenen Mitwirkungsversammlung im März 1994, zu der sämtliche Gemeindebewohner eingeladen waren, wurde zum Bereich der Ortsbildpflege kein einziger Änderungsantrag gestellt. Für die Akzeptanz der vorgeschlagenen Maßnahmen dürfte zudem die im Baureglement festgehaltene Möglichkeit für finanzielle Beiträge der Gemeinde an denkmalpflegerisch bedingte Mehrkosten wesentlich beigetragen haben. Diese Beiträge werden allerdings gesamthaft aufgrund von Erfahrungen in anderen Gemeinden jährlich kaum 20.000 Franken übersteigen (bei einem Haushaltsbetrag der Gemeinde von rund 9 Mio. Franken), so daß es sich für die Eigentümer nicht um eigentliche Subventions-, sondern eher um Anerkennungsbeiträge handelt, die jedoch sehr wichtig sind. Der Vorprüfungsbericht der übergeordneten Rechtsinstanz war dann auch sehr positiv: „Schutz- und Richtplan bilden eine ausgezeichnete Grundlage für die weiteren Bestrebungen im Rahmen der Ortsbild- und Landschaftspflege". Acht Jahre nach Beginn der Aufnahmen zum Gebäude- und Siedlungsinventar wurde dieses durch die Gemeindeversammlung vom 15. März 1995 als Bestandteil des Schutzplanes und mit den entsprechenden Artikeln im eigentümerverbindlichen Baureglement der Gemeinde genehmigt (Tab. 1 und Abb. 2).

Vollzug

Ebenso wichtig wie die schutzwürdigen Objekte und die dem Schutz und der Pflege zweckdienlichen Instrumente ist deren Anwendung. Dies bedingt vor allem den Willen der politischen und der Bau- und Planungsbehörde, die Vorschriften auch durchzusetzen. In Meikirch gibt es erst wenige Erfahrungen mit den im Frühjahr 1995 genehmigten neuen Vorschriften. Die Voraussetzungen zu einer wirkungsvollen Ortsbildpflege sind jedoch günstig, weil das Inventar in enger Zusammenarbeit mit der Planungskommission und die Vorschriften von dieser selbst erarbeitet wurden. Zudem wurde die Baubewilligungsbehörde laufend

Tab. 1: Auszug aus dem Baureglement der Einwohnergemeinde Meikirch vom 15. März 1995 mit den Artikeln zum Ortsbildschutz

---

Art. 6: Umgebungsgestaltung
1 Die Umgebung von Bauten und Anlage ist so zu gestalten, daß sich eine gute Einordnung in Landschaft, Siedlung und den natürlichen Terrainverlauf des Baugrundstückes ergibt.
2 ...
Art. 18: Grundsatz
1 Bauten und Anlagen sind hinsichtlich ihrer Gesamterscheinung, Lage, Proportionen, Dach- und Fassadengestaltung, Material- und Farbwahl so auszubilden, daß sie sich gut ins Orts- und Landschaftsbild einordnen.
2 ...
Art. 24: Dachgestaltung
1 Bei der Gestaltung von Dächern ist auf eine gute Gesamtwirkung, bezogen auf Proportionen, Material- und Farbwahl zu achten. Neben dem zur Diskussion stehenden Objekt sind dabei die Dachlandschaft der Nachbarbauten und das Straßenbild zu berücksichtigen.
2 ...
Art 43: Schützenswerte Gebäude
1 Die im Schutzplan als schützenswert bezeichneten Gebäude dürfen wegen ihrer kulturhistorischen und architektonischen Bedeutung nicht abgebrochen werden. Der für ihre Erscheinung maßgebende Außenraum ist im gleichen Sinne geschützt.
2 Bauliche Veränderungen und Zweckänderungen sind möglich, sofern sie dem Schutzgedanken nicht widersprechen.
3 Benachbarte Neu- und Umbauten müssen auf schutzwürdige Einzelobjekte und Gebäudegruppen Rücksicht nehmen.
Art. 44: Erhaltenswerte Gebäude
1 Die im Schutzplan als erhaltenswert bezeichneten Gebäude sind wertvolle, für das Ortsbild oder innerhalb von Gebäudegruppen charakteristischen Bauten, die erhalten werden sollen. Der maßgebende Außenraum ist ebenfalls zu erhalten.
2 Änderungen, Erweiterungen und Ersatzbauten, die auf die bestehende erhaltenswerte Baustruktur und -substanz Rücksicht nehmen, sind möglich.
Art. 46: Ortsbildschutzgebiet
1 Die im Schutzplan dargestellten Ortsbilder von Wahlendorf, Meikirch, Altgrächwil und Aetzikofen sind von besonderer Bedeutung und bedürfen eines speziellen Schutzes.
2 Ihre das Ortsbild prägende bauliche und außenräumliche charakteristische Struktur ist zu erhalten oder sinngemäß zu erneuern.
3 Neu- und Umbauten haben sich bezüglich Stellung, Volumen und Gestaltung besonders gut ins Ortsbild einzufügen.

über den Planungsvorgang orientiert, und sämtliche Baugesuche zu Objekten im bereits bestehenden Ortsbildschutzperimeter wurden seit 1990 zusätzlich durch die Planungskommission beurteilt. Wenn sich in Zukunft private Baugesuchsteller den Ortsbildschutzvorschriften widersetzen sollten, indem bauliche Auflagen auf dem Rechtsweg angefochten werden, steht den Gemeindebehörden (wie dem Baugesuchsteller) der Rechtsweg bis zum Bundesgericht offen. In einem ersten Fall verfügte ein kantonales Gericht auf Antrag des Gemeinderates den Abbruch eines erst 1993 ohne entsprechende Bewilligung errichteten Futtersilos im Ortsbildschutzgebiet. Dabei wurde erfreulicherweise das öffentliche Interesse der Ortsbildpflege stärker gewichtet als die Privatinteressen eines Landwirtes, was gute Planungsinstrumente und den Durchsetzungswillen der Gemeindebehörden voraussetzt (Entscheid der Bau-, Verkehrs- und Energiedirektion des Kantons Bern vom 3. Januar 1995). Sollte die kommunale Baubewilligungsbehörde die eigenen Vorschriften einmal ungenügend umsetzen, könnten die übergeordnete Denkmalpflegebehörde oder private Vereinigungen mit entsprechender Zielsetzung begründete Beschwerden einreichen.

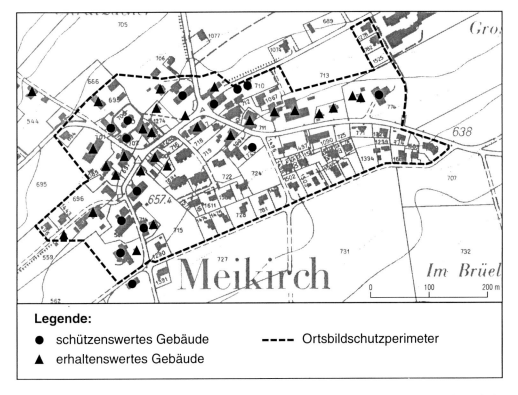

Abb. 2: Ausschnitt aus dem Schutzplan der Einwohnergemeinde Meikirch vom 15. März 1995 (Reproduziert mit Bewilligung des Vermessungsamtes des Kantons Bern vom 22.12.1995)

Beurteilung des Verfahrens

Die zeitaufwendige Inventarisierung und das langwierige Planungsverfahren mit direkter Beteiligung der Baubewilligungsbehörde und der Eigentümer waren Voraussetzung für eine hohe Akzeptanz der Ortsbildpflegemaßnahmen, die insgesamt in der heutigen Deregulierungsphase im Bau- und Planungswesen keineswegs selbstverständlich sind. Es sind damit günstige Voraussetzungen geschaffen, daß die noch weitgehend intakten Ortsbilder auch in Zukunft erhalten bzw. weiterentwickelt werden. Dies kann aber nur geschehen, wenn die rechtsgültigen Instrumente (Baureglement, Flächennutzungsplan, Schutzplan) einerseits und die zukünftigen Bauprojekte andererseits im Hinblick auf die Zielsetzung der Ortsbildpflege insgesamt immer wieder kritisch beurteilt werden. Dies bedingt hohe Fachkompetenz der Baubewilligungsbehörden oder den Beizug einer externen Fachinstanz. Damit wird die Ortsbildpflege zum Bestandteil eines kontinuierlichen Planungsprozesses. Inventar und Schutzbestimmungen sind dazu notwendige Voraussetzungen, aber erst die nächste Generation wird entscheiden können, ob die 1990 festgelegten Ziele auch erfüllt wurden. Sie wird dann allerdings auch beurteilen müssen, wie weit die damals als richtig beurteilten Ziele immer noch Gültigkeit haben!

Literatur

Badilatti, M. (1995): Mein Dorf. Dorfentwicklung und Ortsbildpflege im Unterricht. – hrsg. vom Berner Heimatschutz. Bern.
Egli, H.-R. &. P. Wisler (1990): Meikirch. Gebäude- und Siedlungsinventar. – Manuskript Meikirch.
Lohner, K. H. (1991): Ortsbildpflege. – hrsg. vom Raumplanungsamt des Kantons Bern. Bern.

Der denkmalpflegerische Erhebungsbogen zur Dorferneuerung – historisch-geographische Ortsanalyse in der Denkmalpflege

Thomas Gunzelmann

Der denkmalpflegerische Erhebungsbogen zur Dorferneuerung ist ein städtebaulich-denkmalpflegerisches Instrument, das im Bayerischen Landesamt für Denkmalpflege 1987 unter der Beteiligung von Kunsthistorikern, Architekten und Geographen entwickelt wurde (Mosel 1988). Dieser Erhebungsbogen ist eine kompakte Grobanalyse der siedlungs- und baugeschichtlich relevanten Daten für das Dorf und eine Darstellung des heute noch vorhandenen Bestandes sowohl von Einzelbauten als auch historisch bedingter Raumstrukturen.

Methodische Anregungen in frühen Ansätzen

Bereits seit der Zeit nach dem Zweiten Weltkrieg, seitdem die Bedrohung der überkommenen regionaltypischen Ortsbilder immer stärker wurde, entstanden Konzepte zur wissenschaftlichen Ortsanalyse. Je nach Autor folgen sie ortsplanerisch-städtebaulichen, denkmalpflegerischen oder ortsbildpflegerischen Zielsetzungen. Ein sehr frühes Beispiel aus der Schweiz, noch mit dem Schwerpunkt auf der Hausforschung, aber bereits mit deutlicher Hinwendung zur Siedlung als Gesamtkomplex und der Beteiligung der Geographie, ist die Arbeit von Baeschlin, Bühler & Geschwend (1948). Diese frühen Überlegungen fanden im ISOS (Inventar der schützenswerten Ortsbilder der Schweiz) eine breitangelegte Fortsetzung (Knoepfli 1976, Heuser-Keller 1977). Dieses streng schematisierte Inventar erfaßt und bewertet Ortsbilder unter räumlichen und historischen Aspekten, wobei sich die siedlungsgenetische Analyse auf eine knappe Zusammenfassung der vorhandenen Literatur stützt.

In Deutschland, vor allem im Rheinland, war es der Architekt Justinus Bendermacher, der sich seit 1944 als erster einer konsequenten, flächenhaften Dorfinventarisation zuwandte, bei welcher das Hauptgewicht der Untersuchung nicht mehr auf den einzelnen Häusern, sondern auf den „ländlichen Städtebauformen" lag (Bendermacher 1971: 23). Diese Aufnahmen gehen jedoch in erster Linie vom aktuellen Bestand aus und beinhalten noch keine Analyse der historischen Siedlungsstrukturen und der siedlungsgeschichtlichen Entwicklung.

Im Gegensatz zu diesen von Architektur und Städtebau vorgetragenen Projekten dauerte es recht lange, bis von Seiten der Geographie anwendungsbezogene Überlegungen zur Dorfbestandsaufnahme vorgetragen wurden, obwohl gerade diese Disziplin auf die längste Tradition siedlungsgenetischer Grundlagenforschung zurückblicken kann (Born 1977) und auch wichtige Beiträge zur Erforschung der Hauslandschaften geliefert hat. Diesen Mangel beklagt noch Denecke (1981) in einem programmatischen Beitrag zur Beteiligung der Historischen Geographie an der Erhaltung ländlicher Bausubstanz. Eine wesentliche Ursache sah er einerseits im Abbruch siedlungsgenetischer Forschung innerhalb des Faches selbst, andererseits auch in der fehlenden Institutionalisierung des Faches Historische Geographie.

Seit den späten 70er Jahren ist jedoch eine schrittweise Wende eingetreten. Sowohl die Grundlagenforschung als auch pragmatische Überlegungen zur anwendungsbezogenen siedlungsgenetischen Arbeit (Henkel 1979) wurden intensiviert. Sowohl innerhalb des Faches als auch in Institutionen, die sich mit der Erhaltung ländlicher Siedlungen befassen müssen, ist die Institutionalisierung fortgeschritten (vgl. S. 13ff.). So entstand 1990 die Arbeitsgruppe „Angewandte Historische Geographie" im „Arbeitskreis für genetische Siedlungsforschung in Mitteleuropa". Seit Ende der 80er Jahre sind einige Historische Geographen in den Denkmalämtern tätig, wo sie direkt verantwortlich für Konzeptionierung und Durchführung von Ortsanalysen mit historischem Schwerpunkt sind (Schenk 1994).

Solche historisch ausgerichteten Ortsanalysen müssen heute im wesentlichen interdisziplinär angelegt sein, damit sie einerseits den baulichen und damit kunsthistorisch-architektonischen, andererseits den siedlungsstrukturellen und damit städtebaulichen und siedlungsgeographischen Bereich abdecken können. Darüber hinaus müssen naturräumliche und landesgeschichtliche Fragenkreise untersucht werden. Selbstverständlich ist die Historische Geographie nicht alleine in der Lage, dieses Spektrum abzudecken, aber die breite Orientierung des Faches ermöglicht es dem Historischen Geographen, einen größeren Teil der Aufgaben sozusagen aus fachlich erster Hand zu bearbeiten, als dies bei den anderen beteiligten Disziplinen der Fall wäre.

Denkmalpflegerischer Erhebungsbogen und Dorferneuerung

Einen wesentlichen Beitrag zur Fundierung des Konzeptes der historisch-denkmalpflegerischen Ortsanalyse leistete die Studie von Strobel & Buch (1986). Hier wurde deutlich gemacht, daß bei der Analyse eines Dorfes eben nicht nur der Baubestand, sondern auch der Naturraum und die historischen Baumaterialien, die Dorfgeschichte und die Siedlungsentwicklung bis hin zur Sozialtopographie Berücksichtigung finden müssen. Diese Arbeit lieferte auch die Basis für ein Grundsatzpapier der „Vereinigung der Landesdenkmalpfleger in der Bundesrepublik Deutschland" (1988) zum Thema „Denkmäler und kulturelles Erbe im ländlichen Raum", das eine solche Bestandserfassung als die Grundlage denkmalgerechter Ortserneuerungsplanung betrachtete.

Diese Entwicklungen sind jedoch vor allem auch als Reaktionen auf den Aufschwung der Dorferneuerungsplanungen in zahlreichen Bundesländern zu sehen, wobei in der Frühphase dieser Entwicklung der Aspekt des Bewahrens des kulturellen Erbes vielleicht zu geringe Beachtung fand. Auch in Bayern läuft seit 1982 ein Dorferneuerungsprogramm (Attenberger & Magel 1990), in das schon über 2000 Dörfer aufgenommen wurden und das bereits heute bis weit in das nächste Jahrtausend ausgebucht ist. Angesichts dieser Welle von Planungskonzepten und durchgeführten Maßnahmen versuchte man auf Seiten des Bayerischen Landesamtes für Denkmalpflege, den Aspekt des Bewahrens überlieferter dörflicher Bausubstanz und wertvoller Raumstrukturen nicht auf dem Wege von gutachterlichen Stellungnahmen zu fertigen Planungen, sondern durch ein vorgreifendes Dienstleistungsangebot in die anlaufende Planung einzubringen. Dieses Angebot besteht in der historisch orientierten Bestandsanalyse des jeweiligen Dorfes und findet als „denkmalpflegerischer Erhebungsbogen" Eingang in die Dorferneuerungsplanung.

Dabei werden Informationen erhoben, die über das klassische Instrumentarium der Denkmalpflege, wie Denkmalliste, Kurzinventar und Inventar hinausgehen. Es sind eben nicht nur die traditionellen bäuerlichen Bauten, sondern darüber hinaus die historisch-siedlungsräumlichen Zusammenhänge, die sich in der Parzellenstruktur und den Straßenführungen und Platzsituationen, aber auch den Fußwegen, Frei- und Grünräumen und den Ortsrändern erhalten haben, die Gegenstand der Analyse des Erhebungsbogens sind. Informationen darüber sollen in ihrer regionalen und zeitlichen Bedingtheit, ganz auf die Individualität des jeweiligen Dorfs zugeschnitten, im denkmalpflegerischen Erhebungsbogen in knapper und möglichst verständlicher Form in Text, Karte und Bild vermittelt werden.

Aufbau des Denkmalpflegerischen Erhebungsbogens

Ausgehend von den jüngeren Ansätzen zur Ortsanalyse folgt der Erhebungsbogen einer einfachen Gliederung ohne starke Schematisierung (Gunzelmann 1991). Er untergliedert sich in die Kapitel Naturraum und Lage, Siedlungsgeschichte, historische Dorfstruktur, gegenwärtige Dorfstruktur, Räume und Bauten des historischen Ortsbildes sowie Denkmale und Denkmalüberprüfungen. Die Erstellung des Erhebungsbogens erfolgt in drei Schritten:

– Bestandsaufnahme vor Ort
– Archiv- und Literaturarbeit
– textliche, kartographische und fotodokumentarische Aufbereitung.

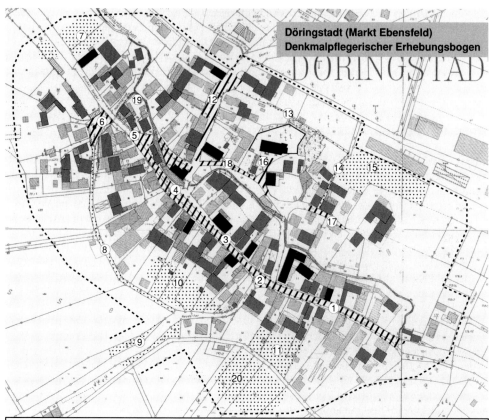

DEB Döringstadt (Gem. Ebensfeld, Lkr. Lichtenfels) - Karte der denkmalpflegerischen Interessen

- - - - - Denkmalpflegerischer Interessenbereich   /// wichtiger Straßen- und Platzraum

■ Denkmal   ⁞⁞⁞⁞⁞ bedeutender Grün- und Freiraum

▨ ortsbildprägender Bau

1 Straßenraum der Bischof-Senger-Straße; leicht ansteigend und gekrümmt, mit engen, giebelständigen Häusern.
2 kleine Platzauweitung in der Bischof-Senger-Straße mit Brunnen.
3 Straßenraum der Bischof-Senger-Straße im Westen mit überwiegend giebelständigen, zum Teil traufständigen Bauten.
4 Platzaufweitung in der Bischof-Senger-Straße mit Bachlauf und Brücke am ehemaligen Brauhaus und Feuerwehrhaus.
5 Torsituation am Standort des ehemaligen Torhauses.
6 Brunnenplatz mit Raumwänden, die überwiegend durch Ersatzbauten gebildet werden.
7 Hervorragend erhaltener westlicher historischer Ortseingang mit Baumgärten.
8 südlicher Etterweg nur noch als rückwärtiger Erschließungsweg erhalten.
9 Neudorfer Straße in teilweise aufgefülltem Hohlweg.
10 erhaltener Scheunenrand mit Gras- und Baumgärten, darin ehem. Dörrhäuschen.
11 erhaltener historischer Ortsrand im Süden.
12 Straßenraum Geyersberg.
13 hervorragend erhaltener Etterweg im Norden.
14 Sandsteinplattenweg zwischen Vogteistraße und Etterweg.
15 historischer Ortsrand in Form eines Baumgartens erhalten.
16 sanduhrförmige kleine Platzbildung vor der Kirche.
17 Straßenraum der Vogteistraße mit schönem Raumabschluß durch Vogteistraße 6.
18 Straßenraum der Vogteistraße mit schönem Raumabschluß durch das Pfarrhaus.
19 Fußweg am Bach.
20 Baumgärten am südlichen Ortsrand.

**Kartierung BLfD,
Th. Gunzelmann, 14.7.1995**

Abb. 1: Karte der denkmalpflegerischen Interessen – das Beispiel Döringstadt

Ein wesentliches Element des Erhebungsbogens ist dabei die Standardisierung. Die einheitliche Methodik und der vergleichbare inhaltliche Anspruch wird durch ein sogenanntes Leistungsverzeichnis gewährleistet, das jedem Bearbeiter an die Hand gegeben wird. Neben den textlichen Inhalten legt es auch die nötigen Kartenbeilagen fest, die die Inhalte der einzelnen Textabschnitte verdeutlichen sollen. Es sind dies in der Regel ein Ausschnitt aus der topographischen Karte 1:25000 sowie eine Kopie des Ortsblatts 1:2500 des Extraditionsplans aus der Mitte des 19. Jh.s. In dieses historische Ortsblatt werden die Hof- und Hausbezeichnungen aus der gleichen Zeit und die Gebäude mit besonderen Funktionen im Dorf eingetragen. Ein weiteres historisches Ortsblatt zeigt die Sozialtopographie zur Mitte des letzten Jh.s. Auf einem aktuellen Ortsblatt werden die Siedlungsentwicklung in Zeitschichten und die historischen Wegebeziehungen eingetragen. Die wichtigste Kartenbeilage ist die Darstellung denkmalgeschützter und ortsbildprägender Bauten sowie weiterer denkmalpflegerischer Interessen vor allem im siedlungsstrukturellen Bereich auf einem möglichst aktuellen Ortsblatt.

Im Kapitel „Naturraum und Lage" werden die naturräumlichen und historisch-topographischen Lagebedingungen des Dorfes untersucht. Die natürlichen Rahmenbedingungen als Voraussetzung für die ländliche Siedlung werden durch zahlreiche Einzelfaktoren bestimmt. Von Bedeutung sind dabei die Höhenlage, die klimatischen Verhältnisse, das hydrographische Netz und die Grundwasserverhältnisse, die Bodenqualität und der Grad der Schwierigkeit der Bodenbearbeitung, die Bodenschätze und das verfügbare natürliche Baumaterial, sei es Holz, Lehm, Ton oder Stein. Eine Übersicht über die komplexen Beziehungen zwischen Naturraum, Haus und Siedlung liefert das Werk von Ellenberg (1990).

Der wichtigste Einfluß des Naturraums auf das Dorf war wohl zum Zeitpunkt der Siedlungsanlage gegeben – es sei hier an den Gegensatz von Altsiedelland und Jungsiedelland erinnert. Bedeutsam für Ortsbild und Ortsform ist aber auch die Wirkung der natürlichen Baustoffe (Grimm 1990). Die topographische Lage beeinflußte dagegen häufig die Siedlungsform und die Möglichkeit der Siedlungserweiterung, sie ist aber per se Ausdruck der Einfügung der Siedlung in die Landschaft durch den siedelnden Menschen und hat damit einen eigenen Denkmalwert. Schließlich muß noch die Lage des jeweiligen Ortes im historischen Verkehrssystem und innerhalb seiner eigenen Gemarkung untersucht werden.

Das Kapitel „Siedlungsgeschichte" beschäftigt sich mit dem für die Siedlungsentwicklung bedeutsamen historischen Umfeld und den im Verlauf der Geschichte sich wandelnden sozialen, politischen und wirtschaftlichen Faktoren, die Gestalt des jeweiligen Dorfes beeinflußt und bestimmt haben. Dieser Abschnitt kann und soll keine Dorfgeschichte oder Ortschronik ersetzen.

Im Abschnitt „Historische Dorfstruktur" werden die historischen Raumstrukturen und die historische Wirtschafts- und Sozialstruktur analysiert. Ein bedeutames Element des Dorfes, das fast immer bis in dessen siedlungsgeschichtliche Anfänge zurückweist, ist der Ortsgrundriß. Aus Gründen der Vereinheitlichung und der Vergleichbarkeit wird dabei auf die Systematik von Born (1977) zurückgegriffen. Geschichtlichkeit ist über den Ortsgrundriß auch dann im Dorf ablesbar, wenn die Bautätigkeit der vergangenen Jahrzehnte, wie so häufig, den baulichen Ausdruck der Geschichte weitgehend beseitigt hat. Aufgabe einer denkmalpflegerischen Bestandsaufnahme des Dorfes muß es daher auch sein, die historischen Qualitäten, die im Grundriß und somit schon in der Parzellenstruktur verankert sind, transparent zu machen. Dabei darf man sich nicht alleine auf den Grundriß der Ortslage beschränken, untrennbar mit der Grundrißgestalt des Dorfes ist die der Flur verbunden. Ermittelt werden sollen nach Möglichkeit die Urform der Siedlung und die Phasen ihres Wachstums.

Danach schließt sich die Analyse der historischen Sozialtopographie und der historischen Wirtschaftsstruktur an. Es ist keineswegs so, daß das historische Dorf immer als homogen strukturierte Agrarsiedlung zu bezeichnen ist. Wenn auch die agrarische Funktion in nahezu allen Fällen vorhanden ist, so kann doch ihre Bedeutung von Fall zu Fall schwanken. Ein Bauerndorf unterscheidet sich erheblich von einer Glashüttensiedlung. Darüber hinaus kann sich ein Dorf aus wirtschaftlich unterschiedlich orientierten Siedlungsteilen zusammensetzen, so zum Beispiel aus einem bäuerlichen Ortskern und einer Handwerkergasse als Siedlungserweiterung. Die wirtschaftlichen und sozialen Differenzierungen drückten sich auch in der Vergangenheit in der Bausubstanz aus. Aufgrund deren Persistenz gegenüber den sozialen und wirtschaftlichen Strukturen ist diese heute zumeist das einzige Zeugnis historischer sozialer und wirtschaftlicher Gegebenheiten. Hier findet die querschnittliche Methode der Historischen Geographie (Jäger 1987: 8–14) ihre Anwendung, denn die Wirtschafts- und Sozialstruktur wird einheitlich auf der Basis des bayerischen Grundsteuerkatasters aus der Mitte des 19. Jh.s analysiert, der, an der Schwelle zum Industriezeitalter stehend, noch die Strukturen der mittelalterlichen und frühneuzeitlichen Agrargesellschaft widerspiegelt.

Die Aussagen im Abschnitt zur „gegenwärtigen Dorfstruktur" bleiben knapp, da diese von anderen an der Planung Beteiligten intensiv untersucht wird. Es werden lediglich Veränderungen des historischen Grundrisses im Ortskern sowie Neubaugebiete und Schwerpunktsverlagerungen innerhalb der Siedlung angesprochen.

Das wichtigste Teil des Erhebungsbogen ist der Abschnitt „Räume und Bauten des historischen Ortsbildes". Hier werden die Analyseergebnisse der vorangegangenen Kapitel mit dem aktuellen Raum- und Baubestand des Dorfes in Beziehung gesetzt, um das historische Erbe transparent und nachvollziehbar darzustellen. Methodisch erfolgt dies zunächst über eine Ortsbegehung, bei der Gesamtansichten, Lagemerkmale, Raumsituationen, Blickbeziehungen, Ortsränder, eingetragene Denkmale, ortsbildprägende Gebäude und wichtige Gebäudedetails sowie wichtige Details baulicher und siedlungsstruktureller Art photographisch und kartographisch festgehalten werden. Bei der Kartierung der Bauten wird weniger die aktuelle Gestaltqualität im Sinne einer Ortsbildpflege berücksichtigt als vielmehr die historisch aussagefähige Bausubstanz.

Die Herausforderung dieses Textabschnitts besteht nun darin, die Ergebnisse der Ortsbegehung und der historischen Analyse in Einklang zu bringen. Dies bedeutet, Räume und Bauten historischen Vorgängen und Strukturen zuzuordnen. Platzräume bilden sich aus verschiedenen historischen Ursachen heraus, sei es durch gelenkte oder geplante Anlage einer bestimmten Siedlungsform, die einen Platz beinhaltet oder durch eine Platzaufweitung an der Kreuzung historischer Wegeführungen. Ebenso sind Bauten in ihrer heutigen Gestalt das Ergebnis ihrer regionalen Zuordnung, ihres Baualters, einschließlich jüngerer Veränderungen und des Sozialstatus ihrer Erbauer. Bauten mit Sonderfunktionen, die bei der Begehung nicht durch den bloßen Augenschein als solche zu erfassen sind, können zumeist durch die Angaben im Grundsteuerkataster identifiziert werden.

Einsatz in der Planungspraxis – Versuch einer Bewertung

Im Erhebungsbogen werden keine Mißstände angeprangert, auch keine Planungsvorschläge gemacht. Zentrale Aufgabe ist die frühzeitige Ermittlung historischer Qualitäten, die für den Laien und Fachmann aufgezeigt werden sollen. Meist wird der Erhebungsbogen nur den wichtigsten Beteiligten automatisch zugänglich gemacht: Bei dem mit Abstand am häufigsten vorkommenden Fall der Beteiligung bei der Dorferneuerung nach dem Bayerischen Dorfentwicklungsprogramm sind dies die jeweilige Gemeinde, die Direktion für ländliche Entwicklung (DLE), das Amt für Landwirtschaft und Ernährung, der Kreisheimatpfleger und das Landratsamt als Untere Denkmalschutzbehörde; außerdem erhält als wichtiger Partner der ausgewählte Dorfplaner Kenntnis. Er sollte nach Möglichkeit nicht nur schriftlich informiert werden, sondern auch im vertiefenden Gespräch mit dem Bearbeiter des Erhebungsbogens Verständnis für das historische Dorf gewinnen.

Seit Beginn der Arbeit am Projekt Erhebungsbogen zeigt es sich immer deutlicher, daß die historischgeographische und denkmalpflegerische Dorfanalyse als Grundlage für eigene Planungsüberlegungen gern herangezogen wird. In vielen Fällen kann sie unverzichtbare Entscheidungsgrundlagen für aktuelle dorfbezogene Planungen liefern. Dieser Wert wurde bei der Novellierung der Richtlinien des Bayerischen Dorfentwicklungsprogramms im Jahr 1993 dahingehend anerkannt, daß der denkmalpflegerische Erhebungsbogen als Planungsleistung integriert und in recht hohem Maße gefördert werden kann.

Selbstverständlich ist es sinnvoll, die Betroffenen, also die Bewohner des Ortes, selbst über Inhalte und mögliche Konsequenzen des Erhebungsbogens zu informieren. Manchmal werden denkmalpflegerische Erhebungsbögen auch in sogenannten „Dorferneuerungszeitungen" oder in Rundbriefen veröffentlicht. Wünschenswert ist es, den Erhebungsbogen mittels eines Lichtbildervortrages auch im Dorf direkt vorzustellen, was bisher leider noch recht selten erfolgt. Einige Erhebungsbögen konnten im regionalen Rahmen publiziert werden (beispielhaft Stadt Staffelstein 1995). Hier deutet sich eine wesentliche Qualität dieses Instrumentes an, die über den vorgesehenen Einsatzzweck als Planungshilfe weit hinausgeht. Es ist auch ein Mittel zur Bewußtseinsbildung der Bürger und damit ein Werkzeug der „präventiven" Denkmalpflege. Ferner hat sich in den Jahren der Anwendungspraxis gezeigt, daß der Erhebungsbogen auch in der Ortskernsanierung nach dem Städtebauförderungsrecht oder als Hilfsmittel bei der Bauleitplanung der Kommunen genutzt wird.

Erstellt wurden die Erhebungsbögen bisher in der Mehrzahl durch zwei geographisch geschulte Bearbeiter des Bayerischen Landesamtes für Denkmalpflege (Schenk 1994). Zum Teil wurden auch Erhebungsbögen als Studienarbeiten einschlägiger Fächer erstellt. In den letzten Jahren wurden im Rahmen von Seminaren an den Schulen für Dorferneuerung in Bayern freie Bearbeiter von denkmalpflegerischen Erhebungsbögen ausgebildet (Gunzelmann 1995), die zum Teil aus Planungsbüros kommen, zum Teil auch freiberuflich tätige Geographen, Volkskundler oder Kunsthistoriker sind. Das zeigt bereits, daß es unter den gegebenen personellen und finanziellen Voraussetzungen Mühe bereitet, mit den Neuanordnungen des Bayerischen Dorfentwicklungsprogramms Schritt zu halten. Insbesondere in den altbayerischen Regierungsbezirken gelingt dies nicht, obgleich hier die Zahl der Verfahren deutlich niedriger ist als in den fränkischen Bezirken, von wo aus die Bearbeitung ihren Ausgang nahm. Immerhin konnte gerade dort ein recht dichtes Netz an Dorfanalysen erarbeitet werden (Tab. 1), das nicht zuletzt auch landeskundlicher Arbeit zugute kommt und dort auch im Rahmen neuer Übersichten über Siedlungsgeschichte und historischer Siedlungsstruktur Eingang gefunden hat (Gebhardt 1994ff.). Darüber hinaus leistet das Projekt langfristig auch einen wichtigen Beitrag zur Denkmaltopographie Bayerns.

Tab. 1: Denkmalpflegerische Erhebungsbögen in Bayern 1987–1995

Oberbayern	6
Niederbayern	5
Oberpfalz	5
Oberfranken	103
Mittelfranken	115
Unterfranken	54
Schwaben	21
Bayern gesamt	309

Seit 1991 wird das Instrument als „Bau- und siedlungsgeschichtliche Grobanalyse von Dörfern", aufbauend auf der oben geschilderten Methodik, auch vom Landesdenkmalamt Baden-Württemberg eingesetzt (Goerlich 1992). Dort kann allerdings aufgrund einer schlechteren Personalsituation eine vergleichbare Dichte der Betreuung von Dorfentwicklungsplanungen im ländlichen Raum derzeit noch nicht erreicht werden.

Gesetzliche Grundlagen

Bayerisches Dorfentwicklungsprogramm. Dorferneuerungsrichtlinien (DorfR) zum Vollzug des Bayerischen Dorfentwicklungsprogramms. Bekanntmachung des Bayerischen Staatsministeriums für Ernährung, Landwirtschaft und Forsten vom 9. Juni 1993 Nr. E 3/B 4-7516-1500.

Literatur

Attenberger, J. & H. Magel (1990): Das bayerische Dorferneuerungsprogramm. Für die Zukunft unserer Dörfer (Kommunalpolitischer Leitfaden 9). – München.
Baeschlin, A., A. Bühler & M. Geschwend (1948): Wegleitung für die Aufnahme der bäuerlichen Hausformen und Siedlungen in der Schweiz. – Basel.

Bendermacher, J. (1971): Dorfformen im Rheinland. Auszüge aus den Kurzinventaren rheinischer Dörfer 1948–1969. – Köln.
Bendermacher, J. (1981): Dorfformen in Rheinland-Pfalz. – Köln, Rhein. Verein f. Denkmalpflege u. Landschaftsschutz.
Born, M. (1977): Geographie der ländlichen Siedlungen. Bd 1. Die Genese der Siedlungsformen in Mitteleuropa. – Stuttgart (Teubner).
Denecke, D. (1981): Erhaltung und Rekonstruktion alter Bausubstanz ländlicher Siedlungen. Historische Siedlungsgeographie in ihrer planerischen Anwendung. – Ber. z. dt. Landeskunde 55 (2): 343–380.
Ellenberg, H. (1990): Bauernhaus und Landschaft in ökologischer und historischer Sicht. – Stuttgart (Ulmer).
Gebhard, H. u.a. (Hrsg.; 1994ff.): Bauernhäuser in Bayern (je Regierungsbezirk ein Band). – München.
Goerlich, M. (1992): Bau- und siedlungsgeschichtliche Grobanalyse von Dörfern im Regierungsbezirk Tübingen. – Landesdenkmalamt Baden-Württemberg (Hrsg.): Bau- und siedlungsgeschichtliche Grobanalyse von Dörfern im Regierungsbezirk Tübingen; vervielf. Manuskript Tübingen: 4–20.
Grimm, W.-D. (1990): Bildatlas wichtiger Denkmalgesteine der Bundesrepublik Deutschland (Arbeitshefte des Bayer. Landesamtes f. Denkmalpflege 50). – München.
Gunzelmann, Th. (1991): Das Zeilendorf Reicholdsgrün im Fichtelgebirge. Historisch-geographische Ortsanalyse als Grundlage für Denkmalpflege und Dorferneuerung. – Thiem, W. & Th. Gunzelmann: Historische Dorfstrukturen im Fichtelgebirge. Siedlungsgeographische Arbeiten zur Dorferneuerung und Denkmalpflege (Bamberger Wirtschaftsgeographische Arbeiten 7). Bamberg: 161–196.
Gunzelmann, Th. (1995): Das neue Konzept der Dorferneuerungsschulen in Bayern. Denkmalpflegerische und Historisch-geographische Beiträge. – Kulturlandschaft 5: 81–85.
Henkel, G. (1979): Der Dorferneuerungsplan und seine inhaltliche Ausfüllung durch die genetische Siedlungsgeographie. – Ber. z. dt. Landeskunde 53: 95–116.
Heuser-Keller, S. (1977): Das Inventar der schützenswerten Ortsbilder der Schweiz (ISOS) und seine Abgrenzung zu anderen Inventaren. – Unsere Kunstdenkmäler 4: 315–333.
Jäger, H. (1987): Entwicklungsprobleme europäischer Kulturlandschaften. Eine Einführung. – Darmstadt.
Knoepfli, A. u.a. (1976): Ortsbildinventarisation. Aber wie? Methoden dargelegt am Beispiel von Beromünster (Veröff. d. Instituts f. Denkmalpflege a. d. Eidgen. Techn. Hochschule Zürich 2). – Zürich.
Mosel, M. (1988): Altes Dorf, neues Dorf. Chancen und Grenzen der Erhaltung. – Das Dorf im Wandel. Denkmalpflege für den ländlichen Raum (Schriftenreihe des Dt. Nationalkomitees f. Denkmalschutz 35): 48–62.
Schenk, W. (1994): Planerische Auswertung und Bewertung von Kulturlandschaften im südlichen Deutschland durch Historische Geographen im Rahmen der Denkmalpflege. – Ber. z. dt. Landeskunde 68: 463–475.
Stadt Staffelstein, Obst- und Gartenbauverein Horsdorf-Loffeld und Bayerisches Landesamt für Denkmalpflege (Hrsg.; 1995): Horsdorf. Denkmalpflegerischer Erhebungsbogen. – Horsdorf.
Strobel, R. & F. Buch (1986): Ortsanalyse. Zur Erfassung und Bewertung historischer Bereiche (Arbeitsheft 1, Landesdenkmalamt Baden-Württemberg). – Stuttgart.
Vereinigung der Landesdenkmalpfleger in der Bundesrepublik Deutschland (Hrsg.; 1988): Denkmäler und kulturelles Erbe im ländlichen Raum. – Hannover.

Historisch-geographische Fachplanung im ländlichen Raum: Fallbeispiel zu einer dörflichen Gemeinde – Welschneudorf im Unterwesterwald

Helmut Hildebrandt und Birgit Heuser-Hildebrandt

Seit den 60er Jahren dieses Jahrhunderts hat sich die Kulturlandschaft im ländlichen Raum funktional beträchtlich verändert. Neben der in solchen Regionen auch heute noch, zumindest flächenmäßig, mehr oder weniger dominierenden Land- und Forstwirtschaft gewinnen hier Gewerbe, Wohnen und Erholung zunehmend an Bedeutung. Mit der dadurch bedingten größer werdenden Zahl von Menschen, die sich dauernd oder zeitweilig im ländlichen Raum aufhalten, wachsen auch die qualitativen Ansprüche im Hinblick auf die natur- und kulturräumliche Ausstattung der Landschaft. Hier ist aber nicht nur eine ökologisch noch einigermaßen intakte Umwelt besonders gefragt. Auch das kulturelle Erbe in der Landschaft, sofern es sich im Bodenarchiv, in der Bausubstanz und in altertümlichen Nutzungsformen noch anschaulich, möglichst authentisch und inhaltlich nachvollziehbar bzw. erlebbar zu erkennen gibt, wird – getragen von einem wieder erstarkenden Geschichtsbewußtsein der Bevölkerung – als wesentlicher Bestandteil von Umweltqualität angesehen und entsprechend geschätzt. Von daher wird die Erhaltung von traditioneller Vielfalt und Eigenart, von kulturlandschaftsgeschichtlich Regionaltypischem und Regionalspezifischem zum generellen Gebot und zu einem Anliegen von öffentlichem Interesse. Das kulturelle Erbe in der Landschaft entscheidet nämlich prinzipiell mit über das Image einer Region und bildet so auch ein Potential, das Standortpräferenzen schaffen kann.

Gegenläufig zu der umweltpolitischen Aufwertung der historisch-geographischen Substanzen vollzieht sich gegenwärtig aber vielerorts eine Vernichtung dieser kulturellen Hinterlassenschaft in beängstigendem Ausmaß. Die Hauptursachen dafür sind die Ausweisung von neuen Gewerbegebieten und neuem Bauland sowie die Anlage von neuen Verkehrsträgern oder auch die bodenverändernden Eingriffe der modernen Technologie in der Landwirtschaft und im Forst. Hinzu kommt die in den Ortschaften zumeist rege Bautätigkeit, wodurch noch historisch geprägte Bausubstanz aus der Physiognomie der Siedlungen verschwindet, d.h. durch nach städtischem Muster gestaltete Uniformität ersetzt wird. Nur allzu oft erweisen sich bei Nutzungskonflikten Infrastruktur und Ökonomie gegenüber dem Kulturgut im Ort, in der Flur und im Wald als die Stärkeren, wofür Vorsatz oder Unwissenheit der Grund sein kann.

Aus dem Vorausgehenden folgt zunächst, daß alle mit landschaftsverändernden Maßnahmen befaßten Personen im Hinblick auf das kulturelle Erbe noch mehr sensibilisiert werden müssen. Darüber hinaus ist es notwendig, die historisch-geographische Sache in alle Arten von Orts- und Landschaftsplanungen rechtzeitig mit einzubringen, das heißt nicht erst, wenn landschaftsverändernde Maßnahmen unmittelbar bevorstehen. Dies gilt umso mehr, als die verschiedenen landschaftspflegerisch relevanten Gesetze, Verordnungen und Planungsinstrumente bislang die ökologischen Aspekte zu sehr in den Vordergrund stellen, den Kulturschutz hingegen vernachlässigen. Verschiedene Rahmengesetze, wie z.B. das Bundesnaturschutzgesetz (BNatSchG) mit § 2 Abs. 1 Nr. 13 und die Naturschutz- bzw. Landespflegesetze der Länder, enthalten zwar einige diesbezügliche vage Richtlinien, besitzen aber zu wenig Durchsetzungskraft, um den Kulturschutz im Konfliktfall zu erzwingen. Schon eher geeignet sind dafür als mehr ausführende rechtliche Instrumentarien mit stärker bindender Wirkung die Denkmalgesetze, das Baugesetzbuch und nachgeordnete Rechtsverordnungen, die sich allerdings im Einzelfall auf entsprechende fachplanerische Vorgaben stützen müssen.

Die bisher weitgehend fehlende flächendeckende historisch-geographische Landesaufnahme (Inventarisation) und die dazugehörige Grundlagenforschung sind nicht nur aus wissenschaftlicher Sicht ein Defizit. Bedauerlich ist auch die Tatsache, daß vor allem in unscheinbaren Landschaftsbereichen noch sichtbare

Zeugen bisher unerkannt blieben, die ein ungenutztes Potential für Bildung sowohl in naturkundlicher als auch kulturgeschichtlicher Hinsicht darstellen. Das Problem ist, was nicht erkannt wird, kann nicht geschont bzw. geschützt und zur Präsentation erschlossen werden. Ferner ergeben eine generelle Kartierung und Erforschung von anthropogenen Elementen, die immer Wirkungszusammenhänge in bezug auf die gesamte Kulturlandschaftsentwicklung dokumentieren, Leitlinien für eine umweltverträgliche zukünftige Planung. Liegt eine solche themenumfassende Erhebung erst einmal vor, können „Eingriffe" von vornherein unter fachgerechter Einbindung historisch-geographischer Belange geplant werden, und man spart so eventuell kostenträchtige Planungsänderungen im nachhinein, die immer nur eine Kompromißlösung sein können.

Rechtliche Grundlagen

Die Notwendigkeit historisch-geographischer Fachplanung vor allem im Rahmen kommunaler Planung ergibt sich aus der den Trägern öffentlicher Belange und Privatpersonen vom Gesetzgeber auferlegten Pflicht, die Erhaltung des kulturellen Erbes bei landschaftsverändernden Maßnahmen prinzipiell zu berücksichtigen. Eine möglichst nachhaltige Pflege der sich in der Kulturlandschaft konkret darstellenden Geschichtlichkeit dient nämlich dem Allgemeinwohl und ist von daher im öffentlichen Interesse. Der bezweckte Schutz bzw. schonende Umgang bezieht sich in diesem Zusammenhang sowohl auf die kulturellen Werte der Objekte an sich als auch auf deren Umsetzung für die Erholung im Sinne von Erleben in Verbindung mit Bildung. Prinzipiell gilt: Schutz im Sinne einer Rechtspflicht zum pfleglichen Umgang besitzt die historisch-geographische Substanz als solche, d.h. auch dann, wenn sie nicht kraft Gesetzes förmlich unter Schutz gestellt ist (Hönes 1993: 45).

Fachpläne mit historisch-geographischem Inhalt sind in der Raumplanung eigentlich nur im Rahmen konkreter Eingriffe im Sinne von § 8 Abs. 1 BNatSchG vorgesehen. Derartige Fachpläne sind danach als landschaftspflegerische Begleitpläne Bestandteil des Fachplanes, den der Träger eines Eingriffes zu erstellen hat. Eine solche Fachplanung ist immer dann vorgeschrieben, wenn aufgrund der Nachhaltigkeit bzw. des Ausmaßes eines Eingriffes eine Umweltverträglichkeitsprüfung (UVP) verpflichtend wird. Die Inhalte eines historisch-geographischen Fachplanes sind hier also, sofern sie im konkreten Fall von Belang erscheinen, in die UVP mit aufzunehmen. Die darauf anzuwendenden bzw. den historisch-geographischen Kulturschutz und dessen Bedeutung für die Erholungsfunktion generell betreffenden Gesetze formulieren aber diese Aspekte durchweg in mehr oder weniger allgemeinen und dementsprechend relativ praxisfernen Richtlinien. Für das vorliegende Fallbeispiel Welschneudorf handelte es sich dabei im wesentlichen um die folgenden Rahmengesetze des Bundes und des Landes Rheinland-Pfalz:

I.   § 2 Abs. 1 Nrn. 2, 7, 8, 11 u. 12 ROG (Raumordnungsgesetz)
II. § 2 Abs. 1 Nrn. 12 u. 13 in Verbindung mit § 1 Abs. 1 Nr. 4 BNatSchG (Gesetz über Naturschutz und Landschaftspflege)
III. §§ 2 u. 3 in Verbindung mit der Anlage zu § 3 UVPG (Gesetz über die Umweltverträglichkeitsprüfung)
IV. §§ 37 u. 41 FlurbG (Flurbereinigungsgesetz)
V.   § 1 Nr. 1, § 6 Abs. 3 Nr. 4, § 7, § 9 Abs. 1, § 13 u. § 14 Abs. 1 BWaldG (Gesetz zur Erhaltung des Waldes und zur Förderung der Forstwirtschaft)
VI. Art. 40 Abs. 3 LV (Verfassung für Rheinland-Pfalz).
     Dieser Artikel 40 setzt hier nicht nur die Obhut und Pflege der Kulturgüter fest; er bestimmt auch als ein grundlegendes Recht, daß „die Teilnahme an den Kulturgütern des Lebens dem gesamten Volke zu ermöglichen ist", also ein Mindestmaß an Zugänglichkeit und Erlebbarkeit gewährleistet sein soll.
VII. § 2 Abs. 6, 7 u. 12 LPlG (Landesgesetz für Raumordnung und Landesplanung)
VIII. § 1 Abs. 1 Nr. 4, § 2 Nr. 13, § 17 Abs. 1 u. Abs. 2 Nrn. 1c u. 2b, § 18 Abs. 1 Nrn. 2 u. 3, § 19 sowie § 20 Abs. 1 Nr. 2 LPflG (Landespflegegesetz)

Die hier im Hinblick auf den historisch-geographischen Kulturschutz relevanten Grundsätze beziehen sich auf die Sicherung und Entwicklung (Optimierung) der Landschaft bzw. des Orts- und Landschaftsbildes als gewachsene Ganzheit und auf den Erholungswert von landschaftlicher Vielfalt, Eigenart und Schönheit, soweit diese Faktoren für die Bauleitplanung und die Ausweisung von Landschaftsschutzgebieten, Naturparken und geschützten Landschaftsbestandteilen von Bedeutung sind.

IX. § 1 Nr. 1, §§ 19 u. 20, § 22 Abs. 1 u. Abs. 3 Nrn. 1 u. 4 sowie § 23 Abs. 4 LFG (Landesforstgesetz)

Entsprechend praxisnäher, d.h. der Berücksichtigung bzw. eigentlichen Durchsetzung der historisch-geographischen Belange im konkreten Fall dienend, sind dagegen vor allem die folgenden Bestimmungen des Baugesetzbuches und diesbezüglicher rechtlicher oder fachbetrieblicher Instrumentarien von Rheinland-Pfalz (Gesetze, Rechtsverordnungen, Satzungen, Verwaltungsvorschriften, Gemeindeordnungen usw.):

X. § 1 Abs. 5 Nrn. 4 u.5, § 5 Abs. 2 Nr. 10, § 9 Abs. 1 Nr. 20, § 10 sowie § 172 Abs. 1 Nr. 1 u. Abs. 3 BauGB (Baugesetzbuch)
XI. §§ 17 bis 20 LPflG
XII. §§ 1 u. 2, § 3 Abs. 1 Nrn. 1 u. 2, § 4 Abs. 1, § 5 Abs. 1 Nrn. 1 u. 4 sowie Abs. 5, § 8 Abs. 1, §§ 10 u. 15 DSchPflG (Landesgesetz zum Schutz und der Pflege der Kulturdenkmäler)
XIII. Nr. 1.3 VV-Dorf (Verwaltungsvorschrift Förderung der Dorferneuerung)
XIV. Karte und Objektliste zum Waldfunktionsplan, Forstdirektion Koblenz
XV. § 4 Landesverordnung über den Naturpark Nassau
XVI. Kap. 1.6.22 u. 1.6.23 Forsteinrichtungswerk Forstamt Montabaur, Forstrevier Elbert, Gemeindewald Welschneudorf
XVI. Kap. 1.62 u. 1.63 Forsteinrichtungswerk Forstamt Nassau, Forstrevier Winden, Staatswald Stelzenbach
XVII. §§ 17 u. 17a GemO (Gemeindeordnung), hier Entscheidung über Einwohnerantrag und Bürgerentscheid (Bürgerbegehren)

Aufgaben und Ziele

Vorrangiges Ziel eines historisch-geographischen Fachplanes ist der Beitrag zur Erhaltung kulturlandschaftlicher Vielfalt, Eigenart und Schönheit in der Gegenwart und Zukunft. Vielfalt als Leitbild bedeutet hier eine physiognomisch, strukturell, funktional und kulturlandschaftsgeschichtlich möglichst abwechslungsreiche, kontrastierende lokale und regionale Topographie. Ein wesentlicher Bestandteil eines solchen abstrakten Leitbildes zum ländlichen Raum ist auch das sich dort konkret in Einzelobjekten und Ensembles manifestierende kulturelle Erbe der Vergangenheit. Dabei handelt es sich teils um die attraktive Hinterlassenschaft der sogenannten Eliten, teils um Relikte und persistente Elemente aus der geschichtlichen Alltagskultur der Bevölkerung insgesamt. Diese Kulturgüter sind neben den naturräumlichen Gegebenheiten immer auch Teil der Umwelt. Historisch-geographische Fachplanung ist also Umweltvorsorge, durch die die Lebensqualität im Hinblick auf Wohnen, Arbeiten und Freizeitgestaltung optimiert werden kann. Eine solche Aufgabenstellung bedeutet ferner, daß eine derartige Planung Möglichkeiten eröffnet, für eine Gemeinde und die Region ein historisch begründetes Image aufzubauen oder zu verbessern, was hier nicht nur der Naherholung und dem Fremdenverkehr zugute kommt bzw. dafür in Wert gesetzt werden kann, sondern auch gesamtwirtschaftlich wirkende Standortpräferenzen entstehen läßt. Da eine historisch-geographisch ausgerichtete Imagepflege und die Entwicklung bzw. Vertiefung von Geschichtsbewußtsein eng miteinander verbunden sind, leistet die durch diesen Fachplan angestrebte Sicherung von kulturellem Erbe außerdem einen allgemeinen Beitrag für Bildung, Forschung und Lehre.

Methodisches Vorgehen

Grundlage eines jeden historisch-geographischen Fachplanes ist eine Bestandsaufnahme der betreffenden Kulturgüter in der Gemarkung. Diese Erhebung im Ort, in der Flur und im Wald sollte möglichst umfassend, kartographisch entsprechend großmaßstäblich und lagetreu bis annähernd lagegetreu erfolgen ($\geq$ 1:10000). Sie wird ergänzt durch die Auswertung von Luftbildern, alten Fotos und schriftlichen sowie kartographischen Geschichtsquellen, wobei die einschlägige lokale und regionale historische Literatur hinzuzuziehen ist. Weitere Informationen liefern die mündlliche Tradition vor Ort und das heimatkundliche Fachwissen Einheimischer. Wertvolle Hinweise geben auch die Sammlungen, Inventare, Dateien, Fundkarteien, Kataloge und Dokumentationen (z.B. von Grabungsbefunden) oder die Objektlisten der Denkmalbehörden und musealen Institutionen. Die so erarbeitete historisch-geographische Topographie der Gemarkung wird anschließend für die Behörden, Planungsbüros und betroffenen Grundeigentümer über Karte, Erhebungsbogen, Foto, Zeichnung, Katalog und Text verfügbar gemacht. Zum ständigen Gebrauch, d.h. um sie z.B. in Form von EDV-gestützter Kartographie sofort abrufen zu können, und zur Fortschreibung sollte diese Topographie auch über Computer in einer Datenbank gespeichert werden. Die kartographische Darstellung der Punkt-, Linien- und Flächenelemente geschieht je nach Maßstab mehr im Detail oder generalisiert in abstrakten Verbreitungsmustern. Die im Denkmalbuch geführten geschützten Kulturdenkmäler werden auch im Fachplan als solche gekennzeichnet (KD). Landschaftsteile von besonderer Eigenart und mit größerer Dichte von geschichtlicher Hinterlassenschaft, wo die Elemente zudem historisch-zeitgenössische und/oder historisch-vertikale Ensembles bilden und so auch Kulturlandschaftsentwicklung erkennen lassen, sind als potentielle Denkmalzone oder als Areal besonderer historisch-geographischer Qualität in Karte und Text kenntlich zu machen. Auf deren Schutzwürdigkeit ist unter Angabe der Gründe und der in Frage kommenden rechtlichen Instrumentarien hinzuweisen. Die betroffene Öffentlichkeit wird durch Auslegung der Planentwürfe und Anhörung an der Erstellung des Planes beteiligt.

Form, Struktur, Funktion und Genese (Alter) der Objekte und Ensembles müssen, soweit im einzelnen möglich, kurz erläutert werden, da diese Kategorien Kriterien enthalten, anhand derer sich die Schutzwürdigkeit der Elemente und Elementgruppen im Sinne einer erhaltenden Kulturlandschaftspflege bewerten und gutachterlich über ein Punktsystem auch quantitativ belegen läßt. Wichtige Wertmaßstäbe dafür sind u.a. die folgenden Qualitäten der historisch-geographischen Topographie: Geschichtlicher Informationsgehalt, Alter (kulturlandschaftsgeschichtliche Epoche), Seltenheit oder sogar Einmaligkeit, existentielle Bedeutung für die Bevölkerung im historischen Lebensraum, regionaltypische oder regionalspezifische Eigenart, ästhetisch-künstlerischer Wert, Erhaltungszustand und Empfindlichkeit (Gefährdungsgrad), Anschaulichkeit, Zugänglichkeit, Ensemblecharakter, Integrationsgrad in die Landschaft, Erlebnispotential und Verwendungsmöglichkeit (Wissenschaft, Bildung, Verbesserung der Umweltqualität, Schaffung von Identifikationsbezügen im Lebensraum, Entwicklung eines regionalen und lokalen Images, Erholung, Eignung zur Präsentation). Für eine solche Bewertung, die z.B. in den drei Stufen gesetzlich geschützt (gs), schützenswert (sw) und zur Pflege empfohlen (pe) erfolgen kann, ist ein Mindestmaß an wissenschaftlicher Aufhellung durch Grundlagenforschung unabdinglich.

Träger der Planung und Institutionen der Umsetzung

Voraussetzung einer effektiven historisch-geographischen Fachplanung ist die Sensibilisierung der mit landschaftsverändernden Maßnahmen befaßten Institutionen für eine erhaltende Kulturlandschaftspflege. Entsprechend informiert haben dann z.B. die Flurbereinigungsbehörde, die Forstverwaltung, die Straßenbauämter und die Fachämter der Bauleitplanung, trotz ihrer unzureichenden personellen und finanziellen Ausstattung, auf den schonenden Umgang mit dem kulturellen Erbe zu achten. Da diese Einrichtungen der öffentlichen Hand aber in der Regel wegen ihres zu geringen Fachwissens zur Aufstellung eines vollständigen Planes nicht in der Lage sind, müssen damit für den Kulturschutz in der Landschaft kompetente Planungsbüros beauftragt werden. Eine Alternative dazu bilden Geschichts- und Heimatvereine, wie beispielsweise die Gesellschaft für Heimatkunde im Westerwald. Diese überwiegend ehrenamtlich arbeitenden Organisationen sind fachlich von den zuständigen wissenschaftlichen und behördlichen Institutionen zu beraten und mit den benötigten Geldmitteln auszustatten. Die Sicherstellung der sachgerechten Umsetzung des historisch-geographischen Fachplanes bzw. von Teilen daraus obliegt der Aufsicht der für die landschaftsverändernden Maßnahmen verantwortlichen Fachbehörden. Eine flächendeckende Erfassung und vertiefte wissenschaftliche Aufbereitung der Kulturgüter können von den Denkmalbehörden selbst aber in der Regel nicht durchgeführt werden, da der zeitlich enge Rahmen von Planungsverfahren dafür zumeist nicht ausreicht. Die Folge könnte sein, daß der Verlust von solchen Zeitzeugen in seiner Bedeutung überhaupt nicht erkannt wird.

Fortschreibung des Planes

Der historisch-geographische Fachplan sollte möglichst kontinuierlich, spätestens jedoch nach 10–15 Jahren umfassend fortgeschrieben werden. Da das zuständige Landesamt für Denkmalpflege und das dafür in Frage kommende Regionalmuseum hier diese Bestandsaufnahme aus Personalmangel nicht leisten können, sollten damit die vorhergehend bereits genannten orts- und sachkundigen Mitglieder von geschichtlich orientierten Heimatvereinen oder Planungsbüros mit entsprechender fachlicher Ausrichtung beauftragt werden. Die Fortschreibung darf sich dabei aber nicht auf den bloßen Nachtrag neu entdeckter oder den Vermerk des Verlustes von bekannten Einzelobjekten und Ensembles beschränken. Sofern es hier von den wissenschaftlichen Fragestellungen her notwendig erscheint, sind die Inventare (Pläne, Bildersammlungen, Karteien und Datenbanken) auch durch auf Geländeuntersuchungen und Archivstudien gestützte interdisziplinäre Grundlagenforschung in Zusammenarbeit mit den Fachbehörden inhaltlich weiterzuentwickeln.

Räumlicher Geltungsbereich

Die Ortsgemeinde Welschneudorf (TK 1:25000, Bl.-Nr. 5612, Bad Ems) als räumlicher Geltungsbereich dieses Fachplanes gehört zur Verbandsgemeinde Montabaur im südwestlichen Unterwesterwald im Norden von Rheinland-Pfalz. Sie liegt in der naturräumlichen Einheit 322 Unterwesterwald und umfaßt hier in einer Höhe zwischen ca. 270 und 480 m über NN ein Gebiet von 777 ha bei einem Bewaldungsgrad von rund 60 %. Der bebaute Ortsteil ist ein durch moderne Wohn- und Wohnfolgestrukturen stark städtisch überprägtes Haufendorf (Prinzip: Unser Dorf soll schöner werden), das verkehrsmäßig durch die L 327 und die L 330 regional eingebunden ist. Die heute überwiegend als Grünland genutzte Flur, die bereits in nassauischer Zeit konsolidiert und in den Jahren 1970–1976 flurbereinigt wurde, erstreckt sich über schwach bis mäßig geneigte Flächen. Steilere Hanglagen, die aber zumeist bewaldet sind, finden sich nur randlich im Osten, im Südwesten und ganz im Nordwesten. Stärker eingetiefte Talabschnitte haben auf dem Gemeindegebiet der Unterbach im Südwesten und der Stelzenbach im Osten ausgeformt. Den geologischen Untergrund bilden hauptsächlich Schiefer, Quarzite und Grauwacken des paläozoischen Grundgebirges, auf denen zum Teil eiszeitliche Schuttdecken, Bims und Löß liegen. Die Gemarkung hat Anteil an den großen geschlossenen Forsten der Montabaurer Höhe und des Stelzenbachforstes. In den Wäldern, die zu den Wuchsbezirken 92 Niederwesterwald gehören und derzeit ein leichtes Überwiegen der Reinbestände gegenüber den Mischbeständen und ein entsprechendes Verhältnis von Laub- zu Nadelholz aufweisen, ist für die Zukunft eine weitere Zunahme des Laubholzes als Planziel vorgesehen. Die Buche ist die Hauptbaumart, gefolgt von der Fichte und relativ geringen Anteilen an Eiche, Lärche und Kiefer. Zumeist handelt es sich bei diesen Wäldern um Staatsforst und Gemeindewald. Beide sind als Wirtschaftswald und zum Teil als Erholungswald im siedlungsnahen und siedlungsfernen Bereich ausgewiesen.

Welschneudorf liegt im Naturpark Nassau. Die Wälder gehören hier, abgesehen von denen im Südwesten in Richtung auf Zimmerschied und Kemmenau gelegenen, zu den Kernzonen 2 und 3 dieses Schutzgebietes. Das Landschaftsbild ist in der Flur durchaus attraktiv, ein Gunstfaktor für Erholung, der vor allem durch die begrenzenden Waldränder und einige alte oder im Zuge der Flurbereinigung neu gepflanzte Hecken im ehemaligen Tiergarten, auf Wegerainen und Parzellengrenzen bewirkt wird. Das Bodenarchiv der Wälder ist vergleichsweise reich an Kleinobjekten aus der historischen Alltagskultur, die sich in einigen Gebieten sogar zu Vernetzungsstrukturen zusammenfügen. Kulturdenkmäler (KD; Karte 1 in Anlage) bilden hier lediglich eine eisenzeitliche Ringwallanlage auf dem Großen Dielkopf, ferner der römische Limes und der Wildgraben von 1770 sowie im Ort das ehemalige kurtrierische Jagdzeughaus und der Wohnteil eines Streckhofes mit Zierfachwerk in der Goldgasse. Landespflegerisch bedeutsame schützenswerte Elemente (ein Naturschutzgebiet u. Wasserschutzgebiete) sind in der Gemarkung nicht sehr zahlreich vertreten. Das Dorf, das von dem europäischen Fernwanderweg Flensburg-Genua berührt wird, ist im regionalen Raumordnungsplan für Landwirtschaft und Erholung (LE-Gemeinde) ausgewiesen.

Soweit sich aus der dörflichen Sozialtopographie des 19. Jahrhunderts erschließen läßt (Karte in Anlage) ist der älteste Ortskern von Welschneudorf der Bereich um das sogenannte Alteck (Kreuzplatz) im Unterdorf, wo sich auch die alte Scheune am Platz der ehemaligen Kapelle befindet (Karte: Nr. 13). Hier bei dem ersten Gotteshaus des Ortes bestand ursprünglich wohl nur ein Weiler mit einem kleinen Platz im Zentrum. Aus der Kleinsiedlung entwickelte sich dann bis zum 18./19. Jahrhundert ein regelloses Straßendorf, das im Oberdorf beim Jagdzeughaus (heute Kirche und Gemeindesaal) einen zweiten baulichen und funktionalen Schwerpunkt hatte. Aus dem Straßendorf wurde schließlich insbesondere nach dem Zweiten Weltkrieg ein Haufendorf, in dessen Gemarkung unter anderem folgende historisch-geographische Elemente noch sichtbar und zum Teil auch im Namensgut erhalten sind: Jagdzeughaus, Zweiseithöfe, Streckhöfe, quergeteilte Einhäuser, Kleinhäuser, Bürgerhäuser → traditionelle Bauformen, Limes → römischer Grenzwall, Landgraben → spätmittelalterliche Landwehr, Wildgraben → Barriere des 18. Jahrhunderts zur Verhinderung von Wildschaden, Wall und Graben → Markierung der Gemarkungsgrenze, Hohlwege → Verkehrsrelikte, Walloder Rainhecken → Hegen des ehemaligen Tiergartens, wüste Ackerraine → funktionslose Feldgrenzen, Meilerplätze → Köhlerei, Schlackenplätze → Waldschmieden, Pingen/Steinbrüche/Kaulen/Halden → Gewinnung von Rohstoffen, durchgewachsenes Niederholz → Niederwaldwirtschaft, Forstrabatten → Waldverjüngung und Streuobstreste → Mostgewinnung.

Empfehlende Richtlinien bzw. Festsetzungen zur Erhaltung, Pflege und Inwertsetzung der Geländedenkmäler

1. Mit der historisch-geographischen Substanz auf dem Gebiet der Gemarkung ist insgesamt möglichst schonend umzugehen. Vor allem sind auch kleinformatige Strukturen aus der geschichtlichen Alltagswelt, wie z.B. Meilerplätze, Lehmkaulen oder wüste Ackerraine, entsprechend pfleglich zu behandeln.
2. Der Bereich um den „weißen Stein" und die kleine Heckenlandschaft des ehemaligen kurtrierischen Tiergartens bzw. Gestüts (Fohlenweide), die der Fachplan als Areale besonderer historisch-geographischer Qualität ausweist, sind als Denkmalzonen unter Schutz zu stellen, wobei das bereits unter Schutz stehende Jagdzeughaus wegen des engen kulturgeschichtlichen Sachzusammenhanges in die Denkmalzone des Tiergartens mit einzubeziehen ist (§ 4 Abs. 1 Nr. 2, § 5 Abs. 1 Nrn. 1 u. 4, Abs. 2 u. 5 sowie § 8 Abs. 1 DSchPflG mit nachgeordneter Rechtsverordnung; Umgebungsschutz im Sinne des § 2 Abs. 1 Nr. 13 S. 2 BNatSchG). Zusätzlich zur Denkmalzone ist diese Heckenlandschaft als ein attraktives Landschaftsbild durch die Kategorie „geschützter Landschaftsbestandteil" in ihrem Bestand zu sichern (§ 20 LPflG mit nachgeordneter VO).
3. Die im Fachplan als historisch-geographische Entdeckungspfade (Erkundungswege) vorgeschlagenen Routen sind im Ort, in der Flur und im Wald als solche zu kennzeichnen und für die Wanderer entsprechend instandzuhalten. An den Sicht- und Motivpunkten als Standorten besonderer Wahrnehmung und Erfahrung ist dafür zu sorgen, daß die relevanten Blickrichtungen (Sichtachsen) frei bleiben.
4. Im Bereich der Heckenlandschaft des ehemaligen Tiergartens sind der alte Försterweg (Horbacher Weg) und ein weiterer Verbindungsweg zwischen der alten Ortslage und der Stelzenbachaue für die Erholungsfunktion wieder zugänglich zu machen (Art. 40 Satz 4 LV, § 2 Abs. 12 LPflG u. § 15 DSchPflG mit nachgeordneten VO; § 9 Abs. 1 Nrn. 20 u. 21 BauGB, §§ 17 u. 17a GemO). Andernfalls wäre dieser attraktive Flurteil zukünftig im Hinblick auf die Erholungsfunktion ein Unverträglichkeitsbereich in der Gemarkung. Die ehemalige Brücke des alten Försterweges über den Stelzenbach ist in Form eines Steges wiederherzustellen. Der so geschaffene Anschluß an den jenseits des Stelzenbaches verlaufenden Waldweg im Staatsforst wird eine attraktive Rundwanderroute ermöglichen und aus geschichtlicher Sicht den Grenzübertritt vom Tiergarten zum Kameralwald öffnen.
5. In dem auf dem Gemarkungsgebiet im Stelzenbachforst (Naturpark Nassau, Kernzone 3) einzurichtenden Naturwaldreservat ist die Begehbarkeit der im Fachplan ausgewiesenen Entdeckungspfade für die Erholungssuchenden zu gewährleisten.
6. Forstliche Maßnahmen, die mit gravierenden Auswirkungen auf das Bodenarchiv im Wald verbunden sind, sollen, wo immer es zu erreichen ist, vermieden werden. Darauf ist insbesondere in den Verjüngungsbeständen und beim Holzrücken zu achten. Vor allem sollen Arbeitsabläufe in Abteilungen mit linienhaften obertägigen Bodendenkmälern parallel zu diesen und mit leichtem Gerät durchgeführt werden. Entstandene Beschädigungen an der historisch-geographischen Substanz sind soweit möglich zu

beheben, das heißt, der ursprüngliche Zustand ist wiederherzustellen. Reitwege sind im Bereich der Bodendenkmäler auf ein Höchstmaß zu beschränken und nur randlich dazu auszuweisen.
7. Die reinen Nadelholzbestände in den Abteilungen 9, 12, 13, 17, 18 und 20 des Gemeindewaldes sind mittelfristig wieder in den traditionellen Laubwald mit Buche als Hauptbaumart umzuwandeln.
8. Reste von durchgewachsenem Niederwald sind regionaltypische forstbetriebliche historische Relikte im Unterwesterwald. Aus ökologischer Sicht und im Hinblick auf die Erholungsfunktion der Gemeinde empfiehlt es sich, in der Gemarkung ein oder zwei Parzellen wieder exemplarisch in dieser Bewirtschaftungsform zu nutzen. Auch erscheint ein turnusmäßiges sachkundiges „Aufdenstocksetzen" der Hecken im ehemaligen Tiergarten unter Aufsicht der Forstbehörde dringend geboten.
9. Für die noch verbliebenen Restbestände an Streuobst, insoweit sie nicht mehr genügend gepflegt werden, sind im Einvernehmen mit den Eigentümern (Privatpersonen, Gemeinde) aktive oder passive Baumpatenschaften einzuwerben. Außerdem sollten hier Nachpflanzungen und an geeigneten Standorten auch Neupflanzungen mit pflegeleichten traditionellen Lokalsorten erfolgen. Vor allem könnten die Dorfränder (Übergangsbereiche zur Flur) dadurch landschaftlich attraktiver gestaltet werden.
10. Beim Straßen- und Wegebau ist auf die Erhaltung historisch-geographischer Objekte zu achten. Für die Wirtschaftswege in der Flur und im Wald sollte nach Möglichkeit regionaltypisches Baumaterial verwendet werden. Eine Versiegelung mit Asphalt ist zu vermeiden.
11. Der ziemlich uniforme und überwiegend städtisch geprägte Habitus des Dorfes (Prinzip: Unser Dorf soll schöner werden) sollte durch den Erhalt, die Freilegung und den vermehrten Gebrauch von traditionellen einheimischen Baumaterialien abwechslungsreicher gestaltet werden. Durch eine solche größere Vielfalt würde das Ortsbild an Attraktivität gewinnen. Auf das in der Bedeutungshierarchie der Ortstopographie an erster Stelle stehende ehemalige Jagdzeughaus und die Heckenlandschaft des Tiergartens ist von der Hauptstraße aus hinzuweisen. Am Jagdzeughaus sollte das Wappen des Trierer Erzbischofs Johann Philipp von Walderdorff erneut restauriert werden. Als Rückbaumaßnahmen werden empfohlen: Entfernen der Bordsteine und Reduzierung der Flächenversiegelung im alten Ortskern, optische Freistellung des ehemaligen Zeughauses durch Neugestaltung des Dorfplatzes und des Straßenraumes vor diesem Gebäude, Freilegung von historischen Häuserfassaden (z.B. von Sichtfachwerk).
12. Die wenigen im Ort noch vorhandenen traditionellen Kleinhäuser sind nach Möglichkeit in ihrer baulichen Eigenart zu erhalten, da sie die spezielle auch nichtagrarische Sozial- und Wirtschaftsgeschichte des Dorfes (Straßenstation, Montanwirtschaft, Waldgewerbe, Gutsdorf, zentraler Ort) besonders repräsentieren und gegenüber dem herrschaftlichen Jagdzeughaus und den bäuerlichen Anwesen polare Prinzipien verkörpern.
13. Flurlagen und Forstorte, deren Namen, wie z.B. „Lohbergshecke" oder „In den rauhen Teilern" (Karte 1 in Anlage), auf historisch-geographische Sachverhalte Bezug nehmen, sind im Gelände mit diesen Bezeichnungen entsprechend kenntlich zu machen.
14. Die wesentlichen Inhalte des historisch-geographischen Fachplanes sind in die Bauleitpläne, Ortsentwicklungspläne, Landschaftsrahmenpläne, Flurbereinigungspläne, Waldfunktionspläne und Forsteinrichtungswerke zu übernehmen und im Rahmen von Planfeststellungsverfahren und Umweltverträglichkeitsprüfungen entsprechend zu berücksichtigen. Außerdem sind die offiziellen Informationsschriften des Naturparks Nassau und der Forstämter entsprechend zu ergänzen.

Berücksichtigung von planerischen Vorgaben und Festsetzungen Dritter

Der aufzustellende historisch-geographische Fachplan hat grundsätzlich bereits bestehende planerische Vorgaben und rechtliche Festsetzungen angemessen zu berücksichtigen und zu integrieren. Dabei sind die kulturhistorischen, ökologischen und ökonomischen Belange gleichermaßen sachgerecht zu beachten und gegeneinander abzuwägen (§ 2 Abs. 3 ROG; § 1 Abs. 2, § 2 Abs. 1 BNatSchG; § 7 Abs. 3, § 9 Abs. 1 BWaldG; § 1 Abs. 6 BauGB; § 1 Abs. 2 LPflG; § 1 Abs. 3 DSchPflG). Ein möglichst einvernehmliches Zusammenwirken aller Beteiligten bzw. Betroffenen sollte das vornehmlichste Ziel sein. Anzuhören und in den Planungsprozeß und dessen praktische Umsetzung mit einzubeziehen sind u.a. die Bauleitplanung, die Institutionen der Wirtschaftsförderung (z.B. im Hinblick auf sanften Tourismus), die mit dem Wald, der Landespfle-

MUSTER-ERFASSUNGSBOGEN ZUM HISTORISCH-GEOGRAPHISCHEN FACHPLAN

Erfassungsbogen-Nr.: **Verzeichnis-Nr.:**	**Bearbeiter:** **Datum:**
Lage: (Ortsgemeinde/Verbandsgemeinde/Kreis/Bundesland) (Ortslage/Flur/Wald)	**TK 1:25.000-Bl.-Nr:** **Koordinaten:** (rechts hoch)
Einzelobjekt: (Gebäude/Ackerrain/Steinbruch etc.)	**Objektgruppe:** (Gattungsobjekte, wie z.B.: Häusergruppe/Streuobstwiese/ Flurreliktgebiet/ Areal mit Meilerplätzen/ Heckenlandschaft etc.)
Teil eines funktionalen Ensembles: (z.B.: Gebäude und/oder Wirtschaftsfläche eines ehemaligen Hofgutes/ Bergbaugebiet mit Gebäudeanlagen, Pingen, Halden, Feldesgrenzen und Verkehrsrelikten)	**Alter/kulturlandschaftsgeschichtliche Epoche:** (Vor-/Frühgeschichte/Mittelalter/Frühneuzeit etc.)
Beschreibung: (Flächenanspruch/Größe/Art/Form/Hervorhebung der regionaltypischen oder regionalspezifischen Beschaffenheit des Objekts (u.U. mit Abbildung)/Erhaltungszustand/derzeitige Funktion/zur Präsentation sehr gut, gut, nur bedingt, ungeeignet etc.)	**Gefährdung/Empfindlichkeit:** (Hoher Schwund einer früher häufigen Elementgattung/inzwischen selten oder einmalig/von Zerstörung oder Verfall bedroht/sicherungs- bzw. restaurierungsbedürftig/potentielle oder konkrete Bedrohung durch konkurrierende Flächennutzungen)
Kultur- und/oder naturhistorische Funktion und Bedeutung: („Denkmalwert" gem. Denkmalgesetz der Länder/ „Schutzwert" gem. BNatSchG und Naturschutzgesetzgebung der Länder)	**Bedeutung und Leistung für die gegenwärtige Kulturlandschaft:** (Potential für Wissenschaft, Bildung, Erleben und Erholung sowie zur Schaffung von Identifikationsbezügen: Landschafts- bzw. ortsbildprägend/regionaltypisch oder regionalspezifisch/aus der Alltagswelt stammend/ehemals existentiell bedeutsam/einzigartig/wissenschaftlich informativ/ästhetisch-künstlerisch wertvoll/zur Präsentation besonders geeignet etc.)
1. Pflegerichtlinien: (In der Umgebung schonende forstliche bzw. landwirtschaftliche Bewirtschaftung/bei Hecken oder Baumbeständen fachgerechte Erhaltungsmaßnahmen/bei Gebäuden denkmalgerechte Bauerhaltung etc.) **2. Entwicklungsstrategien:** (Schutz und Pflege konkretisieren und umsetzen durch Gesetze und Rechtsverordnungen/Aufbereitung u. Erschließung für Bildung und Erholung/insbesondere in Gebieten und/oder Gemeinden mit touristischer Funktion etc.)	**Mögliche gesetzliche Schutzkategorien:** (z.B. ND und KD oder geschützter Landschaftsbestandteil und Denkmalzone etc. gem. BNatSchG und Naturschutzgesetzgebung der Länder sowie Denkmalgesetze der Länder mit nachgeordneter Rechtsverordnung (VO) konkretisiert)

Anlagen zum Erfassungsbogen:

Objektabbildung (Foto, Zeichnung), großmaßstäbliche Karte der Schutzzone (mindestens 1:10000, besser 1:5000 oder sogar 1:2000)), die eine einigermaßen parzellenscharfe Abgrenzung sicherstellt.

ge und der Denkmalpflege befaßten Behörden und die für das Erholungswesen zuständigen Organisationen. Insoweit durch diese Planung rechtsverbindlich gesicherte sonstige Flächennutzungsansprüche tangiert sind, soll den betreffenden Festsetzungen im Sinne eines ausgewogenen Kompromisses Rechnung getragen werden. Kompensation durch Ausgleichsflächen erscheint nicht praktikabel.

Vorliegendes Dokumentationsmaterial

Großmaßstäbliche Kartierung – Erfassungsbögen der Ortsanalyse – Auflistung traditioneller Haus-/Gehöftformen und Bauelemente – Eintragungen im Denkmalbuch – Fotos – Bodenfunde: Schlacken von mittelalterlichen Waldschmieden, Holzkohle von Meilerplätzen, „Kippersteine" usw. – gedruckte historische Karten – schriftliche und kartographische Archivalien – Publikationen auf der Basis von Grundlagenforschung – Exkursionsführer – kartographisch ausgewiesene, im Gelände aber noch zu kennzeichnende Entdeckungspfade mit objekt- oder landschaftsbezogenen Sicht- und Motivpunkten. Objektbezogen versteht sich hier im Sinne von ein bis drei Elementen, wie z.B. ein Meilerplatz und ein Hohlweg, im lokalen Sichtbereich. Landschaftsbezogen bedeutet demgegenüber Sichtbeziehungen von räumlicher Tiefe in Verbindung mit historischer Tiefe: Vordergrund → frühneuzeitlich (Tiergarten, Gestüt, Fohlenweide), Mittelgrund → spätmittelalterlich (Ort Welschneudorf), Hintergrund → eisenzeitlich (Ringwall) oder z.B. Mittelgrund → territorialgeschichtlich grenzübergreifend (Kurtrier/Nassau und Hessen-Darmstadt, Konfessionsgrenze).

Literatur

Braun, M. (o.J.): Der Naturpark Nassau stellt sich vor. – Andernach.
Forstamt Montabaur: Erläuterungsberichte zum Forsteinrichtungswerk. – Montabaur.
Heuser-Hildebrandt, B. (1995): Auf den Spuren des historischen Tonbergbaus im Kannenbäckerland (zugl.: Mainz, Univ., Diss. 1995 u.d.T.: Die Geographie der Gewinnung und Vermarktung von Ton im Kannenbäckerland des 18. und 19. Jahrhunderts. – Mainz.
Heuser-Hildebrandt, B. & B. Kauder (1993): Welschneudorf – Wildgraben – Altstraßen – Kohlplatten. – Der Westerwald. Führer zu archäologischen Denkmälern in Deutschland 26. Stuttgart: 183ff..
Heuser-Hildebrandt, B. &. I. Kessler (1996): Zur Frage einer sachgerechten Handhabung der Gesetze für natur- und kulturlandschaftspflegerische Belange – Fallstudie zu einem Unterschutzstellungsverfahren nach dem Landespflegegesetz (LPflG) von Rheinland-Pfalz. – Kulturlandschaft 1: 40–44.
Hildebrandt, H. (Hrsg; 1994): Hachenburger Beiträge zur Angewandten Historischen Geographie (Mainzer Geogr. Stud. 39). – Mainz.
Hildebrandt, H. (1994): Mainzer Thesen zur erhaltenden Kulturlandschaftspflege im ländlichen Raum. – Ber. z. dt. Landeskunde 68 (2): 477–481.
Hönes, E.-R. (1993): Rechtliche Aspekte zur Sicherung historischer Weinberge. – Nachrichten aus der Landeskulturverwaltung Rheinland-Pfalz 12, 11. Sonderheft: 44–46.
Hönes, E.-R. (1995[2]): Denkmalrecht Rheinland-Pfalz. – Mainz.
Kaiser-Wilhelms Gymnasium in Montabaur (Hrsg.; 1906): Copei. Verzeichnus der dörffer, feurstedt und haupter, auch frembder hern renthen und guldten, in der stat und banne Monthabaur, anno domini 1548 beschrieben und in cantzlei überschickt. Jahresbericht Ostern 1906. – Montabaur.
Kauder, B. (1995): Streifzüge zu den Bodendenkmälern um Welschneudorf mit besonderem Blick auf die Relikte der Köhlerei. – Schriftenreihe zur Stadtgeschichte von Montabaur 3: 96–110.
Landschaftsverband Rheinland (1993): Kulturlandschaft und Bodendenkmalpflege am unteren Niederrhein (Materialien zur Bodendenkmalpflege im Rheinland 2). – Köln.
Landschaftsverband Rheinland (1994): Kulturgüterschutz in der Umweltverträglichkeitsprüfung (UVP), zugl.: Sonderheft Kulturlandschaft 4 (2).
Ostermann, H. (o.J.): Welschneudorf – einst und jetzt – 90 Jahre Männergesangverein Eintracht 1892 Welschneudorf, Festschrift zum 90jährigen Bestehen. Welschneudorf.

Die Kulturlandschaftsinventarisation in der Feldflurbereinigung

Thomas Gunzelmann

Die Kulturlandschaftsinventarisation ist eines der Kerngebiete der angewandten Historischen Geographie, da sie einerseits inhaltlich und methodisch auf der langen Tradition historisch-geographischer Grundlagenforschung aufbauen kann, andererseits in der sich heute immer stärker und großflächiger wandelnden Kulturlandschaft planungsrelevante Entscheidungshilfen liefern kann, die von der Raum- und Fachplanung dringend benötigt werden. Von daher ist es nicht verwunderlich, daß in diesem ursprünglich kaum beachteten, genuin historisch-geographischen Arbeitsfeld heute verschiedene Disziplinen wie die Landschaftspflege, der Naturschutz und die Denkmalpflege nebeneinander her arbeiten, und dabei „das Rad immer wieder neu erfunden" wird (Kleefeld 1995). Eine Erhaltung der Kulturlandschaft kann jedoch nur dann erfolgreich betrieben werden, wenn die genannten Disziplinen zusammenarbeiten (Schäfer 1993).

Überblick über die bisherige Methodik und Theorie

Als Vorläufer der anwendungsorientierten Kulturlandschaftsinventarisation ist die historisch-geographische Landesaufnahme zu betrachten, die großmaßstäblich „alle Relikte in der Landschaft, die auf menschliche Tätigkeit und Siedlung historischer Epochen zurückgehen", erfassen wollte (Denecke 1972: 402).

Die ersten theoretischen Überlegungen zur Einbeziehung historisch-geographischer Bestandsaufnahmen im Bereich der freien Landschaft in aktuelle Planungen stammen von Henkel (1977), Nagel (1979), Frei (1983). Die Arbeiten von Gunzelmann (1983) und von v. d. Driesch (1985) zeigen dagegen bereits erste praktische Erfassungsansätze. Die Entwicklung der Kulturlandschaftsinventarisation in Deutschland lag jedoch zeitlich um einige Jahre hinter vergleichbaren Konzepten in den Niederlanden und der Schweiz zurück. In den Niederlanden begannen die Bestandsaufnahmen kulturhistorischer Elemente im Rahmen von Flurbereinigsmaßnahmen bereits Ende der 70er Jahre (de Klerk 1977), und zu Beginn der 80er Jahre wurden solche projektbezogenen Untersuchungen gehäuft durchgeführt (Vervloet 1982). Eine gewisse Standardisierung dieser Untersuchungen hat sich bis etwa 1985 durchgesetzt (Renes 1985). Eine Kulturlandschaftsinventarisation besteht seitdem dort aus einer Reliktkarte, aus einer kartographischen Rekonstruktion der sog. „Urlandschaft" und einer Karte der Urbarmachung und der Siedlungsentwicklung, jeweils mit erläuterndem Begleittext. Methodisch verfolgte man dabei sowohl einen funktionalen Ansatz, in welchem man die Elemente der historischen Kulturlandschaft verschiedenen Funktionsbereichen zuordnete, als auch einem physiognomischen, der eine formale Untergliederung in punkthafte, linienhafte und flächenhafte Elemente vorsah (de Bont 1985). Damit ist das Grundraster für weitere Kulturlandschaftsinventarisationen vorgegeben, das auch heute noch Anwendung findet (Fehn & Burggraaff 1993:11).

In der Schweiz erreichte die Kulturlandschaftsinventarisation ebenfalls recht früh einen hohen Stand. Einen wesentlichen Beitrag zur Definition und Charakteristik der traditionellen oder historischen Kulturlandschaft erarbeitete dort Ewald (1978). Die Entwicklung verlief hier allerdings anders als in den Niederlanden. Die Bestandsaufnahmen wurden dort weniger mit laufenden Planungsverfahren verknüpft, sondern sie entstanden als groß angelegte, eigenständige Inventarisationen einzelner Funktionsbereiche. Bedeutsam wurde vor allem das Inventar historischer Verkehrswege der Schweiz (Aerni & Schneider 1984).

Auf der Basis der genannten Arbeiten wurde ein Modell einer planungsbezogenen Kulturlandschaftinventarisation entwickelt und den Verhältnissen eines Flurbereinigungsgebietes angepaßt. Der Beispielsraum betraf das Gebiet der Flurbereinigungsverfahren Baunach und Höfen, Lkrs. Bamberg (Gunzelmann 1987). Grundsätzlich wurde dabei einerseits in enger Anlehnung an die gesetzlichen Rahmenbedingungen der Bundesrepublik Deutschland bzw. des Freistaats Bayern und andererseits an die zu dieser Zeit im Flurbereinigungsverfahren üblichen methodischen Planungsstandards gearbeitet. Dies erschien zu dieser Zeit zwingend notwendig, um den fachlich-methodischen Abstand bei der Vorstellung inhaltlich neuer Planungsgrundlagen so gering wie möglich zu halten.

Rechtliche Grundlagen

Gesetzliche Rahmenbedingungen für die Untersuchung und den Schutz der historischen Kulturlandschaft in Flurbereinigungsverfahren bietet zunächst das Flurbereinigungsgesetz (FlurbG) selbst (s. S. 119). So hat die Neugestaltung des Flurbereinigungsgebietes „unter Beachtung der jeweiligen Landschaftsstruktur" zu erfolgen (§ 37 Abs. 1 FlurbG). Detailliert geregelt ist die Berücksichtigung öffentlicher Belange des Naturschutzes, der Landschaftspflege, des Denkmalschutzes und des Orts- und Landschaftsbildes in § 37 Abs. 2 FlurbG. Gerade diese öffentlichen Belange sind es, die eine Berücksichtigung der traditionellen oder historischen Kulturlandschaft im Flurbereinigungsverfahren geboten sein lassen.

Auch andere Gesetze, wie das Bundesnaturschutzgesetz (BNatSchG) mit dem § 2 Abs. 1 Nr. 13, nach welchem „historische Kulturlandschaften und -landschaftsteile von besonders charakteristischer Eigenart" zu erhalten sind, und je nach Bundesland das jeweilige Denkmalschutzgesetz, können zur Begründung einer Kulturlandschaftsinventarisation in der Flurbereinigung herangezogen werden. In den jüngeren Denkmalschutzgesetzen der neuen Bundesländer, wie beispielsweise im Sächsischen Denkmalschutzgesetz von 1993 sind Elemente der historischen Kulturlandschaft wie „historische Landschaftsformen wie Dorffluren oder Haldenlandschaften" Kulturdenkmale im Sinne des Gesetzes (§ 2 (5)), während im Bayerischen Denkmalschutzgesetz von 1973 noch stärker vom künstlerischen und baulichen Gehalt ausgegangen wird, wenngleich mit der Definition des Denkmals „als von Menschen geschaffene Sachen" auch Elemente der historischen Kulturlandschaft eingeschlossen werden könnten. Es gelang hier bisher nicht, Historische Flurformen wie die Radialhufenflur des Rundangerdorfes Kreuzberg, Lkr. Freyung, im Bayerischen Wald, in das geschützte Ensemble zu integrieren.

Vor allem mit der Einführung der Umweltverträglichkeitsprüfung nach dem UVPG ist eine weitere wesentliche Voraussetzung für eine Bestandsaufnahme der historischen Kulturlandschaft geschaffen worden, denn das UVPG sieht die Prüfung des Schutzgutes „Kultur" bei allen raumwirksamen Planungen vor, das wiederum in der Fläche in einem hohen Maße durch die historische Kulturlandschaft und ihre einzelnen Elemente definiert wird. Da ja auch ein Flurbereinigungsverfahren der Umweltverträglichkeitsprüfung unterliegt, mußten diese Vorgaben in die Landschaftsplanung im Flurbereinigsverfahren eingearbeitet werden, was eine nochmalige Festigung der Anspruchs zur Erfassung und Erhaltung der historischen Kulturlandschaft in der Flurbereinigung mit sich bringt.

Arbeitsschritte

Die Kulturlandschaftsinventarisation, wie sie die Historische Geographie versteht, verwendet die klassischen Arbeitsweisen der traditionellen Kulturlandschaftsforschung. Dies sind in erster Linie der physiognomisch-morphologische, der genetische und der funktionalen Ansatz (Jäger 1987). Die Erfassung erfolgt zunächst physiognomisch mit dem Methodenspektrum der historisch-geographischen Feldforschung. Dabei werden die Elemente der historischen Kulturlandschaft im Planungsraum im Maßstab 1:5000 kartiert und nach den Kategorien punkthaft, linienhaft und flächenhaft unterschieden. Funktional werden sie bereits während der Geländeaufnahme differenziert nach ihrer Zugehörigkeit zu einem bestimmten Funktionsbereich, wobei zwischen Siedlung, Landwirtschaft, Gewerbe, Verkehr, Freizeit und Religion, Staat und Militär (Gemeinschaftsleben) unterschieden wird. Häufig auftretende Zweit- und Nebenfunktionen werden im erläuternden Text genannt. Weiterhin müssen die Einzelelemente dahingehend beschrieben werden, ob ihre historische Funktion noch besteht, sie also rezent sind, wie beispielsweise ein heute noch bewirtschaftetes Terrassenakkersystem, oder ob die ursprüngliche Funktion verloren gegangen ist, sie also fossil sind, wie beispielsweise ein aufgegebener historischer Weinberg. Jedes Element wird formal beschrieben und fotografiert.

Ein Typenkatalog möglicher Elemente und ihrer Zuordnung zu den einzelnen Funktionsbereichen findet sich bei Gunzelmann (1987), weitere Zusammenstellungen bringen Barends u.a. (1993), Wöbse (1994: 15) und Arbeitskreis (1994). Ein beispielhafter und anschaulicher Elementkatalog für Bayern, der sich an weitere Kreise der Planung und interessierten Öffentlichkeit wendet, ist in Vorbereitung.

Nach der Erfassung der Einzelelemente im Gelände erfolgt die historisch-geographische Analyse der einzelnen Elemente. Dazu sind eine Auswertung der heimatkundlichen Literatur, Archivstudien in Orts- und Staatsarchiven (im notwendigen, überschaubaren Umfang) und die Befragung ortskundiger Personen erforderlich. Selbstverständlich wird man bei zahlreichen Elementen sehr rasch an die Grenzen der Methodik und der Quellenlage stoßen, da es sich zumeist um alltägliche, oft auch unscheinbare Objekte handelt, die kaum schriftlichen Niederschlag gefunden haben. Trotzdem lassen sie sich zumeist über den Urkatasterplan und den begleitenden Katastertext zumindest als historische Erscheinung, die quellenmäßig belegt ist, erfassen. In manchen Fällen wird man um Analogieschlüsse nicht herumkommen. Diese methodische Schwachstelle darf jedoch nicht dazu verführen, daß man andere wertvolle und schützenswerte Eigenschaften, wie die zumeist vorhandenen ökologischen, stärker analysiert und in den Vordergrund stellt. Letztlich muß der kulturelle und damit der historische Aspekt der wesentliche bleiben, jedes Einzelelement muß als Individuum mit fester Orts- und Zeitbindung beschrieben werden. Nur auf diese Weise ist ein Bezug zum Begriff des Denkmals herstellbar und damit auch eine Begründung der Berücksichtigung der Kulturlandschaft als Werk des Menschen in der Vergangenheit neben ihrer zweifelsohne vorhandenen ökologischen und landschaftsästhetischen Bedeutung. Diese historisch individuelle Bedeutung des Einzelelementes herauszuarbeiten, ist die Aufgabe der historisch-geographischen Analyse.

Ein nächster Schritt ist die Bewertung der einzelnen Elemente. In dem ursprünglich entwickelten Verfahren der Kulturlandschaftsinventarisation wurde ein zwar einfaches, aber trotzdem schematisches und quantifizierbares Bewertungsraster eingesetzt. Dieses Raster unterwirft jedes Einzelelement unterschiedlichen Bewertungskriterien wie Alterswert, Erhaltungswert, Seltenheitswert, regionaltypische Bedeutung, gestalterischer Wert, Landschaftswirkung, ökologischer Wert, ökologischer Demonstrationswert, wissenschaftlicher sowie touristischer Wert. Jeder einzelne der Wertbereiche wird nach den Wertstufen gering, durchschnittlich, hoch, hervorragend beurteilt. Schließlich ergibt sich für jedes Element ein Gesamtwert in einer der vier Wertstufen, die auf der Ergebniskarte der Kulturlandschaftsinventarisation eingetragen wird (Gunzelmann 1988). Diese Methode ist vergleichbar zu den in der Landschaftsplanung in der Flurbereinigung üblichen (Auweck 1979, Amann & Taxis 1987).

Die Erfassung, die Analyse und die Bewertung finden schließlich Eingang in eine Datenbank der Kulturlandschaftselemente des Untersuchungsgebietes, die zusammen mit der Ergebniskarte im Maßstab 1:5000 einen Teil der sogenannten Landschaftsplanung Stufe 1 (Entwicklung) bilden kann.

Beispielhafte Umsetzungen in Franken

Bisher wurde dieses Modell der Kulturlandschaftsinventarisation in der Flurbereinigung jedoch nur in Einzelfällen im vollen Umfang eingesetzt. Zumeist war es nur möglich, projektbezogen bedeutsame Teilflächen einer Gemarkung oder aber herausragende Einzelelemente, die sich eventuell über mehrere Gemarkungen erstrecken, zu bearbeiten. Ein Beispiel der Erfassung eines linearen, mehrere Flurbereinigungsgebiete übergreifenden Einzelelementes ist die Bestandsaufnahme des „Rennweges der Haßberge" (Heyse 1990), der als mittelalterliche, wahrscheinlich karolingische Hochstraße auf einer Länge von 60 km noch gut erhalten ist und auf einem Abschnitt von 12 km in drei Gemarkungen einer Gruppenflurbereinigung liegt. Die Bestandsaufnahme wurde als Grundlage für einen, dem Altstraßencharakter gerecht werdenden teilweisen Ausbau herangezogen. Dort, wo die Wegoberfläche verändert werden mußte, bietet sie nunmehr eine Dokumentation des Vorzustandes.

Eine Erfassung eines flächenhaften Elementes aus dem Bereich Landwirtschaft mit der Zielsetzung der Erhaltung und Weiternutzung erfolgte im Bereich der Wiesenbewässerungsanlage der Äulein- und Schäffertwiesen in Kirchehrenbach sowie der Mühl- und Auerbergwiesen in Weilersbach, Lkrs. Forchheim. Diese Bewässerungsanlage im Grabenstausystem, die in ihren Ursprüngen mindestens bis in das frühe 18. Jh. verfolgt werden kann und in ihrem aktuellen Bestand aus der Zeit der Jahrhundertwende stammt, wurde in ihrer Entwicklungs- und Nutzungsgeschichte auf archivalischer Basis und unter Befragung von Gewährspersonen vor Ort untersucht (Kühn 1990). Anschließend wurde die Anlage in einem gemeinsamen Projekt von Flurbereinigung, Wasserwirtschaft und Denkmalpflege instandgesetzt.

Am häufigsten finden punkthafte Elemente Berücksichtigung, auch schon wegen ihrer zumeist geringen Dimensionen und der leichteren Finanzierbarkeit der Erhaltung. Als Beispiel hierfür sei der sogenannte „Eschlipper Brunnen", Lkrs. Forchheim, genannt, eine Quellfassung am Hang 50 Höhenmeter unterhalb des gleichnamigen Dorfes, mit diesem durch einen „Brunnsteig" verbunden. Da auf der Karsthochfläche der Fränkischen Alb kein fließendes Wasser vorhanden war, mußten die Dorfbewohner ihr Trinkwasser in mühevoller Arbeit von solchen Brunnen am Quellhorizont hinaufschleppen. Auch hier wurde eine Instandsetzung aus Mitteln der Flurbereinigung und der Denkmalpflege durchgeführt. Eine Reihe von weiteren Einzelbeispielen im Zusammenhang mit der Problematik ihrer Erhaltung benennt Born (1993).

Inventarisationen von größeren Kulturlandschaftsausschnitten konnten nur dann durchgeführt werden, wenn größere Planungsvorhaben in Gemarkungen anstanden, in denen eine höhere Dichte an bedeutsamen Elementen der historischen Kulturlandschaft zu erwarten war. So war es im Fall einer Golfplatzplanung in der Gemarkung des „Rindhofes", eines ehemaligen Wirtshaftshofes des einstigen Zisterzienserklosters Maria Bildhausen, Lkrs. Bad Kissingen (Schenk & Thiem 1992). Diese Kulturlandschaftsinventarisation folgt in ihrer grundsätzlichen Methodik der des Verfassers (Gunzelmann 1987), allerdings ist hier bereits das quantifizierte Bewertungsschema zugunsten einer textlichen Würdigung aufgegeben. Aus dieser Bestandsaufnahme heraus wurde ein Forderungskatalog entwickelt, der bei einer Umwandlung der Wirtschaftsflächen in einen Golfplatz als Auflage der Denkmalpflege zu beachten war. Eine vergleichbare Bestandsaufnahme, ebenfalls im Bereich eines ehemaligen Zisterzienserklosters, wird derzeit im Rahmen der Dorferneuerung Klosterlangheim, LKrs. Lichtenfels, durchgeführt. Neben der Erfassung der Feldflur werden hier auch die angrenzenden Waldabteilungen nach einem etwas ausgedünnten Raster untersucht.

Als positive jüngere Entwicklung ist derzeit die Durchführung eines bayernweiten Modellprojektes absehbar, in dem im Zuständigkeitsbereich jeder einzelnen Direktion für ländliche Entwicklung ein Verfahrensgebiet ausgesucht werden soll. Als Ergebnis dieses Modellprojektes könnte eine sogenannte „Arbeitshilfe für die Kartierung und Bewertung kulturhistorisch schutzwürdiger Landschaftselemente" entstehen. Basis des Modellprojektes bildet ein „Leistungsverzeichnis Kulturlandschaftsinventarisation". Dies fußt ebenfalls auf einer modifizierten Variante der bisher vorgestellten Methodik. Die Funktionsbereiche werden erweitert einerseits um die eingetragenen Baudenkmäler, Ensembles und Bodendenkmäler, andererseits um sogenannte assoziative Elemente der historischen Kulturlandschaft, also Sichtbezüge, Raumbildungen oder immaterielle historische Stätten. An diesen Punkt fließen Überlegungen zur Definition und Abgrenzung zwischen Kulturlandschaft und Denkmallandschaft ein, wie sie Breuer (1993) immer wieder angestellt hat. Stärkere Gewichtung soll auf die Gesamtschau der historischen Kulturlandschaft des jeweiligen Untersuchungsgebietes gelegt werden. Die Grundlagen der historischen Kulturlandschaft werden mit Darstellungen der naturräumlichen Bedingungen, der Kulturlandschaftsgeschichte, der Dorf- und Flurform sowie einer querschnittlichen Analyse der historischen Flächennutzungen und des historischen Verkehrsnetzes erläutert. Anschließend erfolgt die Darstellung der Einzelelemente, also das Kernstück der Arbeit, das eigentliche Inventar. Die Elemente werden in einem vorgegebenen Grundraster behandelt, in welches Funktionsbereich und Elementtyp, Form und Funktion (rezent/fossil) eingetragen werden. Es folgen die formale Beschreibung, die historisch-geographische Analyse, die Darstellung der Bedeutung des Elementes in einer textlichen Würdigung. Aussagen über den Erhaltungszustand sowie über Schutz- und Pflegemöglichkeiten zeigen die Nähe des Inventars zur Planung. Dokumentiert wird jedes Element mit Foto und (Karten-)Skizze. Abschließend wird in einer Gesamtschau der historischen Kulturlandschaft des Untersuchungsgebietes versucht, die Vernetzungen der Einzelelemente und die Wirkungszusammenhänge der historischen Einflußkräfte, die zu Ausprägung der jeweiligen Landschaft geführt haben, zu klären.

Verdeutlicht wird die Kulturlandschaftsinventarisation durch zwei wesentliche Karten. Zum einen ist dies die „Bestandskarte" der historischen Kulturlandschaft mit der Eintragung aller Einzelelemente aus den verschiedenen Funktionsbereichen auf dem aktuellen Flurplan 1:5000. Zum anderen wird eine „Karte der historischen Kulturlandschaft" auf der Basis des Urkatasterplans mit der Eintragung der historischen Landnutzung und des historischen Verkehrsnetzes erstellt.

Rechtliche Grundlagen

- Flurbereinigungsgesetz (FlurbG). Vom 14.7.1953 (BGBl. I S. 591). Zuletzt geändert durch Gesetz vom 8.12.1986 (BGBl. I S. 2191).
- Denkmalschutzgesetze der Länder, z.B.
- Gesetz zum Schutz und zur Pflege der Denkmäler (Bayerisches Denkmalschutzgesetz – DschG). Vom 25. Juni 1973 (GVBl. S. 328)
- Gesetz zum Schutz und zur Pflege der Kulturdenkmale im Freistaat Sachsen (Sächsisches Denkmalschutzgesetz – SächsDSchG). Vom 3. März 1993 .
- Gesetz über Naturschutz und Landschaftspflege (Bundesnaturschutzgesetz – BNatSchG). Vom 20.12.1976 (BGBl. I S. 3573). Zuletzt geändert durch Gesetz vom 27.7.1984 (BGBl. I S. 1034).
- Gesetz über die Umweltverträglichkeitsprüfung (UVPG) vom 12.2.1990 (BGBl. I S. 205), zuletzt geändert durch Gesetz vom 22.4.1993.
- Bayerische Verwaltung für Ländliche Entwicklung: Leitfaden Landschaftsplanung in der Ländlichen Entwicklung (LL-LE) vom April 1994.

Literatur

Aerni, K.& H. Schneider (1984): Alte Verkehrswege in der modernen Kulturlandschaft – Sinn und Zweck des Inventars historischer Verkehrswege der Schweiz (IVS). – Geographica helvetica 29: 119–127.
Amann, E. & H.D. Taxis (1987): Die Bewertung von Landschaftselementen im Rahmen der Flurbereinigungsplanung in Baden-Württemberg. – Natur und Landschaft 62: 231–235.
Arbeitskreis „Kulturelles Erbe in der UVP" (1994): Kulturgüterschutz in der UVP. – Kulturlandschaft 4 (2), Sonderheft.
Auweck, F.A. (1979): Die Kartierung von Kleinstrukturen in der Kulturlandschaft – Erfahrungsbericht, weitere Entwicklung und Anwendbarkeit im Vergleich mit anderen Methoden. – Natur & Landschaft 54: 382–387.
Barends, S., J. Renes u.a. (1993): Over hagelkruisen, banpalen en pestbosjes. Historische landschapselementen in Nederland. – Utrecht.
De Bont, C. (1985): De historisch-landschappelijke kartering van Nederland Schaal 1:50000: Enkele Hoofdlijnen. – Geogr. Tijdschrift 19: 442–449.
Born, K.M. (1993): Die Erhaltung historischer Kulturlandschaftselemente durch die Flurbereinigung in Westdeutschland. – Z. f. Kulturtechnik und Landentwicklung 34: 49–55.
Breuer, T. (1993): Naturlandschaft, Kulturlandschaft, Denkmallandschaft. – Historische Kulturlandschaften. ICOMOS, Hefte des Deutschen Nationalkomitees XI.: 13–19.
Denecke, D. (1972): Die historisch-geographische Landesaufnahme. Aufgaben, Methoden und Ergebnisse, dargestellt am Beispiel des mittleren und südlichen Leineberglandes. – Göttinger Geogr. Abh. 60: 401–436.
Driesch, U.v.d. (1985): Een historisch-geografische kartering in het Münsterländchen. – Hist.-geogr. Tijdschrift 3: 81–88.
Ewald, K. (1978): Der Landschaftswandel. Zur Veränderung schweizerischer Kulturlandschaften im 20. Jahrhundert. – Tätigkeitsber. d. Naturforsch. Ges. Baselland. 30: 55–308.
Fehn, K. & P. Burggraaff (1993): Der Fachbeitrag der Angewandten Historischen Geographie zur Kulturlandschaftspflege. – Kulturlandschaft 3 (1): 8–13.
Frei, H. (1983): Wandel und Erhaltung der Kulturlandschaft – der Beitrag der Geographie zum kulturellen Umweltschutz. – Ber. z. dt. Landeskunde 57: 277–291.
Gunzelmann, Th. (1983): Möglichkeiten und Grenzen der Berücksichtigung historischer Kulturlandschaftselemente in der räumlichen Planung. – unveröff. Diplomarbeit Univ. Bamberg.
Gunzelmann, Th. (1987): Die Erhaltung der historischen Kulturlandschaft. Angewandte Historische Geographie des ländlichen Raumes mit Beispielen aus Franken (Bamberger Wirtschaftsgeographische Arbeiten 4). – Bamberg.
Gunzelmann, Th. (1988): Historisch-geographische Vorgaben für eine Erhaltung der historischen Kulturlandschaft im Rahmen der Flurbereinigung: Beispiel Flurbereinigungsverfahren Baunach. – 46. Deutscher Geographentag München. Tagungsbericht und wissenschaftliche Abhandlungen. Wiesbaden: 168–171.
Heyse, D. (1990): Dokumentation des Rennweges im Bereich der Flurbereinigung Schönbrunn, Breitbrunn und Neubrunn. – unveröff. Manuskript Staffelbach.
Henkel, G. (1977): Anwendungsorientierte Geographie und Landschaftsplanung – Gedanken zu einer neuen Aufgabe. – Geographie und Umwelt, Festschrift für P. Schneider. Kronberg/Ts.: 36–59.
Jäger, H. (1987): Entwicklungsprobleme europäischer Kulturlandschaften. – Darmstadt.
Kleefeld, K.-D. (1995): Rezension von: Hallmann, H.W. & J. Peters (Hrsg.; 1993): Kulturhistorische Landschaftselemente in Brandenburg. – Berlin/Friedrichshagen. – Kulturlandschaft 5 (1): 51–52.
Klerk, A.P. de (1977): Historische Geografie en ruilverkaveling. Enkele overwegingen ter bescherming van het Eemnesser cultuurlandschap. – Geogr. Tijdschrift 11: 434–447.

Kühn, A. (1990): Entwicklung und Bedeutung der historischen Wiesenbewässerungsanlagen der Äulein- und Schäffertwiesen und der Mühl- und Auerbergwiesen in den Gemeinden Kirchehrenbach, Weilersbach und Reuth. – unveröff. Auftragsgutachten für die Flurbereinigungsdirektion Bamberg.
Nagel, F.N. (1979): Konzept zur Erfassung von erhaltenswerten kulturgeographischen Elementen in ländlichen Siedlungen. – Ber. z. dt. Landeskunde. 53: 81–93.
Renes, J. (1985): Inleiding tot het cultuurhistorisch landschapsonderzoek. Stichting voor Bodemkartering. – Wageningen.
Schäfer, D. (1993): Pflege, Erhaltung und Entwicklung historischer Kulturlandschaften. – Historische Kulturlandschaften. ICOMOS. Hefte des Deutschen Nationalkomitees XI.: 63–67.
Schenk, W. & W. Thiem (1992): Fachliche Stellungnahme zur denkmalpflegerischen Bedeutung des Planungsgebietes „Golfplatz" im Bereich des Rindhofes bei Maria Bildhausen. – unveröff. Manuskript Würzburg und Bamberg.
Vervloet, J.A.J. (1982): Cultuurhistorisch onderzoek ruilverkaveling „De Gouw" (Stichting voor Bodemkartering, Rapport 1569). – Wageningen.
Wöbse, H.H. (1994): Schutz historischer Kulturlandschaften. – Beiträge zur räumlichen Planung (Schriftenreihe des Fachbereichs Landschaftsarchitektur und Umweltentwicklung der Universität Hannover 37). – Hannover.

Kulturlandschaftspflege im Rahmen der Rebflurbereinigung in Rheinland-Pfalz

Ulrich Stanjek

Rechtliche Grundlagen

Den rechtlichen Hintergrund für die Ausführungen zur Reb- und Feldflurbereinigung stellen das Flurbereinigungsgesetz (FlurbG, insbes. die §§ 1, 86, 87, 91, 103) sowie dazu ergangene Ausführungsgesetze der Länder, das Bundesnaturschutzgesetz (BNatSchG) mit den entsprechenden Ländergesetzen, das Gesetz über die Umweltverträglichkeitsprüfung (UVP) und etliche andere Fachgesetze dar. Den institutionellen Hintergrund bilden die Flurbereinigungsbehörden der Länder, deren unterschiedliche Bezeichnungen hier nicht aufgeführt werden sollen. Den verschiedenen Verfahren nach FlurbG werden i.d.R. agrarstrukturelle Vorplanungen (AVP) vorgeschaltet, bevor mit dem Einleitungsbeschluß die förmliche Einleitung eines Verfahrens beginnt. Die Hauptschritte im Ablauf sind im folgenden Ablaufschema dargestellt.

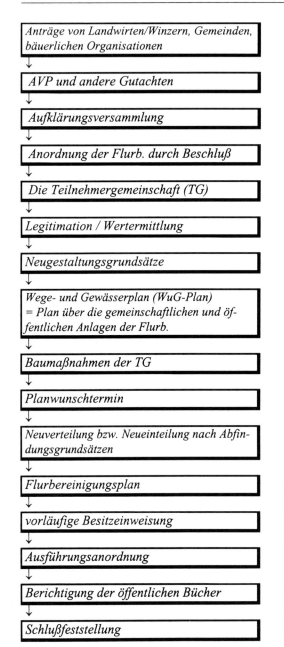

Dieser Verfahrensablauf nach dem FlurbG gilt für die wichtigsten drei Verfahrensarten: die klassische Flurbereinigung (§ 1), die vereinfachte Flurbereinigung (§ 86) und die Unternehmensflurbereinigung (§ 87), wobei § 86 einige Vereinfachungen erlaubt. Die Bedeutung dieser Flurbereinigungsverfahren nach deutschem Recht liegt darin, daß es keine anderen gesetzlichen Instrumentarien für *eine* Behörde gibt, sämtliche Verfahrensschritte auszuführen oder zu leiten. Dies reicht von der Legitimation der beteiligten Grundstückseigentümer über die Bewertung der Grundstücke, Planung der Neugestaltung (WuG-Plan), Ausführung durch Baumaßnahmen, Bodenordnung mit Neuvermessung bis zur Berichtigung der öffentlichen Bücher.

Rechtsquellen:
– BNatSchG. Gesetz über Naturschutz und Landschaftspflege v. 12.3.1987 i.d.F. vom 22.4.1993 (BGBl. I S. 466)
– FlurbG. Flurbereinigungsgesetz vom 16.3.1976 i.d.F. vom 8.12.1986 (BGBl. I S. 2191), zuletzt geändert am 23.8.1994 (BGBl. I S. 2187)
– LPflG. Landespflegegesetz Rheinland-Pfalz vom 5.2.1979 i.d.F. vom 14.6.1994 (GVBl. S. 280)
– UVPG. Gesetz über die Umweltverträglichkeitsprüfung vom 12.2.1990 i.d.F. vom 20.6.1990 (BGBl. S. 1080)
– Richtlinien für die landespflegerische Bestandsaufnahme und -bewertung in Verfahren nach dem Flurbereinigungsgesetz vom 6.12.1994 (MWVLW, Az.: 8062b 65.53/2)

Die Bereinigung von Rebarealen läuft genauso wie die vorab geschilderte Feldflurbereinigung ab. Eine Besonderheit ist die abschnittsweise Bearbeitung, die erforderlich ist, um den meist vollkommenen Ernteausfall zu reduzieren. Da die Reben für gewöhnlich komplett abgeräumt werden, meistens ein Jahr für den Ausbau einzukalkulieren ist und nach der Wiederbepflanzung der erste Vollertrag erst nach drei Jahren erreicht wird, ist in dem jeweiligen Flurbereinigungsprojekt ein vierjähriger Ertragsausfall einzukalkulieren. Die Projekte werden daher je nach Gesamtgröße der Rebfläche in dem weinbautreibenden Gebiet auf 40–60 ha beschränkt, so daß die betroffenen Winzer ihre Rebflächen in den anderen Projekten weiterhin bewirtschaften können. Da die Arbeitsplanung der Flurbereinigungsbehörden sich nach den Langzeit-Wiederaufbauplänen der Weinbergs-Aufbaugemeinschaften richtet, sind die Reben in dem jeweiligen Projekt in der Mehrzahl sowieso umtriebsreif, d.h., sie hätten auch ohne Flurbereingung erneuert werden müssen.

Weinbergslandschaften

Historisch gesehen hat sich der Weinbau in Europa in seiner größten Ausdehnung bis nach Ostpreußen und Südskandinavien erstreckt. Der Rückgang schon vor Jahrhunderten erfolgte vor allem wegen verschlechterten klimatischen Bedingungen. Infolge des Reblausbefalls um die letzte Jahrhundertwende wurde der Weinbau in zahllosen weiteren Weinbaugemeinden aufgegeben. Die Relikte dieses historischen Weinbaus sind spärlich; die empfindliche Weinrebe (vitis vinifera) hat bei zunehmender Verbuschung/Verwaldung nur wenige Jahrzehnte in Einzelexemplaren überdauern können und ist in den o.a. Gebieten völlig verschwunden (von Spalierreben an Hauswänden abgesehen). Als sonstige Relikte können alte Mauern oder deren Reste und überkommene Namensbezeichnungen (Flur-, topographische und Orts-Namen) vorhanden sein.

Die Haupttypen heutigen Weinbaus lassen sich nach Reliefenergie, Anlageform und landschaftsprägendem Charakter unterscheiden.

– Bei der Reliefenergie gibt es Flachlagen bis 10% Hangneigung, darüber Hanglagen, deren Obergrenze zwischen 30 und 50% variiert je nach Maschineneinsatz. Man spricht von Direktzug, wenn die Bearbeitung direkt mit Weinbergsschleppern (bis 40%) oder Raupenschleppern (bis 50%) erfolgt oder erfolgen könnte (direktzugfähig). Darüber hinaus handelt es sich um Steillagen, die entweder noch mit Seilzug bewirtschaftet werden oder nur noch per Hand bearbeitet werden können, wobei in Einzelfällen Schienenbahnen Transporte übernehmen.
– Bei der äußeren Anlageform lassen sich neben den flächenhaften Rebanlagen verschiedene Terrassenformen von der Einzel- über die mehrzeilige bis zur Großterrasse aufzählen, wobei die Terrassen durch Böschungen, Felsen und Mauern oder Kombinationen davon gebildet werden. Die innere Anlageform, nämlich die Erziehungsart wie etwa Stock- oder Drahtrahmen, ist in ihrer früheren Vielfalt nur museal darstellbar.
– Ob der Weinbau schließlich das Landschaftsbild nachhaltig prägt, hängt davon ab, ob es sich um eine großflächige Weinbaumonokultur handelt, eine mit anderen Kulturarten gemischte Sonderkultur oder eine parkähnliche geplante Landschaftsgestaltung (wie in der Umgebung von Schlössern und Villen).

Die Weinbergsflurbereinigung

Die Empfehlungen der Arbeitsgemeinschaft (ARGE Flurbereinigung) „Der Plan über die gemeinschaftlichen und öffentlichen Anlagen der Flurbereinigung" haben bei den meisten Weinbergsflurbereinigungen in Deutschland zu Standardausführungen hinsichtlich des Wegesystems mit Hoch- und Tiefpunkten sowie gleichmäßigen Wegeabständen und den daraus resultierenden Rebzeilenlängen geführt, die gepaart sind mit dem weitgehenden Fehlen von Gehölzstrukturen in den Weinbergsflächen selbst. Noch in der letzten Ausgabe (1987) der o.a. Empfehlungen taucht unter der Ziffer 9 (Rebanlagen) der Begriff „Kulturlandschaft" nicht auf. Vor allem aus der Vogelperspektive wirken solche flurbereinigte Rebflächen als moderne Standardlandschaft recht monoton.

Bewertungsmaßstäbe und -methoden

Im FlurbG ist zwar eine Wertermittlung vorgeschrieben (§§ 27ff.), es handelt sich dabei aber um eine Bodenwertermittlung nach landwirtschaftlichen/weinbaulichen Gesichtspunkten.

In § 37 (1) wird ausgeführt: „Das Flurbereinigungsgebiet ist unter Beachtung der jeweiligen Landschaftsstruktur neu zu gestalten ...". Es handelt sich aber ebenso wie beim „Wahren der Interessen" im Absatz (2) u.a. „des Umweltschutzes, des Naturschutzes und der Landschaftspflege" um keinen Bewertungsmaßstab, sondern um die Aufzählung öffentlicher Belange, die dann im späteren Verfahren nach § 41 in die Abwägung für den Planfeststellungsbeschluß einmünden. § 50 schließlich enthält noch Bestimmungen über Erhaltung von Aufwuchs, u.a. auch von Bäumen und Reben aus Gründen des Naturschutzes. Demgegenüber stehen aber die von den weinbautreibenden Ländern erlassene Weinbergsaufbaugesetze, die meist eine vollständige Räumung aller Reben verlangen. Der Begriff „Kulturlandschaft" hat auch bei der jüngsten Novellierung (1994) des FlurbG keinen Eingang ins Gesetz gefunden.

Für die weinbauliche Wertermittlung wurde ein sogenannter Feldvergleich durchgeführt. Dabei wurden in Katasterkarten mit einkopierten Höhenschichtlinien zusätzlich erfaßt:

– Topographische Merkmale wie Böschungen mit Höhen, Felsen, Neigungen der Anbauflächen
– Ausbauart und Zustand von (Hohl-)Wegen und Gewässern
– freistehende Mauern mit Dimension und Bauart
– Einzelbäume und andere Gehölze

Diese Feldvergleichskarte dient seit 1983 auch für die Bewertung der Landschaftselemente. In der damaligen rheinland-pfälzischen Verwaltungsvorschrift war weder die Kulturlandschaft erwähnt noch das Attribut historisch. In den Hinweisen zu Landschaftswerten stand nur der Text „Gestalterischer Wert/Bedeutung für das Landschaftsbild", womit die Landespfleger überfordert waren.

Auch in der Fassung von 1992 fehlte der Begriff Kulturlandschaft. Es gab aber ein eigenes Kapitel „Landschaftsbild" mit den Kriterien Vielfalt, Naturnähe, Eigenart. Dort hieß es: „Die höchste Einstufung erfolgt, wenn eine wirtschaftliche Nutzung nur ein geringes Ausmaß hat oder wenn sie kaum erkennbar ist und beim Betrachter der Eindruck einer urwüchsigen Landschaft entsteht". Bereits zwei Jahre später wurde dieser Satz wieder getilgt, und die bereits vorgeschriebenen Karten „Landschaftsbild" waren bisher nirgends erstellt worden (RiLi landespfl. Bew. 1994)

Überlagert wird diese Bewertung durch die Notwendigkeit der Durchführung einer UVP, welche zunächst nur zusätzliche faunistische Untersuchungen bewirkt hat; die Resonanz der Öffentlichkeit blieb in Weinbergsflurbereinigungsverfahren äußerst gering. Bei der Umsetzung der EU-Richtlinie in nationales Recht wurde der Begriff „Kulturelles Erbe" durch „Kulturgüter" ersetzt. Für Rebflächen typisch sind Weinbergshäuser, für die es allein 90 verschiedene Ausdrücke gibt (Kleiber 1991). Es kommen im Außenbereich liegende Weingüter, Bauten für die Vogelabwehr, zur Spritzbrühbereitung o.ä. in Frage, sodann stationäre Transporteinrichtungen und schließlich die innere Erschließung durch Wege, Wasserableitungen mit Schlamm-Geröllfängen und Rückhaltebecken sowie verschiedenste Formen von Weinbergsmauern.

Das Beispiel Weinbergsflurbereinigung Guntersblum

Die Weinbaugemeinde Guntersblum liegt etwa in der Mitte zwischen Worms und Mainz im Rheintal, dessen Seitenhänge von alters her weinbaulich genutzt wurden. Es handelt sich um eine Lößterrassenlandschaft mit einer durchschnittlichen Hangneigung bis zu 30%. Durch die vielen Lößböschungen unterschiedlicher Höhe, die nur an wenigen Stellen durch Mauern unterstützt wurden, liegt das Gefälle in den Terrassen selbst deutlich darunter. Neben Relikten mit Xerotherm-Vegetation (Trockenrasengesellschaften mit der seltenen Zwergkirsche) prägt vor allem Holunder die Vegetationsstruktur.

Beim Beginn der ersten Planungsüberlegungen 1975 gab es noch keine Landschaftsbewertung. Der selbst gesetzte Maßstab des Vorstands der Teilnehmergemeinschaft, der die Interessen aller beteiligten Grundstückseigentümer während des Flurbereinigungsverfahrens vertritt, war: „Wir wollen keine Mondlandschaft wie am Kaiserstuhl". Gewisse Beschränkungen waren auch durch die Zugehörigkeit zu einem Landschaftsschutzgebiet gegeben.

Die Bedeutung der Weinbergsflurbereinigung Guntersblum liegt darin, daß hier eine Weiterentwicklung im Sinne der Verbesserung der Arbeits- und Produktionsbedingungen (§ 1 FlurbG) geschaffen wurde, die dem Weinbau die Zukunft sichert, ohne daß die Weinbaukulturlandschaft irreversibel zerstört wurde (wie z.B. durch die Großterrassen am Kaiserstuhl). Im einzelnen gelang dies durch Integration der vorhandenen Großterrassen in das Neugestaltungskonzept, die Erhaltung von historischen und jüngeren Weinbergshäuschen, die Einbeziehung von historischen Wegen mit Hohlwegabschnitten in die Planung, Erhaltung von Einzelbäumen, Baumreihen und Gehölzgruppen sowie letztendlich durch die Weiterverwendung historischer Wege- und Gewann-Namen. Dadurch ist auch die flurbereinigte Guntersblumer Weinbergslandschaft:

- für die Winzer und Einwohner ein Stück „Heimat" geblieben;
- als Naherholungsgebiet durch neue Wege besser erreichbar und erlebbar geworden;
- durch die Erweiterung und Verbindung vorhandener Biotope zu einer Vernetzungsstruktur für Flora und Fauna erheblich aufgewertet worden;
- für geographisch, historisch und ökologisch interessierte Schüler, Studenten und Fachleute aus dem In- und Ausland ein beliebtes Exkursionsziel geworden;
- ein Beispiel für die Erneuerung historischer Bausubstanz und Nutzungsarten;
- mit einer Beachtung archäologischer Belange begleitet gewesen;
- und schließlich als solch beschriebene Weinbaukulturlandschaft ein Bestandteil der Vermarktungsstrategie von Winzern.

Die beiden Fotos (Abb. 1 und 2) zeigen das Projekt III vor und unmittelbar nach der Flurbereinigung.

Kritische Bewertung

- Selbstkritik des Verfassers als Planer: Zu Beginn des Verfahrens 1975 gab es keine Erfahrung mit Großterrassenflurbereinigung außerhalb des Kaiserstuhl-Gebiets. Wegen starker Arbeitsbelastung blieb kaum Zeit zur Beschäftigung mit der Landschaftsgenese. Aber es erfolgte ein Lernprozeß, der seit 1992 durch intensiven Gedankenaustausch mit der AG „Angewandte Historische Geographie" begünstigt wurde.
- Projekt selbst: Der antragstellende Bauernverein hat eine weitblickende Entscheidung für den Guntersblumer Weinbau getroffen. Wegen teilweise zu großer Einflußnahme der Landespflege einerseits und den verschlechterten finanziellen Rahmenbedingungen andererseits könnte die Neugestaltung in der gleichen Art vermutlich nicht mehr erfolgen; das Projekt VI gehörte zu den letzten Weinbergsflurbereinigungen in Rheinhessen überhaupt. Weil die Guntersblumer Flurbereinigung bis zum letzten Aufbauabschnitt durchgeführt wurde und erhebliche Verbesserungen der Arbeits- und Produktionsbedingungen erbracht hat, bleibt die Existenz von Weinbaubetrieben erhalten und die traditionellen Weinbaulagen haben eine Zukunft.
- Verfahrensablauf: Die jeweiligen Wege- und Gewässerpläne (WuG-Pläne) wurden nicht nur im „Benehmen" (§ 44 (1) FlurbG), sondern fast ausnahmslos im „Einvernehmen" mit der TG sowie Gemeinde und anderen Trägern öff. Belange aufgestellt. Als Hemmschuh entwickelten sich bei den letzten Projekten überzogene Prüfungsbeanstandungen der Oberbehörde.
- Umsetzung der WuG-Pläne: Der Umfang der Planierungsmaßnahmen war in den ersten drei Projekten am größten. Der gleichzeitige Einsatz von bis zu 10 großen Baumaschinen machte eine hohe Präsenz des Planers erforderlich, um flexibel auf Unvorhergesehenes reagieren zu können (z.B. Felsen, wo das zu weitmaschige geologische. Gutachten keine vermuten ließ). Archäologische Funde, so eine römische Rheintalstraße, konnten in enger Zusammenarbeit mit der Denkmalpflege ausgewertet werden.
- Sonstige Ergebnisse: Aus Kostengründen mußte in kleineren Bereichen auf Querterrassierung verzichtet werden. Die kostenlose Flächenbereitstellung für die gemeinschaftlichen Anlagen erreichte im Projekt I mit 18,5% für die Eigentümer eine „Schmerzgrenze".

Andere modellhafte Beispiele sind die Erhaltung historischer Weinbergslagen an der Ahr und die Weinbergsflurbereinigung Deidesheim „Am Kirchenberg".

Abb. 1: Projektbereich Guntersblum III vor der Rebflurbereinigung

Abb. 2: Projektbereich Guntersblum III unmittelbar nach der Rebflurbereinigung

Literatur

Arbeitsgemeinschaft ArgeFlurb. (Hrsg.; 1987): Der Plan über die gemeinschaftlichen und öffentlichen Anlagen in der Flurbereinigung. – Münster-Hiltrup.
Kleiber, W. (Hrsg.; 1991): Wortatlas der kontinentalgermanischen Winzerterminologie. – Tübingen.
Kulturamt Neustadt (Hrsg.): Faltprospekt der Flurbereinigung Deidesheim „Am Kirchenberg". – Neustadt a.d.W.
Kulturgüterschutz in der Umweltverträglichkeitsprüfung (1994). – Kulturlandschaft 4 (2), Sonderheft.
Stanjek, U. (1987): Bodendenkmalpflege in Weinbergsflurbereinigungen. – LKV-Nachrichten 6 (8): 42–45.
Stanjek, U. (1991): Historische Kulturlandschaft Mittelrhein. – Natur und Landschaft 66 (7): 348–349.
Stanjek, U. (1993 a): Historische Hohlwege in der neuzeitlichen Weinbergsflurbereinigung. – ZKL 34 (6): 349–356.
Stanjek, U. (1993 b): Zur Behandlung von Weinbergshäuschen in Flurbereinigungsverfahren. – LKV-Nachrichten 12 (20): 24–27.
Stanjek, U. (1994): Landespflegerische Bestandsaufnahme und Bewertung in Flurbereinigungsverfahren. – RdL 46 (1). 3–5.
Stanjek, U. (1996a): Die Bewertung des Landschaftsbildes während und nach einer Weinbergsflurbereinigung. – ZKL (eingereicht)
Stanjek, U. (1996b): Zwischen Land- und Stadtentwicklung – Flurbereinigung im Gonsbachtal in Mainz. In: Schürmann, H. (Hrsg.): Ländlicher Raum im Umbruch. – Mainz 123–128.
Stanjek, U. (1996b): Über die Brache (Driesche) zur Rebwüstung. Zu ihrer Entstehung – Zeit- und Prozeßabläufe. – Die Wein-Wissenschaft 51(2): 70–75.

Historisch-geographische Fachplanung zur Forsteinrichtung auf Abteilungsebene

Reviere Winkelhof, Staatliches Forstamt Ebrach, und Großbirkach-Obersteinach, Großprivatwald v. Crailsheim im westlichen Steigerwald

Helmut Hildebrandt und Birgit Heuser-Hildebrandt

Vielfalt in den Baumarten, Stufigkeit im Aufbau und eine entsprechende Mischung verschieden alter Baumindividuen bei kontinuierlich ausreichender Bestockungsdichte bilden wesentliche strukturelle Inhalte des Leitbildes moderner Waldkultur. Funktional verbindet sich mit diesem Gestaltungskonzept, das in der forstlichen Praxis vor allem durch das Prinzip des naturgemäßen Waldbaus realisiert wird, Waldbewirtschaftung im Sinne von Mehrzweck-Forstwirtschaft. Neben die Holzproduktion treten dabei gleichgewichtig die sogenannten Wohlfahrtswirkungen des Waldes, und zwar insbesondere in Form von Schutzfunktionen und sich daraus ergebenden Dienstleistungsangeboten („Nonprofit"-Bereiche der Forstwirtschaft). Dieses Schutzpotential des Waldes besteht aber nicht nur, wie üblicherweise angenommen wird, im Hinblick auf die ökologischen Gegebenheiten, sondern ebenso in bezug auf die dort eventuell noch erhaltenen kulturlandschaftsgeschichtlichen Zeitzeugen. Daraus folgt: In Forstabteilungen mit einer denkmalwürdigen Substanz bedeutet eine schonende Bewirtschaftung immer auch Kulturlandschaftspflege, die zusätzlich zum ökologischen Komplex Vielfalt nachhaltig sichert bzw. vor der Zerstörung bewahrt.

Ziele, rechtliche Grundlagen, methodisches Vorgehen und Fortschreibung

Die für ein Gemeindegebiet als ganzes bedeutsamen allgemeinen historisch-geographischen Planungsgrundsätze gelten so prinzipiell auch für die bewaldeten Gemarkungsteile (vgl. vorher: Welschneudorf). Die vom Gelände und Bewuchs her oft schwierigen und deshalb sehr zeitaufwendigen Bestandsaufnahmen sollten hier nach Möglichkeit von einheimischen Bearbeitern durchgeführt werden, da diese über die benötigte detaillierte Orts- und Sachkenntnis bereits verfügen, was dann der Grundlagenforschung ebenfalls zugute kommt. Die Bestandsaufnahme im Wald und ihre Fortschreibung muß stets im Kontakt mit der Forstverwaltung erfolgen. Vor allem die Verjüngungsbestände sind dabei einer mehr oder weniger kontinuierlichen Bearbeitung zu unterziehen.

Als bedeutendes Geländearchiv zur Historischen Geographie erfüllen die Wälder wichtige Sozialfunktionen. Dazu gehören insbesondere die Bereitstellung von Quellenmaterial für die Wissenschaft, ferner das sich hier darbietende Erholungspotential sowie eine gewisse Optimierung der Umweltqualität und des regionalen Images. Die in den Wäldern häufig noch befriedigend bis gut erhaltenen Objekte werden diesen spezifischen Funktionen zukünftig aber nur dann gerecht werden können, wenn sie über die allgemeinen noch relativ unverbindlichen Rahmenrichtlinien der Bundes- und Ländergesetze hinaus möglichst rechtsverbindlich geschützt werden. Die dazu erforderlichen sachlichen Begründungen ergeben sich aus dem für den konkreten Einzelfall zu erstellenden historisch-geographischen Fachplan.

Im Hinblick auf das folgende Fallbeispiel eines mit Geländedenkmälern ziemlich flächendeckend ausgestatteten und deshalb unter dem Aspekt Sozialfunktionen vor allem auch als Erholungswald zu betrachtenden Forstgebietes in Nordbayern stellt sich das rechtliche und/oder fachbetriebliche Instrumentarium zur Objektsicherung in den Grundzügen so dar:

I. Art. 2 Nr. 12, Art. 13 Abs. 2 Nrn. 6 u. 7 sowie Art. 15 BayLplG (Bayerisches Landesplanungsgesetz) in Verbindung mit § 2 Abs. 1 Nr. 11 ROG (Raumordnungsgesetz)
II. Art. 1 Abs. 1 BayDSchG (Bayerisches Denkmalschutzgesetz)
III. Art. 1 Abs. 1 u. 2 Nr. 2 sowie Art. 11 BayNatSchG (Bayerisches Naturschutzgesetz)
IV. Art. 5, 6 u. 12 BayWaldG (Waldgesetz für Bayern)
V. Kap. A: I 2.4 u. 3.10, II 4.1, B zu II 4.1 Waldfunktionsplan Region 4 Oberfranken-West in Verbindung mit der Verordnung über das Landesentwicklungsprogramm Bayern vom 10.3.1976, Anlage zu § 1 – LEP – Teil B: Abschnitte II u. III
VI. §§ 3 u. 4 in Verbindung mit § 11 Naturparkverordnung Steigerwald
VII. Kap. 1.4.2.1 u. 1.4.2.7 Forstwirtschaftsplan für das Forstamt Ebrach, Staatswald, Stand 01.01.1985

Lage, Struktur, Entwicklung und Funktion der Waldabteilungen

Der Geltungsbereich dieses historisch-geographischen Fachplanes (Karte) liegt im westlichen Steigerwald im oberfränkischen Kreis Bamberg auf dem Gebiet der Marktgemeinde Burgwindheim in der Gemarkung Untersteinach (TK 1:25000, Bll. 6129 u. 6229). Kleinräumig umfaßt er hier beim Ortsteil Obersteinach (TK 6129, r 439435 h 552022) im Staatsforst die Waldorte Jägerwiese, Horbei und Nonnenwald (Distrikt V: Steinachsberg) und im Großprivatwald v. Crailsheim die Waldorte Mühlwiese, Seeacker (Distrikt II: Mühlrangen), Winkeläcker (Distrikt III: Sommerleite), Dachsbau und Vogelherd (Distrikt I: Hasenklinge). Mäßig bis stärker geneigte Talhänge und ziemlich ebene Flächen auf den Höhen bestimmen in diesem unweit der Schichtstufe gelegenen Teil das Relief des Keuperberglandes. Die Geologie zeichnet sich durch einen häufigen Wechsel von toniger, mergeliger und sandiger Fazies aus. Der gesamte Geltungsbereich liegt zwischen ca. 340 und 440 m über NN in der naturräumlichen Einheit 115 bzw. im Wuchsbezirk 5.2 Steigerwald. Die Hauptbaumart ist im Staatsforstgebiet der Wüstungsflur von Horb die Buche, gefolgt von Eiche, Kiefer und Fichte. Buchen-Eichen- und Buchen-Kiefern- bzw. Kiefern-Buchenbestände bilden hier die vorherrschenden Bestandsformen; reines Nadelholz und Nadelholzmischbestände (Fichte, Kiefer) spielen in den betreffenden Staatsforstabteilungen nur eine untergeordnete Rolle. Dagegen ist die Fichte die führende Baumart in den Ackererstaufforstungen des Großprivatwaldes rund um Obersteinach. Sie bildet dort relativ großflächig Reinbestände oder solche mit Kiefernbeimischung. Diese sollen aber langfristig in Mischwäldern mit ca. 50% Nadelholz und ca. 50% Laubholz (Fichte, Buche, Eiche) umgewandelt werden. Sowohl im Staatswald als auch im Großprivatwald ist hier derzeit Altholz dominierend. Nur ziemlich geringe Anteile sind davon Verjüngungsbestände (Karte in Anlage).

Kulturlandschaftsgeschichtlich betrachtet handelt es sich bei den Forsten im Geltungsbereich des Fachplanes überwiegend um sogenannte Sekundärwälder, d.h. um Bestände auf früher landwirtschaftlich genutzten Flächen. Die Waldorte Jägerwiese, Horbei und Nonnenwald gehörten im Mittelalter zur Gemarkung von Horb, was Siedlung beim feuchten, sumpfigen Gelände bedeutet. Grundherren waren hier die Zisterzienserabtei Ebrach und das Nonnenkloster St. Theodor in Bamberg (Nonnenwald). Horb bildete einen Weiler mit kleinbäuerlicher Betriebsstruktur, der im 11. oder eher 12. Jahrhundert im Zuge des hochmittelalterlichen Landesausbaus gegründet wurde und – 1289 nachweislich noch bewohnt – zwischen 1309/11 und 1326, also zu Beginn der spätmittelalterlichen Wüstungsperiode, wieder abging. Die sich danach durch die natürliche Sukzession auf der Wüstungsflur ausbreitenden Wälder dienten damals der Abtei Ebrach zur Arrondierung bzw. Purifizierung des Klosterforstes und blieben bis heute eine wesentliche Ursache für den hohen Bewaldungsgrad in diesem Bereich des Steigerwaldes. Die Bestockung mit Wald, d.h. auch die mittelalterliche Herkunft der Flurrelikte, läßt sich hier archivalisch gut belegen bis in die erste Hälfte des 14. Jahrhunderts zurückverfolgen.

Die Waldorte Mühlwiese, Seeacker, Winkeläcker, Dachsbau und Vogelherd verdanken dagegen ihre Entstehung erst umfangreichen Ackeraufforstungen durch die Freiherren v. Crailsheim kurz nach der letzten Jahrhundertwende (zumeist 1902–1907). Auf ein solches relativ geringes Alter dieser Forstabteilungen deuten hier schon deren mit den Grundworten Wiese und Acker gebildeten Namen. Die infolge sinkender Getreidepreise und schlechter Ernten nicht mehr rentablen und entsprechend verarmten und verschuldeten Grenzertragsbetriebe von Obersteinach wurden damals von der Standesherrschaft aufgekauft und die landwirtschaftlichen Nutzflächen großenteils durch Aussaat von Fichte und Kiefer in Wald umgewandelt. Aber nicht nur die Flur von Obersteinach wurde so partiell wüst; auch der Ort verschwand in dieser Zeit bis auf einen als Forsthaus weiter genutzten Zweiseithof mit Altenteilergebäude, ein Seldnerhaus, das Armenhäuschen und eine kleine Kapelle ganz aus der Siedlungslandschaft des westlichen Steigerwaldes.

Heute gewinnt im Geltungsbereich des Fachplanes neben der Nutzholzerzeugung als weitere Funktion das Erholungswesen zunehmend an Bedeutung. Die großen Forsten bilden hier dafür einen wichtigen Faktor im Potential des Naturparks Steigerwald.

Bestandsaufnahme der historisch-geographischen Kulturgüter

Die Bestandsaufnahme im Wald wird in Form einer historisch-geographischen Landesaufnahme durchgeführt. Die Ergebnisse dieses nach Möglichkeit auch als Grundlagenforschung zu konzipierenden Verfahrens sind im vorliegenden Fallbeispiel die folgenden Befunde (Karte): Die im Nonnenwald, im Horbei und im südlich angrenzenden Großprivatwald v. Pöllnitz überlieferten Stufenraine und Wälle aus Block- und Erdmaterial bilden im Innenfeld der Wüstungsgemarkung Horb ein Parzellenmuster vom Typ der Gelängeflur. Solche zumeist hochmittelalterlichen waldhufenähnlichen Planfluren wurden im Steigerwald bisher nicht nachgewiesen, sind aber als Altfluren aus anderen süddeutschen Landschaften hinlänglich bekannt. Um die aus zwei Parzellenkomplexen bestehende Gelängeflur legen sich kürzere Ackerstreifen, die als hinzugerodete Ausbauflurteile zu deuten sind. Als Sonderform tritt im Flurreliktbezirk Horb ein Wölbackerverband auf, der vermutlich jünger ist als die mittelalterlichen Flurstrukturen, d.h. wahrscheinlich erst aus der Frühneuzeit stammt. Auch diese altertümliche Art der Ackernutzung in Form des Beetbaus, die wohl hauptsächlich zur Drainage angewendet wurde, war im westlichen Steigerwald und seinem Vorland als Flurrelikt bislang unbekannt. Wie die wüste Gelängeflur hat der Wölbackerverband zumindest im Hinblick auf die Region kulturlandschaftsgeschichtlich einen gewissen Seltensheitswert. Durchaus regionaltypisch sind aber die im Geltungsbereich des Fachplanes recht zahlreichen Hohlwege bzw. Hohlwegsysteme. Vor allem die ehemaligen Fahrgleise der Hohen Straße auf der Wasserscheide im Süden repräsentieren hier den Steigerwald in seiner Funktion als eine alte Durchgangslandschaft. Ebenso regionaltypisch sind ferner die in den Waldorten Jägerwiese, Horbei und Nonnenwald ziemlich häufigen Meilerplätze, die altersmäßig teils zeitgleich mit der mittelalterlichen Siedlung Horb sein dürften (13. u. frühes 14. Jh.), teils aber wohl auch erst im 19. Jahrhundert nach der Aufhebung des Klosters Ebrach angelegt wurden. Einzelphänomene bilden demgegenüber im Flurreliktbezirk Horb wiederum der wüste Mühlteich und die durch einen Schlackenfund belegte Waldschmiede.

Das agrarmorphologische Kleinrelief auf dem Gebiet der Ackererstaufforstungen um Obersteinach unterscheidet sich in mehreren Merkmalen von den Flurstrukturen in der Wüstungsgemarkung Horb (Karte in Anlage). Formaltypologisch handelt es sich hier nicht um eine Gelängeflur, sondern zumeist um Kurzstreifen bzw. gewannähnliche Kurzstreifensysteme oder Blöcke. Die Ackerstreifen verlaufen zudem an den Hängen überwiegend nicht schräg bis senkrecht, sondern mehr oder weniger parallel zu den Höhenlinien. Auch sind die die Ackerterrassen begrenzenden Stufenraine dieses Flurreliktbezirks häufig viel prägnanter und entsprechend höher ausgebildet (Stufen II u. III). Darüber hinaus sind die wüsten Altäcker von Obersteinach zumeist flurgenetisch zweischichtig aufgebaut, d.h. auf den ursprünglich im Ebenfeldbau bewirtschafteten Ackerterrassen wurden in jüngerer Zeit nachträglich Bifangsysteme (Verbände von kleinen Ackerbeeten) aufgepflügt. Diese Stratigraphie gibt sich darin zu erkennen, daß die Bodenprofile unter dem Bifangsubstrat im B-Horizont zum Teil bereits erheblich verkürzt (erodiert) sind. Während die schmalen Bifänge vom Hackfrucht-, also vor allem vom Kartoffelanbau stammen, rühren die etwas breiteren vom Getreidebau her. Die Beetbreite eines Bifanges entspricht hier in etwa der Reichweite des Armes eines mit der Sichel erntenden Schnitters. Ein weiterer bemerkenswerter Unterschied ist schließlich noch die Tatsache, daß in diesen v. Crailsheim'schen Forsten keine Meilerplätze vorkommen. Erklärlich ist das Fehlen von Kohlplatten insofern, als die betreffenden Bestände erst nach dem Ende der Holzkohlenära begründet wurden und als Erstaufforstungen auch vom Alter her zunächst noch kein brauchbares Kohlholz hätten liefern können.

Weiterhin liegen in den von Crailsheim'schen Erstaufforstungen auch einige alte Hohlwege bzw. Hohlwegsysteme (Karte). Heute funktionslose Einzelphänomene bilden in diesen Waldabteilungen ehemalige Parzellengrenzen in Form eines Walles aus Block- und Erdmaterial in den Winkeläckern und ein Blockwallrain im Norden der Mühlwiese. Ferner finden sich hier Ackerberge auf den Anrainern von wüsten Terrassen im Waldort Vogelherd und ein Wall mit ein- oder beidseitigem Graben als Markierung der Gemarkungsgrenze im Bereich Seeacker.

Textliche Festsetzungen zum Schutz, zur Pflege und zur Inwertsetzung der historisch-geographischen Kulturgüter

1. Die Waldabteilungen im Geltungsbereich des vorliegenden historisch-geographischen Fachplanes sind großenteils ein Bodenarchiv zur Kulturlandschaftsgeschichte dieser Region. Daraus folgt, daß die betreffenden Bodendenkmäler, auch wenn eine Unterschutzstellung nicht besteht und auch nicht notwendig erscheint, bei allen forstlichen Maßnahmen, die mit Eingriffen in die Bodenstruktur verbunden sind, nach Möglichkeit erhalten werden sollten.
2. Das Schutz- und Pflegegebot gilt hier für groß- und kleinformatige Details mit demselben Nachdruck, da die im Geltungsbereich des Planes liegenden Relikte historisch-zeitgenössische Ensembles bilden und sich außerdem selbst miteinander und mit der sie überlagernden Waldformation zu historisch-vertikalen Ensembles zusammenfügen, also erst in der Gruppe als geschichtliche Informationsträger voll zum Tragen kommen.
3. Planierungen von oberirdischen Vollformen und Verfüllungen von Hohlformen sind in den Reliktgebieten nicht zulässig. Auch die stellenweise Entnahme von Steinen aus den Flurrelikten (Stufenrainen, Wällen aus Block- und Steinmaterial, Lesesteinhaufen) ist nicht erlaubt.
4. Beschädigte Objekte sollten möglichst originalgetreu wieder hergestellt werden.
5. Rückearbeiten in den als ein Bodenarchiv festgestellten Waldabteilungen sollten nur mit leichten Zugmaschinen oder mit Pferden durchgeführt werden, wobei die Rückegassen bzw. die Arbeitsabläufe in Bereichen mit linienhaften Elementen parallel zu diesen einzurichten sind.
6. Im Rahmen der Bodenbearbeitung zur Förderung der Verjüngung sind wenig tiefgreifende Verfahren zu bevorzugen. Vorrangiges Ziel muß hier sein, die Oberfläche des Waldbodens, d.h. das anthropogene Kleinrelief, weitgehend in dem alten Zustand zu erhalten.

7. Beim Wegebau ist auf den historisch-geographischen Formenschatz Rücksicht zu nehmen. Insoweit die Objekte oder Ensembles von Reitwegen berührt werden, sind diese zu verlegen (Umwidmung). Neuausweisung von Reitwegen hat sich in Abteilungen mit historisch-geographischer Substanz auf einige wenige eher randlich gelegene Hauptwege zu beschränken.
8. Für Besucher (Sekundärnutzer des Waldes) ist die Zugänglichkeit zu den kulturlandschaftsgeschichtlichen Objekten vor allem in einigen besonders anschaulichen Bereichen zu gewährleisten (Art. 4 Nr. 2 VO Naturpark Steigerwald). Die dafür im Plan vorgesehenen historisch-geographischen Entdeckungspfade (Erkundungswege) und Areale mit gut erhaltenen Relikten (Karte) sind als solche auszuweisen und im Wald konkret kenntlich zu machen. An für die Präsentation besonders geeigneten Stellen ist der Bewuchs für Sicht- bzw. Motivpunkte (Sichtachsen) lückenhaft zu gestalten.
9. Sofern entlang der Entdeckungspfade Waldnamen eindeutig auf kulturlandschaftsgeschichtliche Sachverhalte Bezug nehmen, sind diese an Ort und Stelle nicht nur auf einer kleinen Tafel zu benennen, sondern auch kurz zu erläutern.
10. Die Aufsicht über die historisch-geographische Substanz und die Unterhaltung der Entdeckungspfade im Hinblick auf eine zufriedenstellende Begehbarkeit obliegt den Trägern des Naturparks und der Forstverwaltung (Art. 11 Nr. 3 BayNatSchutzG; § 11 Nrn. 1 u. 4 VO Naturpark Steigerwald).
11. Zonen, durch welche die historisch-geographischen Entdeckungspfade verlaufen, sind als Erholungswald der Stufe II auszuweisen.
12. Die historisch-geographische Substanz und die Festsetzungen bzw. Planziele sind in den wesentlichen Dingen in die Landschaftsrahmenpläne, Waldfunktionspläne und Forsteinrichtungswerke zu übernehmen und bei allen für den Geltungsbereich raumbedeutsamen Maßnahmen zu berücksichtigen. Sie sind Beurteilungskriterien im Rahmen von Planfeststellungsverfahren und Umweltverträglichkeitsprüfungen.
13. Der historisch-geographische Fachplan ergänzt inhaltlich die offizielle Informationsschrift und den Exkursionsführer der zuständigen Forstverwaltung. Er leistet dadurch einen Beitrag zur forstlichen Öffentlichkeitsarbeit und erfüllt so eine Sozialfunktion des Waldes.

Vorliegendes Dokumentationsmaterial

Großmaßstäbliche Kartierung – Zeichnungen, Fotos – Bodenfunde: Holzkohle, Keramik – Schriftliche und kartographische Archivalien – Publikationen auf der Basis von Grundlagenforschung – Exkursionsführer

Literatur

Hildebrandt, H. (1995): Historisch-geographische Objekte in Wäldern deutscher Mittelgebirge als Potential für Fremdenverkehr und Naherholung. – Forstliche Forschungsberichte München 152: 1–24.
Hildebrandt, H. &. B. Kauder (1993): Wüstungsvorgänge im westlichen Steigerwald (Veröffentlichung des Forschungskreises Ebrach). – Ebrach
Kauder, B. (1992): Relikte der Waldköhlerei im Winkelhofer Forst bei Ebrach (Steigerwald). – Heimat Bamberger Land 4 (1): 23–28.
Plochmann, R. (1985): Bemerkungen zur Waldkultur Mitteleuropas. – Z. f. Politik, 32.(2): 195–207.
Schenk, W. &. Ch. Heistermann (1995): Auf den Spuren der Zisterzienser. Historisch-geographische Wanderziele rund um Ebrach (Veröffentlichung des Forschungskreises Ebrach). – Ebrach.

Fremdenverkehr und Ortsbildentwicklung

Heinz Schürmann

Das Spannungsfeld „Fremdenverkehr und Ortsbild" ist schon verschiedentlich aus wechselnder Perspektive diskutiert worden, und zwar zunächst in städtischem Kontext (seitens der Geographie z.B. von Uthoff 1976, 1982/86), vielfach im Zusammenhang mit städtebaulichen Sanierungsvorhaben. Seit den 80er Jahren wird es verstärkt im Bereich ländlicher Siedlungen thematisiert, insbesondere bei Maßnahmen der Denkmalpflege (z.B. Becker 1987, 1989, 1991) und zunehmend der Dorferneuerung (vgl. etwa Merkelbach 1980, Römhild 1986, Machens 1989 u.a.). Entsprechende Aktivitäten sind auch in wachsendem Umfang bei der Angewandten Historischen Geographie zu konstatieren.

Dabei wird die Rolle des Fremdenverkehrs ambivalent beurteilt. Einerseits kann er Impuls sein für die Erhaltung und Pflege alter Ortsbilder, andererseits sind Fremdenverkehrsorte „in besonderem Maße anfällig für nostalgisch-rustikale Gestaltungselemente" (Glatz 1989: 178f.). Darüber hinaus bewirken tourismusbezogene Um-, An- und Neubauten in vielen Fällen eine regionsuntypische Überprägung oder gar Zerstörung des traditionellen Ortsbildes.

Der praxisorientierten Analyse dieses Komplexes ist ein Langzeitprojekt des Geographischen Institutes der Universität Mainz mit dem räumlichen Schwerpunkt Mittelmosel unter besonderer Berücksichtigung der Gemeinden Ediger-Eller und Beilstein gewidmet (unter Leitung des Verfassers in Zusammenarbeit mit M. Türk, J. Sabbagh u.a. sowie Verwaltungs- und Planungsinstitutionen und der Denkmalpflege; vgl. hierzu Schürmann & Türk 1989, 1990, 1993, 1995).

Das Untersuchungsbeispiel Ediger an der Mosel

Die charakteristische historische Bausubstanz vieler Gemeinden an der mittleren Mosel zählt neben dem Wein und dem landschaftlich attraktiven Moseltal zu den Grundlagen des Fremdenverkehrs dieser Region. So nimmt es nicht wunder, daß die weinbautreibenden, im Kern oft kleinstädtisch geprägten Moselgemeinden schon seit langem zu den bevorzugten touristischen Zielen zählen, obschon auch der Moselraum – wie viele alte Fremdenverkehrsräume – mit wachsenden Strukturproblemen zu kämpfen hat.

Überdies hat der tiefgreifende Strukturwandel des ländlichen Raums auch vor diesem Gebiet nicht Halt gemacht: typische Kennzeichen wie Überalterung, Bevölkerungsabnahme, weiterer Bedeutungsschwund der Landwirtschaft und Rückgang der infrastrukturellen Differenzierung sind in wachsendem Maße zu verspüren, so daß dem Fremdenverkehr als Ausgleichsfunktion gerade hier eine zunehmende Bedeutung zukommt. Im Mittelpunkt des vorliegenden Zusammenhanges stehen jedoch nicht primär wirtschaftliche Fragen, sondern Entwicklungen des Ortsbildes, die indes eine beachtliche ökonomische Relevanz besitzen.

Die Konkurrenzsituation der relativ großen Anzahl touristisch interessanter, aber vielfach ähnlich strukturierter Moselorte erfordert eine werbewirksame Profilierung der Individualität jedes Einzelortes. Als Anknüpfungspunkt hierfür bietet sich die in den meisten Moselgemeinden noch ansatzweise vorhandene Unverwechselbarkeit des historisch gewachsenen Ortsbildes an.

Über ein individuelles und touristisch attraktives Ortsbild verfügt auch die Weinbau- und Fremdenverkehrsgemeinde Ediger-Eller (Verbandsgemeinde Cochem-Land), ein Doppelort in ansprechender Lage am linken Ufer der Mittelmosel mit rund 1.260 Einwohnern und überdurchschnittlicher Bevölkerungsabnahme. Die Zahl der oft kleinen, für den Ort charakteristischen Weinbaubetriebe hat sich in den letzten 15 Jahren mehr als halbiert. Immerhin gibt es noch über 50 Betriebe im Vollerwerb, was trotz des Rückgangs die immer noch erhebliche lokale Bedeutung der Landwirtschaft unterstreicht. Das durch Fachwerk, Schiefer und enge Gassen bestimmte und zumindest auf den ersten Blick noch vergleichsweise intakt wirkende Ortsbild bildet wohl den Hauptanziehungspunkt für den Fremdenverkehr. Neben der touristischen Verwertbarkeit ist dieses Faktum aber auch für die Identifizierung der Bewohner mit „ihrem Ort" von nicht zu unterschätzender Bedeutung.

Die ersten urkundlichen Erwähnungen der teilweise noch ummauerten Ortschaft reichen ins 7. Jahrhundert zurück. Der Zweite Weltkrieg hinterließ keine sichtbaren Schäden, doch brachte die Gegenwart eine Fülle von baulichen Veränderungen und Überprägungen sowie eine Anzahl von Neubauten ohne kontextuale Bezüge mit sich, die den regionaltypischen Gesamteindruck an vielen Stellen erheblich beeinträchtigen.

1969 wurden die beiden bis dahin selbständigen Gemeinden Ediger und Eller verwaltungsmäßig zusammengelegt. 1987 wurde Ediger-Eller ins rheinland-pfälzische Förderprogramm der Dorferneuerung aufgenommen. Am Beispiel des Ortsteils Ediger (ca. 820 Einwohner) sollen nun Wechselwirkungen und Zusammenhänge zwischen Ortsbild und Fremdenverkehr sowie aktuelle und potentielle Ortsbildgefährdungen in Kurzform vorgestellt werden. Sie gelten mit der einen oder anderen Einschränkung auch für weitere Fremdenverkehrsgemeinden mit vergleichbarer Struktur.

Tourismus und generelle Ortsbildsituation in Ediger

Der Ortsteil Ediger verfügt derzeit über knapp 400 Fremdenbetten, davon etwas weniger als die Hälfte als Privatquartiere, sowie einen Campingplatz. Mit dem Werbeslogan „Reben, Gotik und Fachwerk" und plakativen Äußerungen wie „malerischer alter Winzerort", „ohne Hochhäuser und Zeichen des modernen Massentourismus" oder „Inbegriff der Moselromantik" versucht die Gemeinde, ihr attraktives Ortsbild touristisch zu vermarkten. Auch in Abbildungen der Fremdenverkehrsprospekte wird primär mit der Vielzahl historischer Fachwerkgebäude geworben. Die historischen Ortsbildqualitäten der Gemeinde werden also ganz gezielt zur Tourismuswerbung eingesetzt.

In Kooperation mit dem Landesamt für Denkmalpflege haben wir den alten Ortskern von Ediger innerhalb der ehemaligen Stadtmauern aus dem Blickwinkel der erhaltenden Dorferneuerung nach baulichen, funktionalen und demographischen Kriterien gebäudeweise empirisch untersucht, photographisch dokumentiert und EDV-gestützt analysiert. Im Vordergrund stand dabei die aktuelle Gefährdung des überkommenen Ortsbildes durch bauliche Veränderungen und Überprägungen.

Gerade der in Ediger noch relativ hohe Anteil an historisch wertvoller, ortsbildrelevanter Bausubstanz verlangt bei Renovierungen und Baumaßnahmen ein besonderes Maß an Sachkenntnis und Behutsamkeit. Vor allem in den 60er und 70er Jahren besaßen jedoch auch in Ediger Kriterien erhaltender Ortsbildpflege weder bei der Bevölkerung noch den meisten Planungsinstitutionen besondere Priorität. Die Verwendung ortsfremder Bauformen und moderner Einheitsmaterialien führte ebenso wie die Mißachtung vorgefundener Proportionen zu stellenweise tiefgreifenden Veränderungen im Ortsbild, wobei sich der Abriß einer ganzen Häuserzeile am Moselufer (für Straßenbaumaßnahmen) besonders gravierend auswirkte. Erst in jüngerer Zeit hat sich auf breiterer Basis das Bewußtsein für den unersetzlichen Wert historisch gewachsener Ortsstrukturen gewandelt.

Methodik der Ortsbildbewertung

Durch Auswertung kunsthistorischer und architekturgeschichtlicher Literatur, alter Quellen, historischer Abbildungen in vergleichender Analyse mit noch vorhandener originaler Bausubstanz vor Ort u.ä. konnten in Kooperation mit der Denkmalpflege und Ortskennern die grundlegenden regional- bzw. ortstypischen traditionellen Bautypen verschiedener Entstehungsperioden für Ediger definiert werden. Mit Hilfe eines speziellen Erhebungsbogens für Ortsbildveränderungen haben wir in einem ersten Arbeitsschritt sämtliche Gebäude hinsichtlich äußerlich erkennbarer, „moderner" Abweichungen vom als regionaltypisch definierten Ortsbildspektrum untersucht (weitere ortsbildrelevante Aspekte wie Straßenbelag und -möblierung oder Grün- und Freiflächen wurden in diesem Arbeitsschritt nicht berücksichtigt). Erwartungsgemäß problematisch erwies sich die Zuordnung der im Moselraum zahlreichen Bauten der Jahrhundertwende, bei denen in der Regel auch regionstypische Materialien Verwendung fanden. In Abstimmung mit der Denkmalpflege und dem örtlichen Zielsetzungen der Dorferneuerung wurden sie als „inzwischen nicht mehr untypisch" bezeichnet – sicher ein Kompromiß, über den sich diskutieren läßt. Für Ediger bedeutet dies, daß kartierte bauliche Veränderungen und Überprägungen fast ausschließlich der Zeit nach dem Zweiten Weltkrieg entstammen.

Alle erfaßten Gebäude wurden entsprechend dem Grad ihrer Veränderung oder Abweichung sechs Kategorien zugeordnet, den sogenannten „Überprägungskategorien", wobei der bauliche Erhaltungszustand hier unberücksichtigt blieb (Abb. 1). Die Kategorien geben Ausmaß und Intensität der Abweichung von dem als typisch definierten Ortsbildspektrum an (vgl. Schürmann & Türk 1989). Für das Ortsbild besonders typische Gebäude ohne moderne Veränderung bilden die Kategorie 1; Kategorie 6 umfaßt am anderen Ende der Skala total überprägte Gebäude oder Neubauten ohne architektonische Bezugnahme zur umgebenden Bausubstanz. Die Kategorien 1–3 wurden als eine im Sinne historisch orientierter Ortsbildpflege positive Gruppe zusammengefaßt, da hierzu nur Gebäude zählen, die entweder nicht modern überprägt sind oder in einer als „reversibel" erscheinenden Weise; im Gegensatz dazu umfaßt die Kategoriengruppe 4–6 ausschließlich Gebäude, die teilweise oder als Ganzes als „irreversibel" untypisch eingestuft wurden.

Bei der Übertragung auf andere Orte muß die hier skizzierte, mittlerweile in vielen Gemeinden erprobte Gebäudekategorisierung gegebenenfalls an die spezifischen regionalen bzw. lokalen Bauverhältnisse angepaßt werden.

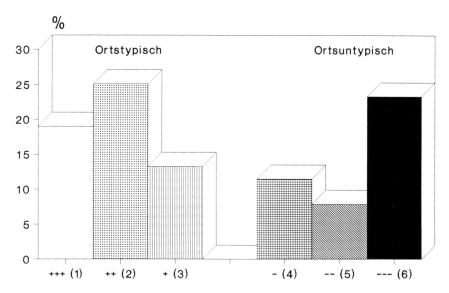

Abb. 1: Gebäudekategorisierung in Ediger nach Überprägungskategorien

Ortsbildanalyse und Ortsbildgefährdung unter Berücksichtigung des Fremdenverkehrs

Von den rund 330 aufgenommenen Gebäudeeinheiten des alten Ortskerns von Ediger entfallen immerhin noch mehr als die Hälfte (57%) auf die für das traditionelle Ortsbild maßgebliche Kategoriengruppe 1–3, doch besitzen die total überprägten Gebäude und die uneingepaßten Neubauten (Kategorie 4) mit gut 23% bereits einen bedenklich hohen Anteil am Ortsbild (Abb. 1).

In einem weiteren Arbeitsschritt wurde für Ediger eine Denkmaltopographie erstellt, in der alle potentiellen Kulturdenkmäler beschrieben und photographisch dokumentiert wurden. Erwartungsgemäß verteilen sich diese fast ausschließlich auf die am wenigsten überprägten Kategorien 1–3 (Abb. 2).

Von besonderer Bedeutung für den Fremdenverkehr in Ediger ist die Bebauung der Moseluferzeile an der B 49, der die Funktion eines „Aushängeschildes" zukommt. Hier zählen jedoch nur gut 40% zu den ortsbildprägenden Kategorien 1–3 (Abb. 4). Vor allem infolge der relativ starken tourismusbezogenen Veränderung und Überprägung mußte der überwiegende Teil der verbleibenden Gebäude sogar den am stärksten untypischen Kategorien 5 und 6 zugeordnet werden (hierzu als Beispiel das rechte Gebäude in Abb. 3, das räumlich direkt an das linke Gebäude anschließt. Einige unter denkmalpflegerischer Betreuung hervorragend restaurierte Einzelobjekte sowie Reste der Stadtmauer suggerieren dennoch den Eindruck eines traditionellen Ortsbildes.

Von wesentlichem Interesse ist nun die Frage, inwieweit die verschiedenen Kategoriengruppen der Bausubstanz direkte touristische Nutzungen aufweisen. Immerhin 14% der Gebäude von Ediger sind in irgendeiner Form funktional in den Fremdenverkehr eingebunden. Die Abb. 4 veranschaulicht den eindeutig überproportionalen Anteil der Hotels und Gasthäuser an der dem moseltypischen Ortsbild abträglichen und damit die touristische Attraktivität beeinträchtigenden Kategoriengruppe 3–6. Bei den Privatquartieren (überwiegend kleinere) ist die Verteilung gerade umgekehrt, hier überwiegt mit Abstand die Kategoriengruppe 1–3. Eine genauere Aufschlüsselung ergab, daß 80% der Hotels und Gasthäuser mit Übernachtungsmög-

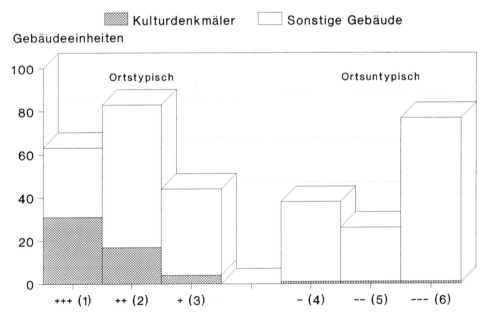

Abb. 2: Kulturdenkmäler nach Überprägungskategorien in Ediger

Abb. 3: Unmittelbar benachbarte Gebäude mit Tourismusnutzung an der Uferstraße in Ediger: Kat. 1 (links) und Kat. 6 (rechts; aufgenommen 5/1996)

lichkeit sogar in die für das Ortsbild besonders negativen Kategorien 5 und 6 fallen, ähnliches gilt für große Privatquartiere. Dabei sei darauf hingewiesen, daß der Großteil des Bettenkontingents von relativ wenigen Hotels und größeren Pensionen gestellt wird. Fast alle der in Abb. 5 aufgeführten Ausstattungsmerkmale (Garage, Balkon/Terrasse, Aufenthaltsraum/Veranda) sind im traditionellen Moselhaus normalerweise nicht vorhanden, so daß diesbezügliche Um- und Ausbauten eine der Hauptquellen für ortsuntypische Veränderungen bilden. Dagegen wirkt sich die fremdenverkehrsbedingte Stützung des lokalen Weinbaus ortsbilderhaltend aus, da dadurch wenigstens einige landwirtschaftliche Nebengebäude – entgegen dem generellen Trend – von Leerstand und drohendem Verfall verschont bleiben.

Als bedeutsam für Ediger erweist sich auch die räumliche Konzentration der tourismusbezogenen Einrichtungen, die sich zu 24% im Bereich der erwähnten Moseluferzeile – also der Durchgangsstraße – befinden, obwohl diese nur 8% der Gebäudesubstanz des alten Ortskerns umfaßt. Das bedeutet, daß fast die Hälfte der uferseitigen Bebauung in irgendeiner Form vom Fremdenverkehr genutzt wird.

Insgesamt stellt sich für Ediger heraus, daß die Tendenz zur Veränderung der überkommenen Bausubstanz mit der Höherwertigkeit und Intensität der touristischen Nutzung zunimmt; das gilt auch für denkmalwerte Gebäude. Der wirtschaftlich für Ediger zweifellos unabdingbare Fremdenverkehr, der ja nicht zuletzt von der Attraktivität des historischen Ortsbildes lebt, ist also zugleich eine wesentliche Ursache der Ortsbildgefährdung, was sehr viel stärker als bisher in der Fremdenverkehrsplanung berücksichtigt werden muß.

Ein weiteres wesentliches Gefahrenpotential für die Ortsbildentwicklung ist die demographische Struktur der Bewohner: ein Viertel der Einwohner ist älter als 60 Jahre. Schon gegenwärtig werden fast 70 Gebäude von Rentnerhaushalten mit einer oder zwei Personen genutzt, beim Ableben der derzeitigen Bewohner ist die künftige Nutzung der betreffenden Gebäude angesichts der problematischen Bevölkerungsentwicklung

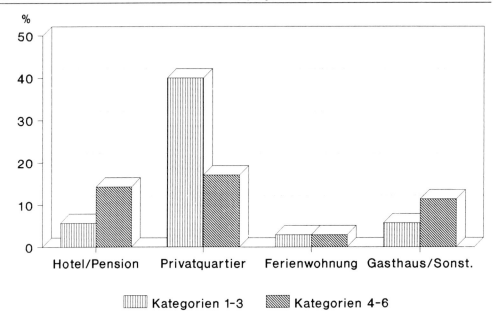

Quelle: Eigene Erhebung 1991/92
Entwurf: H.Schürmann

Abb. 4: Fremdenverkehrsbetriebe in Ediger nach Überprägungskategorien

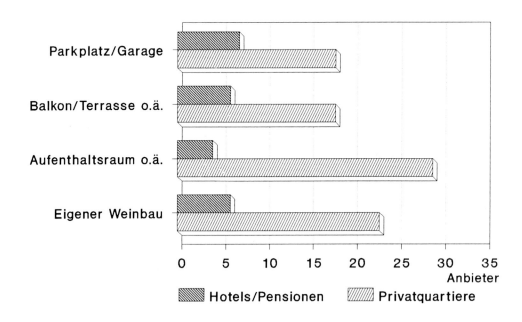

Quelle: Unterkunftsverzeichnis 1990

Abb. 5: Ortsbildrelevante Ausstattungsmerkmale von Fremdenverkehrsbetrieben in Ediger

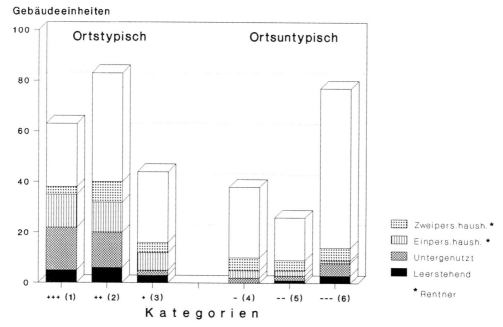

Abb. 6: Gefährdung der Bausubstanz in Ediger nach Überprägungskategorien

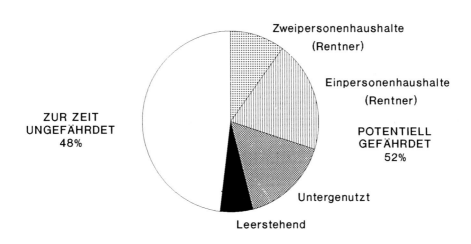

Abb. 7: Gefährdung der Kulturdenkmäler in Ediger (Profanbauten)

ungewiß. 60 weitere Gebäude (bisher vor allem Wirtschaftsgebäude) sind bereits untergenutzt, z.T. sogar schon leerstehend. Ungenutzte Bausubstanz in peripheren Regionen ist indes – dafür gibt es zahllose Beispiele – tendenziell vom Verfall bedroht. Demnach ist für fast 40% der Bausubstanz des alten Ortskerns von Ediger der Fortbestand infolge ungeklärter Nutzung kurz- bis mittelfristig nicht gesichert. Gerade dieser Anteil besitzt jedoch wegen seines relativ geringen Überprägungsgrades als Folge des hier kaum vorhandenen Veränderungsdruckes eine überproportionale Bedeutung für den historischen Eindruck des Ediger Ortsbildes (Abb. 6). Und gerade die für die touristische Attraktivität wichtigen Kulturdenkmäler bzw. denkmalwerten Gebäude sind von dieser Gefährdung besonders betroffen, was allerdings zu erwarten war (Abb. 7).

Fazit

Ortsbildentwicklung einerseits und demographisch-ökonomische Prozesse andererseits stehen in Ediger wie auch generell in ländlichen Gemeinden in einem unmittelbaren, wechselseitig wirksamen Zusammenhang. Während allgemein in strukturschwachen ländlichen Räumen die Gefährdung der Bausubstanz durch Leerstände besonders häufig anzutreffen ist, überwiegt in mehr städtisch geprägten Bereichen die – vom Tourismus beschleunigte – Gefährdung durch ortsuntypische Veränderung und Überprägung.

Doch muß Tourismus keineswegs generell als „Denkmalfresser" wirken (so auch Uthoff 1987: 87). Er kann im Gegenteil auch Anlaß sein zur lokalen Sensibilisierung für ortstypische Besonderheiten und zudem eine beträchtliche Verwertungschance bieten für ungenutzte Bausubstanz. Im Rahmen erhaltender Ortserneuerung können – bei geeigneten örtlichen Voraussetzungen – problembezogene Ortsbildanalysen unter Berücksichtigung siedlungsgenetischer und bauhistorischer Aspekte in konzeptioneller Verknüpfung mit der funktionalen und sozio-ökonomischen Situation einen essentiellen Beitrag zum Erhalt und zur behutsamen Weiterentwicklung der Dörfer leisten, sowohl durch Erklärung von Ursachengefügen als auch durch Prognostizierung künftiger Problemfelder, selbstverständlich nur als Ergänzung zu strukturfördernden Maßnahmen. Dabei ist eine Einbindung in regionale Marketingstrategien unabdingbar.

Eine intensivierte, fachwissenschaftlich fundierte und zugleich flexible Ortsbildpflege in Ediger – ohne nostalgisierende Historismen, Regionalismen und Rustikalismen (Schürmann 1995) und ohne „Folklorisierung" (Haindl 1989: 63f) – die sich notwendigen lokalen Entwicklungen nicht starr verschließt, würde nicht allein zu Erhalt und Nutzung historischer Bausubstanz beitragen, sondern zugleich eine Verbesserung der touristischen Attraktivität bewirken und damit die Grundlage eines für die Gemeinde lebenswichtigen Wirtschaftsfaktors sichern helfen.

Literatur generell und zum Untersuchungsraum

Becker, C. (Hrsg.; 1987, 1989, 1991): Denkmalpflege und Tourismus. Mißtrauische Distanz oder fruchtbare Partnerschaft (Symposien Trier 1986, 1988, 1990). – Materialien zur Fremdenverkehrsgeographie 15, 18 und 23. Trier.
Becker, C. (1992): Kulturtourismus – eine zukunftsträchtige Entwicklungsstrategie für den Saar-Mosel-Ardennenraum. – In: Becker, C., W. Schertler u.a. (Hrsg.): Perspektiven des Tourismus im Zentrum Europas. Trier: 21–25.
Denzer, V. (1990): Musealisierung oder erhaltende Dorferneuerung? Dargestellt an Umgestaltungen historischer Bausubstanz ausgewählter Rundlinge im Hannoverschen Wendland. – Festschrift für Wendelin Klaer zum 65.Geburtstag, Mainzer Geographische Studien 34: 143–160.
Geissler, V. (1986): Monreal – ein Fachwerkdorf ändert seine Bestimmung. – Glatz, J. u.a. (Red.): Denkmalpflege in Rheinland-Pfalz – Fachwerk, hrsg. v. Landesamt für Denkmalpflege.Worms: 101–106
Glatz, J. (1989): Fremdenverkehr – Chance oder Gefahr für den ländlichen Raum und seine Denkmäler? – Becker (1989): 160–181.
Haindl, E. (1989): Auf der Suche nach einem neuen Sinn. Die soziokulturelle Situation in den Dörfern. – Hoops, W. (Bearb.): Soziokultur des Dorfes, hrsg. v. Deutschen Institut für Fernstudien an der Universität Tübingen (DIFF). Tübingen: 11–70.
Jätzold, R. (1993): Differenzierungs- und Förderungsmöglichkeiten des Kulturtourismus und die Erfassung seiner Potentiale am Beispiel des Ardennen-Eifel-Saar-Moselraumes. – Becker, C. & A. Steinecke (Hrsg.): Kulturtourismus in Europa: Wachstum ohne Grenzen? Trier: 135–144.
Krüger, R. (1995): Nachhaltige regionale Entwicklung mit Tourismus – konzeptionelle Ansätze und Strategien ihrer Umsetzung. – Becker, C. (Hrsg.): Ansätze für eine nachhaltige Regionalentwicklung mit Tourismus. Institut für Tourismus (Berichte und Materialien 14). Berlin: 53–66.

Machens, D. (1989): Dorferneuerung und Fremdenverkehr. – „Zukunft für das Dorf" (Symposium 1987), hrsg. v. Ministerium des Innern und für Sport Rheinland-Pfalz. Mainz: 87–91

Merkelbach, L .(1980): Wie wirtschaftliche Interessen die Dorfgestalt gefährden. – Wehling, H.-G. (Red.): Das Ende des alten Dorfes? Hrsg.v.d. Landeszentrale für politische Bildung Baden-Württemberg. Stuttgart: 78–85.

Moll, P. (Hrsg.; 1995): Umweltschonender Tourismus – eine Entwicklungsperspektive für den ländlichen Raum. – Material zur Angewandten Geographie 24.

Mose, I. (Hrsg.; 1992): Sanfter Tourismus konkret (Wahrnehmungsgeographische Studien 11). – Oldenburg.

Osmenda,D. (1989): Gestaltung nicht ohne Nutzungsziel – Gemeinde und Stadt: – Mainz: 9–10

Römhild, R. (1986): Die „verkaufte Vergangenheit" – ein sozio-kulturelles Spannungsfeld. – K. M. Schmals u.a. (Hrsg., 1986): Krise ländlicher Lebenswelten. Frankfurt/M. u.a.: 351–374.

Schürmann, H. (1991): Aufgaben der historisch-geographischen Ortsbildanalyse in Fremdenverkehrsorten des ländlichen Raumes für Dorferneuerung, Denkmalpflege und Fremdenverkehrsplanung. – Kulturlandschaft.1 (2/3): 31–136

Schürmann, H. (1995): Historisierungstendenzen als Bruch in der kulturlandschaftlichen Entwicklung am Beispiel ländlicher Siedlungen. – Siedlungsforschung 13: 177–196.

Schürmann, H. & M. Türk (1989): Ortsbildveränderung und Ortsbildgefährdung einer Moselgemeinde. Das Beispiel Ediger – 1350 Jahre Ediger-Eller a.d. Mosel, hrsg. v. Kulturausschuß des Heimat- und Verkehrsvereins Ediger-Eller. Ediger-Eller: 53–57

Schürmann, H. & M. Türk (1990): Zur Bedeutung des Fremdenverkehrs für das Ortsbild im ländlichen Raum. Das Beispiel Ediger an der Mosel. – Volkskunde in Rheinland-Pfalz 5 (1): 14–21

Schürmann, H. & M. Türk (1993): Baulich-funktionaler Strukturvergleich von Tal- und Hochflächengemeinden im Moselraum. Das Beispiel Ediger und Sosberg, unter besonderer Berücksichtigung aktueller demographischer Entwicklungen. – K. Freckmann (Hrsg.): Prozesse im Raum. Zur Beziehung zwischen Tal- und Berglandschaft. Köln u.a.: 27–48

Schürmann, H. & M. Türk (1995): Beilstein – Situation und Probleme des Fremdenverkehrs in einem kleinen Moselort. – K. Freckmann (Hrsg.): Das Land an der Mosel. Köln u.a.: 131–140.

Steinecke, A. (1987): Historische Bauwerke als touristische Attraktionen – Merkmale, Motive und Verhaltensweisen von Bildungs- und Besichtigungsreisenden. – Becker, C., siehe dort: Materialien zur Fremdenverkehrsgeographie 15: 92–104.

Uthoff, D. (1976): Das historische Stadtbild als Wirtschaftsfaktor. – Denkmalpflege 1975. Tagung der Landesdenkmalpflege Goslar 1975. Hannover: 73–80.

Uthoff, D. (1982/86): Fremdenverkehr und Stadtbild – wirtschaftliche Bedeutung bedeutender historischer Stadtbilder. – H. Schroeder-Lanz, H. (Hrsg.): Stadtgestalt-Forschung. Deutsch-Kanadisches Kolloquium in Trier 1979 (Trierer Geographische Studien, Sonderheft 4/5, T.II). Trier: 591–605.

Uthoff, D. (1987): Struktur und Motive von Besuchern historischer Ortskerne. – Becker (1987): 69–91.

Inventare der Baudenkmalpflege am Beispiel Kölner Arbeiten

Henriette Meynen

Im Rahmen der theoretischen Denkmalpflege wird vom Kölner Stadtkonservator über das im Denkmälerverzeichnis festgehaltene Kurzinventar hinaus der Baubestand ausgewählter Stadtbereiche wissenschaftlich aufgearbeitet und in Buchform – in der Reihe „Stadtspuren – Denkmäler in Köln" – der Fachwelt sowie der allgemeinen Öffentlichkeit zur Kenntnis gebracht. Als ein erster derartiger Beitrag ist 1990 eine Arbeit über den rechtsrheinischen Industrievorort Kalk mit seinem anliegenden Wohnvorort Humboldt-Gremberg erschienen (Meynen 1990). Während mit dem Band über Kalk und Humboldt-Gremberg eine Inventarisation eines weitgehend bebauten Bereichs vorlag, hatte der Stadtkonservator schon zuvor eine Inventarisation der Kölner Freiraumplanungen der 20er Jahre in Auftrag gegeben. Die Verfasserin erarbeitete die Entwicklung der Kölner Grünanlagen mit dem Schwerpunkt der in den 1920er Jahren geschaffenen Grüngürtel (Meynen 1979). Diese entwicklungsgeschichtliche städtebauliche Darstellung der wichtigsten Kölner Grünräume enthält ein umfangreiches Grünanlagenregister mit knapper Kennzeichnung der einzelnen Anlagen, ihren wichtigsten Daten und Quellen. Aufgrund dieser Forschungsarbeit wurden nicht nur beim Stadtkonservator Köln die Grundlagen für die Gartendenkmalpflege geschaffen, sondern auch die Voraussetzungen, um denkmalpflegerisch notwendige Sanierungen von historischem Grün durchzuführen. Ähnlich wie bei baulichen Erneuerungsvorhaben bildeten seit Erscheinen des Bandes über die Kölner Grünanlagen die zusammengetragenen Fakten den ersten Einstieg in die Sanierungplanung. Die jeweiligen generalisierten Daten des Inventars bilden einen ersten Anhaltspunkt für die detaillierte Bestandserfassung und schließlich auch eine Leitlinie bei der Formulierung der Planungsziele.

Konzeptioneller Hintergrund

Die Entstehungsgeschichte der untersuchten Stadtteile Kalk und Humboldt-Gremberg geht mit Ausnahme kleiner mittelalterlicher Siedlungsansätze im wesentlichen bis zur Mitte des 19. Jahrhunderts zurück. Schwerpunkt der Bauinventarisierung war die architektonische und städtebauliche Erfassung des Denkmälerbestandes der beiden Stadträume. Da noch keine einschlägigen Vorbilder für derartige Untersuchungen in Köln existierten, war es der Verfasserin anheimgestellt, die Darstellungsweise und innerhalb des durch das Thema gesetzten Rahmens auch die inhaltlichen Aspekte im Textbildband nach eigenen, auch geographischen Vorstellungen auszurichten. Dieses Faktum hängt nicht zuletzt auch mit der allgemeinen Umbruchsituation in der denkmalpflegerischen Inventarisierung zusammen. Seit den 70er Jahren erfolgt in der Denkmalpflege eine allmähliche Abkehr von der traditionellen „Fundamentalinventarisation", der Betrachtung von monumentalen Einzelobjekten, zugunsten einer „Denkmaltopographie", der Kennzeichnung von historischen Massenobjekten in ihren städtebaulich-räumlichen Strukturzusammenhängen (Breuer 1982: 2–5). So ist heute aus der Sicht der Denkmalpflege das Ziel einer Inventarisation nicht mehr so sehr, Objekte künstlerisch hoher Qualität oder historischer Seltenheit zu erforschen, sondern vielmehr, das historische Kulturgut in seiner historisch-räumlichen Komplexität aufzubereiten. Die so gewonnene Zusammenschau soll nicht zuletzt bei der Lösung städtebaulicher Gestaltungsfragen eine Hilfestellung leisten (Strobel u. Buch 1986: 85). Es gilt demnach in der neueren Bauinventarisation die zahlreichen noch „versteckten Akzente, Merkzeichen und Brennpunkte", die „kleinen Geschichtszusammenhänge", die „Straßen-, Orts- und Stadtquartiercharakteristika" zu erfassen. Die kunsthistorische Bauinventarisation überschreitet damit ihre fachspezifischen Grenzen und bedient sich u.a. der Arbeitsweisen der Kulturgeographie (Hajós 1982: 9–10; Strobel & Buch 1986: 20).

Methodik der Erfassung und Aufbau der Inventare

Da es sich bei Kölner Stadtvierteln, so im besonderen Maße auch bei Kalk und Humboldt-Gremberg, um weitgehend im Krieg zerstörte Stadtgebiete mit einer geringen Anzahl erhaltener historischer Bauten – und noch weniger solcher mit Denkmalcharakter – handelt, war es gerade in diesem Fall naheliegend, den heutigen erhaltenswerten Baubestand im Zusammenhang mit seiner historisch-räumlichen Entwicklung zu ermitteln und hieraus das einst Typische und Besondere des Untersuchungsraumes abzuleiten. Eine solche allgemeine Bewertung des Baubestandes konnte aufgrund der gewonnenen Erkenntnisse in den zusammenfassenden einführenden Kapiteln über die Siedlungsentwicklung, Verkehrswege, industrielle und architektonische Entwicklung geliefert werden. Die Wohnbauarchitektur im besonderen nach ihren verschiedensten Typen (ländlicher und städtisches Wohnhaus, Mietshaus, Villa, Baugenossenschaftshaus), ihren unterschiedlichen Details (Stuckzierrat an der Fassade und im Hausinnern, Fenster- Tür-, Hausflur- und Treppengestaltung, Hausgarten) sowie die Industriearchitektur, die Bahnbauten, Schulbauten und schließlich die Sakralbauten einschließlich der Friedhofs- und der kirchlichen Kleindenkmäler wurden auf diese Weise in ihrer

Entstehung und Entwicklung sowie den wesentlichsten Merkmalen in jeweils eigenen Kapiteln dargelegt. Der Hauptteil listet die Denkmäler und historischen Bauobjekte nach Straßennamen und Hausnummern alphanumerisch auf. Jeder Straßenzug wird zunächst durch eine allgemeine Charakteristik vorgestellt. Die Herleitung des Straßennamens, die Lage und der Verlauf der Straße sowie deren sozial- und baugeschichtliche und funktionale Entwicklung sind genauso Thema der Straßenkapitel wie eine Zusammenfassung der einst und heute wichtigsten und typischsten Bauten eines jeden Straßenzuges. Innerhalb der einzelnen Straßen werden die Denkmäler wie die sonstigen noch sichtbaren historischen Bauobjekte ebenso beschrieben wie die nicht mehr vorhandenen oder stark veränderten, nicht erhaltenswerten Objekte.

Die begleitende Bebilderung des Inventarbandes unterstreicht die Abfolge von der Gesamtdarstellung über die Kennzeichnung der einzelnen Straßenzüge bis hin zu den Einzelobjektbeschreibungen. Während in den einführenden Kapiteln vornehmlich Karten, Vogelschauansichten, beispielhafte Bautypen und typische Details wiedergegeben sind, enthält der Hauptteil, soweit verfügbar, die jeweiligen historischen Straßenansichten oder bei Industriekomplexen einen historischen – gezeichneten oder auch fotografischen – Überblick der Anlagen, denen wiederum eine Vielzahl großenteils historischer Fotos der Einzelobjekte folgt.

Insgesamt wurde versucht, die historische Bausubstanz beider Stadtteile flächendeckend in ihrer einstigen – soweit noch durch historische Quellen oder aufgrund vorhandener Bausubstanz faßbar – und/oder heutigen visuellen Erscheinungsform zu dokumentieren. Eine Beschränkung ergab sich nicht nur aufgrund des umfangreichen Zerstörungsgrades von Kalk und Humboldt-Gremberg, sondern auch infolge der lückenhafte Quellenlage, vor allem der weitgehend fehlenden Bauakten. Durch die historisch-geographische Arbeitsmethode, d.h. die Auswertung historischer Karten und Luftbilder in Verbindung mit der physiognomischen Erfassung der baulichen Gegebenheiten vor Ort, konnte die Faktensammlung bereichert werden. Mit anderen Worten: Die kunsthistorische Einzelbeschreibung erfuhr insgesamt durch ortsgeschichtliche, städtebauliche und volkskundliche Aspekte eine wertvolle Ergänzung.

Bewertung aus stadtplanerischer Sicht

Auch wenn es auf den ersten Blick erscheint, als handele es sich bei der besprochenen Buchpublikation um eine historisch-geographische Erfassung eines Ausschnitts der Kölner Stadtlandschaft, bei der kunsthistorische und insbesondere detaillierte baugeschichtliche Daten mit einflossen, so unterscheidet sich diese Ausarbeitung dennoch von geographischen Arbeiten. Eine raumspezifische Einordnung der einzelnen Straßen in das Strukturgefüge der Industrievorstadt Kalk war im Sinne der Denkmalpflege nur in groben Zügen erforderlich und wurde dementsprechend nur verallgemeinert in den einzelnen Straßenkapiteln angesprochen und ergänzend auch in den schon erwähnten einführenden Einzelkapiteln. Die räumlichen Zusammenhänge der ermittelten Daten oder noch mehr die zusammenfassende komplexe Synthese, die die verschiedenen Raumeinheiten im geographischen Sinne erläutert, ist naturgemäß nicht Gegenstand einer denkmalpflegerischen Ausarbeitung. Insofern kann die Inventarisation des Baubestandes einer Stadt trotz aller historisch-geographischen Ansätze (Erfassungsmethoden und Teilergebnisse) auch nur in beschränktem Maße als historisch-geographische Analyse angesehen werden.

Der Inventarband erfüllt zunächst die Aufgabe der Denkmalpflege, den denkmalwerten Baubestand aufzulisten, zu beschreiben und die Denkmalqualität zu begründen. Als solche Publikation ist sie Argumentationshilfe bei denkmalpflegerischen Konflikten und kann zugleich ein motivierender Anstoß für Bürger und Politiker sein, die Denkmäler als geschichtliche Zeugnisse schätzen zu lernen und zu erhalten.

Dem Inventarband über Kalk und Humboldt-Gremberg folgte wenig später der landeskundlich-historisch orientierte Stadtatlas von Kalk in der Reihe Rheinischer Städteatlas (Lfg. X, Nr. 54. 1992). Die Zusammenstellung älterer Karten im Städteatlas liefert nicht nur historische Querschnitte, sondern veranschaulicht manch eine schon im Inventar enthaltene Aussage kartographisch präzise. Besonders aussagekräftig erweist sich eine nach historisch-geographischen Methoden erstellte thematische Karte mit den Funktionsangaben der Bebauung um 1900.

Beide Publikationen über Kalk bzw. auch Humboldt-Gremberg wurden gleich nach ihrem Erscheinen als einander ergänzende Werke für städtebauliche Planungen genutzt. Für den Vorort Humboldt-Gremberg war zu jener Zeit eine Rahmenplanung vorgesehen, und in Kalk standen Stadterneuerungs- und Sanierungsmaßnahmen an. Infolge der fast zeitgleichen Aufgabe verschiedener Firmengelände in den beiden Stadtteilen standen Gewerbebrachen in Kalk und Humboldt-Gremberg zur Disposition.

Der Inventarband mit den umfassenden Charakterisierungen und Erläuterungen der Denkmäler sowie der historischen Bauten und den Kennzeichnungen ihrer speziellen Einbindung in ihr engeres Umfeld können bei allgemeinen Planungsvorhaben genutzt werden. Auch greifen die Planer auf diese Angaben gerne zurück, da diese vor allem die amtliche Statistik, die wenig anschauliche zahlenmäßige Erfassung der Raumgegebenheiten, inhaltlich erweitern oder gar ersetzen können. Darüber hinaus dienen die in den genannten Schriften veröffentlichten Angaben über die Siedlungsstrukturen und die angedeutete sozialgeschichtliche Entwicklung als Grundlage für die Rahmenplanung Humboldt-Gremberg. Diese Neuplanungen des Kölner Amtes für Stadtentwicklung sollen nämlich auf den Gegebenheiten der Vergangenheit fußen, um eine behutsame, kleinteilige Stadterneuerung zu gewährleisten.

Bei den planerischen Überlegungen zu den aufgegebenen Industrieflächen stützt man sich in verschiedener Hinsicht auf die veröffentlichten Angaben. Die industriehistorische Recherche der Inventarisation in Verbindung mit dem Atlas ermöglicht den Planern erste Einschätzungen der Bodenkontaminationen, da die Kombination von Erläuterungen im Inventar und Karten im Städteatlas die Abfolge der verschiedensten Nutzungsschichten in ihrer genauen Lage erschließen. Frühere Siedlungsstrukturen, wie beispielsweise ehemalige Flurwege bzw. Straßen, können bei Umnutzungen wieder in ihrem alten Verlauf aufgenommen werden. So soll demnächst auf dem einstigen Gelände der Chemischen Fabrik Kalk die kürzlich nur bis hierhin als Sackgasse führende und auf dem Industriegebiet aufgelassene Peter-Stühlen-Straße wieder wie ehemals diesen neu beplanten Bereich queren. In einem anderen Falle wird auf einem freigewordenen Industriegelände der Firma Klöckner-Humboldt-Deutz an der Kapellenstraße mit Blick auf die im Inventar angesprochene alteingesessene Arbeiter- und Handwerkerschaft ein Handwerkerhof geplant.

Auch dem Amt für Stadterneuerung dient der Stadtspurenband in Verbindung mit dem Atlas zur Formulierung städtebaulicher Ziele, die im Laufe der Sanierung durch Blockkonzepte (städtebauliche Entwürfe) konkretisiert werden. Die Angaben fließen in die bis ins Detail gehende Sanierung von Baublöcken ein und tragen dazu bei, bau- und ortsgeschichtlich typische Substanz zu wahren. Auch bei Neugestaltungen orientiert man sich an ehemaligen städtebaulichen Gegebenheiten. So werden im Zuge der Revitalisierungsüberlegungen des verkehrsberuhigten Postplatzes in Kalk Anregungen aus der früheren Platzgestaltung gewonnen.

Die Sanierung einer öffentlichen Grünanlage, des Humboldtparks in Humboldt-Gremberg, wurde aufgrund der ermittelten ursprünglichen Konzeption in wesentlichen Teilen durch das Grünflächenamt rekonstruiert. Dabei verwenden die Planer in der Praxis die detaillierten architekturhistorischen Angaben, während die geographischen, verallgemeinerten bzw. typisierten Daten vornehmlich für die erläuternden Einführungen zu den Planungsmaßnahmen genutzt werden. Darüber hinaus bilden die zusammengetragenen Fakten beider Publikationen einen ersten Einstieg in die Sanierungplanungen. Die Daten des Inventars liefern einen ersten Anhaltspunkt für die ausführliche Bestandserfassung der Planer und schließlich auch eine Leitlinie bei der Formulierung der Planungsziele. Insgesamt erhöht die Einbeziehung von geographischen Arbeitsmethoden und Aspekten in der Inventarisation deren Nutzeffekt für jegliche Planungsmaßnahmen. Zudem trägt die geographische Arbeitsweise zunächst einmal dazu bei, neben der architekturhistorischen Betrachtung die Bauten und Grünflächen in ihrem Raumgefüge zu sehen, Stadtstrukturen zu erfassen und die denkmalpflegerisch relevanten Gebiete abzugrenzen, wie z.B. Wissing (1995) am Beispiel einer Kölner Siedlung darlegen konnte.

Literatur

Hajós, G. (1982): Die kunsthistorische Denkmal-Inventarisation und das Gegenwartsproblem – zur Krise des historischen Abstandes. – Deutsche Kunst- und Denkmalpflege 40 (1): 6–15.
Meynen, H. (1979): Die Kölner Grünanlagen. Die städtebauliche und gartenarchitektonische Entwicklung des Stadtgrüns und das Grünsystem Fritz Schumachers (Beiträge zu den Bau- und Kunstdenkmälern im Rheinland 25). – Düsseldorf.
Meynen, H., B. Wübbeke u.a. (1992): Kalk (Rheinischer Städteatlas. Lfg. 10. Nr. 54). – Köln.
Meynen, H. (1990): Köln: Kalk und Humboldt-Gremberg (Stadtspuren – Denkmäler in Köln 7). – Köln.
Strobel, R. & F. Buch (1986): Ortsanalyse. Zur Erfassung und Bewertung historischer Bereiche (Landesdenkmalamt Baden-Württemberg, Arbeitsheft 1). – Stuttgart.

Wissing, B. (1995): Die „Gartenstadt Nord" in Köln-Longerich. Ein Beitrag der Angewandten Historischen Geographie zur Inventarisation Kölner Wohnsiedlungen. – In: Rheinische Heimatpflege 32: 31–39.

Weitere Bauinventare mit historisch-geographischen Ansätzen:

Habich, J., unter Mitw. v. G. Kaster u.a. (1976): Stadtkernatlas Schleswig-Holstein. – Neumünster.
Hajós, G. & E. Vancsa (1980): Die Kunstdenkmäler Wiens. Die Profanbauten des III., IV. und V. Bezirkes (Österreichische Kunsttopographie 44). – Wien.
Ortskernatlas Baden-Württemberg. Hrsg.vom Landesdenkmalamt Baden-Württemberg u. Landesvermessungsamt Baden-Württemberg. – Stuttgart (zahlreiche Einzellieferungen in loser Folge).
Denkmaltopographie Bundesrepublik Deutschland (von einzelnen Landesdenkmalämtern herausgegebene Inventare, mehr oder weniger geographisch ausgerichtet).

Historisch-Geographische Forschungen im Rahmen des Denkmalpflegeplans

Andreas Dix

Denkmalpflege und räumliche Planung

Es ist unumstritten, daß die Denkmalpflege nicht nur Einzelobjekte, sondern auch größere, räumlich ausgedehntere historische Strukturen im Blick haben muß.

Alle Denkmalschutzgesetze der Bundesländer führen deshalb neben den Bau- und Bodendenkmalen auch Gesamtanlagen und ihre Umgebungsbereiche als mögliche Schutzkategorien auf. Länderspezifische Unterschiede bei der Unterschutzstellung von Gesamtanlagen werden schon durch Benennungen wie „Ensemble", „Denkmalbereich", „Denkmalschutzgebiet" oder „Denkmalzone" deutlich (zur begrifflichen Problematik und Schutzmöglichkeiten Viebrock 1993). Eine detaillierte Aufzählung wie die des Brandenburgischen Denkmalschutzgesetzes sieht als mögliche Denkmalbereiche Stadt- und Ortsteile, Siedlungen, Gehöftgruppen, Straßenzüge, Wehrbauten und Verkehrsanlagen, handwerkliche und industrielle Produktionsstätten, bauliche und gärtnerische Gesamtanlagen sowie Landschaftsteile vor (Gesetz über den Schutz und die Pflege der Denkmale und Bodendenkmale im Land Brandenburg vom 22. Juli 1991, § 2(3)). Ebenso unterschiedlich sind die jeweiligen Unterschutzstellungsverfahren, in deren Ablauf in Abgrenzung zum Substanzschutz beim Einzeldenkmal meist der Schutz charakteristischer historischer oder städtebaulicher Erscheinungsbilder im Vordergrund steht (Erbguth u.a. 1984: 46–47; zum Denkmalbereich im nordrhein-westfälischen Denkmalrecht Schulze 1991). Im Verwaltungsalltag kann die Denkmalpflege, auch wenn sie mit größeren Einheiten konfrontiert ist, häufig nur auf konkret anstehende Veränderungen reagieren – eine Arbeit, die ihr das Odium der Verhinderung und Blockade einträgt. Besser wäre es, bereits in früheren Planungsstadien konzeptionelle Ideen einbringen zu können (Precht 1991: 90). Dennoch wird die Einbindung der Denkmalpflege in die räumliche Planung nicht in allen Denkmalschutzgesetzen explizit angesprochen und dann nur pauschal erwähnt, daß Belange der Denkmalpflege zu berücksichtigen seien, nicht aber, in welcher Weise dies geschehen kann (Beispiele: Hessen, § 1 (1); Schleswig-Holstein in bezug auf die Bauleitplanung und Flurbereinigung, § 17; Rheinland-Pfalz, § 1 (3); Nordrhein-Westfalen § 1 (3)). Konkrete Handlungsmöglichkeiten formuliert hingegen der Denkmalpflegeplan.

Der Denkmalpflegeplan

Das Instrument des Denkmalpflegeplans wurde erstmalig mit dem nordrhein-westfälischen Denkmalschutzgesetz vom 11. März 1980 (§ 25 NwDschG) in das bundesdeutsche Denkmalrecht eingeführt (Kommentar zu § 25 bei Memmesheimer, Upmeier 1989: 329–335, ausführliche Darstellung zu allen folgenden Punkten auch bei Echter 1996). Dieser Paragraph wurde im brandenburgischen Denkmalschutzgesetz (§ 7 Aufgaben der Gemeinden) fast wörtlich übernommen. Ähnliches bestimmt auch das Denkmalschutzgesetz des Landes Sachsen-Anhalt, wo Inhalt und Aufgaben des Denkmalpflegeplans aber wesentlich summarischer formuliert worden sind (Denkmalschutzgesetz des Landes Sachsen-Anhalt vom 21. Oktober 1991, § 8 (3)).

Der § 25 NwDSchG bestimmt: „(1) Die Gemeinden sollen Denkmalpflegepläne aufstellen und fortschreiben.", (2) Der Denkmalpflegeplan gibt die Ziele und Erfordernisse des Denkmalschutzes und der Denkmalpflege sowie die Darstellungen und Festsetzungen in der Bauleitplanung nachrichtlich wieder. Er enthält

1. die Bestandsaufnahme und Analyse des Gebietes der Gemeinde unter siedlungsgeschichtlichen Gesichtspunkten.
2. die Darstellung der Bau- und Bodendenkmäler, der Denkmalbereiche, der Grabungsschutzgebiete sowie – nachrichtlich – der erhaltenswerten Bausubstanz und
3. ein Planungs- und Handlungskonzept zur Festlegung der Ziele und Maßnahmen, mit denen der Schutz, die Pflege und die Nutzung von Denkmälern im Rahmen der Stadtentwicklung verwirklicht werden sollen." (vollständig bei Grätz & Lange 1991: 308–320).

Da die Kompetenz der Denkmalpflege in Nordrhein-Westfalen grundsätzlich bei den Gemeinden angesiedelt ist, fällt die Erstellung des Denkmalpflegeplans ebenfalls unter die kommunale Planungshoheit und ist in die Reihe anderer kommunaler Pläne (Verkehrs-, Grün-, Bebauungspläne) einzuordnen. Er hat keine rechtsverbindliche Wirkung wie eine Denkmalbereichssatzung (§ 6 NwDschG), sondern dient als Darstellung der Planungsrichtlinien und Zielvorstellungen der Denkmalpflege im Zusammenhang mit anderen Planungen. Auf diese Weise ist es möglich, bereits im Vorfeld gemeindlicher Entscheidungsprozesse die Belange der Denkmalpflege einfließen zu lassen. Bemerkenswert ist die Forderung einer „Bestandsaufnahme und Analyse des Gebiets unter siedlungsgeschichtlichen Gesichtspunkten." Hier wird eine viel stärkere Ausrichtung auf historisch-geographisch orientierte Untersuchungen formuliert als in anderen Länderdenkmalgesetzen. Darunter kann das ganze Spektrum der Auswertung von Quellen und Arbeitsweisen zusammengefaßt werden, das auch sonst in der genetischen Siedlungsgeographie üblich ist. Dazu gehören beispielsweise archäologische Prospektion, Kartierung archäologischer Verlustzonen, Reliktkartierung, Baualterskartierung, Auswertung historischer Karten, Luftbilder, Bauakten und sonstiger archivalischer Quellen (siehe auch Stellungnahme der Vereinigung der Landesdenkmalpfleger in der Bundesrepublik Deutschland vom Frühjahr 1990, Ministerium für Stadtentwicklung und Verkehr 1991: 210–214; sowie Strobel & Buch 1986 oder als Beispiel der Anwendung des bayerischen denkmalpflegerischen Erhebungsbogens, Horsdorf 1995, siehe S. 96ff.).

Neu ist auch die in Abs. 2 Satz 2 bestimmte nachrichtliche Zusammenführung aller bisher unter Schutz gestellten Bau- und Bodendenkmale sowie der Denkmalbereiche und Grabungsschutzgebiete, mithin aller bisherigen räumlich wirksamen denkmalpflegerischen Maßnahmen. Die institutionelle Trennung von Bau- und Bodendenkmalpflege führt häufig zu dem Umstand, daß ein Gesamtüberblick über das historische Erbe fehlt (als Beispiel für eine solche Zusammenfassung siehe Denkmalpflegeplan der Stadt Brühl, Klewitz 1988). Mit dem nicht näher eingegrenzten Begriff der „erhaltenswerten Bausubstanz" eröffnet sich die Möglichkeit zur Untersuchung und Bewertung auch solcher Bereiche, in denen die Denkmalpflege bisher unter dem Aspekt der Bewertung von Denkmalwürdigkeit keine Handlungsbasis hatte.

Der abschließende Maßnahmenkatalog nach Abs. 2 Satz 3 umfaßt eine inhaltliche Prüfung der bisher bestehenden Pläne und formuliert im Hinblick auf die Belange der Denkmalpflege Vorschläge, wie diese „denkmalgerecht" weiterentwickelt und durch andere Instrumentarien wie Erhaltungs- oder Denkmalbereichssatzungen ergänzt werden können.

Die Soll-Vorschrift in Abs. 1 bestimmt, daß die Erstellung eines Denkmalpflegeplanes eine Pflichtaufgabe ist, allerdings wurde dafür im Gesetz kein zeitlicher Rahmen vorgegeben (Memmesheimer, Upmeier u.a. 1989: 330).

Die nicht festgelegten Fristen haben hier dazu geführt, daß bisher im Gegensatz zur steigenden Zahl der Unterschutzstellung von Einzelobjekten nur wenig geschehen ist. Für die 396 Gemeinden des Landes Nordrhein-Westfalen liegen bis jetzt nur in sieben von ihnen Pläne für das gesamte Gemeindegebiet oder Teilbereiche (Bonn, Bottrop, Brühl, Dortmund, Düsseldorf, Krefeld, Schleiden) vor. In Brandenburg sind erst einige Pilotstudien – so für die Stadt Herzberg – angefertigt worden (Auskunft Brandenburgisches Landesamt für Denkmalpflege, November 1995). Ebenso wurde in Sachsen-Anhalt bisher noch kein Plan in Angriff genommen (Auskunft Landesamt für Denkmalpflege Sachsen-Anhalt, Dezember 1995). Ein Sonderfall ist die Situation in Thüringen. Im Thüringer Denkmalschutzgesetz wird zwar auch das Instrument des „Denkmalpflegeplanes" erwähnt, der hier die Funktion einer Denkmalbereichssatzung (Gesetz zur Pflege und zum Schutz der Kulturdenkmale im Land Thüringen vom 7. Januar 1992, § 3 Denkmalpflegepläne) hat. Allerdings gehen die Anforderungen an die Untersuchung und Beschreibung des Denkmalbereiches inhaltlich über sonst übliche Satzungsformulierungen hinaus. Bisher liegt mit dem Parkpflegewerk für den Kurpark Bad Berka nur ein Plan vor, der in etwa diese gesetzlichen Anforderungen ausfüllt (Auskunft Thüringisches Landesamt für Denkmalpflege, Oktober 1995).

Inhalt und Zielsetzung des Denkmalpflegeplans: das Beispiel Bonn

Ab 1986 ließ die Stadt Bonn durch ein Stadtplanungsbüro allgemeine Grundlagen zur Denkmalpflegeplanung (Gruppe Hardtberg 1986, Lambert 1987) sowie Denkmalpflegepläne für bisher zwei der vier Stadtbezirke, Bad Godesberg und Bonn, bearbeiten (Gruppe Hardtberg, 1990, 1994). Die Gliederung lehnt sich eng an die Forderung des Gesetzes an. Die Untersuchung umfaßt jeweils das gesamte Gebiet eines Stadtbezirkes. In chronologischer Reihenfolge werden wichtige Abschnitte der baulichen Entwicklung beschrieben; sowohl räumliche als auch zeitliche Gesichtspunkte bilden dabei die Abgrenzungskriterien (z.B. in Bad Godesberg Stadtkern, Dörfer, kurfürstlicher Kernbereich, Villenviertel der Gründerzeit). Gesondert kommen funktional bestimmbare Bereiche wie das Rheinufer, Grünflächen, Gewerbegebiete sowie Hoch- und Tiefbauten der Eisenbahn hinzu. Die Untersuchungsintensität und -tiefe läßt sich am Beispiel der allein im Stadtbezirk Bonn gelegenen zwölf dörflichen Siedlungskerne verdeutlichen, mit deren historischen Analyse der Verfasser neben anderen im Rahmen eines Werkvertrages beauftragt war. Hier erfolgte aus Zeitgründen eine Beschränkung auf folgende Arbeitsschritte: Kartographischer Vergleich der baulichen Entwicklung in fünf Zeitschnitten im Maßstab 1:25.000 (um 1800: Tranchot/v. Müffling-Karte; um 1840: Preußische Uraufnahme; um 1890: Preußische Neuaufnahme; um 1920, 1950: Fortführungen der Neuaufnahme), dazu die Deutsche Grundkarte im Maßstab 1:5.000 aus den frühen fünfziger Jahren, Auswertung der vorliegenden Literatur und Besichtigungen vor Ort. Die Darstellung war im Rahmen des gesamten Planes jeweils auf wenige Seiten zu beschränken. Als Sachgliederung wurden für jedes Dorf folgende Punkte gewählt: Topographische Lage; politische Zugehörigkeit; Charakterisierung des Dorfgrundrisses; Entwicklung des Dorfes, Häuser- und Einwohnerzahlen; Bestimmungsfaktoren der Dorfentwicklung, funktionale Siedlungselemente. Im letzten Abschnitt werden vor allem die heute noch sichtbaren Siedlungsstrukturen und Typen historischer Bausubstanz beschrieben. Dazu kommen im Abbildungsteil zu jedem Dorf Kartenausschnitte zu den jeweiligen Zeitschnitten, eine stark schematisierte Zeichnung, die bereits planerische Kategorien aufnimmt (z.B. Kategorisierungen wie Straßenraum mit oder ohne dörfliche Dimensionen, dörfliche Randbebauung, Baudenkmale) und einige Fotografien, die charakteristische bauliche Situationen im Dorf festhalten.

Den für die Arbeit der Stadtplanung wichtigsten Hauptteil des Handlungskonzeptes bildet eine tabellarische Übersicht, in der für einzelne ausgewiesene Bereiche eine stichwortartige Bewertung differenziert nach denkmalwerter und erhaltenswerter Bausubstanz, die bereits vorhandenen Planungen (z.B. Bebauungsplan, Gestaltungs- und Erhaltungssatzungen usw.) zugeordnet, Gefährdungen und zukünftig wünschenswerte Maßnahmen dargestellt werden. Für eine im Gesetz vorgesehene Fortschreibung des Denkmalpflegeplans werden auch Desiderata der Forschung formuliert, wie z.B. eine intensivere Untersuchung der Dörfer oder des städtischen und genossenschaftlichen Siedlungsbaues der zwanziger und dreißiger Jahre.

Bewertung

Mit Hilfe des Denkmalpflegeplans ist es möglich, denkmalpflegerische Belange bereits frühzeitig in die Planung einzubringen und der Öffentlichkeit besser zu vermitteln, welchen Strukturen und Bereichen ein hoher historischer Wert beigemessen werden kann. In Bonn wird dies am Beispiel der Wohnsiedlungen aus den fünfziger Jahren deutlich, die, obgleich sie heute große Bereiche der Stadt prägen, hier zum ersten Mal überhaupt umfassend untersucht und nach ihrer Erhaltungswürdigkeit bewertet wurden (Gruppe Hardtberg, 1990: 115–131; Gruppe Hardtberg, 1994: 113–136). Welche Wirkung vorausschauende denkmalpflegerische Fachplanung entfalten kann, zeigt überdies das Beispiel der Stadt Dresden. Dort hat man ab 1990 das im sächsischen Denkmalschutzgesetz nicht vorgesehene Instrument des Denkmalpflegeplans verwaltungsintern genutzt, um in großen, vorzugsweise gründerzeitlichen Gebieten – beispielsweise die im Dresdner Norden gelegenen Kasernenareale der Albertstadt, die vor 1989 nicht öffentlich zugänglich waren – bereits frühzeitig die Bewertungen und Ansprüche der Denkmalpflege festzulegen und darzustellen, bevor Fachpläne mit anderer Zielrichtung aufgestellt wurden und der massive Veränderungsdruck auf diese Gebiete einsetzte. Insgesamt wurden fünf detaillierte Pläne aufgestellt, mit denen in der Folgezeit erfolgreich gearbeitet werden konnte (Auskunft Denkmalschutzamt der Stadt Dresden, November 1995). Daß in Nordrhein-Westfalen und Brandenburg bisher erst wenige Pläne formuliert wurden, mithin das Planungsinstrument auf breiter Ebene eigentlich noch nicht angewendet wurde, liegt an den erheblichen Kosten, die mit einer gründlichen Untersuchung größerer Gebiete verbunden sind. Selbst im Fall von Bonn konnte im wesentlichen nur die gedruckte Literatur herangezogen werden. Bauakten wurden nur im Zusammenhang mit den Siedlungen der fünfziger Jahre ausgewertet, da hier keine anderen Quellen vorlagen. Der alleinige Rückgriff auf die Literatur war nicht in jedem Fall unproblematisch. Zwar lagen für einige Dörfer wie z.B. Poppelsdorf (v.d. Dollen 1979) denkmalbezogene siedlungsgeschichtliche Untersuchungen vor, für andere Dörfer wiederum nur unkritische Heimatliteratur. Die Darstellung der Bodendenkmale wurde bewußt ausgeklammert, weil man Informationen darüber im Hinblick auf Raubgrabungen verhindern wollte. Wohl aber wurde die Ausweisung des Stadtkerns als Bodendenkmal und eine Eingriffskartierung in Form von Kellerkatastern für eine spätere Phase vorgeschlagen.

Die nicht festgeschriebene Struktur der Denkmalpflegepläne läßt weitere und auch stärker auf die Kulturlandschaft ausgerichtete Untersuchungen zu. Diese lassen sich auch als Vorbereitung für die Ausweisung von Denkmalbereichen verwenden, wie das Beispiel Essen zeigt (Wehling 1987). Hier ergibt sich neben der Erstellung von Denkmalpflegeplänen in Zukunft ein weiteres, großes „Untersuchungspotential", denn von 396 nordrhein-westfälischen Gemeinden haben erst 76 überhaupt Denkmalbereiche ausgewiesen (Gesamtzahl 111) (Ministerium für Stadtentwicklung 1991: 20–22). Diese Chancen müssen aber von der Verwaltung erkannt und die geforderten Maßnahmen auch gewollt werden, um die Möglichkeiten, die durch das Gesetz geschaffen wurden, auszuschöpfen.

Literatur

AGEPLAN (1984): Denkmalpflegepläne: Bewertung und Schutz historischer Bausubstanz am Beispiel des „Modellvorhabens Denkmalpflegeplan Bottrop". Essen.

Dix, A. (Hrsg., 1997): Angewandte Historische Geographie im Rheinland. Planungsbezogene Forschungen zum Schutz, zur Pflege und zur substanzerhaltenden Weiterentwicklung von historischen Kulturlandschaften. Köln.

Dix, A. (1997): Bibliographie zur Angewandten Historischen Geographie und zur fächerübergreifenden Kulturlandschaftspflege. – In: Dix, Andreas (Hrsg.): Angewandte Historische Geographie im Rheinland. Planungsbezogene Forschungen zum Schutz, zur Pflege und zur substanzerhaltenden Weiterentwicklung von historischen Kulturlandschaften. S. 100–212, Köln.

Dollen, B.v.d. (1979): Bonn-Poppelsdorf: Die Entwicklung der Bebauung eines Bonner Vorortes in Karte und Bild (bis zur Sanierung) (Landeskonservator Rheinland: Arbeitsheft 31). – Köln.
Echter, C.-P. (vorauss. 1997): Dokumente und Instrumente städtischer Denkmalpflege. (erscheint in der Reihe difu-Materialien). – Berlin.
Erbguth, W., H. Paßlick u.a. (1984): Denkmalschutzgesetze der Länder: Rechtsvergleichende Darstellung unter besonderer Berücksichtigung Nordrhein-Westfalens. (Beiträge zum Siedlungs- und Wohnungswesen und zur Raumplanung 97). – Münster.
Grätz, R., H. Lange, u.a. (Hrsg.; 1991): Denkmalschutz und Denkmalpflege: 10 Jahre Denkmalschutzgesetz Nordrhein-Westfalen. – Köln.
Gruppe Hardtberg, Stadtplaner – Architekten (1986): Grundlagen für einen Denkmalpflegeplan der Stadt Bonn. Heft A: Siedlungsstrukturelle Entwicklung, Heft B: Freiräume, Plätze, Straßen, Heft C: Denkmäler, erhaltenswerte und charakteristische Bausubstanz, Heft D: Einzelthemen, Heft E: Rechtsinstrumente. – Bonn.
Gruppe Hardtberg, Stadtplaner – Architekten (1990): Denkmalpflegeplan Bad Godesberg. – Bonn.
Gruppe Hardtberg, Stadtplaner – Architekten (1994): Denkmalpflegeplan Bonn. – bisher unveröff. Manuskript Bonn.
Klewitz, D. (1988): Stadt Brühl: Denkmalpflegeplan. T. 1 u. 2 (Schriftenreihe zur Brühler Geschichte 12, 13). – Brühl.
Lambert, H. (1987): Grundlagen für einen Denkmalpflegeplan der Bundeshauptstadt. Denkmalpflege im Rheinland 4 (2): 26–30.
Memmesheimer, P., D. Upmeier, u.a. (1989): Denkmalrecht Nordrhein-Westfalen: Kommentar (Kommunale Schriften für Nordrhein-Westfalen 46). – Köln, 2. neubearb. u. erw. Aufl.
Ministerium für Landes- und Stadtentwicklung des Landes Nordrhein-Westfalen (Hrsg.; 1985): Denkmalschutz und Denkmalpflege in Nordrhein-Westfalen 1980–1984: Vier Jahre Denkmalschutzgesetz NRW (Schriftenreihe des Ministers für Landes- und Stadtentwicklung des Landes Nordrhein-Westfalen 11). – Düsseldorf.
Ministerium für Stadtentwicklung und Verkehr des Landes Nordrhein-Westfalen (Hrsg.; 1991): Denkmalschutz und Denkmalpflege in Nordrhein-Westfalen 1980–1990 (MSV 3/91). – Düsseldorf.
Ministerium für Stadtentwicklung und Verkehr des Landes Nordrhein-Westfalen (Hrsg.; 1992): Denkmalschutz und Denkmalpflege in Nordrhein-Westfalen: Bericht 1991 (MSV 5/92). – Düsseldorf.
Planungsbüro Prof. Krause & Partner (1988): Denkmalpflegeplan Dortmund Borsigplatz-Viertel: Siedlungs- und Baugeschichte, Historische Schutzgüter, Straßen und Plätze. – Dortmund.
Planungsbüro Prof. Krause & Partner (1988): Denkmalpflegeplan Dortmund Borsigplatz-Viertel: Dokumentation, denkmalschutzwürdige Bauten, erhaltenswerte Bausubstanz. – Dortmund.
Planungsbüro Prof. Krause & Partner (1988): Denkmalpflegeplan Dortmund-Ortskern Oespel: Siedlungs- und Baugeschichte, historische Schutzgüter, Straßen und Gebäude. – Dortmund.
Planungsbüro Prof. Krause & Partner (1989): Denkmalpflegeplan Gartenstadt Dortmund-Mitte: Straßen und Plätze, denkmalschutzwürdige Bauten, erhaltenswerte Bausubstanz. – Dortmund.
Planungsbüro Prof. Krause & Partner (1989): Denkmalpflegeplan Gartenstadt Dortmund-Mitte: Siedlungs- und Baugeschichte, Architekten der Gartenstadt, Historische Schutzgüter. – Dortmund.
Precht, B. (1991): Denkmalpflege – Planung. Denkmalpflegeplan – ein kommunales Handlungsinstrument. – Grätz, R., H. Lange, (Hrsg.): Denkmalschutz und Denkmalpflege: 10 Jahre Denkmalschutzgesetz Nordrhein-Westfalen. Köln: 89–101.
Schulze, J. (1991): Denkmalbereiche. – Grätz, R., H. Lange u.a. (Hrsg.): Denkmalschutz und Denkmalpflege: 10 Jahre Denkmalschutzgesetz Nordrhein-Westfalen. Köln: 103–111.
Spohr, E. (1981): Kaiserswerth: Stadtbildanalyse des historischen Kerns, Aufstellung eines Denkmalpflegeplans. – Düsseldorf.
Stadt Staffelstein, Obst- und Gartenbauverein Horsdorf Loffeld u.a. (Hrsg.; 1995): Horsdorf: Denkmalpflegerischer Erhebungsbogen. – Horsdorf.
Strobel, R. & F. Buch (1986): Ortsanalyse: Zur Erfassung historischer Bereiche (Arbeitsheft des Landesdenkmalamtes Baden-Württemberg 1). – Stuttgart.
Viebrock, J.N. (1993): Substanzschutz bei Gesamtanlagen. – Denkmalschutz-Informationen 17 (3): 85–89.
Wehling, H.-W. (1987): Die Siedlungsentwicklung der Stadt Essen. – Essen.

4

Kulturlandschaftspflege im regionalen Bezug

Beschreibungen von Kulturlandschaften als Orientierungsrahmen der Regional- und Kommunalplanung (Gerhard Henkel)	149
Ziele für eine umsetzungsorientierte Landschaftsplanung in der Agrarlandschaft (Ulrike Grabski-Kieron)	155
Schutz von Kulturgütern in der Umweltverträglichkeitsprüfung (UVP) – das Beispiel Oeding (Nordrhein-Westfalen) (Klaus-Dieter Kleefeld)	165
Verankerte Kulturlandschaftspflege im Naturschutzgebiet „Bockerter Heide" (Peter Burggraaff)	175
Kulturlandschaftspflege im Rahmen von Regionalplanung: Der Regionalplan der Region Stuttgart (Volkmar Eidloth)	184
Landschaftsstrukturplanung: „Neue Natur" in der Niederlanden (Johannes Renes)	189
Biosphärenreservate und Kulturlandschaftspflege (Karl-Heinz Erdmann)	194
Nationalparkplanung und Kulturlandschaftspflege im und am Nationalpark Bayerischer Wald (Friedemann Fegert)	202

Beschreibungen von Kulturlandschaften als Orientierungsrahmen der Regional- und Kommunalplanung

Gerhard Henkel

Dieser Beitrag befaßt sich mit der Beschreibung und Abgrenzung von Kulturlandschaften und plädiert dafür, daß verständliche und anschauliche Kulturlandschaftsbeschreibungen verstärkt in die Regional- bzw. Gebietsentwicklungsplanung integriert werden.

In der Regionalplanung werden in Deutschland seit Jahrzehnten für die Kommunen diverse Vorgaben gemacht, d.h. in der Regel „Grenzen" festgelegt, z.B. hinsichtlich der erlaubten Wohnbebauung, der Gewerbeentwicklung, der Land- und Forstwirtschaft, des Tourismus, des Natur- und Denkmalschutzes. Diese Auflagen werden von den Kommunen häufig (zu Recht) als zentralistische Fernsteuerung empfunden, die der Region letztlich schaden. Nach neueren Erkenntnissen von Wissenschaft und Politik soll die Regionalplanung deshalb in Zukunft einer „endogenen Entwicklung" von Regionen und Kommunen verpflichtet sein (vgl. u.a. Bundesraumordnungsbericht 1990). In diesem Sinne könnten kulturlandschaftliche Beschreibungen wertvolle Dienste leisten. Sie benennen und erläutern die spezifischen Potentale und Defizite, die überlieferten Strukturen und Eigenschaften, kurz das Besondere und Individuelle eines Raumes. Mit solchen Beschreibungen sollen die betroffenen Bürger und Politiker angeregt werden, die überlieferte eigene Kulturlandschaft bei der Gestaltung der Zukunft stets im Auge zu halten und ggf. als Leitbild zu nutzen. Mit anderen Worten: Kulturlandschaftliche Beschreibungen im Rahmen der Regionalplanung sind ein optimaler Orientierungsrahmen für die kommunalen Planungen und Entscheidungen im Sinne einer angestrebten endogenen Entwicklung.

Kann die überlieferte Kulturlandschaft als Leitbild für die Planung der zukünftigen Kulturlandschaft dienen? Kulturlandschaftspflege als ein Königsweg der endogenen Entwicklung?

Nach welchen grundsätzlichen inhaltlichen Kriterien sollte die endogene Entwicklung einer Region oder Kommune gestaltet werden? Vieles spricht dafür, daß die überlieferte Kulturlandschaft hier als ein optimaler Orientierungsrahmen für die Planung der Zukunft dienen kann. Was begründet diese (partielle) Leitbildfunktion? (Henkel 1997):

– Kulturlandschaften sind wichtige Dokumente der Vergangenheit und stehen uns wie Lehrbücher bzw. Lehrmeister zur Verfügung.
– Für eine Pflege der traditionellen Kulturlandschaft sprechen auch ökologische Gründe, diese besitzt in der Regel ein besseres ökologisches Gleichgewicht und eine höhere Artenvielfalt als die ausgeräumten modernen Agrarlandschaften („GATT-Landschaften").
– Es kann auch ökonomisch sinnvoll sein, die traditionelle Kulturlandschaft zu erhalten, zumal Ökonomie die Kunst des vernünftigen Umgangs mit knappen Ressourcen bedeutet; aus gesamtgesellschaftlicher Sicht ist z.B. die gegenwärtige Industrielandwirtschaft mit ihrem hohen externen Energie- und Chemieeinsatz und ihren vielen negativen Einflüssen auf die Boden-, Wasser- und Luftverschmutzung eine ökonomische Fehlentwicklung.

- Obwohl die überlieferte Kulturlandschaft von unseren Vorfahren in der Regel nicht als ästhetische Idylle angelegt worden ist, bietet die historische Kulturlandschaft mit ihren meist kleinteiligen Nutzungsmustern für den Menschen vielfältige Möglichkeiten ästhetischer und sinnlicher Kontakte und Erlebnisse.
- Kulturlandschaft bedeutet für die meisten Menschen mehr als Ökonomie und Ökologie: Geborgenheit, Harmonie, Orientierung, Heimat, oder auch: Geheimnis, Zauberhaftes, Unheimliches, immer aber: das Besondere, Individuelle.
- Nicht zuletzt ist die überlieferte Kulturlandschaft ein wertvolles Erbe, für dessen Weitergabe an die nächste Generation auch eine staatliche Verantwortung besteht. Der Staat hat diese „Pflicht" in zahlreichen Gesetzen und Programmen verankert. Auch das inhaltliche Leitbild der endogenen Entwicklung entspricht durchaus dieser Zielvorgabe.

Wer entscheidet über die jeweiligen Leitbilder der Kulturlandschaftsentwicklung? Zur Aufgabenteilung von regionaler und kommunaler Planung

In jüngerer Zeit sind immer mehr die Nachteile sichtbar geworden, die entstehen, wenn Regionen und Kommunen bis in die letzten Einzelhöfe hinein nur von zentralen Vorgaben gesteuert werden. Derartige Steuerungen sind auf die Dauer zu kostspielig; sie fördern zentralistische und bürokratische Wasserköpfe, die zu weit weg von den Problemen und Potentialen der „Fläche" sind; vor allem aber: sie demotivieren und zerstören das Engagement und die Kompetenz der lokalen und regionalen Eliten; sie verhindern standortgerechte Entwicklungen und schaden nicht selten den vielfältigen regionalen Ressourcen; sie fördern eine Uniformierung der Gesellschaft und nicht zuletzt auch der Kulturlandschaft, die kaum jemand wünscht. In Wissenschaft und Politik ist man heute deshalb von der Notwendigkeit eines Paradigmenwechsels der Steuerungsmechanismen von Raumordnung und Fachplanungen weithin überzeugt, das neue Motto lautet: Abkehr von den zentralen Fern- und Fremdsteuerungen und Hinwendung zur „endogenen" – d.h. spezifischen und selbstbestimmten – Entwicklung der Regionen und Kommunen. Wie soll dies verwirklicht werden?

Meine Idealvorstellung geht dahin: Das spezifische Leitbild einer Kulturlandschaft wird im Gegenstromverfahren zwischen zentralen und endogenen regionalen Kräften ermittelt. Politik und Wissenschaft (in den Zentralen) unterstützen die Regionen darin, ihre jeweilige Kulturlandschaft wahrzunehmen und verantwortlich zu entwickeln. Dies kann durch entsprechende Analysen und daraufhin besonders durch allgemeinverständliche Beschreibungen geschehen, die den planenden und entscheidenden kommunalen Parlamenten dann als Orientierungsrahmen zur Verfügung gestellt werden. Diese exogenen Impulse helfen den Bürgern und Politikern vor Ort dabei, ihren eigenen Lebensraum als kostbare Ressource (auch ökonomisch) zu verstehen und zu schätzen. Ein grundsätzliches Entwicklungsziel der (höheren) Politik sollte es stets sein, die Identität der Menschen mit ihrer Kulturlandschaft zu fördern. Je mehr die Bewohner sich mit ihrer Umgebung identifizieren, desto eher sind sie bereit, Verantwortung und Engagement zu entwickeln.

Die letzte Entscheidung über das jeweilige Leitbild Kulturlandschaft, d.h. in welcher Richtung die überlieferte Kulturlandschaft dann für die Zukunft gestaltet wird, bleibt also der kommunalen Entscheidungskompetenz überlassen (die ihr nach dem Grundgesetz auch zusteht). Lokale und regionale Kompetenz, Verantwortung und Initiative werden also genutzt: die Betroffenen erarbeiten und bestimmen ihr eigenes kulturlandschaftliches Leitbild (somit kein Leitbild „von oben", sondern „von unten").

Zur Beschreibung von Kulturlandschaften

Ob die überlieferte Kulturlandschaft zu einem Leitbild für die Gestaltung der Zukunft werden kann, hängt nicht zuletzt von der Qualität und Art ihrer Beschreibung bzw. Darstellung ab. Wie sollen nun diese Beschreibungen von Kulturlandschaften aussehen?

Die Basis für kulturlandschaftliche Beschreibungen sind ganzheitliche Raumanalysen, d.h. es müssen zunächst die wesentlichen lokalen und regionalen Potentiale, Defizite und Besonderheiten ermittelt werden. Dazu gehören die Naturausstattung, die Rohstoffe, die Land- und Forstwirtschaft, die frühere und heutige Basis der Arbeitsplätze, die Infrastruktur, die Siedlungs-, Haus- und Flurformen, die traditionellen Baumaterialien, die Kultur- und Naturdenkmäler, die kulturellen und sozialen Einrichtungen, die besonderen (traditionellen) Fähigkeiten der Bevölkerung usw.

Aufgrund dieser Analysen folgt dann die Beschreibung und – wenn es sinnvoll erscheint – auch die Abgrenzung verschiedener kleinräumlicher Kulturlandschaften, die sich jeweils durch eine relativ homogene natur- und kulturräumliche Struktur ausweisen. Entscheidend ist, daß die Darstellung verständlich und anschaulich ist, und daß das herausgehoben wird, was an dieser Kulturlandschaft besonders wesentlich und typisch ist, was sie letztlich prägt.

Kulturlandschaftliche Beschreibungen, die auf der Basis profunder Analysen in verständlicher und anschaulicher Form die natürlichen und anthropogenen Ressourcen eines Raumes darstellen, werden zur Grundlage der Leitbilddiskussion, ja sie sind in gewisser Weise das Rohkonzept eines Leitbildes. Werden dann aus der kulturlandschaftlichen Bestandsaufnahme zusätzlich Wertungen und Empfehlungen für die zukünftige Entwicklung abgeleitet, präzisiert sich die weitere Ermittlung eines Leitbildes.

Auf welcher politisch-planerischen Ebene hätten derartige kulturlandschaftliche Beschreibungen ihren optimalen Platz? Allgemeinverständliche und anschauliche Darstellungen von Kulturlandschaften sollten in die Regional- und Kreisentwicklungspläne aufgenommen werden (dies wäre etwa vergleichbar mit den Texten und Karten zur potentiellen natürlichen Vegetation in den „Landschaftsplänen"). Tatsächlich ist erstmals in den jüngsten Richtlinien für die Regionalplanung in Brandenburg (1995) die Vorgabe fixiert worden, die überlieferten kleinräumlichen „Kulturlandschaften" als regionale Leitbilder für die Planung zu nutzen. Die planenden und entscheidenden kommunalen Parlamente haben damit einen optimalen Orientierungsrahmen zur Verfügung, ihre eigene(n) Kulturlandschaft(en) wahrzunehmen und verantwortungsvoll für die Zukunft zu gestalten.

Beispiele von Beschreibungen

Kulturlandschaftliche Beschreibungen bzw. Leitbildkonzepte sind selbstverständlich auf verschiedenen Maßstabsebenen möglich. Daß selbst knappe kulturlandschaftliche Beschreibungen auf der kleinmaßstäblichen Ebene eines Bundeslandes sinnvoll sein können, beweist das folgende Beispiel eines generalisierten Kurzporträts der Kulturlandschaft Mecklenburg-Vorpommern (Diethart Kerbs in der FAZ vom 29.7.1995):

„Die Landschaft Mecklenburg-Vorpommerns, das sind endlose Felder und Wiesen zwischen Wäldern und Seen. Als Kulturlandschaft ist sie wesentlich geprägt durch die kleinen Gutsdörfer, die oft durch Alleen miteinander verbunden sind. Man kommt zuerst durch eine Reihe von geduckten Katen, in rotem Backstein oder aus Feldsteinen errichteten eingeschossigen Wohnhäusern, in denen früher die Landarbeiter und abhängigen Bauern lebten. Dann folgen mehrere große Ställe und Scheunen, die sich an einem meist rechteckigen Hof paarweise gegenüberstehen. Das Gutshaus steht dann in der Regel quer am Ende des Hofes. Hinter ihm breitet sich fast immer ein kleinerer oder größerer Park aus, oft mit jahrhundertealten Bäumen. Diese Struktur findet sich in vielfältiger Variation in unzähligen Dörfern des Landes. Besonders die Gutshäuser, die in Größe und Ausstattung vom schlichten Bauernhausformat bis zum veritablen Schloß variieren, bestimmen durch ihre Lage im Zentrum des Hofes und im Zielpunkt der darauf zulaufenden Alleen das Gesicht dieser Kulturlandschaft."

Mit wenigen Sätzen hat diese kurze Beschreibung ganz wesentliche Elemente einer großräumigen Kulturlandschaft dargestellt. Der Leser bekommt außerdem ein sehr anschauliches Bild vorgesetzt, das er sich einprägen kann.

Nach der zitierten Status-quo-Beschreibung der wesentlichen Merkmale folgt wenig später die genauere Beobachtung und Bewertung eines derzeit konkret verlaufenden Veränderungsprozesses. Hier geht die Beschreibung unmittelbar in eine (wertende) Leitbilddiskussion mit Empfehlungen für die Zukunft über:

„Wenn man aus einem mecklenburgischen Gutsdorf das Herrenhaus (oder dessen Ruine) entfernt, so ist das, als würde man einer antiken Marmorbüste die Nase wegschlagen und die Fehlstelle glatt verschleifen. Deshalb machen all die Dörfer einen so eigentümlich gesichtslosen Eindruck, in denen einem an der Stelle des ehemaligen Gutshauses oder Schlosses jetzt nur noch eine Rasenfläche entgegengähnt."

Daß die zitierten Beschreibungen in Mecklenburg-Vorpommern tatsächlich zu einer Intensivierung der Leitbilddiskussion über die dortige Kulturlandschaft auf allen politischen Ebenen geführt haben, bestätigt unser Anliegen.

Das folgende Beispiel einer kulturlandschaftlichen Beschreibung bewegt sich in einem größeren Maßstab und kann deshalb etwas konkreter und genauer sein. Es zielt auf die administrative Ebene des Kreises und damit auch der Regionalplanung. Bei der relativen Größe von Kreisen in Deutschland (durch Kreisgebietsreformen) lassen sich innerhalb von Kreisen in der Regel mehrere kleinräumliche Kulturlandschaften voneinander abgrenzen.

In exemplarischer Weise folgt nun eine Darstellung der Kulturlandschaften des Kreises Paderborn: Innerhalb des Kreisgebietes lassen sich sechs kleinräumliche Kulturlandschaften unterscheiden. Im Verlauf einer langen Besiedlungs- und Wirtschaftsgeschichte, die bis in die Jüngere Steinzeit zurückreicht, haben die Menschen die unterschiedlichen Naturräume in sehr unterschiedlicher Weise als Kulturlandschaften inwertgesetzt, d.h. genutzt und bebaut. Als Beispiel für die Beschreibung einer Kulturlandschaft wird die „Paderborner Hochfläche" ausgewählt (Abb. 1):

Wer zum erstenmal auf die Paderborner Hochfläche kommt, dem fällt zunächst die Weitläufigkeit und Offenheit der Landschaft ins Auge. Riesige Ackerflächen und weite Abstände zwischen den Dörfern prägen das Bild. Die Dörfer selbst haben meist eine stattliche Größe (nicht selten über 2000 Einwohner), sie sind im Kern dicht und sehr unregelmäßig bebaut, so daß man leicht die Orientierung verlieren kann. Als typisches Beispiel für ein Haufendorf hat Haaren Eingang in die Lehrbücher gefunden. Nicht selten prägen auch Herrschaftsbauten und weite Gutshöfe des lokalen Adels und ehemaliger Klöster das Ortsbild. An den Dorfrändern sind seit den 50er Jahren dieses Jahrhunderts größere Neubausiedlungen entstanden, die Anzahl der nach 1945 errichteten reinen Wohngebäude übertrifft inzwischen insgesamt die Zahl der älteren Häuser. In den Ortskernen prägt immer noch der hellgraue Kalkstein das Bild der Häuser und Mauern, er wurde bis in die 50er Jahre dieses Jahrhunderts als traditioneller Baustein in zahlreichen lokalen Steinbrüchen der Paderborner Hochfläche abgebaut.

Der erste Eindruck einer reinen Agrarlandschaft verliert sich beim genaueren Hinsehen. Ein gravierender Strukturenwandel seit dem Zweiten Weltkrieg hat einen Großteil der dörflichen Arbeitsplätze in der Land- und Forstwirtschaft sowie im Handwerk beseitigt. Die meisten ehemaligen Bauern- und Handwerkerhäuser wurden zu reinen Wohnhäusern um- oder ausgebaut. Viele alte Gebäude sind auch abgerissen worden, um Platz für Straßen- und Platzerweiterungen zu bekommen. Die Landwirtschaft wird inzwischen überwiegend von Aussiedlerhöfen aus betrieben, die in den 50er bis 70er Jahren aus den beengten Dorflagen in die Flur verlagert worden sind. Die ebenfalls erheblichen Konzentrationsprozesse in der Forstwirtschaft erkennt man nicht zuletzt daran, daß die meisten Forsthäuser (vor allem am südlichen und östlichen Rand der Hochfläche) zu Ferienhäusern umfunktioniert worden sind. Im dörflichen Handwerk sind ehemals wichtige Sparten wie Schmied, Schneider, Schuster und Stellmacher so gut wie ausgestorben. Andererseits haben z.B. die Bauhandwerker wie Maurer, Zimmerleute, Tischler und Elektriker einen Aufschwung zu verzeichnen. In den zentralen Orten und Kleinstädten der Paderborner Hochfläche haben sich außerdem zahlreiche mittelständische Industriebetriebe etabliert, deren Sparten weit gefächert sind und von der Möbel- bis zur Kunststoff-, Maschinenbau- und Nahrungsmittelindustrie (z.B. Großbäckereien) reichen. Gerade an den südlichen und östlichen Rändern der Hochfläche, die an die waldreichen Gebirgszüge des Sauerlandes und der Egge angrenzen, hat sich der Tourismus zu einem beachtlichen Wirtschaftsfaktor entwickelt.

Per Saldo haben die überwiegenden Arbeitsplatzverluste in den Dörfern und Kleinstädten der Hochfläche zu einem deutlichen Auspendlerüberschuß geführt. Wirtschaftlich profitiert der gesamte Raum von der Großstadt Paderborn, die als Oberzentrum fast alle Pendlerströme des Kreises auf sich zieht. Die Verkehrsinfrastruktur der Paderborner Hochfläche kann als gut bezeichnet werden. Besonders durch die A 44 und A 33 konnte die frühere Verkehrsungunst im Straßennetz abgebaut werden. Der Regionalflughafen in Büren-Ahden sowie der geplante Intercity-Standort Paderborn auf der Strecke Dortmund-Kassel belegen ein insgesamt günstiges Entwicklungspotential der Region.

Die Paderborner Hochfläche ist eine altbesiedelte Kulturlandschaft. Aus der Jüngeren Steinzeit sind zehn große Steinkistengräber bekannt, die z.T. freigelegt und auch touristisch erschlossen sind. Zeugnisse der Bronzezeit sind Hunderte von Hügelgräbern, die vor allem noch in den Wäldern der Hochfläche zu sehen sind. Seit dem frühen Mittelalter ist die Region nach der Überlieferung eine fruchtbare und dichtbesiedelte Agrarlandschaft, die Karl der Große am Ende des 8. Jahrhunderts in die Organisation des Frankenreiches bzw. des Christentums überführte. Im hohen bis späten Mittelalter kam es auf der Hochfläche zu sechs Stadtgründungen (Büren, Kleinenberg, Wünnenberg, Fürstenberg, Lichtenau, Schwaney und Blan-

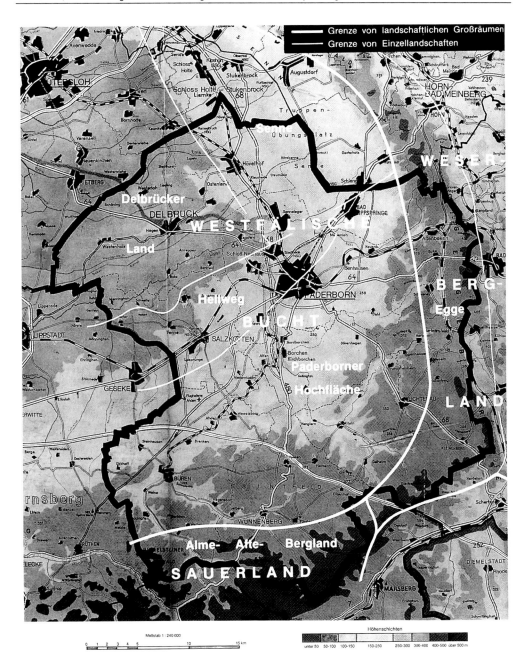

Abb. 1: Kulturlandschaftliche Gliederung des Kreises Paderborn
Quelle: Handbuch der naturräumlichen Gliederung Deutschlands. Müller-Wille. Ergänzt.

kenrode), die überwiegend bis in das 20. Jahrhundert hinein landwirtschaftlich geprägte „Ackerbürgerstädte" blieben.

Ursprünglicher und prägender Haustyp der Region ist das langgestreckte „Niederdeutsche Hallenhaus" mit dem großen Deelentor an der Hauptgiebelseite. Von der Konstruktion her waren die früheren Bauernhäuser in der Regel Fachwerkbauten. Seit der Mitte des 19. Jahrhunderts trat an die Stelle des Fachwerks zunehmend der Massivsteinbau, es kam also zu einer „Versteinung" der Gebäudesubstanz des Paderborner Landes. Durch die Nutzung des lokal anstehenden hellgrauen Kalksteines erhielten die Dörfer und Kleinstädte der Hochfläche ein bis heute typisches und unverwechselbares Aussehen.

In den ersten Jahrzehnten seit dem Zweiten Weltkrieg haben die Orte der Region durch Modernisierungen und Dorfsanierungen erheblich ihr Gesicht verändert. Viele Altbauten wurden abgerissen oder massiv umgebaut, breite Straßen mit Bürgersteigen sowie weite Plätze wurden angelegt. Der überlieferten Baukultur auf dem Lande wurde seinerzeit auch von den Experten und Fachbehörden kein Wert zugemessen. Ein Musterbeispiel dieser Zeit bieten die aufwendigen Sanierungsgutachten von Haaren und Fürstenberg aus den Jahren 1970 und 1972, die die komplette Bausubstanz beider Orte für wertlos erklärten und zur tabula rasa freigaben. Seit den späten 70er Jahren vollzog sich dann eine Kehrtwende mit den neuen Leitbildern der Stadt- und Dorferneuerung (impulsgebend war vor allem das Europäische Denkmalschutzjahr 1975). Seit etwa 1980 hat sich allgemein auch in der Region die Zielvorgabe der erhaltenden Erneuerung durchgesetzt, d.h. die zukünftige Entwicklung soll jeweils nach Möglichkeit aus den historisch überlieferten Strukturen, die sich bewährt haben, abgeleitet werden. An die Stelle der Flächensanierung trat jetzt vor allem die Objektsanierung, die Beachtung von individuellen und ortstypischen Details. Nicht zuletzt die Wiederentdeckung der ländlichen Baukultur durch die Denkmalpflege hat dazu geführt, daß inzwischen mehrere hundert Objekte der Region als Bau- und Bodendenkmäler geschützt werden.

Die Bemühungen der Stadt- und Dorferneuerung zielen seit etwa 1980 besonders auf die alten Kerne, die vielfach von Entleerung und Verfall betroffen waren. Man wollte vor allem die Attraktivität des Wohnens in den Altbereichen erhöhen und nicht zuletzt das überlieferte Ortsbild als wesentliches Kapital – im materiellen und geistig-kulturellen Sinne – erhalten und pflegen. In allen Orten wurden nun alte Fassaden renoviert, Fachwerk- oder Natursteinfronten freigelegt. Straßen und Wege wurden verkehrsberuhigt und gepflastert sowie Plätze mit Brunnen, Bänken und Laternen errichtet. Die Bemühungen der letzten 15 Jahre waren ohne Zweifel erfolgreich. Das Bild der Dorf- und Stadtkerne ist ansehnlicher geworden, die Attraktivität des Wohnens in den alten Ortsbereichen ist gestiegen.

Das Gesamtbild der Paderborner Hochfläche entspricht einer schiefen Hochebene, die nach Nordwesten geneigt ist. Ihre absoluten Höhen betragen am Hellwegrand etwa 120 m und am Abfall zum Diemeltal etwa 450 m. Auf den Kalksteinen der Hochfläche finden sich häufig Abdrücke von Muscheln, Seeigeln und oft tellergroßen Ammoniten. Diese sind alle Zeugen eines Kreidemeeres, in dem sich vor etwa 100 Millionen Jahren die Schichten der Westfälischen Bucht ablagerten. Durch das Vorherrschen von Kalkgesteinen ist eine Vielfalt von Karsterscheinungen und damit eine oberflächliche Wasserarmut entstanden; die Paderborner Hochfläche gilt als die größte Karstlandschaft Westfalens. Fast alle Fluß- und Bachläufe, die aus dem Eggegebirge und Sauerland kommen, versickern, sobald sie auf das wasserlösliche und klüftige Gestein der Hochfläche treffen, und präsentieren sich hier den größten Teil des Jahres als „Trockentäler". Das in Klüften, Bachschwinden oder „Schwalglöchern" versickernde Wasser fließt in unterirdischen Wasserläufen (bekannt ist die Flußhöhle von Grundsteinheim) nach Nordwesten. Nach unterirdischem Lauf von 2–4 Tagen taucht dieses Wasser am Nordrand der Hochfläche in den Karstquellen von Lippspringe, Paderborn, Borchen, Salzkotten und Geseke wieder auf. Die Klüfte, die den Kalk senkrecht durchsetzen, sind in allen Steinbrüchen und sonstigen Aufschlüssen der Hochfläche zu erkennen. Über den unterirdischen Wasserläufen und Hohlräumen sind Einsturztrichter – auch Erdfälle oder Dolinen genannt – entstanden, die auf der Hochfläche zu Hunderten gezählt werden können. Sie haben Durchmesser von 8–40 m und Tiefen bis zu 20 m. In den Feldern fallen die Dolinen, die oft Reihen oder Schwärme bilden, meist durch Busch- oder Baumgruppen auf, die aus den Trichtern hervorwachsen. Die vielfältigen und lehrbuchhaften Karstformationen gehören zu den ganz spezifischen Naturdenkmälern der Region.

Die Böden der Paderborner Hochfläche, die den Reichtum dieser alten Agrar- und Siedlungslandschaft ausmachen, sind im wesentlichen Kalkverwitterungslehm, die manchmal von Lößlehmen überdeckt sind. Die Bodenwertzahlen liegen im Durchschnitt zwischen 40 und 70. An besonders flachgründigen Stellen sind die Böden von weißen Kalksteinscherben übersät, der Ackerbau geht hier meist zugunsten der Grünland- und Waldnutzung zurück.

Die alte Kulturlandschaft der Paderborner Hochfläche hat in ihrer langen Geschichte mehrere Konjunktur- und Niedergangsphasen erlebt. Sie war schon dicht besiedelt im frühen und hohen Mittelalter, noch um 1800 zeigten sich ihre Städte und Dörfer z.B. den meisten Orten des Ruhrgebietes an Größe und Wirtschaftskraft überlegen. Das Industriezeitalter brachte eine Stagnation bzw. einen relativen Niedergang. Seit etwa 30 Jahren hat die Region offenbar ihr temporäres Tief überwunden, was sich nicht zuletzt in einem leichten kontinuierlichen Anstieg der Bevölkerungsentwicklung niederschlägt.

Literatur

Henkel, G. (1997): Kann die überlieferte Kulturlandschaft ein Leitbild für die Planung sein? In: Berichte zur deutschen Landeskunde 71(1): 27–37.

Ziele für eine umsetzungsorientierte Landschaftsplanung in der Agrarlandschaft

Ulrike Grabski-Kieron

Landschaftsplanung vor neuen Herausforderungen

Der aktuelle Struktur- und Funktionswandel des ländlichen Raumes, der mit einer zunehmenden Polarisierung der landwirtschaftlichen Bodennutzung in Abhängigkeit von den natürlichen Standortvoraussetzungen einhergeht, findet in der Agrarlandschaft seinen Niederschlag. Die Entwicklung der Grenzertragsräume wird zunehmend von den Tendenzen der Flächenstillegung und Nutzungsextensivierung bestimmt. Die Aufgabe landwirtschaftlicher Betriebe und der Verfall dörflicher Bausubstanz lassen in manchen Regionen die grundsätzliche Frage nach dem Erhalt der ländlichen Kulturlandschaft aufkommen. In den landwirtschaftlichen Vorranggebieten und in den verkehrsgünstigen ländlichen Regionen werden die planerischen Herausforderungen unserer Tage durch die nicht geringer gewordene Belastung der agrarischen Ökosysteme, durch konkurrierende Flächennutzungsansprüche und durch die zunehmende Gefährdung regionaler Eigenarten ländlicher Kulturlandschaft betont.

Zur gleichen Zeit befindet sich die Landschaftsplanung in einer kritischen Diskussionsphase, in der Akzeptanz- und Umsetzungsdefizite beklagt und neue Planungsparadigmen für Naturschutz und Landschaftspflege erörtert werden (Kaule u.a. 1994, Lutz & Oppermann 1993, Lutz 1994, Schwieneköper u.a. 1992). Mehr und mehr setzt sich die Erkenntnis durch, daß in der ländlichen Kulturlandschaft sektorale Handlungsstrategien der Landschaftspflege, die sich in Schutzgebietsausweisungen oder in der grünplanerischen Gestaltung der Feldfluren erschöpfen, im Sinne wirksamer Umweltvorsorge nicht ausreichen. Stattdessen sind integrierte Planungsstrategien gefordert, die den differenzierten, dabei aber gesamträumlichen Anspruch des Naturschutzes (Erz 1980, Pfadenhauer 1991, Plachter 1995) untermauern.

Gleichzeitig rücken in der ländlichen Raumplanung neue Planungsleitlinien einer querschnittsorientierten Landentwicklung in den Vordergrund. Diese führt Regional- und Kommunalentwicklung, Naturschutz und Landschaftspflege, Agrarstrukturverbesserung sowie sozial- und kulturpolitische Maßnahmen zu einem abgestimmten Handlungskonzept zusammen und versteht sich als Instrumentarium zur Zielbündelung und koordinativen Realisierung von ländlicher Regionalentwicklung und ländlicher Kulturlandschaftspflege (Bundesministerium für Ernährung, Landwirtschaft und Forsten 1996). Flexibilität in Anpassung an die verschiedenartigen Strukturen ländlicher Gebiete sowie die Forderung nach einer stärker umsetzungsorientierten Ausrichtung aller beteiligten Planungen entsprechen dieser Strategie.

Aus dieser Einpassung in die querschnittsorientierte Planungsaufgabe erwachsen für die Landschaftsplanung die aktuellen Anforderungen,

– ihr Planungsverständnis im Sinne einer Landschafts- und Landnutzungsplanung zu erweitern,
– ihre eigenen Ziele im konkreten regionalen und lokalen Landschaftsbezug zu formulieren und zu konkretisieren,
– das eigene Zielsystem mit den Zielen von Regional-, Agrarstruktur- und Ortsentwicklung abzustimmen und in ein gemeinsames Zielsystem zu überführen,
– Wege zur Akzeptanzförderung, z.B. durch moderierte Bürgerbeteiligung und Mitwirkung regionaler Akteure zu suchen (Krahl & Marx 1996) und nicht zuletzt
– im Hinblick auf die Planumsetzung bereits in der Planungsphase die finanziell- oder technisch-instrumentellen Rahmenbedingungen zu prüfen, die nicht nur durch die Naturschutzpolitik, sondern auch durch Agrarstruktur- und Regionalstrukturpolitik gestellt werden. Weitere Rahmenbedingungen für eine umsetzungsorientierte Landschaftsplanung und daraus resultierende Forderungen an eine Weiterentwicklung des Umsetzungsinstrumentariums nennen (Kaule u.a. 1994).

Der Beitrag geographischer Kulturlandschaftsforschung

„Raum und Zeit sind die wichtigsten Dimensionen" in der geographischen Auseinandersetzung mit der ländlichen Kulturlandschaft (Ewald 1994). Mit Blick auf die skizzierten Anforderungen der Landschaftsplanung fällt der geographischen Kulturlandschaftsforschung die Aufgabe zu, durch eine analytisch-diagnostische Erfassung der Agrarlandschaft auf der ihr eigenen landschaftsökologischen, landschaftsgenetischen und landschaftsgestalterisch-ästhetischen Inhaltsebene dazu beizutragen, landschaftpflegerische Zielsysteme im konkreten landschaftlichen Bezug zu erarbeiten.

Voraussetzung dafür ist eine Potentialanalyse der Agrarlandschaft, in der die naturräumlichen Potentiale hinsichtlich ihrer ökologischen und landschaftsgestalterischen Funktionen, der landschaftsprägenden Strukturelemente und schutzwürdige Landschaftsteile erfaßt sowie Belastungen und Gefährdungen, Konflikt- und Defizitsituationen erkannt werden. Damit ist die Basis erarbeitet, um teilräumliche Leitziele zu formulieren und Vorrangfunktionen zuzuweisen (Grabski-Kieron 1995a).

Dem integrierten landschaftsplanerischen Arbeitsansatz entspricht, daß dieses Zielkonzept hinsichtlich seiner agrarstrukturellen Umsetzungsdeterminanten (Abb. 1; Begriff in Anlehnung an Kaule u.a. 1994) überprüft wird. Es gilt, unter Beachtung der teilräumlich vorgegebenen Vorrangfunktionen eine inhaltlich abgestimmte und räumlich abgestufte Konzeption von landschaftspflegerischen Einzelmaßnahmen und Landnutzungsformen zu entwickeln und die Kulturlandschaftsentwicklung auf der Basis eines gemeinsamen Zielsystems vorzubereiten. Zur landschaftsökologischen Grundlagenarbeit sollte daher eine Agrarstruktur- oder Regionalanalyse hinzutreten. Erst die Koppelung beider Arbeitsansätze ebnet den Weg zu einer stärker betonten Umsetzungsorientierung der Landschaftsplanung.

Das folgende Planungsbeispiel soll den skizzierten Verfahrensansatz verdeutlichen. Es knüpft an eine Untersuchung zur Agrarlandschaftsentwicklung im Land Brandenburg an, in deren Mittelpunkt eine landschaftsökologische Methodik zur Ableitung landschaftspflegerischer Leitziele stand (Grabski-Kieron 1995b). Die Untersuchung wurde südöstlich Berlin im Landkreis Dahme-Spreewald durchgeführt. Insofern stellt das vorgestellte Beispiel sowohl unter räumlichen als auch unter inhaltlichen Gesichtspunkten einen Ausschnitt aus einem größeren Planungskontext dar.

wirtschaftlich	- Flächenpotential landwirtschaftlicher Nutzflächen, - Nutzungseignung und Tragfähigkeit hinsichtlich potentieller Landnutzungskonzeptionen - Besitz-, Eigentum- und Pachtverhältnisse - Flächenmobilität, Bodenmarkt - Flurverfassung (Flächengrößen, Erschließung) - Produktionsstruktur - Betriebsformen und Betriebsorganisationen - Marktstruktur und Marktpotentiale für landwirtschaftliche Produkte und Dienstleistungen - Erwerbsverflechtungen und Einkommensalternativen (z.B. Forstwirtschaft, Fremdenverkehr, Landschaftspflege
räumlich	- Standorte landwirtschaftlicher Betriebe - Einflüsse auf die Landwirtschaft durch außerlandwirtschaftlichen Flächenbedarf und Nutzungskonflikte - Zustand und Entwicklungsmöglichkeiten landwirtschaftlicher und dörflicher Bausubstanz und von infrastrukturellen Einrichtungen - Bauleitplanung
sozio-kulturell	- Sozialstruktur - Wohn-, Lebens- und Arbeitsbedingungen ländlicher und landwirtschaftlicher Bevölkerung - Arbeitskräftebestand und -potential in der Landwirtschaft - Aufgeschlossenheit, Informationsstand, Beratungsbedarf
rechtlich	- Agrarstrukturelle Leitziele auf europäischer, Bundes-, Landes- und Regionalebene - Raumordnungskonzeptionen und planerische Vorgaben - Förderinstrumentarium und finanzielle Rahmenbedingungen

Abb. 1: Agrarstrukturelle Umsetzungsdeterminanten landschaftsplanerischer Zielsysteme
Quelle: Grabski-Kieron 1996

Das Landschaftspflegekonzept Streganz

Der in Abb. 2 dargestellte Landschaftsausschnitt erfaßt einen Teil der dörflichen Gemarkung der Ortslage Streganz. Naturräumlich gesehen, zählt er zum norddeutschen Jungmoränengebiet. Entsprechend vielfältig sind die Standortbedingungen. (Marcinek &. Zaumseil 1987). Streganz selbst liegt am Rande einer seen-, grünland- und feuchtgebietsgeprägten Niederung (Abb. 2), die zur ökologischen Raumeinheit der grundwassergeprägten Niederungen zählt, während das Gelände weiter südlich zum Endmoränenrücken des Streganzer Berges ansteigt, der Teil des Moränen-Hügellandes ist (s. Abb. 2). Einen Überblick über landschaftsökologische Kennzeichen des Untersuchungsraumes vermittelt Abb. 3.

Land- und Forstwirtschaft prägen von jeher die räumliche Entwicklung. Daneben kam der Landschaft schon immer, bedingt durch die Nähe zu Berlin, eine Erholungsfunktion für die Großstadtbevölkerung zu (Rossow 1990). Auch heute verleihen Standortvielfalt und landschaftlicher Ausstattungsreichtum mit Seen,

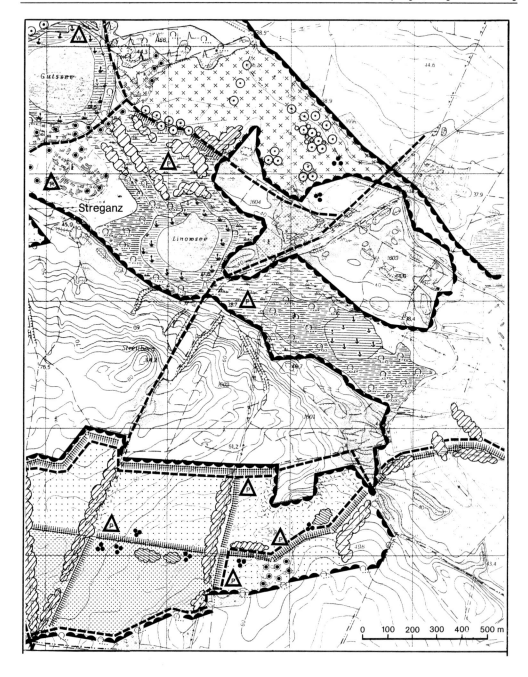

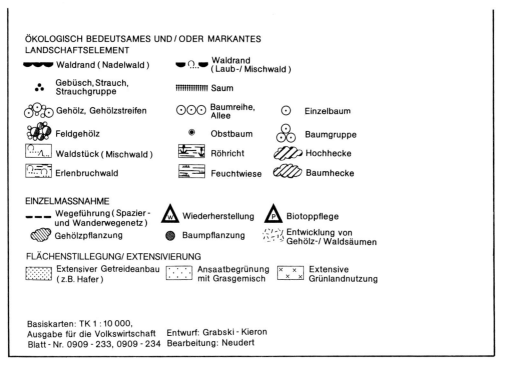

Abb. 2: Landschaftspflegekonzept für die Gemarkung Streganz (Landschaftsausschnitt)
Quelle: Grabski-Kieron 1995b: 101

	Moränen-Hügelland	Grundwassergeprägte Niederung
Geologischer Untergrund	Geschiebelehm des oberen Diluvialmergels, überlagert von Diluvialsand und Geschiebedecksanden	Grundwasserbeeinflußte Talsande und Niedermoortorfe
Böden	kiesig-sandige Ranker, Braunerden, Podsole mit geringen bis sehr geringen Bodengüten (Ackerwertzahlen um 25), hohe Wasserdurchlässigkeit, geringe Filterleistung, Winderosionsgefährdung	Niedermoorböden, Moor- und Anmoorgleye, z.T. durch Melioration anthropogen verändert (Moorboden - Mineralisierung, -vermullung), tiefgründig, humos, geringe Ertragsfähigkeit (Grünlandzahl um 26)
Grund- und Oberflächenwasser	Grundwasserfern (Gw > 20 m unter GOK), in Abhängigkeit von bindigen Anteilen in der Versickerungszone Grundwasser überwiegend ungeschützt, kleine Oberflächengewässer.	natürliche Grundwasserstände: 0,0 - 0,5 m unter GOK, meliorationsbedingt um 2,0 unter GOK, jahreszeitliche Schwankungen, vorherrschend Grundwasser nicht geschützt, Grundwasserneubildung, Fließgewässer vielfach mäßig belastet - belastet
Geländeklima	Rückenlagen windoffen, thermisch begünstigt	Kaltluftsammlung, jahreszeitlich erhöhte Spätfrost- und Nebelgefahr
Biotope/Biotopstrukturen	reiches Biotoptypenspektrum mit schutzwürdigen und geschützten Biotopen und ausgeprägter Kleinstrukturvielfalt (u.a. Sandheiden - Trockenrasen, trockene Gras- und Staudenfluren, naturnahe Traubeneichen - Kiefernwälder mit Altholzbeständen)	hoher Anteil geschützter und schutzwürdiger Feuchtbiotope (NSG „Linowsee"), Leitstruktur im überörtlichen Biotopverbundsystem; in den intensiv bewirtschafteten grünlandgeprägten Teilen: verarmtes Biotoptypenspektrum und Biotopqualitäten z.T. durch nutzungsbedingte Einflüsse eingeschränkt.
Landschaftsbild/Erlebniswirksamkeit	abwechslungsreiche Feld-Wald-Gliederung und örtliche Kleinstrukturvielfalt (Streganzer Berg)	Erlebnisfaktor „Wasser", Kleinstrukturvielfalt (Uferbereiche, Wiesen); in Meliorationsgebieten sonst strukturarm

Abb. 3: Landschaftsökologische Kennzeichen der Gemarkung Streganz (Landschaftsausschnitt)
Quelle: Grabski-Kieron 1995b: 69–76

Wäldern, Wiesen-Niederungen und Feldfluren, die auch die Landschaft um Streganz charakterisieren, dem Landschaftsraum eine Bedeutung für das landschaftsgebundene Erholungswesen.

Im Zuge des 1989/90 ausgelösten Agrarstrukturwandels fielen viele landwirtschaftliche Nutzflächen insbesondere auf den ertragsschwachen Sandböden, die auch den Streganzer Berg kennzeichnen, brach. Damit entstand ein für diesen Raum maßgeblicher Problemkreis, in dem die Frage nach der Behandlung dieser Flächen im Rahmen der zukünftigen Landschaftsentwicklung zu einer zentralen planerischen Fragestellung wurde; dies um so mehr vor dem Hintergrund, daß

– die in die Waldbereiche eingeschlossenen Feldfluren zum Abwechslungsreichtum der Landschaft beitragen,
– die Ausstattung der Freiräume mit landschaftlichen Kleinstrukturen die bio-ökologische Güte des Raumes und seine Erlebniswirksamkeit maßgeblich mitbestimmen,
– die Brachflächenentwicklung nicht per se zur floristischen und faunistischen Artenbereicherung beiträgt (Knauer 1988, Litzbarski, Jaschke & Schöps 1993),
– mit dem Brachfallen bei ungenügender Selbstbegrünung darüber hinaus Wirkungspfade der Boden- und Grundwassergefährdung erschlossen werden (Wohlrab u.a. 1992) und nicht zuletzt
– die vor Beginn der Planung in Ausschicht genommene großflächige Aufforstung den skizzierten Funktionen nicht entsprach.

Der Aufstellung des Landschaftspflegekonzeptes für die lokale Handlungsebene ging eine Potentialanalyse der Agrarlandschaft im gesamten Untersuchungsraum voraus. In ihr wurden nach ausgewählten Merkmalen

– das Arten- und Biotoppotential,
– das biotische Ertragspotential,
– das Wasserdargebotspotential,
– das Erholungs- und Erlebnispotential sowie
– das Geländeklimapotential

erfaßt und im Zuge einer ökologischen Raumgliederung Bezugsräume für die landschaftspflegerische Beurteilung definiert. Landschaftsaufnahme und -bewertung führten zur Entwicklung eines raumbezogenen programmatischen Zielrahmens, der die in Abb. 4 zusammengefaßten thematischen Zielfelder im konkreten Landschaftsbezug aufgriff und dessen programmatische Leitziele auf örtlicher Ebene ausdifferenziert werden konnten (Abb. 5).

Auf regionaler Ebene wurde dem Untersuchungsbereich Streganz auf dieser Basis eine Vorrangfunktion für den Arten- und Biotopschutz zugewiesen und die Bedeutung des Raumes für das landschaftsgebundene Erholungswesen bestätigt.

Der skizzierten Vorrangfunktion entsprachen die einzelnen Teilräumen zugewiesenen programmatischen Leitziele, die besondere biotisch-ökologische Funktion des Raumes durch Schutz-, Pflege- und Entwicklungsmaßnahmen zu sichern (Abb. 5). Dazu sollten agrarstrukturell unumgängliche Stillegungs- und Extensivierungsmaßnahmen auf den Grenzertragsflächen im Sinne dieser Vorrangzuweisung möglichst ökologisch ausgerichtet werden.

Die Offenhaltung der Feldlage des Streganzer Berges entsprach auch dem Leitziel des Landschaftsbildschutzes, für das Landschaftserleben geeignete Landschaftsbildräume zu erhalten. Ökologisch begründete Pflegeziele für die landschaftlichen Kleinstrukturen des Agrarraumes kamen so auch dem Bestreben entgegen, gliedernde und belebende Landschaftselemente in der Flur zu erhalten und die für den Streganzer Berg charakteristischen optisch-visuellen Ensemblewirkungen der Baum- und Gehölzstrukturen zu sichern. Die Erschließung des Raumes mit Wander-, Reit- und Radwegen mußte sich einerseits an diesen Leitstrukturen orientieren und andererseits den besonderen Biotopfunktionen möglichst konfliktfrei Rechnung tragen. Alle genannten Leitziele ordneten sich in die überörtliche Planungskonzeption zur Ausweisung des Naturparks „Dahme-Heideseengebiet" ein.

Für die Konkretisierung und Umsetzung des programmatischen Zielkonzeptes (Abb. 5) rückten die zwei Fragen in den Vordergrund, ob und wie die landschaftspflegerisch gebotene ökologische Orientierung der Landnutzung und eine bewirtschaftende Pflege der Grenzertragsflächen langfristig realisiert werden konnte und welche Träger für die dauerhafte Pflege von geschützten und schutzwürdigen Biotopen gefunden werden konnten. In einem Arbeitskreis, in dem Vertreter der Gemeinde, des Dorfes, der Landwirtschaft sowie

Arten- und Biotopschutz	Bodenschutz	Wasserschutz	Klimaschutz	Landschaftsbildschutz/ landschaftsgebundenes Erholungswesen
o Zuweisung von teilräumlichen Vorrangfunktionen o Sicherung der geschützten und schutzwürdigen Biotope und Biotopkomplexe o Sicherung, Optimierung eines Biotopverbundes in der Feldflur o Integration von Arten- und Biotopschutzfunktionen in der landwirtschaftlichen Bodennutzung	o Erhaltung, Verbesserung oder Wiederherstellung des natürlichen Bodenwasser- und Nährstoffhaushaltes und der natürlichen Bodeneigenschaften o Erhaltung, Verbesserung oder Wiederherstellung einer nachhaltigen Nutzungsfähigkeit des landwirtschaftlich genutzten Bodens	o Sicherung der natürlichen Qualität nutzbaren Grundwassers o Sicherung der natürlichen Versickerung o Sicherung, Verbesserung oder Wiederherstellung der Selbstreinigungskraft und Naturnähe oder Oberflächengewässer	o Erhaltung, Verbesserung oder Wiederherstellung von Kleinklimaschutzfunktionen und Lufthygiene	o Erhaltung, Entwicklung von Landschaftsräumen für das landschaftsgebundene Erholungswesen (Landschaftsbildräume) o Erhaltung, Entwicklung oder Wiederherstellung von optisch-visuellen Wirkungsträgern in der Feldflur o Erhaltung, Entwicklung von Erhaltung, Pflege von landschaftsprägenden Strukturen und Eigenartsträgern der ländlichen Kulturlandschaft

Abb. 4: Thematische Zielfelder des landschaftsplanerischen Zielrahmens
Quelle: Grabski-Kieron 1995b: 80–84

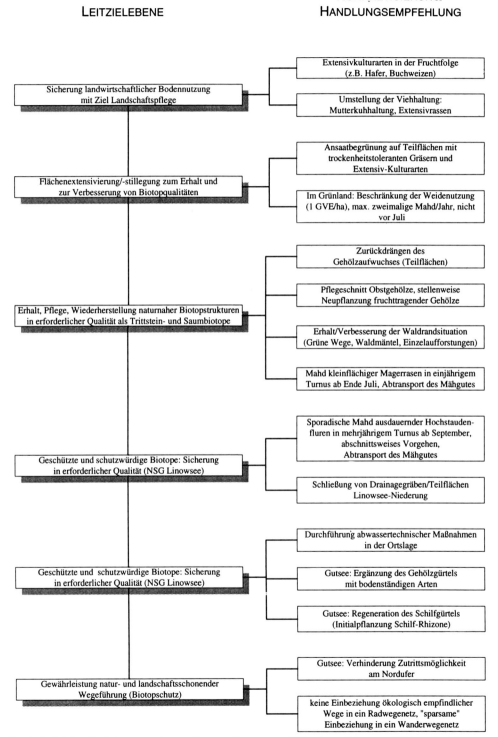

Abb. 5: Leitzielkonkretisierung und -umsetzung – Auszug aus Zielsystem „Arten- und Biotopschutz"
Quelle: Grabski-Kieron 1995b: 102

des amtlichen und ehrenamtlichen Naturschutzes zusammenfanden, wurden diese Themen erörtert. Grenzen und Möglichkeiten ökologisch ausgerichteter Flächenbewirtschaftung wurden auf Basis agrarstruktureller Vorplanung analysiert.

Von den Faktoren, die sich für die Umsetzung des Leitzielkonzeptes als maßgeblich erwiesen, sollen hier einige beispielhaft herausgestellt werden:

- Die geringen Bodengüten der Acker- und Grünlandstandorte geboten es aus agrarstrukturell-betriebswirtschaftlicher Sicht, diese Flächen weiterhin aus der Produktion zu nehmen oder extensive Formen der Bodennutzung einzuführen.
- Einzelbetriebliche Rahmenbedingungen, die Flächenausstattung des betroffenen Betriebes sowie regionale Marktpotentiale bei stärkerer Beachtung von Direktvermarktungswegen begünstigten insbesondere in der Viehwirtschaft ein Extensivierungskonzept, das den Zielen der Landschaftspflege entsprach (Abb. 5). Umstellung der Viehwirtschaft auf Mutterkuhhaltung als Form extensiver Tierhaltung ließ eine einzelbetriebliche Perspektive zu und gewährleistete gleichzeitig in der grünlandgeprägten Niederung eine mit der Landschaftspflege zielkonforme Flächenbewirtschaftung (Abb. 2).
- In der ackerbaulichen Bodennutzung erwies sich ein flächendeckendes Extensivierungskonzept als nicht umsetzungsfähig. Stattdessen wurde eine mittelfristige Brachlegung im Einklang mit agrarstrukturellen Förderbedingungen favorisiert. Zur Minimierung der Gefährdungen für Boden und Grundwasser wurde für diese Flächen eine Ansaat mit einem trockenheitstoleranten Grasgemisch in das Landnutzungskonzept aufgenommen (Abb. 2 u. 5).

Verschiedene Pflege- und Entwicklungsmaßnahmen, die die landschaftlichen Kleinstrukturen und Biotope des Agrarraumes betreffen, ergänzten die Handlungsempfehlungen (Abb. 5). Kurzfristig bot sich dafür kein einheitlicher Träger an. Gemeinde und ehrenamtlicher Naturschutz trieben nach einer Prioritätenliste erste Maßnahmen voran. Im Einklang mit der Naturparkplanung bot sich für einen späteren Zeitpunkt an, die Flächenpflege von einem in Gründung befindlichen Landschaftspflegeverband durchführen zu lassen.

Die Untersuchung der agrarstrukturellen Ausgangsbedingungen und Entwicklungspotentiale zeigte darüber hinaus, daß sich durch Erwerbsverflechtungen der Landwirtschaft mit Dienstleistungsangeboten für das ländliche Erholungswesen nicht nur einzelbetriebliche Einkommensalternativen, sondern auch Perspektiven der Dorf- und Freiraumentwicklung erschließen ließen. Davon blieb z.B. die Konzeption der Rad-, Reit- und Wanderwege nicht unberührt. Dabei wurden ökologisch empfindliche grüne Wege, die Standorte gefährdeter Pflanzengesellschaften oder von Rote-Liste-Arten waren, aus der Wanderwegekonzeption ausgeklammert und Reitwege in anderen Teilen der Gemarkung ausgewiesen.

Schlußbemerkung

Für das Anliegen der ländlichen Kulturlandschaftspflege erwies sich das landschaftspflegerische Leitzielkonzept als entscheidende Strategie zur Entwicklung der Agrarlandschaft im Untersuchungsraum. Auf Basis der analytisch-diagnostischen Erfassung der landschaftlichen Potentiale gelang es, eine ökologisch begründete ganzheitliche Konzeption zur Landschaftsentwicklung zu entwerfen, die über grünplanerische Ansätze hinausging. Gleichzeitig bot sich ein Rahmen zur Abstimmung von Schutz-, Pflege- und Gestaltungsstrategien im Umfeld von Orts-, Agrarstruktur- und Regionalentwicklung. Nicht zuletzt ermöglichte erst die Formulierung der Leitziele, das Anliegen der Kulturlandschaftspflege in die ländliche Entwicklung einzubringen.

Literatur

Bundesministerium für Ernährung, Landwirtschaft und Forsten (Hrsg.; 1996): Agrarstrukturverbesserung – aktuelle Anforderungen an Instrumente der Landentwicklung. Bonn.
Erz, W. (1980): Naturschutz – Grundlagen, Probleme und Praxis. – Buchwald, K. & W. Engelhardt (Hrsg.): Handbuch zur Planung, Gestaltung und Schutz der Umwelt. 3: 350–637. – München.
Ewald, K.C. (1994): Traditionelle Kulturlandschaften – Elemente, Entstehung, Zweck, Bedeutung. – Landeszentrale für politische Bildung Baden-Württemberg (Hrsg.): Der Bürger im Staat 44 (1): 37–42.

Grabski-Kieron, U. (1995a): Beiträge von Landschaftspflege und Naturschutz zur ländlichen Entwicklung – am Beispiel des Raumes Königs Wusterhausen, Land Brandenburg. – Petermanns Geogr. Mitt. 139 (1): 3–13.
Grabski-Kieron, U. (1995b): Leitziele der Landschaftspflege für die Agrarlandschaft Brandenburg – Beiträge zur ländlichen Entwicklung im Raum Königs Wusterhausen. – Bochumer Geogr. Arb. 60. Bochum.
Grabski-Kieron, U. (1996): Neue Planungsansätze für den ländlichen Raum aus der Bündelung von Landschaftsplanung, Bauleitplanung und agrarischer Fachplanung. – Rostocker Agrar- und Umweltwissenschaftliche Beiträge 5: 47–59.
Kaule, G., G. Endruweit & G. Weinschenck (1994): Landschaftsplanung umsetzungsorientiert! – Bundesamt für Naturschutz (Hrsg.): Angewandte Landschaftsökologie 2. Bonn-Bad Godesberg.
Knauer, N. (1988): Bewertung verschiedener extensiver Landnutzungen aus ökologischer Sicht. – Z. f. Kulturtechnik und Flurbereinigung 29 (6): 344–353.
Krahl, W. & J. Marx (1996): Ansätze für großflächigen Naturschutz in Baden-Württemberg. – Natur u. Landschaft 71 (1): 15–18.
Litzbarski, H., W. Jaschke & A. Schöps (1993): Zur ökologischen Wertigkeit von Ackerbrachen. – Naturschutz und Landschaftspflege im Land Brandenburg 2 (1): 26–30.
Luz, F. & B. Oppermann (1993): Landschaftsplanung umsetzungsorientiert. – Garten u. Landschaft 103 (11): 23–27.
Marcinek, J. & L. Zaumseil (1987): Der Naturraum der Stadt-Umland-Region der Hauptstadt Berlin seit Gründung der DDR. – Geogr. Ber. 32 (2): 103–120.
Oppermann, B. & F. Luz (1994): Planerischer Wille und planerische Praxis. – Landeszentrale für politische Bildung Baden-Württemberg (Hrsg.): Der Bürger im Staat 44 (1): 84–89.
Pfadenhauer, J. (1991): Integrierter Naturschutz. – Garten u. Landschaft 101 (2): 13–17.
Plachter, H. (1995): Naturschutz in Kulturlandschaften: Wege zu einem ganzheitlichen Konzept der Umweltsicherung. – J. Gepp, (Hrsg.): Naturschutz außerhalb von Schutzgebieten: 47–96. Graz.
Rossow, W. (1990): Erholung im Berliner Umland vor dem zweiten Weltkrieg. – Fachbereich 14 der Technischen Universität Berlin (Hrsg.): Landschaftsentwicklung und Umweltforschung. Sonderheft 4. Berlin: 76–83.
Schwineköper, K., P. Seiffert u.a. (1992): Landschaftsökologische Leitbilder. – Garten u. Landschaft 102 (6): 33–38.
Wohlrab, B., H. Ernstberger u.a. (1992): Landschaftswasserhaushalt. – Hamburg u.a.

Schutz von Kulturgütern in der Umweltverträglichkeitsprüfung (UVP) – das Beispiel Oeding (Nordrhein-Westfalen)

Klaus-Dieter Kleefeld

Für die Belange der Kulturlandschaftspflege stellt die Berücksichtigung der Schutzkategorie „Kulturgut" in der Umweltverträglichkeitsprüfung (UVP) ein wichtiges Rechtsinstrument dar. Dies zu zeigen, ist Anliegen dieses Beitrags. Dabei ist das Verständnis von Kulturlandschaftspflege grundlegend, daß die Kulturlandschaft als Ganzes nicht im Sinne eines ausschließlich auf Konservierung ausgerichteten Objektschutzes zu einem vergangenen Zustand oder Zeitschnitt hin gleichsam „stillgelegt" werden kann. Vielmehr ist das Dynamische und damit Prozessuale das Wesen kulturlandschaftlicher Entwicklung, mithin muß eine Weiterentwicklung von Kulturlandschaften möglich sein. Daraus ergibt sich die herausragende Bedeutung der Kulturgüterabwägung in der Umweltverträglichkeitsprüfung. Um diesen Anspruch wirksam werden zu lassen, erfordert das allerdings eine andere Gewichtung kulturlandschaftlicher Bewertungen in der UVP, als das bisher der Fall ist. Bis heute werden innerhalb der Umweltverträglichkeitsprüfungen die Kulturgüter nämlich eher nachrichtlich behandelt, indem z.b. eine Liste der eingetragenen Denkmale unkommentiert beigefügt oder dieser Belang nur mit wenigen Sätzen abgehandelt wird. Wohl wurden in anderen Regionen von benachbarten Disziplinen schon breitere Untersuchungen angestellt, wie z.b. archäologische Prospektionen, aber insgesamt läßt sich nach der systematischen Auswertung durch den UVP-Förderverein und den Arbeitskreis „Kulturelles Erbe in der UVP" (Kulturgüterschutz 1994) ein Defizit bei der Umsetzung des rechtlich geforderten Belanges „Kulturgüterschutz" konstatieren. Geographische Kulturgüteranalysen sind sogar äußerst selten, die in diesem Beispiel beschriebene ist für Westfalen die bisher einzige. Außerdem sind die Durchführungsbestimmungen zum UVP-Gesetz noch recht unbestimmt, so daß dem vorgestellten Projekt zur Ortsumgehung von Oeding im Landkreis Borken, Nordrhein-Westfalen, Modellcharakter zukommt.

Rechtliche Grundlagen und Institutionen

Die Umweltverträglichkeitsprüfung (UVP) ist ein Instrument der Umweltvorsorge, das die negativen Neben- und Folgeeffekte planerischer Tätigkeiten systematisch erfaßt und bewertet um sie frühzeitig in den Entscheidungsablauf zu integrieren. Mit Hilfe der UVP werden die Auswirkungen auf die Umwelt umfassend und nachvollziehbar dargestellt und in die Abwägung eingebracht. Die UVP stellt einen Verfahrensschritt dar, der im Sinne einer Umweltvorsorge die endgültige Entscheidung vorbereitet. Sie ist ein unselbständiger Teil verwaltungsbehördlicher Verfahren und integriert in bestehende Fachgesetze.

Der rechtliche Verfahrensablauf gliedert sich in die Umweltverträglichkeitsuntersuchung (UVU) mit den Datenerhebungen und Analysen, der Umweltverträglichkeitsstudie (UVS) mit dem gutachterlichen Untersuchungsergebnis und der Umweltverträglichkeitsprüfung (UVP) als formalem Verfahrensteil der Behörde oder Kommune. Im Scoping erfolgen die notwendigen Besprechungen mit Festlegung und Unterrichtung für den voraussichtlichen Untersuchungsrahmen und der Information für den Antragsteller eines Planverfahrens, welche Unterlagen er für eine UVP einreichen muß. Das Bemerkenswerte bei diesem Vorgehen ist die integrative Gesamtbetrachtung und die Alternativendiskussion. Nach dem UVP-Gesetz ist die UVP ein Bestandteil des Zulassungs- und Genehmigungsverfahrens. Die UVS gehört somit bei allen UVP-pflichtigen Vorhaben zu dem jeweiligen Antrag. Der Vorhabenträger muß die UVS selbst einbringen, wobei entweder ein Eigengutachten zu erstellen oder ein Auftragsgutachten zu vergeben ist. Daraus ergibt sich bei konsequenter Anwendung dieses Belanges ein gutachterliches Betätigungsfeld für historisch orientierte Kulturgeographen, sofern gemäß § 2 UVPG die Auswirkungen von Maßnahmen auf „Kultur- und Sachgüter" untersucht werden.

Das Westfälische Amt für Landes- und Baupflege, Landschaftsverband Westfalen Lippe, Münster, beauftragte das Büro für historische Stadt- und Landschaftsforschung in Bonn mit einem Kulturlandschaftsgutachten zu „Kultur- und Sachgütern" in der Umweltverträglichkeitsstudie L 558, Ortsumgehung Oeding. Zielsetzung der Untersuchung war es, in einer relativ durchschnittlichen Landschaft modellhaft die „Kulturgüter" gemäß § 2 des Umweltverträglichkeitsprüfungsgesetzes (UVPG) zu erfassen und zu bewerten. Außerdem wollte das Amt für Landes- und Baupflege bezüglich des Arbeitsaufwandes und der Arbeitsergebnisse Erfahrungen für zukünftige Projekte sammeln. Gemäß § 6 UVPG und § 8 BNatSchG ist der Träger eines Vorhabens verpflichtet, dessen Auswirkungen auf die Umwelt sowie auf Natur und Landschaft zu ermitteln, zu beschreiben und zu bewerten.

Definitionen des Schlüsselbegriffs „Kulturgüter"

Der interdisziplinäre Arbeitskreis „Kulturelles Erbe in der UVP" hat für das Schlüsselwort „Kulturgüter" folgende Definition vorgelegt: „*Kulturgüter im Sinne des UVPG sind Zeugnisse menschlichen Handelns ideeller, geistiger und materieller Art, die als solche für die Geschichte des Menschen bedeutsam sind und die sich als Sachen, als Raumdispositionen oder als Orte in der Kulturlandschaft beschreiben und lokalisieren lassen.*" (Kulturgüterschutz 1994). Der Begriff „Kulturgüter" umfaßt in diesem Verständnis damit sowohl Einzelobjekte oder Mehrheiten von Objekten, einschließlich ihres notwendigen Umgebungsbezuges, als auch flächenhafte Ausprägungen sowie räumliche Beziehungen bis hin zu kulturhistorisch bedeutsamen

Landschaftsteilen und Landschaften. Ebenfalls sind Phänomene, die von volks-, landes- sowie heimatkundlichen Interesse sind und Raumbezug haben, zu berücksichtigen.

Dieser Definition kommt diejenige sehr nahe, wie sie im *Merkblatt zur Umweltverträglichkeitsstudie in der Straßenplanung* (Ausgabe 1990) der Forschungsgesellschaft für Straßen- und Verkehrswesen in einer vorläufigen Form niedergelegt ist. Darin wird die Aufnahme der historischen Kulturlandschaftselemente und deren Relikte in der heutigen Kulturlandschaft als relevant angesehen. Diese sind danach nicht ausschließlich als punktuelle Einzelelemente in der historisch gewachsenen Kulturlandschaft von Bedeutung, sondern gleichzeitig Bestandteile eines Gesamtsystems. Somit muß die Kulturlandschaft als Ganzes analysiert werden. Dabei ist neben den sichtbaren historischen Kulturlandschaftselementen das Gefüge historischer Strukturen als landschaftliches Erbe zu werten, so die Verteilung von Offenland und Wald.

Projektverfahren Oeding

Das verwandte Grundverständnis von „Kulturgütern" gab den Hintergrund für die erwähnte Umweltverträglichkeitsstudie L 558 Umgehung Oeding ab, welche die Kultur- und sonstigen Sachgüter im Untersuchungsgebiet erfassen, analysieren und bewerten sollte. Die nachfolgenden Ausführungen stellen die dazu notwendigen Arbeitsschritte vor; das Methodische steht dabei im Vordergrund vor den konkreten Ergebnissen. Das Untersuchungsgebiet umfaßt den Ortsteil Oeding der Gemeinde Südlohn und einen Teil der Gemeinde Winterswijk auf dem angrenzenden niederländischen Gebiet.

Einleitend erfolgte die *Darstellung der naturräumlichen Gestaltfaktoren*. Die orographischen, klimatischen, edaphischen und biotischen Faktoren bilden die natürlichen Grundlagen der Landschaft, wobei das Makroklima und das Relief nur in geringem Maße anthropogen beeinflußbar sind. Allerdings hat die menschliche Siedlungstätigkeit zu Veränderungen im Mikrorelief geführt. Innerhalb des Untersuchungsgebietes waren dies die Aufschüttung der Plaggen in der Eschflur, der Plaggenabstich und das Mergeln sowie vermutliches Tieferlegen von gehöftnah gelegenen Wiesen und Weiden, um den Grundwasserstand zu erhöhen. Die menschlichen Einflüsse sind damit ein wichtiger Bodenbildungsfaktor und mithin ein Kulturgut. Hierzu zählt z.B. der zwischen 0,5–1 m mächtige A-Horizont der Plaggendüngung der Esche, die Regulierung des Baches Schlinge und die Anlage von Gräften zur Entwässerung. Das naturräumliche Ökotopgefüge der Pflanzenwelt ist infolge der Jahrtausende währenden Kultivierung stark verändert worden.

Zur Darstellung der kulturlandschaftlichen Entwicklung wurde von der Historischen Geographie die Kartierungsmethode der *Kulturlandschaftswandelkarte* entwickelt (Burggraaff 1993); für das Untersuchungsgebiet wurde im Rahmen des Gutachtens eine solche angefertigt. Sie stellt die historische Dimension der Kulturlandschaft dar, indem die Kulturlandschaftselemente nach ihrer erstmaligen Eintragung in Altkarten – hier der Preußischen Uraufnahme von etwa 1845 – auf der Grundlage einer aktuellen Topographischen Karte 1:25.000 kartiert werden. Somit bieten solche Karten einen Einblick in die Datierung der Kulturlandschaftselemente und verdeutlichen die Chronologie und Dynamik der kulturlandschaftlichen Entwicklung insbesondere der letzten 150 Jahre. Nach dieser Methode konnte eine *Beschreibung der historischen Landschaftsentwicklung und Elemente* erfolgen. Aufgrund der knappen zeitlichen Vorgaben zur Anfertigung solcher Gutachten war die kritische Literaturverwertung lokalgeschichtlicher Untersuchungsergebnisse in Abstimmung mit Archivaren notwendig; zusätzliche archivalische Recherchen waren nur in Ausnahmefällen möglich und mußten auf die Altkartenauswertung beschränkt bleiben. In Oeding wurden im einzelnen untersucht die engere Ortsstruktur, die Siedlungsstruktur des Oedinger Umlandes und die Entwicklung der Flächennutzung, besonders mit Blick auf die Grenzen zwischen Wald und Ackerland, welche, wie Kartenvergleiche zeigten, weitgehend den Verhältnissen zur Mitte des 19. Jh.s entsprechen. Da das Gutachten im Rahmen einer Verkehrsplanung entstand, wurde der Entwicklung des Verkehrsnetzes besondere Beachtung geschenkt, um gerade hierzu fundierte Bewertungsaussagen ableiten zu können.

Unter Einbeziehung der Kulturlandschaftswandelkarte, den landschaftsgeschichtlichen Erkenntnissen und der Bodenkarte wurden Geländebegehungen durchgeführt. In einem kulturlandschaftsgeschichtlichen Verständnis wurden alle Elemente und Strukturen kartiert, die anthropogenen Ursprungs sind und das historisch gewachsene Raumgefüge repräsentieren. Die Kultur- und Sachgüter wurden aufgrund dieser Betrachtungsebene in ihrer Erscheinung in Linien-, Punkt- und Flächenelemente aufgeteilt und in der Deutschen

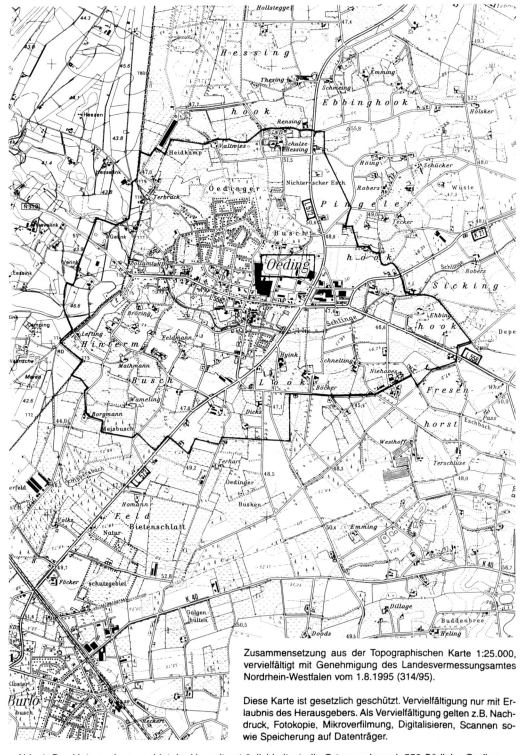

Abb. 1: Das Untersuchungsgebiet der Umweltverträglichkeitsstudie Ortsumgehung L 558 Südlohn-Oeding

Grundkarte 1:5.000 eingetragen. Es entstand damit eine *Reliktkarte der Kultur- und Sachgüter* im Untersuchungsgebiet.

In einem Erhebungsbogen wurden die im Gelände festgestellten Kulturgüter (= Kulturlandschaftsbestandteile) beschrieben und zu einem Katalog zusammengefaßt, also ein *Kataster der Kulturgüter* erstellt. Nach dem geographischen Gliederungsschema der Physiognomie sind linien-, punkt- und flächenhafte Elemente aufgenommen worden.

Unter den *Linienelementen* stellen die größte Zahl die Altwegeverläufe. Sie wurden auf Grundlage der erwähnten Preußischen Uraufnahme von ca. 1845 rekonstruiert. Dabei stellte sich heraus, daß im südwestlichen Teil des Untersuchungsgebietes das historische Wegegefüge noch gut erhalten ist. Es sollte deshalb in seinen stärker kurvigen Trassenverläufen insbesondere bei Verkehrsplanungen Berücksichtigung finden, damit die bisherige Vielgestaltigkeit nicht durch Begradigungen nivelliert wird. Die kartierten Altwege markieren allerdings lediglich den Trassenverlauf unabhängig von der heutigen Physiognomie. So können diese Wege durchaus mit einer modernen Asphaltdecke versehen und heutigen Anforderungen angepaßt sein. Entscheidend ist ihre historische Linienführung. Neben diesen Altwegeverläufen gibt es im Untersuchungsgebiet noch kleine Abschnitte mit erhaltenen baulichen Resten wie Dammaufschüttungen, begleitenden Gräben oder die mit eigener Signatur in der Preußischen Uraufnahme und dem Urhandriß ausgewiesenen Allee-Abschnitte, dazu Wallhecken und Baumreihen.

Zu den *Punktelementen* zählen die Höfe. Sie wurden unterschieden in Hofanlagen mit erhaltener Bausubstanz vor 1945 als festgelegte „historische Zäsur" und Altstandorten, deren Datierung aus historischen Quellen gewonnen wurden. Obgleich bei den Hofgebäuden neue Bausubstanz aus den Jahren nach 1945 überwiegt, ist ihre Standortkontinuität ein wichtiges prägendes räumliches Verteilungsmerkmal insbesondere durch die Verknüpfung mit den hofnahen Eschplaggen und weiteren Elementen wie Bauernwäldchen. Die Datierung der Höfe wurde in drei Zeitstufen unterteilt, zum ersten als bereits eingetragen auf Grundlage der Preußischen Uraufnahme von etwa 1845, zum zweiten nachgewiesen um 1600 nach einer zeitgenössischen Karte und dem Hausstättenverzeichnis des Kirchspiels Südlohn 1659 und zum dritten ausgewiesen durch historische Nennungen vor 1350 nach Auskunft des Stadtarchivars. Erfaßt wurden dabei auch Wegekreuze.

Die historischen *Flächenelemente* stellen die landschaftlich größte Gruppe dar. Dazu zählen Waldflächen in unterschiedlichem Besitz, Bauerngärten sowie folgendes:

– Plaggeneschböden: Die Plaggen wurden zur Verbesserung der Bodenqualität aufgetragen und sind im Untersuchungsgebiet entweder zu einer großflächigen Eschflur mit erhaltener Langstreifenparzellierung zusammengefaßt oder kleinflächiger in Gehöftnähe aufgetragen worden. Die Kartierung wurde mit Hilfe der Bodenkarte auf Grundlage der Bodenschätzung 1:5000, Altkartenvergleich und anschließender Geländebeobachtung durchgeführt. In einigen Arealen konnte die charakteristische „uhrglasartige" Wölbung im Relief festgestellt werden, andere Flächen sind in der heutigen intensiv bewirtschafteten Agrarlandschaft nicht mehr obertägig wahrnehmbar. Nach geographischer Konvention stellen diese anthropogen aufgetragenen Böden ein Kulturgut dar und sind deshalb in die Reliktkarte aufgenommen worden.
– Archäologische Verdachtsflächen: Zwei Areale sind als archäologische Verdachtsfläche ausgewiesen. Hierbei handelt es sich um untertägiges Kulturgut, zu dem allerdings keine eindeutigen Aussagen möglich sind. Neben ausgewiesenen Bodendenkmälern existieren archäologische Fundstellen, zu deren genauer Kenntnis weitere Untersuchungen durch Prospektionen notwendig sind.

Bestimmung der Raumempfindlichkeit als Ziel

Das Merkblatt zur Umweltverträglichkeitsstudie in der Straßenplanung (MUVS) fordert als Ziel der UVS u.a. die Ermittlung relativ konfliktarmer Korridore und die Bestimmung von besonderen Konfliktbereichen. Zu diesem Zweck sollen Flächen gleicher Empfindlichkeit und Bedeutung abgegrenzt werden, mithin ist die Raumempfindlichkeit im Unterschungsgebiet zu bestimmen. Hierfür müssen aus der Sicht der Kulturlandschaftspflege in der aktuellen Kulturlandschaft die historischen Raumeinheiten herausgearbeitet werden, die durch historische Einzelelemente oder Strukturen geprägt sind und sich aus ihrer Bedeutung (Alter, Landschaftswirkung, Erhaltung, regionaltypische Bedeutung, Seltenheit) ergeben. Diese sind dann nach

UVS OEDING / KATASTER DER KULTUR- UND SACHGÜTER			
Lage Oeding	Funktionsbereich Landwirtschaft	Objekt Nichternsche Esch	Nr. 10

Büro für historische Stadt- und Landschaftsforschung Im Auftrag des Westfälischen Amtes für Landes- und Baupflege Bearbeiter: Klaus-D. Kleefeld MA; Dr. Ch. Weiser	Datum April 1994

Abb. 2: Auszug aus dem Kataster der Kultur- und Sachgüter im Rahmen der Umweltverträglichkeitsstudie L 558 Südlohn-Oeding

UVS OEDING / KATASTER DER KULTUR- UND SACHGÜTER			
Lage Oeding	Funktionsbereich Landwirtschaft	Objekt Nichternsche Esch	Nr. 10

Alter	Mittelalter/ Frühe Neuzeit	Punktelement		Relikt	
BoD		Linienelement		rezent	
BauD		Flächenelement	X	fossil	

Beschreibung:

Beiderseits der L 572 erstreckt sich der Nichternsche Esch, der sich im Gelände als leichte Kuppe abzeichnet. Es handelt sich um die Kernflur der Eschsiedlung, die noch heute tw. die typische Parzellen- und Besitzstruktur zeigt. Sie weist den charakteristischen Standort der Plaggenesche im Westmünsterland mit der Lage auf einer natürlichen Anhöhe und auf relativ trockenen und leichter zu bearbeitenden Böden auf. Er zeigt eine Nord-Süd-Orientierung.

Kulturhistorische Bedeutung: hoch

Der Esch besitzt ein hohes absolutes und relatives Alter, da es sich um die Kernflur der Drubbelsiedlung handelt. Durch seine Nord-Süd-Ausrichtung, an der sich auch die überregional bedeutende Baumwollstraße orientiert, die großflächige Ausdehnung und die typische Wölbung besitzt er eine sehr hohe Landschaftswirkung. Ebenfalls hoch ist der Erhaltungswert, da der Esch einen hohen formalen und funktionalen Erhaltungszustand aufweist. Er ist von regionaltypischer Bedeutung.

Gefährdung:

Durch eine West-Ost orientierte Straßenbaumaßnahme wird die historische Struktur des Eschs zerstört, was zu einem Funktionslust und zu einem Objektverlust führen kann.

Schutz-Pflege- und Entwicklungsmöglichkeiten:

Die Bodenbearbeitung sollte so ausgeführt werden, daß die charakteristische Wölbung erhalten bleibt. Da unter den Plaggen potentiell mit archäologischen Befunden zu rechnen ist, sollte das Pflügen nicht tiefer als die oberste Schicht erfolgen.

<u>Dokumentation</u>

Foto X   Lageplan   Übersichtskarte X

Büro für historische Stadt- und Landschaftsforschung Im Auftrag des Westfälischen Amtes für Landes- und Baupflege Bearbeiter: Klaus-D. Kleefeld MA; Dr. Ch. Weiser	Datum April 1994

ihrer Empfindlichkeit zu unterscheiden. Bei einer raumbezogenen und flächenhaften Betrachtungsweise der Kultur- und Sachgüter besitzen die historischen Kulturlandschaften oder historischen Bestandteile die größte Bedeutung. Dabei handelt es sich um Ausschnitte aus der aktuellen Landschaft, die durch eine Vielzahl verschiedener historischer Elemente und deutlich ablesbaren Strukturen geprägt werden. Als Tabuflächen können außerdem Bau- und Bodendenkmale gelten, da deren Schutzwürdigkeit, Bedeutung und Empfindlichkeit bereits mit der Unterschutzstellung als erwiesen gilt. Große Raumwirksamkeit besitzen auch großflächige, historisch bedeutsame und gut erhaltene historische Kulturlandschaftselemente, die sich von historischen Kulturlandschaften oder ihren Bestandteilen durch ihre Singularität unterscheiden. Vergleichbar in ihrer Bedeutung sind Flächen mit verschiedenen historischen Einzelelementen, die durch ihre Vergesellschaftung oder ihren funktionalen Zusammenhang eine Raumeinheit bilden. Deren historische Bedeutung oder Struktur ist häufig allerdings nicht unmittelbar zu erschließen und ablesbar. Deshalb können sie nicht als historische Kulturlandschaftsbestandteile angesprochen werden.

Eine geringere Landschaftswirkung und damit verbunden eine abgeschwächte Raumwirksamkeit besitzen Gruppen von historischen Einzelelementen, die zwar anthropogenen Ursprungs, historisch aber nicht eindeutig bestimmbar sind. Sie sind dennoch wegen ihrer Wiederholbarkeit und der alltäglichen Funktion, die sie in der Vergangenheit hatten, aus landeskundlicher oder kulturhistorischer Sicht von Bedeutung. Wegen ihrer belebenden oder gliedernden Wirkung sind auch historisch bedeutsame Einzelelemente für die Pflege des Orts- und Landschaftsbildes von Bedeutung. Sie tragen zur Ausbildung eines historischen Raumgefüges bei. Daher müssen sie entsprechend ihrer Bedeutung und ihres funktionalen Zusammenhanges behandelt und in einen räumlichen Kontext gebracht werden, um auf diese Weise ihre Raumrelevanz zu verdeutlichen.

Bei der Beurteilung der Empfindlichkeit dieser historischen Kulturlandschaftselemente oder -bestandteile ist zu berücksichtigen, daß bei einem Objektverlust in jedem Fall das entsprechende Element unwiederbringlich verlorengeht, da seine Bedeutung standortgebunden ist. Daher ist eine Verlagerung immer gleichbedeutend mit einem Bedeutungsverlust. Auch Ersatz- oder Ausgleichsmaßnahmen sind nicht möglich. Mit Eingriffen, die sich nicht an der historischen Struktur oder dem historischen Raumgefüge der Landschaft orientieren, geht ebenfalls der historische Zusammenhang verloren. Unter Beachtung dieser Grundsätze sind folgende Raumempfindlichkeitsstufen zu unterscheiden:

Raumempfindlichkeitsstufe I: Die höchste Bewertung erhalten Elemente und Strukturen, die auf keinem Fall entfernt oder beeinträchtigt werden dürfen. Hierbei handelt es sich etwa um eingetragene Bau- und Bodendenkmale oder Ensembles, Freilichtmuseen, barocke Parkanlagen, Schlösser, Burgen, die eine herausragende kulturelle Bedeutung haben oder folgende Bedingungen erfüllen:

a) Historische Kulturlandschaften, die durch eine Vielzahl verschiedener, wertvoller und gut erhaltener historischerKulturlandschaftselemente geprägt sind und deren charakteristische Eigenart und historische Strukturen deutlich ablesbar sind;
b) Historische Kulturlandschaftsbestandteile von großer Bedeutung, guter Erhaltung und mit zahlreichen wertvollen Einzelelementen;
c) Bau- oder Bodendenkmalgeschützte Objekte.

Raumempfindlichkeitsstufe II: Diese Wertkategorie weist historisch gewachsene Strukturen auf, die durch mehrere Gefügemerkmale miteinander verbunden sind, einen Seltenheits-, hohen Alters- oder hohen Identitätswert besitzen und in der heutigen Landschaft gut ablesbar sind. Elemente und Strukturen dieser Bewertung besitzen eine hohe Priorität und sollen, wenn möglich, erhalten bleiben und nur in Ausnahmefällen oder nach weiteren Untersuchungen entfernt oder verändert werden. Hierbei handelt es sich z.B. um archäologische Verdachtsflächen mit Hinweisen auf untertägige Befunde (die nach weiteren Prospektionen gegebenenfalls in die Kategorie I gelangen können), gut überlieferte Landschaftselemente wie historische Bewirtschaftungsflächen (z.B. Niederwald), Hofanlagen mit persistenter Raumstruktur, wichtige erhaltene historische Straßen, fortifikatorische Anlagen oder Kampbegrenzungen. Kennzeichnend ist die räumliche Beziehung untereinander und nur in einzelnen Fällen ein Einzelelement an sich:

a) wertvolle, gut erhaltene, großflächige historische Kulturlandschaftselemente;
b) Vergesellschaftung verschiedener, bedeutender, seltener oder gut erhaltener Einzelelemente;
c) archäologische Verdachtsflächen.

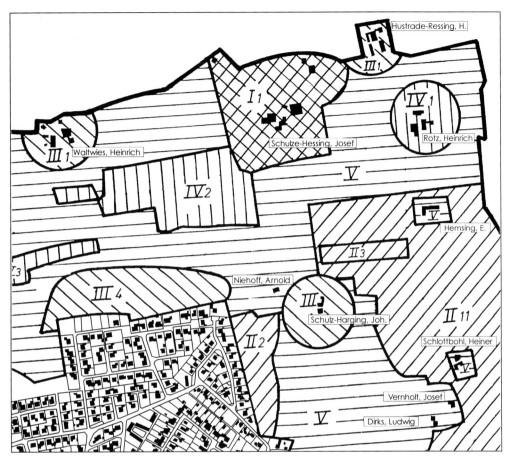

Abb. 3: Ausschnitt aus der Arbeitskarte zur räumlichen Festlegung der Raumempfindlichkeitsstufen im Rahmen der Umweltverträglichkeitsstudie L 558 Südlohn-Oeding (in römischen Zahlen)

Raumempfindlichkeitsstufe III: Die mittlere Wertekategorie betrifft überwiegend isolierte historische Einzelelemente, wie Altstandorte von Gehöften unterschiedlicher Zeitstellung. Weiterhin können zwei oder drei Einzelelemente räumlich verbunden sein, allerdings ohne weitere die Wertigkeit steigernde Merkmale wie die unter II charakterisierten historischen Raumeinheiten. Ebenfalls ergibt die Addition niedriger eingestufter Elemente eine mittlere Bewertungsebene, die nicht vermeidbare Eingriffe zuläßt:

a) historisch bedeutende oder nicht eindeutig bestimmbare historische Kulturlandschaftselemente;
b) bedeutende historische Flächenelemente;
c) bedeutende historische Einzelelemente mit einer belebenden und gliedernden Landschaftswirkung, die die historischen Strukturen der Landschaft ausprägen.

Raumempfindlichkeitsstufe IV: In dieser Kategorie sind als hervorhebenswert eingeschätzte historische Flächenelemente eingestuft worden, um ihre Streuung im Untersuchungsgebiet zu dokumentieren, wenn sie Altelemente der Agrarwirtschaft darstellen:

a) Flächenelemente, die historisch nicht eindeutig bestimmbar, aber anthropogenen Ursprungs sind
b) Flächen mit ausgeprägten, deutlich erkennbaren historischen Strukturen
c) Flächen mit vereinzelt auftretenden historischen Kulturlandschaftselementen.

Raumempfindlichkeitsstufe V: Hierbei handelt es sich um Flächen ohne deutlich ablesbare historische Strukturen.

Nach diesen Kriterien ist eine Karte zur Raumempfindlichkeit der Kultur- und Sachgüter auf Grundlage der oben beschriebenen historisch-geographischen Kulturlandschaftsanalyse entwickelt worden. Hierbei wurden die Einzelelemente wie historisch dokumentierte Gehöfte in einem Radius von 100 Metern oder in größeren flächigen Einheiten verbunden, wenn sie in einem funktionalen oder räumlichen Zusammenhang stehen. Diese flächige Betrachtungsweise war notwendig, da die Kultur- und Sachgüter als persistente Bestandteile der ober- und untertägigen Geosphäre bewertet werden müssen.

Bewertung des Projektes

Am Beispiel Oeding konnten die rechtlichen Vorgaben der UVP in einem historisch-geographischen Verständnis von Kulturlandschaftspflege umgesetzt werden. Dabei wurde der Begriff „Kulturgüter" über die üblicherweise darunter verstandenen Elemente wie eingetragene Denkmale und archäologische Befunde hinaus auf die kulturlandschaftliche Gesamtheit übertragen. Das führt zu größerer Objektivität bei der Abwägung in der UVP, denn die Datengrundlage für raumverändernde Entscheidungen wird erweitert. Vor allem aber tritt der Mensch als der Gestalter von Kulturgütern in der Landschaft hervor. Berücksichtigt man diese Aspekte, liegt mit dem UVP-Kriterium „Kulturgüter" im Verständnis einer dynamisch orientierten Kulturlandschaftspflege ein geeignetes Rechtsinstrument zur behutsamen Weiterentwicklung von Kulturlandschaften vor. Die Kulturlandschaftspflege sollte es stärker als bisher nutzen.

Rechtliche und planerische Grundlagen

Bundesminister für Verkehr (Hg.) (1990): Merkblatt zur Umweltverträglichkeitsstudie in der Straßenplanung (MUVS). Allgemeines Rundschreiben Straßenbau Nr. 9/1990. – Bonn.

Erbguth, W. & A. Schink (1992): Gesetz über die Umweltverträglichkeitsprüfung. Kommentar. – München.

Gesetz zur Umsetzung der Richtlinie des Rates vom 27. Juni 1985 über die Umweltverträglichkeitsprüfung bei bestimmten öffentlichen und privaten Projekten. Bonn 1990.

Literatur

Burggraaff, P. (1993): Kulturlandschaftswandel am Niederrhein (Raum Kleve, Kalkar, Goch, Uedem). – Geschichtlicher Atlas der Rheinlande Lfg.IV.7.
Kleefeld, K.-D. (1994): Historisch-geographische Landesaufnahme und Darstellung der Kulturlandschaftsgenese des zukünftigen Braunkohlenabbaugebietes Garzweiler II. – Diss. Bonn.
Kleefeld, K.-D. & Ch. Weiser (1994): Endbericht Kulturlandschaftsgutachten zu „Kultur- und Sachgütern" Umweltverträglichkeitsstudie L 558, Ortsumgehung Oeding. Im Auftrag des Westfälischen Amtes für Landes- und Baupflege, Münster, erstelltes Fachgutachten.
Kühling, D. & W. Röhrig (1994): Die Schutzgüter Mensch, Kultur- und Sachgüter in der UVP. – unveröff. Diplomarbeit Dortmund.
Kulturgüterschutz in der Umweltverträglichkeitsprüfung (UVP) (1994): Bericht des Arbeitskreises „Kulturelles Erbe in der UVP". hrsg. v. Rheinischen Verein für Denkmalpflege und Landschaftsschutz, Landschaftsverband Rheinland Umweltamt, Seminar für Historische Geographie der Universität Bonn. (Themenheft der Kulturlandschaft. 4, 2). – Köln
Woltering, U. (1995): Landschaftspflege und historische Kulturlandschaft. Beiträge zur Landespflege. – Schriftenreihe des Westfälischen Amtes für Landes- und Baupflege 10: 1–18.

Auskünfte

Arbeitskreis „Kulturelles Erbe in der UVP". Dr. Norbert Kühn. Rheinischer Verein für Denkmalpflege und Landschaftsschutz. Düppelstraße 9–11, 50679 Köln-Deutz.

UVP-Förderverein. Dipl.-Ing. Edmund A. Spindler. Östingstraße 13, 59063 Hamm.

Westfälisches Amt für Landes- und Baupflege, Landschaftsverband Westfalen-Lippe, Udo Woltering, Hörster Platz 4, 48133 Münster.

Büro für historische Stadt- und Landschaftsforschung, Kaufmannstraße 81, 53115 Bonn.

Verankerte Kulturlandschaftspflege im Naturschutzgebiet „Bockerter Heide"

Peter Burggraaff

Der Auftrag zur Erstellung eines Gutachtens für die Ausweisung des Naturschutzgebietes (NSG) „Bockerter Heide" (Stadt Viersen) mit landeskundlicher (kulturhistorischer) Begründung nach § 20b des Landschaftsgesetzes Nordrhein-Westfalen (LG NW) wurde im August 1992 von Herrn W. Thyßen als Vertreter des Kreises Viersen an den Verf. vergeben. Die Abgabe des Gutachtens erfolgte am 3.4.1993 (Burggraaff & Kleefeld 1993). Die Bearbeitung eröffnete ein neues Arbeitsfeld innerhalb der Kulturlandschaftspflege, wobei bei der Erfassung, Darstellung und Beschreibung der Entwicklung der Kulturlandschaft sowie ihrer Elemente auf historisch-geographische Methoden zurückgegriffen werden konnte. Die auf diese Fragestellung hin orientierte Reliktkartierung und die Erstellung eines Kulturlandschaftspflegekonzeptes für das NSG mußten dazu eigens entwickelt werden, so daß diese Untersuchung als eine Pilotstudie zu betrachten ist.

Rechtliche Grundlage und beteiligte Institutionen

Mit der Aufnahme von § 2 Abs. 1, Nr. 13 *„Historische Kulturlandschaften und -landschaftsteile von besonders charakteristischer Eigenart sind zu erhalten ..."* 1980 ins Bundesnaturschutzgesetz und 1987 ins Landschaftsgesetz von Nordrhein-Westfalen (LG NW) gibt es eine gesetzliche Vorschrift, die sich auf die historisch gewachsene Kulturlandschaft bezieht. Wie Hönes (1991) zutreffend hervorhebt, tragen sowohl Naturschutz als auch Denkmalpflege eine gemeinsame Verantwortung bei der Anwendung dieser Vorschrift. Trotz der Aufnahme in die genannten Gesetze gibt es bisher in der Praxis kaum eine Umsetzung der Forderung, weil man versäumt hat, die zuständigen Behörden zu benennen und die Vollzugsbestimmungen in den einschlägigen Ländergesetzen zu erlassen. Insgesamt ist daher der Bekanntheitsgrad dieser Vorschrift nach

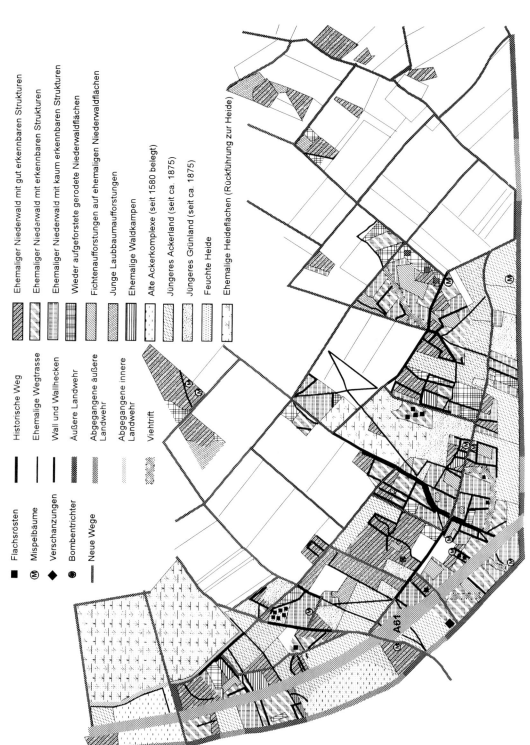

Abb. 1: Reliktkarte der Bockerter Heide (Stadt Viersen)

einer Befragung der unteren Naturschutzbehörden in der alten Bundesrepublik (Brink & Wöbse 1989) als sehr niedrig einzustufen. Auch in der Denkmalpflege gibt es wenige Ansätze, die über die Erfassung der kleinflächigen Denkmalbereiche hinausgehen. Hier soll gezeigt werden, daß diese Vorschrift gute Möglichkeiten für die Umsetzung eines kulturlandschaftsorientierten Naturschutzes und einer größere Zusammenhänge betrachtenden Denkmalpflege bietet.

Im Naturschutz geht es im Kern um die Wechselwirkungen ökologischer und anthropogener Systeme. In diesem Sinne bezieht er sich auch auf die historisch gewachsene Kulturlandschaft. Bisher standen allerdings vorwiegend ökologisch geprägte Begründungen im Fall von Unterschutzstellungen im Vordergrund, weshalb eher die negativen anthropogenen Auswirkungen auf Ökosysteme, den Naturhaushalt und die Artenvielfalt hervorgehoben wurden. Diese Sichtweise beginnt sich langsam zu ändern, denn man erkennt nunmehr auch die positiven Effekte der vorindustriellen Landwirtschaft für die Biodiversität. Einen rechtlichen Ansatzpunkt für die Umsetzung eines solchen historisch-ökologischen Naturschutzes bietet § 20b LG NW, da er für die Ausweisung von Naturschutzgebieten auch eine landeskundliche als Hauptbegründung zuläßt. Mit der „Bockerter Heide", welche eine Fläche von immerhin 200 ha umfaßt, geschah dies erstmals in Nordrhein-Westfalen.

Projektablauf

Im ersten Teil der Untersuchung wurde die Entwicklung der Kulturlandschaft aufgrund der guten Quellenlage mit einem „Bannbuch" (1574 –1696) und „Meetbuch" (1704 –1798) rückgreifend bis ins 16. Jh. erarbeitet. Auf der Grundlage des Urkatasters von 1812 wurde eine Landnutzungskarte erstellt, die als Grundlage für die Kulturlandschaftswandel- (1:10.000) und die Reliktkarte (1:5.000) diente. In erstgenannter Karte wurde die Entwicklung der Kulturlandschaft von 1812 bis heute mit den Zeitschnitten 1812, 1812–1844, 1844 –1895, 1895–1938 und 1938-heute chronologisch dargestellt. Für die landeskundliche Begründung des NSG „Bockerter Heide" und für das Pflege- und Nutzungskonzept wurden die Relikte und historischen Kulturlandschaftselemente im Maßstab 1:5.000 kartiert und bewertet (Abb. 1). Im zweiten Teil wurden die Nutzungs-, Pflege- und Instandsetzungsmaßnahmen erarbeitet.

Nachfolgend werden die Grundzüge des Kulturlandschaftswandels in der „Bockerter Heide" dargestellt, um daran die Kriterien zur Beurteilung der Schutzwürdigkeit einzelner Elemente zu verdeutlichen und zugleich Ansätze für die zukünftige Bewirtschaftung des Gebietes aufzuzeigen.

Grundzüge des Kulturlandschaftswandels und planerische Zielsetzungen

Vor allem das spätmittelalterliche lokale Rechtssystem der Vrogen, ein „genossenschaftlich" organisierter Verband von Bauern, prägte die „Bockerter Heide". Sie war also eine Allmendfläche aus Busch- und Weideland, Wällen, Hecken und Wegen. Obgleich schon im Hochmittelalter erwähnt, wurde sie bis 1900 nicht direkt besiedelt. Im Gegensatz zu den meisten anderen Allmenden nicht erst in der ersten Hälfte des 19. Jh.s aufgelöst, ist sie bereits vor 1600 geteilt worden; 1812 umfaßte die vom Arbeitsgebiet umschlossene Allmende etwa 120 ha Wald und 30 ha Heide. Nach 1850 wurde die Entwicklung durch Rodungen und Kultivierungen geprägt, wodurch der Wald- und Heideanteil bis 1980 ständig sank. Im 20. Jh. veränderten eine Flurbereinigung und der Straßenbau mit einer Autobahn die Landschaft erheblich.

Vor diesem Hintergrund mußte das Hauptziel der vorzuschlagenden Maßnahmen die Sicherung der vorhandenen historischen Strukturen und Einzelelemente und deren behutsame Weiterentwicklung mit einer angepaßten Bewirtschaftung und Pflege sein. Dazu war es notwendig, die historischen Elemente und Strukturen aller Zeitepochen zu erfassen (Abb. 1) und deren Bewertung auf den historischen Kontext hin beschreibend vorzunehmen. Besonders der Erhaltungszustand, die örtliche Bedeutung und die räumlichen und funktionalen Zusammenhänge waren zu beachten. Im folgenden werden geordnet nach punkt-, linien- und flächenhafter Struktur die im Untersuchungsgebiet relevanten Elemente beschrieben und Empfehlungen zu deren Wert und zukünftigen Bewirtschaftung gegeben.

Abb. 2: Gut erhaltene Flachsröste

Relikterfassung und -bewertung sowie Pflegevorschläge

Zu den *punkthaften Elementen* zählen vierzehn Flachsrösten. Hierin wurde der Flachs etwa zwei Wochen lang gewässert. Die Flachsrösten hatten eine Tiefe von ca. 2 m und einen Umfang von 3 x 5 m, Wände und Böden waren durch Lehmauftrag wasserundurchlässig gemacht worden. Wegen der starken Geruchsentwicklung befanden sie sich weit von den Höfen in Bereichen mit Staunässe an den Waldrändern. Sie lassen sich ins Spätmittelalter datieren. Ihre Bedeutung wird durch die Tatsache belegt, daß um 1580 in Viersen etwa 800 Webstühle in Betrieb waren. Nach 1945 wurden die Rösten mit der Aufgabe des Flachsanbaus nicht mehr genutzt. Wegen ihrer landeskundlichen Bedeutung sind die Flachsrösten zu erhalten. Sie sind, abgesehen von ihrer natürlichen Verlandung, durch maschinelle Waldarbeit gefährdet. Für eine sehr gut erhaltene Röste wurde eine Instandsetzung und Wiederbelebung vorgeschlagen (Abb. 2). Die übrigen müssen aus Erkennbarkeitsgründen alle drei Jahre ausgehoben werden. Für einige schlecht erhaltene Flachsrösten wurde Biotopschutz und -entwicklung empfohlen.

Vom Herbst 1944 bis Februar 1945 wurden für die „Heimatverteidigung" Einzelstellungen und Geschützstände geschanzt. Diese mahnenden Relikte der jüngsten Geschichte sind wie einige Bombenkrater erhaltenswürdig, so daß ihre Erkennbarkeit zu sichern ist.

Vierzehn wilde Mispelbäume (*Mespilus germanica*) in Stockform haben als Wappenbäume der Stadt Viersen und des Herzogtums Geldern eine symbolische Bedeutung. Sie sind als Naturdenkmale zu schützen und zu pflegen. In den ehemaligen Niederwaldarealen befinden sich vereinzelt oder in kleinen Gruppen etwa 100jährige hochstämmige Rotbuchen und Eichen. Sie waren für die Bauholzversorgung von Bedeutung. Diese Überhälter müssen geschützt und gepflegt werden.

Zu den *Linienelementen* im Viersener Raum gehört ein System von Grenz- und Besitzmarkierungen in Form von Landwehren. Die sogenannte „innere" Landwehr des 14. Jh.s ist heute nicht mehr vorhanden. Von dem mit Gräben markierten Querwall, der die „innere" mit der „äußeren" Landwehr verband, ist ein Ab-

Abb. 3: Rotbuchenstöcke auf der äußeren Landwehr

schnitt erhalten. Die „äußere" Landwehr wurde auf Veranlassung des Herzogs von Geldern zwischen 1420 und 1424 angelegt. Der Wall war mit dichten dornigen Sperrpflanzen und Buchenstöcken als Gerüstbäumen bestockt. Nachdem die Landwehr funktionslos geworden war, wurde sie als Niederwald bewirtschaftet und von neuen Verkehrsverbindungen durchschnitten. Durch Ackerbau sind Teile der Landwehr seit 1850 abgegangen. Heute sind im Arbeitsgebiet davon noch ca. 2700 m erhalten. Sie besteht aus einem Wall, zwei Gräben und wenigen Resten der für Landwehren typischen Vegetation im westlichen Abschnitt mit einigen markanten alte Stockrotbuchen als Gerüstbäumen und Kopfbuchen als Markierungsbäumen sowie vereinzelt Weiß- und Schwarzdorn. (Abb. 3). Die Erhaltung der verbliebenen Abschnitte der Landwehr hat die höchste Priorität. Der gesamte Landwehrverlauf wird daher als Bodendenkmal in die Denkmalliste eingetragen. Für die abgegangenen Abschnitte der „inneren" und „äußeren" Landwehr wird eine optische Markierung mit landwehrtypischen Gehölzen empfohlen, und an beeinträchtigten Stellen sind Ausbesserungen durchzuführen. Für einen Abschnitt von ca. 50 bis 100 m ist aus didaktischen Überlegungen eine Rückführung zur ehemaligen dichten Weiß- und Schwarzdornvegetation vorgesehen. Für die übrigen Abschnitte ist ein allmählicher Ersatz der ortsfremden Flora durch historische und ortstypische (dornige) Pflanzen geplant, so daß der Wall besser gegen schädliche Aktivitäten (z.B. Geländeradfahren) geschützt werden kann. Hiermit soll die ursprüngliche gestufte Gehölzstruktur mit Gerüstbäumen und Sträuchern wieder zum Ausdruck gebracht werden.

Das spätmittelalterliche Wall- und Grabensystem ist als Folge der Flurbereinigung nur noch im Wald erhalten. Er stellt Teile der alten Waldparzellierung sowie der Einfriedung der alten Eichen- und Buchenkämpe dar. Heute sind die Wälle durch maschinelle Waldarbeiten gefährdet. Ihr Erhaltungsgrad ist unterschiedlich. Viele Wälle sind mit Stockbuchen bepflanzt, die die ursprüngliche Vegetation noch dokumentieren. Diese Relikte stellen wichtige landschaftlich prägende Strukturelemente dar. Nach ihrer Kartierung können die erforderlichen Waldarbeiten behutsamer durchgeführt werden. Die Wälle müssen noch als Bodendenkmäler in die Denkmalliste eingetragen werden. Als Pflegemaßnahmen werden Reparaturen, notwendige Anpflanzungen und eine fortlaufende Beobachtung vorgeschlagen.

Abb. 4: Durchgewachsener Niederwaldbestand mit Rotbuchen in Pesche östlich von Bötzlohe

In der „Bockerter Heide" finden sich noch einige historische Fuhrwege und von Hecken flankierter Viehtriften aus der Frühneuzeit im Wald. Für diese Altwege und -trassen sind Freihaltungs- und Markierungsmaßnahmen vorgesehen, so daß sie nur für Wanderer begehbar sind. Für die Bebericher Viehtrift wird die Wiederherrichtung angestrebt.

Unter die *Flächenelemente* zählt der Wald, wobei es in der „Bockerter Heide" seit den Rodungen nach 1850 keine größeren geschlossenen Waldflächen mehr gibt; sie liegen allesamt im Gemenge mit Acker- und Grünland. Aufgrund der Bewirtschaftungsform, des nachgewiesenen Alters, des heutigen Aussehens und der Baumarten sind folgende Waldareale zu unterscheiden:

1. Wald mit gut erkennbaren Niederwaldstrukturen,
2. Wald mit nur vereinzelten Niederwaldstrukturen,
3. ehemaliger Niederwald mit spontaner Waldentwicklung,
4. Wiederaufgeforstete, zuvor gerodete Niederwaldflächen,
5. Nadelbaumaufforstungen in alten Niederwaldarealen.

Prägende Merkmale der beiden erst genannten Waldflächentypen sind Rotbuchenstöcke mit mächtigen Ausschlägen, die alle 20 Jahre abgeholzt werden müßten und nun durch Bruch bedroht werden. Vereinzelt finden sich noch Reste der Mittelwaldbewirtschaftung mit Kopfbäumen (Rotbuchen und Eichen) und Überhälter (Abb. 4). Typisch sind die miteinander verbundenen Stöcke (Kränze), die das Produkt des sogenannten „Lemmens" sind. Dabei wurde ein fingerdicker Zweig an der Berührungsstelle mit dem Boden mit einem Rasenstück bedeckt und das freie Ende nach oben gezogen, so daß ein neuer Stamm heranwachsen konnte. Heute wird das Lemmen als „Waldverjüngung" nicht mehr praktiziert. Für die unter 1. genannten Waldflächen ist die Sicherung des Stockbaumbestandes und der Niederwaldstruktur das Hauptziel. Hierbei wird die tradierte Stimulierung des Wurzelaustriebes und das Lemmen angewandt werden, so daß diese traditionellen altbewährte Techniken ebenfalls erhalten bleiben. Für die unter 2. genannten Flächen sind die einzelnen Stöcke und Überhälter wie oben zu erhalten und zu bewirtschaften. Hier dominieren insbesondere Eichen und Birken. Die spontane Entwicklung zum Eichen-Buchenwald soll mit zusätzlichen Rotbuchenanpflanzungen gefördert werden. Außerdem sollten junge Rotbuchen wieder auf den Stock gesetzt werden, um die damalige Niederwaldnutzung zu beleben. Die Überführung in Niederwald und die Anwendung der tradierten Techniken verspricht hier mehr Erfolg als bei alten Stockbäumen. Für die ehemaligen Niederwaldflächen mit einer spontanen Waldentwicklung (3.) nach ihrem Kahlschlag 1945 gilt im Prinzip dasselbe. Im Rahmen der erforderlichen Anpflanzungen sollen vor allem Rotbuchen verwendet werden, die exemplarisch auf den Stock gesetzt werden müssen. Die jüngeren Aufforstungen von Eichen und Buchen auf Niederwaldrodungen (4.) des späten 19. und 20. Jh.s sind gut für die Wiederbelebung des Niederwaldbetriebs geeignet. Die zu belebenden Niederwaldareale werden sich aus technischen Gründen und wegen der Einbindung in einen kulturhistorischen Waldlehrpfad in Wegnähe befinden. Die Fichten und Lärchen, die in kleineren Gruppen oder Schonungen seit den 60er Jahren vorkommen (5.), werden allmählich durch lokale Baumarten (Rotbuche) ersetzt werden.

Die spätmittelalterlichen „Wald"kämpe – mit Wällen und Hecken eingefriedete Waldweiden (Eicheln- und Bucheckernmast) – sind nur noch an Gruppen von Hochstammbuchen und -eichen zu erkennen. Ein Kamp wird für die Schweinemast rekonstruiert. Fehlende Wallhecken werden angepflanzt. Die Eichen- und Buchenbestände werden so gepflegt, daß sie optimal fruchttragend sind. Im Frühjahr und Sommer ist eine Beweidung mit Schafen und Rindern vorgesehen. Die spätmittelalterlichen Pesche oder bäuerlichen Nutzwäldchen wurden schon dem NSG „Bockerter Heide" angegliedert. Sie stellen reliktartigen Niederwald dar.

Die ältesten seit 1600 belegten Ackerflächen grenzen an die Landwehr. Die jüngeren Ackerflächen sind nach 1850 auf gerodeten Waldflächen entstanden. Bis ca. 1850 gab es die Dreifelderwirtschaft mit einer dreijährigen Frucht- und Brachefolge. Nach 1850 wurde sie allmählich in eine Fruchtwechselwirtschaft ohne Brache überführt. Die herkömmliche Plaggen-, Kalk-, Mergel- und Aschedüngung wurde nach 1860 allmählich von der Kunstdüngung abgelöst. Hiermit wurde ein Prozeß zunehmender Ertragssteigerung eingeleitet. Für die ältesten Ackerkomplexe wird eine Wiedereinführung der nach heutiger Sicht extensiven und ökologischen Dreifelderwirtschaft bzw. der traditionellen Fruchtfolgewirtschaft mit natürlicher Düngung empfohlen. Hierbei wird im Rahmen eines dreijährigen Zyklus auf alte Anbaupflanzen wie Flachs zurückgegriffen. Im Brachejahr sollen diese Fläche beweidet und ökologisch gedüngt werden.

Der Umfang der Weiden und Wiesen, der 1812 nur 1,15 ha betrug, nahm erst nach der Teilung der gemeinschaftlichen Weiden an der Niers um 1850 zu, weil privat genutztes Grünland erforderlich wurde. Das meiste Grünland befindet sich auf ehemaligen Waldflächen. Für diese Grünlandflächen ist eine ökologisch verantwortete extensive landwirtschaftliche Nutzung vorgesehen, die zu einem größeren Artenreichtum der Vegetationsschicht und zu Lebensraum für Wiesenvögel führt. Seit 1850 sind die Heideflächen mit einem Umfang von 30 ha verschwunden. Eine Rückführung zur Heide ist im Rahmen der Flächenstillegung in den ehemaligen Heideflächen „Bockerter Busch" und „Beberticher Heide" beabsichtigt. Hierbei wird im Gegensatz zur Idealvorstellung einer Callunaheide (Typus „Lüneburger Heide") eine heterogene Pflanzenstruktur mit Kräutern, Gräsern, Einzelsträuchern, Strauchgruppen, Einzelbäumen und lockeren Baumgruppen angestrebt, die sich am früheren Erscheinungsbild der Viersener Heiden orientiert.

Erschließung des NSG für die Öffentlichkeit

Der Öffentlichkeit sollen diese kulturlandschaftspflegerischen Maßnahmen und tradierten Nutzungen in Form eines didaktisch-landeskundlichen Lehrpfades (Wanderweges) vermittelt werden: Waldweide mit Schweinemast, Heide mit extensiver Schafbeweidung, Niederwaldwirtschaft mit „Lemmen" und „Auf den Stock setzen" und Dreifelderwirtschaft mit Flachsanbau und Flachsrotten. Dies gilt auch für die erhaltenen und rekonstruierten Einzelelemente wie Flachsrösten, Mispeln, Überhälter, Landwehren, Viehtriften und Wege. Hierbei spielt die für Viersen typische ursprüngliche Dreigliederung in Niederwald, Heide und Ackerland eine wichtige Rolle.

Bewertung des Projektablaufes und Umsetzung von Vorschlägen

Während der Bearbeitung gab es intensive Kontakte mit dem Stadtarchiv Viersen, dem Naturschutzbund Deutschland (Herr G. Wessels), Heimatforschern und vor allem mit dem zuständigen Forstamt Mönchengladbach über die Realisierungsmöglichkeiten der vorgeschlagenen Maßnahmen im Wald. Nach anfänglichem Zögern sagte das Forstamt die Realisierung der vorgeschlagenen Maßnahmen zu. Bei der Umsetzung des Gutachtens in einem Maßnahmenkatalog und einer Gestaltungssatzung sind die Gutachter intensiv beteiligt gewesen. Letztendlich wurden die Vorschläge und Empfehlungen des Gutachtens bezüglich der Entwicklungs-, Pflege- und Erschließungsmaßnahmen nach § 26 LG NW weitgehend übernommen, wie dies die nachfolgenden Maßnahmen zeigen.

5.14 Pflege von Feldhecken
5.15 Pflege von Kopfbäumen
5.21 Entwicklung von Heideflächen
5.22 Entwicklung von Buchenniederwäldern
5.23 Wiederherstellung abgegangener Wegetrassen
5.24 Wiederherstellung einer Flachsröste
5.25 Wiederherstellung von Landwehrhecken
5.26 Wiederherstellung der Dreifelderwirtschaft
5.27 Wiederherstellung von Viehtriften
5.28 Wiederherstellung historischer Wegetrassen
5.30 Wiederherstellung von Schweinekampen (Schweinemast)
5.31 Wiedereinführung althergebrachter Grünlandbewirtschaftung
5.32 Entwicklung von Eichenbuchenwäldern
5.33 Wiedereinführung althergebrachter Fruchtfolgewirtschaft

Die öffentliche Auslegung des Landschaftsplanentwurfes 1993, der auch das NSG „Bockerter Heide" enthielt, erbrachte Bedenken von 147 Bürgern und 29 Trägern öffentlicher Belange sowie Behörden. Sie bezogen sich aber nicht auf das NSG „Bockerter Heide". Am 9.6.1994 faßte der Kreistag den Satzungsbeschluß. Der Landschaftsplan Nr. 7 wurde am 3.2.1995 durch die Bezirksregierung Düsseldorf genehmigt und erlangte am 3.3.1995 Rechtskraft. Damit waren die historisch arbeitenden Geographen nicht nur Erfasser von Daten, Beschreiber von Entwicklungen und Bewerter von Objekten und Strukturen, sondern nahmen Einfluß auf die Planung, die Begrenzung des Naturschutzgebietes und die Realisierung eines kulturhistorischen Nutzungs- und Pflegekonzepts. Zusammenfassend ist mit der genehmigten landeskundlich begründeten Ausweisung als Naturschutzgebiet für den ländlichen Raum ein Weg aufgezeigt worden, die historische Kulturlandschaft der „Bockerter Heide" im Sinne des § 2, Abs. 1, Nr. 13 BNatSchG zu erhalten. Besonders bemerkenswert an dieser sehr weitgehenden, Altzustände reaktivierenden Kulturlandschaftspflege war der ausdrückliche Wunsch des Kreises zur Umsetzung von historisch belegten Bewirtschaftungen als Möglichkeit der landeskundlichen Konservierung. Dies wird innerhalb der dynamisch orientierten Kulturlandschaftspflege lediglich nur in herausragenden Ausschnitten der heutigen Kulturlandschaft möglich sein und insbesondere auf den Naturschutz beschränkt bleiben.

Rechtliche und planerische Grundlagen

Forstlicher Fachbeitrag zum Landschaftsplan Bockerter Heide, Kreis Viersen. (1987).

Landschaftsgesetz Nordrhein-Westfalen. Düsseldorf 1995.

Landschaftsplan Nr. 7 Bockerter Heide. Band I, Teil A: Textliche Darstellungen und Festsetzungen gem. §§ 18–24 Landschaftsgesetz NW, besonders S. 46–62. Band I, Teil B: Textliche Darstellungen und Festsetzungen gem. §§ 25 u. 26 Landschaftsgesetz NW, besonders S. 364–390. Viersen 1993.

Landwirtschaftlicher Fachbeitrag zum Landschaftsplan Kreis Viersen – Bockerter Heide. Bonn 1989.

Ökologischer Fachbeitrag zum Landschaftsplan Nr. 7 „Obere Nette/Bockerter Heide" des Kreises Viersen. – Recklinghausen 1988.

Literatur

Bauer, E. & S. Salewski (1987): Recht der Landschaft und des Naturschutzes in Nordrhein-Westfalen. Vorschriftensammlung mit einer monographischen Einführung (Kommunale Schriften für Nordrhein-Westfalen; 29; 2. neubearb. Aufl. – Köln.
Brink, A. & H.H. Wöbse (1989): Die Erhaltung historischer Kulturlandschaften in der Bundesrepublik Deutschland. – Hannover.
Burggraaff, P. & K.-D. Kleefeld (1993): Historisch-geographisches Gutachten zur Ausweisung des NSG „Bockerter Heide" (LP, Nr. 7) aufgrund landeskundlicher bzw. kulturhistorischer Gründe. – Bonn.
Burggraaff, P. & K.-D. Kleefeld (1994): Naturschutzgebietsausweisung und Kulturlandschaftspflegemaßnahmen am Beispiel der „Bockerter Heide" (Stadt Viersen). Eine neue Aufgabe der Angewandten Historischen Geographie. – Rheinische Heimatpflege 31: 7–22.
Hönes, E.-R. (1991): Kulturlandschaftspflege als Aufgabe für Heimatpflege, Denkmalpflege, Landschaftspflege und Naturschutz. – Kulturlandschaftspflege im Rheinland. Symposion 1990. Tagungsbericht: 58–66.
Weiß, J. (1993): Naturschutz in der Kulturlandschaft – oder: Was sollen wir schützen? – Natur- und Landschaftskunde 29: 1–7.

Kulturlandschaftspflege im Rahmen von Regionalplanung: Der Regionalplan der Region Stuttgart

Volkmar Eidloth

Regionalplanung ist ein Teil der Landesplanung und schlägt die Brücke zwischen dem Landesentwicklungsplan und Planungen im kommunalen Bereich. Der Regionalplan formt die Grundsätze und Ziele der Raumordnung räumlich aus und verbindet sie mit regionalen Entwicklungsvorstellungen. Dabei haben sich die inhaltlichen Schwerpunkte der Regionalplanung verlagert. Bestanden in den siebziger und noch Anfang der achtziger Jahre die Hauptaufgaben vor allem darin, die starke Siedlungsexpansion zu steuern und den Ausbau einer leistungsfähigen Infrastruktur zu fördern, so steht heute das Bemühen um den Ausgleich zwischen Siedlungsentwicklung und Freiraumerhaltung im Vordergrund. Besondere Bedeutung kommt in diesem Zusammenhang der Benennung schutzbedürftiger Bereiche z.B. für Naturschutz und Landschaftspflege zu.

Träger, rechtliche Grundlagen und Zielsetzungen

Träger der Regionalplanung in Baden-Württemberg sind gemäß § 22 des Landesplanungsgesetzes zwölf Regionalverbände. Zum Regionalverband Stuttgart (vormals Mittlerer Neckar) gehören neben dem Stadtkreis Stuttgart die Landkreise Böblingen, Esslingen, Göppingen, Ludwigsburg und der Rems-Murr-Kreis (mit der Kreisstadt Waiblingen). Hinsichtlich Bevölkerungskonzentration, Siedlungsdichte, Wirtschaftskraft und der Ansammlung an Kultur- und Verwaltungseinrichtungen ist die Region Stuttgart „der Kernraum" des

Landes Baden-Württemberg (Borcherdt 1991: 269). Nachdem ein neuer Regionalplan für das Verbandsgebiet schon 1991 in Kraft getreten ist, befindet sich derzeit der Landschaftsrahmenplan zum Regionalplan in der Erarbeitung und Beratung.

Rechtliche Grundlage für den Landschaftsrahmenplan ist der § 8 Abs. 2 des Naturschutzgesetzes Baden-Württemberg, der die Regionalverbände zur Aufstellung und Fortschreibung von Landschaftsrahmenplänen verpflichtet. Diese besitzen als vornehmlich ökologische Beiträge zur Regionalplanung zwar keine eigenständige Verbindlichkeit. Allerdings lassen sich Aussagen zur Sicherung und Entwicklung von Freiräumen im Landschaftsrahmenplan differenzierter darstellen und begründen und ermöglichen so eine Entlastung der Darstellungen des Regionalplans. Gleichzeitig stellt der Landschaftsrahmenplan ein selbständiges Planwerk dar, dessen Zielsetzungen in den Regionalplan aufgenommen werden und an seiner Bindungswirkung teilhaben können.

Ein wichtiges Ziel der gegenwärtigen Fortschreibung des Landschaftsrahmenplans für die Region Stuttgart ist die fortlaufende Verbesserung des landschaftsbezogenen Grundlagenmaterials. In diesem Zusammenhang erschien im August 1992 als fachlicher Beitrag der Denkmalpflege eine von Mitarbeitern des Landesdenkmalamtes Baden-Württemberg erstellte Karte Bau- und Bodendenkmale (Regionalverband Stuttgart 1992), die die wesentlichen raumwirksamen Ausdrucksformen der geschichtlichen Entwicklung der Region verzeichnet. Informationen über Kulturdenkmale enthielt bereits der Landschaftsrahmenplan von 1980. Diese Angaben beschränkten sich jedoch auf archäologische Denkmale. Als Grundsatz findet sich die Sicherung und Pflege von Bau- und Bodendenkmalen dann auch in den Plansätzen des Regionalplanes von 1991 (Regionalverband Mittlerer Neckar 1991: 13–14). Mit der erheblich erweiterten Darstellung im Grundlagenteil des Landschaftsrahmenplans sollte nun „der gestiegenen Bedeutung denkmalpflegerischer Belange und dem Sachverhalt Rechnung getragen werden, daß vor allem in wirtschaftlich entwickelten Räumen mit hohem Verdichtungsgrad und weiterhin starken Entwicklungsimpulsen die potentielle Gefährdung von Bau- und Bodendenkmalen und damit die Dringlichkeit der Sicherung besonders hoch ist" (Regionalverband Stuttgart 1992: 3).

Methoden der Bewertung und Darstellung

Die Karte Bau- und Bodendenkmale zum Landschaftsrahmenplan des Regionalplans Stuttgart besteht aus einer mehrfarbigen thematischen Karte im Maßstab 1:100.000 (Abb. 1) und einem 90seitigen, bebilderten Erläuterungsbericht. Beigegeben ist außerdem eine Kartierung zur Zuständigkeit der Unteren Denkmalschutzbehörden und der Text des Denkmalschutzgesetzes Baden-Württemberg. Dabei gliedern sich die Darstellungen in Karte und Text in Objekte der Vor- und Frühgeschichte, der Mittelalterarchäologie und der Bau- und Kunstdenkmalpflege. Gleichzeitig berücksichtigt die Erfassung Einzelstandorte und Fundstellen ebenso wie lineare historische Kulturlandschaftselemente (z.B. der römische Limes, Landwehren, Eisenbahnlinien, Straßen, Alleen, Stationswege) und flächenhafte Überlieferungen (z.B. keltische Oppida, Wüstungen, Parks, Friedhöfe, Jagdwälder, Weinberge). Nicht erfaßt wurden dagegen immaterielle historische Kulturlandschaftsphänomene wie beispielsweise Blickbeziehungen oder der Wirkungsbereich von Denkmälern. Alle in der Legende enthaltenen Symbole sind im Textteil zusätzlich durch Bildbeispiele veranschaulicht. Dort ist auch jedes kartierte und mit einer Ordnungsnummer gekennzeichnete Objekt aufgelistet und mit Stichworten beschrieben.

Als problematisch erwies sich die durch den Maßstab von Planung und Karte notwendige, in den einzelnen Fachabteilungen unterschiedlich getroffene Auswahl. Ein grundlegendes Bewertungskriterium war dabei die in § 2 Denkmalschutzgesetz Baden-Württemberg definierte Denkmaleigenschaft. Kulturdenkmale sind demzufolge „Sachen, Sachgesamtheiten und Teile von Sachen, an deren Erhaltung aus wissenschaftlichen, künstlerischen oder heimatgeschichtlichen Gründen ein öffentliches Interesse besteht". Die Denkmalschutzgesetzgebung Baden-Württembergs nimmt somit – im Gegensatz zu der anderer Länder – auf die Erhaltungswürdigkeit der historischen Kulturlandschaft nicht ausdrücklich Bezug. Dafür unterscheidet der

---

Abb. 1 (siehe Seite 185): Historische Kulturlandschaftselemente um Stuttgart und Ludwigsburg. Ausschnitt aus der Karte Bau- und Bodendenkmale des Landschaftsrahmenplans zum Regionalplan Stuttgart von 1992.

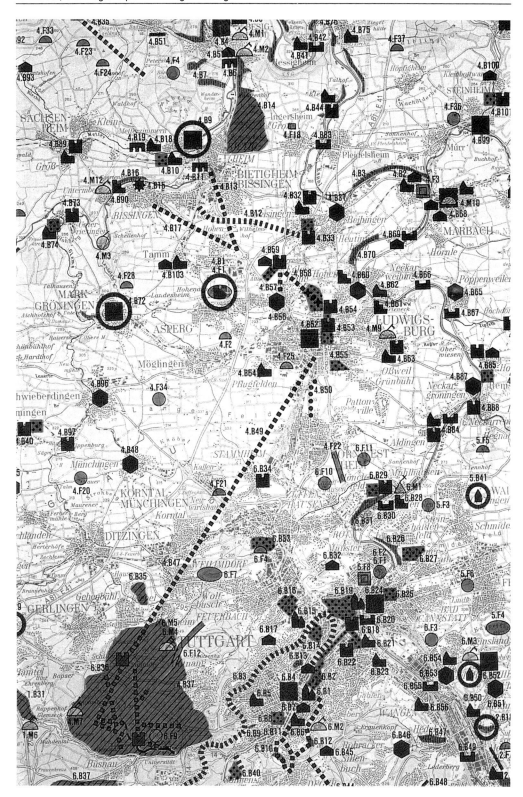

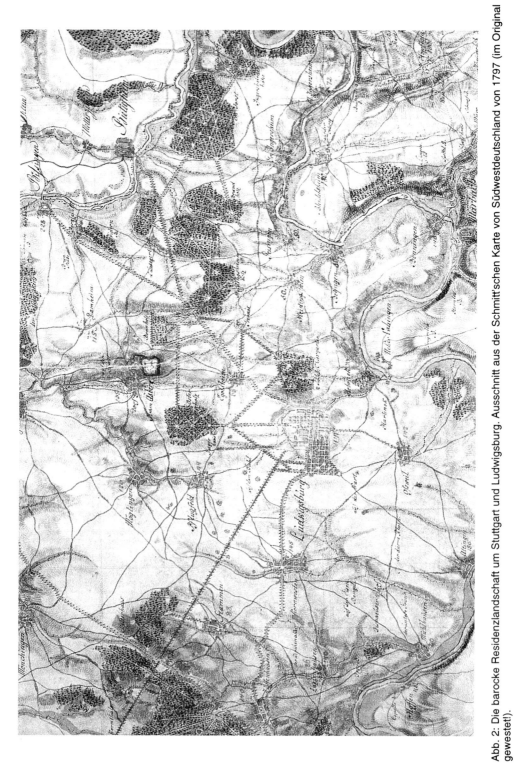

Abb. 2: Die barocke Residenzlandschaft um Stuttgart und Ludwigsburg. Ausschnitt aus der Schmitt'schen Karte von Südwestdeutschland von 1797 (im Original gewestet!).

Oberbegriff Kulturdenkmal in Baden-Württemberg nicht zwischen einzelnen Denkmalgattungen und umfaßt auch Elemente, die sich den traditionellen Gattungen Bau- und Bodendenkmal nur schwer zuordnen lassen und vielleicht als Geländedenkmale anzusprechen wären. Darüber hinaus schließt der baden-württembergische Denkmalbegriff neben Produkten menschlicher Aktivitäten auch Naturgebilde ein. Der Begriff der Sachgesamtheit kann zudem einerseits Elemente verschiedener Kulturdenkmalgattungen und andererseits Teile umfassen, die für sich genommen keinen Denkmalwert besitzen, und erlaubt so auch die Unterschutzstellung übersummativer historischer Kulturlandschaftsphänomene (Eidloth & Goer 1996).

Für die kartographische und textliche Darstellung wurde nach den Kriterien Sichtbarkeit und Bedeutung aus dem umfangreichen Kulturdenkmalbestand im Sinn des Denkmalschutzgesetzes eine weitere Auswahl getroffen. Hinsichtlich der archäologischen Kulturdenkmale bedeutete das die Beschränkung auf Grabungsschutzgebiete gemäß § 22 Denkmalschutzgesetz Baden-Württemberg und auf solche in der Regel obertägig erhaltenen Bodendenkmale, die wegen ihrer „besonderen Bedeutung" gemäß § 12 Denkmalschutzgesetz Baden-Württemberg in das Landesverzeichnis der Kulturdenkmale eingetragen sind bzw. eine solche Eintragung verdienten. In ähnlicher Weise sind von den historischen Stadt- und Ortskernen der Region nur jene erfaßt, die aus Sicht der Bau- und Kunstdenkmalpflege die Qualitäten einer Gesamtanlage nach § 19 Denkmalschutzgesetz Baden-Württemberg besitzen oder durch die Fernwirkung ihrer Silhouette das Landschaftsbild mitbestimmen. Darüber hinaus wurden im Bereich der baulichen Anlagen aber auch ortsübergreifende und in hohem Maß landschaftsprägende historische Kulturlandschaftselemente berücksichtigt, bei den es sich nicht um Kulturdenkmale im denkmalschutzrechlichen Sinn handelt.

Der insgesamt stark physionomische Ansatz bei der Objektauswahl offenbart in der Kartierung allerdings Schwächen. So macht sich bei der Darstellung der Bau- und Kunstdenkmale immer wieder die unterschiedliche Wahrnehmung der einzelnen Bearbeiter bemerkbar. Diese führt dazu, daß gleichartigen Phänomenen zum Teil verschiedenartige Signaturen zugeordnet sind. Vereinzelt wäre auch die Ergänzung durch eine mehr funktionale Betrachtungsweise zu wünschen. Z.B. ist aus kulturlandschaftsgeschichtlicher Sicht eine alte Wegeverbindung nicht nur dort als Element von Wert, wo sie als Obstbaumallee auffällig in Erscheinung tritt.

Um deutlich zu machen, wie dicht die historische Überlieferung in der Region tatsächlich ist und mit welcher Fülle an Kulturdenkmalen Planungen im Einzelfall rechnen müssen, sind im Erläuterungsteil für einige Beispielgemeinden Kartierungen (Maßstab 1:50 000) des gesamten bekannten Kulturdenkmalbestandes wiedergegeben. Im Gegensatz zur synoptischen Hauptkarte sind in diesen die Aussagen für die jeweiligen Fachabteilungen jedoch getrennt dargestellt. So enthalten die Karten für die Gemarkungen der Gemeinden Kirchheim am Neckar (Landkreis Ludwigsburg) und Welzheim (Rems-Murr-Kreis) nur die vor- und frühgeschichtlichen Fundstellen, nicht aber die Objekte der Mittelalterarchäologie und der Bau- und Kunstdenkmalpflege. Für Donzdorf (Lkrs. Göppingen) und Weil der Stadt (Landkreis Böblingen) sind ausschließlich die mittelalterlichen Bodendenkmale flächendeckend kartiert.

Über die Einzelelemente hinausgehende räumlich-strukturelle Informationen liefert die in den Erläuterungen zur baulichen Überlieferung enthaltene „Kurzbeschreibung einzelner Landschaftsräume aus kulturhistorischer Sicht" (Regionalverband Stuttgart 1992: 39–45). Für Teilräume des Planungsgebietes ist sie eine wertvolle und hilfreiche Ergänzung der objektbezogenen kartographischen Erfassung. Aufgrund der vorwiegend haus- und volkskundlichen Ausrichtung der Beschreibung bleiben wichtige siedlungsgeschichtliche Aspekte allerdings unberücksichtigt. So fehlen beispielsweise Aussagen über die landschaftsprägende Wirkung der Industrialisierung, obwohl zur Region gerade auch die „altindustrialisierten Siedlungsgassen" (Borcherdt 1991: 269) der Neckar-Fils-Achse und des Remstales zählen. Ohne Würdigung bleibt ebenso die absolutistische Kulturlandschaftsgestaltung im Umfeld der Residenzen Stuttgart und Ludwigsburg (Abb. 2). Nur die Kartierung der einzelnen Objekte läßt erkennen (Abb. 1), in welch hohem Maß die durch Alleen und Achsen miteinander verbundenen herzoglichen Schloß- und Parkanlagen des 17. und 18. Jh.s sowie die fürstlichen Jagdwälder mit ihren Sternschneisen – trotz des hohen Urbanisierungsgrad der Region – noch heute diesen Kulturlandschaftsausschnitt prägen.

Kritische Würdigung

Auch aus historisch-geographischer Sicht wird das Gesamtergebnis des Projektes durch die skizzierten Defizite jedoch nicht geschmälert. Das vom Regionalverband Stuttgart und dem Landesdenkmalamt Baden-Württemberg verfolgte Ziel darf als erreicht gelten. Sie haben ein in seiner Anschaulichkeit vorbildliches Instrument geschaffen, das dazu beitragen kann, daß die zahlreichen und vielfältigen Landschaftselemente und Denkmale, „die als Zeugen der historischen Entwicklung wesentlich die Einmaligkeit der Kulturlandschaft der Region Stuttgart prägen, bewußter wahrgenommen, bei planerischen Entscheidungen berücksichtigt und somit langfristig gesichert werden" (Regionalverband Stuttgart 1992: 3). 1994 wurden die Aussagen der Karte Bau- und Bodendenkmale zudem in den Entwurf der Landschaftsfunktionenkarte, die das Zusammenwirken der Einzelfunktionen der Freiräume in der Region Stuttgart aufzeigen soll, nachrichtlich übernommen.

Publikationen

Regionalverband Mittlerer Neckar (Hrsg.; 1991): Regionalplan vom 29. November 1989. – Stuttgart.

Regionalverband Stuttgart (Hrsg.; 1992): Landschaftsrahmenplan. Erläuterungen zur Karte Bau- und Bodendenkmale. – Stuttgart

Literatur

Borcherdt, C. (1991): Baden-Württemberg. Eine geographische Landeskunde (Wissenschaftliche Länderkunden 8: Bundesrepublik Deutschland 5). – Darmstadt.
Buchwald, K. & K. Engelhardt (Hrsg.; 1978–80): Handbuch für Planung, Gestaltung und Schutz der Umwelt. 4 Bde. – München.
Eidloth, V. & M. Goer (1996): Historische Kulturlandschaftselemente als Schutzgut. – Denkmalpflege in Baden-Württemberg 25: 148–157.
Gassner, E. (1995): Das Recht der Landschaft. Gesamtdarstellung für Bund und Länder. – Radebeul.
Hecking, G., S. Mikulicz & A. Sättele (1988): Bevölkerungsentwicklung und Siedlungsflächenexpansion. Entwicklungstrends, Planungsprobleme und Perspektiven am Beispiel der Region Mittlerer Neckar (Schriftenreihe 15 des Städtebaulichen Instituts der Universität Stuttgart). – Stuttgart.

Landschaftsstrukturplanung: „Neue Natur" in den Niederlanden

Johannes Renes

Der Begriff „Neue Natur"

Der Ausdruck „Neue Natur" weist auf eine Entwicklung hin, bei der landwirtschaftliche Nutzflächen nicht mehr bewirtschaftet, sondern in Naturgebiete umgewandelt werden. Das hat umfangreiche Folgen für die Kulturlandschaft. Den Hintergrund für diese Vorgänge bildet die Tatsache, daß sich der Umfang des Kulturlandes im ländlichen Raum der Niederlande viele Jahre hindurch ständig erweitert hatte, wir in jüngster Zeit aber eine Umkehrung dieser Tendenz beobachten können: landwirtschaftliche Nutzflächen werden aufgegeben und gehen in ‚Natur' über. Diese Entwicklung paßt sowohl zu der Tendenz, die Landwirtschaft auf den fruchtbarsten Böden weiter zu intensivieren, während man anderseits eher bereit ist, weniger begünstigte Böden aufzugeben, als auch zum allgemeinen Streben nach großen, zusammenhängenden Naturgebieten. Sie hängt aber auch sicherlich mit Problemen innerhalb des herkömmlichen Naturschutzes zusammen, der eine Verschmelzung der Natur mit der Landwirtschaft und anderen menschlichen Tätigkeiten zum Ausgangspunkt nahm. Die Landwirtschaft hat in der Vergangenheit interessante und wertvolle halbnatürliche Systeme erschaffen, wie Heidegebiete, Forste oder nährstoffarme Wiesen. Die moderne Landwirtschaft bedroht nun aber gerade diese halbnatürlichen Ökosysteme, so daß deren Erhaltung immer schwieriger und teurer geworden ist.

Etwa um das Jahr 1990 führten diese Entwicklungen erstmals zu Plänen, Nutzflächen nicht weiter zu bewirtschaften, sondern ‚der Natur zurückzugeben'. Für den Naturschutz bedeutete diese Entwicklung ein völliges Umdenken, und zwar von einem defensiven Konzept (mit dem Ziel der Erhaltens) zu einem offensiven. Der Ausdruck ‚Naturentwicklung', der sich dafür eingebürgert hat, schließt in Wirklichkeit drei Entwicklungen ein, die, jeweils auf völlig unterschiedliche Weise, die Landschaft beeinflussen: [1] die Vergrößerung des Naturwertes der Kulturlandschaft, [2] eine (möglichst weitreichende) Verdrängung aller menschlichen Tätigkeiten aus der Kulturlandschaft, und [3] die Verdrängung aller menschlichen Tätigkeiten aus der Kulturlandschaft, wobei gleichzeitig eine völlige Umgestaltung erfolgt, durch die die natürlichen Prozesse in Gang gebracht werden sollen. Die Landschaftstypen, die sich aus den Möglichkeiten [2] und [3] ergeben, werden als „Neue Natur" bezeichnet.

1. *Zunahme des Naturwertes der Kulturlandschaft.* In den letzten hundert Jahren verarmte unsere Kulturlandschaft in ökologischer Hinsicht, und zwar hauptsächlich aufgrund der landwirtschaftlichen Entwicklungen. Die starke Düngung hat die nährstoffarmen Wiesen praktisch völlig zum Verschwinden gebracht, Entwässerung hat zum Austrocknen geführt und chemische Pflanzenschutzmittel haben viele Pflanzen und Tiere vernichtet. Wenn die Intensivierung zu einer derartigen Verarmung führt, dann können die umgekehrten Entwicklungen vielleicht eine Rückkehr der Arten und Lebensgemeinschaften bewirken. Beispiele derartiger Veränderungen sind die Extensivierung, die Erhöhung des Grundwasserspiegels, der verminderte Gebrauch von (Kunst-)Dünger und Pflanzenschutzmitteln, oder, ganz allgemein gesprochen, die Anwendung ökologischer oder biologisch-dynamischer Landbaumethoden. Diese Form von Naturentwicklung schließt gut bei den traditionellen Formen des Naturschutzes sowie der Bewirtschaftung der Kulturlandschaft an. Bei den beiden anderen Formen der Naturentwicklung liegt dies anders. Diese Formen, die tief in die Entwicklung der Kulturlandschaft eingreifen, werden im Mittelpunkt dieses Beitrages stehen.

2. *Verdrängung menschlicher Tätigkeiten aus der Kulturlandschaft.* In einzelnen Fällen wird die Entwicklung nahezu naturbelassener Systeme angestrebt. Dies erfordert größere Gebiete, aus denen sich der

Mensch fast völlig zurückzieht. Im einfachsten Fall wird ein Gebiet nicht mehr bewirtschaftet, sondern seinem Schicksal überlassen. Dies setzt eine natürliche Sukzession in Gang, bei der die bestehende Pioniervegetation langsam den späteren Stadien der Vegetationsentwicklung weichen muß, bis schließlich eine quasi-natürliche Situation entsteht. Das Ausmaß an Natürlichkeit, das erreicht werden kann, ist um so größer, je weiträumiger das Gebiet ist. Namentlich die größeren Raubtiere an der Spitze der Nahrungskette, aber auch die Schaffung einer natürlichen Weidedynamik, erfordern sehr ausgedehnte Gebiete. Wird ein Gebiet in dieser Weise seinem Schicksal überlassen, dann beginnen die Spuren menschlicher Aktivitäten allmählich zu verblassen. Gebäude stürzen ein und werden überwachsen, Erdbewegungen erodieren, Kulturpflanzen werden zurückgedrängt. Schließlich sind die menschlichen Spuren praktisch völlig unsichtbar, auch wenn sie sich bei genauerer Betrachtung wohl noch jahrhundertelang nachweisen lassen. Dennoch werden die Folgen menschlicher Einflüsse in den meisten Gebieten auch dauerhaft sichtbar bleiben. Namentlich in Landschaften mit geringer natürlicher Dynamik werden beispielsweise angereicherte oder kontaminierte Böden noch auf unabsehbare Zeit die Entwicklung des Ökosystems beeinflussen.
3. *Neugestaltung, um natürliche Prozesse in Gang zu setzen.* Ein solcher Eingriff ist noch viel drastischer. In Systemen mit geringer Dynamik nimmt man Eingriffe vor, um eine bessere Ausgangssituation für die natürlichen Entwicklungen zu schaffen. In hochdynamischen Systemen wie Flußlandschaften sind diese Maßnahmen nicht unbedingt notwendig, werden aber vielfach dennoch getroffen, um die Entwicklung zu beschleunigen bzw. (durch den Verkauf von Lehm, Sand und Kies) zu finanzieren. Die Naturentwicklung ist hierbei mit dem Graben neuer Mäander und Rinnen, dem Durchstich von Deichen und dem Abtragen anthropogener Böden verbunden. Ein solches Anlegen von Natur bedeutet einen schweren kulturtechnischen Eingriff und stellt eine direkte Bedrohung der vorhandenen historischen Landschaftselemente dar. Beispiele drastischer Naturentwicklungsvorhaben finden wir entlang der Küste, wo an verschiedenen Stellen über das Zurückgeben von Poldern an das Meer oder die Anlage von kleinen Buchten in den Dünen gesprochen wird, aber auch in verschiedenen Flußniederungen.

Ein Konfliktfeld als Beispiel: „Neue Natur" im niederländischen Stromgebiet

Die Entwicklung „Neuer Natur" betrifft umfangreiche Gebiete: das Agrarministerium hat im Jahre 1990 das Ziel gesetzt, in den Niederlanden 50.000 ha an Neuer Natur zu schaffen. Der Wereld Natuur Fonds (der niederländische Zweig des World Wildlife Fund) spricht selbst von 200.000 ha. Davon ist schon 30 bis 40.000 ha zustande gekommen. Die tiefgreifendsten Entwicklungen finden im zentralen niederländischen Stromgebiet statt. Hier haben sich um das Jahr 1990 verschiedene Interessenvertretungen auf ein neues Verfahren für die Flußauen zwischen den Deichen der großen Flüsse geeinigt. Im Austausch für eine ungestörte weitere Intensivierung in den übrigen Teilen der Stromniederungen war die Landwirtschaft dazu bereit, diese landwirtschaftlich unbedeutenden Nutzflächen abzugeben. Für die Ökologen waren die Flußauen, trotz der starken Kontamination des Wassers und des Bodens, aufgrund der natürlichen Stromdynamik interessant. Zur Förderung der natürlichen Prozesse wurden Teile der Flußauen abgegraben. Der Verkauf der großen anfallenden Mengen an Sand, Lehm und Kies ermöglichte die Finanzierung der Projekte. Die Rohstoffgewinnung, die in den achtziger Jahren durch den Widerstand der Bevölkerung und diverser Umweltbewegungen stets schwieriger geworden war, erhielt durch die Projekte zur Naturentwicklung neue Impulse.

Unmittelbar nach der Veröffentlichung der ersten Pläne setzte eine stürmische Entwicklung ein, in der große Teile der Flußauen in Natur umgestaltet wurden. Sollten all diese Pläne tatsächlich ausgeführt werden, dann bedeutet dies, daß von den historischen Gebieten dieser Flußlandschaften praktisch nichts mehr übrig bleiben wird.

Diese historischen Kulturlandschaften entstanden durch das Zusammenspiel von Mensch und Natur und können auch in Zukunft nur erhalten bleiben, wenn dieses Zusammenspiel aufrechterhalten bleibt. Für eine agrarische Kulturlandschaft bedeutet dies die Fortsetzung der landwirtschaftlichen Nutzung oder anderer kulturfreundlicher Bewirtschaftungsformen. Bei Entwicklungsprojekten von Neuer Natur wird die alte Kulturlandschaft in landwirtschaftliche Nutzflächen und Naturgebiete aufgeteilt. In keinem dieser beiden Gebiete ist Platz für historische Landschaftselemente. Die Landwirtschaft erwartet im Austausch für die aufgegebenen Flächen in den Flußauen freie Hand bei der Nutzung der übrigen Landbauflächen. Die Folge ist eine weitere Intensivierung, durch die die dortigen Natur- und Landschaftswerte bedroht werden. Aber auch in den Gebieten, die als Natur gestaltet werden, verschwindet die historische Kulturlandschaft.

Die Erfahrung der letzten Jahre zeigt, daß die Gebiete der Flußauen, die archäologisch und historisch-geographisch am wertvollsten sind, am meisten bedroht werden. Da die Naturentwicklung durch die Rohstoffgewinnung finanziert wird, richtet sich das Interesse nämlich ganz besonders auf die (wenigen) Flächen in den Flußauen, die bisher noch niemals abgegraben worden sind.

Die Rolle der historischen Geographie im Planungsprozeß

Die historischen Geographen haben sich, unterstützt von den traditionellen Naturschützern, neben ihrem Streben nach Einsicht in die Entstehungsgeschichte und in die Landschaftsformen sowie dem Inventarisieren wertvoller Elemente, in den letzten Jahren zunehmend der Untersuchung der historischen Bewirtschaftung von Landschaften und Landschaftselementen zugewandt. Solche Aspekte finden in den Diskussionen um die „Neue Natur" wenig Beachtung. Die historische Geographie kann jedoch, gemeinsam mit der Archäologie, auf mancherlei Weise auch einen nützlichen Beitrag zu den Entwicklungsplänen für „Neue Natur" leisten. Ein theoretischer Beitrag zur Diskussion bezieht sich zum Beispiel auf die Frage nach der natürlichen Landschaft. Mehrere Naturentwicklungsprojekte geben – ganz besonders gegenüber der breiten Öffentlichkeit – vor, daß sie die Natur wiederherstellen, so wie sie vor dem Auftreten der Menschen bestanden habe. Historische Geographen und Archäologen können dieses Bild korrigieren, indem sie darauf hinweisen, daß der Mensch die Landschaft langfristig, tiefgreifend und zum Teil irreversibel beeinflußt hat.

Daneben kann die historische Geographie auch auf den Wert der historischen Kulturlandschaft hinweisen. Die Erfahrung zeigt, daß dieser Aspekt durch viele an der „Naturentwicklung" Beteiligte zu wenig berücksichtigt wird. Bei der Vorbereitung von Plänen zur Naturentwicklung ist es die Aufgabe der historischen Geographen, die historischen Elemente der heutigen Landschaft zu inventarisieren und zu bewerten und anschließend auf den Erhalt der wertvollsten Elemente zu dringen. Diesbezüglich kommt historisch-geographischen Untersuchungen bei Naturentwicklungsprojekten in etwa die gleiche Rolle zu wie bei entsprechenden Inventarisierungen, die im Rahmen anderer großräumiger Eingriffe (zum Beispiel Flurbereinigungen) ausgeführt werden.

Rechtliche Grundlagen und institutioneller Hintergrund am Beispiel des Grenzmaas-Projektes

Eine der großräumigsten Vorhaben Neuer Natur betrifft das sogenannte Grenzmaas-Projekt im Gebiet nördlich von Maastricht. Die Maas stellt hier die niederländisch-belgische Grenze dar, und die Pläne beziehen sich sowohl auf das niederländische als auch auf das belgische Ufer. Da sich auf beiden Seiten der Maas parallel zum Fluß ein Kanal für die Schiffahrt befindet (auf der belgischen Seite die Zuid-Willemsvaart, auf der niederländischen Seite der Juliana-Kanal), verkehren auf dem Fluß selbst in diesem Abschnitt keine Schiffe. Dieser Teil des Maastales bietet darum auch die einzigartige Möglichkeit ein Hochwasserflußbett anzulegen, ohne daß man dabei der Schiffahrt zuliebe auf die Tiefe des Hauptflußbettes achten müßte. Auslöser für das gesamte Projekt war die Nachfrage nach Kies.

Dieser Kies ist nur in einem Teil des Maastales in hinreichenden Mengen vorhanden. Tektonische Bewegungen haben das Maastal in mehrere verschiedene Gebiete unterteilt. In Süd-Limburg, in den Ausläufern der Ardennen, ist das Tal schmal und relativ tief eingeschnitten. Dasselbe gilt für Nord-Limburg, wo die Maas sich im Peelhorst tief eingegraben hat. In der dazwischenliegenden Niederung (dem ‚Centraal Slenk') fließt die Maas hingegen in einem sehr breiten Tal, welches sie im Flußlauf zum überwiegenden Teil mit Sedimenten (Kies, Sand) aufgefüllt hat. Die meisten großen Kiesvorräte, die dadurch entstanden sind, wurden in den vergangenen Jahrzehnten abgetragen, wodurch sich große Teile des Hochwasserflußbetts in stehende Gewässer umgewandelt haben. Nur im Süden, wo die Kieslagen immer dünner werden, befindet sich noch ein großes zusammenhängendes und unberührtes Gebiet. Da die Vorräte im übrigen Maastal inzwischen aufgebraucht sind und eine Gewinnung außerhalb des Maastales allgemein abgelehnt wird, wendet man sich diesem Grenzmaas-Gebiet zu.

Gegen eine Kiesgewinnung hier wurden jedoch schwerwiegende Bedenken laut. Als letzter zusammenhängender und relativ unbeschädigter Teil dieses Landschaftstyps verkörpert das Grenzmaasgebiet einen unschätzbaren archäologischen, historisch-geographischen und landschaftlichen Wert. Der Vorschlag, eine oberflächliche Kiesgewinnung mit der Schaffung Neuer Natur zu kombinieren, bedeutete auch hier einen wahren Durchbruch. Die Naturentwicklung hatte eine weitaus bessere gesellschaftliche Akzeptanz zur Folge. Die hohen Wasserstände der Maas in den letzten Jahren haben die Aufmerksamkeit auf einen weiteren günstigen Effekt gelenkt: die Abgrabungen werden zu einer Senkung des Pegelstandes führen.

Die Pläne sehen eine Abgrabung in zwölf Gebieten vor, die zusammen den größten Teil (80%) des Projektgebietes ausmachen. Dabei soll zwischen den Flußläufen (der Maas sowie einigen neu zu grabenden ‚Nebenläufen') und den höher gelegenen Gebieten unterschieden werden. Letztere sollen in Hinkunft als Weiden bewirtschaftet werden. Die Landwirtschaft soll sich zur Gänze aus dem Gebiet zurückziehen.

Bevor die Pläne Wirklichkeit werden konnten, wurde ein Umweltverträglichkeitsbericht erstellt. Ein derartiges Gutachten ist für die Entwicklung Neuer Natur, obwohl dies oft mit großräumigen Abgrabungen verbunden ist, nicht vorgeschrieben, zur Kiesgewinnung hingegen schon. Daher ist das Grenzmaas-Projekt das erste Projekt zur Naturentwicklung, das auf diese Weise geprüft wurde.

Der Beitrag der Kulturlandschaftspflege: Inventarisierung und Bewertung

Die historisch-geographische Untersuchung umfaßte eine beschreibende Inventarisierung, eine einfache Wertung sowie eine Beurteilung der vorgeschlagenen Abgrabungsgebiete. Sie hat zur Herausgabe von zwei Karten geführt. Die erste Karte (Maßstab 1:50.000) zeigt die Struktur der Kulturlandschaft und die wichtigsten geomorphologischen Grenzen (die Terrassenränder an beiden Seiten des Maastales). Die zweite Karte (Maßstab 1:25.000) gibt die wichtigsten historischen Landschaftselemente wieder, wobei der Nachdruck auf dem Hochwasserflußbett der Maas liegt. Spezifische Elemente sind hier die Reste früherer Flußbetten der Maas (wobei die Flußbetten aus der geschichtlichen Zeit besonders berücksichtigt werden), die Deiche und „Durchbruchkolken", Spuren früherer Bewohnung (Kerne, Schlösser, von Wassergräben umgebene Häuser, Einzelhöfe, alte Straßen sowie eine Schanze. Darüber hinaus ist angegeben, welche Gebiete durch frühere Kiesgewinnung oder Flurbereinigung bereits stark verändert wurden. Besondere Berücksichtigung findet das Deichanlagemuster. Charakteristisch dafür sind die ‚Leitdeiche' (Deiche, die nicht, wie sonst im Stromgebiet, vollständige Gebiete umschließen, sondern nur dazu dienen, das Wasser abzuleiten). Dieses Muster erinnert an die älteste Deichbauphase in anderen Teilen des Stromgebietes, welches jedoch sonst nirgends erhalten geblieben ist.

Die Beschreibung gibt die Hintergrundinformation zu den Karten. Aus der Beschreibung der Siedlungsgeschichte geht hervor, daß die Niederlassungen auf den Terrassenrändern oft noch aus dem frühen Mittelalter stammen, in einzelnen Fällen sogar bis in die Römerzeit zurückgehen. Die Niederlassungen im Hochwasserflußbett sind jüngeren Ursprungs, stammen aber in Einzelfällen sicherlich auch aus dem späten Mittelalter. In den Beschreibungen wird näher auf die Flußdynamik eingegangen. In den Plänen geht man von einer bestimmten Auffassung über die Flußdynamik aus, nämlich, daß in einer natürlichen Situation ständig mehrere Flußläufe nebeneinander in Funktion waren. Dieses Bild beruht vor allem auf älteren Karten, auf denen tatsächlich mehrere Flußbetten der Maas zu erkennen sind. Bei genauerer Betrachtung zeigt sich jedoch, daß diese Karten ein Stadium innerhalb eines Veränderungsprozesses wiedergeben. Eine Situation mit mehreren Flußläufen nebeneinander ist nicht stabil, sondern bildet nur ein Übergangsstadium in einem Umwandlungsprozeß. In diesem Zusammenhang stellt sich die Frage nach der Lebensfähigkeit neu zu grabender Flußnebenläufe.

Im Anschluß daran wurde eine Wertung vorgenommen, mit deren Hilfe die zwölf potentiellen Abgrabungsgebiete untereinander vergleichbar gemacht werden sollten. Der ursprüngliche Plan ermöglichte die Gewinnung von 42 Millionen Tonnen Kies gegenüber einem voraussichtlichen Bedarf an 35 Millionen Tonnen. Dies erweckte den Eindruck, daß sich die Möglichkeit ergeben könnte, einige besonders wertvolle

Gebiete zu verschonen. Für die zwölf Gebiete wurde ein einfaches zahlenmäßiges Bewertungssystem aufgestellt. Eine derartige zahlenmäßige Bewertung ist vor allem dann sinnvoll, wenn mögliche Gelände bzw. Trassen miteinander verglichen werden sollen.
Die Beurteilung erfolgte nach vier Aspekten (Tab. 1):

- *Eingriff in die Landschaftsstruktur.* Kiesgewinnung, die vollständig im Hochwasserflußbett der Maas stattfindet, wurde positiv beurteilt, eine Gewinnung, die sowohl im Hochwasserflußbett, als auch auf den angrenzenden Terrassen stattfindet, negativ. Letzteres wurde vor allem mit dem höheren kulturhistorischen Wert der Terrassen sowie der Unterbrechung der Landschaftsstruktur begründet.
- *Eingriff in relativ unbeschädigtes altes Kulturland.* Hier wurde berücksichtigt, inwieweit die Entwicklungen auf dem Land stattfinden, das zu Beginn des 19. Jahrhunderts bereits parzelliert war, und sich seitdem wenig verändert hat. Wo dies der Fall ist, wurde ‚–' eingetragen.
- *Historische Elemente; Deiche.* Hierbei handelt es sich vor allem um das besondere Deichanlagemuster. Wo dieses (vermutlich) verschwinden wird, wurde ‚–' eingetragen, wo es ernsthaft bedroht ist, ‚0'.
- *Andere Elemente.* Hierbei wurde untersucht, ob Straßen, alte Flußbetten der Maas oder Punktelemente gefährdet werden. Liegt keine Gefährdung vor, wurde ‚+' eingetragen, werden nur wenige Elemente gefährdet, ‚±', die Gefährdung mehrerer Elemente wurde mit ‚–' angegeben.

Die Gesamtpunktzahl wurde berechnet, indem ‚+' 0 Punkte, ‚±' 1 Punkt und ‚–' 2 Punkte erhielt. Je höher die Punktzahl, desto größer der Schaden. Aus der Tab. 1 ergibt sich, daß eine Abgrabung in einigen Gebieten wenig Schaden verursacht, in anderen Gebieten jedoch (besonders in den Gebieten 10 und 11) mit einem erheblichen Verlust historischer Werte verbunden ist.

Tab. 1. Beurteilung der Eingriffe auf verschiedenen Standorten der bevorzugten Alternative

Standort	1	2	3	4	5	6	7	8	9	10	11	12
Landschaftsstruktur in den Grundzügen	+	+	+	+	–	+	+	+	+	–	–	+
Eingriff in relativ unbeschädigtes altes Kulturland	+	–	±	+	+	–	+	+	–	–	–	+
Deiche	+	±	–	±	–	±	±	–	+	–	+	+
Andere Elemente	–	–	–	±	±	±	–	–	–	–	–	+
Summe	2	5	5	2	5	4	3	4	4	8	6	0

Kritische Bewertung des Projektablaufs

Die kulturhistorischen Werte des Gebietes spielen bei den Diskussionen kaum eine Rolle. Bei allen Varianten wird der größte Teil des Gebietes abgegraben. Historisch-geographische Gegebenheiten können nur bei den Details eine Rolle spielen. Durch die Kombination der Naturentwicklung mit der Kiesgewinnung, die sonst kaum mehr möglich gewesen wäre, wurde das Projekt sowohl von den Politikern als auch von der breiten Öffentlichkeit ohne weiteres akzeptiert. Die hohen Wasserstände zwischen Ende 1993 und Anfang 1995 haben diese Akzeptanz noch weiter verstärkt. Die Verhandlungen mit Belgien, das ursprünglich in die Pläne nicht mit einbezogen worden war, sind allerdings noch nicht abgeschlossen. Ein größeres Problem ist, daß die Kiesgewinnungsbetriebe sich mit der flachgründigen Kiesgewinnung in Kombination mit der Naturentwicklung nur widerstrebend einverstanden erklärt haben. Diese Betriebe arbeiten zur Zeit an einem eigenen Vorhaben, in dem die Kiesgewinnung auf die lukrativsten Abgrabungsareale im Grenzmaas-Gebiet beschränkt wird, wobei allerdings auch in der Tiefe abgegraben werden soll. Falls dieser Plan zur Ausführung kommt, dann wird dem gesamten Naturentwicklungsplan die finanzielle Grundlage entzogen.

Aber auch davon abgesehen ist bereits manches vorgefallen. Die Überschwemmungen im Jahre 1995 haben zu einer sehr raschen Anlage von Kaden geführt, wofür eine Menge an Lehm abgegraben wurde. Die Daten, die bei der Erstellung des Umweltverträglichkeitsberichts zusammengetragen wurden, haben bei diesen Entscheidungen so gut wie keine Rolle gespielt. Die Folge ist nun, daß das Gebiet, welches in der historisch-geographischen und archäologischen Untersuchung als das wertvollste ausgewiesen wurde, noch vor der definitiven Veröffentlichung des Berichts bereits abgegraben worden ist.

Literatur

Dijkstra. H. & J.A. Klijn (Red.; 1992): Kwaliteit en waardering van landschappen [Qualität und Wertung von Landschaften] (Report 229. DLO-Staring Centrum). – Wageningen.

Kuijpers, H.A.M. (1995): Historische landschapselementen en natuurontwikkeling; een onderzoek aan de boorden van de Nederrijn [Kulturlandschaftsrelikte und Naturentwicklung; eine Untersuchung der Ufer des Niederrheins] (Rapport 361. DLO-Staring Centrum). – Wageningen.

Renes, J. (1994): Natuurontwikkeling en beheer van oude cultuurlandschappen: een onnodige tegenstelling [Naturentwicklung und Bewirtschaftung alter Kulturlandschaften: ein unnötiger Gegensatz]. – J.N.H. Elerie & C.A.M. Fleischer-van Rooijen (Red.): Omstreden ruimte; een discussie over de toekomst van het landelijk gebied. RegioProjekt. Groningen: 78–86.

Scholte Lubberink, H.B.G. & J. Renes (1995): MER-Grensmaas; onderdeel Landschap en Cultuurhistorie: de bestaande toestand en de autonome ontwikkeling [Umweltverträglichkeitsbericht Grenzmaas; Teil ‚Landschaft und Kulturgeschichte': der augenblickliche Zustand und die autonomen Entwicklungen] (RAAP-report 119. Stichting). – Amsterdam.

Biosphärenreservate und Kulturlandschaftspflege

Karl-Heinz Erdmann

Angesichts einer Vielzahl globaler, anthropogen ausgelöster Umweltprobleme und aus Sorge um die Auswirkungen menschlicher Eingriffe in den Naturhaushalt zählt die Pflege von Kulturlandschaften zu den großen gesellschaftlichen Herausforderungen in heutiger Zeit. Dabei stehen weniger museale und landschaftsästhetische Gesichtspunkte im Mittelpunkt des Interesses, als vielmehr tragfähige Perspektiven einer dauerhaft-umweltgerechten Entwicklung. Nicht zuletzt seit der „United Nations Conference on Environment and Development" (UNCED) 1992 in Rio de Janeiro (vgl. BMU 1993) wird diesem Anliegen globale Beachtung beigemessen und weltweit eine Entwicklung angestrebt, die die Bedürfnisse der Bevölkerung der Gegenwart befriedigt, ohne die Lebensbedingungen zukünftiger Generationen zu gefährden, und die damit tragfähig für die Zukunft ist (Kastenholz u.a. 1996).

Von der UNESCO werden im Zusammenhang mit der Förderung einer nachhaltigen Entwicklung Biosphärenreservate als repräsentative Modelllandschaften eingesetzt, um in ihnen Nachhaltigkeitskonzepte, die auch wirtschaftlich selbsttragend sind, zu konzipieren, diese im Hinblick auf ihre Effizienz zu erproben und gegebenenfalls beispielhaft einzuführen. Leitende Fragen sind dabei u.a.: Wie können historisch gewachsene Kulturlandschaften, die in der Regel über eine sehr hohe Artenvielfalt und einen leistungsfähigen Naturhaushalt verfügen, erhalten werden? Wie können diese Kulturlandschaften in umwelt- und sozialverträglicher Weise weiterentwickelt werden, so daß auch für künftige Generationen möglichst vielfältige Handlungsoptionen bestehen bleiben?

Entwicklung des Konzeptes der Biosphärenreservate

Biosphärenreservate bilden den Kernbereich des von der 16. Generalkonferenz der UNESCO (United Nations Educational, Scientific and Cultural Organization) am 23.10.1970 ins Leben gerufenen Programms „Der Mensch und die Biosphäre" (MAB; vgl. Erdmann & Nauber 1995). Seit der Gründungsphase hat sich die Konzeption der Biosphärenreservate bis heute in vielfältiger Weise weiterentwickelt. Während zur Zeit der Anerkennung der ersten Biosphärenreservate Mitte der 70er Jahren ausschließlich der Schutz bedeutender Naturlandschaften im Mittelpunkt des Interesses stand, wurde das Biosphärenreservaten zugrundeliegende Konzept in den 90er Jahren zu einem differenzierten Raumgestaltungsinstrument ausgebaut. Ziel ist die systematische Erfassung aller biogeographischen Räume der Erde, um diese als Modellandschaften für Schutz, Pflege und Entwicklung typischer Kulturlandschaften mit eingelagerten Naturlandschaften zu nutzen. Dementsprechend ist ein Biosphärenreservat als repräsentativer Ausschnitt einer bestimmten Landschaft auszuwählen und nicht aufgrund einer besonderen Schutzwürdigkeit oder Einmaligkeit. Spätestens seit der Internationalen Biosphärenreservatkonferenz (vom 20.–25.3.1995 in Sevilla/Spanien) erhalten Biosphärenreservate den Charakter von „Versuchslandschaften", in denen Konzepte und Modelle für zukunftsorientiertes Leben, Wirtschaften und Erholen entwickelt, erprobt und gegebenenfalls umgesetzt werden sollen. Seit der Errichtung der ersten Biosphärenreservate im Jahre 1976 sind bis heute von der UNESCO weltweit 337 Biosphärenreservate in 85 Staaten anerkannt worden (Stand: 1.7.1997).

Zur Umsetzung des internationalen MAB-Programms gilt für die Biosphärenreservate in Deutschland folgende Definition (AGBR 1995: 5): „Biosphärenreservate sind großflächige, repräsentative Ausschnitte von Natur- und Kulturlandschaften. Sie gliedern sich abgestuft nach dem Einfluß menschlicher Tätigkeit in eine Kernzone, eine Pflegezone und eine Entwicklungszone, die gegebenenfalls eine Regenerationszone enthalten kann. Der überwiegende Teil der Fläche des Biosphärenreservates soll rechtlich geschützt sein. In Biosphärenreservaten werden – gemeinsam mit den hier lebenden und wirtschaftenden Menschen – beispielhafte Konzepte zu Schutz, Pflege und Entwicklung erarbeitet und umgesetzt. Biosphärenreservate dienen zugleich der Erforschung von Mensch-Umwelt-Beziehungen, der Ökologischen Umweltbeobachtung und der Umweltbildung. Sie werden von der UNESCO im Rahmen des Programms ‚Der Mensch und die Biosphäre' anerkannt."

Aufgaben der Biosphärenreservate

Der anläßlich des 1. Internationalen Biosphärenreservatkongresses im Oktober 1983 in Minsk (UNESCO & UNEP 1984) erarbeitete „Action Plan for Biosphere Reserves" (UNESCO 1984) und die anläßlich der im März 1995 in Sevilla durchgeführten Internationalen Biosphärenreservatsskonferenz erarbeiteten „Statutory Framework of the World Network of Biosphere Reserves" (UNESCO 1995a) und „Seville Strategy for Biosphere Reserves" (UNESCO 1995b) bilden die Grundlage für die Festlegung der den Biosphärenreservaten zugeschriebenen Aufgaben.

Aus der Sicht der UNESCO werden Biosphärenreservate als raumplanerisches Instrument verstanden (UNESCO 1984: S.15ff.), mit dem funktional sehr unterschiedliche Landschaftsteile in einem Gesamtkonzept geordnet werden sollen. Damit Biosphärenreservate Modellfunktion erlangen können, ist darauf zu achten, daß in ihnen ähnliche Rahmenbedingungen herrschen wie in den vom Biosphärenreservat repräsentierten Gebieten. Nur so ist zu gewährleisten, daß die erarbeiteten und erfolgreich erprobten Konzepte auch außerhalb des Biosphärenreservates anwendbar werden und Akzeptanz finden. Eine Unterschutzstellung von Landschaftsteilen sollte nur dort erfolgen, wo sie aus naturschützerischer Sicht geboten ist. Als Hauptaufgaben der Biosphärenreservate stellen die genannten Dokumente der UNESCO folgende vier Arbeitsschwerpunkte heraus.

Entwicklung nachhaltiger Landnutzungsformen

Die Aufgabe „Entwicklung nachhaltiger Formen der Landnutzung" ergibt sich unmittelbar aus dem Leitziel des MAB-Programms, die natürlichen Ressourcen zu erhalten und Perspektiven für eine nachhaltige Nutzung aufzuzeigen (UNESCO 1972). Biosphärenreservate bieten sich als Experimentierlandschaft für die Ausarbeitung, Bewertung und praktische Demonstration der auf eine nachhaltige Entwicklung ausgerichteten Maßnahmen an. Konkrete Entwicklungsziele hängen dabei von den ökologischen und sozioökonomischen Rahmenbedingungen des jeweiligen Biosphärenreservates ab. Administrative, planerische und finanzielle Maßnahmen sind an den lokalen und regionalen Voraussetzungen zu orientieren; regionalspezifische Potentiale einer nachhaltigen Entwicklung in den verschiedenen Wirtschaftssektoren sind gezielt zu fördern:

- Im primären Wirtschaftssektor sind integrierte Konzepte einer dauerhaft-umweltgerechten Landnutzung zu entwickeln und umzusetzen. Dies kann im einzelnen z.B. die Einführung besonders umweltverträglicher moderner Technologien des Integrierten Landbaus umfassen (einschließlich Ökologischer Landbau und naturschonende Waldbewirtschaftung).
- Im sekundären Wirtschaftssektor soll die Entwicklung nachhaltiger Nutzungen mit zukunftsweisenden und innovativen Produktionsansätzen unterstützt werden. Dies gilt insbesondere für Pilotprojekte und Modellvorhaben „sauberer" bzw. „sanfter" Technologien (z.B. regenerative Energien). Energieverbrauch und Rohstoffeinsatz sollen – wo möglich – verringert, Betriebe mit weitgehend geschlossenen Stoffkreisläufen und ressourcenbezogenen Arbeitsplätzen gefördert werden.
- Im tertiären Wirtschaftssektor sollen umweltschonend erzeugte Produkte und Sortimente vermarktet sowie marktgerechte Vertriebsstrukturen entwickelt werden. Die Errichtung spezieller Systeme zur Vermarktung der Produkte des Ökologischen und Integrierten Landbaus aus dem jeweiligen Biosphärenreservat ist zu fördern. Hierzu ist möglichst weitgehend die Bevölkerung auch benachbarter lokaler Märkte in die Entwicklung der Konzepte des Biosphärenreservates und der Vermarktungsstrategien einzubeziehen. Das Selbstverständnis der Biosphärenreservate erfordert, daß branchenübergreifende Konzepte für regionale Wirtschaftskreisläufe mit möglichst kurzen Transportwegen und Konzepte für einen umwelt- und ressourcenschonenden Verkehr aufgestellt und umgesetzt werden. Modelle für die Entwicklung eines umwelt- und sozialverträglichen Tourismus sollen entwickelt, erprobt und eingeführt werden.

Eine nachhaltige Entwicklung einer Region ist ohne Einbeziehung der Siedlungsbereiche nicht möglich. Dies gilt insbesondere, wenn weitgehend geschlossene Stoffkreisläufe erreicht werden sollen. Hierzu sind an ausgewählten Beispielen in den Biosphärenreservaten solche Konzepte zu entwickeln und zu erproben, die eine weitgehende Rückführung von aus der Landnutzung stammenden Stoffen aus den Siedlungsbereichen in die Landschaft ermöglichen. In diesem Zusammenhang verdienen das ökologische Management sowie die Instrumente Produktlinienanalyse und Ökobilanz besondere Beachtung. Um möglichst von Synergieeffekten zu profitieren, werden sich die in Biosphärenreservaten ansiedelnden Betriebe in den drei Wirtschaftssektoren durch ein wesentlich höheres Maß an komplementärer Diversifizierung auszeichnen. Ziel ist es, die ökonomische Leistungsfähigkeit der Biosphärenreservate und ihres Umlandes nachhaltig zu sichern und – so weit dies auch mit den regionalen Naturqualitätszielen in Einklang steht – diese weiter zu steigern.

Schutz des Naturhaushalts und der genetischen Ressourcen

Ziel eines umfassenden Schutzes des Naturhaushaltes ist es, dessen Leistungsfähigkeit und Funktionsfähigkeit nachhaltig zu sichern, was – orientiert an dem jeweiligen Standort – durch Schutz (Erhaltung natürlicher und naturnaher, vom Menschen weitgehend unbeeinflußter Ökosysteme in ihrer Dynamik), Pflege (Erhaltung halbnatürlicher Ökosysteme und vielfältiger Kulturlandschaften einschließlich der Landnutzungen, die diese hervorbrachten) oder eine nachhaltige, standortangepaßte Nutzung (Sicherstellung und Stärkung der Leistungsfähigkeit des Naturhaushaltes, insbesondere Bodenschutz, Grund-, Oberflächen- und Trinkwasserschutz sowie Klima-, Arten- und Biotopschutz) verwirklicht werden kann.

Jedes Biosphärenreservat beherbergt einen repräsentativen Ausschnitt der jeweils naturräumlichen Fauna und Flora; sie stellen ein wichtiges Reservoir genetischer Ressourcen dar. Ebenso dienen sie als Genpool für die Wiederansiedlung heimischer Arten für Gegenden, in denen diese ausgestorben sind. Da zahlreiche Tier- und Pflanzenarten der Kulturlandschaft auf eine fortgesetzte, standortangepaßte Nutzung angewiesen sind, können natürliche Lebensgrundlagen und genetische Vielfalt nicht ausschließlich in natürlichen und naturnahen Ökosystemen erhalten werden. Vielmehr müssen für die genutzten Ökosysteme nachhaltige und standortangepaßte Nutzungsweisen entwickelt werden. Insbesondere sind Voraussetzungen zu schaffen für den Schutz autochthoner und endemischer Tier- und Pflanzenarten, den Schutz wilder Vorfahren von Kulturpflanzen und den Schutz alter Kulturformen und Haustierrassen.

Biosphärenreservate tragen zur Vielfalt regionaler Ökosysteme und des Naturhaushaltes bei und leisten damit einen Beitrag zur Umsetzung des 1992 anläßlich der UN-Konferenz von Rio de Janeiro verabschiedeten „Übereinkommens über die Biologische Vielfalt".

Umweltforschung und -monitoring

Biosphärenreservate stellen ideale Standorte für die Untersuchung belebter und unbelebter Komponenten der Biosphäre dar. Für die langfristige Ökosystemforschung und die Ökologische Umweltbeobachtung sind Biosphärenreservate besonders geeignet, weil Teile von ihnen unbefristet geschützt sind. Wegen der Komplexität der Wirkungsgeflechte in der Landschaft können erst durch langfristig angelegte Arbeitsprogramme Lösungen gefunden werden, die den Ansprüchen der Natur und der Bevölkerung gleichermaßen gerecht werden.

Aufgabe der Forschung in Biosphärenreservaten ist es, neue Wege für eine Partnerschaft von Menschen und Natur zu entwickeln, zu erproben und beispielhaft umzusetzen. In Biosphärenreservaten sollen daher insbesondere interdisziplinäre Forschungsprogramme – unter Beteiligung von Natur- und Sozialwissenschaftlern – durchgeführt werden, deren Ziel es ist, Modelle für eine nachhaltige Landnutzung zu entwickeln. Die UNESCO empfiehlt, fünfjährige Forschungsprogramme aufzustellen, in denen die geplanten Forschungsaktivitäten des Biosphärenreservates erläutert sind. Weil diese Programme nicht von den Verwaltungen der Biosphärenreservate selbst durchgeführt werden können, sind Zusammenarbeiten mit Universitäten, Fachhochschulen u.a. anzustreben.

Aufgrund ihrer wissenschaftlichen Ausrichtung und ihres Status als Landschaft, die geschützt, gepflegt und entwickelt werden soll, eignen sich Biosphärenreservate besonders gut für das Langzeitmonitoring ökologischer Prozesse. Die im Rahmen solch langfristiger Beobachtungsprogramme in Biosphärenreservaten erhobenen Daten werden einerseits zur Erfolgskontrolle der durchgeführten Maßnahmen, andererseits für die Erstellung und Überprüfung von Modellen benötigt, mit deren Hilfe Naturveränderungen und Trends sowie deren potentielle Auswirkungen auf die menschliche Gesellschaft zu prognostizieren sind.

Bildung, Öffentlichkeitsarbeit und Kommunikation

Zu den Leitzielen des MAB-Programmes gehört es, die Beziehungen des Menschen zu seiner ihn umgebenden Natur zu verbessern. Dabei soll das Bewußtsein einer breiten Öffentlichkeit für Möglichkeiten und Grenzen der Nutzung natürlicher Ressourcen gefördert und in naturverantwortliches Handeln umgesetzt werden (AGBR 1995: 34ff.). Insbesondere sind Biosphärenreservate für eine praxisnahe Aus- und Weiterbildung von Wissenschaftlern, Verwaltungspersonal, Schutzgebietsmitarbeitern, Besuchern wie auch der ortsansässigen Bevölkerung prädestiniert. Arbeitsschwerpunkte bilden u.a. wissenschaftliche und fachliche Ausbildung, Naturerziehung, praktische Demonstration sowie Beratung und Bildung.

Der Erfolg eines Biosphärenreservates hängt vor allem davon ab, inwieweit sich die Bevölkerung mit den Leitgedanken identifiziert und zu einer Mitwirkung bei der Ausgestaltung der verschiedenen Aufgabenbereiche von Biosphärenreservaten motiviert werden kann. Die UNESCO (1984: 20) schreibt zum Aspekt Kommunikation: „Mitentscheidend für den Erfolg eines Biosphärenreservates ist seine Akzeptanz bei der ortsansässigen Bevölkerung. Konflikte können aus der Gegensätzlichkeit kurzfristiger ökonomischer und ökologischer Ziele entstehen, ebenso aus unterschiedlichen lokalen Bewertungen, z.B. verschiedener Formen der Landnutzung und naturschutzfachlicher Ziele; lokale, nationale und internationale Interessen können sich unterscheiden. Dementsprechend bedarf es sorgfältiger Planungen sowie eines kontinuierlichen Dialogs zwischen allen an der Gestaltung eines Biosphärenreservates Beteiligten, der mit viel Feingefühl, Verständnis und Phantasie geführt werden muß."

Zonierung von Biosphärenreservaten

Um den zuvor dargestellten Zielen und Aufgaben gerecht werden zu können, sieht die UNESCO für Biosphärenreservate eine räumliche Gliederung vor. Abgestuft nach der Intensität menschlicher Tätigkeit werden Bereiche mit unterschiedlichen Aufgabenschwerpunkten festgelegt (Abb. 1); die Kernzone dient dem Schutz von Landschaften, in denen ökologische Prozesse möglichst ohne anthropogene Beeinflussung stattfinden können, die Pflegezone dient der Erhaltung historisch gewachsener Landschaftsstrukturen und Landschaftsbilder, und die Entwicklungszone dient der Erarbeitung von Perspektiven für eine naturverträgliche Wirtschaftsentwicklung in heutiger Zeit.

Keinesfalls ist mit dieser Zonierung eine Rangfolge oder Wertigkeit verbunden; jede Zone hat verschiedene ihr zugedachte Aufgaben zu erfüllen. Folgende Definition für die einzelnen Zonen werden den Biosphärenreservaten in Deutschland zugrunde gelegt (AGBR 1995: 12f.):

– Kernzone (core area): „Jedes Biosphärenreservat besitzt eine Kernzone, in der sich die Natur vom Menschen möglichst unbeeinflußt entwickeln kann. Ziel ist, menschliche Nutzung aus der Kernzone auszuschließen. Die Kernzone soll groß genug sein, um die Dynamik ökosystemarer Prozesse zu ermöglichen. Sie kann aus mehreren Teilflächen bestehen. Der Schutz natürlicher bzw. naturnaher Ökosysteme genießt höchste Priorität. Forschungsaktivitäten und Erhebungen zur Ökologischen Umweltbeobachtung müssen Störungen der Ökosysteme vermeiden. Die Kernzone muß als Nationalpark oder Naturschutzgebiet rechtlich geschützt sein."
– Pflegezone (buffer zone): „Die Pflegezone dient der Erhaltung und Pflege von Ökosystemen, die durch menschliche Nutzung entstanden oder beeinflußt sind. Die Pflegezone soll die Kernzone vor Beeinträchtigungen abschirmen. Ziel ist vor allem, Kulturlandschaften zu erhalten, die ein breites Spektrum verschiedener Lebensräume für eine Vielzahl naturraumtypischer – auch bedrohter Tier- und Pflanzen-

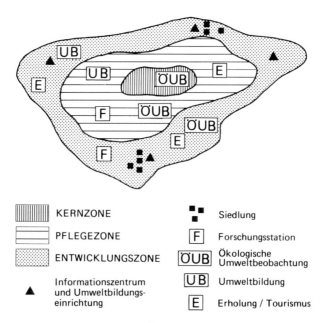

Abb. 1: Schematische Zonierung eines Biosphärenreservates

arten umfassen. Dies soll vor allem durch Landschaftspflege erreicht werden. Erholung und Maßnahmen zur Umweltbildung sind am Schutzzweck auszurichten. In der Pflegezone werden Struktur und Funktion von Ökosystemen und des Naturhaushaltes untersucht sowie Ökologische Umweltbeobachtung durchgeführt. Die Pflegezone soll als Nationalpark oder Naturschutzgebiet rechtlich geschützt sein. Soweit dies noch nicht erreicht ist, ist eine entsprechende Unterschutzstellung anzustreben. Bereits ausgewiesene Schutzgebiete dürfen in ihrem Schutzstatus nicht verschlechtert werden."

– Entwicklungszone (transition zone): „Die Entwicklungszone ist Lebens-, Wirtschafts- und Erholungsraum der Bevölkerung. Ziel ist die Entwicklung einer Wirtschaftsweise, die den Ansprüchen von Mensch und Natur gleichermaßen gerecht wird. Eine sozialverträgliche Erzeugung und eine Vermarktung umweltfreundlicher Produkte tragen zu einer nachhaltigen Entwicklung bei. In der Entwicklungszone prägen insbesondere nachhaltige Nutzungen das naturraumtypische Landschaftsbild. Hier liegen die Möglichkeiten für die Entwicklung eines umwelt- und sozialverträglichen Tourismus. In der Entwicklungszone werden vorrangig Mensch-Umwelt-Beziehungen erforscht. Zugleich werden Struktur und Funktion von Ökosystemen und des Naturhaushaltes untersucht sowie die Ökologische Umweltbeobachtung und Maßnahmen zur Umweltbildung durchgeführt. Schwerwiegend beeinträchtigte Gebiete können innerhalb der Entwicklungszone als Regenerationszone aufgenommen werden. In diesen Bereichen liegt der Schwerpunkt der Maßnahmen auf der Behebung von Landschaftsschäden. Schutzwürdige Bereiche in der Entwicklungszone sind durch Schutzgebietsausweisungen und ergänzend durch die Instrumente der Bauleit- und Landschaftsplanung rechtlich zu sichern."

Biosphärenreservate in Deutschland

Deutschland ist seit dem 24.11.1979 mit der Anerkennung der Gebiete Steckby-Lödderitzer Forst (heute Sachsen-Anhalt; am 29.1.1988 erfolgte die Erweiterung des Gebietes um die Dessau-Wörlitzer Kulturlandschaft und die Umbenennung in Biosphärenreservat Mittlere Elbe) und Vessertal (heute Thüringen) durch die UNESCO am Aufbau des internationalen Verbundes der Biosphärenreservate beteiligt. 1981 folgte der Bayerische Wald (Bayern).

Besondere Aufmerksamkeit erfuhr das Konzept der „Biosphärenreservate" in Deutschland durch den Beschluß des DDR-Ministerrates vom 22.3.1990, ein Nationalparkprogramm einzurichten. Bestandteil dieses Programms waren neben fünf National- und drei Naturparken auch vier neue Biosphärenreservate (Rhön, Schorfheide-Chorin, Spreewald und Südost-Rügen) sowie die Erweiterung der zwei bereits anerkannten Biosphärenreservate Mittlere Elbe und Vessertal (Knapp 1990).

Am 12.9.1990 – kurz vor dem Beitritt der Länder Brandenburg, Mecklenburg-Vorpommern, Sachsen, Sachsen-Anhalt und Thüringen zur Bundesrepublik Deutschland – erfolgte auf Grundlage der im Bundesnaturschutzgesetz (BNatSchG) verankerten Schutzgebietskategorien die Unterschutzstellung der im Nationalparkprogramm ausgewiesenen Landschaften. Die Verordnungen traten am 1.10.1990 in Kraft. Mit der Übernahme in den Einigungsvertrag konnten die verabschiedeten Bestimmungen auch für die Zeit nach dem Beitritt der neuen Länder gesichert werden.

Am 20.11.1990 erkannte die UNESCO die Gebiete Schorfheide-Chorin (Brandenburg), Berchtesgaden (Bayern) und Schleswig-Holsteinisches Wattenmeer (Schleswig-Holstein) als Biosphärenreservate an. Die Ausweisung der Rhön (Bayern, Hessen, Thüringen), des Spreewaldes (Brandenburg) und Südost-Rügens (Mecklenburg-Vorpommern) sowie die Bestätigung der Erweiterung des Biosphärenreservates Mittlere Elbe (Sachsen-Anhalt) und des Biosphärenreservates Vessertal-Thüringer Wald (Thüringen) erfolgte am 6.3.1991. Am 10.11.1992 erkannte die UNESCO die Gebiete Hamburgisches Wattenmeer (Hamburg), Niedersächsisches Wattenmeer (Niedersachsen) sowie den Pfälzerwald (Rheinland-Pfalz) als Biosphärenreservate an, am 15.4.1996 folgte die Oberlausitzer Heide- und Teichlandschaft (Sachsen). Die UNESCO hat damit bisher in Deutschland dreizehn Biosphärenreservate mit einer Gesamtfläche von über 12.000 km^2 (Stand 1.7.1997) anerkannt (Abb. 2).

Die Biosphärenreservate in Deutschland haben sich bislang sehr unterschiedlich entwickelt. Um in Zukunft eine gleichgerichtete Entwicklung zu ermöglichen, haben sich die Verwaltungen der Biosphärenreser-

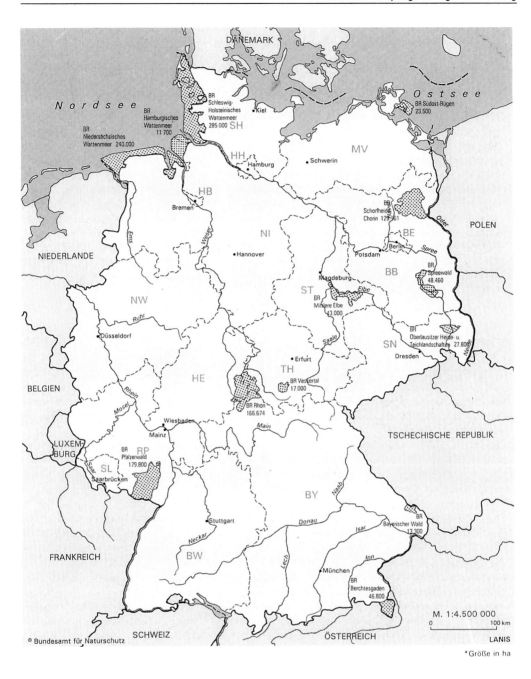

Abb. 2: Die Biosphärenreservate in Deutschland (Stand 1.7.1997)

vate in Deutschland zu der „Ständigen Arbeitsgruppe der Biosphärenreservate in Deutschland" (AGBR) zusammengeschlossen. Aufbauend auf Beschlüssen der UNESCO hat die AGBR „Leitlinien für Schutz, Pflege und Entwicklung der Biosphärenreservate in Deutschland" (AGBR 1995) erarbeitet. Mit den Leitlinien werden zum einen für Deutschland die Ziele der UNESCO für die Biosphärenreservate konkretisiert, zum anderen die jeweils spezifischen Ausformungen in den einzelnen Biosphärenreservaten aufgezeigt.

Die große gesellschaftliche Akzeptanz der Biosphärenreservate hat dazu geführt, daß vielerorts Überlegungen reifen, weitere Landschaften in Deutschland von der UNESCO als Biosphärenreservat anerkennen zu lassen. Da es sich um ein weltumspannendes Programm handelt, ist die UNESCO der Auffassung, daß Deutschland in diesem internationalen Verbund mit ca. 20 bis 25 Gebieten angemessen vertreten wäre. Ziel ist die Entwicklung und Etablierung eines Systems gesamtstaatlich repräsentativer Gebiete, in dem einerseits die Ökosystemtypen Deutschlands exemplarisch vertreten sind und welches andererseits die ökonomischen und soziokulturellen Verhältnisse beispielhaft widerspiegelt.

Um den gesamten Prozeß der Antragstellung zu objektivieren, hat das Deutsche MAB-Nationalkomitee „Kriterien für die Anerkennung und Überprüfung von Biosphärenreservaten der UNESCO in Deutschland" (Deutsches MAB-Nationalkomitee 1996) erarbeitet. Diese bauen auf den genannten Beschlüssen der UNESCO zu Biosphärenreservaten auf. Mit den Kriterien wird ein Grundraster geschaffen, das Antragstellern bereits vor der Konzipierung neuer Biosphärenreservate den gesamten Anforderungskatalog offenlegt. Auch für die Bewertung und Überprüfung bereits bestehender Biosphärenreservate in Deutschland sollen die „Kriterien" herangezogen werden.

Ausblick

Mit den Biosphärenreservaten gestaltet die UNESCO ein globales Netz repräsentativer Gebiete, das die Entwicklung der weltweiten Natur- und Umweltschutzpolitik nachhaltig unterstützt und für eine vorausschauende Entwicklung der Naturressourcen eine große Bedeutung hat. Auch im Hinblick auf die Pflege der Kulturlandschaften genießen Biosphärenreservate weltweit ein sehr hohes Ansehen. Dieses sollte genutzt werden, um das Ziel „Etablierung funktionsfähiger Modelle einer dauerhaft-umweltgerechten Entwicklung" weiter zu fördern.

Literatur

AGBR [Ständige Arbeitsgruppe der Biosphärenreservate in Deutschland] (1995): Biosphärenreservate in Deutschland. Leitlinien für Schutz, Pflege und Entwicklung. – Berlin, Heidelberg u.a.
BMU [Bundesministerium für Umwelt, Naturschutz und Reaktorsicherheit] (1993): Konferenz der Vereinten Nationen für Umwelt und Entwicklung im Juni 1992 in Rio de Janeiro: Agenda 21. – Bonn
Deutsches MAB-Nationalkomitee (1996): Kriterien für die Anerkennung und Überprüfung von Biosphärenreservaten der UNESCO in Deutschland. – Bonn
Erdmann, K.-H. & Nauber, J. (1995): Der deutsche Beitrag zum UNESCO-Programm „Der Mensch und die Biosphäre" (MAB) im Zeitraum Juli 1992 bis Juni 1994; mit einer englischen Zusammenfassung. – Bonn
Kastenholz, H.G., K.-H. Erdmann & M. Wolff (Hrsg.; 1996): Nachhaltige Entwicklung. Zukunftschancen für Mensch und Umwelt. – Berlin, Heidelberg u.a.
Knapp, H.D. (1990): Nationalparkprogramm der DDR als Baustein für ein europäisches Haus. – W. Goerke, J. Nauber & K.-H. Erdmann (Hrsg.): Tagung der MAB-Nationalkomitees der Bundesrepublik Deutschland und der Deutschen Demokratischen Republik am 28. und 29. Mai 1990 in Bonn (MAB-Mitteilungen 33). Bonn: 41–45.
UNESCO (Hrsg.; 1972): UNESCO-Programm „Mensch und Biosphäre" (MAB). – Paris
UNESCO (Hrsg.; 1984): Action plan for biosphere reserves. – Nature and Resources 20 (4): 11–22.
UNESCO (Hrsg.; 1993): International Coordinating Council of the Programme on Man and the Biosphere (MAB). Twelfth Session. Final Report. – MAB Report Series 63
UNESCO (Hrsg.; 1995a): Statutory Framework of the World Network of Biosphere Reserves. – unver. Manuskript Paris.
UNESCO (Hrsg.; 1995b): Seville Strategy for Biosphere Reserves. – Biosphere Reserves. Bulletin of the International Network 3: 5–9
UNESCO & UNEP (Hrsg.; 1984): Conservation, science und society. Contributions of the First International Biosphere Reserve Congress, Minsk, Byelorussia/USSR, 26 September – 2 October 1983. – Natural Resources Research 21.1 und 21.2

Nationalparkplanung und Kulturlandschaftspflege im und am Nationalpark Bayerischer Wald

Friedemann Fegert

Der Nationalpark Bayerischer Wald wurde am 7.10.1970 als erster Nationalpark in Deutschland eröffnet und am 15.12.1982 von der UNESCO als erstes deutsches Schutzgebiet in das internationale Netz der Biosphärenreservate aufgenommen. Er umfaßt derzeit eine Fläche von ca. 13.300 ha; die beschlossene Erweiterung um 10.000 Hektar an seiner Nordwestflanke nimmt derzeit konkrete Formen an. In der Zusammenarbeit mit dem 1945 gegründeten „Národní Park Šumava" (Nationalpark Böhmerwald) entsteht seit 1991 im Zentrum des Bayerischen und Böhmerwaldes mit über 700 km² das größte, von Verkehrswegen unzerschnittene Waldgebiet in Mitteleuropa: „Das grüne Dach Europas". Anderseits ist der Nationalpark Bayerischer Wald als Durchgangsraum mittelalterlicher Handelswege („Gulden Straß" und „Goldener Steig") und Aktionsraum frühneuzeitlicher Glashütten („Klingenbrunner Hütte", „Riedlhütte", „Schönauer Hütte", „Schönbrunner Hütte", „Guglöd", „Glashütte", „Neuhütte") und planmäßiger Holzwirtschaft (Triftkanäle und -klausen) zu dem Musterbeispiel einer befruchtenden Spannung zwischen Naturschutz und Kulturlandschaftspflege geworden.

Rechtliche Grundlagen und institutioneller Hintergrund

Auf Anregung weitsichtiger Persönlichkeiten schon kurz nach der Jahrhundertwende und infolge von Nachrichten über einen „Nationalpark-Service" in den USA (1916) wuchs Ende der 1920er Jahre in der Ministerialabteilung am Bayerischen Staatsministerium für Finanzen der Gedanke an einen „Deutschen Nationalpark".

Auf der internationalen „Konferenz für den Schutz der Flora und Fauna in Afrika" in London 1933 wurde der Begriff „Nationalpark" zum erstenmal definiert und in der „Konvention von Washington" 1942 modifiziert:

1. Hervorragendes Gebiet von nationaler Bedeutung;
2. Öffentliche Kontrolle durch Verwaltung und Finanzierung durch Zentralregierung, die auch Eigentümerin des Gebietes ist;
3. Strenger Schutz mit weitgehenden Nutzungsverboten (Jagd) oder Beschränkungen (wirtschaftliche Nutzung);
4. Erholungseinrichtungen für Besucher (Offner 1969).

Der Ausbruch des Zweiten Weltkrieges verhinderte die Verwirklichung des ersten Nationalparks in Deutschland.

Über die Verordnung des „Landschaftsschutzgebietes Innerer Bayerischer Wald" (27.11.1967), Planungsüberlegungen von H. Weinzierl, B. Grzimek und dem „Zweckverband zur Errichtung des Nationalparkes Bayerischer Wald" sowie dem „Haber-Gutachten" kam es schließlich am 11.6.1969 zum einstimmigen Beschluß des Bayerischen Landtages, den „Nationalpark Bayerischer Wald" zu gründen. Mit der „Verordnung über die Errichtung des Nationalparkamtes Bayerischer Wald" (22.7.1969) wurde die organisatorische Grundlage für die praktische Durchführung geschaffen.

Eine grundsätzliche Modifizierung brachte die „Verordnung über die Einschränkung des Betretungsrechts im Nationalpark Bayerischer Wald" (31.3.1987); seitdem wird die Betretung der „Kernzonen" zwischen dem 15.11. und dem 1.7. eines jeden Jahres eingeschränkt.

Ziel des Nationalparks war vorrangig der Schutz der Natur, deren Erforschung und Erschließung als Bildungswert. Erst in jüngster Zeit fomulierte darüber hinausgehend die „Verordnung über den Nationalpark Bayerischer Wald" vom 21.7.1992 im § 3 (2) – neben Naturschutzaspekten – als Zweck auch „[...] kulturhistorisch wertvolle Flächen und Denkmale wie Weideschachten, ehemalige Glashüttenstandorte, Triftklausen und Triftkanäle in ihrer typischen Ausprägung zu erhalten, [...]". Damit ist die rechtliche Grundlage für eine intensive Wechselbeziehung von Naturschutz und Kulturlandschaftspflege gelegt.

Da der Nationalpark seit 1981 als Biosphärenreservat eingestuft ist, wird in Zukunft die „Kultur- und Landschaftsgeschichte" zu erarbeiten und zu präsentieren sein (Ständige Arbeitsgruppe 1995: 36).

Bewertungsmaßstäbe und -methoden

Gemäß § 6 (2) der Verordnung über den Nationalpark Bayerischer Wald legt „der Landschaftsrahmenplan ... die überörtlichen Ziele für die Entwicklung der Landschaft, die Grenzen des Vorfelds, das im wesentlichen die Anliegergemeinden umfaßt, sowie die Maßnahmen des Naturschutzes und der Landschaftspflege fest." Mit dem Schutz der „besonderen Schönheit", der Erhaltung der „biologischen Mannigfaltigkeit des Vorfeldes", der Förderung „landschafts- und naturschonender Nutzungsformen", der Verhinderung einer „weiteren Zersiedelung" und der Erhaltung der „Gebiete für die Erholung unter Beachtung der Belastbarkeit der Landschaft" stehen hierbei Naturschutzaspekte im Vordergrund. Der räumlich enger und konkreter gefaßte Nationalparkplan „stellt nach Maßgabe der überörtlichen Aussagen des Landschaftsrahmenplans (§ 6) mittelfristig die örtlichen Ziele und Maßnahmen für die Entwicklung des Nationalparks dar" und „beinhaltet insbesondere die Maßnahmen, die zur Erfüllung des in § 3 bestimmten Zwecks des Nationalparks notwendig sind. [...]". Das ist von Bedeutung, denn mit dem Hinweis auf § 3 wird die Erhaltung „kulturhistorisch wertvolle(r) Flächen und Denkmale [...]" neben die Aufgabe des Naturschutzes gestellt, die im Nationalpark im Vordergrund steht. Der Nationalparkplan bedarf der Anhörung durch den Nationalparkbeirat, in dem allerdings kein Kulturlandschaftsforscher vertreten ist, und der Genehmigung durch das Staatsministerium für Ernährung, Landwirtschaft und Forsten, im Benehmen mit dem Staatsministerium für Landesentwicklung und Umweltfragen.

„Die Nationalparkverwaltung legt auf der Grundlage des Nationalparkplans jährlich die Maßnahmen im einzelnen fest, die zur Entwicklung des Nationalparks durchgeführt werden sollen", d.h., es werden Jahresbetriebspläne erstellt. So hängt die Entscheidungsfindung und Gewichtung zwischen Naturschutz und Kulturlandschaftspflege wesentlich von der personalen Situation in der Nationalparkverwaltung ab. Kulturhistorisch engagierte Förster, ein Diplomlandschaftsarchitekt mit geowissenschaftlicher Ausbildung und eine der historischen Kulturlandschaftsforschung aufgeschlossene Verwaltungsspitze garantieren eine angemessene Beachtung der Kulturlandschaftspflege.

Projekte der Kulturlandschaftspflege

Um die in § 3 der Nationalparkverordnung geforderte Beachtung kulturlandschaftspflegerischer Aspekte in die Praxis umsetzen zu können, waren zunächst die erhaltenen Kulturdenkmale zu erfassen: Flurnamen, Begangsteige, Schlittenbahnen, Kohlplätze, Gruben der Aschenbrenner, Quarzabbaustellen, Standorte der Pocherwerke und Glashütten, Grenzsteine und Wegkreuze, Altstraßen wie die „Gulden Straß" und der „Goldene Steig", Zeugnisse der geregelten Forstwirtschaft, wie Triftklausen und -kanäle, die Trasse der „Wald(eisen)bahn" (zum Holztransport), sowie „Schachten" (Hochweiden), „Stände" (Waldweiden) und Plansiedlungen mit Waldhufenfluren und dem „Waldlerhaus" (am Rand des Nationalparks). Solche Kulturlandschaftsdenkmale sind rechtsverbindlich in Karten mit den Maßstäben 1:5 000, 1:10 000 erfaßt und z.T. auf den touristischen Karten 1:25 000 und 1:50 000 eingetragen worden.

Da von Anfang an klar war, daß nicht sämtliche Kulturdenkmale flächendeckend erhalten werden konnten, galt es, typische Beispiele exemplarisch herauszustellen. Das „Waldgeschichtliche Wandergebiet" war das erste einschlägige Projekt, das schon mit der Errichtung des Nationalparks 1974 geschaffen wurde. Hier wollte man die Bewirtschaftung des Waldes seit dem 19. Jh. darstellen und diese Attraktion zum Zwecke der

Natur & Geschichte erleben

Das Waldgeschichtliche Wandergebiet

Rundwege in Bayern

• **Wald und Mensch**

Markierung:	Wasseramsel
Ausgangspunkte:	Parkplatz am Langlaufstadion Parkplatz Wistlberg
Gesamtlänge:	7 1/2 km, Gehzeit ca. 3 1/2 Std. Höhenunterschied 240 m

Informationen über die Einflüsse des Menschen auf den Wald, über die Nutzungsgeschichte und über Bauwerke sowie sonstige Veränderungen, die den Wald heute prägen.
Einen Schwerpunkt bilden die ehemaligen Einrichtungen für die Holztrift, wie beispielsweise Reschbachklause, Schwellgraben und Teufelsklause.
Für Wanderer, die keine längeren Strecken zu Fuß zurücklegen wollen, gibt es in diesem Gebiet auch kürzere Wanderrouten, die als Rundwege angelegt sind. Die Markierung „Baummarder", „Birkhuhn" und „Sperlingskauz" bezeichnen jeweils kürzere Rundwege. (1 bis 1 1/2 Stunden).

• **Historisches rund um's Freilichtmuseum**

Markierung:	Waldschaf
Ausgangspunkte:	Parkplatz am Freilichtmuseum Parkplatz Schwarzbachbrücke
Gesamtlänge:	2 1/2 km, Gehzeit ca. 1 1/2 Std. Bequemer Rundgang

Informationen zu den Besonderheiten in der Ortsflur von Finsterau, wie z.B. Besiedelungsgeschichte, Holztrift, Sägewerke und Mühlen am Reschbach, aber auch zu Sehenswürdigkeiten im Nationalpark. Hier wird der Endbahnhof der ehemaligen Spiegelauer Waldbahn berührt.

• **Kulturlandschaft**

Markierung:	Gockel
Ausgangspunkte:	Parkplatz am Langlaufstadion Ortsmitte in Finsterau
Gesamtlänge:	3 1/2 km, Gehzeit ca. 1 1/2 Std.

Informationen über die Entstehung von Finsterau und über die typischen Elemente in der Kulturlandschaft. Die schutzwürdigen Landschaftsstrukturen werden vorgestellt und es werden Zukunfts-Aspekte diskutiert.

Gemeinsames Projekt
im Nationalpark Šumava
im Nationalpark Bayerischer Wald
in der Gemeinde Mauth
im Forstamt Mauth
zur Umweltbildung und Besucherlenkung
durch Führungen
Informationen vor Ort
Besucherlenkung im Gelände
Schriftliches Informationsmaterial

gefördert durch

Společný projekt
v Národním parku Šumava
v Národním parku Bavorský les
v obci Mauth
v polesí Mauth
ke vzdělání a usměrnění návštěvníků
výlety s doprovodem
místní informace
usměrňování návštěvníků v terénu
písemná informační materiály

podporován nadací

Natur kennt keine Grenzen

Rundwege in Böhmen

Im Nationalpark Šumava wurden ebenfalls drei Informationsschwerpunkte geschaffen und jeweils entlang eines Rundkurses Informationstafeln aufgestellt. Zwei dieser Lehrpfade beginnen in den ersten Ortschaften auf böhmischer Seite. Der dritte beginnt in der Nähe des Grenzübergangs und ist zweisprachig abgefaßt.

• **Landschaft im Wandel**

Markierung:	Trauermantel
Ausgangspunkt:	Informationspavillon beim Grenzübergang Finsterau/Bučina
Gesamtlänge:	6 1/2 km, Gehzeit 2 1/2 bis 3 Std. Höhenunterschied 170 m

Informationen über die Geschichte dieses Landstrichs und über die Entwicklung zum Nationalpark.
Der Weg führt zu den ehemaligen Siedlungen Fürstenhut, Hüttl und Mühlreuter Häuser. Der Friedhof dieser Ortschaften wurde in den Jahren 1992 bis 1994 restauriert. Bei der ehemaligen Kirche steht heute ein Gedenkkreuz.

• **Lebensräume in der offenen Landschaft**

Markierung:	Sandlaufkäfer
Ausgangspunkte:	Ortsmitte von Kvilda (Außergefild)
Gesamtlänge:	5 km, Gehzeit 1 1/2 bis 2 Std.

Informationen über die Landschaftstypen rund um die Ortschaft von Kvilda und über ihre Besonderheiten als Lebensraum für Pflanzen und Tiere.

• **Wälder**

Markierung:	Schwarzspecht
Ausgangspunkt:	Borová Lada (Ferchenhaid)
Gesamtlänge:	4 km, Gehzeit ca. 1 1/2 Std.

Informationen über den Wald, über seine Bedeutung und über eine schonende, naturnahe Bewirtschaftung.

Besucherlenkung einsetzen. Auf alten Ziehbahnen wurden Holzschlitten installiert und mit alten Fotos die mühsame Arbeit der Holzhauer illustriert. Die Nationalparkverwaltung setzte Triftklausen wieder instand und legte Schwellgräben und Kanäle frei. Informationstafeln erläuterten die Bedeutung für die Waldbewirtschaftung im 19. und 20. Jh. Am Endpunkt der insgesamt 32 km langen „Spiegelauer Waldbahn" baute man bereits abgebaute Gleise zur Demonstration wieder auf. Die übrige Strecke dient als flacher Wanderweg für Familien mit Kinderwagen und seit neuestem als Radwanderweg (Abb. 1).

Die Entdeckung alter Glashüttenstandorte als typisches Relikt der historischen Kulturlandschaft, darunter einer am Hang des Lusens, also mitten in der Kernzone des Nationalparks, und seine wissenschaftliche Erforschung durch das Bergbaumuseum Theuern, modifizierten Ende der 1980er Jahre die bisherige Philosophie der ausschließlichen Präferenz des Naturrelikts. Man entschied sich nun einerseits dafür, die wissenschaftlichen Ergebnisse in einer Dauerausstellung des „Waldgeschichtlichen Museums" in St. Oswald für den interessierten Besucher aufzubereiten, die Ausgrabung aber, mit hellem Sand für die Nachwelt kenntlich gemacht, wieder zu verfüllen. (Das „Waldgeschichtliche Museum" ist eine kommunale Einrichtung der Gemeinde St. Oswald-Riedlhütte und wird von der Nationalparkverwaltung Bayerischer Wald betrieben, was die Zusammenarbeit mit den angrenzenden Gemeinden verdeutlicht.) Andererseits wird die Fläche der „Neuhüttenwiese" als Standort einer Glashütte aus dem Ende des 19. Jahrhunderts offengehalten und über eine Informationstafel bewußt gemacht. Dies gilt gleichfalls für den Weiler Guglöd, der als Kulturlandschaftsensemble eines ehemaligen Glashüttenstandorts erhalten bleiben soll. Das Kulturlandschaftsrelikt der „Lusen-Glashütte" hat bewirkt, den Schutz „kulturhistorisch wertvoller Flächen und Denkmale" in den Entwurf der Nationalparkverordnung (1989) einzubringen.

Mit der Schenkung der „Hirschkopfhütte", einer ehemaligen Forsthütte, an das „Freilichtmuseum Finsterau" dokumentiert die Verwaltung des Nationalparks in gleicher Weise seine Bereitschaft zur Beachtung kulturlandschaftsgeschichtlicher Aspekte. Ein Vertreter des Nationalparks ist auch als Fachberater für die Bauerngärten des Freilichtmuseums tätig. Da der Nationalpark als Träger öffentlicher Belange des weiteren bei 17 Flurbereinigungsverfahren der angrenzenden „Vorfeld-Gemeinden" zu hören war, konnte die Verwaltung darauf einwirken, daß die ökologisch und historisch bedeutsamen Lesesteinwälle der Waldhufenfluren als Relikte der planmäßigen Besiedlung des Urwaldes durch die Passauer Bischöfe um 1700 (Fehn 1937, Haversath 1994, Fegert 1991, 1995, 1997) weitgehend erhalten blieben (Förg & Haug 1986).

Das Projekt „Natur & Geschichte erleben – Das Waldgeschichtliche Wandergebiet" (1995) stellt nicht nur eine Weiterentwicklung des Bestehenden dar, sondern betritt mit den „Rundwegen in Bayern" und den „Rundwegen in Böhmen" neue Wege der Zusammenarbeit über die politischen Grenzen hinweg. Neben Naturschaftstouren bieten die Rundwege „Historisches rund ums Freilichtmuseum", „Kulturlandschaft" (in Bayern) und „Landschaft im Wandel" (in Böhmen) auf zahlreichen Informationstafeln umfangreiche Erläuterungen der historischen und heutigen Kulturlandschaft (Abb. 2). Schriften und Faltblätter auf tschechisch und deutsch sowie zweisprachige Tafeln auf der böhmischen Seite symbolisieren die gute grenzüberschreitende Zusammenarbeit und dienen dem gegenseitigen Verstehen. Dabei wird vom Nationalpark Šumava selbst das Thema der ehemals deutschen Siedlungen angesprochen. Eine attraktive Broschüre erläutert die Geschichte der Natur- und der Kulturlandschaft (Bäuml u.a. 1995). Dieses gemeinsame Projekt von Nationalpark Šumava, Nationalpark Bayerischer Wald, der Gemeinde Mauth und dem Forstamt Mauth erhielt wegen seiner Zielsetzung und bisherigen Einmaligkeit eine großzügige Unterstützung durch die „Bundesstiftung Umwelt".

Bewertung

In einem Nationalpark hat die Kulturlandschaftspflege einen untergeordneten Auftrag. Das erklärt sich aus der Geschichte der Naturschutzbewegung. Dennoch wird zu differenzieren sein zwischen dem Nationalpark mit den Staatswaldflächen als primärem Naturschutzgebiet und dessen Vorfeld, in dem von den Gemeinden,

---

Abb. 1 (siehe Seite 204): Informationsblatt „Natur & Geschichte erleben. Das Waldgeschichtliche Wandergebiet" (Auszug Nationalparkverwaltungen Šumava und Bayerischer Wald 1994)
Auf dem doppelseitigen Abreißblock geben die beiden Nationalparke eine Routenübersicht der fünf neuen „Kulturlandschafts"-Wanderwege und Kurzinformationen über die jeweilige Tour.

Abb. 2: Informationstafel „Finsterau ein Waldhufendorf" in der Flur von Finsterau (Aufnahme: Nationalpark Bayerischer Wald 1995)
Die Tafel setzt die Ergebnisse der landeskundlichen Forschung über den Siedlungsträger, die Struktur der Waldhufen und die konkrete Umsetzung in Finsterau für den kulturgeschichtlich interessierten Wanderer um.

den Naturschutzbehörden und anderen Institutionen verstärkt Kulturlandschaftspflege zu betreiben ist. Im Falle des Nationalparks Bayerischer Wald bestand schon seit der Gründung ein reges Interesse der Nationalparkverwaltung an Fragen der Kulturlandschaftspflege. Das fand seinen Ausdruck schon 1974 im „Waldgeschichtlichen Wandergebiet". Die rechtliche Grundlage für eine verpflichtende Beachtung kulturlandschaftspflegerischer Aspekte wurde jedoch erst spät mit der „Nationalparkverordnung" von 1992 geschaffen. Vor diesem Hintergrund sind die jüngsten Projekte der Verknüpfung von natur- und kulturgeschichtlichen Themen in Bayern und Böhmen von besonderer Bedeutung, denn damit werden sowohl fachliche als auch politische Grenzen überschritten. Generell werden die Verantwortlichen des Nationalparks weiterhin in der Spannung zwischen der „Renaturierung" und dem Schutz „kulturhistorisch wertvolle(r) Flächen und Denkmale" leben müssen, so etwa bei der Entscheidung zwischen dem Rückbau alter Forststraßen und der Erhaltung alter Triftklausen. Längerfristig erscheint es denkbar, etwa auf den alten Schachten (der Nationalparkerweiterung) die historische Beweidung wieder aufzunehmen, um mit dieser traditionellen Wirtschaftsform ein charakteristisches Biotop zu rekonstruieren.

Literatur zu den rechtlichen und konzeptionellen Grundlagen

Bibelriether, H. (1990): Natur im Nationalpark schützen. – Nationalpark 68 (3): 29–31.
Landeszentrale für politische Bildung Baden-Württemberg (Hrsg.; 1994): Naturlandschaft – Kulturlandschaft. (Der Bürger im Staat 44,1). – Stuttgart (zahlreiche einschlägige Aufsätze und umfangreiches Literaturverzeichnis).
Offner, H. (1969): Nationalpark oder Naturpark? – Forst- und Holzwirt 24 (2): 39–41.
Pongratz, E. (1994): Nationalparke am Scheideweg. – Nationalpark 83 (2): 16–21.

Ständige Arbeitsgruppe der Biosphärenreservate in Deutschland (Geschäftsstelle des Deutschen MAB-Nationalkomitees für das UNESCO-Programm „Der Mensch und die Biosphäre" (MAB)/Bundesamt für Naturschutz) (Hrsg.; 1995): Biosphärenreservate in Deutschland. – Berlin u.a. (darin umfangreiches Literaturverzeichnis)

Strobl, R. & M. Haug (1993): Eine Landschaft wird Nationalpark. (Schriftenreihe des Bayerischen Staatsministeriums für Ernährung, Landwirtschaft und Forsten 11). – München (darin Abdruck aller Rechtsgrundlagen des Nationalparks Bayerischer Wald und Bibliographie).

Regionale Literatur

Bäuml, W., M. Haug u.a. (1995): Natur & Geschichte erleben. Das Waldgeschichtliche Wandergebiet. – Grafenau.

Fegert, F. (1991): Zwölfhäuser – eine junge Rodungssiedlung am „Goldenen Steig". Ein Beitrag zur Siedlungs- und Agrargeographie des Passauer Abteilandes. – Ostbairische Grenzmarken (Passauer Jahrbuch für Geschichte, Kunst und Volkskunde XXXIII). Passau: 89–122.

Fegert, F. (1995): Die „Fürstenhütte" und die „Mauth" am „Goldenen Steig" – Glashütte und Waldhufengründung am alten Handelsweg nach Böhmen. Ein Beitrag zur Siedlungs- und Wirtschaftsgeographie des Passauer Abteilandes. – Ostbairische Grenzmarken (Passauer Jahrbuch für Geschichte, Kunst und Volkskunde, XXXVII): 103–149.

Fegert, F. (1997): Entstehung der Gemeinde Philippsreut. – Dorn, E. (Hrsg.): Heimat an der Grenze. Gemeinde Philippsreut. – Tittling: 71–110.

Fehn, H. (1937): Waldhufendörfer im hinteren Bayerischen Wald. – Mitt. und Jahresberichte der Geogr. Gesellschaft Nürnberg 6: 5–61.

Förg, F. & M. Haug (1986): Auf der Suche nach einem Kompromiß zwischen Landwirtschaft und Naturschutz. – Flurbereinigungsdirektion Landau a. d. Isar (Hrsg.): Prämierung der Gruppenflurbereinigung Vorfeld Natonalpark West. Landau a. d. I.: 73–78.

Fritsch, G. (1980): Alte Klausen werden erhalten. – Nationalpark 28 (3/80): 58–59.

Hamele, H. (1988): Natur und Kultur erleben und erhalten. Ergebnisse einer Grundlagenuntersuchung für eine gemeinsame Fremdenverkehrskonzeption am Nationalpark Bayerischer Wald. – Nationalpark 59 (2): 44–47.

Haug, M., H. Höflinger u.a. (1974): Das Waldgeschichtliche Wandergebiet im Nationalpark Bayerischer Wald. – Grafenau.

Haug, M. (1980): Kulturdenkmäler im Nationalpark. – Nationalpark 28 (3): 60–61.

Haversath, J.-B. (1994): Die Entwicklung der ländlichen Siedlungen im südlichen Bayerischen Wald (Passauer Schriften zur Geographie 14). – Passau.

Hemmeter, K. (1985): Der Nationalpark und sein Vorfeld: Das Gebiet als historisch geprägtes Kulturlandschaftsgefüge. – Jahrbuch der Bayerischen Denkmalpflege 38: 199–224.

Waldherr, M. (1978): Der Nationalpark – Eine Kulturlandschaft. – Bayerland 81 (1): 22–31.

5

Kulturlandschaftspflege auf der Ebene der Bundesländer und Staaten

Das schweizerische Bundesinventar der Landschaften und Naturdenkmäler von nationaler Bedeutung (BLN) (Jürg Schenker)	211
Kulturlandschaftskartierung in Österreich (Peter Čede)	215
Kulturlandschaftspflege in Nordrhein-Westfalen – Ein Forschungsauftrag des Ministeriums für Umwelt, Raumordnung und Landwirtschaft von Nordrhein-Westfalen an das Seminar für Historische Geographie der Universität Bonn (Peter Burggraaff)	220
Historisch-geographisch bedeutsame Kulturlandschaftselemente in Rheinland-Pfalz – Regionaltypische Objekte und Ensembles. Orientierungsrahmen für raumbezogene Planung (Erläuterungen zur beiliegenden Karte im Maßstab 1:500.000 (Helmut Hildebrandt, Heinz Schürmann und Birgit Heuser-Hildebrandt)	231
Ansätze einer europaweiten Kulturlandschaftspflege – ein Überblick über wichtige Institutionen (Jelier A. J. Vervloet)	233

Das schweizerische Bundesinventar der Landschaften und Naturdenkmäler von nationaler Bedeutung (BLN).

Jürg Schenker

Institutionelle Stellung

Unter dem Eindruck der verstärkten Bemühungen des Bundes im Biotopschutz ist das Bundesinventar der Landschaften und Naturdenkmäler in den letzten Jahren etwas in den Hintergrund getreten. Im Jahre 1963 hatten drei private Organisationen, Schweizerischer Bund für Naturschutz (SBN), Schweizer Heimatschutz (SHS), und Schweizer Alpenclub (SAC) ein gesamtschweizerisches Inventar (Schmassmann 1986) der zu erhaltenden Landschaften und Naturdenkmäler von nationaler Bedeutung (KLN-Inventar) der Öffentlichkeit vorgestellt. Fünf Jahre später legten sie dem Bund eine revidierte Fassung dieses Inventars vor, mit der Empfehlung, dieses als Grundlage für ein Bundesinventar nach Artikel 5 NHG anzuerkennen. Der Bund übernahm dieses Postulat, und eine bei den Kantonen durchgeführte Vernehmlassung ergab mehrheitlich positive Resultate. So wurde das KLN-Inventar als provisorische verwaltungsanweisende Richtlinie eingesetzt und die Erarbeitung des Bundesinventars begonnen. Die anschließend in Angriff genommenen Inventare der Biotope und Moorlandschaften wurden nach eigenständigen Kriterien erstellt. Somit kann ein BLN-Objekt sowohl Biotope von nationaler, regionaler und lokaler Bedeutung enthalten als auch sich mit Moorlandschaften geographisch überlappen.

Rechtswirkung

Für Bundesstellen mit raumwirksamer Tätigkeit stellt das BLN eine streng verbindliche Richtlinie (Kessler 1991) dar, wobei die Objekte der KLN-Ausgaben 1963 und 1969 den gleichen Status besitzen, bis sie formell durch das BLN abgelöst werden. Es hat dagegen keine direkte grundeigentümerverbindliche Wirkung. Die Aufnahme ins Bundesinventar bietet somit noch keinen hinreichenden Schutz. Wohl wird im NHG festgehalten, daß ein solches Objekt in besonderem Maße „die ungeschmälerte Erhaltung oder jedenfalls größtmögliche Schonung verdient". Ein Abweichen von der ungeschmälerten Erhaltung kann in Betracht gezogen werden, wenn ihr bestimmte höher eingestufte Interessen von ebenfalls nationaler Bedeutung entgegenstehen. Bindend ist das BLN weiter für die Kantone dann, wenn sie mit dem Vollzug einer Bundesaufgabe beauftragt sind. Im übrigen hat das Inventar einen orientierenden Charakter. Bei der Größe einzelner Objekte ist es verständlich, daß in solchen Gebieten keine Schutzbestimmungen ins Auge gefaßt werden können, welche die menschliche Tätigkeit ausschließen. Mehrheitlich handelt es sich dabei um traditionelle Kulturlandschaften, bei denen insbesondere die Landwirtschaft eine wichtige landschaftspflegerische Aufgabe erfüllt.

Im Bundesrecht stützt sich das BLN-Inventar auf Artikel 5 des Bundesgesetzes über den Natur- und Heimatschutz (NHG). Darin wird der Bundesrat beauftragt, Inventare von Objekten von nationaler Bedeutung aufzustellen. Die Kantone müssen in diesem Verfahren angehört werden.

Methodik

Das KLN-Inventar ist das Ergebnis der Tätigkeit einer Expertengruppe, der „Kommission für die Inventarisierung schweizerischer Landschaften und Naturdenkmäler". Vorschläge von Hochschulinstitutionen, kantonale Inventare und Anregungen der Mitglieder aus ihrer Tätigkeit waren Ausgangspunkt für die Auswahl der Inventarobjekte. Diese können im wesentlichen in drei Objektkategorien (Kessler 1986) aufgeteilt werden:

- Landschaften von einmaligem oder einzigartigem Charakter wie die Region des Vierwaldstättersees oder die „Berner Hochalpen und das Walliser Aletsch-Bietschhorn-Gebiet". Mit seiner Fläche von 91 000 ha und der Ursprünglichkeit und geomorphologischen Vielgestalt ist das Objekt als einzigartig für den europäischen Alpenbogen einzustufen.
- Der größte Teil umfaßt naturnahe Kulturlandschaften, die infolge ihrer kulturgeschichtlichen Eigenarten und Nutzungsstrukturen oder ihrer Oberflächenformen als typische Landschaften einer bestimmten Region gelten können. Beispiele sind der Randen, Typlandschaft im Jura, mit reicher Flora und Fauna, oder das Objekt Piora-Lucomagno-Dötra für die Tessiner Alpenlandschaft.(Abb. 1).
- Räumlich eng begrenzte Naturdenkmäler wie geologische Aufschlüsse, Findlinge und Schluchten, z.B. die Ruinaulta am Vorderrhein im Kanton Graubünden.

Abb. 1: Piora-Lucomagno-Dötra – Weiträumige Alpenlandschaft zwischen Gotthard- und Lukmanier-Paß mit Seen, Mooren und bedeutender Vegetation

Das Bundesinventar ist in einem Ringordner A4 zusammengefaßt und gliedert sich in drei Teile:

A: Rechtsakte der Inkraftsetzung
B: Erläuterungen mit Angaben über Inhalt, Bedeutung und Wirkung des Inventars.
C: Objektblätter mit topographischer Abgrenzung auf der Landeskarte und zusammenfassender Charakterisierung des Schutzobjekts.

Verfahren

Das BLN-Inventar wird vom Bundesrat etappenweise in Kraft gesetzt. Bisher hat er drei Serien genehmigt: 1977 eine erste Serie mit 65 Objekten, 1983 eine zweite Serie mit 54 Objekten und 1996 eine dritte Serie mit 33 Objekten. Diese insgesamt 152 Objekte stellen einen Anteil von 17% an der Landesfläche dar (Abb. 2).

Bei der Bearbeitung der Serien wurde speziell darauf geachtet, alle Landesteile und Sprachregionen einzubeziehen. Das Gespräch mit den Kantonen ist ein wichtiger Bestandteil des Bereinigungsverfahrens. Auf Grund der gesetzlichen Vorgabe muß der Bund die Kantone anhören, ist jedoch nicht auf ihre Zustimmung angewiesen. In der Praxis wird dem Ziel, die Kantone für einen abgestimmten Landschaftsschutz zu gewinnen, hohe Priorität eingeräumt, so daß die Objekte in der Regel mit Zustimmung der kantonalen Behörde zur Aufnahme beantragt werden konnten. Mit einer vierten Serie von ca. 10 Objekten soll das Inventar abgeschlossen und das KLN-Inventar abgelöst werden. Gegenüber dem bestehenden KLN-Inventar werden einige Objekte nicht mehr ins Bundesinventar aufgenommen, da sie durch die Biotopschutzmaßnahmen zwischenzeitlich einen weiterreichenden Schutz erhalten haben, während bei anderen Gebieten den Veränderungen Rechnung getragen und die Perimeter neu festgelegt wurden.

Abb. 2: Karte der BLN-Gebiete

Umsetzung

Trotz Schutzbemühungen auf verschiedenen Stufen (Bund, Kantone, Gemeinden und private Organisationen) ist nicht zu übersehen, daß in manchen Objekten die schutzwürdigen Werte zumindest teilweise verlorengegangen sind. Die in der täglichen Arbeit gesammelten Erfahrungen zeigen, daß in den Kulturlandschaften deutliche größere Veränderungen stattgefunden haben, als in reinen Naturlandschaften. Dabei gilt aber zu beachten, daß auch bei Mooren, Auen, Fließgewässern und Vorkommen besonderer Tier- und Pflanzenarten Beeinträchtigungen die Regel sind.

Schutz- und Förderungsmaßnahmen im Landschaftsschutz können gegenwärtig durch Bundesbeiträge von 35% der Kosten unterstützt werden. Dieser im Vergleich zum Biotopschutz (bis 90%) geringe Maximalsatz stellt bei den Kantonen wenig Anreiz für weiterreichende Schutzbestrebungen dar. Lösungen, die über den Rahmen des gesetzlichen Vollzugs in den Kantonen hinausgehen, finden sich nur in einigen wenigen BLN-Objekten (kleinflächige Schutzgebiete ausgenommen). Sehr oft handelt es sich um Stiftungen, die sich in Zusammenarbeit mit kantonalen Fachstellen um den Unterhalt und Schutz der Landschaft kümmern, wie am Beispiel der Reußebene kurz gezeigt werden soll.

Das Beispiel Reußebene

Die Ursprünge der Schutzbemühungen reichen in die fünfziger Jahre zurück, als die ersten rein technisch orientierten Projekte für eine Entwässerung der Reußebene entstanden, und führten 1962 zur Gründung der Stiftung Reußtal. Im ersten KLN-Inventar von 1963 wird die Reuß als einer der wenigen noch weitgehend im Naturzustand befindlichen Flüsse des Mittellandes bezeichnet. Weitere Vorhaben im Bereiche der Wasserkraftnutzung führten zur Einreichung einer Volksinitiative zum Schutze der Reuß, die 1965 in einer Abstimmung angenommen wurde. Mit dem Reußtalgesetz (Kanton Aargau 1982) von 1969 wurden die verschiedenen kontroversen Interessen in einem Mehrzweckprojekt vereint. Hauptziel der Stiftung im Rahmen der Reußtalsanierung war vorerst die Landbeschaffung für Naturschutzzonen (Abb. 3).

Abb. 3: Reußlandschaft – Die Maschwander Allmend ist eine der größten Riedlandschaften der Schweiz.

Nach etwa 20 Jahren verlagerte sich das Tätigkeitsfeld. Sicherung und Unterhalt können nur durch enge Zusammenarbeit mit den übrigen Beteiligten erreicht werden. Zugehörige Pflegepläne weisen die nötigen Arbeiten aus, die auch durch die dort ansässigen Landwirte unterstützt werden. Mit dem Aufstau der Reuß wurde der Flachsee Unterlunkhofen neu geschaffen, ein bedeutendes Überwinterungsgebiet für Wasservögel. Eine Arbeitsgruppe untersucht die Veränderungen der Vogelwelt und belegt diese mit entsprechendem Zahlenmaterial. Die Nähe zur Agglomeration Zürich bringt einen zunehmenden Erholungsdruck auf die Landschaft und schafft dadurch Probleme. Nebst einer beschränkten Infrastruktur sollen die Schutzbestimmungen mit gezielten Einschränkungen durchgesetzt werden. Dies erfordert eine entsprechende Überwachung und Informationsarbeit. Die Aufklärung von Bevölkerung und Besuchern ist die Hauptaufgabe des Naturschutz-Informationszentrums der Stiftung Reußtal in Rottenschwil.

Literatur

Kanton Aargau (1982): Sanierung der Reußtalebene. – Aarau.
Kessler, E. (1986): Erfahrungen mit dem in der Schweiz im Aufbau begriffenen „Bundesinventar der Landschaften und Naturdenkmäler von nationaler Bedeutung". – Schriftenreihe des Deutschen Rates für Landespflege 50: 904–910.
Kessler, E. (1991): Das Bundesinventar der Landschaften und Naturdenkmäler von nationaler Bedeutung (BLN). – Bulletin „Inventar historischer Verkehrswege der Schweiz" (IVS) 91/1, BUWAL Bern: 6–16.
Schmassmann, H. (1986): Entstehung und Kriterien des schweizerischen Inventars der zu erhaltenden Landschaften und Naturdenkmäler von nationaler Bedeutung. – Schriftenreihe des deutschen Rates für Landespflege 50: 901–903.

Kulturlandschaftskartierung in Österreich

Peter Čede

Weite Teile Österreichs sind vor allem im Verlauf der vergangenen Jahrzehnte durch eine zunehmende Vereinheitlichung der traditionell kleinräumig strukturierten Kulturlandschaft gekennzeichnet. Diese Nivellierung des Landschaftsbildes läßt sich unter verschiedenen Rahmenbedingungen sowohl in den Zentralräumen als auch in peripheren ländlichen Regionen beobachten. Die Hauptursache dafür ist in den immer dichter besiedelten Gunstlagen in erster Linie der Landschaftsverbrauch durch ausufernde Bautätigkeit (Siedlungen, Verkehrs- und Freizeitflächen usw.) sowie die Intensivierung der Agrarwirtschaft durch ertragssteigernde Maßnahmen (Flurzusammenlegungen, Zunahme von Mono- und Spezialkulturen usw.).

Demgegenüber steht gebietsweise eine fortschreitende Verwahrlosung der Kulturlandschaft vor allem im östlichen Abschnitt der österreichischen Alpen, der – nicht nur aufgrund des Bevölkerungs- und Siedlungsrückganges außerhalb der Gemeindehauptorte – durch eine Extensivierung landwirtschaftlicher Nutzflächen gekennzeichnet ist. Hand in Hand damit geht die Zunahme monotoner Nadelwälder, die im Anflug und in der nach wie vor landschaftsbestimmenden Aufforstung ursprünglich intensiv bewirtschafteter Grundparzellen ihren sichtbaren Niederschlag findet. Besonders im Bereich der kristallinen Mittelgebirge ist die bergbäuerliche Kulturlandschaft Österreichs heute daher vor allem in naturräumlich benachteiligtem Gelände verfallen und unbesiedelt.

Das Ergebnis dieser Entwicklung ist sowohl in den Aktiv- als auch Passivräumen eine zunehmende Verarmung der Landschaft mit zahlreichen daraus resultierenden ökologischen Problemen.

Projektstudie zum aktuellen Zustand der Kulturlandschaft

Die aufgrund dessen gerade in jüngerer Vergangenheit immer stärker geäußerte Forderung nach differenzierten Kulturlandschaftselementen wird in den achtziger Jahren vom Österreichischen Umweltbundesamt in Form einer Projektstudie mit dem Ziel aufgegriffen, den aktuellen Zustand der Kulturlandschaft in Österreich anhand einer Kartierung ausgewählter Beispielsgebiete zu dokumentieren. Den Schwerpunkt dieser vom Institut für Landschaftsgestaltung und Gartenbau der Universität für Bodenkultur in Wien durchgeführten und unter dem Titel „Kartierung ausgewählter Kulturlandschaften Österreichs" (Fink u.a. 1989) publizierten Studie bildet dabei die exemplarische Inventarisierung und Typisierung charakteristischer Landschaftselemente.

Zielsetzung und Arbeitsweise

Die Auswahl repräsentativer Kartierungsflächen bzw. Testgebiete orientiert sich unter Berücksichtigung der österreichischen Großlandschaften an charakteristischen Landschaftstypen (ebd.: 21). Zudem ist eine Bezugnahme auf agrarwirtschaftlich unterschiedlich genutzte Räume hervorzuheben (ebd.: 24–25):

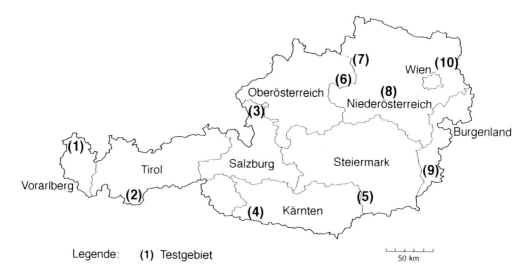

Abb. 1: Lage der Testgebiete (Fink u.a. 1989: 21)

Die durch historisch-genetische und aktuellgeographisch-planungsbezogene Arbeitsmethoden gekennzeichnete Grundlagenerhebung dient zunächst der Ermittlung sog. Kulturlandschaftsrohtypen, die einerseits durch eine traditionelle Bearbeitung topographischer und thematischer Kartenwerke, andererseits durch eine EDV-gestützte Auswertung des Karteninhaltes der amtlichen Österreichischen Karte 1:50 000 gewonnen wurden. In der Summe gelangen vier Kartierungsmethoden (ebd.: 27, 301–302) zur Anwendung, wodurch eine Aufnahme der wesentlichsten Kenndaten bezüglich Relief und Landnutzung sowie in Hinblick auf Art und Zustand der Vegetation in insgesamt 10 Testgebieten erfolgt (Tab. 1 und Abb. 1):

- Stichprobenkartierung von Rasterfeldern (500 m x 500 m) im Maßstab 1:10 000, die auf Basis der durch EDV-Auswertung ermittelten Kulturlandschaftsrohtypen mehr als ein Drittel der Gesamtfläche eines Testgebietes flächendeckend umfassen.
- Flächenhafte Kartierung großer zusammenhängender Ausschnitte von Testgebieten im Maßstab 1:10 000, die ebenfalls über ein Drittel der Gesamtfläche ausmachen.

Tab. 1: Charakteristik der Testgebiete (Fink u.a. 1989: 21–25)

Testgebiete	Landschaftstypen	Räume agrarwirtschaftlicher Nutzung
Mittlerer Bregenzer Wald (1)	Flysch-Helvetikum-Mittelgebirge, z.T. mit Hochgebirgscharakter*	Alpiner Raum flächenextensiver Rinderwirtschaft*, Inneralpiner Raum intensiver Rinderhaltung in ökologisch wie marktwirtschaftlich günstigen Lagen*
Ötztal: Raum Umhausen, Raum Obergurgl (2)	Kristallin-Hochgebirge, Inneralpiner Hochtalboden*	Alpiner Raum flächenextensiver Rinderwirtschaft*
Flachgau: Raum Wallersee (3)	Moränenlandschaft des Alpenvorlandes**	Voralpiner Raum intensiver Rinderhaltung in ökologisch wie marktwirtschaftlich günstigen Lagen*
Gailtal, Lesachtal (4)	Inneralpine Haupttallandschaft*	Alpiner Raum flächenextensiver Rinderwirtschaft*
Weststeiermark: Raum Deutschlandsberg (5)	Rand des Kristallin-Mittelgebirges*	Alpiner Raum flächenextensiver Rinderwirtschaft*, Raum kleinbetrieblicher, flächenintensiver Viehwirtschaft (auf der Basis von Futter- und akzessorischem Ackerbau) in randalpinen Hochlagen*
Südliches Mühlviertel, Machland, Strengberge (6)	Südabdachung der Böhmischen Masse***, Terrassenlandschaft der Donau, Schlierhügelland des Alpenvorlandes**	Raum kleinbetrieblicher, flächenintensiver Viehwirtschaft (auf der Basis von Futter- und akzessorischem Ackerbau) in außeralpinen Hochlagen*, Raum intensiver verbundener Acker- und Viehwirtschaft in marktwirtschaftlich wie ökologisch günstigen Lagen der außeralpinen Flach- und Hügelländer**
Südwestliches Waldviertel (7)	Hochland der Böhmischen Masse***	Außeralpiner Raum flächenextensiver Rinderwirtschaft*, Raum klein- und mittelbetrieblicher verbundener Acker- und Viehwirtschaft in ökologisch wie verkehrsmäßig ungünstigen außeralpinen Hochlagen***
Östliches Alpenvorland und Voralpen: Raum Traisendurchbruch, Sierninggebiet (8)	Terrassenlandschaft des Alpenvorlandes**, Flyschvoralpen*	Raum kleinbetrieblicher, flächenintensiver Viehwirtschaft (auf der Basis von Futter- und akzessorischem Ackerbau) in randalpinen Hochlagen*, Raum intensiver verbundener Acker- und Viehwirtschaft in marktwirtschaftlich wie ökologisch günstigen Lagen der außeralpinen Flach- und Hügelländer**, Raum betonter Ackerwirtschaft mit akzessorischer Viehwirtschaft im pannonischen Bereich***
Südburgenland: Raum Rechnitz, Raum Unteres Pinkatal (9)	Kristallin-Mittelgebirge*, Steirisch-südburgenländisches Hügelland**	Raum kleinbetrieblicher verbundener Acker- und Viehwirtschaft mit bedeutendem Nebenerwerb**
Marchgebiet: Südöstliches Weinviertel, Südöstliches Marchfeld (10)	Terrassenlandschaft des östlichen Weinviertels an der March**	Raum betonter Ackerwirtschaft mit akzessorischer Viehwirtschaft im pannonischen Bereich***, Raum betonter Ackerwirtschaft mit fortgeschrittenem Abbau der Viehwirtschaft im Nahbereich von Wien***
* Alpine Landschaftstypen ** Vorländer und Beckenlandschaften *** Granit- und Gneishochland		* Räume vorherrschender Viehwirtschaft auf der Basis von betontem Futterbau ** Räume verbundener Acker- und Viehwirtschaft *** Räume betonter Ackerwirtschaft mit akzessorischer Viehwirtschaft

- Flächendeckende Kartierung des gesamten Testgebietes im Maßstab 1:25 000.
- Transektkartierungen im Maßstab 1:25 000, die auf Basis der Gitterquadrate des österreichischen Bundesmeldenetzes flächendeckend einen 2 bis 4 km breiten Streifen umfassen und nach erfolgter Auswertung sowie Abgrenzung der Typen und Subtypen in einem weiteren Kartierungsschritt für den verbleibenden Rest des Testgebietes nachgeführt werden.

Aus der in einem gesonderten Dokumentationsteil verzeichneten Auswertung der ermittelten Daten resultiert ein umfangreicher Informationskatalog, der neben hierarchischen Landschaftsgliederungen und Landschaftsprofilen sowie kartographischen Darstellungen und Vegetationstabellen vor allem Typenporträts in Form standardisierter Kurztexte über die erhobenen Kulturlandschaftstypen enthält.

Besonders hervorzuheben ist eine Zusammenfassung der insgesamt 52 Typen zu Kulturlandschaftsreihen und -gruppen aufgrund ähnlicher Parameter (dominierende Landnutzung in Vergangenheit und Gegenwart, naturräumliche Grundlagenfaktoren, naturnahe und nutzungsbedingte Vegetationsstrukturen usw.), die als Versuch einer synoptischen Betrachtung des Einflusses von Landnutzung und Intensität der Bewirtschaftung auf den ökologischen und physiognomischen Inhalt ähnlicher Kulturlandschaften zu sehen sind. Ein weiteres Ergebnis ist die Erfassung der einzelnen Kulturlandschaftselemente und deren Einordnung in Reihen und Gruppen, wodurch nicht zuletzt Aussagen über naturnah strukturierte Kulturlandschaften oder gegenteilige Nutzungsformen ermöglicht werden.

Bewertung

Im Mittelpunkt der Projektstudie steht demnach eine detaillierte Kartierung und Dokumentation unterschiedlicher Kulturlandschaftstypen auf naturwissenschaftlicher Basis. Der über Aussagen zum gegenwärtigen Landschaftsbild hinausgehende Wert der ermittelten Daten resultiert jedoch erst aus einem – in die Untersuchung nicht einbezogenen – Vergleich mit früheren Phasen der Kulturlandschaftsgenese, denn der dynamische Aspekt wirkt bei der Veränderung anthropogen gestalteter Räume in besonderer Weise landschaftsbestimmend. Eine quantitative Auswertung des umfangreichen Datenmaterials bleibt daher – auch in Hinblick auf landschaftsökologische Planungskonzepte – weiteren Studien zum Thema Kulturlandschaft vorbehalten. Demgegenüber sind die Erstellung differenzierter Kartierungsmethoden für zeitlich länger anberaumte Forschungsprojekte sowie jene Möglichkeiten hervorzuheben, die aufgrund der Erörterung und Fixierung unterschiedlicher Problemfelder des Kulturlandschaftsschutzes praxisorientierte Relevanz aufweisen.

Projektbeschreibungen

Amt der Kärntner Landesregierung (Hrsg.; 1994): Kulturlandschaftsprojekte in Kärnten. – Klagenfurt.
Bogner, D. (1995): Kulturlandschaftsprogramm Obervellach. Teil 1–4 (Studie im Auftrag der Gemeinde Obervellach und des Amtes der Kärntner Landesregierung). – Klagenfurt.
Gollob, B. (1995): Kulturlandschaftskartierung Egg/Nampoloch (Studie im Auftrag des Kulturlandschaftsvereins Egg/Nampoloch). – Klagenfurt.
Gollob, B. & M. Jungmeier (1996): Kulturlandschaftserhebung Malta (Studie im Auftrag der Nationalparkverwaltung Kärnten). – Klagenfurt.
Grünweis, F.M. & J. Kräftner, J. (1984): Gliederung der Landschaft Wiens in Kulturlandschaftstypen unter Berücksichtigung ökologischer und gestalterischer Gesichtspunkte (Studie im Auftrag des Magistrats der Stadt Wien). – Wien.
Hacker, A. (1994): Kulturlandschafts- und Biotopkartierung Gemeinde Arriach (Studie im Auftrag des Amtes der Kärntner Landesregierung). – Villach.
Jungmeier, M. (1995): Kulturlandschaftserhebung Oberes Mölltal. Teil 1–6 (Studie im Auftrag des Bundesministeriums für Umwelt, Jugend und Familie). – Wien.
Jungmeier, M. & H. Kutzenberger (1990): Kulturlandschaftskartierung Krumbach. Teil 1–3 (Studie im Auftrag des Bundesministeriums für Umwelt, Jugend und Familie). – Orth a.d. Donau.
Jungmeier, M., G. Egger u.a. (1993): Kulturlandschaftsprogramm Heiligenblut. Teil 1–2 (Studie im Auftrag der Nationalparkverwaltung Kärnten). – Klagenfurt.
Jungmeier, M., G. Egger u.a. (1993): Kulturlandschaftsprogramm Mallnitz. Grundlagenerhebung, Konzeption, Umsetzung (Umweltbundesamt, Monographien 31). – Wien.

Mast, U. (1992): Kulturlandschaftsinventar Tirol (Studie im Auftrag des Amtes der Tiroler Landesregierung). – Innsbruck.
Matouch, S., E. Mattanovich u.a. (1992): Kulturlandschaftstypisierung Lesachtal (Studie im Auftrag des Amtes der Kärntner Landesregierung). – Wien.
Michor, K. (1993): Kulturlandschaftsprojekt Maria Rojach-Lindhof unter besonderer Berücksichtigung des Obstbaues in der Region. (Studie im Auftrag des Amtes der Kärntner Landesregierung). – Lienz.

Literatur

Begusch, C. & H. Pirkl (1995): Forschungskonzept 1995. Kulturlandschaftsforschung (Studie im Auftrag des Bundesministeriums für Wissenschaft, Forschung und Kunst). – Wien.
Broggi, M. & E. Mattanovich (1994): Kulturlandschaft 2000 im Alpenraum. – Technische Universität Graz, Institut für Verfahrenstechnik (Hrsg.): Mensch und Gesellschaft 2000. Graz: 145–155.
Dietl, W. (1981): Die Kartierung der Vegetation als Grundlage für standortgemäße Bewirtschaftung von alpinen Kulturlandschaften. – Angewandte Pflanzensoziologie 26: 37–49.
Fink, M.H., F.M. Grünweis u.a. (1989): Kartierung ausgewählter Kulturlandschaften Österreichs (Umweltbundesamt, Monographien 11). – Wien.
Grabherr, G. (1994): Naturschutz. Promoter oder Gegner einer nachhaltigen Kulturlandschaftsentwicklung. – Technische Universität Graz, Institut für Verfahrenstechnik (Hrsg.): Mensch und Landschaft 2000. Graz: 8–17.
Hönes, E.R.(1991): Zur Schutzkategorie „Historische Kulturlandschaft". – Natur und Landschaft 66 (2): 87–90.
Kärntner Agrarmarketing Gesellschaft (Hrsg.; 1992): Integriertes Kärntner Kulturlandschaftsprogramm. Protokoll zur gleichnamigen Tagung (7.–8.1.1992, Ossiach a. See). – Ossiach a. See.
Paar, M. & M. Tiefenbach (1990): Förderungsprogramme zur Pflege und Erhaltung der Kulturlandschaft in Europa (Umweltbundesamt, Reports 90–037). – Wien.
Scheiber, E. (1989): Umbruch in der Landwirtschaft. Chance für die Kulturlandschaft? (Reihe des Club Niederösterreich 2/89). – Wien.
Stehr, N. (1994): Moderne gesellschaftliche Prozesse. Motor der Kulturlandschaftsbewegung. – Technische Universität Graz, Institut für Verfahrenstechnik (Hrsg.): Mensch und Landschaft 2000. Graz: 69–86.
Weish, P. (1992): Kultur- und Naturlandschaften. Konzepte zu ihrer Erhaltung. – H. Franz (Hrsg.): Die Störung der ökologischen Ordnung in den Kulturlandschaften (Veröffentlichungen der Kommission für Humanökologie 3). Wien.
Woltering, U. (1993): Historische Kulturlandschaften und Kulturlandschaftsbestandteile. – Natur- und Landschaftskunde 29: 10–14.
Weber, G. (1994): Nutzungskonflikte in der österreichischen Kulturlandschaft. Problemlöser Raumplanung? – Technische Universität Graz, Institut für Verfahrenstechnik (Hrsg.): Mensch und Landschaft 2000. Graz: 52–59.
Wrbka, T. (1992): Ökologische Charakteristik österreichischer Kulturlandschaften. – Diss. Wien.

Kulturlandschaftspflege in Nordrhein-Westfalen – Ein Forschungsauftrag des Ministeriums für Umwelt, Raumordnung und Landwirtschaft von Nordrhein-Westfalen an das Seminar für Historische Geographie der Universität Bonn

Peter Burggraaff

Auftraggeber und Arbeitsauftrag

Aus der Einsicht in die Notwendigkeit einer umfassenden Kulturlandschaftspflege als Ergänzung und Erweiterung der noch immer vorwiegend objektbezogenen Denkmalpflege und des hauptsächlich ökologisch orientierten Naturschutzes wurde auf einem Expertentreffen mit Vertretern des Umweltministeriums, des Ministeriums für Städtebau und der Denkmalpflege (Rheinisches Amt für Bodendenkmalpflege, RAB) im Juni 1992 in Königswinter der Direktor des Seminars für Historische Geographie der Universität Bonn, Prof. Dr. Klaus Fehn, aufgefordert, eine Projektbeschreibung für ein Kulturlandschaftspflegekonzept für Nordrhein-Westfalen zu erarbeiten. Diese wurde im November 1992 fertiggestellt und mit der Landesanstalt für Ökologie, Bodenordnung und Forsten (Dr. Brocksieper und Dr. Verbücheln) abgestimmt. Am 4.2.1993 wurde schließlich ein Forschungsauftrag „Erstellung eines Fachgutachtens zur Kulturlandschaftspflege in Nordrhein-Westfalen" an das Seminar für Historische Geographie der Universität vergeben; als Bearbeiter wurde der Verf. bestimmt. Die Arbeiten daran wurden im Frühjahr 1996 abgeschlossen. Der Forschungsauftrag umfaßte folgende Hauptaufgaben:

1. Gliederung des Landes in kulturlandschaftliche Großeinheiten auf der Basis der kulturlandschaftlichen Entwicklung seit 1840;
2. Übersicht über die wichtigsten historischen Kulturlandschaftselemente und Erarbeitung von Kriterien zu deren Bewertung;
3. Formulierung von Leitbildern für die Zukunft unter Berücksichtigung der Genese und der Gefährdung;
4. Untersuchung ausgewählter, für die Großeinheiten repräsentativer Modellräume nach Schutzwürdigkeit der einzelnen Kulturlandschaftselemente und Entwicklung von Schutzkonzepten;
5. Systematische Erörterung der unterschiedlichen und gemeinsamen Zielsetzungen von Biotop- und Artenschutz gegenüber dem Kulturlandschaftsschutz; Vorschläge für die Harmonisierung beider Schutzzielebenen;
6. Detailliertes Konzept für die landesweite Kartierung, Bewertung und Darstellung der Kulturlandschaftselemente und der Erfassung von schützenswerten Kulturlandschaften und Kulturlandschaftsteilen.

Ergänzend wurden von Rolf Plöger digitale Karten in einem geographischen Informationssystem erstellt.

Kulturlandschaftsgliederung in unterschiedlichen Maßstäben: Methoden und Kriterien

Die heutige historisch gewachsene, seit etwa 1840 flächendeckend kartographisch erfaßbare Kulturlandschaft Nordrhein-Westfalen wurde unter Beachtung kulturhistorischer und ökologischer Aspekte zusammenhängend untersucht. Es wurde eine *Kulturlandschaftsgliederung* erarbeitet, die sich pragmatisch an den Verwaltungsebenen (Land, Regierungsbezirken, Kommunen) des Landes mit den dazugehörigen Planungs- und Schutzinstrumenten orientiert:

I. *Großräumige Kulturlandschaften* mit einem Bearbeitungsmaßstab von 1:500.000–1.500.000 für den Landesentwicklungsplan (LEP) und das Landschaftsprogramm (LaPro), Formulierung von Schutzzielen und Leitbildern (Landesebene);
II. *Kulturlandschaftseinheiten* mit einem Bearbeitungsmaßstab von 1:50.000 bis 1:100.000 für den Gebietsentwicklungsplan (GEP), Charakterisierung mit Leitbildern. Schutzinstrumente sind Naturparke und die sog. „wertvollen Kulturlandschaften" des LEP und des LaPro-Entwurfs (Regierungsbezirksebene);
III. *Kulturlandschaftsbereiche* mit einem Bearbeitungsmaßstab 1:10.000 bis 1:25.000 nach dem neuen Fachbeitrag des Landschaftschaftsplans (§ 15a Landschaftsgesetz Nordrhein-Westfalen) und Bebauungsplan mit Leit- und Entwicklungszielen. Schutzinstrumente sind Landschafts- und größere Naturschutzgebiete auch mit landeskundlicher (kulturhistorischer) Begründung (Kommunalebene);
IV. *Kulturlandschaftsbestandteile* mit einem Bearbeitungsmaßstab 1:5.000 bis 1:25.000 für den Landschafts-, Flächennutzungs- und Bebauungsplan mit Entwicklungs- und Leitzielen. Schutzinstrumente sind Naturschutzgebiete und größere Denkmalbereiche. Hier werden Leitziele (Kulturlandschaftsqualitätsziele) formuliert, die für die Modellgebiete erarbeitet wurden (Kommunalebene);
V. *Kulturlandschaftselemente* mit einem Bearbeitungsmaßstab von 1:5.000 bis 1:25.000. Planungsebene ist der Landschafts-, Flächennutzungs- und Bebauungsplan. Schutzinstrumente sind Bau- und Bodendenkmäler, Denkmalensembles, kleine Denkmalbereiche, Naturdenkmäler und geschützte Landschaftsbestandteile, Landesbiotope, Naturwaldzellen (Kommunalebene).

Für die *Ausgliederung der verschiedenen Kulturlandschaften* in Nordrhein-Westfalen wurden Kriterien erarbeitet, welche vor allem das Sichtbare (z.B. offenes, geschlossenes und abwechslungsreiches Landschaftsbild), die historische Entwicklung, dominante bzw. diverse Funktionsbereiche mit den damit verbundenen Nutzungen und die Erschließung berücksichtigen. Die kulturlandschaftsprägenden Funktionsbereiche wurden gegliedert in:

1) Gesellschaftlich, politisch und religionsbezogene Funktionsbereiche
   – Religion/Kirche
   – Militär/Verteidigung
   – Herrschaft/Verwaltung/Recht
   – Raumordnung/Planung/Landschafts-/Natur-/Denkmalschutz
2) Wirtschaftlich orientierte Funktionsbereiche
   – Landwirtschaft
   – Forstwirtschaft
   – Bergbau
   – Gewerbe/Industrie
   – Dienstleistung
   – Wasserbau/Wasserwesen
   – Verkehr/Transport/Infrastruktur
3) Sozial und kulturell geprägte Funktionsbereiche
   – Soziales (Ausbildung und Gesundheitswesen)
   – Wohnen/Siedlungswesen
   – Kultur/Erholung/Fremdenverkehr

Aufgrund dieser Funktionsbereiche wurde eine Liste mit der Einteilung der Kulturlandschaftselemente nach punkthaftem Charakter, verbindenden und strukturbildenden Linien sowie zusammenhängenden Flächenelementen und funktionsbezogenen Kulturlandschaftsbestandteilen erarbeitet.
Die Funktionsbereiche wurden betrachtet nach:

1. ihrer historischen Entwicklung: So haben Landwirtschaft, Wohnen, Religion, Schutz (Verteidigung), Gewerbe und Bergbau, Handel und Verkehr, Herrschaft lange Traditionen, wohingegen Industrie, moderne Dienstleistungen, Schnelltransport, die Wasser- und Energieversorgung, Kommunikation, Raumordnung und Planung noch relativ jung (19. und 20. Jahrhundert) sind;
2. ihren Anteilen an der Raumnutzung (Landesgebiet NRW): Landwirtschaftliche Nutzflächen (Tendenz abnehmend) mit 46,2% (davon 70% Ackerland) und Forstwirtschaft (Tendenz zunehmend) mit 25,8%

(darunter 55% Nadelwald). Beide Nutzungen zusammen prägen mit 72% der Landesfläche das Landschaftsbild. Dem stehen gegenüber an bebauten und versiegelten Flächen 20,5%; 14,2% für Wohnen, Industrie, Gewerbe, Bergbau, Dienstleistung, Handel und 6,3% für Verkehr und Transport (Tendenz zunehmend). Naturschutzgebiete mit 2,6%, Landschaftsschutzgebiete mit 44% und Naturparks mit 29,3% der Landesfläche befinden sich vor allem in land- und forstwirtschaftlich geprägten Regionen;

3. ihren Erscheinungs- und Gestaltungsformen (Punkte, Linien und Flächen, Zusammenhänge) in der Landschaft. Die durch die *Landwirtschaft* geprägten Kulturlandschaftsstrukturen und -elemente bestehen aus Parzellierungssystemen (Streifen, Blöcken, modernen und gemischten Formen inklusive der sichtbaren Abgrenzungen), vielen und vielfältigen kleinen Elementen, dominierenden Agrarnutzungsformen (Verhältnis Acker- und Grünland, gemischte Formen und Sonderkulturen), Hofformen und der Hoflage im Bezug auf Land- oder Ortsanbindung.

Die Flächen der *Forstwirtschaft* sind in ihrer Größe, dazu nach der Zusammensetzung des Holzbodens in Laub-, Misch- und Nadelwälder und nach ihren Wirtschaftsformen (Nieder-, Mittel- und Hochwald) zu unterscheiden. Außerdem sind in diesem Rahmen ebenfalls die Waldverbreitung und die Größe der einzelnen Waldflächen sowie das Verhältnis zwischen Nadel- und Laubwald berücksichtigt worden. *Bergbau, das Gewerbe und die Industrie* prägen durch eine Vielzahl optisch deutlich erkennbarer Elemente und Strukturen die Landschaft. Bei der Betrachtung auf Landesebene sind besonders die Konzentrationen und Ballungen dieser Aktivitäten zu berücksichtigen. Beim *Siedlungswesen* geht es besonders um die Formen, Strukturen und Konzentrationen von Siedlungen (Einzel-, Streu-, Dorfsiedlung und Städte). Dabei müssen auch die Baumaterialien berücksichtigt werden, die besonders vor 1950 noch sehr regionsgebunden waren. Eine Sondergruppe bilden die Bauwerke, die keinen wirtschaftlichen und sozialen Funktionen zuzuordnen sind. Hier handelt es sich insbesondere um kirchliche, militärische und administrative Einrichtungen, die in die Gesamtbetrachtung der Siedlungsstrukturen und -konzentrationen miteinbezogen werden müssen. *Verkehr und Transport* betonen das verbindende Element in der Kulturlandschaft und beeinflussen maßgeblich Standortbedingungen und -wahlen (Aktiv- und Passivräume)

4. ihren Auswirkungen auf die Kulturlandschaftsentwicklung und -gestaltung (Gefährdung, Schutzziele): Die Kulturlandschaft (Landnutzungsverhältnisse und -systeme, Nutzungsveränderungen, Eingriffe) hat sich im Laufe der Zeit und besonders seit der kartographisch erfaßbare Periode 1840 ständig und nachhaltig sowie mit einer zunehmenden Dynamik verändert. So nahmen z.B. die Landwirtschaftsflächen durch Rodungen und Kultivierungen von Moor-, Heide- und Waldflächen im 19. und 20. Jahrhundert stark zu. Extensiv genutzte Heide- und Moorflächen sind bis auf einige Restflächen verschwunden sowie Bruchgebiete melioriert. Die naturräumlich vorgegebene Verteilung in Land- und Wasserflächen wurde aufgrund moderner Technik besonders im Mittelgebirgsraum mit der Errichtung von 73 Talsperren und in Flußauen mit Baggerseen verändert. Weitere neue Elemente sind Kanäle und Entwässerungssysteme.

Die Entwicklung der Kulturlandschaften wurde seit 1840 mit Kulturlandschaftswandelkarten aufgrund Altkartenvergleich mit den Perioden: vor 1840, 1840–1900, 1900–1955, 1955–heute erarbeitet. Hieraus wurden mit der Anwendung des GIS generalisierte Landnutzungskarten von 1840, 1950 und heute sowie eine Kartierung relativer Veränderung und Persistenz in der Kulturlandschaft 1840 bis heute erstellt. Außerdem wurden hierfür verschiedene Verbreitungs- und thematische Karten genutzt bzw. angefertigt (Abb. 1).

Ausgliederung von großräumigen Kulturlandschaften und Erfassung von Gefährdungstendenzen

Es wurden zehn großräumige Kulturlandschaften (vgl. die acht Großlandschaften von „Natur 2000", 1994 und „Entwurf des LaPro", 1996) ausgegliedert und beschrieben (Abb. 2):

1. Tiefland nördlich des Wiehengebirges
2. Weserbergland
3. Östliches Münsterland
4. Westliches Münsterland

Die Entwicklung der Kulturlandschaft

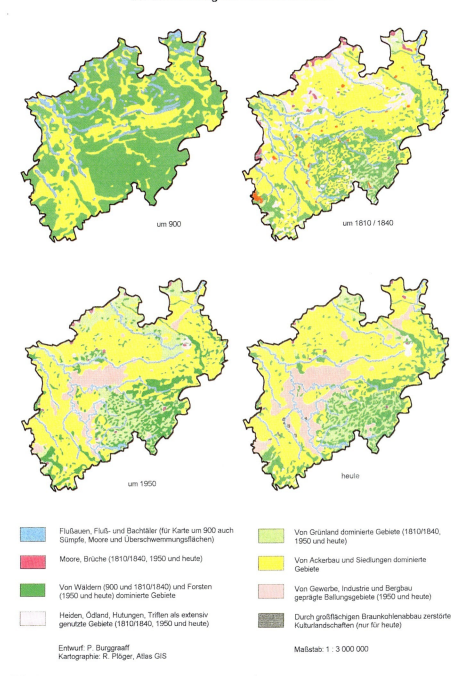

Abb. 1

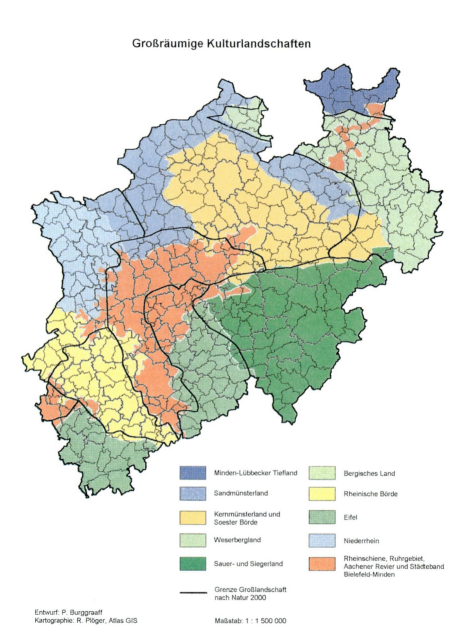

Abb. 2

5. Sauer- und Siegerland
6. Bergisches Land
7. Rheinische Börde
8. Eifel
9. Niederrhein
10. Ballungsräume an Rhein und Ruhr, Aachener Revier und Städteband Bielefeld-Minden

Halbquantitative Aussagen zu den vorhandenen Kulturlandschaftselementen und ihre Bewertung sind auf dieser Ebene im Gegensatz zu den Modellgebieten nur flächig und beschränkt möglich, weil es kein Kulturlandschaftskataster gibt. Nur die Daten der Denkmalpflege (eingetragene Bau- und Bodendenkmäler, Denkmalbereiche, teilweise in EDV) und des Naturschutzes (Naturdenkmäler, Naturschutzgebiete, Biotopkataster in EDV) sind systematisch erfaßt worden. Die quantitativ orientierten flächigen Aussagen zu den Kulturlandschaftselementen beziehen sich auf die Entwicklungen der letzten 150 Jahre mittels Kartenvergleichen.

Die *Gefährdung aus der Entwicklungstendenz der letzten 150 Jahre* wurde aufgrund der Kulturlandschaftsentwicklung seit etwa 1840 erarbeitet. Neugestaltungen und Veränderungen hatten immer gefährdende und sogar zerstörende Auswirkungen auf historische Kulturlandschaftselemente. Die wichtigsten Gefährdungen (aufgrund technischer Errungenschaften innerhalb der unterschiedlichen Funktionsbereiche) für die historisch gewachsene Kulturlandschaft seit 1840 sind:

– zunehmend großflächigere Rohstoffgewinnung (Braunkohlen, Kies, Wassergewinnungsanlagen),
– Anlage von Talsperren,
– Zusammenlegungen, Modernisierung und Intensivierung der Landwirtschaft (ausgeräumte, offene Landschaften), zunehmende Anwendung von Pestiziden, Kunstdünger und Gülle (Eutrophierung), Umbruch von Grün- in Ackerland (besonders in Auenbereichen),
– Emissionsbelastungen („neuartige Waldschäden"),
– Aufforstungen von Fichtenmonokulturen auf Ödland und ehemaligen Laubwaldflächen,
– Vereinheitlichung der Bausubstanz durch die Verwendung von ortsfremden Bauformen und Baumaterialien,
– starke Verdichtungstendenzen im Umland der Städte und Dörfer (Neubau- und Gewerbegebiete) und zunehmende Bodenversiegelung,
– Beeinträchtigung des Landschaftsbildes (Blickhorizont) durch Windparkanlagen und Hochspannungsleitungen,
– Ausweisung von großräumigen Sukzessionsflächen (Uniformierung der Natur),
– Auswirkungen des Straßen- und Eisenbahnbaus (Zerschneidung),
– Begradigungen, Einfassungen und Verrohrungen von Wasserläufen,
– Auswirkungen des Massentourismus.

Kulturlandschaftsveränderungen in der Vergangenheit, wie ältere Rekultivierungen, Zusammenlegungen, Talsperren, Gruben mit Sekundärbiotopen, Industriekomplexe und -brachen, werden allerdings heute häufig als wichtige Phasen der Kulturlandschaftsentwicklung gesehen und ihnen folglich kulturhistorische Werte beigemessen.

Formulierung von Schutzzielen und Leitbildern

Die *Formulierung landesweiter und überregionaler Schutzziele* kann ohne Bewertung nicht vorgenommen werden und bezieht sich auf einen behutsamen Umgang (Ziel) mit der charakteristischen Eigenart, Vielfalt und Schönheit der großräumigen Kulturlandschaften (Leitbild) aufgrund der Entwicklungen seit 1840 und der damit verbundenen regionalen Identität (Nutzungsformen, Hausformen und -materialien) in der Raumordnung. Die Ziele sind:

– Verlangsamung des Prozesses beständiger Uniformierung der Kulturlandschaften in den Bauformen und -materialien sowie in der Waldbestockung und Ackernutzung (Maisanbau) der Kulturlandschaften,

- Berücksichtigung der gewachsenen Verbundenheit der Einwohner mit ihrer Kulturlandschaft,
- Beachtung der tradierten und regionsspezifischen Nutzungs- und Bewirtschaftungsformen (z.B. in Mittelgebirgswäldern, Agrarflächen können auch mit neuen, das Landschaftsbild erhaltenden Nutzungsformen wie extensive Mastviehhaltung und ökologischem Landbau freigehalten werden),
- rechtzeitige Berücksichtigung von zukünftigen Entwicklungen (Europa, Bund) mit geeigneten Konzepten und alternativen Nutzungsformen wie z.b. für den Rückzug der Landwirtschaft, Flächenstillegungen und Brachen, Aufforstungen, Konversionsprogramme, Industriebrache und Sanierung von alten Industrie-, Gewerbe- und Bergbauflächen,
- gleichberechtigte Berücksichtigung der Vielfalt und Eigenart von historisch gewachsenen Kulturlandschaften und des Landschaftsbildes in zukünftigen Planungen,
- wertvolle (einmalige) historische und weitgehend intakte Kulturlandschaftsbereiche müssen effektiv nach § 2, Nr. 13 des Landschaftsgesetzes erhalten werden (Kulturlandschaftsschutzgebiete),
- Erhaltung von großflächigen historischen Flursystemen (nicht nach 1960 zusammengelegt),
- Erhaltung von tradierten Waldbewirtschaftungssystemen (Nieder- und Mittelwald, Hauberge, Lohwald, Hudewald).

Die Schutzziele sind in die *Leitbilder für die großräumigen Kulturlandschaften* aufgenommen worden. Die Leitbilder sind für das Landschaftsprogramm (LaPro) und den Landesentwicklungsplan (LEP) von Bedeutung. Hier haben die kulturhistorischen Aspekte den gleichen Stellenwert wie die ökologischen. Die Leitbilder müssen für die nachgeordneten Planungsebenen entsprechend detailliert in Leitlinien und Entwicklungszielen ausgearbeitet werden. Die Leitbilder enthalten weiterhin visuelle Aspekte, Dynamik, Persistenz, Entwicklungstendenzen, dominante Funktionen, Traditionen und identitätsstiftende Merkmale. Die Leitlinien können durch allgemeine Zielvorgaben aus Gesetzen, Programmen oder Plänen ergänzt werden. Sie sehen in allgemeiner Form den behutsameren Umgang mit den unterschiedlichen Kulturlandschaftstypen (Erhaltung charakteristischer Kulturgüter) vor. Aus diesen Leitlinien sind für die Modellgebiete Leitziele (abgestufte Kulturlandschaftsqualitätsziele) erarbeitet worden.

Kulturlandschaftswandel- und Reliktkarten in Modellräumen als Basis für Leitlinien der Pflege

In den Modellgebieten werden die Untersuchungsergebnisse weiter differenziert. Es wurden Gebiete ausgewählt, von denen bereits detaillierte Untersuchungen vorliegen:

- Wiehengebirge: Rothernuffeln-Wulferdingsen
- Weserbergland: Stadt und Umland Lemgo
- Westliches Münsterland: Oeding und Umgebung
- Sauer- und Siegerland: Netphen und Umgebung
- Bergisches Land: Hückeswagen
- Rheinische Börde: Viersen und Holzweiler (Garzweiler II)
- Eifel: Monschauer Raum
- Niederrhein: Raum zwischen Emmerich und Rees (Hetter und Millingen)
- Ballungsräume (Rheinschiene): Porz-Wahnheide-Lohmar

Für die Modellräume wurden Kulturlandschaftswandelkarten 1:25.000 und Karten der historischen Kulturlandschaftselemente und persistenten Landnutzungsformen (Reliktkarten) unter Berücksichtigung der eingetragenen Denkmäler und der Daten des Naturschutzes (Biotopkataster, Naturschutzgebiete, Naturdenkmäler und geschützte Landschaftsbestandteile) erarbeitet. Aufgrund dieser Karten und Daten werden die unterschiedlichen Kulturlandschaftsbereiche kartiert, so etwa Reste der offenen Naturlandschaft (z.B. Moore), bäuerliche und junge Kultivierungslandschaft, aufgeforstete Räume. Hierbei spielen neben der Entwicklung auch das Straßen-, Siedlungs-, Industrie- und Gewerbegefüge, die Landnutzung, die Rohstoffgewinnung und das Landschaftsbild (Kammerung der Kulturlandschaft, Bebauungsgrad, Wald-Offenland, Flach- oder Bergland) eine wichtige Rolle. Außerdem werden detaillierte Leitlinien formuliert.

Kulturlandschaftspflegekonzepte

Aufgrund dieser Kartierungen und der Bewertung können Kulturlandschaftspflegekonzepte aufgrund der bisherigen Naturschutz- und Denkmalpflegekonzepte erarbeitet werden. In den bestehenden hauptsächlich ökologisch begründeten Naturschutzgebieten werden bereits naturnahe kulturhistorische Elemente und Strukturen ebenfalls geschützt. Wenn die im Gesetz vorgesehenen landeskundlichen Möglichkeiten konsequent angewandt würden, bedeutete dies einen wichtigen Schritt in Richtung eines kulturhistorisch begründeten Schutzkonzepts. Daneben sind weitere Möglichkeiten aufgrund der heutigen Gesetze vorstellbar. Dort finden sich Passagen, die sich durchaus auf die Belange der historisch gewachsenen Kulturlandschaft beziehen. Möglich sind weitere Schutzformen:

- Ausweisung von flächenmäßig erweiterten Denkmalbereichen (Kulturlandschaftsdenkmälern),
- Berücksichtigung kulturhistorischer Aspekte bei der Ausweisung von Landschaftsschutzgebieten aufgrund des Landschafts- und Ortsbildes,
- Einrichtung von „Kulturlandschaftserlebnisgebieten" ähnlich wie die Naturerlebnisgebiete,
- konsequentere Anwendung der kulturhistorischen Aspekte in den Landesprogrammen (z.B. Mittelgebirgs- und Wiesenprogramm).

Auch außerhalb der Schutzgebiete müßte rücksichtsvoller mit der Kulturlandschaft umgegangen werden. Dies bedeutet:

- Berücksichtigung der Kulturgüter (kulturelles Erbe) in der Umweltverträglichkeitsprüfung,
- Blick auf flächige und zusammenhängende Strukturen in der Denkmalpflege,
- auf kommunaler Ebene (Planungshoheit der Gemeinden) müßten die Belange der historisch gewachsenen Kulturlandschaft in der Flächennutzungs- und Bauleitplanung Eingang finden (erhaltende Dorferneuerungs- und Ortsentwicklungsplanung).

Bei der Benennung von Prioritäten für den Schutz der verschiedenen Kulturlandschaftselemente ergibt sich allerdings das Problem, daß viele Elemente der Kulturlandschaft kaum von der Denkmalpflege erfaßt werden (Gunzelmann 1987), so Gärten, Ackerterrassen, Mühlenteiche und -gräben, Plaggenesche, Wallhecken als Parzellenbegrenzung. Außerdem wurden historische Strukturen wie Ortsformen, Flurwegegefüge, Flurformen, Bewässerungs- und Entwässerungssysteme bisher kaum berücksichtigt. Anthropogen beeinflußte naturnahe Strukturen werden, wenn sie hohe ökologischen Werte aufweisen, vom Natur- und Landschaftsschutz als erhaltenswert erkannt. Sie sind jedoch auch aus einer kulturlandschaftlich orientierten Betrachtungsweise in Wert zu setzen. Es geht dabei um:

- die Erhaltung und den Schutz von intakten kulturhistorischen, punkt-, linien- und flächenhaften Elementen, Strukturen und zusammenhängenden Flächen als Denkmäler oder geschützte (Kultur)Landschaftsbestandteile und flächige Kulturlandschaftsdenkmäler (größer als Denkmalbereiche), wobei auch die nicht sichtbaren überlieferten und praktizierten Verwaltungs- und Bewirtschaftsstrukturen sowie volkskundlich geprägte Traditionen und Bräuche berücksichtigt werden müssen, weil sie den Erhaltungswert erhöhen. Die Pflege soll sich möglichst an traditionellen Nutzungen und Bewirtschaftungsformen anschließen,
- die Ausweisung von erlebbaren historischen Kulturlandschaftsbereichen und -bestandteilen mit Berücksichtigung der nicht sichtbaren überlieferten Verwaltungs- und Bewirtschaftungsformen als kulturhistorisch begründete Naturschutzgebiete, in denen eine beschränkte Weiterentwicklung möglich ist sowie
- die Ausweisung von kulturhistorisch begründeten Landschaftsschutzgebieten.

Ballungsräume sollten dabei nicht als wertlos betrachtet werden. Hier gibt es durchaus noch zahlreiche wertvolle Objekte, kleinräumige Strukturen und Flächen. Hierfür könnten die Konzepte „Naturschutz außerhalb von Schutzgebieten" und eine mehr auf die kulturlandschaftlichen Zusammenhänge und die Entwicklungen der jüngeren Vergangenheit orientierter Denkmalpflege sinnvoll angewandt werden. Die im LEP und im Entwurf des LaPro ausgewiesenen wertvollen Kulturlandschaften sind demgegenüber lediglich aufgrund ihres ökologischen Potentials ausgewählt und hauptsächlich mit ökologisch geprägten Leitbildern beschrieben worden. Hierunter finden sich deshalb keine für Nordrhein-Westfalen bedeutenden Industrie- und Agrarlandschaften, obgleich sie kulturhistorisch ähnlich wertvoll wie ländliche Peripherräume einzustufen sind.

Überschneidungsbereiche und Konfliktfelder mit den Zielen von Naturschutz und Denkmalpflege

Übereinstimmungen und Gegensätze zwischen den Zielen der Kulturlandschaftspflege und den Zielen des Biotop- und Artenschutzes (Naturschutz) wurden herausgearbeitet. Sie hängen eng mit dem Betrachtungsmaßstab, der naturräumlichen Ausstattung, der Landnutzung und den gesetzlichen Verordnungen zusammen. Übereinstimmungen ergeben sich dabei wie folgt:

– Die Kulturlandschaftsentwicklung brachte bis zur Jahrhundertwende eher einen zunehmenden Artenreichtum hervor (*Vielfalt und Eigenart*). Doch auch heute können Eingriffe des Menschen bereichernde Effekte in Flora und Fauna zeitigen.
– In Naturschutzgebieten werden faktisch naturnahe Kulturlandschaftselemente (Hecken), -flächen (Obstwiesen, Niederwaldflächen als traditionelle Landnutzungsformen), und -strukturen (Streifenflursysteme) unter ökologischen Gesichtspunkten mitgeschützt. In diesen Fällen haben die kulturhistorischen und denkmalpflegerischen Belange lediglich eine sekundäre Stellung.
– Bebauung und Natur sind als Teil der Kulturlandschaft vor allem auf dem Land miteinander verbunden (ästhetische und schützende Aspekte, z.B. Monschauer Haushecken) und sind keine Gegensätze.
– Die Wahl von Standorten sollte auf die naturräumliche Beschaffenheit eingehen.
– In Landschaftsschutzgebieten werden für die Ausweisung ebenfalls die Vielfalt, Eigenart und Schönheit des (erlebbaren) Landschaftsbildes (§ 21, Abs. b LG NW) berücksichtigt. Das Landschaftsbild wird u.a. durch die Landnutzung, Verhältnis Wald-Offenland, Bebauungsform, Siedlungsstruktur, Morphologie und Kammerung (Silhouetten) der Kulturlandschaft in ihrer Persistenz geprägt. Hierzu muß bemerkt werden, daß Schönheit subjektiv und schwierig in Vorschriften zu erfassen ist. Schönheit wird oft von den jeweiligen Sachbearbeitern und/oder Gutachtern festgelegt.
– Für Naturparks sind die Vielfalt, Eigenart und Schönheit für das Erleben von Natur und Landschaft sowie für die Erholung maßgebend (§ 44, Abs. 1). Sie umfassen meistens wertvolle historisch gewachsene (großflächige) Kulturlandschaften.
– Die Verbindung zwischen Naturschutz und Denkmalpflege (Freiflächen und gestaltete oder natürliche Wasserflächen sowie gestaltete Landschaftsteile wie Garten-, Friedhofs- oder Parkanlagen als Bestandteile eines Denkmals oder eigenständige denkmalwerte Anlagen (§ 2, Abs. 2 DSchG).
– Die Forderung des § 2, Abs. 1, Nr. 13 des BNatSchG („Dies gilt auch für die Umgebung geschützter ... Denkmäler") ist auch als eine Verbindung zwischen Naturschutz und Denkmalpflege zu verstehen.

Die Gegensätze zwischen Naturschutz und Denkmalpflege beruhen vor allem auf der häufigen Dominanz der ökologischen Begründungen und auf den unterschiedlich gearteten „Materialien" der zu erhaltenen Objekte. Konflikte treten hauptsächlich auf der örtlichen Ebene bei der Bewertung von Kulturlandschaftselementen auf. Die abiotische Bausubstanz ist anders zu behandeln, zu pflegen und zu erhalten als „lebende" biotische Substanz. Daraus ergeben sich Gegensätze:

– bei Einzelobjekten, denn bei Restaurierung müssen oft Mauerpflanzen und Bäume entfernt werden (z.B. die Jülicher Zitadelle);
– bei funktionslosen Relikten wie Trockenmauern und Weinbergsterrassen;
– wenn Bausubstanz in Naturschutzgebieten ausgegrenzt wird, obwohl Bausubstanz und Vegetation sich oftmals ergänzen;
– in alten Industriegebieten, wo Renaturierungsmaßnahmen durchgeführt werden, die diese unverkennbar verändern;
– bei Sukzessionsmaßnahmen unter Ausklammerung aller menschlichen Aktivitäten, wobei historisch gewachsene Einzelelemente und Strukturen zerstört werden und ein Zustand herbeigeführt wird, der 5000 Jahre v.Chr. letztmalig bestanden hat;

- in Fragen des Naturbaus oder der Naturgestaltung, wobei durch Eingriffe Kulturlandschaftselemente zerstört werden, z.B. beim grenzüberschreitenden Naturbauprojekt Gelderse Poort am Niederrhein.

Die traditionelle Verbundenheit zwischen „Natur" und „Kultur" sollte statt zur Austragung von Gegensätzen zu gleichberechtigten fächerübergreifenden Stellungnahmen genutzt werden. Hierbei könnte die Kulturlandschaftspflege als Vermittler fungieren und Lösungen herbeiführen. Sonst ergäbe sich das Paradoxon, daß etwa mittelalterliche Türme nur zum Schutz von dort angesiedelten Fledermäusen gleichsam als Mittel zum Zweck erhalten oder anthropogene Wall- und Dammaufschüttungen ausschließlich als ökologische Standorte für spezifische Pflanzengesellschaften bewertet werden. Trotz des faktischen Schutzes solcher Anlagen würde der kulturhistorische Wert hier nicht beachtet. Besser wäre es, wenn ökologische und kulturhistorische Aspekte gleichberechtigt als Schutzbegründung fungieren würden, weil sie eng miteinander zusammenhängen. Eine Harmonisierung von Sichtweisen wäre dabei hilfreich. Ansatzpunkte dazu wären, wenn:

- in den einschlägigen Beiräten sowie Landschafts- und Denkmalbehörden „kulturhistorische" Sachverständige vertreten sind;
- die Erkenntnis sich durchsetzte, daß Zerfallsstadien und nachfolgende Nutzungen ebenfalls Entwicklungsstadien eines Objekts (Ruine) oder größerer Flächen (aufgegebene Weinberge) darstellen können;
- eine bessere und fächerübergreifende Zusammenarbeit zwischen Denkmal- und Landschaftsbehörden und Vertretern des Naturschutzes und der Denkmalpflege bestünde;
- erhaltungswürdige Bausubstanz nicht aus Naturschutzgebieten ausgegrenzt würde;
- bei denkmalpfiegerischen Restaurierungsarbeiten Belange des Naturschutzes Berücksichtigung fänden (etwa Schlupflöcher für Vögel, Fledermäuse);
- sich die Denkmalpflege mehr auf Flächen und räumliche Zusammenhänge hin orientierte;
- Sukzessions- und Naturbaumaßnahmen als neue Landschaftsentwicklungsphasen in Rekultivierungsgebieten gewertet würden.

Erarbeitung eines detaillierten Vorschlags für eine landesweite Kartierung zur Bewertung und Darstellung der Kulturlandschaften und Kulturlandschaftselemente in Nordrhein-Westfalen. Formulierung eines Arbeitsprogrammvorschlags für die Kartierung, einschließlich einer Kostenermittlung

Pflege- und Schutzmaßnahmen innerhalb der Kulturlandschaftspflege sollten weitgehend mit angepaßten oder zumindest behutsameren Nutzungsformen verbunden werden. In der Öffentlichkeit kann dabei mit Begriffen wie „Bewirtschaftung" oder „Management" argumentiert werden. Da die Erhaltungsmaßnahmen kostspielig sind, sollten möglichst kostenneutrale Lösungen durch Anwendung traditioneller und alternativer Nutzungen gesucht werden. So sind wertvolle Grünlandflächen immer noch am besten mit Beweidung und einer jährlichen Mahd zu erhalten. Schutzgebiete sind für den Fremdenverkehr wichtig. Hierzu müßten je deren Art angepaßte Nutzungskonzepte entwickelt werden. Da es auch für Nordrhein-Westfalen kein Kulturlandschaftskataster gibt, müßten in einem ersten Schritt die historischen Kulturlandschaftsbereiche, -bestandteile und -elemente großflächig erfaßt werden. Dazu ist eine intensive Zusammenarbeit und ein Datenaustausch mit den Denkmalämtern (Denkmale, Denkmalbereiche), der Landesanstalt für Ökologie, Bodenordnung und Forsten (Biotopkataster) sowie den unteren Landschafts- und Denkmalbehörden (Naturdenkmäler, geschützte Landschaftsbestandteile, Natur- und Landschaftsschutzgebiete) erforderlich.

Auswirkungen des Gutachtens und Nachbarprojekte

Der Verf. hat während der Bearbeitung des Gutachtens die Entwicklungen bezüglich des Naturschutzes und der Landschaftspflege vor allem in Nordrhein-Westfalen genau verfolgt, um die Belange der historisch gewachsenen Kulturlandschaft auch politisch zu befördern. Innerhalb der für das Gutachten zuständigen

Landesanstalt für Ökologie, Bodenordnung und Forsten wurde seit dem Herbst 1994 der Entwurf des Landschaftsprogramms (LaPro) Nordrhein-Westfalen erarbeitet, der noch vor der Landtagswahl im Mai 1995 präsentiert werden sollte. Von November 1994 bis März 1995 hat der Verf. sehr intensiv am Entwurf des LaPro mitgearbeitet. Das Kapitel 3 „von der Naturlandschaft zu der Kulturlandschaft" wurde weitgehend von ihm verfaßt, und die Landnutzungskarten (1820, 1950 und 1990) wurden in digitaler Form übergeben und in den Entwurf aufgenommen. Ebenfalls wurden kulturhistorische Aspekte in die anderen Kapitel, namentlich ins Kapitel 8 „Leitbilder der Großlandschaften und der wertvollen Kulturlandschaften", eingebracht.

Seit Januar 1996 ist Verf. als Vertreter des Rheinischen Vereins für Denkmalpflege und Landschaftsschutz e.V. für die Belange der historisch gewachsenen Kulturlandschaft ebenfalls am Öffentlichkeitsverfahren des LaPro durch die im BNatSchG anerkannten Naturschutzverbände beteiligt. Hierzu wurde mit den anderen anerkannten Vertretern (Landesgemeinschaft Naturschutz und Umwelt Nordrhein-Westfalen, Bund für Umwelt und Naturschutz Deutschland e.V., Naturschutzbund Deutschland) eine Klausurtagung über das LaPro am 2.2.1996 in Neuß vorbereitet. In diesem Rahmen wurde eine Grundlagenposition zum Begriff Kulturlandschaft und zur Kulturlandschaftspflege erstellt und veröffentlicht (Burggraaff 1996). Weitere auf dieser Tagung vereinbarte Stellungnahmen, Kommentare und redaktionelle Bearbeitungen zum Entwurf des LaPro sind fertiggestellt worden.

Folgende Projekte erwuchsen aus dem Fachgutachten oder stehen damit in engem Zusammenhang:

– Erstellung eines historisch-geographisches Fachgutachtens für das Kulturlandschaftserlebnisgebiet – ursprünglich als Naturerlebnisgebiet vorgesehen – Dingdener Heide. Dies ist eine vom Umweltministerium und der LÖBF vorgeschlagene Variante für die in Natur 2000 (S. 59) und im Entwurf des LaPro vorgesehenen Naturerlebnisgebiete;
– Als Pilotprojekt wurde von Klaus-Dieter Kleefeld eine historisch-geographische und kulturhistorische Landschaftsanalyse der Kreise Kleve und Wesel als Gutachten für die Erstellung des Fachbeitrages („Kulturlandschaftsentwicklung und Naturleben"). des Naturschutzes und der Landschaftspflege nach § 15 Landschaftsgesetz Nordrhein-Westfalen – Abschnitt Kulturlandschaftsschutz – durchgeführt. Die Ergebnisse werden zur Zeit umgesetzt;
– Ein historisch-geographisches Gutachten zur Bewertung der Bedeutsamkeit historischer Kulturlandschaften im Regierungsbezirk Düsseldorf wurde im Mai 1996 abgeschlossen. Darin wurden *sehr hoch* und *hoch bedeutende Gebiete* ausgewiesen, begründet und kurz beschrieben. In diesen ausgewiesenen Gebieten darf nicht oder nur unter strengen Auflagen ausgekiest werden.

Es war für den Inhalt, aber auch für die Stellung des Fachgutachtens sehr wichtig, daß während der Bearbeitungsphase an diesen Projekten mitgewirkt werden konnte. Mittelfristig wurde so Einfluß auf die Gestaltung der Kulturlandschaft genommen.

Literatur

Aufsatzreihe der Angewandten Historischen Geographie in der Zeitschrift „Rheinische Heimatpflege" (4/1993 bis 1/1995) zu Themen der Kulturlandschaftspflege mit Beiträgen von K. Fehn, P. Burggraaff, K.-D. Kleefeld, F. Remmel, Ch. Weiser und B. Wissing; sie wurden auf den neuesten Stand gebracht, 1997 vom Rheinischen Verein für Denkmalpflege und Landschaftsschutz e.V. mit einer ausführlichen Bibliographie von A. Dix als Sammelband erneut herausgegeben.

Burggraaff, P. (1995): Zur Rolle der Kulturlandschaft in der Naturschutzpolitik des Landes Nordrhein-Westfalen. – Kulturlandschaft 5: 86–89.

Burggraaff, P. (1996): Der Begriff „Kulturlandschaft" und die Aufgaben der „Kulturlandschaftspflege" aus der Sicht der Angewandten Historischen Geographie. – Natur- und Landschaftskunde 32: 10–12.

Burggraaff, P. & K.-D. Kleefeld (1993): Kulturhistorische Ausweisung und Maßnahmenkatalog des Naturschutzgebietes (NSG) „Bockerter Heide" (Stadt Viersen). – Kulturlandschaft 3: 28–34.

Fehn, K. (1994): Kulturlandschaftspflege und geographische Landeskunde. Symposion 26./27. November 1993 in Bonn. – Ber. z. dt. Landeskunde 68: 423–430.

Fehn, K. (1996): Grundlagenforschung der Angewandten Historischen Geographie zum Kulturlandschaftspflegeprogramm von Nordrhein-Westfalen. – Ber. z. dt. Landeskunde 70: 293–300.

Fehn, K. & P. Burggraaff (1993): Der Fachbeitrag der Angewandten Historischen Geographie zur Kulturlandschaftspflege. Grundsätzliche Überlegungen anläßlich der Übertragung eines Fachgutachtens zur Kulturlandschaftspflege in an das Seminar für Historische Geographie der Universität Bonn durch das Umweltministerium von Nordrhein-Westfalen. – Kulturlandschaft 3: 8–10.

Fehn, K. & W. Schenk (1993): Das historisch-geographische Kulturlandschaftskataster – eine Aufgabe der geographischen Landeskunde. Ein Vorschlag insbesondere aus der Sicht der Historischen Geographie in Nordrhein-Westfalen. – Ber. z. dt. Landeskunde 67: 479–488.

Natur 2000 in Nordrhein-Westfalen. Leitlinien und Leitbilder für Natur und Landschaft. Überarbeitete Fassung, Düsseldorf März 1994.

Standortbestimmung: 22. Naturschutztag 1994 in Aachen. (LÖLF-Mitteilungen, Nr. 1/1994). Recklinghausen 1994.

Historisch-geographisch bedeutsame Kulturlandschaftselemente in Rheinland-Pfalz – Regionaltypische Objekte und Ensembles Orientierungsrahmen für raumbezogene Planung (Erläuterungen zur beiliegenden Karte im Maßstab 1:500.000)

Helmut Hildebrandt, Heinz Schürmann und Birgit Heuser-Hildebrandt

Sucht man das augenfällig Charakteristische einer Landschaft, das über deren naturräumliche Eigenart hinausgeht und Aussagen über kulturgeschichtliche und historisch-geographische Besonderheiten macht, so wird man mancherorts nur schwer fündig. Nicht die Bewahrung regionaler und lokaler Identität, wie sie sich im Wandel der Zeiten allmählich ausgebildet hat, war das Ziel vieler Planer, Ingenieure und Architekten von gestern und oft genug noch von heute; erreicht werden sollte vielmehr das Gegenteil, eine landesweite Modernisierung – und das heißt zumeist Egalisierung – der Lebensverhältnisse und ihrer räumlichen Grundlagen.

Während in den Städten seit den 70er Jahren im Bemühen um den Erhalt kultureller Identität immer wieder spektakuläre denkmalpflegerische Zeichen gesetzt wurden, um zumindest Teile alter Stadtbilder und monumentale Einzelobjekte zu erhalten oder gar neu aufzubauen, ging der Verlust kulturlandschaftlicher Eigenart auf dem Lande seit dem Ende des Zweiten Weltkrieges zunächst nahezu unbemerkt vonstatten. Als Folge von Konzentration und tiefgreifender Umstrukturierung der Landwirtschaft entwickelten sich viele Siedlungen im ländlichen Raum zu Wohnstandorten und teilweise zu gewerblichen Gemeinden mit allen bekannten Konsequenzen für Ortsbild und Ortsstruktur. Vor allem wurden hier zahlreiche Gebäude in Form und Fassade nach städtischem Muster mit kostengünstigen genormten Baumaterialien neu gestaltet. An die Stelle von Gemüse- und Kräutergärten traten Rasenflächen mit pflegeleichtem, stadttypischem Abstandsgrün, der Dorfbach verschwand in einem Kanal und ein zentraler, oft großflächig versiegelter Platz verlieh der Gemeinde eine vermeintlich kommunikationsfördernde „anheimelnde" Atmosphäre. Verschönerungswettbewerbe und nicht selten sogar Dorferneuerungsmaßnahmen trugen dazu bei, die Vereinheitlichung der Ortsbilder nach den Vorstellungen des jeweiligen Zeitgeschmacks zügig voranzutreiben. Auch das Offenland blieb von Modernisierungseinflüssen nicht verschont. Radikale Flurbereinigung, Vergrößerung von Betriebsflächen und Großmaschineneinsatz führten zur Beseitigung von landschaftsgliedernden Elementen wie natürlichen Wasserläufen, Flurgehölzen, Feldrainen, alten Grenzmarkierungen, Streuobstwiesen und sonstigen traditionellen Landschaftsbestandteilen, wodurch der Lebensraum nicht nur optisch ausgeräumt wurde, sondern auch in ökologischer Hinsicht Schaden erlitt. Insbesondere Spuren historischer Alltagskultur konnten sich vielerorts nur dort in der Landschaft erhalten, wo ehemalige Siedlungs- und Wirtschaftsflächen im Lauf der Geschichte wieder unter Wald gerieten.

Gerade in der heutigen Zeit, der durch das Zusammenwachsen Europas ein weiterer Egalisierungsschub bevorsteht, sollten sich Planer verstärkt auf die Erhaltung und Herausarbeitung räumlicher Individualitäten besinnen und deshalb den wenigen Resten traditioneller Kulturlandschaft überall, wo sie noch erhalten sind und eine Landschaft bis heute regionaltypisch kennzeichnen, besondere Beachtung schenken. Grundsätzlich darf es nicht mehr heißen: *Was fehlt hier noch, was andernorts schon vorhanden ist?* Priorität sollte vielmehr die prinzipielle Frage haben: *Was gibt es hier noch, was andernorts bereits unwiederbringlich zerstört ist?* Vor allem in Räumen, in denen Fremdenverkehr und Naherholung eine Rolle spielen, muß die Erhaltung geschichtlich gewordener Vielfalt im Landschaftsbild oberstes Gebot sein. Denn dort, wo historisch gewachsene „Eigenart und Schönheit von Natur und Landschaft" (rheinland-pfälzisches Landespflegegesetz § 1, Abs. 1, Punkt 4) bewahrt wurden, kann man zudem davon ausgehen, daß auch das ökologische Gleichgewicht nicht in dem Maße gestört ist wie in stärker überprägten Räumen. Historische Kulturlandschaftselemente sind also nicht zuletzt Indikatoren für Lebensraumqualität, sofern sie noch in ausreichender Zahl und Beschaffenheit vorhanden sind. In Gebieten, in denen nur noch geringe Restbestände vom einstigen regionaltypischen Landschaftszustand zeugen, sollten die wenigen erhaltenen Einzelelemente als Mahnmal für einen bewußteren, d.h. schonenderen, Umgang mit den kulturhistorischen Ressourcen im Planungsraum dienen.

Die vorliegende Karte (s. Beilage) versteht sich als ein Orientierungsrahmen für raumbezogene Planung. Sie soll einen ersten Überblick über das aktuelle Vorkommen jener Kulturlandschaftselemente vermitteln, die den verschiedenen Landschaftsräumen von Rheinland-Pfalz einst ihre regionale Identität verliehen haben und zur Ausprägung der Vielfältigkeit im Bild dieser Landschaften maßgeblich beitrugen. Es wurde versucht, den Karteninhalt so zu konzipieren, daß historisch-geographisch bedeutsame und zum Teil sensible Bereiche in möglichst verständlicher Form ersichtlich werden. Aufgrund des kleinen Maßstabs konnten ubiquitäre Vorkommen, d.h. solche Elemente, die in sämtlichen Landschaftsräumen von Rheinland-Pfalz für bestimmte Epochen als selbstverständliches historisch-geographisches Erbe anzunehmen sind, nur in sehr geringem Maße berücksichtigt werden. Besonderer Wert wurde auf die Darstellung von solchen Bestandteilen aus der Kulturlandschaftsgeschichte gelegt, die bis heute in ihrer jeweiligen Kombination das Regionaltypische oder sogar Regionalspezifische der hier zugrunde gelegten 14 rheinland-pfälzischen Landschaftsräume repräsentieren, ihnen also einen unverwechselbaren, eigenständigen Charakter verleihen und sie damit für jedermann optisch erkennbar von den benachbarten Gebieten unterscheiden. Selbstverständlich sind hier noch viele Ergänzungen möglich.

Je nach Art ihrer Verbreitung wurden die zugehörigen Signaturen entweder auf den Kartenrand oder situations- bzw. standortgetreu direkt in die Karte gesetzt. Signaturen innnerhalb der Karte bezeichnen Elemente mit kleinräumlich begrenztem Vorkommen, welches häufig auf einen starken Schwund zurückzuführen ist. Diese Reste historisch-geographischer Substanz waren und sind in hohem Maße von Zerstörung bedroht und bedürfen somit der ganz besonderen Aufmerksamkeit des Planers bei landschaftsverändernden Maßnahmen oder „Eingriffen" im Sinne des Bundesnaturschutzgesetzes. Die Plazierung der Signaturen am Kartenrand steht für Elemente mit großräumigerem Vorkommen, was allerdings nicht bedeutet, daß solche Objekte planerisch vernachlässigt werden können. Sie verlangen vielmehr dasselbe Maß an Beachtung durch den Planer wie jene innerhalb der Karte eingetragenen, damit ein vergleichbarer Grad der Gefährdung von vornherein vermieden wird. Die Kartenrandsignaturen können zusammengenommen als Grundlage einer regionalen historisch-geographischen Typisierung gelten. Die zeitliche Einordnung wird durch Farben wiedergegeben, wobei nur nach groben Zeiträumen differenziert ist. Die jeweils früheste Zeitangabe bezieht sich auf die Ausbildung von dem, was heute erkennbar ist. So ist zum Beispiel bei Wüstungen der Zeitraum des Wüstfallens angegeben. Die unterschiedlich dichte Verbreitung der Objekte kennzeichnen die verschieden gestalteten Umrahmungen der Piktogramme.

Die vorliegende Karte gibt erste Hinweise, welche Struktur- und Funktionsbereiche aus der geschichtlichen Kulturlandschaft einer bestimmten Region bei großmaßstäblichen Planungsvorhaben tangiert sein könnten; von daher kommt der Karte eine aufschließende Wirkung zu. Sie deutet an, worauf z.B. im Rahmen von Landschaftsplanung, Flächennutzungsplanung, Verkehrsplanung, Forsteinrichtung, Dorferneuerung oder Planfeststellungsverfahren (UVP) aus historisch-geographischer Sicht besonders zu achten ist. Die Detailplanung bedarf dann natürlich noch vertiefender Untersuchungen. So gesehen besitzt auch eine solche stark generalisierende Darstellung wie im Maßstab 1:500.000 einen Bezug zur planerischen Praxis, da sie Nichterkennen von kulturlandschaftlich bedeutsamer Substanz vermeiden hilft.

Literaturhinweise: Vergleiche Karte in der Anlage

Ansätze einer europaweiten Kulturlandschaftspflege – ein Überblick über wichtige Institutionen

Jelier A.J. Vervloet

Obgleich es vereinzelte internationale Aktivitäten schon immer gab, waren ideologische Unterschiede, Sprachprobleme, von Staat zu Staat unterschiedliche Interessen und anderes mehr Gründe dafür, daß Kulturlandschaftspflege lange Zeit eine eher nationale Angelegenheit blieb (Gorter 1986). Im Zuge der Globalisierung von Politik und Wirtschaft und vor dem Hintergrund der europäischen Integration ändert sich das nach und nach. Inzwischen gibt es eine Vielfalt von Organisationen, die Aspekte der Kulturlandschaftspflege über die Grenzen der Staaten hinweg vertreten. Anhand von offiziellen Auskunftsmaterialien werden nachfolgend – ohne Anspruch auf Vollständigkeit – einige dieser Institutionen hinsichtlich ihrer Zielsetzungen der Kulturlandschaftspflege, der Verwaltungsstrukturen und Finanzmittel sowie ihrer Möglichkeiten als Plattform für internationale Forschungsprojekte vorgestellt.

Weltweit arbeitende Organisationen

UNESCO *(United Nations Educational, Scientific and Cultural Organization)*

Die UNESCO ist die Sonderorganisation der Vereinten Nationen für Erziehung, Wissenschaft und Kultur, wurde 1946 gegründet und hat ihren Sitz in Paris.

Es gehört zu ihren Aufgaben, in Sachen Erziehung, Kultur und wissenschaftliche Entwicklung zu beraten, Analphabetismus zu bekämpfen und die Entwicklung des Bibliotheks-, Museums- und Archivwesens u.ä. zu fördern. Mitglied können alle Mitgliedstaaten der Vereinten Nationen werden. Die UNESCO kennt drei Organe: die Generalkonferenz, den Exekutivausschuß, der sich aus achtzehn von der Generalkonferenz gewählten Abgeordneten zusammensetzt, und das Sekretariat unter der Führung eines Generaldirektors.

Hier von Belang ist, daß am 23. November 1972 die UNESCO-Konvention für den Schutz des kulturellen und natürlichen Erbes in Kraft trat (v. Droste 1995). Sie bezieht sich auf Kultur- und Naturdenkmäler, die einen herausragenden universellen Wert haben. Sie wurde seitdem von einer Vielzahl von Regierungen ratifiziert, und bis Anfang 1996 sind weltweit etwa 470 Objekte und Gebiete in Weltkulturgüterlisten eingetragen worden. Bevor ein Objekt diesen Status erlangt, führt die UNESCO eine Inventaraufnahme durch, aus der eine vorläufige Liste abgeleitet wird. Daraus wird anhand mehrerer Kriterien eine endgültige Auswahl getroffen. Die Konvention stellt eine Ergänzung nationaler Schutz- und Pflegeprogramme dar. Seit 1976 gibt es ein *World Heritage Committee* und einen Fonds für den Weltkulturgüterschutz, die Mitgliedstaaten für den Schutz von Erbgütern von einer hervorragenden universellen Bedeutung in Anspruch nehmen können.

Obwohl anfangs die bebaute Umgebung, und besonders die Hochleistungen der Architektur innerhalb der Welterbeliste Vorrang hatten, finden sich nun darin auch zunehmend historisch gewachsene Kulturlandschaften. Ausdruck dafür war ein „Expert Meeting on European Cultural Landscapes of Outstanding Universal Value" der UNESCO in Wien am 21.4.1996. Das Treffen war in Zusammenarbeit mit dem österreichischen Nationalkomitee der UNESCO von der UNESCO World Heritage Commission organisiert worden, in deren Leitungsgremium sich die deutsche Geographin Mechthild Rössler große Verdienste um die Thematisierung von „Kulturlandschaft" im Rahmen der globalen Schutzstrategie von „Weltkulturerbe" erworben hat. Das Wiener Treffen führte 42 Experten aus 14 Staaten zusammen. In der Mehrzahl waren das Vertreter mehr oder minder regierungsnaher Organisationen wie dem Europarat, der World Conservation Union (IUCN), dem International Council of Monuments and Sites (ICOMOS), dem International Association of Landscape Ecology (IALE), der International Federation of Landscape Architects (IFLA), – über diese Organisationen später mehr –, von Europa Nostra und der International Alpine Protection Commission/Commission Internationale pour la Protection des Alpes (CIPRA). Hinzu kamen Abgesandte einschlägiger Initiativen. Darunter waren auch welche, die explizit wirtschaftliche Interessen verfolgen, so eine Aktion österreichischer Fremdenverkehrsverbände, die die Semmeringbahn in den Status eines „Weltkulturerbes" erheben wollen; auch der Arbeitskreis Kulturlandschaftspflege in der Deutschen Akademie für Landeskunde war vertreten.

Die Tagung war die erste ihrer Art in Europa und hatte zum Ziel, die Kategorien für die Bestimmung von Kulturlandschaften, wie sie in der auf der 16. Tagung der World Heritage Commission in Santa Fe 1992 erlassenen Konvention bestimmt worden waren (Droste v., Plachter & Rössler 1995), in ihrer Gültigkeit und Anwendbarkeit für Europa zu diskutieren. Kulturlandschaften werden darin als Ausdruck der regional spezifischen Verknüpfung von natürlichen und menschlichen Einflußgrößen gesehen. In Kulturlandschaften zeige sich damit die Entwicklung der menschlichen Gesellschaft allgemein und der Gang der Besiedlung im besonderen. Der Begriff „Kulturlandschaft" umfasse eine große Vielfalt an Erscheinungen im Spannungsfeld zwischen menschlichen Aktivitäten und natürlichen Potentialen.

Die Struktur der Tagung orientierte sich an einer dreiteiligen Typologisierung von Kulturlandschaften gemäß der Konvention. Es wird dabei unterschieden zwischen „gestalteten Kulturlandschaften" wie Parks, Gärten oder Hofanlagen, „assoziativen Kulturlandschaften", deren Wert sich aus religiösen, kulturellen, politisch-historischen oder ästhetischen Aspekten ergebe (z.B. der Fujijama als Heiliger Berg der Japaner, der auch in der Kunst eine große Rolle spielt), und „organisch gewachsenen Kulturlandschaften", welche wiederum in „fossile" (etwa die Lüneburger Heide) und „lebende" (etwa die Reisterrassen auf den Philippinen) zu unterteilen seien; letztere Gruppe umschreibt am ehesten das geographische Verständnis von Kulturlandschaft als sukzessive umgestaltete Naturlandschaft.

Zu jeder Kategorie legten Berichterstatter grundsätzliche Gedanken dar, die durch regionale Beispiele illustriert werden sollte. Dabei wurde vor allem zweierlei deutlich:

Die Vorträge und Diskussionen waren bestimmt von den Problemen der Definition von Kulturlandschaft an sich sowie deren Identifizierung und Auswahl nach den Vorgaben der UNESCO-Konvention. Die Mehrzahl der Anwesenden versteht unter Kulturlandschaften die „schönen" ländlichen Landschaften, wobei deren Wert als „Urkunde" menschlicher Aktivitäten mehrfach hervorgehoben wurde. Der Blick geht bei den „organisch gewachsenen Kulturlandschaften" vor allem auf die in der Regel durch eine hohe Biodiversität ausgezeichneten Räume, welche mehrenteils schon als Biosphärenreservate (vgl. S. 194ff.) unter der Obhut der UNESCO stehen. Ein grundsätzlicher Widerspruch zum Naturschutz ergibt sich dabei nicht, da dort

Kulturlandschaften als jeweiliges Abbild der Nutzungsansprüche des Menschen an seine Umwelt verstanden werden. Große Probleme warf die Bestimmung von „assoziativen Kulturlandschaften" auf, da die hinter der jeweiligen Landschaft stehende Begründung für deren Wert sich oftmals nicht in der Landschaft direkt zeigt, sondern der Betrachter sie gleichsam in sich selbst tragen muß. Außerdem folgt die Bewertung solcher Landschaften häufig nationalen Sichtweisen.

Europa ist der Erdteil mit der größten Vielfalt und Komplexität von Kulturlandschaften, was zum einen das Problem einer nach Erdteilen ausgewogenen Listung von Kulturlandschaften in der „Weltkulturerbeliste" aufwirft, zum anderen das „Management" von Kulturlandschaften sehr erschwert. Man war sich dennoch darin einig, daß Kulturlandschaften im Idealfall von den dort lebenden Menschen selbst erhalten und weiterentwickelt werden sollen und historisch gewachsene Kulturlandschaften als regionale Entwicklungspotentiale zu sehen sind. Die „Musealisierung" einer Landschaft müsse daher die Ausnahme bleiben. Europa könne gerade aufgrund seiner kulturlandschaftlichen Vielfalt und der Probleme deren Bewahrung eine Vorbildfunktion beim Umgang mit Kulturlandschaften übernehmen, was neben dem entsprechenden rechtlichen Instrumentarium auf nationaler und europäischer Ebene ein Bewußtsein der Regierungen für den Wert von Kulturlandschaften voraussetze. Durchwegs wurde betont, daß der Schutz und die Weiterentwicklung von Kulturlandschaften ein zentrales Anliegen der Politik in Europa werden müsse.

Anträge an die UNESCO für die Ausbildung von Funktionären und Handwerkern, die mit Kulturschutzproblemen zu tun haben, sind zu richten an die Beratungsstellen der Organisation, den ICOMOS (*International Council of Monuments and Sites*) in Paris oder das ICCROM (*International Centre for Conservation and Restoration of Monuments*) in Rom. Besonders der ICOMOS spielt eine führende Rolle bei Entscheidungen, ob Kulturlandschaften in die Weltkulturgüterliste eingetragen werden. In diesem Sinne hat der Historisch-Geographische Verein Utrecht (HGVU) 1996 sechs besondere Kulturlandschaften in den Niederlanden für die Eintragung in die Weltkulturgüterliste vorgeschlagen.

IUCN *(International Union for the Conservation of Nature and Natural Resources), kurz die World Conservation Union*

Die Mitglieder dieser 1948 gegründeten Organisation sind souveräne Staaten, Verwaltungsbehörden und nichtstaatliche Organisationen. Sie ergreift die Initiative zu wissenschaftlich begründeten Maßnahmen und fördert diese mit dem Ziel, Beziehungen zwischen Entwicklung und Umwelt herzustellen, um zu einer dauerhaften Verbesserung der Lebensqualität zu gelangen. Die IUCN hat ihren Sitz in Gland (Schweiz). Abgesehen von den Mitgliedsbeiträgen, die die wichtigste Einnahmequelle darstellen, bezieht die IUCN auch freiwillige Beiträge von Regierungen, Vereinen und dem WWF (Weltnaturfonds), die nicht an bestimmte Vorhaben gebunden sind. Finanzmittel, die sich auf konkrete Programme und Projekte beziehen, werden von Regierungen, UN-Sonderorganisationen, dem WWF, Vereinen und privaten Stellen vergeben. Das Anliegen der IUCN ist es, den Charakter und die Erscheinungsvielfalt der Natur zu sichern und dafür zu sorgen, daß der Gebrauch von Natur und natürlichen Ressourcen durch den Menschen dauerhaft und sozial gerecht ist.

Die IUCN kennt drei Organe: die Generalversammlung, das ist die dreijährliche Mitgliederversammlung, wo Politik und Programmatik beschlossen werden, den Rat als Exekutivausschuß, der von der Generalversammlung gewählt wird und zumindest einmal im Jahr tagt, um den Fortgang des Programms zu prüfen, das Büro und ein kleineres, vom Rat aus seinen Mitgliedern ernanntes Gremium, das zwischen den Ratssitzungen zusammentritt. Daneben gibt es Gruppen freiwilliger Experten, die den wichtigsten Beitrag zur Entwicklung und Durchführung des Programms leisten, sowie sechs Fachausschüsse, nämlich für Ökologie, Bildung und Kommunikation, Umweltgesetzgebung, Umweltstrategie und -planung, Nationalparks und Schutzgebiete sowie Artenschutz. In Bonn und Cambridge befinden sich zwei unterstützende Einrichtungen. In Bonn ist es das Zentrum für Umweltgesetzgebung, wo Daten über Natur- und Umweltgesetzgebung aus allen Staaten in Dateien geführt werden. In Cambridge gibt es das *World Conservation Monitoring Centre*, das Daten über bedrohte und empfindliche Arten und Gebiete sammelt, analysiert und veröffentlicht.

Aus der Zielsetzung geht hervor, daß es bei dieser Organisation vordringlich um die Erhaltung natürlicher Erscheinungen geht. Dennoch besteht Raum für Aspekte der Landschaftspflege, weil die Natur zumindest in Mitteleuropa überwiegend menschgebunden ist. Eine Zusammenarbeit mit der IUCN liegt daher auf der Hand. Besonders auf Fachausschußebene kann nützliche Arbeit geleistet werden. Wesentliche Informationen über die Tätigkeiten der IUCN werden in Schriften veröffentlicht, wie die *United Nations List of National Parks and Protected Areas*, in der Nationalparks, Naturreservate, kulturgeschichtlich wertvolle Standorte und Biosphärenreservate aus der ganzen Welt aufgeführt sind. Wichtig sind auch die *Red Data Books*, die Angaben zu vom Aussterben bedrohten Tier- und Pflanzenarten enthalten, und die periodisch veröffentlichte *Red List of Threatened Animals*. In diesem Rahmen entwickelt die IUCN-Arbeitsgruppe für die Landschaft zusammen mit der *International Association of Landscape Ecology* (IALE, dem Internationalen Verein für Landschaftsökologie) Ansätze für eine *Red List of Endangered Valued Landscapes* der IUCN.

In Europa tätige Organisationen

ECOVAST *(Europäischer Verband für das Dorf und für die Kleinstadt)*

ECOVAST wurde 1984 zur Förderung des Wohlergehens der ländlichen Gemeinden und zur Sicherung des Erbes im ländlichen Raum in ganz Europa gegründet. Seine formellen Zielsetzungen sind die Förderung der wirtschaftlichen, sozialen und kulturellen Vitalität und der lokalen Identität ländlicher Gemeinden sowie die Sicherung und Förderung sensibler und schöpferischer Erneuerung der von Menschenhand geschaffenen und der natürlichen Umwelt dieser Gemeinden. Mitglieder können sowohl staatliche als auch nichtstaatliche Organisationen von lokaler bis zu internationaler Ebene werden. ECOVAST versteht sich als Brücke zwischen den Entscheidungsträgern und den Praktikern auf lokaler Ebene und als Netzwerk zur gegenseitigen Unterstützung von Aktivitäten in ländlichen Gebieten.

Die Generalversammlung von ECOVAST tagt alle zwei Jahre. Ein internationaler Ausschuß wird von einem Generalsekretär als geschäftsführendem Vorstand geleitet. Der gemeinnützige Verein hat seinen Sitz in Shaftesbury (England). Die Einnahmen kommen aus Mitgliedsbeiträgen. Die Organisation kennt drei internationale Arbeitsgruppen: die Arbeitsgruppe Land- und Forstwirtschaft, die Arbeitsgruppe Landentwicklung, und die Arbeitsgruppe Fremdenverkehr. Das Grundsatzpapier „Strategie für den ländlichen Raum in Europa" macht die Anliegen von ECOVAST deutlich. Es geht zurück auf die Ideen, die während der Kampagne für den ländlichen Raum 1987/88 geboren wurden. Es spiegelt auch die Denkweise der politischen Erklärung der Europäischen Kommission von 1988 über die „Zukunft der ländlichen Gesellschaft" und die daraus abgeleiteten Aktionen wider. Drei grundlegende Forderungen werden darin aufgestellt:

– Es muß ein Gleichgewicht im Interesse für Umwelt und historischem Erbe im ländlichen Raum geben. ECOVAST bemüht sich um eine Qualität des ländlichen Lebens an sich.
– Es muß Raum für integriertes Handeln geben, d.h., eine wirksame Integrierung zwischen einzelnen Regierungsbehörden und lokaler Bevölkerung.
– Auf allen Ebenen ist eine Verbindung zwischen den Einsichten und den Ressourcen der lokalen Bevölkerung und denen der Regierungen herzustellen.

ECOVAST betont die selbstbestimmte Rolle der Landbevölkerung bei der Entwicklung einer Politik zu ihrem Vorteil und zum Schutz des Erbes im ländlichen Raum. Diese Gedanken gingen in den Entwurf einer Konvention für die „Landschaft in Europa" des Europarates ein (siehe unten), welche auch auf maßgebliches Betreiben von ECOVAST mittels einer von der Europäischen Gemeindekonferenz (CLRAE) gebildeten Arbeitsgruppe am 11. Oktober 1995 zustande kam.

Europarat

Im Europarat (1949 gegründet) sind fast alle europäischen Länder vertreten. Sein Ziel ist es, die Einheit Europas im breitesten Sinne zu fördern. Der Rat hat seinen Sitz in Straßburg. Das wichtigste Organ des Rats ist das Ministerkomitee, in dem die Mitgliedstaaten durch ihren Außenminister vertreten sind. Dieses Komitee kann keine verbindlichen Beschlüsse fassen, nur Empfehlungen an die Regierungen der Mitgliedstaaten erlassen. Daneben gibt es die Parlamentarische Versammlung (Assemblée), die aus von den Regierungen oder Parlamenten der beteiligten Staaten bestimmten Vertretern dieser Parlamente zusammengesetzt ist. Diese Versammlung kann nur Empfehlungen an das Ministerkomitee richten.

Im Laufe der Zeit sind unter der Aufsicht des Europarats zahlreiche Empfehlungen aufgestellt worden, die sich entweder indirekt oder auch direkt auf die Landschaftspflege beziehen. Manchmal handelt es sich um solche des Ministerkomitees, bisweilen ist die Rede von Arbeitsgruppen von Experten, die zur Beratung zusammengerufen sind. Ohne Anspruch auf Vollständigkeit, erwähnen wir hier einige für unsere Ziele nützliche Dokumente und Aktivitäten:

a) Empfehlung Nr. R (79) 9 des Ministerkomitees *concerning the identification and evaluation of natural landscapes with a view to their protection* (über die Identifizierung und Auswertung natürlicher Landschaften mit Hinsicht auf ihren Schutz) (1979).
b) Konvention *for the protection of the European architectural heritage* (über den Schutz des architektonischen Erbes Europas), Granada (vom 3. Oktober 1985).
c) Die vom Europarat 1987 und 1988 durchgeführte Kampagne für den ländlichen Raum.
d) Empfehlung Nr. R ENV (90) 1 des Ministerkomitees der Mitgliedstaaten *on the European Conservation Strategy* (über die Strategie für Schutzmaßnahmen in Europa) (1990).
e) Empfehlung Nr. 25 (vom 6. Dezember 1991) *concerning conservation of natural spaces outside protected zones as strictly interpreted* (über die Pflege ländlicher Räume außerhalb geschützter Gebiete im engeren Sinne des Wortes). Ständiger Ausschuß der Berner Konvention.
f) Europäische Konvention *for the protection of the archaeological heritage* (über den Schutz des archäologischen Erbes Europas). La Valletta (vom 16. Januar 1992).
g) Empfehlungsentwurf Nr. PE-S-MR (93) 3 *for sustainable development of the countryside* (über die dauerhafte Entwicklung des ländlichen Raums), mit besonderer Betonung des Schutzes von Wildfauna und Landschaft (1993).
h) Vorentwurf Nr. CC-PAT (93) 48 *on the conservation and management of heritage sites as part of landscape policies* (über die Pflege und Bewirtschaftung kulturgeschichtlich wertvoller Standorte als Teil der Landschaftspolitik) (1993).
i) Empfehlungsentwurf Nr. CC-PAT (93) 80 *related to the conservation and management of cultural landscape areas* (über die Pflege und Bewirtschaftung von Kulturlandschaften) (1993).
j) Empfehlungsentwurf Nr. PE-S-TO (94) *related to policies for the development of sustainable tourism in protected areas* (über Maßnahmen zur Entwicklung eines dauerhaften Fremdenverkehrs in Schutzgebieten) (1994).
k) Empfehlung Nr. PE-S-TO (94) 6 *related to a general policy for tourism development which is sustainable and which respects the environment* (über eine allgemeine Politik für die Entwicklung des Fremdenverkehrs, die dauerhaft ist und die Umwelt berücksichtigt).
l) Erster Textentwurf ohne Rechtswirksamkeit Nr. CG\GT\PAY (2) 5 über eine „*European Landscape Convention*" (Konvention für die Landschaft in Europa) (vom 11. Oktober 1995).
m) *The Pan-European Biological and Landscape Diversity Strategy* (Strategie für biologische und landschaftliche Diversität in Gesamteuropa), ein Konzept für das natürliche Erbe Gesamteuropas (1996); in Zusammenarbeit mit der UNEP (Umweltprogramm der Vereinten Nationen), der OECD (Organisation für wirtschaftliche Zusammenarbeit und Entwicklung) und der IUCN.

Die Dokumente f), h) und l). sind hier von besonderer Bedeutung. Die Konvention von La Valletta (f), auch Malta-Vertrag genannt, beabsichtigt den Schutz des archäologischen Erbes als Quelle des europäischen gemeinschaftlichen Gedächtnisses und als Mittel für geschichtliche und wissenschaftliche Studien. Der Vertrag will für alle Länder Europas ein allgemeiner Bezugspunkt für die Faktoren sein, die beim Aufstellen von Regeln für den Schutz des archäologischen Erbes von Bedeutung sind. Im Vertrag werden außerdem die Bestandteile des archäologischen Erbes angegeben, für die der Vertrag zutrifft. Mit ihrer Unterschrift haben die beteiligten Staaten sich dazu verpflichtet, die Ziele des Malta-Vertrages in ihrer nationalen Gesetzgebung aufzunehmen. Artikel 5 behandelt die integrierte Pflege des archäologischen Erbes. Der Vertrag ist auf den Schutz des Bodenarchivs ausgerichtet und gibt an, wie die Finanzierung der benötigten Inventaraufnahme, Forschung und Ausgrabungen zu verwirklichen ist. Artikel 6 regelt die Finanzierung archäologischer Forschungs- und Pflegemaßnahmen. Letzterer Artikel fußt auf dem Gedanken, daß derjenige, der den Boden stört und damit das archäologische Erbe zu vernichten droht, die Kosten zur Sicherstellung der im Boden enthaltenen Information wird tragen müssen. Es ist also ein schlüssiges System für den Schutz der im Boden enthaltenen archäologischen Werte zu schaffen. Wenn das gewissenhaft umgesetzt würde, gäbe das Chancen, den Schutz archäologischer Objekte und Ensembles entsprechend dem dynamischen Charakter unserer Zeit in den Griff zu bekommen.

Die Regelung könnte auch eine Grundlage für die Erhaltung und Erforschung historisch-geographischer Erscheinungen bieten. So weit ist es aber noch nicht. Trotzdem ist dies ein wichtiges Dokument, weil darin eine große Anzahl von Empfehlungen aufgelistet worden ist, die für die Forscher und politischen Entscheidungsträger, die sich beruflich mit dem Fortbestehen wertvoller Landschaften und Standorte beschäftigen, als Anhaltspunkt dienen können. So ist in Artikel 4 ausführlich dargelegt, wie und von wem eine Inventaraufnahme durchzuführen ist. Dabei ist multidisziplinär vorzugehen, sowohl bei der Bestimmung von Landschaften, kulturgeschichtlich wertvollen Standorten und deren Bestandteilen als auch bei deren Beurteilung. Der Artikel verlangt auch, daß Unterlagen, die sich mit den Zielsetzungen der Maßnahmen befassen, gesammelt werden. Bei der Bewertung ist auf leichte Zugänglichkeit und Verständlichkeit der Materialien zu achten. Außerdem ist bei der Landschaftsbewertung und -verwaltung für eine wirksame Beteiligung der Bevölkerung zu sorgen. Die Verfasser betonen, daß es von entscheidender Wichtigkeit ist, die lokale Bevölkerung je nach den eigenen Methoden des jeweiligen Landes bei der Feststellung von Landschaften und der Bestimmung geschützter Standorte mit einzubeziehen. Mit Recht geht man davon aus, daß nur so eine gesellschaftliche Tragfläche für den Schutz von Landschaften und Standorten geschaffen werden kann.

Am weitesten ausgereift erscheint Dokument i), ein erster Textentwurf, daher ohne Rechtswirksamkeit, über eine *„European Landscape Convention"* (Konvention für die Landschaft in Europa). Er entstand im Auftrag der Europäischen Gemeindekonferenz (CLRAE) von einer eigens dazu ins Leben gerufenen Arbeitsgruppe, an der auch die IUCN und ECOVAST beteiligt waren. Derzeit ist man dabei, diesen Entwurf den Mitgliedstaaten des Europarats zugänglich zu machen, damit sie die Bestimmungen in ihre Gesetzgebung aufnehmen, sobald der endgültige Text der Konvention angenommen worden ist. Der Text gibt eine ausführliche Erörterung der Bedeutung der Kulturlandschaften für unsere Zivilisation. Danach sind sie Europas wichtigstes kulturelles, ökologisches und wirtschaftliches historisches Eigentum. Kulturell tragen sie zu einer dauerhaften Erkennbarkeit der regionalen Identität bei, was eine Daseinsbedingung für die Bevölkerung darstellt. Ökologisch bilden sie die Grundlage für die Biodiversität in der Natur. Wirtschaftlich sind sie die Domäne der verschiedenartigen Formen von Landwirtschaft und Fremdenverkehr. Die Konvention stellt fest, daß diese Reichhaltigkeit durch eine Vielfalt von Eingriffen gefährdet ist. Ein dauerhaftes Fortbestehen erfordert die Pflege und Verwaltung von Landschaften. Hauptziel der Konvention ist die Förderung behördlicher Maßnahmen auf lokalem, nationalem und internationalem Niveau, um die Qualitäten der Landschaften in ganz Europa zu bestimmen, zu schützen und zu steigern. Schließlich tritt der Europarat dafür ein, im europäischen Maßstab ein Netzwerk von Landschaften zu sichern, für dessen Überwachung ein ständiger Ausschuß für die europäische Landschaft zu schaffen wäre, der eng mit der UNESCO, der IUCN und der *Federation of National and Nature Parks of Europe* (dem Dachverband für Nationalparks und Naturparks in Europa) zusammenarbeitet.

Leider ist in dem Konventionsentwurf keine einzige verbindliche finanzielle Regelung vorgesehen. Zumindest die Verankerung des Verursacherprinzips, wie in der Konvention von La Valletta festgelegt, wäre wünschenswert. Bei Eingriffen in die Landschaft bestünde dann die Verpflichtung, zuerst auf seine eigenen Kosten eine gründliche Begutachtung durchführen zu lassen. Ein bestimmter Prozentsatz der Baukosten sollte außerdem grundsätzlich auf kompensierende Maßnahmen verwendet werden. In der jetzigen Form ist die Landschaftskonvention also noch zu unverbindlich. Immerhin betont sie aber den engen Zusammenhang zwischen natürlichen und kulturellen Erscheinungen. Dies läßt sich daraus erklären, daß Naturschutzverbände sich auch für Kulturlandschaften einsetzen und bei der Formulierung von Resolutionen Einfluß nehmen. Das wird besonders deutlich im Dokument m), dem *Pan-European Biological and Landscape Diversity Strategy* (die Strategie für biologische und landschaftliche Diversität in Gesamteuropa), welches auf innovative und wirkungsvolle Vorgehensweisen zum Erhalt der biologischen und landschaftlichen Werte abhebt. Das Innovative des Ansatzes liegt darin, daß das Dokument sich an alle Initiativen in den Bereichen Biologie und Landschaft aus einer europaweiten Sicht richtet und die Akzeptanz der lokalen Bevölkerung anmahnt. Konkret wird eine Strategie aus elf Aktionsthemen für die nächsten zwanzig Jahren vorgelegt, wobei allerdings auffällt, daß der Landschaftsaspekt darin zurückbleibt.

All den Empfehlungen und Initiativen des Europarats ist eine gewisse Unverbindlichkeit eigen. Wertvoll ist immerhin, daß der Europarat für Experten und Entscheidungsträger Bedingungen schafft, sich zu treffen und zu diskutieren. Geht es um Geld und Gesetzgebungen wird auf die Europäische Union verwiesen.

Europäische Union

Die Grundlage für die Europäische Union wurde mit den Römischen Verträgen vom 25. März 1957 geschaffen, welche am 1. Januar 1958 in Kraft traten. Damit war die Europäische Wirtschaftsgemeinschaft (EWG) gegründet. Im Laufe der Zeit sind nahezu alle westeuropäischen Staaten dieser Gemeinschaft beigetreten. Wie aus dem Namen hervorgeht, standen anfangs wirtschaftliche Ziele im Vordergrund. 1993 haben sich die Mitgliedstaaten im Vertrag von Maastricht für eine weiterreichende politische Union ausgesprochen, die Europäische Union (EU).

Vielfache Bezüge der EU-Politik zu ländlichen Kulturlandschaften reichen bis in die Gründerzeit der EWG zurück. Die Diskussionen waren bekanntlich lange durch Fragen der Landwirtschaftsförderung geprägt, und man schrieb daher schon im EWG-Vertrag von 1957 unter den Hauptzielen im Bereich der Landwirtschaft neben der Einkommenssicherung für die Landwirte, der preisgünstigen Versorgung der Bevölkerung mit hochwertigen Lebensmitteln durch eine Steigerung der Produktion auch den Erhalt des ländlichen Raumes als Kulturlandschaft fest (Klohn 1995, S. 7).

Durchaus in dieser Tradition stehend werden im Zuge der Ausbildung einer europäischen Raumordnung in den „Grundlagen einer Europäischen Raumordnungspolitik" von 1995 unter der Überschrift „Behutsames Bewirtschaften und Vermehren des natürlichen und kulturellen Erbes" (S. 20f.) auch Aussagen zum Wert von Kulturlandschaften getroffen. Dort heißt es: „Die Erhaltung des Erbes kann als ein wesentlicher Aktionsbereich für die Strategie der nachhaltigen Entwicklung angesehen werden. Wenn eine umweltbewußte Wirtschaftsrechnung („green countancy") gefördert werden soll, erscheint es ratsam, das natürliche und kulturelle Erbe (d.h. die materiellen und immateriellen Güter, die zu unserem Wohlbefinden beitragen) behutsam zu bewirtschaften und zu vermehren, statt das (derzeit am BIP gemessene) Produktionsniveau bedenkenlos zu erhöhen. Das Erbe und Vermächtnis der vergangenen Generationen stelle eine beträchtliche Anhäufung von Ressourcen dar. Die künftigen Generationen haben ebenso wie wir die Pflicht, dieses Erbe weiterzugeben und sogar zu mehren..." Die Erhaltung und Weiterentwicklung der Kulturlandschaften wird unter der Überschrift „Das Kulturerbe", dessen Erhaltung und Schutz als Aufgabe von europäischer Bedeutung eingestuft, wenngleich es vielfach erst noch identifiziert werden müsse, ausdrücklich hervorgehoben; denn es heißt: „Gleichzeitig sind auch die ‚Kulturlandschaften' zu erhalten, die zu einem großen Teil die kulturelle Identität Europas ausmachen." Hier wird dann auf eine Kartenabfolge „Natürliches und kulturelles Erbe – Entwicklungsperspektiven der Kulturlandschaft" verwiesen. Und weiter wird ausgesagt: „Gleichwohl erfordert die Entwicklung des Erbes auch einen integrierten Ansatz, der sich nicht auf den Schutz einiger Baudenkmäler beschränkt, die wegen ihres außergewöhnlichen historischen Interesses ausgewählt werden. Entsprechend dem Grundsatz einer ‚integrierten Erhaltung' dürfen sie nicht aus dem Kontext gelöst werden, sondern müssen als Bestandteil des täglichen Lebens unserer europäischen Gesellschaft von heute angesehen und als solche genutzt werden... Die heutigen und künftigen Generationen sind aufgerufen, zur Gestaltung des ländlichen Raumes und der Stadtlandschaften beizutragen und auf diese Weise für die Erhaltung hoher Qualitätsstandards sorgen... Die Entwicklung des kulturellen und natürlichen Erbes ist das Schlüsselwort, der voll und ganz in die Strategien einer nachhaltigen Raumentwicklung integriert werden soll."

Eine Reihe von Programmen der Gemeinschaft nimmt schon seit Jahren Bezug auf solche Ideen. So forderte beispielsweise das EG-Programm CAMAR (Competitiveness of Agriculture and Management of Agricultural Resources), das von 1989 bis 1993 lief, „die Instandhaltung der natürlichen Ressourcen und der Landschaft mit dem Ziel, daß die Anpassung der zu entwickelnden Techniken und der veränderten Produktionssysteme zu einer Verbesserung der Umweltsituation führt" (Vervloet 1993, S. 7). Sehr deutliche Ansätze zum Verständnis von historischen Kulturlandschaften als regionale Entwicklungspotentiale finden sich im Regionalplanungskonzept der Europäischen Kommission „Europa 2000+" (Brüssel 1995) und in den Richtlinien der Strukturfonds, welche die Förderung der allgemeinen wirtschaftlichen Entwicklung und die strukturelle Anpassung von ländlichen Regionen mit Entwicklungsrückstand zum Ziel haben. Für die Kulturlandschaftspflege relevant sind besonders die sogenannten Ziel 1- und Ziel 5b-Gebiete – Regionen mit Entwicklungsrückständen – und die damit verbundenen Entwicklungsprogramme für den ländlichen Raum wie etwa LEADER I und II. Projekte können bis zu 50 % aus Strukturfondsmitteln bezuschußt werden, der Rest ist national gegenzufinanzieren. Wichtig ist, daß die Förderwürdigkeit der Projekte vornehmlich daran gemessen wird, wieviele und welche Arbeitsplätze damit auf Dauer neu geschaffen werden. Deswegen sollte ein auf Natur- und Landschaftspflege bezogenes Projekt immer ein solches sein, das etwa Landwirten Erwerbsalternativen oder zusätzliche Einkommensquellen aufzeigt.

Obgleich, wie ausgeführt, die Agrarfragen die europäische Politik lange bestimmten – und die landschaftlichen Folgen in vielfältiger Weise zu greifen sind –, ist das eigentliche Anliegen der EU immer die Verbesserung der weltweiten Wettbewerbslage der Industrie gewesen. Seit 1982 werden dazu Fünf-Jahres-Rahmenprogramme für Forschung und technologische Entwicklung aufgelegt. Derzeit läuft von 1994 bis Ende 1998 das Vierte Rahmenprogramm. Es umfaßt neunzehn spezifische Programme, worunter auch einige wenige raumbezogene Aspekte aufnehmen, so zur Umwelt- und Klimaforschung (Programm 6) und zur Landwirtschafts- und Fischereiforschung (Programm 10). Eigentlich nur letzteres Programm bietet im Zusammenhang mit Fragen der Entwicklung des Fremdenverkehrs und der wirtschaftlichen Neustrukturierung Ansätze für kulturlandschaftspflegerische Diskussionen. Immerhin bieten beide Forschungsprogramme Möglichkeiten, Zuschüsse von der EU bis zu 100% für vorbereitende, betreuende und unterstützende Initiativen aus der Gemeinschaft zu beantragen.

Zur Mitarbeit der Geographie im europäischen Rahmen

Zusammenfassend eröffnen sich aus den vorgestellten Initiativen auch für die Geographie interessante Perspektiven für eine interdisziplinäre und planungsbezogene Mitarbeit auf europäischer Ebene. Dabei wird zu fragen sein, ob es nicht Sinn macht, die Netze in der eigenen Disziplin wie die Arbeitsgruppe für Angewandte Historische Geographie, die Standing European Conference for the Study of the Rural Landscape, die Nordiska Semenariet för Landskapsforskning oder den Arbeitskreis Kulturlandschaftspflege in der Deutschen Akademie für Landeskunde in Fragen der Kulturlandschaftspflege noch stärker als bisher an die schon vorhandenen und durchaus schlagkräftigen Organisationen wie UNESCO, ICOMOS, IUCN und ECOVAST und den Europarat anzubinden.

Literatur

BMBau (Hrsg.; 1995): Grundlagen einer Europäischen Raumentwicklungspolitik. – Bonn.
Council of Europe (Hrsg.; 1993): Cultural Heritage Committee. Preliminary draft recommendation on the conservation and management of heritage sites as part of landscape policies. – Strasbourg.
Droste, v. B., H. Plachter & M. Rössler (Hrsg.; 1995): Cultural Landscapes of Universal Value. Components of a Global Strategy. – Jena u.a.
Gorter, H.P. (1986): Ruimte voor natuur. 80 jaar bezig voor de natuur. Vereniging tot behoud van Natuurmonumenten in Nederland. – 's-Graveland.
International Council on Monuments and Sites (Hrsg.; 1993): Historische Kulturlandschaften (ICOMOS. Cahiers du Comité Naturel Allemand XI.) – München.
Klohn, W. (1995): Landwirtschaft in Europa. Strukturen, Probleme, Perspektiven. – Praxis Geographie 5: 4–10.
Schenk, W. (1997): Kulturlandschaftliche Vielfalt als Entwicklungsfaktor im Europa der Regionen. – E. Ehlers (Hrsg.): Deutschland und Europa. Festschrift zum Geographentag Bonn. 1997. 7. (Colloquium Geographicum 24). Bonn: 209–229.
Vervloet, J.A.J. (1993): Angewandte Historische Geographie in europäischem Rahmen. Einige Bemerkungen über die Möglichkeiten und Grenzen eines mulitnationalen Projektes. – Kulturlandschaft 3 (1): 4–8.

6

Fachübergreifende Beiträge zur Kulturlandschaftspflege auf der Basis kulturgeographischer Grundlagenforschung

Erhaltende Kulturlandschaftspflege – ein Beitrag zur integrativen Umweltbildung (Vera Denzer und Matthias Kleinhans)	243
„Landschaftsmuseen" als museumsdidaktische Wege zur Kulturlandschaft (Gerhard Ongyerth)	249
Kulturlandschaftserhaltung und Heimatpflege am Beispiel des Schwäbischen Volkskundemuseums Oberschönenfeld (Hans Frei)	254
Kulturlandschaftsgeschichtliche Wanderführer und Lehrpfade (Frank Remmel)	259
Historische Vereine und ihre Möglichkeiten zur Erhaltung der Historischen Kulturlandschaft (Karl Martin Born)	266
Tourismus und Kulturlandschaftspflege (Bruno Benthien)	271
Wasserwege als Gegenstand der Kulturlandschaftspflege (Frank Norbert Nagel und Götz Goldammer)	275
Die Technischen Denkmale und Industriedenkmäler, namentlich des Bergbaus (Georg Römhild)	285
Industrielandschaften: Werks- und Genossenschaftssiedlungen im Ruhrgebiet, 1844–1939 (Hans-Werner Wehling)	295
Konversion militärischer Liegenschaften als Aufgabenfeld der Kulturlandschaftspflege (Klaus Fehn)	299

Erhaltende Kulturlandschaftspflege – ein Beitrag zur integrativen Umweltbildung

Vera Denzer und Matthias Kleinhans

Umweltbildung als teilnehmerorientierter Ansatz

Kulturlandschaftliche Relikte und persistente Elemente in der Landschaft, in ihrem traditionellen, historisch gewachsenen Umfeld, besitzen einen hohen geschichtlichen Aussagewert. Als Zeugnisse der Vergangenheit gewähren sie uns nicht nur Einblicke in historische Bewirtschaftungssysteme, sie vermitteln auch Informationen über ehemalige Sozialstrukturen und Lebensformen. Alltagswelt und Alltagsgeschichte werden somit erfahrbar als Ergebnis der Auseinandersetzungen des Menschen mit seiner natürlichen, räumlichen und sozialen Umwelt (Denzer 1994: 59). Solche überkommenen Landschaftsstrukturen können sowohl für einen regionskundlichen Tourismus als auch für museale oder museumspädagogisch ausgelegte Freizeiteinrichtungen inwertgesetzt werden. Darüber hinaus besitzt das kulturelle Erbe als Bestandteil des kulturellen Gedächtnisses einer Gesellschaft neben dem historisch-geographischen Eigenwert (Fehn 1993) im Hinblick auf zukünftiges Handeln im Rahmen der Umweltbildung große Bedeutung. Dies mag zunächst etwas ungewöhnlich erscheinen, liegen doch die Schwerpunkte der Umweltbildungsangebote nach wie vor überwiegend im Bereich des Naturschutzes sowie naturkundlicher, gesundheitsorientierter und naturwissenschaftlich-technischer Themen (Apel 1993: 24). Erst allmählich findet die gewachsene Kulturlandschaft mit ihrem traditionellen, anthropogen geschaffenen Formenschatz innerhalb der Umweltbildung Berücksichtigung. In diesem Zusammenhang sind neben klassischen Trägern der Weiterbildung wie beispielsweise Volkshochschulen, die auf staatliche Anregung geschaffenen Einrichtungen von Biosphärenreservaten (Engels-Wilhelmi 1993: 13f.) sowie andere gesellschaftliche Initiativen zu erwähnen. Als Beispiel der zuletzt genannten Gruppe soll der Verein „Geographie für Alle" (Glasze & Pütz 1995) in Mainz angeführt werden.

In Abgrenzung zur „Ökologischen Bildung" mit ihrer stark an politischen Zusammenhängen orientierten Konzeption (de Haan 1984, 1993), der „Umwelterziehung" als integrierter Bestandteil schulischen Lernens (Bolscho u.a. 1980, 1986) sowie der „Natur- und Umweltpädagogik" mit ihrem kontemplativen Ansatz des Naturwahrnemens (Cornell 1979, 1991; Göpfert 1988) steht die „Umweltbildung" für eine pragmatische, teilnehmerorientierte Sichtweise. Sie vereinigt in sich Elemente der Wissensvermittlung, der Reflektion wie auch der unmittelbaren Wahrnehmung von Naturphänomenen, ohne jedoch dogmatisch einen Zugang oder Ansatz zu bevorzugen (Apel 1993). Als ganzheitliches, teilnehmerorientiertes Konzept verstanden sollten die Bildungsangebote einen Schwerpunkt auf dem Gebiet der Wahrnehmung setzen. Erfahrungen aus „erster Hand", d.h. eine authentische, emotional sinnliche Zugangsweise bildet das Fundament, ohne kognitiv-reflexive Betrachtungsweisen auszublenden (Apel 1993: 50; Denzer 1994, 1996).

Der Einstieg zur Wahrnehmung kann über die Anschauung der Relikte vor Ort erfolgen. Davon inspiriert und angeregt werden weitergreifende Beobachtungen und Entdeckungen angestellt, die schließlich zur Erforschung des gesamten umliegenden Areals führen. Die Landschaft wird damit zum Erfahrungsraum und umfassend wahrgenommen (Denzer 1994: 60). Durch ein Mitsuchen und Mitentdecken im Gelände kann der freizeitnahe, stark erlebnisorientierte Charakter der Bildungsangebote noch verstärkt werden. Die Entdeckung der Alltagsgeschichte in Verknüpfung mit der Aufdeckung der entsprechenden historischen und gegenwärtigen Umweltbezüge ermöglicht eine integrative Umweltbildung. Dieser Ansatz versteht sich als offener, nicht ausgrenzender Zugang zu natur- und kulturrelevanten Fragestellungen. Die Grundkenntnis, auf der diese Sichtweise beruht, faßt Schleicher (1996: 5) wie folgt zusammen: „Umweltprobleme resultieren nicht aus der „Umwelt", sondern sind Folgen der Zivilisationsgeschichte, d.h. des menschlichen Weltverständnisses sowie der sozio-ökonomischen Strukturen. Sie können aber nur in dem Maße bewältigt werden, wie der Mensch seine Zivilisationsprobleme auf Naturbedingungen abstimmt." Aus dieser Aussage wird deutlich, daß die Zielsetzung von Umweltbildung, vereinfacht ausgedrückt, die Förderung von Umweltmündigkeit und -verantwortung, nicht durch auf einzelne Aspekte reduzierte Betrachtungsweisen erreicht werden kann. Die Förderung von natur- und umweltrelevanter Handlungskompetenz als „Voraussetzung zur Lösung globaler Umweltpolitik", die der Wissenschaftliche Beirat der Bundesregierung in seinem Jahresgutachten 1995 (zit. nach Schleicher 1996: 4) als zentrale Aufgabe der Umweltbildung herausgestellt hat, erfordert sowohl die Integration kognitiver wie affektiv-emotionaler Bildungsinhalte, d.h. ganzheitliche, integrative Bildungsangebote.

Landschaftsgeschichtliche Quellen als Basis

Eine derart komplexe Aufbereitung von Stoffbezügen setzt eine umfassende Grundlagenforschung (detaillierte Geländekartierungen, Aufbereitung archivalischer Quellen, Berücksichtigung des natürlichen Umfeldes/Potentials u.a.m.) und ein hohes fachliches Überblickswissen voraus.

So ist bei der Auswahl geeigneter Geländeabschnitte darauf zu achten, daß anhand der in situ noch vorhandenen Relikte und Elemente regionaltypische Landschaftsstrukturen wahrgenommen werden können, die in eine kritisch reflektierte Einstellung zur gewachsenen Kulturlandschaft einmünden und zu einem aktiven persönlichen Einsatz zum Schutz der Umwelt anregen. Bezüglich der Vermittlung der Fähigkeit zur Umweltwahrnehmung gewinnen in der Landschaft Ensembles gegenüber Einzelobjekten an Bedeutung. Hierbei kann es sich sowohl um systemimmanente Ensembles, die in ihrer dinglichen Zusammensetzung eine Einheit bilden oder auch um eine problemorientierte Erfassung des kulturellen Erbes handeln. Da das heutige Nebeneinander einer Vielzahl verschiedener Objekte durchaus nicht immer ein zeitliches Nacheinander verschiedener Bewirtschaftungssysteme, sondern häufig auch ehemals gleichzeitig in Funktion gewesene unterschiedliche Nutzungsformen dokumentiert, können hierdurch in besonders anschaulicher Weise Problemfelder der Alltagsgeschichte aufgezeigt werden.

Darüber hinaus spielen der Erhaltungszustand, die Objektprägnanz sowie die Erreichbarkeit der Objekte und die Überschaubarkeit derselben im Gelände als didaktische Leitaspekte bei der Auswahl von Ensembles als mögliche Bildungsangebote eine große Rolle. Auch sollten nur solche Objekte der Bevölkerung zugänglich gemacht werden, die nicht mutwillig zerstört oder entwendet werden können, wie das zum Beispiel bei alten Grenzsteinen häufiger vorkommt.

Umsetzung des Konzepts am Beispiel des südwestlichen Spessarts

Die oben gemachten Ausführungen sollen an einem Beispiel aus einem Mittelgebirgsraum, dem Südwest-Spessart, konkretisiert werden. Dieser hat sich aufgrund seiner peripheren Lage und seiner ungünstigen naturräumlichen Ausstattung wirtschaftlich nur schwach entwickelt. Aus diesem Grunde konnte sich eine Vielzahl historisch gewachsener Einzelobjekte und Landschaftsstrukturen erhalten, die in ihrer Zusammenschau zur Unverwechselbarkeit der Landschaft und zur regionalen Identitätsfindung beitragen (Abb. 1).

Bis heute sind die ehemaligen streifenförmigen Anlagen der Waldhufenfluren landschaftsprägend. Zahlreiche verschiedenartige Einzelobjekte, zu systemimmanenten und problemorientierten Ensembles zusammenfaßbar, können auch reliefabhängige Nutzungskatenen belegen. Noch heute durchziehen Relikte des Kunstwiesenbaus (Hang- und Rückenbewässerung) den feuchten Talgrund, während mehr oder weniger gut ausgebildete horizontal verlaufende Ackerraine im unteren und mittleren Hangbereich den ehemaligen und gegenwärtig betriebenen Ackerbau dokumentieren. Der an den jeweiligen historischen Hufengrenzen unterbrochene Verlauf der Ackerterrassen läßt die alten, senkrecht den Hang hinaufziehenden Hufenstreifen er-

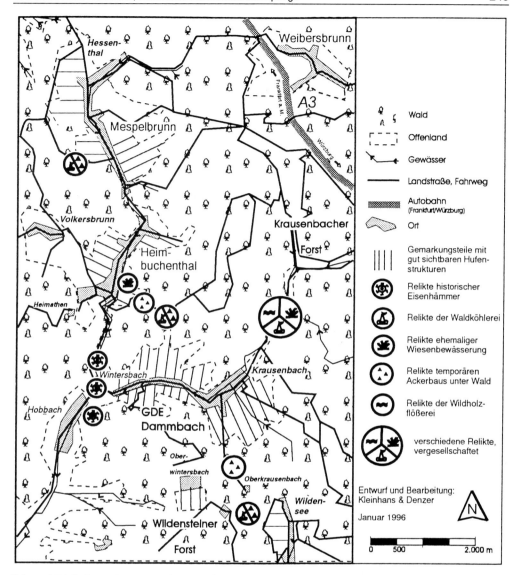

Abb. 1 : Waldhufensiedlungen im Südwest-Spessart in ihrem gewachsenen historisch-geographischen Umfeld mit Beispielen für Bildungsangebote

kennen. Wie den Abb. 2 und 3 zu entnehmen ist, unterstreichen die seitlich entlang der Hufengrenze aufgeworfenen Lesesteinwälle oder die sie begleitenden Fußwege sowie einzelne Grenzsteine die Hufenstruktur. Auch in dem kulissenartig vor- und zurückspringenden Waldrand im oberen Hangdrittel kommt die Hufenbreite zum Ausdruck. Dieses von Bauernhecken eingenommene Areal war früher auf unterschiedliche Weise in die landwirtschaftliche Nutzung integriert. Während Spuren einstiger Waldweidenutzung bis auf wenige Ausnahmen, wie zum Beispiel die Absteinung alter Viehtriften (Abb. 2), verschwunden sind, belegen Lesesteinhaufen und podestartige Lesesteinansammlungen eine zumindest temporäre ackerbauliche Nutzung. So konnten verschiedene landwirtschaftliche Bewirtschaftungssysteme zeitlich und räumlich nebeneinander auf einer Hufe betrieben werden. Nicht immer liefen diese Prozesse in einträchtiger Harmonie ab. Eine Konkurrenz herrschte zum Beispiel bei der Wassernutzung. So beanspruchten die ehemaligen Kurfürsten von Mainz im Spessart

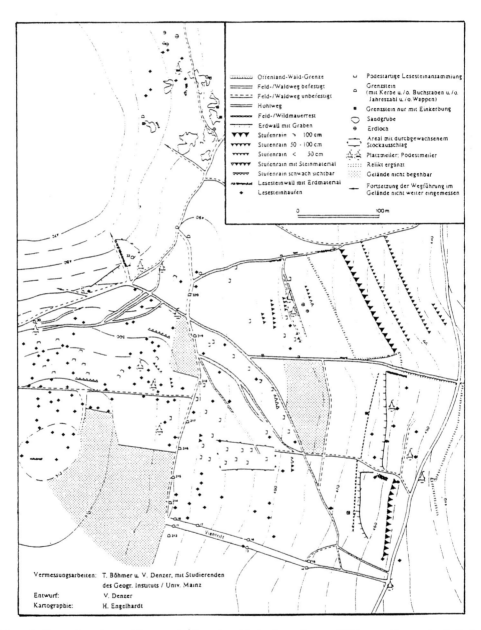

Abb. 2: Relikte und persistente Elemente im Grenzbereich der Gemarkungen Wildensee-Krausenbach-Eschau (TK 6122 Bischbrunn)

zahlreiche Bäche für den Transport von Brennholz (Wildholzflößerei); die Mühlen und Eisenhammerwerke waren auf die Energiequelle zum Antrieb ihrer Wasserräder angewiesen; die Kleinbauern benötigten das Wasser zur Düngung und Bewässerung ihrer Wiesen, um so Schnitthäufigkeit und Ertragsmenge zu steigern.

Abb. 3: Lesesteinwall auf einer Hufengrenze mit Baum- und Buschwerk (Geishöhe/Gemarkung Wintersbach)

Diese „gegenständlichen Geschichtsquellen" dienen der Vermittlung von Kenntnissen über historische Bewirtschaftungsformen in Abhängigkeit von sozialökonomischen Situationen. Darüber hinaus kann anhand der landschaftsästhetisch wertvollen, durch Ackerraine, Lesesteinwälle, Lesesteinhaufen und Trockenmauern (mit und ohne Heckenbesatz), kleingekammerten Landschaftsarealen die große Bedeutung für eine floristische und faunistische Artenvielfalt thematisiert werden. Weitere umweltorientierte Themen wie „zukünftige Landschaftsgestaltung in ortsnahen Bereichen" oder „Flurbereinigung" bieten sich an, da direkte Vergleichsmöglichkeiten zu flurbereinigten Nachbargemarkungen im Vorfeld des Gebirges in Richtung Mainebene gegeben sind. Am Zustand bereinigter Fluren kann gezeigt werden, ob und in welcher Form die Flurbereinigung einer erhaltenden Kulturlandschaftspflege gerecht geworden ist. Neben gemarkungsübergreifenden Betrachtungen (Mesoebene) erweisen sich Detailstudien (Mikroebene) als ebenso lohnend. Als Beispiele seien hier nur die Bauernhecken (Niederwald) und die verschiedenen Varianten der Rieselbewässerung angeführt.

Die Umsetzung der theoretischen Ausführungen im Rahmen eines integrativen Umweltbildungsansatzes kann auf verschiedenen Wegen erfolgen. Als konzeptionelle Darbietungsform bieten sich verschiedene Vermittlungsvarianten an. Sie reichen von einer stark personenbezogenen Betreuung und Leitung innerhalb von Exkursionen und Seminaren bis hin zu übersichtlich gestalteten Informationstafeln vor Ort für anonyme potentielle Besucher, die weder vom Alter noch von ihrem sozialen Status her voraussehbar sind. Eine mehrstündige Exkursion oder ein mehrtägiges Seminar in Verknüpfung mit Erkundungswanderungen vor Ort unter fachgerechter Anleitung stellen wohl die intensivste Vermittlungsform dar. Doch auch gut vorbereitete Wanderrouten, die mit Hilfe klar strukturierter Textbegleiter in Form von Faltblättern komplexe Vorinformationen über die Alltagsgeschichte und mögliche Umweltgefährdungen liefern, bieten Ansätze für eine individuelle integrative Umweltbildung. Letztendlich hängt es stark von der Mentalität des Einzelnen ab, welche Vermittlungsform er besonders bevorzugt. Es sollten jedoch stets Möglichkeiten für ein „feed-back" gegeben sein. Während dies bei Exkursionen und Seminaren direkt gewährleistet ist, bedarf es bei entsprechend aufbereiteten Wanderrouten zusätzlicher fest installierter Austellungseinrichtungen mit weiteren Informationsquellen, wie dies zum Beispiel bei Landschaftsmuseen mit eco-musealer Konzeption praktiziert wird.

Literatur

Apel, H. u.a. (1993): Orientierungen zur Umweltbildung. – Bad Heilbronn/Obb.
Beer, W. & G. de Haan (Hrsg.; 1984): Ökopädagogik. Aufstehen gegen den Untergang der Natur. – Weinheim.
Bolscho, D., G. Eulenfeld & F. Seybold (1980): Umwelterziehung – Neue Aufgaben für die Schule. – Weinheim.
Bolscho, D., G. Eulenfeld & H. Seybold (1986): Umwelterziehung in Europa. – Kiel.
Canisius, A., J. Frey, M. Kleinhans & B. Wagner (1994): Naturerlebnisraum Alte Ziegelei/Wildgrabental. – Fürs Überleben handeln lernen. Dokumentation des Symposions zur Umweltbildung vom 13.9.–15.9.1993 in Mainz. Mainz: 92–100.
Cornell, J.B. (1979): Mit Kindern die Natur erleben. – Ottobrunn.
Cornell, J.B. (1991): Auf die Natur hören. – Mülheim a.d.Ruhr.
Cornell, J.B. (1991): Mit Freude die Natur erleben. – Mülheim a.d.Ruhr.
Denzer, V. (1994): Möglichkeiten und Grenzen einer didaktischen Aufbereitung von kulturlandschaftlichen Relikten vor Ort. – H. Hildebrandt (Hrsg.): Hachenburger Beiträge zur Angewandten Historischen Geographie (Mainzer Geogr. Stud. 39). Mainz: 59–72.
Denzer, V. (1996): Relikte und persistente Elemente einer ländlich geprägten Kulturlandschaft mit Vorschlägen zur Erhaltung und methodisch-didaktischen Aufbereitung am Beispiel von Waldhufensiedlungen im Südwest-Spessart. Ein Beitrag zur Angewandten Historischen Geographie. (Mainzer Geogr. Stud. 43). – Mainz.
Engels-Wilhelmi, S. (1993): Umweltbildung in Deutschland. Adressen, Aufgaben und Angebote von Institutionen und Verbänden. – Bonn.
Fehn, K. (1993): Die Angewandte Historische Geographie: integrierendes Bindeglied zwischen kulturhistorischer Denkmal- und ökologischer Landschaftspflege. – H. Koschick (Hrsg.): Kulturlandschaft und Bodendenkmalpflege am unteren Niederrhein. Bonn: 130–133.
Frey, J. & M. Kleinhans (1994): „Geoökologische Arbeitsmethoden" an der Universität Mainz – eine Einführung in ganzheitlich orientiertes Studieren von Natur und Landschaft. – Verhandlungen der Gesellschaft für Ökologie 23: 427–433.
Glasze, G. & R. Pütz (1995): Neue Formen integrativer Umweltbildung – Der Verein „Geographie für Alle". – Arbeitsgemeinschaft Umweltbildung (Hrsg.): Runder Tisch Umweltbildung am 28.06.1995 in Mainz. Mainz: 105–110.
Göpfert, H. (1990): Naturbezogene Pädagogik. – Weinheim.
Haan, G. de (1984): Die Schwierigkeiten der Pädagogik. – Beer, W. & G. de Haan (Hrsg.): Ökopädagogik. Aufstehen gegen den Untergang der Natur. Weinheim 82–91.
Haan, G. de (1993): Reflexion und Kommunikation im ökologischen Kontext. – H. Apel, (Hrsg.): Orientierungen zur Umweltbildung. Bad Heilbronn/Obb.: 119–172.
Schleicher, K. (1996): BLK-Modellversuch „Umweltvorsorge und Umweltgestaltung im pädagogischen Handlungsfeld". Zwischenbericht. Institut für Vergleichende und Internationale Erziehungswissenschaften. – Hamburg.
Wood, G. (1985): Die Wahrnehmung sozialer und bebauter Umwelt. (Wahrnehmungsgeographische Studien zur Regionalentwicklung 3). – Oldenburg.

„Landschaftsmuseen" als museumsdidaktische Wege zur Kulturlandschaft

Gerhard Ongyerth

Bei vielen Museen der Geschichte, Volkskunde, Kulturgeschichte, Naturgeschichte oder Technikgeschichte haben sich Umsetzungsformen des traditionellen Vermittlungsziels „Volksbildung" in den letzten 25 Jahren deutlich gewandelt. Die Forderung der Besucher nach intensiver pädagogischer und von Medien unterstützter Betreuung sowie nach Unterhaltung insbesondere in Heimat-, Regional- und Freilichtmuseen führt zu Formen der musealen Präsentation, die bisweilen die Kulturlandschaft um das Museumsgelände einbeziehen (Zippelius 1974; Auer 1989). Einige Einrichtungen verstehen unter „Museum" bereits kein mit Ausstellungsgut gefülltes Gebäude mehr, sondern die Anwendung bestimmter Formen der museumsdidaktischen Bedeutungsvermittlung auf Objekte des Alltags und der Gegenwart vor Ort und in situ – ohne die Institution Museum: Das „Museum" als gelenkte Landschaftserkundung, die „Landschaft" als Ausstellungsraum darin anzutreffender Kulturlandschaftselemente wie Hügelgräber, Biotope, Burgen, Mühlen, Kirchen, historische Altstadtbereiche oder Industrierelikte.

Diese neuen museumsdidaktischen Hinwendungen zur Kulturlandschaft greifen auf Ergebnisse der kulturgeographischen und der fachübergreifend raumbezogenen Grundlagenforschung zurück. Sie wenden mehr oder weniger bewußt traditionell geographische Verfahren zur Erfassung sowie Aus- und Bewertung kulturlandschaftlicher Strukturen und Einzelelemente der Kulturlandschaft in ihrer raum-zeitlichen Differenziertheit an. Nach dem geographischen Landschaftsverständnis wird „Landschaft" als bewahrendes „Archiv" sowie als „Registrierplatte" der in der „Landschaft" stattfindenden Umgestaltungsprozesse aufgefaßt (Hard 1973: 172 u. 1977: 16–21). Dieses Landschaftsverständnis setzt eine ästhetische Vergegenwärtigung und wissenschaftlich-methodische Objektivierung der Natur als „Landschaft" voraus. Anregungen dazu enthielten – jetzt wieder museumsdidaktisch genutzte – Medien, wie die ältere Reiseliteratur, vermittelnde Darstellungen der Landschaftsmalerei, historische Kartenwerke, wissenschaftliche Forschungsberichte oder die eigene „spontane" Anschauung (Isenberg 1986).

Konzepte von „Landschaftsmuseen"

Unter dem eher vagen Sammelbegriff „Landschaftsmuseum" wird eine Vielzahl kulturlandschaftsnaher Museumsprojekte und museumsdidaktischer Hinwendungen zusammengefaßt (Beispiele bei Schenk u.a. 1996). Ihnen gemeinsam ist der Versuch, Objekte und Funktionen des Museums in die „Landschaft" (zurück-) zu bringen bzw. sie gleich dort zu belassen. Dabei erfolgt eine graduelle Loslösung vom Museum als zentrale Sammelstelle und feste Einrichtung. Landschaftsmuseen wollen eine Erschließung und Interpretation historischer Kulturlandschaftselemente an deren angestammten Standorten ermöglichen. Die originale Begegnung soll Bewohner, Besucher, Lebenswelten, Orte und Gegenstände mit Medien ihrer Interpretation zusammenbringen. Gegenwärtig zeichnen sich fünf verschiedene Wege dazu ab (ausführlich in Ongyerth 1995: 17–28):

– Projekte und Verfahren zur Musealisierung und Interpretation von Landschaftsbildern, Landkarten sowie der „Land-Art" (z.B. Traeger 1987; Breuer 1989: 368),
– Projekte und Verfahren zur sichernden Translozierung von Baudenkmälern in Freilichtmuseen (ICOM 1984: 91–102),

- Projekte und Verfahren zur Errichtung von Freilichtmuseen und Denkmalschutzgebieten als Reservate mit in situ erhaltenen Denkmälern und Elementen historischer Kulturlandschaften (Zippelius 1981: 10–18, 23, 74–79),
- Ecomusée und verwandte Versuche der Verknüpfung von Funktionen zwischen „Museum" und „Landschaft" durch die dezentrale Einrichtung von Museumsaußenstellen an historischen Stätten (z.B. Denekke 1992: 9–17),
- Industriemuseen, „Museen der Arbeit" und verwandte Versuche einer Auslagerung und Rückkoppelung der Museumsarbeit in die Region, bis zur völligen Loslösung von festen Museumseinrichtungen (z.B. Zippelius 1974: 62f., 100–102, 127–130; Kramer 1990: 11–29; Roseneck 1993: 55–61).

Der Ansatz Ecomusée und weitergehende Versuche zur Loslösung der Museumsdidaktik von festen Museumseinrichtungen gelten als instruktive und instrumentell einsetzbare Verfahrensmodelle zum planerischen Umgang mit der Kulturlandschaft, wenn die planerische Leistung von der Bevölkerung mit dem Planer über die übliche Form der „Bürgerbeteiligung" hinaus gemeinschaftlich erbracht werden soll und die Planung sich an der Individualität und Geschichtlichkeit der betroffenen Kulturlandschaft orientiert.

Das erste Ecomusée entstand in Frankreich um 1971 im Kontext der Bemühungen um eine industrielle Dezentralisation, des Regionalismus, der Ausweisung von Naturschutzparks und der Förderung touristisch-kultureller Potentiale in den Regionen. Eine endogen geprägte Raumentwicklung sollte von regionalen Kommunalgruppen ausgehen: „Die gesamte Gemeinde stellt ein Museum dar, dessen Publikum sich ständig im Inneren aufhält" (Hubert 1990: 201–204). Anders als bei den traditionellen Freilichtmuseen sind „Sammlungen" der Ecomusées von Anfang an vollständig. Sie umfassen alle Phänomene in der zum Ecomusée erklärten Region. Das Ecomusée soll durch die lokale Bevölkerung, lokal verankerte Forschungsinstitute, ansässige „Museumsbenutzer" wie Vereine und durch ein Verwaltungskomitee Verfahren sowie Instrumente des lokalen Natur- und Kulturschutzes entwickeln können. „Das Ecomusée untersucht ein bestimmtes Gebiet und seine Bevölkerung auf natur- und kulturgeschichtlich relevante Entwicklungen hin, sucht zur Bewahrung und Wertschätzung von regionalem Natur- und Kulturerbe beizutragen und gibt der Bevölkerung Gelegenheit, sich an Erhaltungs- und Untersuchungsvorhaben zu beteiligen. (...) Das Ecomusée greift deshalb auf Denkmale regionaler Selbstinterpretation und Selbstdarstellung zurück, soweit sie die Natur- und Kulturentwicklung des Gebietes exemplifizieren können." (Hinten 1982: 72f.) Das Ecomusée als Raum- und Zeitmuseum gesellschaftlicher Objekte und Wandelprozesse sieht eine bewußte Rückkoppelung dieser „Museumsarbeit" im gesamten Gemeindegebiet vor. Neben einem zentralen Verwaltungs- und Ausstellungsgebäude sind dezentral eingerichtete Stätten der Beobachtung, der Veranschaulichung und der Interpretation vorzusehen. Die Außenstellen und interessante Landschaftsausschnitte werden durch Entdeckungsrouten, Wanderwege und entsprechende Medien angebunden und erschlossen.

Die theoretisch-philosophisch formulierten Grundsätze und Prinzipien des Ecomusée (Riviere 1985: 182f.) konnten in der Praxis bislang nicht vollständig verwirklicht werden. Entscheidend hierfür sind wohl die Unwägbarkeit und Politisierbarkeit der grundsätzlich gewünschten Partizipation der interessierten lokalen Bevölkerung am Ecomusée, die sich auf Trägerschaft, Finanzierung und Überleben der Projekte auswirken (Hubert 1990: 199f., 210–212; Projekte im deutschsprachigen Raum bei Ongyerth 1995: 20–23).

Das Modellvorhaben „Landschaftsmuseum oberes Würmtal"

Im Bewußtsein dieser prinzipiellen Probleme wird im bayerischen Landkreis Starnberg seit 1992 das modellhaft aus der Perspektive der Angewandten Historischen Geographie geplante und auf andere Räume übertragbare Vorhaben „Landschaftsmuseum oberes Würmtal" in einem etwa 40 qkm großen Areal umgesetzt. Dabei geht es im wesentlichen um Formen der Instrumentierung geographischen Wissens für eine besondere Form der kommunalen Kulturarbeit sowie für die Vermittlung denkmalpflegerischer Belange in Hinblick auf Baudenkmäler mit starkem Landschaftsbezug (Ongyerth 1993: 65–67). Vergleichbare Fragen stellen sich beim planerischen Umgang mit Kulturlandschaften, so daß Hinweise auf Arbeitsmaterialien und Methoden zugleich Hinweise zur Erfassung und Würdigung der Elemente und Strukturen historisch geprägter Kulturlandschaften sind. Wichtigste Stütze des Modellvorhabens ist das Heimatmuseum der Stadt Starnberg. Beratend stehen ihm das Bayerische Landesamt für Denkmalpflege in München und Gemeindearchivare der Würmtalgemeinden zur Seite.

Die Förderer des Modellvorhabens können auf ein „Handbuch zur Erschließung und Bestimmung räumlicher, geographisch-relevanter Phänomene" im oberen Würmtal zurückgreifen (Isenberg 1987: 145f., Ongyerth 1995). Das Bestimmungsbuch umfaßt die Darstellung der Landschaftsentdeckung des oberen Würmtals seit dem 16. Jahrhundert durch Kartographen, Topographen, Landschaftsmaler, Geomorphologen, Geobotaniker, Archäologen, Siedlungshistoriker, Denkmalpfleger, Naherholungssuchende und Arbeitspendler; die Darstellung ihrer Forschungsarbeiten sowie ihre Auswertung typischer Arbeitsmittel; die thematisch gebündelte Beschreibung der historischen Kulturlandschaftselemente im oberen Würmtal nach Entstehung, Lage und Persistenz sowie die abschließende Darstellung von 12 000 Jahren Landschaftsgeschichte mittels einer Serie von thematischen Karten, die „Altlandschaften" nach dem Deckblattverfahren auf aktuellen Kartengrundlagen visualisieren und so einer „aufsuchenden Museumsarbeit" zugänglich machen: das Würmtal der Eiszeiten, der Landnahmezeit, zur Zeit der Burgen und Mühlen, zur Zeit der Industrialisierung.

Bei der Erstellung des Bestimmungsbuches wurden im wesentlichen nur die Erkenntnisse über das kulturgeschichtliche Erbe des oberen Würmtals erfaßt, die ohne größeren Aufwand greifbar waren, zumeist Fach- und Sekundärliteratur, wenig Archivalien. Zu den Überlieferungsdokumenten, die für eine hier auf der Regionalebene umgesetzte historisch-geographische Landesaufnahme entscheidend waren, zählten historische Karten, Topographien, statistische Werke, heimatkundliche Literatur und Archivalien, Landschaftsbilder, Stiche und Ortsansichten mit topographischer Aussage, Spezialkarten zur Topographie und Geologie, Biotop-, Natur- und Landschaftsschutzgebietsbeschreibungen, Pollenanalysen, archäologische Fundinventare, Denkmalinventare und die Denkmalliste (zur Methodik Denecke 1972: 406–432; Jäger 1963: 158–196; Tab 1).

Tab. 1: Arbeitsmittel des Modellvorhabens Landschaftsmuseum

Bereich	20. Jh.	19. Jh.	18. Jh.	16. Jh.	13. Jh.
Kartographie und Landesvermessung	Flurkarten	Topographischer Atlas Katasterpläne		Philipp Apians Landesaufnahme und Topographie	Tabula Peutingeriana
Topographie	Landesstatistik Gemeindestatistik touristische Topographien	malerische und historisch-statistische Topographien	Michael Wenings Historico-topographica Descriptio		
Geomorphologie	Geologische Karten --------------> Erklärungsmodelle: Eiszeitenfolge, glaziale Serie Erklärungsmodelle: Akkumulation, Erosion und Trompetental				
Geobotanik	Pollenanalysen Erklärungsmodell: Buchenfront und Fichteninvasion Biotop-, Natur- und Landschaftsschutzgebietsbeschreibungen				
Archäologie und Denkmalkunde	zeitliche Zuordnung und räumliche Verteilung von vorgeschichtlichen und geschichtlichen Boden- und Baudenkmälern sowie Elementen der verbindenden Siedlungs- sowie Wirtschaftsstruktur nach Fundinventaren und Denkmalliste				

Die Überlieferungsdokumente wurden 149 historischen Kulturlandschaftselementen sowie 39 Themen der Landschaftsgeschichte zugeordnet und auf 25 Arbeitskarten im Maßstab 1: 25.000 und 1:5.000 topographisch-längsschnittlich sowie chronologisch-querschnittlich geordnet. Jede thematische Karte stellt eine „Altlandschaft" im Sinne Otto Schlüters dar (Denecke 1972: 401ff.). In der Überdeckung geben die Karten wesentliche Inhalte der Topographischen Karte des Landschaftsausschnittes wieder, alleine für sich jeweils einen herausgehobenen Aspekt der Landschaftsgeschichte (Geipel 1962: 485–488). Das Bestimmungsbuch verfügt über einen topographischen und über einen thematischen Seitenindex im Inhaltsverzeichnis, so daß der Benutzer einen raschen Zugriff zur Darstellung einzelner Altlandschaften und einzelner historischer Kulturlandschaftselemente hat.

Die Aktivitäten des gegenwärtig an das Heimatmuseum der Stadt Starnberg und das Archiv der Gemeinde Gauting angebundenen Modellvorhabens steuert ein fest aufzubauender Arbeitskreis unter kommunaler Schirmherrschaft. Die Vermittlungsarbeit baut auf der Ausweisung von themenzentrierten Wanderrouten auf bestehenden Wanderwegen durch das obere Würmtal auf, die vom „Museumsbesucher" alleine, unter Anleitung oder mit vor Ort einsetzbaren Broschüren begangen werden können. In Verbindung mit dem Bestimmungsbuch sind die Broschüren eine Art Sehschule auf Lernpfade durch die Kulturlandschaft. Aufeinander kann ein mit der Zeit wohl dichter geknüpftes Routennetz dem Landschaftsausschnitt den Charakter einer „Lernlandschaft" geben (Hey 1986: 346; Dubbi 1989).

Am Tag des offenen Denkmals 1995 und 1996 erfolgten publikumswirksame Schritte zur Präsentation des Modellvorhabens „Landschaftsmuseum" im Raum Starnberg und Gauting. Der interessierten Öffentlichkeit wurden verschiedene Medien zur Verfügung gestellt und Veranstaltungen angeboten:

– das Bestimmungsbuch für historische Kulturlandschaftselemente im oberen Würmtal (Ongyerth 1995),
– ein Videofilm (Renner & Ongyerth 1995),
– abgestimmte Angebote zum Tag des offenen Denkmals und eine Artikelserie in den Lokalzeitungen,
– Ausstellungen im Heimatmuseum der Stadt Starnberg und im Rathaus Gauting,
– eine Veranstaltungsreihe der Volkshochschule Starnberger See als Semesterschwerpunkt im Herbst 1995,
– fünf Faltblätter/Broschüren mit Wandervorschlägen durch das „Landschaftsmuseum",
– die probeweise Errichtung einiger wetterfester Informationstafeln im Würmtal.

Das Modellvorhaben „Landschaftsmuseum" ist ein Gegenmodell zur ungebrochen anschwellenden Zahl von Heimatstuben, Ortsmuseen und Privatausstellungen in Bayern. Es geht dabei auch um die aktive Vermittlung eines Gefühls der Verantwortung für an Ort und Stelle verbliebene Natur-, Boden- und Baudenkmäler, nicht um die Musealisierung einer vielleicht nutzlos gewordenen Landschaft und ihrer Bestandteile.

Die Anwendung sinnvoll ausgewählter Methoden, verbunden mit der systematischen Zusammenführung und Auswertung erfolgversprechender Arbeitsmittel verschiedener Fachdisziplinen öffnet neue Wege zum Verständnis der Geschichtszeugnisse in der Kulturlandschaft und zur Vermittlung ihrer schutzwürdigen Bedeutung.

Literatur

Auer, H. (Hrsg.; 1989): Museologie. Neue Wege – Neue Ziele. Bericht über ein internationales Symposium, veranstaltet von den ICOM-Nationalkomitees der Bundesrepublik Deutschland, Österreichs und der Schweiz in Lindau (Bodensee). – München u.a.

Breuer, T. (1989): Denkmäler und Denkmallandschaften als Erscheinungsformen des Geschichtlichen. – Jahrbuch der Bayer. Denkmalpflege, Forschungen und Berichte, 40: 350–370.

Denecke, D. (1972): Die historisch-geographische Landesaufnahme. Aufgaben, Methoden und Ergebnisse, dargestellt am Beispiel des mittleren und südlichen Leineberglandes. (Göttinger Geogr. Abh. 60). – Göttingen.

Denecke, D. (1992): Historische Umwelt und Altlandschaft im Freilichtmuseum. Historisch-geographische Forschungs- und Betrachtungsansätze in der Konzeption des Oberpfälzer Freilandmuseums Neusath-Perschen. – Laufener Seminarberichte 5: 9–17.

Dubbi, F.-J. (1989): Geschichte vor Ort. Eine Handreichung in Beispielen, Hinweisen und Empfehlungen. (Handreichung des Regierungspräsidenten in Detmold). – Detmold.

Geipel, R. (1962): Die Arbeitsweise des Geographen und ihre Bedeutung für die politische Bildung. – Geographische Rundschau 14: 485–488.

Hard, G. (1973): Die Geographie. Eine wissenschaftstheoretische Einführung. – Berlin.

Hard, G. (1977): Zu den Landschaftsbegriffen der Geographie. – A.H. Wallthor & H. Quirin (Hrsg.): „Landschaft" als interdisziplinäres Forschungsproblem. (Veröffentlichungen des Provinzialinstituts für Westfälische Landes- und Volksforschung des Landschaftsverbandes Westfalen-Lippe, 1, 21). Münster: 16–21.

Hey, B. (1986): Das Museum draußen. Historische Lehrpfade, Geschichtsstraßen und Lernlandschaften. – Geschichtsdidaktik 11: 336–348.

Hinten, W. v. (1982): L'écomusée. Ein museologisches Konzept zur Identität von und in Räumen. – Z. f. Volkskunde 78: 70–75.

Hubert, F. (1990): Das Konzept „Ecomusée". – G. Korff & M. Roth (Hrsg.): Das historische Museum. – Frankfurt am Main/New York/Paris: 199–212.

ICOM; Association of European Open Air Museums (Hrsg.; 1984): 25 Jahre ICOM-Deklaration über Freilichtmuseen, Tagungsbericht Ungarn 1982. – Szentendre.

Isenberg, W. (1986): Über das Lesen von Kulturlandschaften. Spurensuche im Urlaub als spontanes Verfahren der Auseinandersetzung mit fremden Alltagswelten. – Freizeitpädagogik 3–4: 109–116.

Isenberg, W. (1987): Geographie ohne Geographen. Laienwissenschaftliche Erkundungen, Interpretationen und Analysen in der räumlichen Umwelt in Jugendarbeit, Erwachsenenwelt und Tourismus. (Osnabrücker Stud. z. Geogr. 9). – Osnabrück:

Jäger, H. (1963): Zur Methodik der genetischen Kulturlandschaftsforschung. Zugleich ein Bericht über eine Exkursion zur Wüstung Leisenberg. – Ber. z. dt. Landeskunde 30: 159–196.

Kramer, D. (1988/1990): Diskussionsexposé für ein künftiges Stadtmuseum in Wiesbaden. – M. Goldmann, M. & D. Kramer (Hrsg.): Ein Museum für die neunziger Jahre (Kulturpolitische Gesellschaft e. V., Dokumentation, 33). Hagen: 4–29.

Ongyerth, G. (1993): Erfassung und Schutz historischer Kulturlandschaftselemente als Aufgabe der Denkmalpflege. – Berichte der Akademie für Naturschutz und Landschaftspflege 17: 65–67.

Ongyerth, G. (1995): Kulturlandschaft Würmtal. Modellvorhaben „Landschaftsmuseum" zur Erfassung und Erhaltung historischer Kulturlandschaftselemente im oberen Würmtal (Arbeitshefte des Bayer. Landesamtes für Denkmalpflege, 74). – München.

Renner, B. &. G. Ongyerth (1995): Zeitreise – Das Mühlthal bei Starnberg. VHS, 40 Min. München (Videoschule München).

Riviere, G. (1985): The ecomuseum – an evolutive definition. – Museum 148: 182f.

Roseneck, R. (1993): Der Harz als historische Kulturlandschaft. – International Council on Monuments and Sites (Hrsg.): Historische Kulturlandschaften, Heft des deutschen Nationalkomitees von ICOMOS XI: 55–61.

Schenk, W., L. Stöhr & G. Layer (1996): Volkskunde und Geographie. Zur Zusammenarbeit von Volkskundlern und Geographen in Museums- und Ausstellungsprojekten in Mainfranken. – Bayerische Blätter für Volkskunde 23 (1): 21–28.

Traeger, J. (1987): Der Weg nach Wallhalla. Denkmallandschaft und Bildungsreise im 19. Jahrhundert. – Regensburg.

Zippelius, A. (1974): Handbuch der europäischen Freilichtmuseen (Führer und Schriften des Rheinischen Freilichtmuseums und Landesmuseums für Volkskunde in Kommern 7). – Köln.

Zippelius, A. (1981): Das Rheinische Freilichtmuseum und Landesmuseum für Volkskunde in Kommern. Geschichte und Ausblick (Führer und Schriften des Rheinischen Freilichtmuseum und Landesmuseum für Volkskunde in Kommern 21). – Köln.

Kulturlandschaftserhaltung und Heimatpflege am Beispiel des Schwäbischen Volkskundemuseums Oberschönenfeld

Hans Frei

Ein Projekt der Heimatpflege, der Denkmalpflege, des Naturschutzes, der Landschaftspflege und des Volkskundemuseums

Inmitten des Naturparks „Augsburg – Westliche Wälder", 20 km südwestlich von Augsburg, liegt das Zisterzienserinnenkloster Oberschönenfeld (Abb. 1). Seit beinahe 800 Jahren leben, arbeiten und beten Ordensfrauen an diesem Ort, derzeit sind es 38 Schwestern. Geschichtlich gesehen verbinden sich mit dem Zisterzienserorden Rodungstätigkeit und erfolgreiche Wirtschaftsführung, schlichte Bauweise und kontemplatives Leben. Die Klosteranlage von Oberschönenfeld verkörpert diese Ideale zisterziensischer Ordnung in einer Vielzahl von Geschichts-, Gestalt- und Funktionswerten in eindrucksvoller Weise (Hartmann 1989; Schiedermair 1995).

Typisch für die im Mittelalter gegründete Zisterze ist die einsame Lage, abseits von belebten Verkehrswegen, an einem Fließgewässer, von einer Mauer eingegrenzt, von Wäldern umsäumt. An dieser Situation hat sich trotz des Strukturwandels und der regen Bautätigkeit in den Nachbardörfern bis heute nur wenig geändert (Eberhardinger & Frei 1977). Für das Ordensleben und für die Versorgung der Ordensgemeinschaft entstanden im Laufe der Jahrhunderte charakteristische, immer wieder erneuerte Bauwerke (Eberlein 1961). Kirche und Konventgebäude künden vom geistlichen Ursprung und Zweck der Ansiedlung, zahlreiche Wirtschaftsbauten dokumentieren das einstige landwirtschaftlich-gewerbliche Fundament des klösterlichen Lebens. Die umgebende Kulturlandschaft mit Wiesen und Feldern, Wirtschaftswegen und Wallfahrtspfaden, Feldkreuzen und Bildstöcken, Bäumen und Gärten, Fischteichen und Ackerterrassen veranschaulicht die charakteristischen Merkmale einer Klosterlandschaft. Das historisch-geographische Erbe vermittelt ein nachhaltiges Bild von der Raumwirksamkeit des Ordens, die von der Kultivierung des Bodens über die Gestaltung des Baubestandes bis zu den landschaftsprägenden Elementen und Strukturen reicht (Schenk 1988, 1989). Für die Bewahrung, Pflege und Weiterentwicklung dieser einzigartigen Situation stellten sich in den letzten Jahrzehnten schwierige Aufgaben, zu deren Lösung zahlreiche Behörden und Institutionen konstruktiv zusammengewirkt haben.

Gefahren für den Baubestand und die Kulturlandschaft

In der wechselvollen Klostergeschichte, in dem Auf und Ab von Blütezeiten und Krisensituationen, spielte die Selbstversorgung der Ordensgemeinschaft mit den Erträgnissen einer vielseitigen Landwirtschaft stets eine große Rolle. Auf den ca. 100 ha umfassenden Agrarflächen des Klostergutes und den in nächster Umgebung liegenden Einödgütern Weiherhof und Scheppacher Hof wurden die benötigten Feldfrüchte (Getreide, Kartoffeln, Flachs u.a. Kulturpflanzen) angebaut und verschiedene Tierarten gehalten (Ochsen und Pferde für Transportzwecke, Rinder, Schafe, Hühner). Dazu kamen in den Talauen der Schwarzach mehrere Fischteiche für die typisch zisterziensische Fastennahrung. Zur Deckung des Eigenbedarfs waren verschiedene Handwerksbetriebe (Brauerei, Bäckerei, Mühle, Schäfflerei, Ziegelei) tätig. Für die umfängliche ökonomische Tätigkeit wurden im Rahmen einer umfassenden barocken Neubautätigkeit neben Kirche und Konventbau auch sämtliche Wirtschaftsgebäude neu errichtet (Paula 1995; Weißhaar-Kiem 1995). Der schlichte, in seiner Gesamtwirkung höchst eindrucksvolle Baubestand überstand die Säkularisation ohne Verluste und die Kriegszeiten des 20. Jahrhunderts ohne Schäden. Er geriet erst in ernsthafte Gefahr, als nach 1950

Abb. 1: Zisterzienserinnenabtei und Schwäbisches Volkskundemuseum Oberschönenfeld, Gemeinde Gessertshausen, Landkreis Augsburg

Typisch für die im 13. Jahrhundert gegründete Zisterze ist die einsame Lage inmitten von Wiesen und Feldern. Die Baulichkeiten des 18. Jahrhunderts dokumentieren mit dem stattlichen Konventgebäude zisterziensische Kulturleistung und mit den zahlreichen Ökonomiegebäuden das landwirtschaftliche Fundament des klösterlichen Lebens. In einem zwanzigjährigen Sanierungsprogramm konnte das historisch-geographische Erbe mit allen Merkmalen einer Klosterlandschaft erhalten und mit neuen Funktionen erfüllt werden (Quelle: Bayerisches Landesamt für Denkmalpflege München).

die Verbesserung des Wohnkomforts und die Technisierung der Landwirtschaft Eingriffe in die historische Substanz erforderlich machten und die Errichtung moderner Maschinenhallen das Erscheinungsbild störte. Der für die historische Topographie folgenschwerste Eingriff war die Beseitigung der historischen Wasserführung, indem der einst von der Schwarzach abgezweigte und durch die gesamte Klosteranlage fließende Wasserarm stillgelegt wurde (Böttger 1995).

Als der Mangel an Arbeitskräften und niedrige Preise für landwirtschaftliche Erzeugnisse schließlich die völlige Aufgabe der Landwirtschaft erzwangen, standen Ställe und Scheunen leer und verfielen mangels Bauunterhalt. Die Agrarflächen des Klostergutes wurden verpachtet und von einem volltechnisierten Großbetrieb mit den Monokulturen Weizen und Mais intensiv bewirtschaftet. Überlegungen für den Abbruch der Wirtschaftsgebäude und Pläne für Neubauten verschiedener Dienstleistungsfunktionen standen zur Debatte. In dieser Situation brachte die Heimatpflege Vorschläge für eine kulturelle Verwendung der denkmalgeschützten Baulichkeiten ins Gespräch und setzte sich nachdrücklich für die „Erhaltung des Gesamtbestandes als kulturgeschichtliches Dokument" ein. Eine entscheidende Hilfe lieferte das seit 1973 gültige Bayerische Denkmalschutzgesetz und die damit verbundene Erweiterung des Denkmalbegriffes. Die grundlegende Inventarisation des gesamten Baubestandes (Neu & Otten 1970) sowie die Kartierung historischer Landschaftselemente und deren Bewertung nach geographischen, volkskundlichen und architektonischen Gesichtspunkten begünstigte schließlich die langwierige Entscheidung für eine umfassende Gesamtrestaurierung. Sie begann 1974 und dauerte fast 20 Jahre. Die Baumaßnahmen waren die umfangreichsten seit der Neuerrichtung der Klosteranlage in der ersten Hälfte des 18. Jahrhunderts. Insgesamt wurden etwa 20 Mio DM investiert. An der Finanzierung beteiligten sich neben der Abtei und der Diözese Augsburg insbesondere der vom Bayerischen Staatsministerium für Unterricht, Kultus, Wissenschaft und Kunst verwaltete Entschädigungsfonds nach dem Bayerischen Denkmalschutzgesetz, die Bayerische Landesstiftung sowie der Bezirk Schwaben und der Landkreis Augsburg.

Gesamtrestaurierung der Baudenkmäler und Wiederherstellung der Kulturlandschaft

Übergeordnetes Restaurierungsziel war es, den gesamten barocken Bestand einschließlich aller Wirtschaftsgebäude zu bewahren und für eine zeitgemäße Nutzung instandzusetzen. Für eine Erhaltung der Wirtschaftsgebäude setzten sich mit Nachdruck der Bezirksheimatpfleger von Schwaben, das Bayerische Landesamt für Denkmalpflege und von seiten der Abtei Herr Georg Wiedemann ein. Eine entscheidende Frage war dabei die zukünftige Zweckbestimmung der leerstehenden Ökonomiebauten. Nach der Totalsanierung des Torgebäudes für Gastronomie und Mietwohnungen (1974 bis 1976) und der Restaurierung von Klosterkirche und Abteigebäude (1975 bis 1979) hatte die Außeninstandsetzung der baufälligen Wirtschaftsgebäude bereits begonnen, als der Bezirkstag von Schwaben nach mehrjähriger Diskussion am 21.7.1982 auf Vorschlag des Bezirksheimatpflegers beschloß, für die Zeugnisse der Alltagsgeschichte und die Darstellung der ländlichen Lebensweise im Regierungsbezirk Schwaben ein überregionales Schwerpunktmuseum in Oberschönenfeld zu errichten und zu diesem Zweck alle Wirtschaftsgebäude anzumieten. Bei dem Umbau und der zeitgemäßen Museumseinrichtung blieb das historische Erscheinungsbild der Ställe und Städel vollständig erhalten. Im Inneren entstanden neue Raumschöpfungen, in denen die historische Bausubstanz teilweise in Kontrast steht zu modernen nutzungsbedingten Elementen (Frei 1994a).

Inhaltlich widmet sich das Volkskundemuseum der Alltagsgeschichte Schwabens und sammelt die Zeugnisse des Lebens und Arbeitens breiter Bevölkerungsschichten. Ausgehend von der Lebens-, Wohn- und Wirtschaftsweise der vorindustriellen Zeit stellt es die Veränderungen der ländlichen Gesellschaft in Schwaben im 19. und 20. Jahrhundert dar. Neben den Objekten spielen dabei didaktische Mittel (Texttafeln, Fotos, Video, Inszenierungen) eine wichtige Rolle (Frei 1994b).

Die neue Funktion eines öffentlich zugänglichen und regelmäßig geöffneten Museums rückte die einstmals abgeschiedene Klosteranlage in den Blickpunkt der Öffentlichkeit. Damit richtete sich das Augenmerk auch auf die umgebende Kulturlandschaft, deren intensive Bodennutzung durch einen volltechnisierten Betrieb bereits zu optischen Veränderungen und zu ökologischen Störungen geführt hatte. Jahrhundertelang hatte sich die agrarische Nutzung an den naturräumlichen Voraussetzungen und den Ansprüchen der klösterlichen

Selbstversorgung orientiert: Wiesen und Weiden in den Talauen der Schwarzach für die Viehhaltung, Ackerbau auf den sandigen Lehmböden der flachen Westhänge, Wälder auf den östlichen Steilhängen und den umrahmenden Höhenzügen. Jetzt wurden die feuchten Bachauen drainiert, das Wiesenland in Felder umgewandelt. An die Stelle einer vielseitigen Fruchtwechselwirtschaft trat der Anbau von Mais und Weizen mit hohem Einsatz von Agrarchemikalien und Düngemitteln. Die Relikte der historischen Landnutzung, wie Hohlwege, Ackerterrassen, Fischteiche, waren durch die maschinelle Bewirtschaftung gefährdet. Für eine Bewahrung des historisch geprägten Bestandes gab es ebensowenig gesetzliche Grundlagen wie für eine ökologisch orientierte Bodennutzung. Weder das in Bayern seit 1973 gültige Denkmalschutzgesetz, das die Erhaltung von Einzeldenkmälern oder den Schutz von Bodendenkmälern regelt, noch das Bayerische Naturschutzgesetz, das die Sicherung ökologisch wertvoller Landschaftsteile und den Artenschutz von Tieren und Pflanzen zum Ziele hat, noch andere Vorschriften und Verordnungen waren dafür wirksam (Frei 1983; Zwanzig 1985). Die Förderprogramme des Vertrags-Naturschutzes (z.B. für Wiesenbrüter oder Uferrandstreifen) erbringen zwar punktuelle oder linienhafte Verbesserungen, können aber nicht den Schutz und die naturnahe Weiternutzung einer Klosterlandschaft mit ihrem charakteristischen Beziehungsgeflecht von Natur und Kultur garantieren.

Nach reiflicher Diskussion hat deshalb der Bezirk Schwaben als Träger des Museums die gesamten Agrarflächen des Klostergutes angepachtet, um sie an mehrere Landwirte der umgebenden Dörfer mit Auflagen für eine standortgemäße und extensivierte Nutzung weiterzuverpachten. Für die Umsetzung dieser Maßnahmen führte die Flurbereinigungsdirektion Krumbach (jetzt Direktion für ländliche Entwicklung) ein vereinfachtes Flurbereinigungsverfahren durch, in dessen Rahmen Erschließungswege gebaut, erosionsgefährdete Ackerflächen in Grünland umgewandelt und erhebliche landschaftspflegerische Maßnahmen durchgeführt wurden. Die Pflanzung von Hecken, Feldgehölzen und Obstbäumen sowie die Anlage extensiver Kraut- und Grasfluren hemmen den Bodenabtrag, gewähren Windschutz und bieten Unterschlupf und Nahrung für zahlreiche Tier- und Pflanzenarten.

In den Schwarzachauen wurde ein großflächiges Biotop mit Streuwiesen erhalten. Neue Lebensräume für Tiere und Pflanzen entstanden durch eine Streuobstwiese mit altbewährten Obstsorten. Mit der Anordnung der schottergebundenen Erschließungswege und der neuen Heckenstrukturen wurde eine höhenlinienparallele Bewirtschaftung gewährleistet und der Wasserabfluß gehemmt. Für den Museumsparkplatz wurde eine landschaftsangepaßte Lösung ohne Veränderung der topographischen Situation und ohne Störung des baulichen Ensembles entwickelt. Der Schotterrasen ist mit mehr als 50 Obstbäumen in das Landschaftsbild eingebunden. Zwei der Pachtbetriebe widmen sich schwerpunktmäßig der Mutterkuhhaltung, so daß auf den wiederhergestellten Grünflächen im Umland der Abtei ganzjährig Rinder weiden. Die Viehhalter wirtschaften nach ökologischen Gesichtspunkten und berücksichtigen die Grundsätze einer naturnahen Kreislaufwirtschaft.

Zur Vernetzung der Landschaftsbestandteile und zur Erweiterung der Biotopflächen tragen auch die Gestaltungsmaßnahmen im Innenbereich der Klosteranlage bei. Großzügige Wiesenflächen werden von einzelnen Bäumen raumprägend gegliedert. Linden, heimische Obstsorten und Spalierbäume erinnern an die wirtschaftliche Funktion und weisen auf die Bedeutung der Bäume im Brauchtum hin. Zur Erschließung der einzelnen Baulichkeiten entstanden ein gepflasterter Fahrstreifen und wassergebundene Kieswege.

Eine ökologische Bereicherung und eine Ergänzung des Museumsangebotes bilden ein nach historischem Vorbild gestalteter Klostergarten mit Nutz-, Heil- und Zierpflanzen und der Anbau historischer Nutzpflanzen wie Dinkel, Färbepflanzen oder Flachs auf kleinteiligen Musterfeldern. Mit der Parzellengliederung kann das System der Dreifelderwirtschaft mit der Fruchtfolge Wintergetreide, Sommergetreide und Brache bzw. Blatt- oder Hackfrüchte gezeigt werden. Die Erträge der Landwirtschaft (Kartoffel, Gemüse, Fleischprodukte) und die Veredelungsprodukte (Wurst, Teigwaren, Backwaren) können die Besucher bei einem 14tägig stattfindenden „Bauernmarkt der Interessengemeinschaft Staudenland" kennenlernen und kaufen. Die Erzeuger nutzen damit die Einkommenschancen der Direktvermarktung an einem attraktiven Standort, und die Besucher haben Gelegenheit, das reichhaltige Warenangebot der Gegenwart in Beziehung zu setzen zu der bescheidenen Versorgung und Ernährung in der Vergangenheit, wie es die Präsentation im Volkskundemuseum vermittelt.

Reichhaltige Informationen über die Wechselbeziehungen zwischen den naturräumlichen Gegebenheiten und den nutzungsorientierten Wirtschaftsformen in Vergangenheit und Gegenwart vermittelt das dem

Volkskundemuseum angegliederte Naturpark-Haus des Vereins „Naturpark Augsburg – Westliche Wälder". Das Thema „Mensch und Natur" wird unter verschiedenen Aspekten dargestellt und didaktisch aufbereitet (Naturpark Augsburg 1994). Waldkundliche Lehrpfade, eine Bodensonnenuhr, ein Windrad und verschiedene Bodenmaterialien im Außenbereich liefern darüber hinaus wichtige Grundinformationen über die natürlichen Elemente und leiten über zur Begegnung mit der lebendigen Natur im Wald und am Wasser, auf Wiesen und Feldern. Seminare, Führungen und Sonderveranstaltungen ergänzen und vertiefen das naturkundliche und kulturgeschichtliche Angebot im Museumsbereich.

Zusammenfassung

Das Gesamtziel aller Maßnahmen der Denkmalpflege, der Heimatpflege, der Flurbereinigung, des Naturschutzes, der Landschaftspflege und der Museumskonzeption war es, die Eigenart und den Eigenwert einer historisch geprägten Kulturlandschaft mit allen schutzwürdigen Elementen zu bewahren und ihre ökologische Vielfalt wiederherzustellen (Frei 1995). Neben der Erhaltung historischer Relikte spielt dabei die weitere Nutzung der Baulichkeiten und die standortverträgliche Bewirtschaftung der Felder und Wiesen unter größtmöglicher Rücksicht auf die historische Situation eine entscheidende Rolle. Für die praktische Umsetzung war ein enges Zusammenwirken der Zisterzienserinnenabtei als Eigentümerin mit den Verwaltungsbehörden (Landkreis Augsburg, Bezirk Schwaben, Staatsministerium für Unterricht, Kultus, Wissenschaft und Kunst) und den Fachstellen (Bayer. Landesamt für Denkmalpflege, Direktion für ländliche Entwicklung, Amt für Landwirtschaft und Bodenkultur) erforderlich. Praktische Pflegearbeiten leisten überörtliche Verbände und lokale Vereine (Bund Naturschutz, Landesbund für Vogelschutz, Verein „Naturpark Augsburg – Westliche Wälder", Obst- und Gartenbauverein Gessertshausen, Freundeskreis der Abtei Oberschönenfeld). Die Museumsdirektion des Bezirks Schwaben und die Leitung des Schwäbischen Volkskundemuseums Oberschönenfeld erfüllt Planungs-, Koordinierungs- und Vollzugsaufgaben. Das Museum ist zugleich Kontaktstelle zwischen Behörden, Interessengruppen und der breiten Öffentlichkeit und leistet damit über seinen eigenen Sammlungs-, Vermittlungs- und Forschungsauftrag hinaus einen wichtigen Beitrag zur Erhaltung und Weiterentwicklung der Kulturlandschaft. Die hohe Akzeptanz der Bevölkerung spiegelt sich in den Besucherzahlen. Alljährlich erleben fast 150.000 Besucher, in erster Linie Ausflügler, Radfahrer, Wanderer, Schulklassen – davon 60.000 Museumsbesucher – in Oberschönenfeld ein erstrangiges Anschauungsobjekt für die Geschichtlichkeit des Heimatraumes und lernen ein treffliches Beispiel für die kulturlandschaftliche Wirksamkeit einer Ordensgemeinschaft in vergangener Zeit kennen. Die ganzheitliche Betrachtung von Natur und Umwelt vermittelt das Verständnis für die engen Zusammenhänge zwischen natürlichen Ressourcen, bedürfnisorientierter Nutzung und kultureller Gestaltung des Raumes sehr eindrucksvoll.

Literatur

Böttger, P. (1995): Die Restaurierungsgeschichte von Oberschönenfeld. – Schiedermair (Hrsg.), siehe dort: 133–141.
Direktion für ländliche Entwicklung Krumbach (Hrsg.; 1995): Erholungslandschaft Stauden. – Krumbach.
Eberhardinger, E. & Frei, H. (1977): Im Flug über Schwaben. – Weißenhorn: 154.
Eberlein H. (1961): Das Kloster Oberschönenfeld in seiner Bedeutung als Grundherrschaft und Kulturträger. – Augsburg.
Frei, H. (1983): Wandel und Erhaltung der Kulturlandschaft – ein Beitrag der Geographie zum kulturellen Umweltschutz. – Ber. z. dt. Landeskunde 57: 277–291.
Frei, H. (1994a): Museen in Baudenkmälern. – Vergangenheit hat Zukunft – 20 Jahre Denkmalpflege in Bayerisch-Schwaben. – Augsburg: 141–150.
Frei, H. (1994b): Oberschönenfeld – Von der Klosterökonomie zum Unternehmen Museum, in: Museumstag 1993, hrsg. von der Landesstelle für die Nichtstaatlichen Museen. – München: 61–65.
Frei, H. (1995): Das Schwäbische Volkskundemuseum – Von der Klosterökonomie zum Museum. – Schiedermair (Hrsg.), siehe dort: 180–189.
Hartmann von, C. (1989): Oberschönenfeld (Schwäbische Kunstdenkmale 47). – Weißenhorn.
Naturpark Augsburg – Westliche Wälder (Hrsg.; 1994): Ausstellungsführer „Natur und Mensch im Naturpark". – Augsburg.

Neu, W. & Otten, F. (1970): Landkreis Augsburg (Bayerische Kunstdenkmale, Kurzinventar 30). – München: 224–244.
Paula, G. (1995): Das Kloster Oberschönenfeld und seine Baugeschichte. – Schiedermair (Hrsg.), siehe dort: 64–67.
Schenk, W. (1988): Mainfränkische Kulturlandschaft unter klösterlicher Herrschaft. Die Zisterzienserabtei Ebrach als raumwirksame Institution vom 16. Jahrhundert bis 1803 (Würzburger Geogr. Arb. 71). – Würzburg.
Schenk, W. (1989): Zur Raumwirksamkeit einer Heilsidee. Eine Forschungs- und Literaturübersicht zu historisch-geographischer Fragestellung der Zisterzienserforschung. – Siedlungsforschung 7: 249–262.
Schiedermair, W. (1995): Das Zisterzienserinnenkloster Oberschönenfeld von 1211 bis 1994 – Ein geschichtlicher Abriß. – Ders. (Hrsg.): Kloster Oberschönenfeld. Donauwörth 1995: 16–23.
Weißhaar-Kiem, H. (1995): Das Kloster Oberschönenfeld in historischen Ansichten und Beschreibungen. – Schiedermair (Hrsg.), siehe dort: 59–61.
Zwanzig, G. W. (1985): Der Schutz der Kulturlandschaft als Anliegen von Naturschutz und Denkmalpflege. Rechtliche Möglichkeiten und Grenzen. – Rundschreiben an die bayerischen Heimatpfleger 30: 1–29.

Kulturlandschaftsgeschichtliche Wanderführer und Lehrpfade

Frank Remmel

Exoten auf dem Buchmarkt

Freizeit- und Reisemarkt boomen. Immer mehr und immer neue Reise- und Wanderführer füllen die Regale der Buchläden. Es gibt gar Geschäfte, die ihr Angebot vollständig auf Reiseliteratur und Karten ausgerichtet haben. Die Auswahl der geeigneten Publikation aus der Fülle des Angebots fällt nicht nur bei den bekannten Reisezielen immer schwerer. Neben den „klassischen" Reiseführern, die für ein ausgewähltes Reisegebiet möglichst flächendeckend alle Sehenswürdigkeiten von Kunst, Landschaft, Technik usw. auflisten und erläutern, erscheinen in den letzten Jahren Reiseanleitungen und -empfehlungen zu immer neuen Zielen und Themenbereichen und wenden sich an spezielle Gruppen.

In diesen von den Verlagen heiß umkämpften und begehrten Wachstumsmarkt mischen sich seit einiger Zeit auch eine Reihe „exotischer" Publikationen, die sich in ganz unterschiedlicher Aufmachung und mehr oder weniger ausführlich mit dem Thema (Kultur-) Landschaft im umfassenden, geographischen Sinn beschäftigen. Leider fristen sie bisher eher ein Mauerblümchendasein. Im Folgenden soll diese Nische des Buch- und Kartenmarkts beleuchtet werden, um deutlich zu machen, welches zukunftsträchtige und zukunftsorientierte Arbeitsfeld sich hier der Angewandten Historischen Geographie bietet.

Die folgenden Ausführungen gliedern sich im wesentlichen in zwei Abschnitte: Nach einem historischen Abriß werden im ersten Teil die notwendigen (wissenschaftlichen) Vorarbeiten für die Konzeption kulturlandschaftsgeschichtlicher Wanderführer erörtert und die Ziele solcher Publikationen sowie deren Gestaltungsmöglichkeiten diskutiert. Der zweite Abschnitt befaßt sich dann mit bereits erschienenen Publikationen und unterzieht diese einer kritischen Würdigung.

Ein gar nicht so neues Arbeitsfeld der Geographie

Der oben angesprochene Boom auf dem Büchermarkt hat die Sicht auf die Landschaft allerdings etwas vernebelt, indem der Begriff „Kulturlandschaft" inzwischen fast inflationär verwendet wird und seine Bedeutungsinhalte sich dadurch häufig nicht mehr mit denen der (Historischen) Geographie decken.

Nehmen wir einen „klassischen" Reiseführer zur Hand – etwa von Baedeker oder von Michelin (sie sind bezeichnenderweise auch heute noch, in an den Zeitgeist angepaßter Aufmachung, erhältlich) –, so stellen wir fest, daß darin das Thema Kulturlandschaft ganz selbstverständlich seinen Platz einnimmt. Kein Wunder eigentlich, führt doch eine Linie von den bereits aus der Antike bekannten Reise- und Landschaftsbeschreibungen aus geographischer Feder über die Berichte der Entdecker und Eroberer zu Werken aus der Zeit der Klassik und Romantik. Zu jener Zeit, als die Zunahme der Bevölkerung zu immer schnellerem Städtewachstum führte und die beginnende Industrialisierung die Landschaft immer zügiger und intensiver umzugestalten begann, entdeckte der Mensch die zeitliche Dimension in der Landschaft und begann, die unbeeinflußte Naturlandschaft von der durch ihn im Laufe der Zeit geschaffenen Kulturlandschaft zu unterscheiden. Die universell angelegte Ausbildung an den Universitäten machte es vor allem historisch und geographisch Interessierten möglich, die Landschaft als eine Art organisches System zu begreifen und zu beschreiben. Der Ausbau der Eisenbahnen führte dazu, daß Reisende nicht mehr als Exoten galten, sondern allmählich zum Massenphänomen wurden. Nun war das Publikum vorhanden für ein neues Genre der Literatur, in dem sich zunächst vor allem Geographen und Historiker engagierten: den Reise- und Wanderführer.

Großzügig gemessen, sind seitdem mehr als eineinhalb Jahrhunderte vergangen. Wissenschaften und Buchmarkt expandierten und es entwickelte sich die oben beschriebene Vielfalt an Reiseliteratur wie auch an wissenschaftlichen Fragestellungen und Themen.

Globale, von den Massenmedien in den Vordergrund gerückte und besonders im dichtbesiedelten Mitteleuropa auch auf der untersten, lokalen Ebene für jeden Menschen unübersehbare Umweltprobleme haben in den letzten Jahren das Interesse an (funktionalen) Zusammenhängen geschärft. Gerade von der lokalen Ebene gingen deshalb nicht zufällig erste Ansätze aus, den zeitlichen, genetischen Aspekt in der Kulturlandschaft zu erkunden. Angesichts der „Unwirtlichkeit unserer Städte" (Mitscherlich) und Dörfer und Landschaften begeben sich immer mehr Menschen auf Spurensuche. Auch die „Suche nach Heimat" (Greverus), also der Wunsch nach Identifikation mit dem eigenen, alltäglichen Lebensumfeld ist in den von großer räumlicher Mobilität geprägten westlichen Gesellschaften ein Grund für das wieder wachsende Interesse an der Landschaft.

In jüngster Zeit werden unter den Schlagworten „sanfter" und „nachhaltiger" Tourismus neue Formen des Fremdenverkehrs diskutiert, die zum Ziel haben, Umwelt sowie gesellschaftliche und soziale Verhältnisse der bereisten Gebiete zu respektieren und deren Schädigung zu vermeiden. Im Vordergrund steht deshalb die Versorgung der Reisenden mit entsprechend vielfältigen Informationen über das jeweilige Reisegebiet, um das Anderssein von Mensch und Umwelt achten zu können.

Diese potentiellen Interessentenkreise mit wissenschaftlich fundierten Publikationen zu bedienen und auf diese Weise letztlich einen Beitrag zum Schutz des reichen, in den Landschaften sichtbar werdenden kulturellen Erbes zu leisten, sollte eines der vorrangigen Ziele und damit zukunftsorientiertes Arbeitsfeld der Angewandten Historischen Geographie sein.

Geographische und kulturlandschaftsgeschichtliche Wanderführer – Wie, für wen, warum?

Die Antworten auf die beiden letzten Fragen ergeben sich bereits aus dem zuvor Gesagten: das vielfältige Bild der Kulturlandschaft sollte in zeitlichen, räumlichen, gesellschaftlichen und aktuellen wie historischen Zusammenhängen einem breiten, wissenschaftlich nicht vorgebildeten Publikum verständlich gemacht werden. Es liegt auf der Hand, daß dadurch die Identifikation für das eigene Lebensumfeld auf der einen Seite wächst wie auch die Sensibilität für die bereisten Landschaften auf der anderen Seite gefördert wird. Anders als gesetzgeberische Maßnahmen ist der Einfluß dieses Vorgehens auf die weitere Entwicklung sowie den

Schutz der Landschaft zwar nur indirekt und in seiner Wirkung schwieriger meßbar, er geht aber dafür von einer breiten Öffentlichkeit aus und ist somit Ausdruck des Handelns in einer demokratisch verfaßten Gesellschaft.

Grundlagen und Voraussetzungen für die Konzeption kulturlandschaftlicher Wanderführer

Bei näherer Betrachtung der vorliegenden, unten im Einzelnen vorgestellten Publikationen wird schnell deutlich, daß für deren Erstellung eingehende Untersuchungen der dargestellten Landschaften erfolgt sind. Um die kulturlandschaftlichen Elemente und Strukturen genetisch und in den funktionalen Gesamtzusammenhang eingebunden erklären zu können, reicht die Auswertung von Denkmallisten und Verzeichnissen der Natur- und Landschaftsschutzgebiete allein nicht aus. Vielmehr sind die hierfür erforderlichen Informationen nur durch seit langem vertraute historisch-geographische Arbeitsmethoden zu beschaffen.

In der Abfolge der Arbeitsschritte Bestandsaufnahme, Analyse, Bewertung sollte deshalb zunächst eine Inventarisation der Kulturlandschaft mit den Methoden der historisch-geographischen Landesaufnahme (Denecke 1972; Gunzelmann 1987) erfolgen, in die auch die Siedlungsbereiche einbezogen werden. Aus der Zusammenschau der vorgefundenen Objekte kann ein Kriterienkatalog entwickelt werden, nach dem die Auswahl der in einem Wanderführer anzusprechenden Objekte erfolgen sollte. Vor allem Merkmale wie Informationsgehalt, Zugänglichkeit, Seltenheit und Erhaltungszustand müssen in diesem Zusammenhang untersucht werden. Längsschnittuntersuchungen, die Aussagen über den Wandel einer Kulturlandschaft liefern, sind zudem sinnvoll, um den prozessualen Charakter und die Faktoren dieser Veränderungen beschreiben zu können.

Von der Historischen Geographie geforderte und in ersten Pilotprojekten bereits durchgeführte flächendeckende Inventarisationen größerer zusammenhängender Gebiete böten eine hervorragende Basis für an der Didaktik der Kulturlandschaft orientierte Publikationen. Der mit der hier angedeuteten Grundlagenarbeit erforderliche Aufwand ist für die Konzeption eines Wanderführers allein schon aus ökonomischer Sicht kaum vertretbar. Die vorliegenden Publikationen basieren auf einschlägigen, kostenneutralen Vorarbeiten, die entweder im Rahmen von Diplom- oder Examensarbeiten und Dissertationen, bei Projektseminaren an Universitäten oder aber durch Behörden geleistet wurden. Sollen kulturlandschaftliche Wanderführer in Zukunft aus ihrem Schattendasein auf dem Büchermarkt heraustreten und wollen die VertreterInnen unseres Fachs diese Aufgabe nicht überwiegend fachfremden AutorInnen überlassen, so muß es zu einer verstärkten Zusammenarbeit zwischen der planungsbezogenen angewandten Forschung und der im Bereich Fremdenverkehr, Tourismus und Museen tätigen FachvertreterInnen kommen.

Finanzierung und Herausgeberschaft

Ein zweiter, indirekt ebenfalls ökonomischer Aspekt spielt bei der Konzeption von Wanderführern eine Rolle und ist dafür verantwortlich, daß sich Verlage als Herausgeber solcher Publikationen bisher stark zurückhalten: Das Thema Kulturlandschaft ist in der Öffentlichkeit noch nicht sehr geläufig und zudem mit widersprüchlichen Inhalten behaftet. Folglich ist die Nachfrage nach entsprechender Literatur und damit deren Auflage in der Regel eher gering. Wie andernorts im Kulturbereich üblich, sind daher auch für solche Projekte hohe Zuschüsse notwendig, soll eine Publikation im Verkauf am Ladentisch nicht zu teuer werden. Als Herausgeber treten deshalb bisher häufig einschlägige, von der Öffentlichen Hand finanzierte Institutionen auf (zum Beispiel Naturparkverwaltungen, Museen, Kommunen), die das Interesse an diesem Thema fördern wollen. Häufig geben auch (Heimat-) Vereine und Verbände entsprechende Publikationen heraus. Im übrigen bietet sich zur Finanzierung entsprechender Projekte die Möglichkeit des Sponsoring an.

Auf dem Buchmarkt verstärken sich allerdings in letzter Zeit auch die Anzeichen dafür, daß allmählich das Thema Kulturlandschaft nachgefragt wird, wie Veröffentlichungen des Neumann Verlages (Neumanns Landschaftsführer, vor allem zu Zielen in Ostdeutschland), des Elster Verlages (Ringbücher Wandern zu

Zielen in Deutschland und Frankreich), des Meyers Lexikonverlages (Meyers Naturführer) sowie einzelne Bücher vieler kleiner Verlage (etwa vom Stadler Verlag zur „Natur- und Kulturlandschaft Bodensee") zeigen. Diese Publikationen behandeln allerdings wesentlich größere Landschaftseinheiten als dies bei den meisten weiter unten besprochenen der Fall ist. Hier sollte die Historische Geographie in Zukunft stärker bestrebt sein, entsprechende Arbeitsfelder zu besetzen. Denn auch die eher lokale Orientierung bisher aus ihren Reihen stammender Arbeiten ist ein Grund für die geringe Verbreitung und die kleinen Auflagen.

Aufbau und Merkmale eines kulturlandschaftsgeschichtlichen Wanderführers

Im Folgenden werden stichwortartig die für diese Art von Wanderführern sinnvollen oder auch unerläßlichen Merkmale behandelt. Umfang und Format sollten so beschaffen sein, daß auch unterwegs eine gute Handhabung gewährleistet ist. Bei lokal orientierten Führern sind Faltblätter oder geheftete Broschüren günstig, für größere Gebiete können diese in einem Schuber oder Ringbuch zusammengefaßt werden.

Eine Einleitung in Form eines Überblicks über die Kulturlandschaft, ihre Entstehung, dabei wirksame Kräfte sowie mit Ausführungen zu aktuellen Tendenzen, damit verbundenen Problemen und Schutzfragen sollte in jedem Fall enthalten sein, um das Anliegen des Kulturlandschaftsschutzes zu transportieren.

Als Karten sollten Ausschnitte aus amtlichen Kartenwerken gewählt werden, weil diese die gesamte Landschaft abbilden und viele zusätzliche Informationen enthalten. Um die Lesbarkeit durch Fachfremde zu verbessern, sind Vergrößerungen sinnvoll. Auf jeden Fall müssen die angesprochenen Objekte (Halte- oder Exkursionspunkte) sowie gegebenenfalls die vorgeschlagene Wanderroute eingezeichnet werden. Für Herausgeber, die nicht öffentlichen Institutionen angehören, entstehen allerdings unter Umständen hohe Kosten für das erforderliche Copyright, sodaß sich die Kosten und damit der Verkaufspreis des Führers erhöhen. Ein Glossar zur Erklärung unvermeidbarer Fachausdrücke sollte nicht fehlen. Hinweise zu Verkehrsverbindungen, Rast- und Einkehrmöglichkeiten, Öffnungszeiten, Wegmarkierungen, Weglänge und -beschaffenheit sowie zu touristischen Einrichtungen wie etwa Museen oder Schwimmbäder erleichtern den Ablauf und eine individuelle, auf die jeweiligen Interessen abgestimmte Zeiteinteilung.

Zahl und Qualität von Abbildungen sind vor allem vom zur Verfügung stehenden Platz und dem Finanzrahmen abhängig. Eine farbige Gestaltung ist wesentlich teurer und erhöht unter Umständen den Verkaufspreis, macht die Publikation allerdings auch attraktiver. Aktuelle und historische Fotos, aber auch Karten, Zeichnungen und Pläne liefern oft ergänzende Informationen zum Text, die manchmal verbal nur sehr platzraubend möglich sind. Außerdem werden so Methoden und Quellen historisch-geographischer Forschung sehr gut deutlich. Auch hier erhöhen Copyright-Gebühren gegebenenfalls die Gesamtkosten eines Projekts.

Schließlich ist die Frage zu klären, ob Werbung in eine Publikation aufgenommen werden soll. Vor allem etwaige Sponsoren legen meist Wert darauf, daß durch eine Anzeige auf sie hingewiesen wird. Im laufenden Text eher als störend empfunden, können mehrere Anzeigen auch an einer Stelle zusammengefaßt werden. Sie tragen in jedem Fall aber zur Finanzierung eines Projekts bei. Durch Werbung seitens Gaststätten- und Beherbergungsbetrieben und anderer touristischer Einrichtungen ergibt sich meist eine sinnvolle Ergänzung zu den Hinweisen im Text.

Zwei weitere Aspekte sind außerdem noch zu bedenken. Die Ausschilderung einer Wanderroute im Gelände und/oder die Anbringung von Schrifttafeln entlang des Weges und an den einzelnen Objekten ist im lokalen Kontext durchaus sinnvoll und erübrigt bei entsprechender Gestaltung sogar eine bei niedriger Auflage kostenträchtige Publikation. Im letzten Fall sollte aber an einem markanten (dem Ausgangs-) Punkt der Strecke eine Übersichtstafel mit Orientierungskarte aufgestellt werden. Vorteile bieten beide Möglichkeiten: Eine Publikation kann erworben und zur erneuten Lektüre mit nach Hause genommen werden, eine Beschilderung mit Hinweistafeln erreicht dagegen ein größeres Publikum, erfordert allerdings auch einen hohen Wartungsaufwand (Austausch bei Verwitterung und Beschädigung). Als Kompromiß und kostengünstige Ergänzung zu einer Publikation ist auch eine einfache Numerierung der Objekte und die allgemein übliche Wegmarkierung an Bäumen und Mauern denkbar.

Angesichts der inzwischen feststellbaren Vielfalt an touristischen Wanderrouten stellt sich schließlich die Frage nach deren Vernetzung. Auch hier bietet sicher der lokale Rahmen günstigere Voraussetzungen. Doch ist durchaus auch ein etwa der „Industriestraße Saarland-Lothringen – Luxemburg" vergleichbares

Projekt mit kulturlandschaftlicher Thematik denkbar. Ansatzpunkte bieten hier etwa Naturparks oder auch Euregio-Institutionen.

Beispiele

Ein Beispiel für lokale und stärker am Siedlungsbereich orientierte Projekte sind die vom Presse- und Informationsamt der Stadt Köln in Verbindung mit dem Stadtkonservatoramt herausgegebenen Broschüren zu den „Kulturpfaden" für verschiedene Kölner Stadtbezirke, die jeweils Wanderrouten durch die einzelnen Stadteile des Bezirks vorstellen. Die handlichen, mit vielen aktuellen Schwarzweißfotos, jeweils einer historischen Karte, einem ausfaltbaren Stadtplan sowie kleinen Planausschnitten für die einzelnen Routen ausgestatteten Hefte kosten 1,– DM und sind in den Kölner Farben schwarz, weiß und rot (nur für Einband, Linien, Routen) gehalten. Es werden sowohl Gebäude als auch Elemente der außerhalb des Siedlungsbereiches gelegenen städtischen Kulturlandschaft beschrieben. Die Hefte enthalten eine Werbeanzeige des jeweiligen Sponsors. Als Arbeitsgrundlage dienen Unterlagen des Stadtkonservatoramtes. Auf der Forschungsarbeit einer Mitarbeiterin dieses Amtes, Henriette Meynen, baut eine ähnlich gestaltete Broschüre zu den Kölner Grünanlagen auf.

Der Entwicklung der Kulturlandschaft unter dem Einfluß von Zisterzienserklöstern widmen sich zwei Publikationen aus dem süddeutschen Raum. Eine handliche, mit vielen, teils farbigen, historischen Kartenreproduktionen und Zeichnungen versehene Broschüre folgt den Spuren der Zisterzienser rund um Ebrach im Steigerwald. Wegroute und Stationen sind in einem ausfaltbaren Ausschnitt der TK 50 verzeichnet. Glossar und Lieraturverzeichnis ergänzen den Text. Mehrere thematische Wanderungen rund um das ehemalige Kloster Frauental bei Creglingen bietet eine zweite Broschüre, die mit weniger (schwarz-weißen) Abbildungen und ohne Glossar auskommt, aber ansonsten ähnlich gestaltet ist. Während die erstgenannte Publikation vom Forschungskreis Ebrach herausgegeben wird, steht hinter der zweiten der Verein „Tauberfränkische Volkskultur", der, dem in Frankreich entwickelten Gedanken des Eco-Museums verhaftet, neben dem Museum im ehemaligen Kloster Frauental ein Dorf- und ein Forstmuseum sowie eine Flachsbrechhütte betreibt. Die Publikation wurde im Rahmen eines Projektseminars am Geographischen Institut der Universität Würzburg mit dem Thema „Kulturlandschaftsinventarisation und Landschaftsmuseum" erarbeitet. Beiden für 5,– DM erhältlichen Führern liegen unter anderen Forschungsarbeiten von Winfried Schenk zugrunde, der auch als Koautor der Hefte auftritt.

Der als Zweckverband organisierte Naturpark Bergisches Land gibt zwei Arten kulturlandschaftsorientierter Publikationen heraus. Zum einen erschienen bisher acht Faltblätter über verschiedene Gebiete des Naturparks. Die für 1,– DM erhältlichen Leporellos sind farbig gestaltet (aktuelle Fotos) und weisen neben einem allgemeinen Text zur Entwicklung der jeweiligen Kulturlandschaft Beschreibungen markanter Objekte auf, die in Kartenausschnitten der TK 50 oder TK 25 samt Wanderrouten eingezeichnet sind. Praktische Hinweise ergänzen die Ausführungen. Mehrere dieser Faltblätter wurden als Auftragsarbeit von am Seminar für Historische Geographie der Universität Bonn ausgebildeten GeographInnen (Frank Remmel, Christiane Weiser) konzipiert, die hierbei Ergebnisse eigener Forschungsarbeiten verwerten konnten.

Eine weitere Publikation basiert zum einen auf einer Forschungsarbeit zum anderen auf einer Auftagsarbeit für das Umweltamt des Landschaftsverbandes Rheinland. Die von Christiane Weiser konzipierte Broschüre vermittelt ein Bild der Kulturlandschaft um die oberbergische Stadt Hückeswagen auf insgesamt 38 Sationen. Überwiegend mehrfarbige, historische und aktuelle Fotos, Karten und Zeichnungen sowie ein Ausschnitt der (Wander-) Karte im Maßstab 1:25000 mit den Exkursionspunkten ergänzen den Text der für 5,– DM verkauften Publikation. Weitere sind in Arbeit oder geplant.

Gleich in drei verschiedene Publikationen für den oberschwäbischen Raum konnten die Ergebnisse der Arbeit von Lutz Dietrich Herbst zu ausgebauten Fließgewässern des Mittelalters und der frühen Neuzeit einfließen. Die handlichen Broschüren (Verkaufspreis 5,– DM) sind mit vielen aktuellen und historischen Aufnahmen, Karten und Zeichnungen, einer kurzen Einleitung, Literatur- und Quellenverzeichnis ausgestattet. Zwei vom Landkreis Ravensburg herausgegebene Publikationen (Wasserbauhistorischer Wanderweg „Der stille Bach", Mühlen Amtzell) sind dabei einfarbig, eine von der Stadt Ochsenhausen (Wasser für das Kloster Ochsenhausen) durchgehend mehrfarbig gestaltet. Die Lehrpfade sind im Gelände ausgeschildert und mit Erläuterungstafeln versehen.

Zu insgesamt 19, als Rundfahrt kombinierbaren Touren durch die (Natur-) und Kulturlandschaften der nördlichen Rheinlande lädt ein von Andreas Krenz konzipierter Wanderführer ein. Das „Radwanderbuch" ist zweigeteilt. Im ersten Teil werden die einzelnen Routen und die dabei durchradelten Landschaften beschrieben. Der zweite Abschnitt schildert chronologisch die Entwicklung von der Natur- zur Kulturlandschaft. Eine Reihe von Kartenreproduktionen und Zeichnungen im laufenden Text, mehrere, in der Mitte des Buches zusammengefaßte Fotos und zwei Karten sowie Glossar, Literaturverzeichnis und praktische Hinweise ergänzen den Text. Lediglich skizziert wird der Streckenverlauf. Es wird auf die Blätter der amtlichen Kartenwerke verwiesen. Hier wird das Problem einer nicht von einer öffentlichen Institution herausgegebenen Publikation deutlich: Reproduktionsrechte hätten den Preis von 29,80 DM nach oben getrieben.

Das gleiche Problem tritt auch bei dem ehrgeizigen Projekt der vom Verein Traum-a-Land e.V. herausgegebenen und von mehreren Autoren konzipierten Radtouren-Reiseführer durch die Bauernkriegs-Landschaft Tauber-Franken auf. Der auf zwei Bände mit zusammen über 400 Seiten im Format DIN-A-5 angelegte Wanderführer erhellt auf sechs ausgedehnten Routen die Geschichte des Bauernkrieges anhand noch heute vorfindbarer Spuren. Eine Chronik, ein kurzer Überblick zu Landschaft und Geschichte, praktische Hinweise, ein Literaturverzeichnis sowie drei grobe Übersichtskarten ergänzen die Ortskapitel. Die immerhin und trotz finanzieller Unterstützung durch die entsprechenden Landkreise und weiterer Geldgeber für 60,- DM vertriebenen Bände verweisen auf die von den Kreisen herausgegebenen Wanderkarten, die etwa noch einmal die gleiche Summe kosten. Ein 460-seitiges „Geschichts-Spuren-Lesebuch" im Format DIN-A-4 für 85,- DM, das sich vor allem an Lehrkräfte richtet, stellt eine nochmals erweiterte Fassung des oben beschriebenen Reiseführers dar. Es ist leider zu bezweifeln, daß die, wenn auch materialreiche und ausgesprochen interessante, allerdings auch nicht sehr attraktiv und handlich aufgemachte Publikation sehr oft verkauft wird. Dem bereits 1980 entwickelten und langjährig geförderten Jugendkulturprojekt „Auf den Spuren des Bauernkrieges in Franken" wäre weitere Unterstützung zu wünschen, um die Publikation weiterentwickeln und zu einem erschwinglicheren Preis anbieten zu können.

Ein von einer Arbeitsgruppe des Deutschen Verbandes für Angewandte Geographie (DVAG) publizierter Führer (Becker & Moll 1990) erschließt auf 30 Rundwanderungen zu Fuß, mit dem Rad und per Boot den Saar-Mosel-Raum. Dabei werden natur- wie kulturgeographische Aspekte angesprochen, jedoch immer unter ein Leitthema je Weg gestellt. Weg 1 etwa führt an Skulpturen eines internationalen Steinbildhauersymposions „Kunst in der Landschaft" vorbei, Weg 14 begutachtet „Energieanlagen in der Landschaft" und Weg 30 gibt mittels einer Dampflokfahrt Gelegenheit, das militärische Erbe in der Kulturlandschaft am Beispiel der Maginot-Linie zu studieren. Dieser Führer stellt also kulturlandschaftsgeschichtliche Themen neben gegenwartsbezogene, „schöne" Landschaften neben „häßliche", intensiv genutzte gegen naturnahe, und dürfte sein Ziel, „das Verständnis für die kulturlandschaftliche Entwicklung unserer Heimat" zu wecken, gerade aufgrund des gewählten konstrastiven Ansatzes erreichen. Seine formale Gestaltung ist vorbildlich.

Zusammenfassung und Schlußfolgerungen

Abschließend bleibt festzuhalten:

- Kulturlandschaftlich orientierte Wanderführer und Lehrpfade sind geeignet, langfristig einen großen Beitrag zum Schutz und zur am kulturhistorischen Erbe orientierten Weiterentwicklung der Kulturlandschaft zu leisten;
- entsprechende bisherige Publikationen sind bisher eher lokal orientiert und meiden die „klassischen" Fremdenverkehrsregionen;
- sie führen ein Schattendasein auf dem Buchmarkt und sind oft schwer zugänglich;
- als Herausgeber treten, vor allem aus finanziellen Gründen, bisher überwiegend öffentliche Institutionen auf.

Um den hier angedeuteten Problemen zu begegnen, sollten die VertreterInnen der Angewandten Historischen Geographie ihr Augenmerk in Zukunft darauf richten,

1. sich prinzipiell in stärkerem Maße darum zu bemühen, einschlägige Forschungsergebnisse einer breiten Öffentlichkeit zugänglich zu machen und damit auch einen Beitrag zur Legitimation der eigenen Arbeit zu leisten,
2. die Inhalte des Begriffs „Kulturlandschaft" aus fachlicher Sicht in die Öffentlichkeit zu tragen und diesen damit stärker zu besetzen als bisher,
3. Grundlagenarbeit in Form flächendeckender, große Gebiete umfassender Untersuchungen zu leisten und die Ergebnisse so aufzubereiten, daß sie auch für die in diesem Kapitel vorgestellten Aufgaben verwendbar sind,
4. eine selbstbewußte Hinwendung zu größeren landschaftlichen Einheiten sowie zu den „klassischen" Reisezielen zu vollziehen,
5. eine Art Erfolgskontrolle zu erarbeiten, um langfristig systematische didaktische Konzepte für die Vermittlung kulturlandschaftlicher Inhalte zu entwickeln.

Literatur

Die Bibliographien der Zeitschriften „Siedlungsforschung – Archäologie, Geschichte, Geographie" und „Kulturlandschaft – Zeitschrift für Angewandte Historische Geographie" weisen regelmäßig auf einschlägige Neuerscheinungen hin. Die „Kulturlandschaft" unterzieht zudem einzelne Publikationen einer kritischen Würdigung im Rahmen ihrer Buchbesprechungen.

Becker, Ch. & P. Moll (1990): Geographischer Wanderführer für den Saar-Mosel-Raum. – Saarbrücken.
Denecke, D. (1972): Die historisch-geographische Landesaufnahme. Aufgaben, Methoden und Ergebnisse, dargestellt am Beispiel des mittleren und südlichen Leineberglandes. In: Göttinger Geogr. Abh. 60: 401–436.
Greverus, I.-M. (1979): Auf der Suche nach Heimat. – München.
Gunzelmann. T. (1987): Die Erhaltung der historischen Kulturlandschaft: Angewandte Historische Geographie des ländlichen Raumes mit Beispielen aus Franken (Bamberger wirtschaftsgeographische Arbeiten 4). – Bamberg.
Herbst, L.D. (1992): Ausgebaute Fließgewässer des Mittelalters und der frühen Neuzeit in Oberschwaben als Lernfelder der Historischen Geographie (Weingartener Hochschulschriften Nr.17). – Weingarten.
Meynen, H. (1979): Die Kölner Grünanlagen. Die städtebauliche und gartenarchitektonische Entwicklung des Stadtgrüns und das Grünsystem Fritz Schumachers (Beiträge zu den Bau- und Kunstdenkmälern im Rheinland 25). – Düsseldorf.
Mitscherlich, A. (1969): Die Unwirtlichkeit unserer Städte. Anstiftung zum Unfrieden. – München.
Schenk, W. (1989): Mainfränkische Kulturlandschaft unter klösterlicher Herrschaft (Veröffentlichungen des Forschungskreises Ebrach, Würzburger Geogr. Arb. 71). – Würzburg.
Weiser, C.(1991): Die Talsperren in den Einzugsgebieten der Wupper und der Ruhr als funktionales Element in der Kulturlandschaft in ihrer Entwicklung bis 1945. Eine historisch-geographische Prozeßanalyse. – Bonn.

Historische Vereine und ihre Möglichkeiten zur Erhaltung der Historischen Kulturlandschaft

Karl Martin Born

Arbeitsschwerpunkte Historischer Vereine in der Bundesrepublik Deutschland

Die Arbeitsschwerpunkte und das raumwirksame Engagement Historischer Vereine müssen auf dem Hintergrund ihrer historischen Entwicklung gesehen werden. Gegründet im Zeitalter des Historismus mit den Idealen der Gelehrsamkeit, Bildung und Wissensvermittlung dehnten sie später ihre Tätigkeitsfelder auf die Wirtschafts- und Sozialgeschichte, Demographie, Geographie, Siedlungsforschung, Hausforschung und Mundartforschung und letztlich eine Landes- und Territorialforschung aus (Bosl 1982: 11). Die Integration von Denkmalpflege und Landschaftsschutz in das Tätigkeitsfeld (z.B. Rheinischer Verein für Denkmalpflege und Landschaftsschutz, dazu Kühn 1991, oder Waldeckischer Geschichtsverein, dazu Jedicke 1987) wurde allerdings während der Weimarer Republik und später der Bundesrepublik durch die Etablierung entsprechender staatlicher Institutionen fast vollständig kompensiert, so daß heute Historische Vereine zwar die Denkmalschutz- und Denkmalpflegebehörden unterstützen, ihre Tätigkeit aber nur noch in einigen Fällen als raumwirksam bezeichnet werden kann (Liste bei Fehn 1994: 424f.).

Die Arbeitsschwerpunkte Historischer Vereine decken die „klassischen" Bereiche der Archiv- und Bibliotheksverwaltung, Informations- und Weiterbildungsangebote, Historische Forschung, Exkursionen und Gebäudeerhaltung ab, während sich ein nur geringer Teil mit der Erhaltung und Pflege Historischer Kulturlandschaften beschäftigt (7,86%); alle quantitativen Angaben und sonstigen Aussagen beruhen auf einer Untersuchung von 143 Historischen Vereinen durch einen standardisierten Fragebogen sowie offenen Interviews mit 14 Vereinsvorständen (Born 1996).

Die Einstellung Historischer Vereine zur Erhaltung der Historischen Kulturlandschaft

Maßnahmen zur Erhaltung Historischer Kulturlandschaften, die von Historischen Vereinen ausgehen, beruhen im Sinne eines intentionalen Handlungsverständnisses wesentlich auf der Wahrnehmung des Erhaltungszustandes der Landschaft und darüber hinausgehend auf der Haltung des Vereins zur Kulturlandschaftserhaltung. Die Bewertung des Erhaltungszustandes Historischer Kulturlandschaften durch Historische Vereine ist nicht nur regional stark differenziert, sondern unterliegt offenbar auch Beeinflussungen durch die jeweiligen Interessenschwerpunkte, variierenden Betrachtungsmaßstäbe und unterschiedlichen Kulturlandschaftsdefinitionen. So charakterisieren Historische Vereine, deren Tätigkeitsbereich eher Siedlungselemente oder geplante Kulturlandschaften (Gartenanlagen) umfassen, den Stand der Kulturlandschaftserhaltung positiver als solche Vereine, die sich mit offenen Landschaften und dem Mosaik der Einzelelemente als Gesamtheit der Kulturlandschaft beschäftigen. Differenzen im Betrachtungsmaßstab zwischen lokalem und regionalem Interesse spiegeln sich auch in der Einschätzung der Kulturlandschaftserhaltung wider, die für kleinere Landschaftseinheiten als erfolgreicher und erkennbarer geschildert wird. Unterschiedliche Auslegungen des Begriffes der Kulturlandschaft ziehen oft auch unterschiedliche Bewertungen nach sich: Bei einer an Einzelelementen orientierten Betrachtung überwiegen positive Bewertungen, während ein landschaftsorientiertes Kulturlandschaftsverständnis eher negative Urteile hinsichtlich des Standes der Kulturlandschaftserhaltung nach sich zieht.

Für die Entwicklung zukünftiger Handlungsmöglichkeiten Historischer Vereine erscheinen auch die von ihnen vorgebrachten Beweggründe und Mechanismen zur spezifischen Behandlung der Historischen Kulturlandschaft erwähnenswert: Auf dem Hintergrund ihrer Beobachtungen und Erfahrungen werden als Erhaltungsfaktoren v.a. ein Regional- und Heimatbewußtsein mit einem entsprechenden – aus wissenschaftlicher Sicht freilich recht geringem – Kenntnisstand, die Suche nach einer möglichst hohen Lebens- und Umweltqualität bei Neubürgern, deren Bewertung von Umweltqualitäten oftmals von der der ortsansässigen Bevölkerung abweicht (Haindl 1985, Grabbe 1986, Assion 1987, Hauptmeyer 1990), und die Entwicklung bzw. das Vorhandensein gesellschaftlicher und sozialer Zwangs- und Kontrollmechanismen, die auf die Erhaltung bestimmter Elemente der Historischen Kulturlandschaft bezogen sind, häufig genannt. Eine letzte Variable für den Zustand der Kulturlandschaft sehen Historische Vereine in der Akzeptanz bzw. der Durchsetzungsfähigkeit ökologischer Argumente bei den Entscheidungsträgern: Die argumentative Bedeutung des Natur- und Landschaftsschutzes drängt den an historischen Objekten orientierten Kulturlandschaftsschutz teilweise in den Hintergrund.

Zum Verständnis der kulturlandschaftsbezogenen Aktivitäten Historischer Vereine bedarf es weiterhin einer kurzen Darstellung ihrer Einstellung zur Thematik der Kulturlandschaftserhaltung; Hinweise dazu können den Vereinssatzungen, den jährlichen Vereinsberichten und den Aussagen von Vereinsvorsitzenden entnommen werden. Bei einer Betrachtung der Raumwirksamkeit Historischer Vereine in ihrer Entwicklung fällt auf, daß die zunächst etablierten Tätigkeitsfelder der aktiven Denkmalpflege und Sammlung historischer Objekte später durch den staatlichen Denkmalschutz oder die Heimatmuseen übernommen wurden (übereinstimmend Heimpel 1972: 65 und Bosl 1982: 19). Neuere Überlegungen zu künftigen Aufgaben Historischer Vereine vernachlässigen allerdings das Gebiet raumwirksamer Tätigkeiten und betonen eher die Funktion als Forschungs- und Bildungsstätten sowie als Lobby für den Denkmalschutz (Mathy 1983, Stehkämper 1992). Dieses Bild wird durch die Analyse der Vereinssatzungen unterstrichen: Nur ausnahmsweise werden hier die Mitwirkung und Durchführung von Erhaltungsmaßnahmen an historischen Objekten oder sogar der Erwerb bzw. die Betreuung von Gebäuden genannt. Der Befund der Tätigkeitsgebiete bestätigt dieses Ergebnis. Alle Interviewpartner wiesen auf die dringende Notwendigkeit einer Kulturlandschaftserhaltung angesichts der raschen Veränderungsprozesse hin, einem entsprechenden Tätigwerden ihres Vereins stünden aber zahlreiche Hindernisse durch Vereinssatzungen, Mitgliederstruktur sowie finanzielle bzw. materielle Mängel entgegen.

Bewertung der Möglichkeiten

Ein Tätigwerden Historischer Vereine auf dem Gebiet der Kulturlandschaftserhaltung hängt sowohl von den objektiven Handlungsbedingungen wie auch von den subjektiv wahrgenommenen Möglichkeiten ab. Objektiv werden die Handlungsmöglichkeiten Historischer Vereine durch die unterschiedlichen Beteiligungsformen planungsrechtlicher Verfahren, durch privatrechtliche Regelungen des Vertragsnatur- und -denkmalschutzes oder allgemeine Partizipationsformen bestimmt. Der Umfang subjektiv wahrgenommener Möglichkeiten hängt wesentlich vom Selbstverständnis des Vereins ab, da eine aktivere Selbstbestimmung auch weitreichendere Aktionsmöglichkeiten impliziert. Die meisten der untersuchten Historischen Vereine sehen ihre Rolle als Vermittler zwischen Verwaltung, den eigenen Mitgliedern und den Bürgern.

Strategien, Argumente und Umsetzungsmöglichkeiten

Eine Darstellung der Strategien Historischer Vereine muß auf dem Hintergrund ihres Selbstverständnisses und unter Berücksichtigung ihrer selbst wahrgenommenen Handlungsmöglichkeiten erfolgen: Vereine, die ihre eigene Aufgabe in der Vermittlung von Wissen sehen, nutzen andere Strategien und Argumente zur Durchsetzung ihrer Anliegen als Vereine, die über eine lange Tradition kulturlandschaftserhaltender Partizipation verfügen. Die nachfolgende Übersicht der Argumentationsvarianten darf also nur eingeschränkt als „Handlungsanweisung" verstanden werden, da die tatsächlichen Handlungsmöglichkeiten sorgfältig im Lichte der örtlichen Verhältnisse abgewogen werden müssen. Wesentliche Bedeutung kommt den richtigen Strategien im Umgang mit den Entscheidungsträgern zu, da so nicht nur die Außenwirkung und Raumwirksamkeit des Vereins definiert wird, sondern auch die gerade im ländlichen Raum so wichtigen Kommunikations- und Entscheidungsstränge durchdrungen werden müssen.

Historische Vereine sind offenbar recht deutlich auf eine der drei nachfolgend dargestellten Strategievarianten festgelegt, wofür weniger die Vereinsstrukturen als vielmehr die führenden Persönlichkeiten an der Spitze des Vereins verantwortlich sind: Deutlich wird so die starke Periodizität der raumwirksamen Arbeit Historischer Vereine.

Die *konfrontative Strategie* Historischer Vereine ist von einer recht deutlichen Frontstellung zwischen Historischem Verein und Verwaltungs- und Entscheidungsbehörden gekennzeichnet. Historischen Vereinen gelingt es dabei, mit den Medien, ihren eigenen Publikationsorganen und der Öffentlichkeit, zielgerichtet Druck auf Verwaltungen und Entscheidungsträger auszuüben; gerade die Abfassung spezieller Publikationen, die Veranstaltung von Vorträgen oder Vortragsreihen und die gezielte Unterstützung von Bürgerinitiativen und Bürgergruppen gleicher oder ähnlicher Interessen haben sich dabei als wirkungsvolle Instrumente erwiesen. Historische Vereine nutzen zur Durchsetzung ihrer Interessen auch die politischen Konstellationen in den Entscheidungsgremien und sprechen Mandatsträger der örtlichen und überörtlichen Verwaltungsebenen auf ihr spezifisches Anliegen hin an. Neben diesen eher „notfallorientierten" Vorgehensmaßnahmen gehört auch die Thematisierung spezifischer Probleme des Denkmalschutzes und der Denkmalpflege über einen längeren Zeitraum hinweg zu den Maßnahmen Historischer Vereine: Als kommunalpolitische Selbstläufer mit Unterstützung der hierzu instrumentalisierten Medien kann so nicht nur die Öffentlichkeit informiert, sondern auch die Verwaltung durch eine ständige Beobachtung und Kommentierung wirksam kontrolliert werden. Zur Lösung konkreter Probleme können auch direkt einzelne Entscheidungsträger angesprochen werden, ggf. werden die jeweils zuständigen Oberen Fachbehörden (meist die Denkmalschutzbehörden) alarmiert, die dann mit ihrer Position die Erhaltung historischer Objekte sicherstellen können.

Eine andere, im Rahmen der Untersuchung identifizierte Vorgehensweise läßt sich als *kooperative Strategie* und somit als Gegenposition zur vorher dargestellten bezeichnen. Kernelement dieser Strategie ist der durchgängige Versuch, eine Konfliktstellung zwischen Historischem Verein und Entscheidungsträger zu vermeiden: Kooperativ vorgehende Historische Vereine nutzen die Medien ausschließlich als Informations- und Publikationsorgane, um allgemeine Darstellungen oder Berichte zu historischen oder denkmalpflegerischen Themen zu veröffentlichen. Diese Ex-Post-Berichterstattung und Kommentierung kann auch kritisch gegenüber den Entscheidungsträgern ausfallen, es überwiegt aber deutlich der Versuch ausgleichender und vermittelnder Berichte. Vielmehr sollen mit Hilfe von Vorträgen und Veröffentlichungen mögliche Konflikte bereits im Vorfeld von Entscheidungen oder Maßnahmen entschärft werden und statt einer Polarisierung unterschiedlicher Gruppen eine positive Sensibilisierung für alle Belange des Denkmalschutzes erreicht werden. Nach den Worten eines Vereinsvorsitzenden besteht dabei ein direkter Zusammenhang zwischen dem Bekanntheitsgrad des Vereins und seiner Zielsetzungen, seiner Mitgliederstruktur und dessen Wirkungsmöglichkeiten. Ausdruck eines solchen Verständnisses ist dann auch die gezielte Anwerbung von Meinungs- und Entscheidungsträgern, um so das kommunalpolitische Gewicht des Vereins zu erhöhen. Ein weiteres zentrales Element dieser Strategie ist das Bemühen um eine Consultingstellung im Bereich Geschichtsforschung und Denkmalpflege, indem fachliche und nicht polarisierende Argumente genutzt werden. Einmal als Experten in lokalhistorischen Fragen anerkannt, kommt ihnen eine wesentliche Bedeutung im Entscheidungsprozeß zu, da sie von den Entscheidungsträgern nicht übergangen, sondern vielmehr einbezogen werden müssen; die ihnen so erwachsene Stellung hebt diese Vereine sogar teilweise über die sog. § 29 BNatSchG-Organisationen hinweg, da die Bindung der Verwaltung zu diesen Organisationen einen stärker zwanghaften Charakter trägt (Assion 1987, Grabbe 1986, Haindl 1985, Hauptmeyer 1990). Diese besondere Stellung erlaubt es ihnen dann, auf Eigentümer historischer Objekte zuzugehen oder das direkte Gespräch mit ihnen zu suchen. Charakteristisch ist ferner die Einbindung aller Bewohner in die Durchführung von Erhaltungsmaßnahmen – sei es durch ständige Information oder durch Einbeziehung in die aktive Arbeit – und die Betonung der Vorbildfunktion der Vereinsmitglieder.

Im Gegensatz zu den vorher geschilderten öffentlichkeitswirksamen Strategievarianten bleibt bei der weitaus seltener beobachteten *konspirativen Strategie* ein wesentlicher Teil der Einflußnahme auf das kommunale Handeln der Öffentlichkeit verborgen. Historische Vereine wenden sich hierbei direkt und persönlich an die jeweiligen Entscheidungsträger und versuchen darüber hinaus, durch den Aufbau und die Nutzung informeller Entscheidungs- und Informationsnetzwerke verschiedener Vereine, Organisationen und Institutionen quasi „im Hintergrund" zugunsten der eigenen Zielsetzungen tätig zu werden. Mit Hilfe dieser, von den Vereinen als extrem pragmatisch und effizient beschriebenen Strategie kann das Erscheinungsbild des Vereins in der Öffentlichkeit zwar nicht geschärft werden, vielmehr gelingt es aber, bestehende kontroverse Auffassungen zwischen Verein und Handlungsträgern nicht öffentlich auszutragen und so möglichen Schaden für beide Seiten zu vermeiden.

Den generellen Vereinsstrategien zur Interessenartikulation und -durchsetzung liegen trotz aller Unterschiede die gleichen Argumentationsmuster zugrunde, wobei die Vereine sich bei der Wahl ihrer Argumente weniger an der Strategie, sondern vielmehr an ihrer eigenen Präferenz und ihrem Selbstverständnis orientieren. Die von ihnen vorgebrachten Argumente entstammen allen wesentlichen der Historischen Kulturlandschaft verbundenen Bereichen (Geschichte, Geographie, Naturschutz und Landschaftspflege, Landschaftsästhetik etc.) und umfassen historische, kunsthistorische, kulturgeographische, landschaftsästhetische, ökologische und touristische Aspekte. Die Auswahl der Argumente selbst orientiert sich an den vermuteten Präferenzen des Adressaten, den dominierenden Eigenschaften des zu erhaltenden Objekts oder an einem überregionalen Gesamtzusammenhang, wobei keine eindeutigen Zuordnungen zu einzelnen Strategievarianten möglich waren. In diesem Zusammenhang ist es nicht möglich, die allgemein gehaltene Charakterisierung der Argumente noch weiter zu differenzieren.

Zusammenarbeit zwischen Historischen Vereinen

Zu den Handlungsmöglichkeiten Historischer Vereine gehören auch die unterschiedlichen Kooperationsformen, die teilweise wesentliche Elemente der jeweiligen Strategien sind. Steuernde Bedingungen sind hierbei die geringe Zahl von Vereinen mit dem Arbeitsgebiet „Erhaltung der Historischen Kulturlandschaft" und deren sich daraus zwangsläufig ergebende räumliche Verteilung sowie das Territorialprinzip der Vereine mit ihrer Ausrichtung auf ein bestimmtes Gebiet. Kooperationsformen umfassen dabei den Informationsaustausch und die gegenseitige Nutzung von Ressourcen (Archive, Bibliotheken etc.) sowie die Diskussion und Abstimmung von Strategien und Argumente für spezifische Aufgaben. Vereinzelt finden sich auch Initiativen, die durch mehrere Historische Vereine angeregt wurden, um gebietsübergreifende Objekte zu erhalten. Die Zusammenarbeit mit überregionalen Vereinen wird kontrovers bewertet, da sie durch Ressourcennutzung und Bedeutungszuwachs zwar erfolg- und hilfreich, aber durch stärker bürokratische Strukturen auch hinderlich und störend wirken können. Generell wird die Zusammenarbeit mit anderen Historischen Vereinen zwar als wichtig für die allgemeinen Aufgabenbereiche Historischer Vereine verstanden, für die Erhaltung Historischer Kulturlandschaften spielt sie aber offenbar eine untergeordnete Rolle.

Folgerungen für die Arbeit Historischer Vereine

Aus diesen Beobachtungen lassen sich nun einige Hinweise für die kulturlandschaftserhaltende Arbeit Historischer Vereine gewinnen. Hierbei sollen allerdings die allgemeinen Einflußmöglichkeiten des edukativen Bereiches und der Ansprache von Eigentümern nicht thematisiert werden, da sie als Bildungs- und Öffentlichkeitsarbeit weit verbreitet sind. An dieser Stelle muß nochmals an die Bedeutung interner (Mitgliederstruktur, finanzielle Bedingungen, Öffentlichkeitswirksamkeit des Vereins etc.) und externer (Strukturen des Entscheidungsprozesses, Berücksichtigung primär außenstehender Organisationen etc.) Faktoren erinnert werden, da sie Rahmenbedingungen des raumwirksamen Handelns implizieren.

Im Zuge des aktiven Engagements für oder gegen eine durch öffentliche Träger durchgeführte Maßnahme (und nur hier bestehen Einflußmöglichkeiten) bedarf es zunächst einer genauen Abwägung zwischen den Möglichkeiten bzw. der Leistungsfähigkeit des Vereins und seinen Zielsetzungen. Die Wahl einer spezifischen Strategie und Vorgehensweise hängt nämlich offenbar auch stark von den finanziellen und personellen Möglichkeiten ab: Kleineren Vereine in kleineren Orten stehen sicherlich andere Einflußmöglichkeiten (z.B. auf privater/bekanntschaftlicher Ebene) zur Verfügung als Vereinen in Großstädten, die zusammen mit anderen Institutionen um die Aufmerksamkeit der Öffentlichkeit konkurrieren.

In die Überlegungen zur Leistungsfähigkeit Historischer Vereine muß auch der kommunalpolitische Zusammenhang mit eingearbeitet werden, da letztlich die Wahl der Strategie entscheidend an diesen Bedingungen gemessen wird. Zu berücksichtigen bleibt hier also die Stellung und Reputation des Vereins gegenüber der Verwaltung, die Möglichkeiten der Nutzung privater Kontakte und die generelle Haltung der Verwaltung gegenüber Vereinigungen, deren Beteiligung nicht zwingend vorgeschrieben ist.

In einem letzten Schritt bedarf es dann der Auswahl einer an die spezifischen Bedingungen angepaßten Strategie und einem zielorientierten Vorgehen zur Durchsetzung der eigenen Interessen. Erfahrungen Historischer Vereine in den USA (Born 1996, American Folklife Center 1983, Massachusetts Historical Commission 1987) haben gezeigt, daß zur Entwicklung eines Maßnahmenplanes die Erarbeitung von Checklisten in Form einzelner Arbeitsschritte sinnvoll ist, da so nicht nur die Vollständigkeit einzelner Implementationsschritte geprüft werden kann, sondern auch die Delegierung von Maßnahmen auf einzelne Mitglieder ermöglicht wird.

Zusammenfassend kann festgehalten werden, daß Historischen Vereinen durchaus Handlungsmöglichkeiten zur Erhaltung der Historischen Kulturlandschaft offenstehen und diese auch erfolgversprechend sind. Gerade die Herausbildung spezifischer, an die jeweiligen Bedingungen angepaßter Strategien und Argumentationsmuster scheint hierfür ein gangbarer Weg zu sein, den mehr Historische Vereine, die sich dem Ziel der Kulturlandschaftserhaltung verschrieben haben, einschlagen sollten.

Literatur

American Folklife Center (1983): Cultural conservation: The protection of cultural heritage in the United States. (Publications of the American Folklife Center 10). – Washington, DC.

Assion, P. (1987): Zum Kontext des neuen regionalkulturellen Historismus in der Bundesrepublik Deutschland. – Informationen zur Raumentwicklung 7/8: 475–484.

Born, K. M. (1996): Raumwirksames Handeln von Verwaltungen, Vereinen und Landschaftsarchitekten zur Erhaltung der Historischen Kulturlandschaft und ihrer Einzelelemente. Eine vergleichende Untersuchung in den nordöstlichen USA (New England) und der Bundesrepublik Deutschland. – Dissertation Göttingen.

Bosl, K. (1982): Gegenstände und Motivationen historischer Bewußtseinspflege in den historischen Vereinen der vergangenen 150 Jahre. – Mitteilungen des Historischen Vereins der Pfalz 80: 5–22.

Fehn, K. (1994): Kulturlandschaftspflege und Geographische Landeskunde. – Ber. z. dt. Landeskunde 68 (2): 432–430.

Grabbe, J. (1986): Die neue Heimatwelle. Sehnsucht nach der Dorfidylle oder Verheißung der menschlichen Stadt? – Neues Rheinland 53: 87–89.

Haindl, E. (1985): Kultur im Dorf, Kultur des Dorfes. Zur Bedeutung der Dorfkultur für die Dorfentwicklung. – Loccumer Protokolle 5: 121–135.

Hauptmeyer, C.-H. (1990): Heimat und Dorf. – Natur ist Kultur. Beiträge zur ökologischen Diskussion. Hannover: 113–130.

Heimpel, H. (1972): Geschichtsvereine einst und jetzt. – Geschichtswissenschaft und Vereinswesen im 19. Jahrhundert (Veröffentlichungen des Max-Planck-Instituts für Geschichte 1). Göttingen: 45–73.

Jedicke, G. (1987): Waldeckischer Geschichtsverein in Wandel. – Geschichtsblätter für Waldeck 75: 17–42.

Kühn, N. (1991): Der Rheinische Verein für Denkmalpflege und Landschaftsschutz – über 80 Jahre bürgerschaftliches Engagement in den Rheinlanden. – R. Grätz, H. Lange & H. Beu (Hrsg.): Denkmalschutz und Denkmalpflege. 10 Jahre Denkmalschutzgesetz Nordrhein-Westfalen. Köln: 259–262.

Massachusetts Historical Commission (1987): Preserving planning manual. Local historical commissions: Their role in local government. – Boston, MA.

Mathy, H. (1983): Historische Vereine und ihre Entwicklungstendenzen. – K.-H. Rothenberger (Hrsg.): Heimatkunde und Landeskunde in Wissenschaft und Unterricht. Frankfurt/M.: 50–54.

Stehkämper, H. (1992): Geschichtsvereine im Wandel. Alte und neue Aufgaben in Stadt und Land. – H.E. Specker (Hrsg.): Aufgaben und Bedeutung historischer Vereine in unserer Zeit. Ulm: 13–26.

Tourismus und Kulturlandschaftspflege

Bruno Benthien

Die Kulturlandschaft als Basis touristischer Entwicklung

Zu den grundlegenden Bedürfnissen im menschlichen Dasein gehört die Erholung, die Rekreation, mit spezifischen Ansprüchen an den geographischen Raum. Als die mobile, mit Ortswechsel verbundene Form der Rekreation hat sich der Tourismus, der Fremdenverkehr, entwickelt. Für viele Menschen machen auf Erholung und Erlebnis gerichtete touristische Unternehmungen im Freien den größten Teil ihrer Freizeitaktivitäten aus. Genutzt werden dafür als erholsam und erlebnisreich erscheinende geographische Örtlichkeiten in der Komplexität des Natur- und Kulturraumes.

Für diese Ganzheit steht in der Geographie der Begriff „Kulturlandschaft", zumal es Naturlandschaften im eigentlichen Sinne kaum noch gibt. Die Kulturlandschaften sind das Ziel der touristischen Nachfrage. Sie bilden demzufolge auch die Grundlage jeglicher touristischen Angebote, die die Tourismuswirtschaft, die „weiße Industrie", auf dem Hintergrund der natur- und kulturräumlichen Potentiale und der davon abgeleiteten Kapazitäten in den verschiedenen Dienstleistungsbereichen, vornehmlich in der Gastronomie und Hotellerie, im Handel und im Verkehrswesen entwickelt hat und als touristische Produkte auf den Markt bringt.

Seitdem der Geographie die ihr als raumbezogener Wissenschaft eigene vergleichende und zugleich synoptische Betrachtungsweise der vielfältigen Erscheinungen an einer Erdstelle mit ihren räumlichen und zeitlichen Einbindungen durch systemtheoretisches Denken erleichtert wird, stellt sich ihr auch der Tourismus mit der Vielfalt seiner Grundlagen, Ausdrucksformen, Wirkungen und Wechselbeziehungen als ein räumliches System dar. Das hat dazu geführt, von „territorialen Rekreationssystemen" als zugleich räumlichen wie funktionalen Einheiten zu sprechen (Benthien 1997). Im gleichen Raum überlagern sich darin Wirkungen der Gesellschaft, der Wirtschaft, der Umwelt und des Tourismus selbst. Sie sind weder allein mit einem geosphärischen noch einseitig mit einem territorialen Raumkonzept, sondern nur mit einem kommunikativen Raumkonzept zu erfassen.

Vom Tourismus in einer Region wird erwartet, daß er wirtschaftlich effizient und zugleich ökologisch, sozial und kulturell verträglich betrieben wird und auf diese Weise in Verbindung mit anderen Wirtschaftsbereichen zu einer nachhaltigen Raumentwicklung beiträgt. Ohne wirtschaftliche Effizienz sind touristische Betriebe und Einrichtungen zum Scheitern verurteilt. Wirtschaftliche Effizienz heißt zumindest, daß der Lebensunterhalt des Betreibers aus den Einkünften bestritten werden kann und noch Überschüsse für die Erhaltung und den Ausbau der Infrastruktur verfügbar sind. Die Wirtschaft nennt das den „break even point".

Ökologische Verträglichkeit bedeutet, ein solches Maß der Umweltvorsorge zu betreiben, daß auftretende Nutzungskonflikte erkannt, Übernutzungen der Potentiale vermieden und bereits eingetretene Schäden beseitigt oder gemindert werden. Die Vorsorge für eine intakte Umwelt hat deshalb einen besonderen Stellenwert, weil eine „intakte Umwelt" aus der Sicht der Erholungsuchenden und Touristen ständig an Bedeutung gewinnt und ihre Entscheidung für bestimmte Reiseziele häufig davon abhängt. Die Reiseziele sind aber letztendlich die heutigen Kulturlandschaften. In dieser Hinsicht würde jede Vernachlässigung der Kulturlandschaftspflege zur Minderung der Umweltqualität beitragen und in der Endkonsequenz dem Tourismus die Basis entziehen.

Soziale Verträglichkeit bedeutet, daß die Tourismusentwicklung nicht kolonisierend, d.h. in erster Linie durch Gebietsfremde und in ihrem ökonomischen Interesse vorangetrieben wird, sondern innovativ durch die einheimische Bevölkerung eines Gebietes und primär von ihren wirtschaftlichen Interessen bestimmt wird. Das schließt den Austausch von Erfahrungen und die gezielte Übertragung von Wissen nicht aus, sondern setzt diese voraus. Und kulturelle Verträglichkeit heißt, daß der Tourismus die kulturelle Identität einer Region und ihrer Bewohner nicht zerstört, sondern im Gegenteil diese auf intelligente Art und Weise nutzt und stärkt. Gerade unter dem Blickwinkel des Kultur-, Bildungs- und Städtetourismus liegt hier eine hohe Verantwortung gleichermaßen bei allen touristischen Anbietern und Konsumenten wie auch bei den politischen Entscheidungsträgern auf verschiedenen Ebenen. In besonderem Maße gilt hier die Forderung: „Politik braucht ein räumliches Gewissen!"

Die Pflege der Kulturlandschaft im Interesse des Tourismus

Kulturlandschaftspflege im Interesse des Tourismus beginnt in den Dörfern und Städten bei den einzelnen Gebäuden als Elementen der Kulturlandschaft und schließt die baulichen Ensembles der Siedlungen ein (vgl. allgemein „Plädoyer für Umwelt und Kulturlandschaft", Dt. Heimatbund 1994). Regionstypische Bauern- und Bürgerhäuser verdienen dabei ebenso Aufmerksamkeit und Zuwendung wie Burgen, Schlösser, architekturgeschichtlich wertvolle Verwaltungs-, Verkehrs- und Industriebauten sowie die gärtnerisch gestalteten Parks und Landschaftsteile. Auch die Städte sind in diesem Sinne „Kulturlandschaften".

Die historische Siedlungsgeographie unterscheidet in Deutschland bekanntlich zwischen den Verbreitungsgebieten niederdeutscher Hallenhäuser im Norden, mitteldeutscher Gehöfte im mittleren Teil und oberdeutscher Einheitshäuser – jeweils in mehreren Varianten – im Süden. Und jede dieser Hausformen bietet in unterschiedlicher Weise Ansatzpunkte für eine touristische Inwertsetzung, die das Typische der Bauformen erhält, auch wenn diese ihre ursprüngliche Nutzung verloren haben. Freilichtmuseen sind zwar wichtig und für Touristen attraktiv, aber mit ihren in der Regel „toten" Gebäuden reichen sie zu einer aktiven Pflege der Kulturlandschaft nicht aus.

Unterschiedlich sind auch die tradierten Dorfformen in den einzelnen deutschen Landschaften. Große Platzdörfer mit ungeregelten Kernen in den Altsiedlungsgebieten westlich der Elbe-Saale-Linie stehen den geregelten Planformen in den ostdeutschen Kolonisationsgebieten gegenüber. Sowohl in den norddeutschen Fluß- und Seemarschen als auch in den erst durch Waldrodung erschlossenen Flachlandsbereichen und Mittelgebirgen stellen die langgestreckten Reihendörfer mit ihren breitstreifig angelegten Marsch-, Hagen- und Waldhufen eine charakteristische Siedlungsform dar, die in bemerkenswerter Weise mit den kleinräumig auftretenden Streusiedlungen oder Weilern wie auch mit den begrenzten Verbreitungsgebieten kleiner Platzdörfer kontrastiert.

Ansätze zur Kulturlandschaftspflege im Rahmen touristischer Entwicklung

Beispiele aus Gemeinden, die im ökologischen Wettbewerb stehen und dabei auch umweltverträgliche Formen des Tourismus, also einen „sanften" oder besser gesagt „intelligenten" Tourismus als eine der wirtschaftlichen Möglichkeiten für ihre Bewohner im Auge haben, nennt „Tat-Orte 1995". Eigeninitiative und Engagement vieler einzelner und Gruppen führten zu beachtlichen Aufwertungen der Kulturlandschaftselemente. Ein Beispiel ist Brodowin in der Ueckermark mit seiner Kulturlandschaftspflege in Einheit von landwirtschaftlicher Produktion, der Vermarktung ihrer Erzeugnisse und der Dorferneuerung. Über die Vermietung von Fremdenzimmern im rustikalen Stil, die zum Teil durch den Ausbau nicht mehr benötigter Gebäude und Gebäudeteile, z.B. Stallungen und Scheunen, erschlossen wurden, kann auch Interessierten ein den lokalen Gegebenheiten angepaßtes touristisches Angebot gemacht werden. Ausschlaggebend für eine nachhaltige Entwicklung ist in diesem Falle die bewußte Verknüpfung von Dorfentwicklungsplan, Ortsgestaltungssatzung und Flurneuordnung, wodurch nicht nur der Innen-, sondern auch der Außenbereich der Siedlung erfaßt werden.

Eine unter unserem Blickwinkel besonders wichtige Siedlungskategorie stellen die Fremdenverkehrssiedlungen dar. In den älteren unter ihnen, die an der deutschen Ost- und Nordseeküste zumeist im ausgehenden 19. Jh. aus früheren Bauern- oder Fischerdörfern hervorgingen, hat sich eine typische „Bäderarchitektur" erhalten (Benthien 1967). Diese ist aber auch in vielen Fremdenverkehrsorten des Binnenlandes, auch der Gebirge, anzutreffen. Heute wird sie in vielen Fällen als ein wesentliches Element des touristischen Marketings und speziell der Werbung eingesetzt. Bei der wünschenswerten und zugleich notwendigen Pflege dieser Elemente unserer Kulturlandschaft ist stets davon auszugehen, daß das Ortsbild solcher Fremdenverkehrssiedlungen – worauf auch Kulinat & Steinecke (1984: 180) hinweisen – „nicht nur als ästhetische Synthese verschiedener Bauepochen und Baustile verstanden werden (sollte), sondern als physiognomischer Ausdruck der Gesamtheit der sozioökonomischen Verhältnisse in ihrer lokalen Differenzierung und ihrem Wandel im Verlauf der gesellschaftlich-politischen Entwicklung".

Daß die örtlich vorhandene und örtlich erzeugbare Atmosphäre eines gewachsenen und gut gestalteten Ortskernes darüber hinaus für die Fremdenverkehrsentwicklung von großer oder gar entscheidender Bedeutung ist, betonte Dennhardt (1987: 37) und legte entsprechende Vorschläge zur Ortsbildsanierung vor. In kleineren Orten ist nämlich das Ortsbild neben dem Landschaftspotential und den Dienstleistungen ein Hauptgrund für deren Attraktivität und eine wesentliche Basis für ein Alleinstellungsmerkmal. An Gemeinden der Deutschen Weinstraße wie St. Martin und Deidesheim zeigt Dennhardt auf, welche Varianten im einzelnen für die Gestaltung der Baugruppen, der Dachformen und Fassaden unter Beachtung eines „menschlichen Maßstabes" angebracht wären. Ein Erfolg tritt aber nur ein, wenn die Bürger in diesen Orten eine derartige Ortssanierung selber in die Hand nehmen.

Komplizierter, weil hinsichtlich der einwirkenden Randbedingungen wesentlich vielschichtiger, ist eine den Kulturtourismus fördernde Pflege der „Stadtlandschaft". Ohne Zweifel hängt diese Kulturlandschaftspflege in kleinen Städten ähnlich wie in ländlichen Siedlungen stark vom Engagement einzelner ab. Die bereits zitierten „Tat-Orte '95" führen das Beispiel der nordostthüringischen Kleinstadt Schkölen an. Dort ist über die auf Initiative des Pfarrers und ehrenamtlichen Bürgermeisters zustande gekommene Umstellung des Heizsystems von Braunkohle-Ofenheizung auf eine zentrale Wärmeversorgung durch das in Deutschland bisher einzige Strohheizwerk die Voraussetzung geschaffen worden, daß das kleinstädtische Ortsbild auch im Interesse des Tourismus nicht nur erhalten, sondern aufgewertet werden konnte. Den kleinen Städten kommt zugute, daß die Bewohner der Häuser in der Regel auch deren Eigentümer sind.

Anders liegen die Verhältnisse in den größeren Städten. Auch für sie gilt: Die Tourismuswirtschaft benutzt die Kulturlandschaft mit ihrem Denkmälerbestand im Rahmen des Stadtmarketings zur inhaltlichen Gestaltung ihrer Angebote. Deshalb ist für diese Städte zur Erhaltung ihrer kulturhistorischen Identität in erster Linie die gestaltende Einflußnahme der Denkmalpflege erforderlich, ebenso auch die Bereitschaft der kommunalen Entscheidungsträger, die für den „denkmalorientierten Städtetourismus" nötigen Mittel bereitzustellen. Wie eine dabei auftretende „mißtrauische Distanz" in eine „fruchtbare Partnerschaft" umgewandelt werden könnte, ist in den späten 80er Jahren Gegenstand intensiver Bemühungen deutscher und ausländischer Geographen gewesen (Becker 1987 u. 1989).

Diese Initiativen wurden nicht zufällig von einer Denkmalstadt wie Trier initiiert, wo sich die Umnutzung von Bauten über mehr als 1500 Jahre verfolgen läßt. Auf den Symposien wurde besonders das Prozeßhafte der Entwicklung der Stadtlandschaft herausgestellt. Im Interesse der Schaffung tourismus- bzw. freizeitrelevanter Angebotsformen, nicht zuletzt auch gegenüber ausländischen Gästen, gilt die Aufmerksamkeit sowohl Einzelbauten, ganzen Bauensembles sowie schließlich den historischen Stadtkernen als Komplexen für „Reisen in die Vergangenheit". Daß durch übermäßige Besucherzahlen an einzelnen Objekten – und nicht nur an antiken Anlagen – Abnutzungserscheinungen auftreten, sei nicht verschwiegen, ebensowenig wie der Hinweis auf denkmalschädigende Umbauten vorhandener Gebäude, besonders für gastronomische Nutzungen.

Besonders problematisch wird die Erhaltung der Funktionsfähigkeit der denkmalträchtigen und deshalb touristisch attraktiven Innenstädte dort, wo – wie in den östlichen „neuen" Bundesländern im Regelfall – die Kaufkraft der Bevölkerung und damit das innerstädtische Geschäftsleben durch großflächige Einzelhandelseinrichtungen an die Peripherie der Städte bzw. in das suburbane Umland abgezogen wurde. Nach einer großen Anzahl vom Deutschen Seminar für Städtebau und Wirtschaft (DSSW) in den letzten zwei Jahren durchgeführter Untersuchungen steht fest, daß die Revitalisierung der Innenstädte, die auch im Interesse des Tourismus (und wiederum sowohl im Interesse der Besucher als auch der Dienstleister) äußerst wichtig ist, auf große Schwierigkeiten stößt. Hier ist neben der Denkmalpflege vor allem die Stadtplanung herausgefordert, denn „Erhalten und Restaurieren" darf nicht zum Gegensatz von „Vermarkten" werden.

Ohne Zweifel erfolgen die entscheidenden Weichenstellungen im Verhältnis von Tourismus und Kulturlandschaft – damit auch bezüglich der Kulturlandschaftspflege für, wegen oder durch den Tourismus – auf örtlicher Ebene. In den größeren räumlichen Einheiten, den Kreisen, Regionen und Ländern, können nur

Rahmenbedingungen fixiert werden. Gerade in den ostdeutschen Bundesländern sind in dieser Richtung gemeindeübergreifende und kreisliche Konzeptionen für die Entwicklung des Tourismus hilfreich geworden. Freyer hat 1993 in Verbindung mit der Kreisverwaltung eine Tourismuskonzeption für die Insel Rügen erarbeitet, in der die kulturhistorischen Sehenswürdigkeiten ebenso aufgelistet sind wie die frühgeschichtlichen Bodendenkmäler, technischen Denkmäler, die traditionsreichen Dorfanlagen und Badeorte. Es zeigt sich jedoch, daß diese Dimensionsstufe nur wenig Hinweise für das lokal Erforderliche bietet.

Anders verhält es sich mit Fremdenverkehrsentwicklungsplänen, die wie z.B. Fuchs (1993) eine größere Anzahl – in diesem Falle 28 – benachbarte Städte und Gemeinden umfassen. Angesichts dieser Zahl ist es noch möglich, für die einzelnen Orte Analysen der vorhandenen baulichen Situation vorzunehmen und Vorschläge für die Ortsgestaltung zu machen, zumal die Ausstattung der Städte und Gemeinden der Neukloster-Warin-Sternberger Seenlandschaft zum Zeitpunkt der Untersuchungen mit der vorhandenen Qualität kein marktfähiges Angebot zuließ. Leider reichten aber auch in diesem Falle die Kräfte, die Initiativen und die finanziellen Mittel nicht zu einer durchgängigen Umsetzung der Planung aus.

Auch in den z.Zt. in abschließender Bearbeitung befindlichen Regionalen Raumordnungsprogrammen spielen nicht nur die Wechselbeziehungen zwischen Naturraumpotential und touristischer Nutzung eine Rolle, sondern ebenso sehr auch die Pflege und Erhaltung der kulturhistorischen Sehenswürdigkeiten in ihrer regionstypischen Ausprägung (vgl. Regionales Raumordnungsprogramm Mecklenburgische Seenplatte, Entwurf 1995, Teil Tourismus und Naherholung).

Diese regionalen Programme schaffen gemäß dem Subsidiaritätsprinzip die Verbindung zwischen den örtlichen Absichten und den Vorstellungen (und Erfordernissen) auf Landesebene. In welcher Form die landesweiten Ziele formuliert sind – in Mecklenburg-Vorpommern z.B. als „Leitlinien der Tourismuspolitik" (1992), „Tourismuskonzeption Mecklenburg-Vorpommern – Ziele und Aktionsprogramm" (1993) und „Erstes Landesraumordnungsprogramm" (1993) – spielt dabei eine untergeordnete Rolle. Ausschlaggebend ist, daß in den Programmen sichtbar wird: „Historische Stadtkerne, bedeutende Bauwerke, Denkmäler, Museen und Parkanlagen, aber auch anspruchsvolle kulturelle Veranstaltungen erhöhen das Freizeitangebot ... und tragen ... zu einer Belebung des Fremdenverkehrs bei. Durch die Einnahmen aus dem Fremdenverkehr kann vielfach erst der Erhalt und die Restaurierung bedeutender Kulturdenkmäler sichergestellt werden" (Landesraumordnungsprogramm Mecklenburg-Vorpommern: 49).

Aus dem „Bericht der Bundesregierung über die Entwicklung des Tourismus" (1994: 34) geht hervor, daß sie es für besonders wichtig erachtet, daß „die Bemühungen um Landesentwicklungskonzeptionen rasch zu möglichst konkreten Ergebnissen führen, damit Orientierungen geschaffen werden für die staatliche Förderpolitik, für die privaten Investoren sowie für die dringend erforderliche Verzahnung des Ressourceneinsatzes der verschiedenen Ressorts im Hinblick auf die gemeinsam zu verwirklichenden touristischen Entwicklungsziele (insbesondere Verkehr, Landwirtschaft, Stadtentwicklung, Umwelt)." Der Kreis schließt sich auf der Ebene der Europäischen Union, deren Mitgliedsländer sich mehr und mehr der engen Wechselbeziehungen zwischen Tourismus und dem Architektur- und Kulturerbe bewußt werden. Das zeigte sich u.a. auf dem 1991 im niederländischen Leeuwarden, Provinz Friesland, durchgeführten Symposium „Cultural Tourism & Regional Development" und findet seinen Niederschlag in verschiedenen Förderprogrammen, z.B. LEADER und Netzwerken wissenschaftlicher Einrichtungen.

Über allem stehen internationale Vereinbarungen, wie etwa die im April 1989 von der Interparlamentarischen Konferenz über Tourismus in Den Haag verabschiedete und von der Welttourismusorganisation (WTO) mitgetragene „Haager Deklaration über den Tourismus", die die Notwendigkeit eines globalen Herangehens an die durch den Tourismus aufgeworfenen Probleme ebenso verlangt wie die Ausarbeitung umfassender nationaler Tourismuskonzeptionen (Prinzip X).

Literatur

Becker, Ch. (Hrsg.; 1987 und 1989): Denkmalpflege und Tourismus (Materialien zur Fremdenverkehrsgeographie, 15 und 18). – Trier.
Benthien, B. (1967): Siedlungsgeographische Auswirkungen des Fremdenverkehrs an der Ostseeküste der DDR. – Wiss. Abh. d. Geogr. Ges. d. DDR 6: 73–89.

Benthien, B. (1997): Geographie der Erholung und des Tourismus. – Gotha.
Dennhardt, H. (1987): Vorschläge zur Ortsbildsanierung. – F. Stadtfeld (Hrsg.): Wettbewerb und Innovation im Tourismus. – Worms: 37–54.
Deutscher Heimatbund (Hrsg.; 1994): Plädoyer für Umwelt und Kulturlandschaft. – Bonn.
Deutsches Institut für Urbanistik (Hrsg.; 1995): TAT-Orte. Gemeinden im ökologischen Wettbewerb. – Berlin.
Freyer, W. (1993): Tourismus-Konzeption Rügen. – Heilbronn/Rügen.
Fuchs, C. (1993): Fremdenverkehrsentwicklungsplan für den Raum der Städte und Gemeinden Neukloster – Warin – Brüel – Sternberg – Dabel. UNIRATIO GmbH. – Wismar.
Kulinat, K. & A. Steinecke (1984): Geographie des Freizeit- und Fremdenverkehrs. – Darmstadt.
Province of Friesland (Hrsg.; 1992): Cultural Tourism & Regional Development. – Leeuwarden.

Wasserwege als Gegenstand der Kulturlandschaftspflege

Frank Norbert Nagel und Götz Goldammer

Die nachfolgenden Ausführungen zur Erfassung und Pflege von Kulturlandschaftselementen an Wasserwegen beschäftigen sich zunächst mit einer (auf deutsche Verhältnisse zugeschnittenen) Inventarisierung von historischen Kanälen. Im zweiten Abschnitt werden Möglichkeiten zur Kulturlandschaftspflege von Flußsystemen nach kanadischem Vorbild aufgezeigt, und im dritten wird an einem deutschen Fallbeispiel die Entwicklung, Umgestaltung und mögliche Korrektur eines hydrographischen Netzwerkes aus Flüssen, Seen und Kanälen dargestellt (Schaalseegebiet).

Historische Kanäle und ihre Inventarisierung

Die nachfolgend dargestellte Inventarisierung historischer (Transport)-Kanäle sollte auf dem Hintergrund gesehen werden, daß unter den Aspekten „Kulturlandschaftsforschung und Industriearchäologie" seit vielen Jahren in der Abt. Kulturgeographie der Universität Hamburg methodische Arbeiten entstanden sind, die letztendlich zu einer möglichst vollständigen Erfassung der Kulturlandschaft führen sollen. Kartierschlüssel wurden u.a. erarbeitet für Schienenwege, historische Landwege, Seilbahnen, Industrie von Steinen und Erden, Fabrikgebäude, Wassertürme, Mühlen etc. Die Kartierschlüssel dienen dem Zweck, methodisch gleichartige Untersuchungen an verschiedenen regionalen Objekten gleichen Typs vorzunehmen, aber auch überhaupt eine Vergleichsebene unter den verschiedenen Kulturlandschaftselementen zu schaffen. So sind z.B. alle Kartierschlüssel über Transportwege ähnlich aufgebaut, indem sie die einzelnen Teilelemente stets nach Bauausführung (Typ, Maße, Alter), Erhaltungszustand und gegenwärtiger Funktion (welche Nutzungsart oder aber Brache, Wüstung) beurteilen.

Die Kartierschlüssel betrachten ihr Gesamtobjekt außerdem in den zwei großen Übergruppen „unbebaute Flächen" (hier: Kanalbett, Treidelwege = Kartierschlüssel 1) und „bebaute Flächen" (Schleusenwärterhaus, Treidelscheune etc. = Kartierschlüssel 2/Schleusen = Kartierschlüssel 3). Die Schlüssel sind im Be-

Strecke:	Maße			Zustand							Nutzung																	
	a) Kanal: Wassertiefe Sohlenbreite Spiegelbreite Länge der Strecke	b) Schleuse: Wassertiefe Breite Länge		(fast) unverändert erhalten/funktionsfähig	(fast) unverändert erhalten/nicht funktionsfähig	verändert, morphologisch kenntlich (Kanalform)	+ Verlandungszustand	+ Versumpfung/Bodenfeuchte extrem	+ Trocken	völlig unkenntlich/Wüstung ohne Relikte	Abwasserkanal	Entwässerungskanal	Fischzucht	Baden	freizeitorientierte Bootsfahrten	Feldbau	Wiese/Weide	Obstbau/Garten	Aufforstung/Anpflanzung	Wander-, Rad-, Reitweg	Feldweg	Fahrweg (befestigt)	Straße	Parkplatz	kommunale Grünfläche	Wohnbebauung	gewerbliche Bebauung	ungenutzt	Sonstiges
Trassenabschnitt:																													
Schleuse																													
natürliche Flußstrecke																													
kanalisierte Flußstrecke																													
Einschnitt (Wasserspiegel unter Umgebung)																													
Wasserspiegel in Umgebungsniveau																													
Dammkanal																													
Böschung: unbefestigt																													
befestigt																													
Treidelweg: einseitig																													
beidseitig																													
Ausweichstelle																													
Hafenbecken																													
Einmündung Seitenkanal																													
Wehr für seitlichen Wasserzu- und Abfluß																													
Straßenbrücke: klappbar																													
nicht klappbar																													
Fußgängerbrücke: klappbar																													
nicht klappbar																													
Eisenbahnbrücke: klappbar																													
nicht klappbar																													
Straßenunterführung																													
Fußgängerunterführung																													
Eisenbahnunterführung																													
Fähranleger																													
sonstige Ausprägung: Kilometerstein, Düker etc.																													

Kartierschlüssel 1: Kanaltrasse (Nagel, F. N. 1986)

darfsfall natürlich zu verfeinern und den Gegebenheiten anzupassen, z.B. könnten für architektonische Merkmale der Gebäude und technische Details der Schleusen neue, hier nicht aufgeführte, Rubriken oder ganze Kartierschlüssel notwendig werden (so insbesondere für Hebewerke, Rollberge, Schiefe Ebenen, Tunnelbauten etc.). Im übrigen sind Kanalstrecken häufig nur als Verbindungsteile zwischen Flüssen, Seen und Meeren gebaut worden, so daß im Rahmen der Wegenetz- und Kulturlandschaftsforschung diese Abschnitte gesondert betrachtet werden müssen. Insbesondere in reliefierten Regionen ist die Scheitelhaltung bei Kanälen früher ein großes Problem gewesen, dem durch Anlage von Pumpwerken, Umleitung von Flüssen, Bau von Aquädukten und insbesondere von Stauseen abgeholfen wurde. Alle diese Elemente sind als Kulturlandschaftselemente zu berücksichtigen und haben – besonders die Stauseen – häufig auch großen Erholungswert.

Für jeden Standort bzw. Trassenabschnitt wird ein (fortlaufend zu numerierender) Kartierschlüssel angelegt. Ein neuer Trassenabschnitt ergibt sich am Kanalbett jedesmal dann, wenn sich die physische Ausprägung oder die Nutzung ändern. Als kartographische Grundlage der Geländekartierung sollte ein Meßtischblatt (1:25.000) dienen, in das die Nummern eingetragen werden (ggf. auch ein größerer Maßstab z.B. die Deutsche Grundkarte 1:5.000). Zusätzliche Möglichkeiten der Datenverarbeitung gibt es natürlich in mancher Hinsicht (Denkmalpflege und computergestützte Dokumentation o.J.).

Strecke : Ort :	Maße			Zustand				Nutzung																				
								Gebäude								Gelände												
	Maße: - Länge - Breite - Höhe	unverändert erhalten	verändert, umgestaltet	schlechter Zustand	Wüstung mit Relikten	Wüstung ohne Relikte	Gastwirtschaft	Hotel	öffentliche Funktion (Bank/Post)	Gewerbe	Lager (in alter Funktion)	Lager (in neuer Funktion)	Lager (priv. zu Wohnen)	Wohnen	ungenutzt	Feldbau	Wiese/Weide	Obstbau/Garten	Aufforstung/Anpflanzung	Trampelpfad	Wander-, Rad.-, Reitweg	Feldweg	Fahrweg (befestigt)	Straße	Wohnbebauung	gewerbliche Bebauung	Lagerplatz	Parkplatz	Entsorgung/Mülldeponie	ungenutzt	Sonstiges
Lagerhaus																													
Lotsenhaus																													
Zollhaus																													
Pumpanlagen																													
Schleusenwärterhaus																													
Wirtshaus																													
Scheune + Stallungen für Treidelpferde																													
Kräne																													
Stapelplatz/Lagerfläche																													
Gewerbefläche																													
gewerbliche Anlage																													
Zufahrtsweg																													
Sonstiges																													

Kartierschlüssel 2: Kanalbetriebsgebäude (Nagel, F. N 1986)

Kanäle sind unzweifelhaft besonders erhaltenswerte Elemente der Kulturlandschaft, weil sie als Transportwege nicht nur umweltfreundlich sind oder waren, sondern weil sie als technische Monumente auch die Kulturlandschaftsentwicklung besonders ablesbar und erlebbar machen. Außerdem haben sie heute mehr denn je großen Erholungswert und sind von ökologisch zunehmender Bedeutung in einer an Feuchtbiotopen immer ärmer werdenden Landschaft. Englische und deutsche Ansätze nutzen diesen Bewußtseinswandel und setzen von daher auch auf private und schulische Initiativen bei der Pflege der Gewässerränder (Chaplin 1989 u. Bachpatenschaften 1992).

Heritage Rivers (Flüsse des nationalen Natur- und Kulturerbes)

Besonders bemerkens- und nachahmenswert erscheint die Idee der „Heritage Rivers". Die in England und Nordamerika sehr populäre, griffige Bezeichnung „Heritage" kann sich auf „ererbte" Bauten und schöne Künste genauso beziehen wie neuerdings zunehmend auf Landschaften, wobei Natur- und Kulturlandschaftselemente gleichermaßen gemeint sein können. Da der Begriff in seiner Kürze fast unübersetzbar scheint, soll im folgenden „Heritage-Fluß" bzw. „Flußerbe" verwendet werden.

Obwohl der Nationalpark-Gedanke aus Nordamerika kommt und eine weit über 100jährige Tradition hat, ist der Fluß-Schutzgedanke relativ jungen Ursprungs: im Jahre 1986 wurde der „French River" in der Provinz Ontario zum ersten Kanadischen „Heritage River" erklärt. Inzwischen ist die Zahl auf etwa dreißig Flüsse oder Flußabschnitte angestiegen und in jeder Provinz und jedem Territorium ist zumindest einer exemplarisch ausgewiesen (Abb. 1). Endziel ist es, ein kanadisches „Flußerbe" systematisch aufzubauen und zu erhalten, so daß Kanadas Natur, Geschichte und Gesellschaft sich in dem Flußsystem (ohne das die Erschließung des Landes nicht denkbar gewesen wäre) widerspiegelt.

Das CHRS (Canadian Heritage Rivers System) arbeitet nach dem Prinzip der freiwilligen Cooperation aller an einem Fluß und seinem Einzugsgebiet ansässigen bzw. interessierten Anwohner, Industrien und (häufig tourismusorientierten) Gruppierungen. Das System folgt bislang keinerlei staatlichen Gesetzgebungen und ist finanziell relativ schlecht ausgestattet, besitzt jedoch ein festes Sekretariat bei der Nationalparkverwaltung „Parks Canada" und hat von daher einen sehr wichtigen administrativen und publizistischen Rückhalt.

Bauweise, Zustand und Nutzung der ehemaligen Schleuse					
Strecke:		Maße	Material	Zustand	Nutzung
Schleuse:		Anzahl / Länge / Breite / Tiefe	Holz / Klinker / Beton / Felsquader / Feldsteine / Metall / Asphalt / Sand/Lehm/Erde	fast unverändert / verändert/umgebaut / schlechter Zustand / Wüstung mit Relikten / Wüstung ohne Relikte	Wehr / als Gebäudefundament / Feldweg / Rad-Wanderweg / keine Funktion
Schleusentyp:					
Stauschleuse					
Beckenschleuse:	oberer Stau				
	unterer Stau				
Kammerschleuse:	rechteckig				
	oval				
sonstige Elemente:					
Rahmentor:	Schütten				
	Welle				
	Ketten				
	Grundschwelle				
	Hauptbalken				
Kompakttor (Stemmtor)					
Torwinde					
Schleusenkammer					
Schleusenvorraum, befestigt					
Speicherbecken					
Fußgängerbrücke:	klappbar				
	nicht klappbar				
Umlauf:	rechte Seite				
	linke Seite				
Treidelweg an Beckenschleuse:	einseitig				
	beidseitig				

Kartierschlüssel 3: Schleusen (Hahn, R. 1988)

Das CHRS untersucht das Einzugsgebiet oder die Uferzonen in Frage kommender Flüsse oder Teilabschnitte nach folgenden zehn Kriterien: 1. geologisch interessante Formationen; 2. fluviale Prozesse (z.B. Mäanderbildung); 3. einmalige Besonderheiten; 4. Plätze besonderer landschaftlicher Schönheit; 5. seltene Flora und Fauna; 6. Plätze von historischer Bedeutung; 7. Plätze von archäologischer Bedeutung; 8. Die besondere Rolle des Flusses (Abschnittes) in der Nationalgeschichte; 9. Das Erholungs- und Freizeitpotential 10. Die Widerstandsfähigkeit der Flußumgebung hinsichtlich der Freizeitnutzung (da letztere besonders nach der Nominierung zum „Heritage-Fluß" erfahrungsgemäß ansteigt).

Ein Fluß wird zunächst vorgeschlagen und dann ein Plan erarbeitet. Im positiven Fall wird ein Flußabschnitt zunächst als „Heritage River" designiert und zu einem späteren Zeitpunkt endgültig nominiert. In einem Managementplan muß z.B. festgelegt sein, ob a) ein Hauptkorridor b) Korridore entlang des Hauptflusses und seiner Nebenflüsse oder c) das gesamte Flußeinzugsgebiet zum Heritage-Gebiet gehören. Für jeden nominierten Fluß gibt es dann eine Check-Liste, anhand derer in gewissen Abständen die Substanz und ihr Erhaltungszustand kontrolliert werden. Das CHRS verfügt zwar nur über geringe Mittel und kann

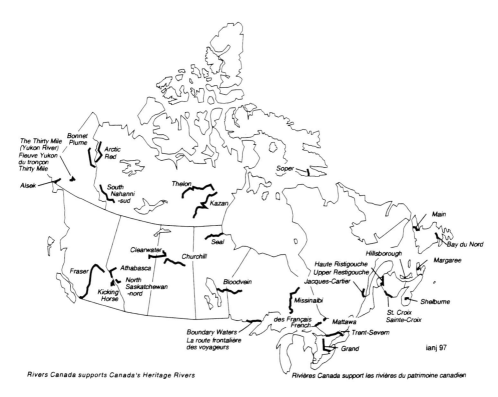

Abb. 1: Das „Heritage-Fluß-System" Kanadas (The Canadian Heritage Rivers System 1997, aus: Heritage Riverscapes, Spring 1997)

diese nicht im Ernstfall für die Sanierung eines bedrohten oder (nach Ausweisung) degradierten Flußelementes einsetzen, dies ist vielmehr Aufgabe der Anlieger selbst. Doch ist ihr Interesse daran offensichtlich groß genug, daß der Fall einer „Dedesignation" – also das schärfste Instrument der Kommission, nämlich der Widerruf des Titels „Heritage-River" – bisher noch nicht eingetreten ist. Unweigerliche Imageverluste für die betroffene Region als ehemals attraktiver Wohn- und Wirtschaftsstandort bzw. Freizeitregion wären die Folge. Ob die große Zahl der Anliegerinteressen auf Dauer miteinander vereinbar sind und „goodwill" allein ausreicht, wird sich zeigen; bislang schreitet das System zügig voran.

Mit dem „Grand River" im Süden Ontarios ist erstmalig ein Fluß in einer siedlungs- und wirtschaftsmäßig intensiv entwickelten Region ausgewiesen worden. Der Grand River soll außerdem einen typischen Fluß in den „Great Lakes Lowlands" repräsentieren und die Rolle der Flüsse in der historischen Besiedlung und Industrialisierung aufzeigen. Gleichzeitig soll er auch die Rolle der Ureinwohner verdeutlichen und als Erholungs- und Bildungsstätte in freier Natur dienen („outstanding recreational and educational experiences in a natural setting"). Mit der Ausweisung des Grand Rivers und seinen Einzugsgebieten kommt das System der Idee eines lebenden, wirtschaftenden „Ecomuseums" sehr nahe. Die Idee des offenen Landschaftsmuseums kommt aus Frankreich („Eco" hier gleich: „Ökonomie"), hat außer in der Schweiz, in Schweden usw. auch in Kanada (Vancouver Island) Einzug gefunden und wäre mit seinem Prinzip von Zentrum (Zentralmuseum) und Peripherie („Antennen" = Außenstellen) auch für Deutschland anwendbar, z.B. für den durch das Salz geprägten historischen Wirtschaftsraum zwischen Lüneburg und Ostsee. Hier könnte Lüneburg mit dem heutigen Salzmuseum als Zentrum und die zugehörigen Land- und Wasserwege

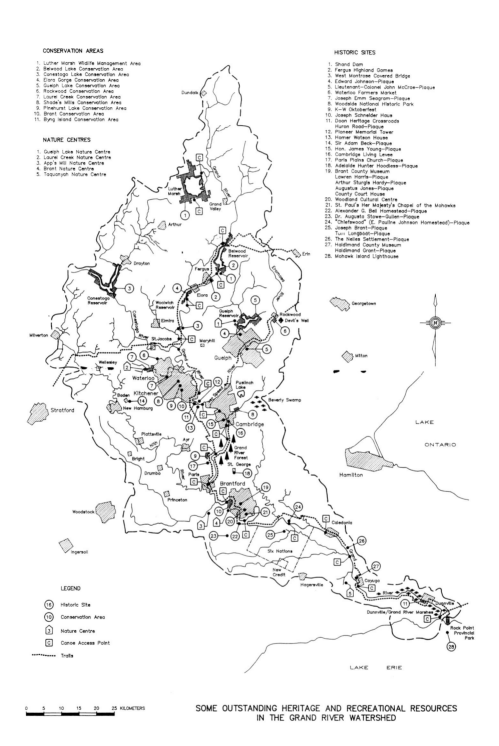

Abb. 2: Der Grand River im Süden Ontarios (The Grand Strategy for managing the Grand River/1984)

insbes. dem Stecknitzkanal und Schaale-Kanal als „Antennen" fungieren (Eggers & Nagel 1990). Beide Wasserwege liegen im Einzugsbereich der Elbe (rechtsseitig) ebenso wie die (linksseitig gelegene) Ilmenau, die als historischer Energielieferant für das Heraufpumpen der Sole und als Transportweg von Bedeutung war. Ein Ecomuseum rund um die Salzlandschaft Lüneburg – Ostseeraum wäre also auch gut als Teil eines Gesamtkomplexes „Heritage-Fluß Elbe" denkbar (sofern die Elbe-Abgrenzung nicht nur ufernahe Zonen, sondern Korridore entlang des Hauptflusses und seiner Nebenflüsse bzw. – je nach Ausweisungs-Dimension – das gesamte Flußeinzugsgebiet umfassen würde).

Der Grand River fließt durch sechzig Gemeinden und zeichnet sich in allen geforderten Heritage-Kriterien in hohem Maße aus. Er besitzt z.B. Wasserfälle, Drumlin- und Kamesfelder, viele historische Stätten (bes. mit frühindustriellem Erbe wie Mühlen, Kanälen etc.) und Freizeitmöglichkeiten (besonders Kanueinstiegsmöglichkeiten) und hat eine bunte Gemengelage an (Universitäts-) Städten wie Kitchener-Waterloo und (z.T. ethnisch geprägten) Ländlichen Siedlungen (Mennoniten, Ureinwohner) aufzuweisen (Abb. 2).

An den Vorbereitungsarbeiten zur Ausarbeitung des zur Nominierung notwendigen Planes „The Grand Strategy" nahmen im Jahre 1993 rund 500 Personen in Form von Workshops usw. teil. Den Erhalt oder die Verbesserung des Heritage Status überwachen zukünftig in erster Linie die sechzig Gemeinden, rund 100 Institutionen wie Handelskammern, Fremdenverkehrsorganisationen, Anglerklubs etc., 11 Provinz- und Nationalministerien, der Rat der Ureinwohner (Six Nations Council), 3 Universitäten, 14 Medien (Zeitung, Rundfunk, TV) und einige weitere Einrichtungen.

Zur Ausweitung und Absicherung des Systems gibt es strategische Folgepläne, die bis in das Jahr 2006 reichen. Die ersten Jahre (seit 1984) arbeitete das CHRS auch ohne einen solchen Plan erfolgreich. Doch nachdem das Gesamtprogramm nunmehr schon eine Flußlauflänge von 6.000 km umfaßt, werden nationale Konzepte immer notwendiger. Am Ende soll ein national und international anerkanntes Wassernetz aus Flüssen, Kanälen und Seen mit Heritage-Charakteristiken stehen, das nach inhaltlich und rechtlich abgesicherten, einheitlichen Kriterien gemanagt werden kann.

Auf Deutschland angewendet, wäre das kanadische Flußerbe-System das weitreichendste im Management von Wasserwegen und als Dachorganisation zu verstehen. Es sollte zunächst in Deutschland an räumlich sinnvoll abgegrenzten Teilregionen ausprobiert werden. Eine Gemeinschaftsarbeit unter Zusammenführung aller bisher schon vorhandenen Interessen (verbände) und Check-Listen (auch zur periodischen Überprüfung) aller schon ausgewiesenen Naturschutzgebiete, UNESCO-Biosphärenreservate (z.B. an der mittleren Elbe), Naturdenkmäler, Kulturdenkmäler, Erholungsregionen etc. wären gerade im dichtbesiedelten Deutschland eine dringende Notwendigkeit!

Kulturlandschaftsgenese und -pflege am Beispiel des Schaalseegebietes (von G. Goldammer)

Der Schaalsee liegt im Grenzbereich zwischen Schleswig-Holstein und Mecklenburg-Vorpommern. Bis zur Deutschen Wiedervereinigung bildete der See die innerdeutsche Grenze. Das im Süden liegende Zarrentin ist die einzige größere Siedlung im Bereich des Schaalsees. Physisch-geographisch gesehen handelt es sich beim Schaalsee um einen Rinnensee, der am nachhaltigsten durch die Weichselkaltzeit geprägt wurde. Die Gesamtlänge des Sees beträgt in nordsüdlicher Richtung von Dutzow bis zum Südende zwischen Zarrentin und dem Schaaleauslauf 14,5 km. Seine größte Breite beträgt 5,5 km. Der Wasserspiegel des Schaalsees liegt bei 35 m Höhe über NN. Der Untergrund des Sees ist sehr bewegt. Untiefen von nur wenigen Metern wechseln sich mit tiefen eiszeitlichen Ausstrudelungskesseln ab. Der tiefste dieser Kessel weist eine Tiefe von 71,5 m auf und macht den Schaalsee zum tiefsten See des ganzen Nordwestens. Das Einzugsgebiet des Sees beträgt 189 km^2. Der einzige natürliche Abfluß dieses Gebietes ist die Schaale (Abb. 3 Nr. 1), sie entwässert in südlicher Richtung in die Elbe und somit weiter in die Nordsee. Durch seine große Tiefe weist der Schaalsee eine interessante Reliktenfauna auf; so lebt hier die seltene Große Maräne (Coregonus muraena), die nur in Wassertiefen unter 40 m vorkommt. Der hohe Kalkgehalt des Seeuntergrundes bietet einer großen Algenvielfalt mit der damit verbundenen Schnecken- und Muschelfauna (z.B. Dreissena polymorpha) gute Lebensbedingungen. Durch den Bau der innerdeutschen Grenze konnten sich die östlichen Uferbereiche des Sees und der gesamte Flußlauf der Schaale über Jahrzehnte vergleichsweise ungestört entwik-

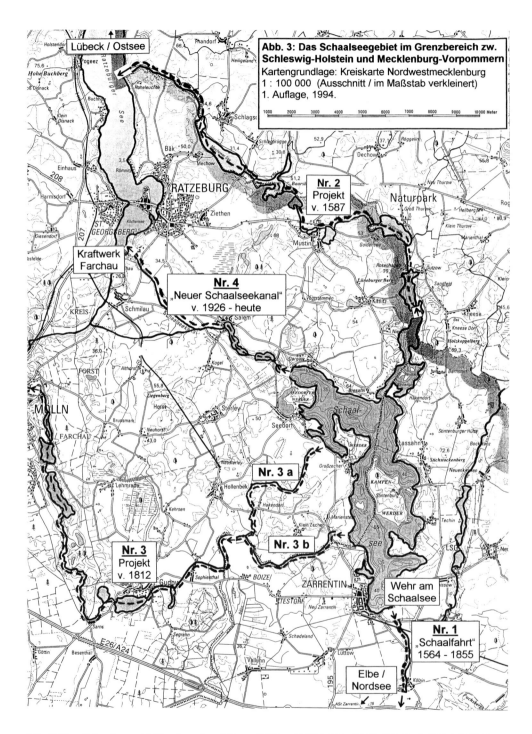

Abb. 3: Das Schaalseegebiet im Grenzbereich zw. Schleswig-Holstein und Mecklenburg-Vorpommern

keln. Der einzigartige Bestand an unterschiedlichsten Biotoptypen in diesem Gebiet hatte zur Folge, daß schon kurz nach der Wiedervereinigung der Zweckverband „Schaalsee-Landschaft" ins Leben gerufen wurde und der etwa 300 km² große „Schaalsee-Naturpark" eingerichtet werden konnte (Heimathefte für Mecklenburg-Vorpommern/1993). Der große Wassereinzugsbereich des Schaalsees und die dadurch bedingte Abflußmenge von durchschnittlich 38 m³/sek. führte frühzeitig zur anthropogenen Nutzung seiner Wasserläufe.

Im Jahre 1564 wurde der 38 km lange Schaalefluß (Abb. 3 Nr. 1) durch die Stadt Lüneburg kanalisiert. Die Lüneburger sicherten sich durch diesen Bau den Zugriff auf die riesigen Waldbestände im Schaalseeumfeld. Das so bergab geflößte Brennholz war für das Lüneburger Salinewesen zur damaligen Zeit unverzichtbar, da die Waldbestände im Nahbereich der Stadt praktisch erschöpft waren. Die sogenannte „Schaalfahrt" währte bis zum Jahr 1855. Die ursprüngliche Naturlandschaft erfuhr durch die Abholzung des nahezu gesamten Waldbestandes und dessen Abtransport auf der kanalisierten Schaale eine grundlegende Wandlung.

1587 versuchte die Stadt Lübeck, ebenfalls den Holzreichtum der Schaalseegegend zu nutzen. Es wurden umfangreiche Planungen angestellt, den Ratzeburger See über den Mechower- und Lankower See mit dem Schaalsee zu verbinden (Abb. 3 Nr. 2). Die Planung sah vor, diesen Kanal bei einem Gefälle von rund 31 m mit 9 „Kistenschleusen" zu versehen. Das Projekt konnte letztendlich, vermutlich aus Geldmangel, nie realisiert werden, jedoch weisen im Gelände aufgefundene Relikte auf den Beginn einer möglichen Bauausführung hin.

Zwischen 1811 und 1813 waren die französischen Besatzungstruppen bemüht, den Schaalsee mit dem Stecknitzkanal zu verbinden (Abb. 3 Nr. 3). Diese Projektierung sah vor, die überschüssigen Wassermengen des Schaalsees in den unter permanentem Wassermangel leidenden Stecknitzkanal einzuleiten, um ihn kontinuierlich schiffbar zu machen (Behrens 1818). Der Abzug der Franzosen aus Deutschland bescherte auch diesen Kanalplänen ein Ende.

Im Jahre 1926 wurde der „Neue Schaalseekanal" (Abb. 3 Nr. 4) fertiggestellt. Er war ursprünglich als reiner Zuleitungskanal für das Wasserkraftwerk Farchau geplant. Dieses Kraftwerk befindet sich am nördlichen Kanalende und erzeugt bis zum heutigen Tag mit der ursprünglichen Turbinentechnik Wasserenergie. Nachträglich wurde dieser künstliche Wasserweg für die Schiffahrt freigegeben. Gleichzeitig mit dem Bau dieses Kanals wurde der ursprüngliche Schaalseeabfluß am Beginn des Schaaleflusses mit einem Wehr versehen, um eine optimale Wasserverstromung zu gewährleisten. Die Abflußrichtung des Schaalsees wurde dadurch umgekehrt – nunmehr fließt sein Wasser über den Ratzeburger See und die Wakenitz nach Norden in die Ostsee. Durchschnittlich werden pro Jahr je nach Niederschlagsmenge 1,2 Mio. kWh Strom erzeugt. Die hierfür erforderliche Wasserabflußmenge liegt bei ca. 20 Mio. m³/Jahr, das entspricht einem Abfluß von ca. 38 m³/min. Dem Schaaletal wird seit 1926 diese Wassermenge entzogen. Die Schaale wird heute fast ausschließlich durch ihre Vorfluter gespeist.

Eine industriearchäologische Reliktanalyse im Bereich des ehemaligen Schaalekanals (Abb. 3 Nr. 1) wurde 1994 in Anlehnung an die Kartierschlüssel von Hahn & Nagel (1988; s.o.) durchgeführt. Gleichzeitig wurden die größeren Zuflüsse der Schaale in die Untersuchung mit einbezogen. Die Auswertung dieser Kartierdaten zeigt, daß von den ursprünglich 16 Schleusen (10 Stauschleusen, 3 Kistenschleusen u. 3 Umlaufschleusen) im Gelände noch 9 Schleusenrelikte nachweisbar sind. Hierbei handelt es sich größtenteils um Reste der Stauschleusen, die unmittelbar nach dem Dreißigjährigen Krieg (1618–48) aufgegeben wurden. Der Erhaltungszustand dieser Bauwerke ist als ausgesprochen gut zu bewerten. Die Schleusendämme, die Umlauffurten und die Kolke sind praktisch vollständig erhalten. Lediglich die hölzernen Baubestandteile sind nicht mehr existent. Im Vergleich zu den übrigen Kanälen Norddeutschlands ist der Schaalekanal als besterhaltenes Beispiel für einen historischen Kanal zu nennen. Dies ist darauf zurückzuführen, daß: a.) ihn keine Kanalnachfolgebauten überformen; b.) die Kanaltrasse kaum durch besiedeltes Gebiet führt; c.) der schleusentechnisch interessante Bereich ausschließlich in Waldgebieten gelegen ist; d.) die ehemalige DDR-Grenze den gesamten Kanalbereich vor anthropogenen Einflüssen geschützt hat.

Die Biotopkartierung (1994 u. 1995) des Schaaletales und der angrenzenden Ländereien verdeutlicht den hohen ökologischen Wert dieses Areals. Das Flußgebiet läßt sich grob in drei Untereinheiten unterteilen: 1.) Der Schaaleoberlauf führt durch stark reliefiertes Gelände. Der Fluß hat sich tief in die mit Mischwald bestandenen Hügel eingeschnitten. Das Gebiet bietet besonders unter ornithologischen Gesichtspunkten hervorragende Lebensräume (z.B. für den Eisvogel/*Alcedo atthis*). 2.) Der Schaalemittellauf weist eine deutlich ebenere Oberflächengestalt auf. Das Flußbett verbreitert sich, so daß eine stärkere Mäandrierung der Schaale zu größeren Überschwemmungszonen führt. Moorige und stark verschilfte Gebiete wechseln sich hier ab. 3.) Der Schaaleunterlauf führt durch ebene Marschengebiete. Der Fluß bildet weite Mäanderbögen aus. An mehren Stellen haben sich durch deren Durchschnürung Altwasserarme herausgebildet. Der ökologische Wert dieses Bereichs ergibt sich aus dem hohen Anteil an Feuchtwiesen und Sumpfgebieten.

Das weitere Umfeld des Schaaleflusses muß negativer bewertet werden. Die großflächigen Anbaumethoden der DDR haben das Knicknetz der zuvor bewirtschaftenden Gutsbetriebe praktisch zerstört. Vor allen Dingen in den Gebieten des Schaalemittellaufs herrschen intensiv bewirtschaftete Monokulturen mit zum großen Teil ausgeräumten Landschaften vor.

Folgende Maßnahmen sind für den Bereich des Schaaleflusses zu empfehlen:

a) Die Einrichtung eines industrietouristischen Lehrpfades kann die besterhaltenen Schleusenrelikte der ehemaligen „Schaalfahrt" einem größeren Publikum näher bringen. Als Vorbild hierfür könnte die Idee des „Ecomuseums Simplon" herangezogen werden (Anderegg 1988; Eggers & Nagel 1989). Beim Ecomuseum handelt es sich um den Versuch, dem Besucher nicht einzelne Gebäude zu präsentieren, sondern mehrere historische Objekte und Sehenswürdigkeiten entlang einer historischen Achse darzustellen. Neben der landschaftlichen Schönheit des Gebietes und der Nähe zum Naturpark Schaalsee wäre ein mit entsprechenden Erläuterungstafeln ausgeschilderter Pfad eine weitere Attraktion für viele Wanderer und Radfahrer.

b) Mit Hilfe eines zu gründenden Förderkreises kann die Rekonstruktion einer historischen Holzschleuse erreicht werden. So hat der „Förderkreis Kulturdenkmal Stecknitzfahrt e.V." im Sommer 1995 die letzte erhaltene Stauschleuse des Stecknitzkanals vollständig restauriert einem interessierten Publikum vorstellen können (Förderkreis Kulturdenkmal Stecknitzfahrt e.V. 1989). Die Wiederherstellung einer authentischen Schleusenanlage wird die touristische Attraktivität dieser Region weiter steigern.

c) Unter dem Aspekt des Biotopverbundes (Jedicke 1994) ist die Wiederherstellung eines möglichst reich verzweigten Knicknetzes in den Randbereichen des Schaaletales unverzichtbar. Der große ökologische Wert des Flußtales kann durch die Einbeziehung weiterer Biotope in seinem Umfeld erheblich erhöht werden.

d) Extensivierungsmaßnahmen der Uferbezirke aller Schaalevorfluter würden den landwirtschaftlichen Düngemitteleintrag und somit die Eutrophierung des Wassers vermindern.

e) Die zumindest zeitweilige Öffnung des Schaalwehres am Schaalseeauslauf hätte eine starke Wiedervernässung des Tales zur Folge. Diese Maßnahme könnte den ökologischen Wert des Schaaletales zusätzlich steigern. Bedenkt man, daß die durch das Wasserkraftwerk Farchau gewonnene Energie nicht einmal ein Tausendstel der Energiemenge eines herkömmlichen Kernkraftwerkes ausmacht – die in Farchau erzeugte Strommenge könnte durch nur zwei 500 Kilowatt-Windkraftanlagen erzeugt werden – so bleibt abzuwägen, ob die Gewinnung solch einer vergleichsweise geringen Strommenge die „Beinahe-Trockenlegung" eines 38 km langen Flußlaufes im direkten Anschluß an einen neugeschaffenen Naturpark rechtfertigt?

Literatur

Allgemein und methodisch:

Anderregg, K. (1988): Ecomuseum Simplon. Projektvorschlag; im Auftrag des Bundesamtes für Forstwesen und Landschaftsschutz. – o.O.

Bachpatenschaften (1992); Grundwissen, Tätigkeiten, Beispiele. hrsg. von der Baubehörde. Amt für Wasserwirtschaft. Freie und Hansestadt Hamburg. – Hamburg.

Chaplin, P.H. (1989): Waterway Conservation. – London.

Denkmalpflege und computergestützte Dokumentation und Information. (o.J.). – Schriftenreihe des Deutschen Nationalkomitees für Denkmalschutz. 44; Dokumentation der Tagung 1. u. 2. Dez. 1992 in Stuttgart.

Eggers, U. & F.N. Nagel (1990): Die Alte Salzstraße und das Industriedenkmal Saline Lüneburg. In: Lauenburgische Akademie für Wissenschaft und Kultur. – Stiftung Herzogtum Lauenburg-Jahrbuch 1989: 49–71.

Förderkreis Kulturdenkmal Stecknitzfahrt e.V. (1989): Die Dückerschleuse. Die letzte erhaltene Stauschleuse der ehemaligen Stecknitzfahrt, des ersten europäischen Wasserscheidenkanals. Planungen zu ihrer Restaurierung. – Schwarzenbek.
Hahn, R. (1988): Der Alster-Trave-Kanal. Ein Beitrag zur Industriearchäologie und Wüstungsforschung. – Mitteilungen des Canal-Vereins 9: 41–104.
Jedicke, E. (1994): Biotopverbund. Grundlagen und Maßnahmen einer neuen Naturschutzstrategie. – Stuttgart.
Nagel, F.N. (1986): Verkehrsweg-Wüstungen in der Kulturlandschaft. Ein methodischer Beitrag zur Wüstungsforschung und zur Industriearchäologie, aufgezeigt an historischen Land- und Wasserwegen in Schleswig-Holstein. – Siedlungsforschung 4: 145–170.
Nagel, F.N. (1988): Kanäle in Europa: Transportwege, technische Monumente und Touristenattraktionen – Frankreich, England und Deutschland. – Mitteilungen des Canal-Vereins 9: 7–40.

zum „Heritage-Fluß-System":

A cultural Framework for Canadian Heritage Rivers. Ottawa 1997. Hrsg.: Canadian Heritage Rivers System.
The Grand Strategy for managing the Grand River as a Canadian Heritage River, coordinated by Grand River Conservation Authority on behalf of the Province of Ontario and tabled with Canadian Heritage Rivers Board, Jan. 18, 1994 (zu beziehen durch Grand River Conservation Authority, 400 Clyde Road. P.O. Box 729. Cambridge Ontario N1R 5W6).
Heritage Riverscapes: A River of Possibilities. Ottawa 1997. Hrsg.: Canadian Heritage Rivers System, Spring 1997.
The Canadian Heritage Rivers System. Annual Report 1994–95, Hrsg.: The Minister of the Department of Canadian Heritage on behalf of the provincial and territorial Ministers responsible for parks and tourism 1995. – Ottawa.
Canadian Heritage Rivers System Strategic Plan 1996–2006, Hrsg.: The Canadian Heritage Rivers System, Ottawa, Ontario K1A OM5.
The Canadian Heritage Rivers System – Objectives, Principles and Procedures, Hrsg.: Minister of Supply and Services Canada 1984 (zu beziehen durch Parks Canada, Department of Canadian Heritage, Ottawa, Ontario K1A 1 G2).

Die Technischen Denkmale und Industriedenkmäler, namentlich des Bergbaus

Georg Römhild

Technische Denkmale als Elemente der Kulturlandschaft

Die sogenannten Technischen Denkmale bezeichnen eine Denkmalgattung, die trotz der ihr zugedachten Universalität als „Informationsträger" (Slotta 1982) dem anthropogeographischen Postulat des Eingebundenseins von Industriezeugen innerhalb einer entwickelten (Kultur-)Landschaft und Gegenwartsumwelt mit Wahrnehmungsgehalten nicht oder kaum Rechnung trägt.

Der beziehungswissenschaftliche Ansatz der „Geographie des Menschen" stellt die Relikte vergangener Industriezeiten in einen *Verfügungsraum*. Das Technikgeschichtliche ist somit nicht *explanandum* sondern *explanans* – und zwar im Sinne der *environmental studies*. Es dreht sich also nicht um die Technikgeschichte selbst, sondern dieselbe trägt dazu bei, die „Situation" eines Objekts oder Ensembles als Spiegelung heutiger Kulturlandschaftsprozesse zu sehen. Damit stellt sich ein bausteinartiger Begründungszusammenhang ein. „Landschaft" und „Ortschaft" weisen – zumal durch „Hinterlassenschaften" einer erloschenen Montanindustrie – exemplarisch Verhältnisse und Zusammenhänge zivilisatorischer Lesart auf, wie sie sich brennpunktartig „vor Ort" lokalisieren: Dazu gehören in diachroner, projektiver und zukunftsweisender Betrachtungsweise insbesondere handlungsgeschichtliche, mentale und politische Punkte lokal-regionaler Art. Insofern mag „Industriearchäologie [...] zum Teil Landschaftsforschung (landscape study)" sein (Cossons 1975; zit. bei. Krings 1981: 168); vielmehr fordert „Industriearchäologie" in der Gegenwart und für die Zukunft ein Handeln nach Raumordnungskriterien heraus: Eine industriegeschichtlich geformte Ortschaft, wie z.B. Nienstädt/Bahnhofsstraße und Umgebung (bei Stadthagen) könnte stärker von aufeinander funktional und gestalterisch abgestimmten Maßnahmen des Bauens, der Bau- und Denkmalpflege, der Grünplanung etc. geformt sein. Das geht über „Landschaftsforschung" hinaus. Die immer wieder gegenwärtige Frage dabei ist jedoch, ob oder inwieweit sich einzelne, sprich: „Eigentümer", in unserer individualisierten Gesellschaft überhaupt bestimmen lassen, und ob nicht vielmehr in unserer „postindustriellen" Zivilisationsstufe die wirtschaftliche Domäne alles wirtschaftlich Veraltete an die Seite drängt und erst in zweiter Linie – bei günstigen Rahmenbedingungen – „revitalisierend" einbezieht.

Das Wahrnehmen, das Handeln und das in räumlichen Dimensionen sich abspielende (Inter-)Agieren ist die Folie, auf der (potentielle) Technische Denkmale ein Bild heutiger *Zivilisationslandschaft* zeichnen. Das „Denkmal" ist objektivierter Geist, und am Objekt kann man empirisch feststellen, ob und wie ein kulturelles Denken über den objekthaften Anspruch der (Industrie-)Denkmalpflege bei den Leuten einer „Kulturlandschaft" im Bewußtsein ist.

Welchen Stellenwert haben die Reste der alten Industriestandorte im Raum und in der Gesellschaft? – So und ähnlich ist ein noch laufendes Forschungsprojekt des Verf. – ‚Das Erbe des Industriezeitalters in der modernen Kulturlandschaft' – angelegt; es bezieht sich im wesentlichen auf das bis 1961 fördernde Oberkirchener Revier des Schaumburger Wealdenkohlenbergbaus an der Grenze Niedersachsens zu Nordrhein-Westfalen (Römhild 1981, 1994).

Aspekte eines anwendungsbezogenen geographischen Umgangs mit Technischen Denkmalen

Die Technischen Denkmale selbst gehören also ihrem Eindruck und ihrer Wirkung nach zu einer besonderen Beziehungswelt, die über den vom Protagonisten Rainer Slotta vertretenen Begriff „Industriearchäologie/ Technisches Denkmal" und dessen Katalog der „Informationsträgerschaften", die ein Technisches Denkmal habe, wesentlich hinausgeht; es sind dies von historisch-geographischer und kulturgeographischer Warte folgende erkenntnisleitenden und anwendungsorientierten Aspekte und Kategorien:

- das (vor- und früh-)industriell-gewerbliche Relikt als kulturlandschaftlicher *Phänotyp*,
- *Lokalisation* und *Persistenz*, d.h. auch:
- *räumliche Vergesellschaftung* und *Umgebung*, früher und heute,
- „*Biographie*" des Relikts (Verfallsgeschichte),
- *(Nicht-)Beachtung* durch die „Umwelt" (durch Einheimische bzw. „Außenstehende"),
- *Akzeptanz oder Ablehnung* des denkmalwerten Objekts als „*Denkmal*" (letzteres: „Bruch mit der Vergangenheit"; Soyez 1984: 21),
- *Ruine* und Relikt als „*Fremdkörper*" im heutigen Verfügungsraum, d.h. auch:
- *Handlungsstrukturen* und -prozesse am und um das Objekt herum: „*Inwertsetzung*",
- *Nachfolgenutzung* und/oder „*Revitalisierung*",
- „*Sanierung*" als *Verbindung von Altem mit Neuem*;
- *integrierte Raumordnung* und Raumplanung am und um das Objekt herum: Landschaftsarchitektur, Städtebau, Stadtteilplanung, Neues Bauen, Denkmalpflege,
- Verfall und Abbruch, kulturlandschaftlicher *Schwund und Verlust* (totaler „Bruch mit der Vergangenheit" – real-materiell),
- „*Regionalbewußtsein*" und *Kulturlandschaftsimage* als übergeordnete Kategorie des Handelns,
- „*Kulturlandschaftspflege*" als gegenwartsbezogenes, reflektierendes, geographisches Konzept.

Dieser Ansatz kann nur bedingt „angewandt" sein; denn die Geographie wird im Kontext „Mensch-Technik-Gesellschaft-Raum" einer kritischen „Außenbetrachtung" nicht entbehren können; die Kulturgeographie kann daher zumindest Ideen und Impulse im Sinne einer Kritik und *Anwendungsorientierung* geben. Die aufgeführten vierzehn Aspekte bauen in erster Linie auf dem Konstrukt einer Beziehungswissenschaft auf. Diese in der Anthropogeographie wurzelnde Idee der Wechselwirkung/en am Ort oder der räumlichen Konstellation/en in Verbindung mit zeit-, orts- und territorialbedingtem Handeln weist einem Objekt eine (im weitesten Sinne) umgebungsorientierte Bedeutung zu (mikrogeographischer Ansatz); im „größeren" (eigentlich „kleineren") Maßstab der Region oder des (Bundes-)Landes ergeben sich merkmalsbezogene oder typologische Punkte, die für den Denkmalpfleger durch den Ansatz der „Umweltwahrnehmung" (oder „environmental perceptions"; Hard 1973: 200ff.) eine *Wahrnehmungstopographie* hervorbringen können. Sie ist ein Spiegel der Wertschätzung von „Denkmalen". Somit beinhaltet das Thema auch Rezeptionsforschung über Denkmalschutz im allgemeinen und über Industriedenkmalschutz im besonderen.

Die *„Denkmaltopographie"* der Denkmalpflege demgegenüber ist ein örtliches oder regionales, etwa landkreisbezogenes Inventarium der in Stadt und Land eingetragenen (Bau-)Denkmäler und für denkmalwert befundene Objekte. Eine solche Denkmaltopographie fragt vorrangig nicht nach den räumlichen Einbindungen, den verwertbaren Bindegliedern zur Nachbarschaft und Umgebung, und sie fragt schon gar nicht nach dem Ansehenswert und nach der Akzeptanz, die einem definierten Denkmal oder einem denkmalwerten Objekt oder Ensemble zukommt oder den „Bruch mit der Vergangenheit" manifestiert. Die Akzeptanzfrage enthält unter einem Spannungsbogen zwischen Historie und Gegenwart auch das *topographisch-räumlich* mitbestimmte Moment der *Verfallsgeschichte*, andererseits aber auch das der *Pflegegeschichte* oder des *Erhaltungsschicksals*, wie man es durchaus auch nennen kann.

Von dieser Erkenntniswarte möchte der Kulturgeograph, der implizit ein historisch arbeitender (Siedlungs-)Geograph ist und neben historischen Siedlungsschichten der industriellen Epochen auch die historisch-genetischen Wandlungen als Zivilisationsprozeß bis hin zur Gegenwartsebene transparent macht und kartographisch fixiert, anstatt von „Technischen Denkmälern" oder „Technischer Denkmalpflege", richtiger von „Industriedenkmälern" oder „Industriedenkmalpflege" sprechen. Diese Terminologie ist sprachlich-inhaltlich mit den zeitlich-räumlichen Prozessen in der „Industrielandschaft", zum Beispiel im ländlich-industriösen Milieu einer Gegend, wie der des Schaumburger Landes zwischen Minden und Hannover, – oder im Kontext mit „Industriegebiet", „Industriepark", „Altindustrie" oder „Industriebrache" verknüpft; „Industriedenkmale" werden über den Erkenntnisweg der Prozeß- und Handlungsgeschichte und Objektperzeption zu Bausteinen einer Kulturlandschaft.

Bei einer raumwissenschaftlichen Phänomenologie des (potentiellen) Industriedenkmals treten die technik-, wirtschafts- und sozialgeschichtlichen sowie die kunst- und architekturwissenschaftlichen Aspekte des Objekts nicht a priori zurück; sie ordnen sich vielmehr einem umweltbezogenen, geographisch-topographischen Begründungszusammenhang zu und unter. Am Erhalt einer persistenten, großen Bergehalde „in freier Landschaft" wie der am ehemaligen Georgschacht bei Stadthagen – als ein beeindruckender Phänotyp vergangener Arbeitswelt und als Landschaftsbauwerk – sollte der Denkmalpflege zusammen mit den Gebietskörperschaften aus Gründen eines schaumburgisch geformten Images von Industrietradition gelegen sein; die fünf Kilometer westlich gelegene eindrucksvolle Tafelberghalde Seggebruch von relativ geringer Höhe hat durch Nutzung als Erddeponie und durch Bebauung an ihrer Süd- und Südostflanke an landschaftsarchitektonischem Wert verloren. Der geographisch-räumliche Vergleich ist konstitutiv für Denkmalerkennungen. Die Denkmalpflege tut sich mit Bergehalden und anderen *Geländedenkmälern* schwer, wie weiter unten noch genauer ausgeführt wird.

Die geschichtswissenschaftlichen Momente bedürfen der Relativierung durch den geschilderten kulturgeographischen Umweltansatz, um so von einem exklusiven Ansatz, der die „Denkmale" stilisiert und bloß geschichts- und kulturwissenschaftlich abhebt und vornehmlich deren musealeWertstellung assoziiert, wegzukommen. Der kulturgeographische Ansatz sucht nach Möglichkeiten einer integrierbaren Verwertbarkeit gerade im *nicht-musealen* Bereich. Die Erhaltungschancen erhöhen sich aus der Sicht z.B. durch die visuelle und funktionale Ankoppelung eines Stollenportals, einer Fabrikvilla oder einer alten Ziegelei an einen Golfplatz, an einen Wohnpark oder an ein Einkaufszentrum. Eine *kulturgeographische Inventarisation* folgt mithin einer Umgebungsbeschreibung in Kombination mit Objekten und Befunden auf einem Punkt-Linien-Flächen-Konstrukt als Modell für eine *denkmalpflegerisch begleitete* Raumnutzungsplanung.

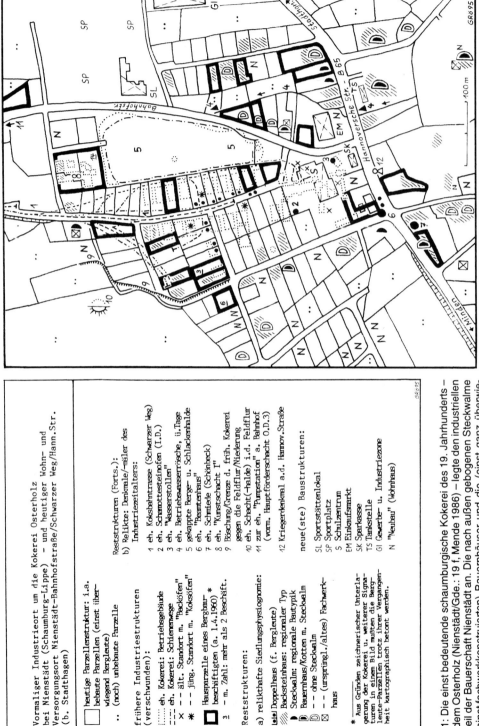

Abb 1: Die einst bedeutende schaumburgische Kokerei des 19. Jahrhunderts – Auf dem Osterholz (Nienstädt/Gde.: 19 f, Mende 1986) – legte den industriellen Ortsteil der Bauerschaft Nienstädt an. Die nach außen gebogenen Steckwalme der (einst fachwerkkonstruierten) Bauernhäuser und die (einst ganz überwiegend backsteinrote) Ziegelarchitektur der späteren Bergmannshäuser bezeugen reliktartig den industriösen Charakter im Verhältnis von Ortschaft zu Landschaft. – Mit dem großen Georgschacht der Jahrhundertwende – nordöstlich von Nienstädt, im freien Feld – wurde die Kokerei Osterholz aufgegeben. – Das, was nachfolgend die Nienstädter Situation im Ortsteil Bahnhofstraße/Schwarzer Weg überlagerte und überformte, zeigt sich heute (in weitergehendem Prozeß) in orts- und zeittypischen Relikt-, Umbau- und Vermischungsphysiognomien. Die Karte dokumentiert im wesentlichen einen diachronen Lokalisationswandel zwischen dem frühen 19. Jahrhundert und heute.

Merkmale einstiger Industrielandschaften: Kartierungsanleitungen

Anknüpfend an die genannten 14 Aspekte (S. 286) und in Abwandlung des Beispiels Osterholz (Abb. 1) wird eine objektbezogene Kartierungsanleitung nach folgenden Merkmalen vorgeschlagen:

1. Persistenz *(originale Erhaltung)*
1.1 voll erhalten (Originalzustand)
1.2 weitgehend original erhalten
1.3 überformt
1.4 stark überformt (bis zur Unkenntlichkeit)

2. Verfallsspuren *(Vergänglichkeit)*
2.1 so gut wie keine
2.2 wenig
2.3 deutlich
2.4 stark

3. Visualität *(Sichtbarkeit/Einsehbarkeit)*
3.1 Objekt voll einsehbar (wie „auf dem Präsentierteller"!)
3.2 Objekt zwar architektonisch dominant, aber lediglich seitlich und erst „beim zweiten Blick" wahrnehmbar
3.3 Objekt durch Bäume und Büsche verdeckt und/oder zurückgelegen
3.4 Objekt befindet sich ganz abgelegen, auf Straßen und Fahrwegen nicht zu erreichen

4. Ensemblewert *(Erhaltung im Ensemble)*
4.1 hoch (etliche Objekte ringsum noch da!)
4.2 gering (wenige bzw. kaum Objekte ringsum)
4.3 Ensembleschwund (nur noch *ein* Vollobjekt vorhanden)
4.4 negativ (vom einstigen Ensemble nur noch Teile oder Fragmente bzw. ein Teilobjekt vorhanden)

5. Objekteinbindung *(Gestaltkontakt zum direkten Umfeld: bebaut/unbebaut)*
5.1 harmonisch eingefügt
5.2 mit Brüchen, aber insgesamt organisch eingefügt
5.3 relativ isoliert, kontrastreich eingebunden
5.4 totaler Bruch durch räumliche und gestaltmäßige Isolation

6. Umgebung *(Ortstypik und Teillandschaft)*
6.1 geordnet, relativ homogen und insgesamt durchgestaltet sowie gestaltreich (gepflegtes Viertel)
6.2 gemischt, visuell-ästhetisches Durcheinander mit einzelnen „ansehnlichen" Gestaltelementen
6.3 gestaltarm, visuell ermüdend, individualistische Akzessoirs (keine abgestimmte Gesamtgestalt)
6.4 desolat, Bilder des Verfalls, räumliches Durcheinander, insgesamt sanierungsbedürftig.

Ein weiterer Diskurs zur oben charakterisierten Industriearchäologie und Technischen Denkmalpflege besteht in der besonderen Bewertung von Geländerelikten früherer Gewerbestätten, speziell auf der *„Tagesoberfläche"* oberflächennahen Bergbaus. Aus historisch-geographischer Sicht sind es gerade die relativ unscheinbaren, persistenten oder in sichtbarem Vergang befindlichen oder der Aufmerksamkeit entrückten Objekte „im Gelände", beispielsweise Bergbaupingen in mustergültiger Ausformung oder in spezifischem Ensemble. Gerade solche Relikte bedürfen ihrer landschaftskundlichen, ihrer lokalisationstypischen und phänotypischen Würdigung. Pingen, alte Schachthalden, Terrassen, Mauerreste, Wegespuren, Bremsbergtrassen, Stollenmundlöcher und Bruchfelder haben keine klare denkmalpflegerische bzw. nomenklatorisch eindeutig verankerte Position: Sie sind keine „Bodendenkmäler", da dieser Begriff ganz auf der ur- und frühgeschichtlichen bzw. archäologischen Befundlage und Grabungsmethodik beruht. Auf dem Feld der „Baudenkmäler" sind diese Geländedenkmäler auch nicht unterzubringen. Die Baudenkmalpflege ihrerseits hat allerdings den Wert der Industriearchitektur schon in den 1970er Jahren als die hierzulande frühe Sichtweise einer Denkmalpflege des Industriezeitalters erkannt. Noch bevor die Industriearchäologie im

Abb. 2: Der Bildervergleich zeigt symptomatisch das „Hineinwachsen" des industriezeitlichen Objekts in die heutige, verstädterte Umgebung: Der Nienstädter „Wasserstollen" von 1910 (Wasserbehälter) zeugt für die Verteilung von Wasser aus dem Berg – und später hinunter zur Betriebswasserversorgung auf dem Georgschacht (ursprünglich von hier zur Kokerei Osterholz anbei!). – Die Beachtung des einmal als „Mausoleum" bezeichneten Relikts (objektivierter Geist fürstlich bestimmter schaumburgisch-lippischer Anschauung!?) tritt heute „objektiv" zurück: Das Umgebungsterrain wurde aufgehöht, und das Portal „wächst zu".

Gewand der Industriedenkmalpflege in Westdeutschland Fuß gefaßt hatte (Slotta 1975), hatten sich Geographen der *Geländerelikte* früher Gewerbe- und Industriestätten, namentlich des Bergbaus angenommen (Denecke 1972, Düsterloh 1967, Frei 1966, Uhlig 1956; – projektiv und mikrogeographisch gesehen b. Römhild 1988: Abb. 8, 1995: Abb. 6). Doch auch Industriearchitektur bündelt geographische Informationen durch Gestalt und Formensprache des Bauwerks (Römhild 1981, 1987, 1991, Gerling schon 1963).

Diese Handreichung macht klar, daß schon in der Gebietsplanung und in der Bauleitplanung für die Gemeinden die Denkmalpflege in stärkerem Maße auch bereichs- oder gebietsweise Ensembleschutz und Umgebungssicht etc. leisten sollte. Der Buchholzer Forst bei Recke (Kreis Steinfurt) mit seinem restlichen Pingenfeld und einem von außen vorgetragenen Einbruch durch einen Anlieger (rückwärtig in eine voller Bergbaurelikte befindliche Waldpartie; Römhild 1995: Abb. 6, bei 14) und die restliche, eher zufällig erhalten gebliebene Haldenschar des alten Kohlenbergbaus südlich von Stadthagen, am waldfreien Unterhang der Bückeberge, verdeutlichen das Postulat einer landschafts-, umgebungs- und ensemblebezogenen Industriedenkmalpflege als *Kulturlandschaftspflege*. So wertvoll und kartographisch beeindruckend beispielsweise die bei Wagenbreth/Wächtler (1988: 133) publizierte Karte der „Bergbaulandschaft und Denkmale des Bergbaus im Gebiet von Zug" auch ist, so ist sie doch eine „bereinigte" und selektive Darstellung; Fragen der räumlichen Konkurrenz und Verdrängung, des Verfalls, der denkmalpflegerischen Stellung, der Nutzung etc. – innerhalb eines Zustandes oder Prozesses im Verfügungsraum, diese Fragen bleiben offen. Die Karte ist also eher eine „Denkmaltopographie" im oben angeführten Sinne; es wird eine idealistische „Bergbaulandschaft" gezeichnet. Bezeichnenderweise heißt das zitierte Werk im Untertitel: „Technische Denkmale und *Geschichte*" (– nicht: „*Gegenwart*"!).

Sehen wir den Industrialisierungsvorgang als einen Prozeß über Stufen einer Vor-, Früh-, Hoch- und Spätindustrialisierung, so erkennen wir gerade im historisch-industrialisierten Raum, der außerhalb der Städte in seiner Grundschicht „ländlich" geblieben ist, ein an Objekten unterschiedliches Nebeneinander, auch ein räumliches Durcheinander an Relikten, die – oft kaum beachtet – in unserer modernen Umgebung zufällig

Abb. 3: Das einzige Baurelikt der Kokerei auf dem Osterholz, – als „Technisches Kulturdenkmal" auf dem Hof der Nienstädter Schule: einst Ofen zur Herstellung von feuerfesten Steinen zur Auskleidung der Koksofenkammern; bis 1902 in Betrieb.

persistent sind, an manchen Stellen „untergegangen" sind oder äußerst reliktthaft – quasi als *Spurenelemente* einer Kulturlandschaft – gerade noch auszumachen sind. Im „Oberkircher Revier" zwischen dem Bückeberg und dem Stadthagen-Nienstädter Bergvorland sind zwischen Mitte der 80er Jahre bis heute gut ein Dutzend, teils bauamtsunauffällige Schwundphänomene Ausdruck eines Prozesses, der kaum als „Kulturlandschaftsgenese", sondern eher als Vorgang und Vergang infolge moderner Verfügung durch platz- und raumeinnehmende Eigentumsbeanspruchung innerhalb einer individualisierten Gesellschaft zu begreifen ist; damit ist einem euphemistisch empfundenen oder gesamtheitlich gedachten Begriff von „Kulturlandschaft" der Boden entzogen (Hard 1973: 165f.). Objekte realer „Technischer Denkmalpflege" sind Ausnahmefälle einer vereinzelt im Raum platzfindenden Kulturlandschaftspflege (s. Abb. 3).

Gleichwohl ergibt das Durchmustern einer vom früheren Bergbau „geprägten" Landschaft (Schaumburg) eine erstaunliche Vielfalt von (halb-)persistenten, aber auch schwindenden Erscheinungen, was gerade auch außerhalb der Produktionsstätten (Bergwerke) ablesbar ist:

– einstige Bergmannshäuser, die ihr Äußeres seit den 1950er Jahren nicht völlig verändert haben,
– frühere „Zechenhäuser"; (An-)Siedlungen, die im wesentlichen noch alter Arealbindung oder insularer Lokalisation von früher her entsprechen, *ohne* in einer ausgreifenden Aufsiedlung aufgegangen zu sein,
– eine (frühere) Festhalle, wie die „auf der Lieth" (oberhalb von Obernkirchen); früher zentraler Platz der Bergfeste,
– eine Dorfschmiede in Nienstädt, die mit dem Bergbau auflebte und heute hart am Rand der aufgeweiteten Bundesstraße 65 (Hannoversche Straße) zu liegen gekommen ist,
– noch nicht verrohrte Partien von Abflußrinnen früherer Betriebswasserleitungen,
– Alleebäume, Eisenbahntrassen u.a.m.

Die immer wieder neu sich darbietende Schau der Hinterlassenschaften und ihrer Umgebungen vermag entlang von Erkenntnisrouten und „Straßen" oder „Lehrpfaden" zu einem jeweiligen Entwicklungs- und

Abb. 4: Kotten mit schaumburgisch-lippischen Steckwalm; ehemalige Bergmannsstelle (an der Nienstädter Bahnhofsstraße): übriggeblieben in einem Kottendrubbel; den Bauern bot das Kohlefahren einen guten Verdienst.

Abb. 5: Ein Wasserhebeschacht („Pumpenstation") in Nienstädt, – nach Art schaumburgischer „Malakoff"-Physiognomie (Aufnahmen an der unteren Bahnhofstraße/Nähe Bahnhof; oberes Bild: um 1900); typisch für den phasenhaften Fortschritt des Bergbaus: Übergang zum Tiefbau. – Nutzung für die Zukunft unklar; – heutiges Bild (unten, vom gleichen Aufnahmepunkt!): Durch den Umgebungswandel liegt das Objekt hinter verbergender, schützender und vergessenmachender Baumkulisse.

Zustandsbild gebündelt werden: In Kontakt mit historisch-geographischer Geländemethodik das jeweilige „Kulturlandschaftselement" als Phänotyp, Relikt oder Spurenelement innerhalb einer Zivilisations- und Verfügungslandschaft zum *Bewußtsein* zu bringen, ist auch Absicht dieser Handreichung.

Ohne „Einsehen" der Eigentümer und Nachbarn, ohne Bereitschaft einer breiten Bevölkerung – vielleicht in Zusammenhang mit öffentlichen (Heimat-)Vereinen – ist gerade eine „vorläufige" Denkmalpflege, eine Ortsteilpflege und Kulturlandschaftspflege eher illusorisch. Kann man das mit glasierten Dachpfannen um die Jahrhundertwende, zeitgleich mit dem großen Georgschacht gedeckte vormalige „Zechenhaus" am Bückeberghang in Liekwegen (Schulstraße/Am Schierbach) im Sinne einer „Spurensicherung" (Mende 1985) vor seiner (zukünftigen?) „Nivellierung", (vor weiterem „Gesichtsverlust") – etwa in Zusammenwirken mit dem Eigentümer als „Quasi-Denkmal" für die Zukunft bewahren? – Die 1993 ins Leben gerufene „Schaumburger *Landschaft* e.V.", eine Kulturorganisation mit regionalspezifischer Aufgabenstellung, möchte nun auch „Denkmale" des Schaumburger Bergbaus ins Bewußtsein bringen. Um hier etwas in Richtung „Landschaft" zu bewegen, müßten Umgebungspläne im oben dargestellten Sinne mit den Einwohnern vereinbart werden, die aus der Sicht der angewandten Historischen Geographie bzw. Kulturgeographie, wie dargestellt, weit über die „Norm" denkmalpflegerischen Handelns hinausgehen müßten.

Literatur

Denecke, D. (1972): Die historisch-geographische Landesaufnahme, dargestellt am Beispiel des mittleren und südlichen Leineberglands. – Göttinger Geogr. Abh. 60: 401–436.

Düsterloh, D. (1967): Beiträge zur Kulturgeographie des Niederbergisch-Märkischen Hügellandes. Bergbau und Verhüttung vor 1850 als Elemente der Kulturlandschaft. – Göttinger Geogr. Abh. 38.

Frei, H. (1966): Der frühere Eisenerzbergbau und seine Geländespuren im nördlichen Alpenvorland – Münchner Geographische Hefte 29.

Gerling, W. (1963): Über die kulturgeographische Bedeutung industrieller Bauwerke. – K. Hottes (Hrsg.): Industriegeographie. Darmstadt: 302–314.

Hard, G. (1973): Die Geographie. Eine wissenschaftstheoretische Einführung. – Berlin.

Krings, W. (1981): Industriearchäologie und Wirtschaftsgeographie. Zur Erforschung der Industrielandschaft. – Erdkunde 35: 167–174.

Mende, M. (1985): Industriearchäologische Spurensicherung. Die niedersächsischen „Kohlengebirge" zwischen Leine und Weser: ein fast vergessener Schwerpunkt frühindustrieller Aktivität. – G. Vonderach (Hrsg.): Gezeiten (Archiv regionaler Lebenswelten zwischen Ems und Elbe, Universität Oldenburg). Oldenburg: 17–24.

Mende, M. (1986): Technikgeschichte und Arbeitsalltag. Heute Schulhof: einst eine große Kokerei. – In Niedersachsen Schule machen 86 (1): 63–66.

Römhild, G. (1981): Industriedenkmäler des Bergbaus. Industriearchäologie und kulturgeographische Bezüge des Denkmalschutzes unter besonderer Berücksichtigung ehemaliger Steinkohlenreviere im nördlichen Westfalen und in Niedersachsen. – Ber. z. dt. Landeskunde 55 (1): 1–53.

Römhild, G. (1987): Die ehemalige Bergwerksanlage Georgschacht bei Stadthagen. Ein industriearchäologischer Phänotyp, seine Wahrnehmung und ein Impuls zu seiner Rettung und Inwertsetzung. – Münstersche Geogr. Arb. 27: 315–326.

Römhild, G. (1988): Donatus, Marienberg, Amalia und andere alte Bergwerke und Grubenfelder im Wiehengebirge zwischen Bohmte, Melle und Preußisch Oldendorf. – Der Grönegau. Meller Jahrbuch 1989 (7): 19–52.

Römhild, G. (1991): Der Schafberg im Tecklenburger Land. Bilder, Spuren und Denkmale einer westfälischen Bergbaulandschaft. Anleitungen zur Landschaftserkundung und Spurensuche [hrsg. vom Historischen Verein Ibbenbüren e.V.]. – Ibbenbüren.

Römhild, G. (1994): Coal Mining until the early 1960s and its impact on today's rural landscape: the Schaumburg mining district in Lower Saxony. A cultural geographical and perceptional approach. – L'avenir des paysages ruraux européens entre gestion des héritages et dynamique du changement (Conférence européenne permanente pour l'étude du paysage rural. Colloque de Lyon, 9–13 juin 1992/université Lumière). Lyon: 115–122.

Römhild, G. (1995): Der Buchholzer Forst bei Recke. Kristallisationsort früher Waldgeschichte, Siedlungsentstehung und Bergbauentwicklung. – Spieker 37 [hrsg. von der Geogr. Kommission für Westfalen]: 81–102.

Slotta, R. (1975): Technische Denkmäler in der Bundesrepublik Deutschland (Veröffentlichungen aus dem Deutschen Bergbau-Museum Bochum 7). – Bochum.

Slotta, R. (1982): Einführung in die Industriearchäologie. – Darmstadt.

Soyez, D. (1984): Industriebrache und ihre Bewältigung. Folgelasten des Gruben- und Hüttensterbens im Saar-Lor-Lux-Raum. – Standort 8 (1): 15–22.

Uhlig, H. (1956): Die Kulturlandschaft. Methoden der Forschung und das Beispiel Nordostengland. – Kölner Geogr. Arb. 9/10.

Wagenbreth, O. & E. Wächtler: Der Freiberger Bergbau. Technische Denkmale und Geschichte. – 2. Aufl., Leipzig.
Weiland, W. (1980): Die Schaumburger Kohlenbergwerke in Bildern (hrsg. von der Ortsgemeinschaft Stadthagen des schaumburg-lippischen Heimatbundes). – Stadthagen.

Industrielandschaften: Werks- und Genossenschaftssiedlungen im Ruhrgebiet, 1844–1939

Hans-Werner Wehling

Stellung und Bedeutung im Rahmen der Kulturlandschaftspflege

Im Verlauf der industriellen Aufbauphasen des Ruhrgebietes wurden durch den Werkswohnungsbau, den werksgeförderten Wohnungsbau und die Bautätigkeit von Genossenschaften eine Vielzahl mehr oder weniger geschlossener Siedlungen unterschiedlicher Form und Größe errichtet. Diese haben als Siedlungsform zwar nicht ihren historischen Ursprung im Ruhrgebiet, sondern lehnen sich zumindest in den ersten Jahrzehnten der industriellen Entwicklung an englische, belgische und französische Vorbilder an; in keiner anderen Altindustrieregion Europas erreichen sie jedoch eine derartige Vielzahl und Formenfülle wie im Ruhrgebiet. Hier gehören sie heute neben noch vorhandenen Betriebsanlagen, die zum Teil als Industriedenkmäler ausgewiesen sind, zu den wichtigsten Zeugen der industriellen Siedlungsentwicklung dieser Region und stellen bis in die Gegenwart wesentliche Elemente der industriellen Kulturlandschaft dar.

Mehr als ein Jahrzehnt ist es her, daß der Kampf der Bewohner von „Eisenheim" und „Flöz Dickebank" um die Erhaltung ihrer angestammten Wohnumwelt diese Siedlungen in das Bewußtsein einer breiteren Öffentlichkeit rückte und deutlich machte, daß neben nahezu weltweit bekannten Siedlungen, wie etwa der Krupp-Siedlung „Margarethenhöhe" in Essen, noch andere Siedlungen vom industriellen Wohnungsbau in den Zeiten des Aufschwungs des Ruhrgebietes Zeugnis ablegen. Zugleich begann man sich auch von Seiten der Wissenschaft intensiver mit dem Siedlungswohnungsbau im Ruhrgebiet zu beschäftigen. Es entstanden historische Darstellungen der Ursachen und Entwicklungsphasen des Siedlungswohnungsbaus, soziologische und architektonische Untersuchungen einzelner Siedlungen und nicht zuletzt die Inventarisierungen von Bollerey & Hartmann (1975, 1978, 1982).

In den letzten Jahren veränderten sich nicht nur die Vorstellungen über das Wohnen im allgemeinen, auch die in nahezu 100 Jahren entstandenen Werks- und Genossenschaftssiedlungen des Ruhrgebietes erfuhren mehrheitlich eine gewandelte Beurteilung. Ihre weitgehende Durchgrünung, die Höhe der Wohnhäuser, die mehrheitlich der moderner Eigenheime entspricht, die Grundstücke, die zumeist größer sind als in Neubaugebieten, und nicht zuletzt die vergleichsweise günstigen Miet- oder Kaufpreise machten und machen die Siedlungshäuser – trotz aller bestehenden Mängel hinsichtlich der Bausubstanz, Raumaufteilung und Ausstattung – zu einer begehrten Immobilie auf dem regionalen Wohnungsmarkt. Schließlich konzentrierten sich auch die Überlegungen des Denkmalschutzes und der Denkmalpflege zunehmend auf diese baulichen Zeugen des industriellen Zeitalters. Es wurden und werden nicht mehr nur technisch und architektonisch interessante Betriebsanlagen, sondern auch Einzelobjekte und Siedlungsbereiche des industriellen Wohnungsbaus als schützens- und erhaltenswert angesehen, eben weil sie lokalen oder regionalen Zeugniswert für diese industrielle Kuturlandschaft haben.

Will man sich jedoch über den industriellen Wohnungsbau – von den ersten Häusern der Siedlung Eisenheim in Oberhausen aus dem Jahre 1844 bis zu den am Vorabend des Zweiten Weltkrieges entstandenen Siedlungen – informieren oder suchen Planer und Politiker – von der Kommunal- bis zur Landesebene – einen Überblick über den entsprechenden Baubestand zu gewinnen, so wird der Mangel an hinreichenden Grundlagen offenkundig. Weder ist die genaue Anzahl und Lage der einschlägigen Siedlungen bekannt, noch liegt für die bereits untersuchten Siedlungen ein breites Spektrum an Merkmalen vor, das eine sachgerechte Beurteilung erlauben würde. Die Inventare und Einzeldarstellungen der Vergangenheit vermitteln zwar einen ersten Eindruck von der Formenfülle der Werks- und Genossenschaftssiedlungen, sie entbehren jedoch der Vollständigkeit; denn alle bisherigen Studien, die sich auf der lokalen oder regionalen Betrachtungsebene diesen Siedlungen zuwandten, konzentrierten sich mehrheitlich entweder auf herausragende Einzelbeispiele oder untersuchten eine Reihe von Siedlungen – jedoch nicht alle – vergleichend unter vorgegebenen architektonischen oder gesellschaftspolitischen Rastern.

Das Ziel des Projektes ist es daher, ausgehend vom gegenwärtigen Bestand alle Siedlungen im Gebiet des Kommunalverbandes Ruhrgebiet (KVR) zu erfassen, die im genannten Entstehungszeitraum von Baugenossenschaften bzw. durch die direkte oder indirekte Mitwirkung von Industrieunternehmen errichtet wurden. Siedlungen, die in kommunaler Trägerschaft gebaut wurden, bleiben daher, von wenigen herausragenden Einzelbeispielen abgesehen, unberücksichtigt. Ausgeschlossen bleiben zunächst auch Werks- und Genossenschaftssiedlungen, die im Zuge der Erweiterung von Betriebsanlagen oder im Rahmen von Sanierungs- und Neubaumaßnahmen abgerissen oder durch Kriegseinwirkungen völlig zerstört wurden; ihnen wird im Laufe des Projektes ein besonderer Band gewidmet werden.

Institutioneller Hintergrund und Verfahrensablauf

Das Projekt „Werks- und Genossenschaftssiedlungen im Ruhrgebiet 1844–1939" wird am Institut für Geographie der Universität-GH Essen unter Leitung des Verf. mit wechselndem Mitarbeiterstamm durchgeführt.

Grundlage der Erfassung der Siedlungen ist die Auswertung aktueller und zeitgenössischer Sekundärliteratur sowie angesichts der häufig festgestellten Ungenauigkeit bzw. geringen Verläßlichkeit dieser Quellen eine straßenweise Begehung/Befahrung der Städte und Gemeinden.

Der grundsätzlichen Erfassung folgt in einem zweiten Schritt in jeder der ermittelten Siedlungen die Erhebung der folgenden Merkmalskomplexe:

- Baujahr(e)/Bauherr(en)/Architekt(en)/Zahl der Wohneinheiten
- Heutige Eigentumsverhältnisse
- Grund- und Aufrisse der verschiedenen Haustypen/Nachträgliche bauliche Veränderungen
- Art der Gebäudenutzung/Wohnungsgröße(n)
- Maß und Art der Ver- und Entsorgung
- Nutzung der Grundstücksflächen

Diese Merkmalskomplexe werden für jedes Haus jeder Siedlung mittels eines Erhebungsbogens sowie durch die Auswertung städtischer, betrieblicher und genossenschaftlicher Akten und Archivalien ermittelt. Dabei muß angemerkt werden, daß infolge Kriegseinwirkung sowie durch die Vernichtung von Akten durch die Betriebe und Kommunen in einzelnen Fällen das genaue Baujahr nicht mehr zu ermitteln ist bzw. Zeichnungen der ursprünglichen Grund- und Aufrisse nicht mehr vorliegen.

Die Ergebnisse dieser Erhebungen werden – nach Kreisen und Städten getrennt und im Westen des Untersuchungsgebietes beginnend – zu Dokumentationsbänden zusammengefaßt; bisher sind die ersten beiden Bände erschienen (Wehling 1990, 1994), der dritte ist in der Drucklegung, der vierte in der Erhebungsphase. Jede dieser Dokumentationen beginnt mit einer Darstellung der wirtschaftlichen und sied-

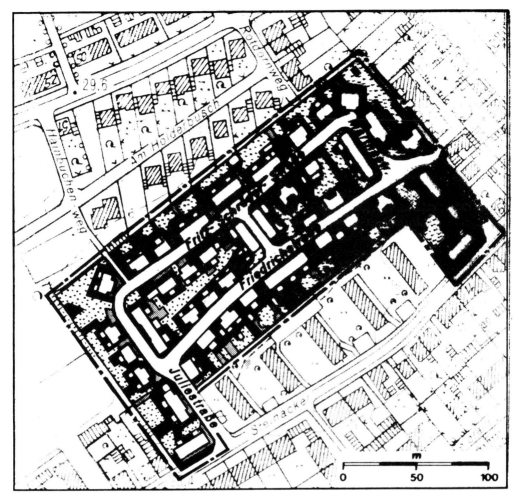

Abb. 1: Beispiel einer Flächennutzungskartierung – Duisburg-Rheinhausen, Mevissensiedlung

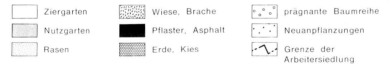

lungsräumlichen Rahmenbedingungen, die zur Entwicklung des jeweiligen Ausschnittes der industriellen Kulturlandschaft des Ruhrgebiets und in ihm zur Errichtung der verschiedenen Siedlungen geführt haben. Ihr folgt eine vergleichende Darstellung der Siedlungen nach den erhobenen Merkmalen. Die Dokumentation jeder einzelnen Siedlung umfaßt nach weitgehend einheitlichem Muster, das nur durch den Variationsreichtum einzelner Merkmale verändert wird, kartographische, tabellarische, photographische und textliche Darstellungen und wird ergänzt durch Hinweise auf das beigefügte Verzeichnis zugänglicher Sekundärliteratur, das zusammen mit Bauherren- und Architektenregistern den Anhang jedes Dokumentationsbandes bildet.

Bewertung

Gerade die empirische Vor-Ort-Aufnahme der Siedlungen erfordert einen hohen Personalaufwand. Aufgrund der Komplexität einzelner Siedlungen entstanden bisher beträchtliche Abstände in der Veröffentli-

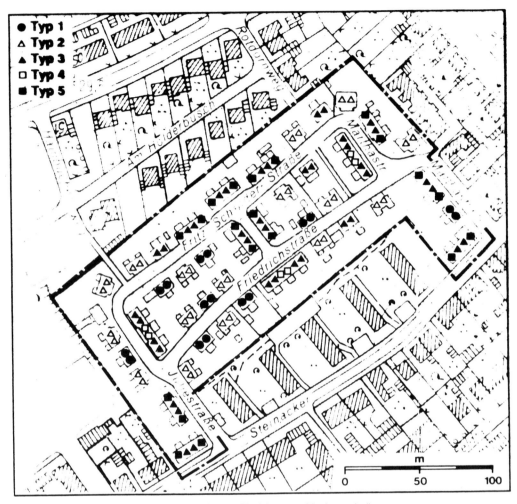

Abb. 2: Beispiel einer Haustypenkarte – Duisburg-Rheinhausen, Mevissensiedlung

chung der einzelnen Dokumentationsbände. Dennoch zeigt die Aufnahme dieser Dokumentationsreihe, daß nur mit Hilfe dieser sehr kleinteiligen Aufnahme und Präsentation das für weite Teile der industriellen Kulturlandschaft Ruhrgebiet konstitutierende Elemente der Werks- oder Genossenschaftssiedlung, einschl. ihrer räumlichen Bezüge ins Umfeld, sachgerecht bewertet werden kann. Denn auf der Grundlage dieser vollständigen Erhebung der Werks- und Genossenschaftssiedlungen im Ruhrgebiet ist es das letztliche Ziel des Projektes, die räumliche Ausbreitung der verschiedenen Haus- und Siedlungstypen, die regionalen Variationen in den hinter ihnen stehenden betrieblichen, architektonischen und städtebaulichen Konzepten sowie in den gegenwärtigen baulichen, planerischen und besitzrechtlichen Veränderungen zu untersuchen. Diese Analyse soll es ermöglichen, auf der lokalen Ebene der einzelnen Städte und Gemeinden wie auch auf der Ebene des gesamten Ruhrgebietes sachgerechte landeskundliche Vergleiche durchzuführen, raumzeitliche, siedlungsgeschichtliche, städtebauliche und soziale Entwicklungslinien und -phasen im Siedlungswohnungsbau des Ruhrgebietes herauszuarbeiten sowie Entscheidungskriterien zu erarbeiten hinsichtlich der Frage, ob und in welchem Maße einzelne Siedlungen aufgrund ihrer architektonisch-städtebaulichen Gestaltung und/oder ihrer Bedeutung für die industrielle Kulturlandschaft einen Zeugniswert besitzen.

Literatur

Bollerey, F. & K. Hartmann (1975): Wohnen im Revier. 99 Beispiele aus Dortmund – Siedlungen vom Beginn der Industrialisierung bis 1933 – Ein Architekturführer mit Strukturdaten. – München.
Bollerey, F. & K. Hartmann (1978): Siedlungen aus den Regierungsbezirken Arnsberg und Münster (Dortmunder Architekturhefte 8). – Dortmund.
Bollerey, F. & K. Hartmann (1982): Siedlungen aus dem Reg. Bez. Düsseldorf. Beitrag zu einem Kurzinventar. – Essen.
Wehling, H.-W. (1990): Werks- und Genossenschaftssiedlungen im Ruhrgebiet 1844–1939, Bd. 1: Kreis Wesel. – Essen.
Wehling, H.-W. (1994): Werks- und Genossenschaftssiedlungen im Ruhrgebiet 1844–1939. Bd. 2: Duisburg-Rheinhausen, – Homberg/Ruhrort. – Essen.

Konversion militärischer Liegenschaften als Aufgabenfeld der Kulturlandschaftspflege

Klaus Fehn

Seit der politischen Wende 1989 wurden umfangreiche militärische Liegenschaften von den bisherigen Nutzern aufgegeben und damit zumindest theoretisch für zivile Folgenutzungen zur Verfügung gestellt. Inzwischen haben sich zahlreiche Institutionen und Personen mit diesem neuen Planungsthema beschäftigt, ohne daß es schon zu einheitlichen allgemein anerkannten Verfahrensweisen gekommen wäre. Ein wesentlicher Grund dafür sind die unterschiedlichen Besitzverhältnisse und die große Vielfalt von ehemals militärischen Liegenschaften nach bisheriger Zweckbestimmung, Lage zu bebauten Gebieten, Zustand und geographischen Gegebenheiten. Unter geographischen Gegebenheiten seien hier sowohl die naturräumlich-ökologischen als auch die kulturlandschaftlich-anthropogenen Strukturen und Elemente verstanden.

Die bisherigen Nutzungskonzepte sind verständlicherweise zunächst einmal ökonomisch orientiert. Es wird überprüft, ob die freigewordenen Flächen für Wohn-, Verwaltungs-, Gewerbe-, Industrie-, Intensiverholungs- oder Großinfrastrukturzwecken (Entsorgung, Verkehr etc.) verwendet werden könnten. Andere ökonomische Überlegungen zielen auf Intensivlandwirtschaft und Forstwirtschaft. Bei diesen ökonomischen Plänen kommen häufig notgedrungen auch ökologische Aspekte ins Gesichtsfeld, wenn auf den ehemaligen militärischen Flächen Altlasten festgestellt wurden.

Davon zu unterscheiden sind Bestrebungen, den Konversionsprozeß für Zwecke des Naturschutzes und der Landschaftspflege zu nutzen. Dabei gibt es wiederum zwei Varianten: Einmal sollen Naturreservate zum Schutz der belebten und unbelebten Natur geschaffen und großräumige Flächenpotentiale zum Erhalt und zur Entwicklung von naturnahen Ökosystemen zur Verfügung gestellt werden. Während die Vertreter dieser Richtung keinerlei Nutzung durch den Menschen zulassen wollen, favorisieren die Vertreter einer zweiten Richtung den Ausbau einer naturnahen Landwirtschaft. Sie sind der Meinung, daß so die traditionelle Agrarlandschaft erhalten oder wiederhergestellt werden könnte, die sich sowohl durch eine große Artenvielfalt und ökologische Werte auszeichne als auch ein ästhetisch besonders befriedigendes harmonisches Landschaftsbild aufweise.

Während sich Geographen bereits mehrfach an Projekten zur ökonomischen und ökologischen Nutzung von Konversionsflächen beteiligten und hierbei ihre besondere Fähigkeit zu einer regional differenzierten Betrachtungsweise unter Beweis stellten, haben sie sich bis vor kurzem noch nicht als Anwälte der historischen Kulturlandschaften, Kulturlandschaftsteile und Kulturlandschaftselemente in den ehemals militärisch genutzten Liegenschaften zu erkennen gegeben. Inzwischen ist dies auf einer interdiziplinären Fachtagung geschehen (Fehn 1995). Dabei darf nicht unberücksichtigt bleiben, daß dieser Aspekt auch bei den Vertretern anderer Fachrichtungen bisher noch keine Rolle spielte, wenn man einmal die dankenswerten Bemühungen des Denkmalschutzes um den Erhalt einzelner Bauten außer acht läßt.

Der spezielle Ansatz der historisch orientierten Angewandten Geographie und Kulturlandschaftspflege in Konversionsliegenschaften soll hier vorgestellt werden, wobei bedauerlicherweise noch kein konkretes Projekt genannt werden kann. Wegen der großen Bedeutung dieser zukünftigen Aufgabe soll hier aber einmal eine Ausnahme von der sonst für das vorliegende Handbuch geltenden Regel gemacht werden, keine Grundsatzbetrachtungen mit Absichtserklärungen abzugeben. Die entscheidende Frage lautet: Welche wertvollen Kulturlandschaftsstrukturen und -elemente aus vormilitärischer Zeit und aus der direkten oder indirekten militärischen Nutzung kommend enthalten die fraglichen Liegenschaften?

Ganz pauschal lassen sich Gebäude, Einrichtungen und Flächen unterscheiden. Für die Kulturlandschaftspflege sind besonders wichtig die Truppenübungs- und Standortübungsplätze sowie die Militärflugplätze; im Gegensatz zu diesen Flächen außerhalb der bebauten Bereiche liegen die wertvollen Bauten, wie z.B. die Kasernen, meist in den Siedlungen. Daraus ergibt sich, daß die wichtigsten Werte z.B. auf den Truppenübungsplätzen nicht die eigentlichen militärischen Objekte sind, sondern die Relikte früherer Kulturlandschaftszustände und die gegenwärtigen Ausprägungen naturnaher Landschaftsnutzungen. Wenn derartige Flächen überplant werden, gilt es nicht nur ökonomische und ökologische Gesichtspunkte zu berücksichtigen, sondern auch kulturhistorische.

Die Übungsplätze, die etwas vereinfacht hier in den Mittelpunkt der Betrachtungen gestellt werden sollen, wurden in größerer Zahl und wachsender Ausdehnung seit dem letzten Viertel des 19. Jahrhunderts angelegt. Wenn man auch versuchte, Siedlungen, wertvolles Agrarland und größere Forsten auszuklammern, so war dies aus militärischen Gründen nicht immer möglich. Die Folge waren die Herausnahme größerer vormals landwirtschaftlich genutzter Flächen und nicht selten auch die Wüstlegung von Siedlungen. Es entstanden sogenannte „Wehrmachtsleerräume", die die normale Entwicklung der Umgebung nicht mitmachten. So blieben nicht nur ökologisch wertvolle Gebiete erhalten, sondern auch großflächige Dokumente früherer Kulturlandschaften. Dabei sind nicht die einzelnen Elemente das Wertvolle, sondern die Strukturen, Gefüge und Muster.

Eingehende historisch-geographische Grundlagenforschungen zur Entwicklung dieser Kulturlandschaften sind wichtig, um die heute noch erhaltenen Relikte einordnen und kulturhistorisch bewerten zu können. Es müssen regional differenzierte Konzepte zur Inwertsetzung der neu zur Verfügung stehenden Freiräume entwickelt werden, die eine Verbindung herstellen zwischen dem Wert dieser Gebiete als Ökotope und den verschiedenen Nutzungskonzepten. Gerade in den Neuen Ländern, wo besonders viele ausgedehnte Flächen einer neuen Zweckbestimmung zugeführt werden müssen, sollten ganzheitliche Entwicklungsleitbilder formuliert werden. Wenn in Gebieten, wo durch die radikale Intensivierung der Landwirtschaft in den Zeiten der früheren DDR in den Agrargebieten fast alle Altstrukturen vernichtet worden sind, die ehemaligen Truppenübungsplätze der unkontrollierten Sukzession durch die Natur überlassen werden, entstünde eine verhängnisvolle Unterbrechung der historischen Überlieferung von prägenden Kulturlandschaftsphasen. In Einzelfällen sollten Kulturlandschaftsschutzgebiete bzw. Landschaftsmuseen eingerichtet werden. In den meisten Fällen würde es genügen, eine umfassende historisch-geographische Dokumentation (z.B. ein Kulturlandschaftskataster) anzulegen und zusammen mit den Vertretern anderer Interessen, vor allem den Naturschützern, Nutzungsvorstellungen zu erarbeiten (z.B. im Sinne des „sanften" Tourismus). Gute Ansätze finden sich hier im Konzept der Biosphärenreservate; diese müßten jedoch noch konsequent durch die ganzheitlichen auf Schutz, Pflege und erhaltende Entwicklung gerichteten Aspekte der Angewandten Historischen Geographie erweitert werden. Nur so ließe sich auch eine Verbindung zur Erhaltung gewisser Elemente der militärischen Nutzung des Übungsplatzes herstellen, was von einem nur auf die Naturnähe ausgerichteten landschaftspflegerischen Standpunkt aus nicht möglich erscheint. Eine derartig weitgefaßte Kulturlandschaftspflege vermag auch ein extremes Technotop wie z.B. eine Bunkeranlage gelegentlich als ein erhaltenswertes Kulturlandschaftselement anzuerkennen.

Literatur

Bleyer, B. (1988): Verlauf einer Stadtteilkarriere. München-Milbertshofen. (Münchner Geogr. H. 58). – Kallmünz.
Fehn, H. (1950): Zeitbedingte Wachstumserscheinungen an den Großstadträndern der Gegenwart. – Ber. z. dt. Landeskunde 8: 296–300.
Fehn, K. (1995): Erhalt von historischen Kulturlandschaften sowie Natur- und Landschaftsschutz als Ergebnis der Konversion. – Konversion. Ökonomisch, ökologisch und sozial verträgliche Umnutzung von entbehrlichen militärischen Liegenschaften – Chancen und Probleme in Mecklenburg-Vorpommern (Beiträge des Innovations- und Bildungszentrums Hohen Luckow e.V. 1): 55–74.
Heinrich, G. (1977): Hauptstadtraum und Militärstaat. Grundzüge der Entwicklung der Militärlokation in der Berliner Zentrallandschaft seit der Roonschen Heeresreform. – Stadt und militärische Anlagen. Historische und raumplanerische Aspekte (Veröffentlichungen der Akademie für Raumforschung und Landesplanung. Forschungs- und Sitzungsberichte 114): Hannover: 237–249.
Kleinhenz, R.G. (1994): Die räumlichen Auswirkungen der Liegenschaftskonversion dargestellt am Abzug der Westgruppe der Truppen (WGT) im Lande Brandenburg (Schriftenreihe des Militärgeographischen Dienstes der Bundeswehr 29). – Euskirchen.
Lobeck, M., A. Pütz u.a. (1994): Standortkonversion in Deutschland. Probleme und Handlungsansätze. – Ber. z. dt. Landeskunde 68: 57–84.
Odehnal, R. (1994): Truppenreduzierungen und Stadtentwicklung. Zielvorstellungen, Maßnahmen und Instrumente im Zusammenhang mit der Umnutzung aufgelassener Militärliegenschaften, erläutert am Beispiel der Städte Diez, Gießen und Frankfurt am Main (Materialien des Instituts für Kulturgeographie 16). – Frankfurt a. M.
Regionale Auswirkungen der Konversion (1992). – Informationen zur Raumentwicklung 1992 (5).
Reiners, H. (1977): Militärische Anlagen und ihre raumordnerische Problematik. – Stadt und militärische Anlagen. Historische und raumplanerische Aspekte. Hannover: 149–193.
Röser, W. (1973): Geographische Aspekte der Ausweitung von Truppenübungsplätzen auf ihre Standorte. Dargestellt an Beispielen aus Süddeutschland: Baumholder, Grafenwöhr, Hammelburg, Hohenfels und Münsingen. – Diss. Erlangen.
Rung, A. (1926): Die Anlage von Truppenübungsplätzen im Deutschen Reich. – Diss. Gießen.
Sicken, B. (1977): Stadt und militärische Anlagen. Historische Entwicklung im Stadtraum dargestellt am Beispiel der Landstreitkräfte. – Stadt und militärische Anlagen. Historische und raumplanerische Aspekte. Hannover: 15–148.
Städtebauliche Möglichkeiten durch Umwidmung militärischer Einrichtungen (1993): (Schriftenreihe Forschung des Bundesministeriums Raumordnung, Bauwesen und Städtebau 495). – Bonn.
Vogl, W. (1978): Die ehemaligen Festungsanlagen von Ingolstadt. Heutige Nutzung und Auswirkungen auf die Stadtentwicklung (Nürnberger Wirtschafts- und sozialgeographische Arbeiten 28). – Nürnberg.

Auswahlbibliographie „Kulturlandschaftspflege"

Andreas Dix

Zeitschriften

Kulturlandschaft. Zeitschrift für Angewandte Historische Geographie. – Bonn 1991ff. (zwei Hefte jährlich mit Informationen zu Projekten, Tagungen und Veröffentlichungen im Bereich der Kulturlandschaftspflege, zu beziehen über das Seminar für Historische Geographie, Konviktstr. 11, 53113 Bonn)
Siedlungsforschung. Archäologie-Geschichte-Geographie. – Bonn 1983ff. (in jedem Jahresband ausführliche Bibliographie zur genetischen Siedlungsforschung Mitteleuropas, darin auch Titel zur Kulturlandschaftspflege; Bezugsanschrift wie oben).

Bibliographien

Dix, A. (1997): Bibliographie zur Angewandten Historischen Geographie und zur fächerübergreifenden Kulturlandschaftspflege. Dix, A. (Hrsg.): Angewandte Historische Geographie im Rheinland. – Köln: 100–199.
Weber, H. (Bearb.) (1992): Historische Kulturlandschaften. Historische Landschaftsteile, Kulturlandschaftsentwicklung. (Auswahlbibliographie Nr. 65. Dokumentation Natur und Landschaft 32, Sonderheft 19). – Köln.

Monographien, Sammelbände und Aufsätze

Aerni, K. (1993): Ziele und Ergebnisse des Inventars historischer Verkehrswege der Schweiz (IVS). –Siedlungsforschung 11: 313–334.
Bender, O. (1994): Angewandte Historische Geographie und Landschaftsplanung. – Standort. Zeitschrift für Angewandte Geographie18 (2): 3–12.
Born, K.M. (1993): Die Erhaltung historischer Kulturlandschaftselemente durch die Flurbereinigung in Westdeutschland. – Z. f. Kulturtechnik u. Landesentwicklung 34: 49–55.
Breuer, T. (1993): Naturlandschaft, Kulturlandschaft, Denkmallandschaft. – Historische Kulturlandschaften. (ICOMOS, Hefte des Deutschen Nationalkomitees XI): 13–19.
Bund deutscher Architekten (Hrsg.; 1994): Planen für Mensch und Umwelt. Handbuch der Landschaftsarchitektur. – Bonn.
BMBau (Hrsg.; 1995): Grundlagen einer Europäischen Raumentwicklungspolitik. – Bonn
BMUmwelt (Hrsg.; 1994): Bundeswettbewerb Deutscher Naturparke. Vorbildliche Schutz- und Pflegemaßnahmen zur Erhaltung historischer Kulturlandschaften in Naturparken. – Bonn.
Burggraaff, P. (1996): Der Begriff „Kulturlandschaft" und die Aufgaben der „Kulturlandschaftspflege" aus der Sicht der Angewandten Historischen Geographie. – Natur- und Landschaftskunde 32: 10–12.
Council of Europe (Hrsg.; 1993): Cultural Heritage Committee. Preliminary draft recommendation on the conservation and management of heritage sites as part of landscape policies. – Strasbourg.
Denecke, D. (1972): Die historisch-geographische Landesaufnahme. Aufgaben, Methoden und Ergebnisse, dargestellt am Beispiel des mittleren und südlichen Leineberglandes. Hövermann, J. & G. Oberbeck (Hrsg.) Hans-Poser-Festschrift. – Göttinger Geogr. Abh. 60: 401–436.

Denecke, D. (1985): Historische Geographie und räumliche Planung. – A. Kolb, & G. Oberbeck (Hrsg.): Beiträge zur Kulturlandschaftsforschung und Regionalplanung (Mitt. Geogr. Ges. Hamburg 75). Hamburg: 3–35.

Denecke, D. & H. Frei (Hrsg.; 1988): Grundlagenforschung der historischen Geographie für die Erhaltung unserer Kulturlandschaft. – 46. Deutscher Geographentag München 1987. Tagungsbericht und wissenschaftliche Abhandlungen. Stuttgart. 153–193.

Denecke, D. (1994): Historische Geographie – Kulturlandschaftsgenetische, anwendungsorientierte und angewandte Forschung. Gedanken zur Entwicklung der Diskussion. – Ber. z. dt. Landeskunde 68 (2): 431–444.

Denzer, V. (1996): Historische Relikte und persistente Elemente in ausgewählten Waldhufensiedlungen im südwestlichen Buntsandstein-Spessart (Mainzer Geogr. Stud., 43). – Mainz.

Deutscher Heimatbund (Hrsg.; 1994): Plädoyer für Umwelt und Kulturlandschaft. – Bonn.

Dix, A. (Hrsg.; 1996): Historisch-geographische Kulturlandschaftspflege im Rheinland. Sammelband mit Beiträgen von K. Fehn, P. Burggraaff, F. Remmel, K. Kleefeld, Ch. Weiser, B. Wissing. und A. Dix. – Köln.

Driesch, U.v.d. (1988): Historisch-geographische Inventarisierung von persistenten Kulturlandschaftselementen des ländlichen Raumes als Beitrag zur erhaltenden Planung. – Diss. Phil. Fak Bonn.

Droste, B. v., H. Plachter & M. Rössler (Hrsg.; 1995): Cultural Landscapes of Universal Values. – Jena u.a.

Egli, H.-R. (1991): Bewertung als zentrale Aufgabe der angewandten Forschung – Beispiele auf kommunaler und regionaler Ebene. – Kulturlandschaft 1 (2/3): 74–78.

Eidloth, V. & M. Goer (1996): Historische Kulturlandschaftselemente als Schutzgut. – Denkmalpflege in Baden-Württemberg 25 (2): 148–157.

Erdmann, K.-H. u.a. (Hrsg.) (1995): Biosphärenreservate in Deutschland. Leitlinien für Schutz, Pflege und Entwicklung. – Bonn.

Euregio Natur (Hrsg.; 1995): Kulturgut tut Natur gut. Kampagne zum Schutz von Kultur- und Naturerbe. – Bonn.

Ewald, K. (1978): Der Landschaftswandel. Zur Veränderung schweizerischer Kulturlandschaften im 20. Jahrhundert. – Tätigkeitsber. d. Naturforsch. Ges. Baselland 30: 55–308.

Fehn, K. (1986): Überlegungen zur Standortbestimmung der Angewandten Historischen Geographie in der Bundesrepublik Deutschland. – Siedlungsforschung 4: 215–224.

Fehn, K. (1993): Kulturlandschaftspflege im Rheinland. Eine Aufgabe der Angewandten Historischen Geographie. – Rheinische Heimatpflege 30: 276–286.

Fehn, K. & W. Schenk (1993): Das historisch-geographische Kulturlandschaftskataster – eine Aufgabe der Geographischen Landeskunde. Ein Vorschlag insbesondere aus der Sicht der Historischen Geographie in Nordrhein-Westfalen. – Ber. z. dt. Landeskunde 67: 479–488.

Fehn, K. (Hrsg.; 1994): Kulturlandschaftspflege und Geographische Landeskunde. Symposium 26./27. November 1993 in Bonn. – Ber. z. dt. Landeskunde 68: 423–481 (Themenheft).

Fehn, K. (1995): Die Bedeutung neuzeitlicher Bodendenkmäler für Schutz, Pflege und erhaltende Entwicklung der historischen Kulturlandschaft. – Ausgrabungen und Funde 40.

Fehn, K. (1996): Grundlagenforschungen der Angewandten Historischen Geographie zum Kulturlandschaftspflegeprogramm von Nordrhein-Westfalen. – Ber. z. dt. Landeskunde 70: 293–300.

Fink, M. H., F. M. Grünweis & T. Wrbka (1989): Kartierung ausgewählter Kulturlandschaften Österreichs. – Wien.

Frei, H. (1983): Wandel und Erhaltung der Kulturlandschaft. Der Beitrag der Geographie zum kulturellen Umweltschutz. – Ber. z. dt. Landeskunde 57: 277–291.

Freilandmuseen – Kulturlandschaft – Naturschutz (1992).(Laufener Seminarbeiträge 5/92). – Laufen.

Gassner, E. (1995): Das Recht der Landschaft. Gesamtdarstellung für Bund und Länder. – Radebeul.

Graafen, R. (1994): Staatliche Einwirkungsmöglichkeiten zum Kulturlandschaftsschutz. – Ber. z. dt. Landeskunde 68(2): 459–462

Grosjean, G. (1986): Ästhetische Bewertung ländlicher Räume am Beispiel von Grindelwald im Vergleich mit anderen schweizerischen Räumen und in zeitlicher Veränderung (Geographica Bernensia P 13). – Bern.

Grube, A. & F.W. Wiedenbein (1992): Geotopschutz. Eine wichtige Aufgabe der Geowissenschaften. – Die Geowissenschaften 10 (8): 215–219.

Gunzelmann, Th. (1987): Die Erhaltung der historischen Kulturlandschaft. Angewandte Historische Geographie des ländlichen Raumes mit Beispielen aus Franken (Bamberger Wirtschaftsgeographische Arbeiten 4). – Bamberg.

Haffke, J. (1993): Die Bedeutung der alten Weinbergsterrassen im Ahrtal aus der Sicht der historischen Geographie. – Die Erhaltung historischer Weinberganlagen an der Ahr (Nachrichten aus der Landeskulturverwaltung Rheinland-Pfalz 12, Sonderheft 11). – Mainz: 16–23.

Hafner, H. (1992): Der Brand im Staatsarchiv. Gedanken eines Planers zum Stellenwert der historischen Kulturlandschaft und zur Rolle des Inventars historischer Verkehrswege in der Schweiz in der Ortsplanung. – Bulletin IVS 1992, Heft 2: 12–19.

Hauptmeyer, C.-H. (1986): Kulturhistorische Aspekte als Kriterien für Landschaften von nationalen Bedeutung. – Kriterien für die Auswahl von Landschaften nationaler Bedeutung (Schriftenreihe des Deutschen Rats für Landespflege 50). – Bonn: 923–927.

Henkel, G. (1977): Anwendungsorientierte Geographie und Landschaftsplanung. – Gedanken zu einer neuen Aufgabe. – Geographie und Umwelt. Festschrift für Peter Schneider. Kronberg/Ts.: 36–59.

Henkel, G. (1991): Zielsetzung und Aktivitäten des „Arbeitskreises Dorfentwicklung" (Bleiwäscher Kreis) von 1977–1991. – Kulturlandschaft 1 (2): 92–94.

Henkel, G. (1997): Kann die überlieferte Kulturlandschaft ein Leitbild für die Planung sein? – Ber. z. dt. Landeskunde 71: 27–37.

Hildebrandt, H. (Hrsg.; 1994): Hachenburger Beiträge zur Angewandten Historischen Geographie (Mainzer Geographische Studien 39). – Mainz.

Hildebrandt, H. (1994): Mainzer Thesen zur erhaltenden Kulturlandschaftspflege im ländlichen Raum. – Ber. z. dt. Landeskunde 68 (2): 477–482.

Hönes, E.-R. (1991): Zur Schutzkategorie „historische Landschaft". – Natur und Landschaft 66: 87–90.

International Council on Monuments and Sites (Hrsg.; 1993): Historische Kulturlandschaften (ICOMOS. Cahiers du Comité Naturel Allemand XI.) – München.

Jäger, H. (1987): Entwicklungsprobleme europäischer Kulturlandschaften (Die Geographie. Einführungen). – Darmstadt.

Kleefeld, K.-D. (1994): Historisch-geographische Landesaufnahme und Darstellung der Kulturlandschaftsgenese des zukünftigen Braunkohlenabbaugebietes Garzweiler II. – Diss. Phil Fak. Bonn.

Konold, W. (Hrsg.; 1996): Naturlandschaft – Kulturlandschaft. Die Veränderung der Landschaften nach der Nutzbarmachung durch den Menschen. – Landsberg.

Krings, W. (1981): Industriearchäologie und Wirtschaftsgeographie. Zur Erforschung der Industrielandschaft. – Erdkunde 35: 167–174.

Kulturgüterschutz in der Umweltverträglichkeitsprüfung (UVP) (1994). Bericht des Arbeitskreises „Kulturelles Erbe in der UVP". Hrsg. v. Rheinischen Verein für Denkmalpflege und Landschaftsschutz, Landschaftsverband Rheinland Umweltamt, Seminar für Historische Geographie der Universität Bonn. (= Themaheft der „Kulturlandschaft". 4, 2). – Köln.

Kulturlandschaft (1992): Garten und Landschaft 102, Heft 6 (Themaheft)

Kulturlandschaft (1994): Topos. European Landscape Magazine 1994, 6 (Themaheft)

Kulturlandschaftspflege (1991) (Referate der Tagung der Arbeitsgruppe „Angewandte Historische Geographie" im Arbeitskreis für genetische Siedlungsforschung in Mitteleuropa). – Kulturlandschaft 1(2/3) (Themaheft).

Landschaftsverband Rheinland (Hrsg.; 1991): Was ist ein Bodendenkmal? Archäologie und Recht (Schriften zur Bodendenkmalpflege in Nordrhein-Westfalen 2). – Mainz.

Landschaftsverband Rheinland (Hrsg.; 1991): Kulturlandschaftspflege im Rheinland (Beiträge zur Landesentwicklung 46). – Köln.

Landschaftsverband Rheinland (Hrsg.; 1993): Kulturlandschaft und Bodendenkmalpflege am unteren Niederrhein (Materialien zur Bodendenkmalpflege im Rheinland 2). – Köln.

Landschaftsverband Rheinland (Hrsg.; 1993): Naturpark und Kulturlandschaftspflege (Beiträge zur Landesentwicklung 50). – Köln.

Landschaftsverband Rheinland (Hrsg.; 1995): Archäologische Denkmäler in den Wäldern des Rheinlandes (Materialien zur Bodendenkmalpflege im Rheinland 5). – Köln.

Landschaftsverband Rheinland (Hrsg.; 1995): Situation und Perspektiven archäologischer Denkmalpflege in Brandenburg und Nordrhein-Westfalen (Materialien zur Bodendenkmalpflege im Rheinland 4). – Köln (davon mehrere Beiträge zur Kulturlandschaftspflege S. 113–146).

Meynen, H. (1978): Die Wohnbauten im nordwestlichen Vorortsektor Kölns mit Ehrenfeld als Mittelpunkt. (Forschungen zur deutschen Landeskunde 210). – Trier.

Nagel, F. N. (1979): Konzept zur Erfassung von erhaltenswerten kulturgeographischen Elementen in ländlichen Siedlungen. – Ber. z. dt. Landeskde. 53: 81–93.

Naturlandschaft – Kulturlandschaft (1994) – Der Bürger im Staat (Baden-Württemberg) 44 (1) (Themaheft).

Naturschutz und Landschaftspflege in den neuen Bundesländern (1991): (Schriftenreihe des Deutschen Rates für Landschaftspflege 59). – Bonn.

Nitz, H.-J. (1982): Historische Strukturen im Industrie-Zeitalter. Beobachtungen, Fragen und Überlegungen zu einem aktuellen Thema. – Ber. z. dt. Landeskunde 56: 193–217.

Nohl, W. (1996): Halbierter Naturschutz. – Natur und Landschaft 71: 214–219.

Ongyerth, G. (1995): Kulturlandschaft Würmtal. Modellversuch „Landschaftsmuseum" zur Erfassung und Erhaltung historischer Kulturlandschaftselemente im oberen Würmtal (Arbcitshefte des Bayerischen Landesamts für Denkmalpflege 74). – München.

Pflege und Erhaltung der Potsdamer Kulturlandschaft (1995): (Schriftenreihe des Deutschen Rates für Landschaftspflege 66). – Bonn.

Plachter, H. (1995): Naturschutz in Kulturlandschaften: Wege zu einem ganzheitlichen Konzept der Umweltsicherung. – J. Gepp (Hrsg.): Naturschutz außerhalb von Schutzgebieten. Graz: 47–95.

Pries, M. (1989): Die Entwicklung der Ziegeleien in Schleswig-Holstein. Ein Beitrag zur Industriearchäologie unter geographischen Aspekten (Hamburger Geographische Studien 43). – Hamburg.

Quasten, H. & J. M. Wagner (1996): Inventarisierung und Bewertung schutzwürdiger Elemente der Kulturlandschaft – eine Modellstudie unter Anwendung eines GIS. – Ber. z. dt. Landeskunde 70: 301–326.

Renes, J. (1992): Historische Landschaftselementen. Een lijst met definities en literatur (DLO – Staring Centrum Wageningen Rapport 201). – Wageningen.

Ringler, A. (1993): Natur als Kulturgut – zur kulturhistorischen Verpflichtung des Naturschutzes. – Naturparke und Kulturlandschaftspflege. Köln: 42–48.

Römhild, G. (1981): Industriedenkmäler des Bergbaus. Industriearchäologie und kulturgeographische Bezüge des Denkmalschutzes unter besonderer Berücksichtigung ehemaliger Steinkohlenreviere im nördlichen Westfalen und in Niedersachsen. – Ber. z. dt. Landeskunde 55: 1–53.

Quasten, H. & D. Soyez (Hrsg.; 1990): Die Inwertsetzung von Zeugnissen der Industriekultur als angewandte Landeskunde. – 47. Deutscher Geographentag Saarbrücken 1990. Tagungsbericht und wissenschaftliche Abhandlungen. Stuttgart: 345–360.

Schäfer, D. (1993): Pflege, Erhaltung und Entwicklung historischer Kulturlandschaften – Historische Kulturlandschaften. ICOMOS. Hefte des Deutschen Nationalkomitees XI. – Bonn: 63–67.

Schenk, W. (1994): Planerische Auswertung und Bewertung von Kulturlandschaften im südlichen Deutschland durch Historische Geographen im Rahmen der Denkmalpflege. – Ber. z. dt. Landeskunde 68 (2): 463–475.

Schenk, W. (1997): Kulturlandschaftliche Vielfalt als Entwicklungsfaktor im Europa der Regionen. – In: Ehlers, E. (Hrsg.): Deutschland und Europa. Festschrift zum 51. Deutschen Geographentag Bonn 1997. (Colloquium Geographicum 24). Bonn: 209–229.

Schmithüsen, F. & K.C. Ewald (1994): Landschaft als Spiegel nachhaltiger Nutzung und Pflege – Die Zukunft beginnt im Kopf – Wissenschaft und Technik für die Gesellschaft von morgen. – Zürich: 238–244.

Seidenspinner, W. & Schneider A. (1989): Anthropogene Geländeformen. Zwei Beispiele einer noch wenig beachteten Denkmälergruppe. – Denkmalpflege in Baden-Württemberg 18: 180–197.

Smoliner, Ch. (Hrsg.; 1995): Forschungsschwerpunkt Kulturlandschaft. – Wien.

Schönfeld, G. & D. Schäfer (1991): Erhaltung von Kulurlandschaften als Aufgabe des Denkmalschutzes und der Denkmalpflege. – R. Grätz (Hrsg.): Denkmalschutz und Denkmalpflege. 10 Jahre Denkmalschutzgesetz Nordrhein-Westfalen. Köln: 235–245.

Strack, H. (1993): Die historische Kulturlandschaft – ein neuer Begriff oder eine neue Methode? – Vermessungswesen und Raumordnung 55:164–172.

Vervloet, J.A.J. (1994): Zum Stand der Angewandten Historischen Geographie in den Niederlanden. – Ber. z. dt. Landeskunde 68: 445–458.

Vision Landschaft 2020. Von der historischen Kulturlandschaft zur Landschaft von morgen (1995) (Laufener Seminarbeiträge 4/95). – Laufen.

Wehdorn, M. (1989): Die „Industrielandschaft" als neuer Begriff in der Denkmalpflege – an Beispielen aus Österreich. – Der Anschnitt 41: 70–74.

Weiss, J. (1993): Naturschutz in der Kulturlandschaft – oder was sollen wir eigentlich schützen? – Natur- und Landschaftskunde 29: 1–6.

Wöbse, H. H. (1994): Schutz historischer Kulturlandschaften. Beiträge zur räumlichen Planung (Schriftenreihe des Fachbereichs Landschaftsarchitektur und Umweltentwicklung der Universität Hannover 37). – Hannover.

Woltering, U. (1993): Historische Kulturlandschaft und Kulturlandschaftsbestandteile. Forschungsbedarf an der Schnittstelle zwischen Denkmalpflege, Heimatpflege und Landespflege. – Natur- und Landschaftskunde 29: 10–14

Die Zukunft der Kulturlandschaft (1993) (Hohenheimer Umwelttagung 25). – Weikersheim.

Sach- und Ortsregister

Nachweis nur von Belegstellen, an denen Grundsätzliches zum jeweiligen Begriff ausgesagt wird; Örtlichkeitsangaben erfolgen lediglich für größere Städte (z.B. Bonn), Regionen (z.B. Franken) oder administrative Einheiten (Bundesländer, Staaten).

Abgrenzung 149ff.
Agrarlandschaft 155
Alltagsgeschichte 243
Alltagswelt 243
Alterswert 114
Altlandschaft 39, 251
Amtliche Kartenwerke 262ff.
Angewandte Historische Geographie 13, 112, 259f., 300
Arbeitsgruppe Angewandte Historische Geographie 14
Arbeitskreis für genetische Siedlungsforschung in Mitteleuropa 13
Arbeitsmethoden 41ff.
Artenreichtum, -vielfalt 37, 41
Assoziative Kulturlandschaft 234
Ästhetik 41
Ästhetisches Empfinden 64

Baden-Württemberg 69ff., 183ff.
Bauausführung 275
Baudenkmal 89, 185, 287
Baudenkmalpflege 137ff.
Baugesetzbuch 103, 105
Bauinventarisation 138
Bauleitplan, -planung 68, 109
Baureglement 93
Bayerischer Wald 202ff.
Bayerisches Denkmalschutzgesetz 256ff.
Bayerisches Dorfentwicklungsprogramm 101
Bayerisches Landesamt für Denkmalpflege 96
Bayern 69ff., 96ff., 112ff., 124ff.
Bergbau 285
Bergisches Land 263
Berlin 69ff.
Berlin/Brandenburg 75
Bestandsaufnahme 105, 126, 261
Bestandserfassung 42ff.
Bestandskarte 115
Bewahrung 254
Bewertung, Bewertungsverfahren, -kriterien 24ff., 26, 49ff., 119ff., 192ff., 203, 220ff., 256, 261
Beziehungsgefüge 19
Bezugsflächeneinheit 29
Bildungswert 203
Biosphärenreservat 4, 77, 194ff., 203, 281
Biotopkartierung 283
Biotopkataster 229
Bodendenkmal 88, 185
Böhmerwald 202
Bonn 143
Brandenburg 69ff., 142, 156ff., 199
Bremen 69ff.
Bundesfernstraßengesetz 68
Bundesinventar (der Schweiz; s. auch Inventar, Kulturlandschaftskataster) 211ff.
Bundesnaturschutzgesetz (BNatSchG) 3, 10ff., 31, 59, 67, 70ff., 113

Charakteristik 231

Datenbank 114
Datenverknüpfung 55ff.
Denkmal 37, 285
Denkmalbegriff 256
Denkmalbereich 141
Denkmalbereichssatzung 142
Denkmalbuch 106
Denkmälerverzeichnis 137
Denkmalgesetz 103
Denkmalinventar 251
Denkmalliste 97, 251
Denkmalpflege 4, 35, 71f., 96ff., 129, 137, 141, 228f., 254, 266
Denkmalpflegeplan 142ff.
Denkmalpflegerische Belange 250
Denkmalpflegerischer Erhebungsbogen 96ff.
Denkmalschutz 13, 70f., 77, 113
Denkmalschutzgebiet 141, 250
Denkmalschutzgesetz 71ff., 184
Denkmaltopographie 287
Denkmalzone 141
Direktvermarktung 257
Dokumentation 42ff., 88, 296f., 300
Dokumentationswert 26ff.
Dorferneuerung 46, 77, 96ff., 105, 115, 129, 154
Dorferneuerungsrichtlinien 101
Dorfsanierungen 154

Ecomuseum (Eco-Museum, Ecomusée, s. auch Landschaftsmuseum) 250ff., 263, 281
ECOVAST 236
EDV-gestützte Auswertung 216
EDV-Programm 57
Effizienz 51f.
Eigenart 10, 26ff., 41, 45, 65, 68, 75, 77, 228, 231
Eigenarterhalt 32f.
Eigenwert 26ff.
Elbtal 76
Emotionale Wirksamkeit 49ff., 59ff., 84
Endogene Entwicklung 3, 149ff., 250
Ensemble 21f., 37, 75, 81, 91, 141, 231ff., 244
Ensemblebedeutung 26ff.
Entwicklung 6, 44, 83
Entwicklungszone 199
Erfassung 20ff., 88, 275
Erforschung 203
Erhaltende Kulturlandschaftspflege 106, 243ff.
Erhaltung (der historischen Kulturlandschaft) 6, 25, 40f.,266ff.
Erhaltungswert 114
Erhaltungszustand 26ff., 266, 275
Erholung 271
Erholungswert 104ff.
Erschließung 203

Erzgebirge 76
Europäische Institutionen 233
Europäische Raumordnungspolitik 239
Europäische Union 11, 239f., 274
Europäisches Denkmaljahr 13
Europarat 3, 236
European Landscape Convention 238
Extensivierung 284

Feldflurbereinigung 112ff.
Flächendeckende Kartierung 216
Flächenelemente 169, 180
Flächennutzungsplanung 87ff., 91ff.
Flächennutzungswandel 88
Flurbereinigung 46, 112ff., 118ff., 257
Flurbereinigungsgesetz 68, 113, 119
Flurbereinigungsplan 68, 109
Forsteinrichtung 124
Forsteinrichtungswerk 109
Fotografien 34
Franken 114, 264
Freilichtmuseum (s. auch Ecomuseum) 250, 272
Fremdenverkehr 129, 243, 261, 271ff.
Fremdenverkehrsentwicklungsplan 274
Funktionaler Ansatz 113f.

Ganzheit 36, 258
Gebäude- und Siedlungsinventar 92f.
Gebietsschutz 31,
Gefährdung 26ff., 31f., 220ff.
Gegenstromverfahren 150
Geländearchiv 125
Geländeaufnahme 42ff.
Geländedenkmal 125, 287
Geländekartierung 244
Gemeinde 85ff.
Genese (s. auch Kulturlandschaftsentwicklung) 113f., 220ff.
Genetische Ressourcen 196f.
Geographisches Informationssystem 220
Geotopschutz 4
Gesamtwerturteil 56ff.
Gestalterischer Wert 114
Gewichtungsfaktoren 55
Grenzertrag 155
Grenzmaas-Projekt 191ff.
Großlandschaften 230
Grundlagenforschung 244
Grundsteuerkataster 99

Hamburg 69ff.
Harmonie 63
Haßberge 114
Hausforschung 96
Heimatmuseum 267
Heimatpflege 254ff.
Heimatschutz 10
Heritage Rivers 277ff.
Hessen 69ff.
Historische Dimension 39
Historische Geographie 7, 191, 220ff.
Historische Karte 33, 249, 251
Historische Kulturlandschaft 39, 77, 205

Historische Kulturlandschaftselemente, -phänomene, -teile (s. auch Kulturlandschaftselemente, -strukturen) 40, 77, 185, 220ff., 251
Historische Originalität 7, 87
Historische Vereine 266ff.
Historisch-geographische Arbeitsmethode 139
Historisch-geographische Fachplanung 103ff., 124
Historisch-geographische Forschung 141ff.
Historisch-geographische Landesaufnahme 103, 112
Historisch-geographische Ortsanalyse 96ff.
Historisch-geographische Substanz 108
Historisch-landeskundliche Exkursionskarte Niedersachsen 42
Historisch-landeskundliche Kartierung 14

IALE 234
ICOMOS 234
Identifikation, Identifizierung 20ff., 61ff.
Identität 11, 27, 75, 231, 244
IFLA 234
Industriearchäologie 275, 286
Industriedenkmal 285ff.
Industrielandschaft 14, 287, 295ff.
Intersubjektive Nachprüfbarkeit 52f.
Inventar (s. auch Kulturlandschaftskataster) 92, 96ff., 211
Inventar der Historischen Verkehrswege 14
Inventarband 139
Inventarisation, Inventarisierung 42ff., 103, 192ff., 261, 275ff., 295
Inwertsetzung 14, 286
IUCN 234

Kanada 277ff.
Karte 88, 231ff.
Kartenauswertung 42ff.
Kartierschlüssel 275ff.
Kartierung 41, 185, 216, 220ff.
Kernzone 198
Köln 137ff., 263
Kommunalplanung 149ff.
Kommunikation 196
Konservierung 5, 165
Konversion militärischer Liegenschaften 299
Kriterienauswahl (s. auch Bewertung) 54
Kulturdenkmal 113, 184, 203, 234
Kulturelles Erbe 46, 103, 239
Kulturerbe 11, 36, 40
Kulturgeographie 45
Kulturgut 165
Kulturgüterabwägung 165
Kulturhistorische Bedeutung 25, 49ff., 59
Kulturhistorische Gebiete 31
Kulturhistorische Landschaftselemente (s. auch Kulturlandschaftselemente, -strukturen) 73
Kulturhistorische Objekte 19ff.
Kulturhistorische Phänomene 84
Kulturhistorische Werte 193
Kulturhistorischer Gehalt 32f.
Kulturlandschaft (Definition) 4, 35ff., 149ff.
Kulturlandschaftliche Entwicklung 220ff.
Kulturlandschaftsanalyse 37, 261
Kulturlandschaftsbereiche 221, 229
Kulturlandschaftseinheiten 221

Kulturlandschaftselemente 7, 42ff., 169, 221, 228, 231ff., 261, 275, 294
Kulturlandschaftsentwicklung (s. auch Genese, Kulturlandschaftsgenese, -geschichte) 73, 222, 230
Kulturlandschaftserhaltung 254ff.
Kulturlandschaftserlebnisgebiet 230
Kulturlandschaftsforschung 5, 35ff., 46, 156, 275
Kulturlandschaftsgenese 218
Kulturlandschaftsgeschichte 40, 232
Kulturlandschaftsgeschichtliche Lehrpfade 259ff.
Kulturlandschaftsgeschichtliche Wanderführer 259ff.
Kulturlandschaftsgestaltung 222
Kulturlandschaftsgliederung 220f.
Kulturlandschaftsgruppen 218
Kulturlandschaftsinventarisation 112ff.
Kulturlandschaftskartierung 36f., 42, 215ff.
Kulturlandschaftskataster (s. auch Inventar) 4, 14, 36f., 42, 170ff., 300
Kulturlandschaftspflege (Definition, Methode) 4, 7, 9, 13, 19ff., 59, 67ff., 80, 175
Kulturlandschaftspflege (rechtlich) 70, 73ff.
Kulturlandschaftspflegekonzept 177ff., 220
Kulturlandschaftsprogramm 77
Kulturlandschaftsreihen 218
Kulturlandschaftsrelikte (s. auch Kulturlandschaftselemente, -strukturen) 42ff.
Kulturlandschaftsschutz 10, 230, 300
Kulturlandschaftsschutzgebiet 71
Kulturlandschaftsstrukturen (s. auch Kulturlandschaftselemente) 7, 300
Kulturlandschaftsteil 70
Kulturlandschaftswandel (s. auch Kulturlandschaftsentwicklung, -genese) 178, 226f.
Kulturlandschaftswandelkarte 42, 167, 226f.
Kulturreliktpflanze 90
Kulturschutz 104

Landdenkmal 37
Länderkunde 45
Landesentwicklungsplan 184
Landesentwicklungsprogramm 74f., 77
Landesnatur 81
Landespflege 7, 43, 84
Landespflegebereich 69
Landesplanung 184
Landesraumordnungsprogramm 75f.
Ländlicher Raum 87ff., 103ff., 155
Landschaft 4, 7, 36, 80, 249
Landschaftliche Eigenart 104ff.
Landschaftliche Schönheit 104ff.
Landschaftliche Vielfalt 104ff.
Landschaftsanalyse 35ff., 230, 261
Landschaftsarchitektur 5, 7
Landschaftsbeschreibungen 260
Landschaftsbild 93
Landschaftselemente (s. auch Kulturlandschaftselemente) 49ff., 68, 80, 87, 256
Landschaftsentwicklung (s. auch Kulturlandschaftsentwicklung, -genese) 37
Landschaftserkundung 249
Landschaftserleben 161
Landschaftsforschung (s. auch Kulturlandschaftsforschung) 45, 286

Landschaftsgeschichte 251
Landschaftsgeschichtliche Quelle 244
Landschaftskunde 45
Landschaftsmuseum (s. auch Ecomuseum) 247, 249ff., 300
Landschaftspflege 10, 35, 37, 41ff., 45, 67ff., 77, 84, 113, 254, 299
Landschaftspflegekonzept 161
Landschaftspflegerische Maßnahmen 257
Landschaftspflegerischer Begleitplan 67f.
Landschaftsplanung 41ff., 45f., 67f., 103, 114, 155, 182
Landschaftsprogramm 67f.
Landschaftsrahmenplan 67f., 109, 184, 203
Landschaftsraum 49ff., 80, 232
Landschaftsräumliche Gliederung (s. auch Kulturlandschaftsgliederung) 45, 220ff.
Landschaftsschutz 266
Landschaftsschutzgebiete 68, 228
Landschaftsstrukturplanung 189ff.
Landschaftsteile (s. auch Kulturlandschaftselemente, -strukturen) 45, 81
Landschaftstypen 216
Landschaftswirkung 114, 172
Lehrpfad 182, 257, 284
Leitbild 5, 105, 149ff., 164, 220ff.
Lernlandschaft 252
Linienelemente 169, 178
Lokalisation 286
Lothringen 262
Luftbild 33, 42ff.
Luftbildarchäologie 89,
Luxemburg 262

Maßstab (kartographisch; Bewertungsmaßstäbe s. Bewertung) 20f., 39, 88, 185, 287
Mecklenburg-Vorpommern 69ff., 90, 150ff., 199, 281
Merkmalskomplex 296
Methoden (s. auch Kulturlandschaftspflege (Methode)) 34ff.
Mosel 129
Museale Verwertbarkeit 287
Musealisierung 235, 252
Museum 243, 256ff., 261f.
Museumsdidaktik 249ff.

Nachhaltigkeit 5, 11, 194ff.
Nationalpark 68, 202ff., 277
Natur- und Umweltpädagogik 243
Naturdenkmal 31, 68, 234
Naturerbe 11
Naturhaushalt 196
Naturlandschaft 36, 39, 81
Naturleben 230
Natürliches Erbe 239
Naturnähe 63
Naturpark 4, 68, 261, 283f.
Naturräumliche Einheiten 45
Naturräumliche Gliederung 36, 45
Naturschutz 7, 9, 10, 35, 77, 83, 113, 177, 203, 211ff., 228f., 254, 299
Naturschutzgebiet 31, 68, 175, 228
Naturschutzgesetz 11, 184
Neue Bundesländer 73ff.

Neue Natur 189ff.
Neuerung 40f.
Niederlande 5, 14, 112, 189ff.
Niedersachsen 69ff.
Nordamerika 277
Nordrhein-Westfalen 69ff., 141ff., 165ff., 175ff., 220ff.
Nutzungskonzept 299

Objekt (s. auch Kulturlandschaftselemente, -strukturen) 80, 91, 231ff.
Objektivität 50ff.
Objektkategorie 23, 212
Objektschutz 31, 165
Öffentliches Interesse 103
Öffentlichkeit 269f.
Öffentlichkeitsarbeit 93, 196
Ökologische Bildung 243
Ökologische Verträglichkeit 271
Ökologischer Demonstrationswert 114
Ökologischer Wert (s. auch Bewertung) 114
Operationalität 51f.
Organisch gewachsene Kulturlandschaft 234
Orientierung 61
Örtlichkeitsname 88ff.
Ortsanalyse 96f.
Ortsbild, -pflege, -entwicklung, -gefährdung, -sanierung 91ff., 93, 99, 129ff., 273
Ortsentwicklungsplan 109
Ortsplanung 91, 103
Österreich 5, 215ff.

Paderborner Hochfläche 152ff.
Persistenz 40f., 286
Pflege (s. auch Kulturlandschaftspflege) 5, 82, 254, 275
Pflege- und Entwicklungsmaßnahmen, Pflege- und Nutzungskonzept 164, 177ff., 227f.
Pflegezone 198
Phänotyp 294
Physiognomisch-morphologischer Ansatz 113f., 185
Potentialanalyse 156
Punktelemente 169, 178

Quellen 35ff.
Quellenwert (s. auch Bewertung) 3
Querschnittliche Methode 99
Querschnittsaufgabe 6

Rangplatzvergabe 56
Raumanalyse 150
Raumempfindlichkeit 169ff.
Raumempfindlichkeitsstufe 172ff.
Raumerleben 60
Raumgliederung (s. auch Kulturlandschaftsgliederung) 161
Räumliche Planung 13
Räumliche Verbreitung 20
Raumordnerische Grundsätze und Ziele 76ff.
Raumordnungsgesetz (s. auch Landesplanung) 74
Raumordnungsplan 76
Raumordnungsprogramm 274
Rebflurbereinigung 118ff.
Rechtliche Grundlagen und Instrumentarien 67ff., 104ff.
Referenzraum 29f.

Regional- und Heimatbewußtsein (s. auch Identität) 267, 286
Regionale Spezifik (s. auch Bewertung) 7
Regionalentwicklung 156
Regionalisierung (s. auch Kulturlandschaftsgliederung) 36
Regionalpark 75
Regionalplanung 75, 149ff., 183
Regionaltypische Bedeutung (s. auch Bewertung) 103, 114, 272
Reichsnaturschutzgesetz 10
Rekonstruktion 43, 45, 284
Reliabilität 50ff.
Relikt 43, 243, 286, 294, 300
Reliktbewertung 178
Relikterfassung 178
Reliktkarte 167
Renaturierung 206
Repräsentativität 26ff., 33
Restlandschaften 45
Revitalisierung 273, 286
Rheinland 263f.
Rheinland-Pfalz 69ff., 103ff., 118ff., 129ff., 231ff.
Ruhrgebiet 295ff.

Saarland 69ff., 262
Saar-Mosel 264
Sachsen 70ff., 199,
Sachsen-Anhalt 70ff., 142, 199
Sanfter Tourismus 109, 260, 272, 300
Schätzverfahren 52ff.
Schaumburg-Lippe 287ff.
Schleswig-Holstein 69ff., 281
Schönheit (s. auch Bewertung) 41, 61ff., 68, 75, 228, 232
Schriftliche Quellen 34, 42ff.
Schutz 82
Schutz- und Pflegemaßnahmen 42
Schutzdringlichkeit 178
Schutzkategorien (s. auch Bewertung) 49ff.
Schutzwürdigkeit (s. auch Bewertung) 26ff., 49ff., 106
Schwaben 254ff.
Schweiz 14, 91ff., 112, 211ff.
Schwellenwert 25
Selektion 25
Seltenheit (s. auch Bewertung) 26ff., 30f., 68
Seltenheitswert (s. auch Bewertung) 114
Sensitivität 50ff.
Siebengebirge 9
Siedlungsforschung (Zeitschrift) 13
Siedlungsgeographie 45
Siedlungsgeschichte 99
Soziale Verträglichkeit 271
Soziotopographie 97, 107
Spessart 244ff.
Spurenelement 294
Spurensicherung 294
Städtebauförderung 77
Stadterneuerung 154
Stadtlandschaft 11, 139, 273
Stadtmarketing 27
Stadtplanung 139f.
Standortfaktoren 22
Steigerwald 125

Sach- und Ortsregister

Stichprobenkartierung 216
Stimulierung 61f.
Strategie 267ff.
Stuttgart 183
Süddeutschland 263
Sukzession 229

Technisches Denkmal 285ff.
Teilraumgutachten 78
Thematische Karten (s. auch Kartierung) 33
Thüringen 70ff., 75, 142, 199
Tourismus (s. Fremdenverkehr)
Touristischer Wert (s. auch Bewertung) 114
Transektkartierungen 216
Typisierung 43ff.

Ueckermark 272
Umsetzbarkeit 53f.
Umweltbildung 196, 243ff.
Umwelterziehung 3, 243
Umweltforschung 3, 197
Umweltmonitoring 196
Umweltverträglichkeitsprüfung 3, 113, 165ff.
Umweltwahrnehmung 244, 287
UNESCO 4, 194ff., 233, 281
USA 280
UVP: s. Umweltverträglichkeitsprüfung

Validität 50ff.
Vernetzung 257
Verschneidung 23f.

Verwendbarkeit (Bewertungskriterium) 50ff.
Vielfalt (s. auch Bewertung) 41, 87, 228
Volkskundemuseum (s. auch Museum, Ecomuseum, Landschaftsmuseum) 254
Vorrangfunktion 161

Wahrnehmung 243
Waldabteilung 125
Waldfunktionsplan 105, 109
Wandel (s. auch Kulturlandschaftswandel) 40f.
Wanderroute (s. auch Lehrpfad) 262
Wasserweg 275ff.
Wege- und Gewässerpläne 121
Weinbau (s. auch Rebflurbereinigung) 129f.
Weinbergslandschaften 117
Weiterentwicklung (s. auch Pflegekonzepte) 254
Weltkulturerbe 234ff.
Werks- und Genossenschaftssiedlungen 295ff.,
Werte (s. auch Bewertung) 6, 49
Werte der deutschen Heimat (Buchreihe) 42
Wertvolle Kulturlandschaften (s. auch Bewertung) 230
Westerwald 103ff.
Wiederherstellung (s. auch Revitalisierung) 256, 284
Wissenschaftlicher Wert (s. auch Bewertung) 114
Wörlitzer Park 9
Würmtal 250ff.

Zähl- und Meßverfahren 52ff.
Zivilisationslandschaft 286
Zonenplan: s. Flächennutzungsplan
Zonierung 198

Die Autoren dieses Bandes

Dr. Holger Behm
Ph.-Müller-Str. 27
19246 Zarrentin

Professor Dr. Bruno Benthien
Gerdingstr. 18
17489 Greifswald

Dr. Karl Martin Born
Am Wasserturm 7
60435 Frankfurt

Drs. Peter Burggraaff
Büro für historische Stadt-
und Landschaftsforschung
Kaufmannstr. 81
53115 Bonn

Univ.-Doz. Dr. Peter Čede
Institut für Geographie der Universität Graz
Heinrichstr. 36
A-8010 Graz

Professor Dr. Dietrich Denecke
Geographisches Institut der Universität
Goldschmidtstr. 5
37085 Göttingen

Dr. Vera Denzer
Dipl.-Geogr. Matthias Kleinhans
Institut für Geographie der Universität
Postfach 23 23
01403 Leipzig

Dr. Andreas Dix
Seminar für Historische Geographie
Konviktstr. 11
53113 Bonn

Priv.-Doz. Dr. Hans-Rudolf Egli
Geographisches Institut der Universität
Hallerstr. 12
CH-3012 Bern

Dipl.-Geogr. Volkmar Eidloth
Landesdenkmalamt Baden-Württemberg
Mörikestr. 12
70178 Stuttgart

Dr. Karlheinz Erdmann
Bundesamt für Naturschutz
Konstantinstr. 110
53179 Bonn

Dr. Friedemann Fegert
Hohenzollernstr. 26
76135 Karlsruhe

Professor Dr. Klaus Fehn
Seminar für Historische Geographie
Konviktstr. 11
53113 Bonn

Professor Dr. Hans Frei
Schwäbisches Volkskundemuseum
Oberschönenfeld
86459 Gessertshausen

Professor Dr. Rainer Graafen
Geographisches Institut der Universität
Rheinau 1
56075 Koblenz

Professor Dr. Ulrike Grabski-Kieron
Institut für Geographie
Westfälische Wilhelms-Universität Münster
Robert-Koch-Str. 26
48149 Münster

Dr. Thomas Gunzelmann
Bayerisches Landesamt für Denkmalpflege
Schloß Seehof
96117 Memmelsdorf

Professor Dr. Gerhard Henkel
Institut für Geographie der Universität
Universitätsstr. 5
45141 Essen

Professor Dr. Helmut Hildebrandt
Dr. Birgit Heuser-Hildebrandt
Geographisches Institut der Universität
Saarstr. 21
55122 Mainz

Dr. Klaus-Dieter Kleefeld
Büro für historische Stadt-
und Landschaftsforschung
Kaufmannstr. 81
53115 Bonn

Dr. Henriette Meynen
Mathildenstr. 10
50679 Köln

Professor Dr. Bernhard Müller
Institut für Geographie der Technischen Universität
Mommsenstr. 13
01062 Dresden

Professor Dr. Frank Nagel
Götz Goldammer
Institut für Geographie der Universität
Bundesstr. 55
20146 Hamburg

Dr. Gerhard Ongyerth
Bayerisches Landesamt für Denkmalpflege
Postfach 10 02 03
80076 München

Professor Dr. Heinz Quasten
Geographisches Institut der Universität
66123 Saarbrücken

Frank Remmel MA
Dorfstr. 2
51647 Gummersbach

Drs. Hans Renes
Winand Staring Centrum
Marijkeweg 11
NL-6700 AB Wageningen

Dr. Georg Römhild
Uni-GHS FB 1
Sebastianstr. 8
33178 Paderborn

Professor Dr. Winfried Schenk
Geogr. Institut der Universität
Hölderlinstr. 12
72074 Tübingen

Jürg Schenker
Bundesamt für Umwelt, Wald und Landschaft
Abt. Naturschutz
CH-3003 Bern

Priv.-Doz. Dr. Heinz Schürmann
Geographisches Institut der Universität
Saarstr. 21
55122 Mainz

Ulrich Stanjek
Tucholskystr. 2
67574 Osthofen

Professor Dr. Jelier A. Vervloet
Winand Staring Centrum
Marijkeweg 11
NL-6700 AB Wageningen

Dr. Juan Manuel Wagner
Geographisches Institut der Universität
66123 Saarbrücken

Professor Dr. Hans-Werner Wehling
Institut für Geographie der Universität
Universitätsstraße 5
45141 Essen